"十二五"普通高等教育本科国家级规划教材
国家林业和草原局普通高等教育"十三五"规划教材

# 人造板工艺学（第3版）

周定国　梅长彤 / 主编
华毓坤 / 主审

中国林业出版社
CFPH China Forestry Publishing House

**图书在版编目(CIP)数据**

人造板工艺学 / 周定国，梅长彤主编. —3 版. —北京 ：中国林业出版社，2019.12（2023.11 重印）
“十二五”普通高等教育本科国家级规划教材　国家林业和草原局高等教育“十三五”规划教材
ISBN 978-7-5219-0542-7

Ⅰ. ①人…　Ⅱ. ①周… ②梅…　Ⅲ. ①人造板生产-制造工艺-高等学校-教材
Ⅳ. ①TS653

中国版本图书馆 CIP 数据核字(2020)第 065207 号

**国家林业和草原局生态文明教材及林业高校教材建设项目**

**中国林业出版社·教育分社**

**策划编辑：** 杜　娟　　　**责任编辑：** 杜　娟　田夏青

**电话：** (010) 83143553　　　**传真：** (010) 83143516

出版发行　中国林业出版社(100009　北京市西城区德内大街刘海胡同 7 号)
E-mail:jiaocaipublic@ 163.com　电话:(010)83143500
http://www. forestry. gov. cn/lycb. html
经　　销　新华书店
印　　刷　北京中科印刷有限公司
版　　次　2019 年 12 月第 3 版
2011 年 3 月第 2 版(第 2 版共印 5 次)
2002 年 10 月第 1 版(第 1 版共印 4 次)
印　　次　2023 年 11 月第 2 次
开　　本　850mm×1168mm　1/16
印　　张　22
字　　数　535 千字
定　　价　48.00 元

# 第3版前言

本教材第1版为普通高等教育“九五”国家级重点教材、面向21世纪课程教材。第2版为教育部普通高等教育“十一五”国家级规划教材，自2010年首次出版后，已经作为本科教材在全国10多所涉林本科院校的相关专业使用，得到了一致好评，并且作为国家精品在线开放课程（网址为 http://www.icourse163.org/course/NJFU-1001753021）配套教材。教材第2版在2014年被教育部列入“十二五”国家级规划教材。

本教材由南京林业大学的周定国教授和梅长彤教授担任主编，此次修订在第2版教材的基础上完成。参加修订的编者及其修订内容分别为：南京林业大学徐信武教授修订了第1章中的部分内容；安徽农业大学王传贵教授修订了第2章中的部分内容；南京林业大学周晓燕教授修订了第3章和第11章中的部分内容；华南农业大学李凯夫教授修订了第11章中的部分内容；南京林业大学王志强教授编写了11.2正交胶合木，中国林业科学研究院于文吉研究员编写了11.7重组竹；南京林业大学张洋教授修订了第12章中的部分内容；梅长彤教授和黄润州副教授整合和修订了其他章节。鉴于本教材第2版中第13章和14章的内容相对独立，且十分重要，因此不在本教材讲述，建议专门编写相关教材。本教材由周定国教授和梅长彤教授负责统稿，南京林业大学华毓坤教授主审，在此一并致谢！

由于编者水平所限，书中难免存在不妥之处，恳请广大读者批评指正。

梅长彤

2019年12月

# 第2版前言

本教材第1版为普通高等教育“九五”国家级重点教材、面向21世纪课程教材，自2002年出版发行以来，先后被全国十多所林业或农林高等院校木材科学与工程专业选用，并以其内容丰富，结构新颖的特点受到广大师生的欢迎。本教材曾获江苏省优秀教学成果一等奖、江苏省精品教材和中国林业教育学会优秀教材二等奖。本教材第2版被教育部列为普通高等教育“十一五”国家级规划教材，旨在充分肯定第1版的特点，实现理论性、专业性和适读性的统一。

为配合本教材的使用，本书编写人员还合作编写了《单板类人造板制造学》《纤维类人造板制造学》和《刨花类人造板制造学》三本参考教材和配套影像材料，编写了《人造板工艺学实验指导书》和《人造板工艺学课程设计指导书》，形成了以《人造板工艺学》为核心教材的专业课教材体系，可望对提高教学质量、推动教材改革发挥重要作用。

本次修订是在第1版教材的基础上完成的。参加修订的编者及其修订内容分别是：周定国（主编，南京林业大学），前言和新增1.5人造板知识产权；徐信武（南京林业大学），更新了第1章中部分图表，整合了第8章热压部分；王传贵（安徽农业大学），新增了2.4胶黏剂中的MDI和PVAc，2.5.6脱模剂，以及整合原4.1和4.2为4.1干燥原理与供热，新增了4.5节能减排；周晓燕（南京林业大学），新增了3.1.2净化处理；梅长彤（南京林业大学），整合了第9章后期加工与处理，新增了9.7尺寸稳定性处理；李凯夫（华南农业大学），新增了第11章其他人造板；张洋（南京林业大学），整合了第12章表面加工；周定国、王欣（内蒙古农业大学），整合和修订了其他章节。鉴于人造板工业环境保护的内容丰富且十分重要，建议专门设课，本教材不单独立章。全书由周定国负责统稿。本教材由南京林业大学华毓坤先生主审，华先生对本教材的修订工作极为关心和支持，在此深表谢意。北京林业大学张求慧教授通览了全书，提出了宝贵的修改意见；南京林业大学在读博士生李慧媛在文字校对方面做了大量工作，在此一并致谢。

本书在修订时，贯彻国家“十二五”教育发展纲要，突出改革开放和技术创新，瞄准国内外本学科的学术前沿，努力提高教育质量，为培养更多的理论基础扎实、专业基础雄厚、动手能力强的高水平人才做出自己的贡献。

由于编者水平所限，本次修订版本仍存在不妥之处，恳请读者批评指正。

周定国

2010年12月

# 目　录

# 第 1 章
# 绪　论

本章介绍了人造板的定义、分类以及人造板生产的发展历史，指出了当代人造板的发展趋势，对人造板的基本性质、人造板的标准化以及人造板的用途给予了详细的叙述，针对单板和纤维、刨花两大类原料，介绍了人造板的主要生产方法，着重强调了人造板的构成原则。

通过本章学习，可以对我国人造板产业的形成与发展建立一个总体印象并了解人造板生产中的技术核心。

人造板是以木材或其他植物纤维为原料，通过专门的工艺过程加工，施加胶黏剂或不加胶黏剂，在一定的条件下压制而成的板材或型材。人造板生产是一种高效利用和节约利用木材资源的有效途径。今天，人造板工业已经成为我国木材工业的一个重要分支。

GBT 18259—2018
人造板及其表面
装饰术语

## 1.1　人造板生产的发展

### 1.1.1　发展简史

公元前 3000 年的古埃及首先采用薄木作装饰材料；第一台旋切机发明于 1818 年，19 世纪末才开始批量生产胶合板，直到 20 世纪初逐步形成胶合板工业。目前生产胶合板有三大区域：北美以针叶材生产厚单板压制结构用厚胶合板；北欧以小径木生产接长单板压制结构用横纹胶合板；东南亚以大径木热带雨林阔叶材主要生产三层胶合板。中国早期以生产三层胶合板为主，用进口材作面板；21 世纪以来，厚胶合板占比增加，主要用作建筑模板、家具板、多层实木地板基材等。

德国首先于 1941 年建厂生产刨花板，1948 年发明了连续式挤压机，50 年代开始生产单层热压机，并在英国 Bartev 连续加压热压机的基础上发明了近代结构简单、技术先进的连续热压机，广泛应用于刨花板和干法中密度纤维板生产线。此后由于合成树脂胶产量增加、成本降低，更加促进了刨花板工业的发展，使其成为三板中年产量最大的一个板种。我国刨花板生产起始于中华人民共和国成立初期，直到引进德国年产 $3\times10^4m^3$ 成套刨花板技术后得到迅速发展，并成为一个产业。1997 年我国开始生产定向刨花板（Oriented Strand Board，又称定向结构板）。

纤维板制造脱胎于造纸工业中的纸板生产技术，开始生产的是软质纤维板，20 世纪初在美国等国成为一种工业。1926 年应用 Mason 爆破法开始生产硬质纤维板，1931 年发明了 Asplund 连续式木片热磨机后促进了湿法硬质纤维板的发展，并成为主要的生产方法。1952 年美国开始生产干法硬质纤维板；1965 年开始正式建厂生产中密度纤维板(MDF)。我国在 1958 年开始生产湿法硬质纤维板，80 年代开始发展干法中密度纤维板。由于湿法生产的废水处理技术和成本等问题，致使干法生产成为纤维板发展的趋势。从 90 年代中期开始，我国干法纤维板进入快速发展阶段。到 21 世纪初，我国中密度纤维板的产量已位居世界前列。

## 1.1.2 生产状况

世界人造板生产情况见表 1-1~表 1-3。

**表 1-1 历年国内外人造板总产量** 万 $m^3$

| 年份 | 中国 | 美国 | 俄罗斯 | 德国 | 加拿大 | 巴西 | 波兰 | 土耳其 | 马来西亚 | 法国 | 日本 |
|---|---|---|---|---|---|---|---|---|---|---|---|
| 1961 | 25 | 1083 | — | 254 | 149 | 28 | 41 | 4 | 1 | 90 | 176 |
| 1970 | 94 | 2303 | — | 580 | 329 | 82 | 104 | 17 | 42 | 231 | 823 |
| 1980 | 231 | 2640 | — | 831 | 480 | 248 | 202 | 45 | 108 | 314 | 1028 |
| 1990 | 300 | 3704 | — | 964 | 636 | 289 | 140 | 78 | 195 | 332 | 863 |
| 2000 | 1927 | 4572 | 475 | 1406 | 1504 | 580 | 467 | 237 | 579 | 554 | 561 |
| 2008 | 8739 | 3558 | 1067 | 1467 | 1232 | 978 | 811 | 561 | 772 | 617 | 461 |
| 2009 | 9623 | 3437 | 861 | 1390 | 931 | 889 | 781 | 548 | 660 | 496 | 400 |
| 2010 | 10 920 | 3259 | 1015 | 1262 | 993 | 1024 | 818 | 661 | 715 | 555 | 441 |
| 2011 | 13 401 | 3205 | 1210 | 1209 | 1055 | 1112 | 840 | 741 | 672 | 576 | 434 |
| 2012 | 14 927 | 3146 | 1275 | 1215 | 1068 | 1207 | 848 | 807 | 649 | 573 | 438 |
| 2013 | 17 704 | 3346 | 1274 | 1216 | 1125 | 1170 | 900 | 880 | 619 | 549 | 473 |
| 2014 | 19 122 | 3376 | 1321 | 1227 | 1185 | 1164 | 920 | 964 | 649 | 545 | 480 |
| 2015 | 20 066 | 3393 | 1430 | 1222 | 1239 | 1151 | 974 | 943 | 613 | 516 | 468 |
| 2016 | 21 150 | 3452 | 1505 | 1262 | 1268 | 1158 | 1044 | 976 | 596 | 525 | 502 |
| 2017 | 21 150 | 3558 | 1658 | 1314 | 1303 | 1158 | 1088 | 935 | 596 | 506 | 502 |

数据来源：联合国粮农组织，包含胶合板、单板、刨花板、硬质纤维板、软质纤维板和中密度纤维板，部分是预测数据，可能与各国统计口径有出入。

**表 1-2 2017 年世界主要生产国人造板产量** 万 $m^3$

| 排名 | 总产量 | 胶合板 | 湿法硬质纤维板 | 干法中高密度纤维板 | 刨花板 | 定向刨花板 |
|---|---|---|---|---|---|---|
| 1 | 中国 21 150 | 中国 11 748 | 中国 521 | 中国 5904 | 中国 2580 | 美国 1293 |
| 2 | 美国 3558 | 美国 959 | 德国 245 | 土耳其 475 | 俄罗斯 746 | 加拿大 715 |
| 3 | 俄罗斯 1658 | 印度尼西亚 380 | 俄罗斯 42 | 巴西 401 | 德国 576 | 德国 145 |
| 4 | 德国 1314 | 俄罗斯 373 | 美国 40 | 波兰 375 | 波兰 448 | 波兰 110 |
| 5 | 加拿大 1303 | 马来西亚 366 | 巴西 32 | 美国 323 | 土耳其 429 | 俄罗斯 101 |
| 6 | 巴西 1158 | 日本 306 | 马来西亚 20 | 俄罗斯 297 | 美国 413 | 中国 70 |

（续）

| 排名 | 总产量 | 胶合板 | 湿法硬质纤维板 | 干法中高密度纤维板 | 刨花板 | 定向刨花板 |
|---|---|---|---|---|---|---|
| 7 | 波兰 1088 | 巴西 270 | 波兰 15 | 德国 151 | 法国 301 | 法国 39 |
| 8 | 土耳其 935 | 加拿大 225 | 法国 12 | 马来西亚 146 | 巴西 296 | 巴西 23 |
| 9 | 马来西亚 596 | 波兰 50 | 加拿大 9 | 法国 109 | 加拿大 175 | 土耳其 8 |
| 10 | 罗马尼亚 542 | 法国 26 | 日本 4 | 加拿大 103 | 日本 109 | — |

数据来源：联合国粮农组织，包含胶合板、单板、刨花板、硬质纤维板、软质纤维板和中密度纤维板，部分是预测数据，可能与各国统计口径有出入。

**表 1-3　近 10 年世界各种人造板所占的比重**　　%

| 年份 | 胶合板 | 刨花板 | | 纤维板 | | | |
|---|---|---|---|---|---|---|---|
| | | 全部刨花板 | 定向刨花板 | 全部纤维板 | 湿法硬质纤维板 | 湿法轻质纤维板 | 干法中高密度纤维板 |
| 2008 | 32.88 | 39.60 | 8.95 | 27.52 | 3.00 | 2.45 | 22.07 |
| 2009 | 32.09 | 37.22 | 7.43 | 30.69 | 3.59 | 3.49 | 23.61 |
| 2010 | 33.23 | 34.79 | 6.91 | 31.98 | 3.39 | 3.37 | 25.21 |
| 2011 | 36.05 | 32.32 | 6.57 | 31.63 | 3.54 | 3.07 | 25.02 |
| 2012 | 36.86 | 30.40 | 6.72 | 32.74 | 3.96 | 2.79 | 25.99 |
| 2013 | 37.76 | 30.35 | 6.75 | 31.89 | 4.05 | 2.68 | 25.16 |
| 2014 | 39.06 | 29.85 | 6.77 | 31.09 | 3.21 | 2.49 | 25.39 |
| 2015 | 40.22 | 29.17 | 7.03 | 30.61 | 3.03 | 2.37 | 25.21 |
| 2016 | 39.95 | 30.17 | 7.26 | 29.88 | 2.74 | 2.22 | 24.92 |
| 2017 | 39.56 | 30.50 | 7.55 | 29.94 | 2.75 | 2.29 | 24.90 |

从表 1-3 可看出，近 10 年来，胶合板占的比重趋于上升，占约 40%，居“三板”首位；而刨花板显著下降，与纤维板基本持平。在刨花板中，定向刨花板基本稳定在 8%左右。干法纤维板占据纤维板的主体，但湿法工艺仍然占据人造板总量约 5%的比例。

中国人造板生产发展情况见表 1-4。1951 年，仅仅生产少量胶合板和湿法纤维板。2000 年后中国人造板产业进入高速发展期，2003 年人造板产量跃居世界第一位，2009 年首次超过 1 亿 $m^3$，2016 年突破 3 亿 $m^3$。近年来，人造板产量趋于稳定，从增规模向调结构发展，其中胶合板仍然占据主体地位。

**表 1-4　中国人造板产量**　　万 $m^3$

| 年份 | 人造板总产量 | 胶合板 | 纤维板 | | 刨花板 | 其他人造板* |
|---|---|---|---|---|---|---|
| | | | 总产量 | 干法 MDF/HDF | | |
| 1951 | 2 | 2 | — | — | — | — |
| 1955 | 5 | 5 | — | — | — | — |
| 1960 | 21 | 15 | 6 | — | — | — |
| 1965 | 22 | 14 | 5 | — | 3 | — |
| 1970 | 24 | 17 | 5 | — | 2 | — |

(续)

| 年份 | 人造板总产量 | 胶合板 | 纤维板 | | 刨花板 | 其他人造板* |
|---|---|---|---|---|---|---|
| | | | 总产量 | 干法 MDF/HDF | | |
| 1975 | 37 | 19 | 15 | — | 3 | — |
| 1980 | 92 | 33 | 51 | — | 8 | — |
| 1985 | 166 | 54 | 90 | 5 | 18 | 4 |
| 1990 | 245 | 76 | 117 | 9 | 43 | 9 |
| 1995 | 1684 | 759 | 216 | 54 | 435 | 274 |
| 2000 | 2002 | 993 | 514 | 330 | 287 | 208 |
| 2001 | 2112 | 905 | 570 | 527 | 345 | 292 |
| 2002 | 2929 | 1135 | 767 | 695 | 369 | 658 |
| 2003 | 4552 | 2102 | 1128 | 1049 | 547 | 775 |
| 2004 | 5446 | 2099 | 1560 | 1466 | 643 | 1144 |
| 2005 | 6393 | 2515 | 2061 | 1854 | 576 | 1241 |
| 2006 | 7429 | 2729 | 2467 | 2222 | 843 | 1390 |
| 2007 | 8839 | 3562 | 2730 | 2499 | 829 | 1718 |
| 2008 | 9410 | 3541 | 2907 | 2741 | 1142 | 1820 |
| 2009 | 11 354 | 4451 | 3489 | 3132 | 1431 | 1983 |
| 2010 | 15 361 | 7140 | 4355 | 3894 | 1264 | 2602 |
| 2011 | 20 919 | 9870 | 5562 | 4973 | 2559 | 2928 |
| 2012 | 22 336 | 10 981 | 5800 | 5022 | 2350 | 3205 |
| 2013 | 25 560 | 13 725 | 6402 | 5395 | 1885 | 3548 |
| 2014 | 27 373 | 14 970 | 6463 | 5683 | 2088 | 3852 |
| 2015 | 28 680 | 16 546 | 6619 | — | 2030 | 3485 |
| 2016 | 30 042 | 17 756 | 6651 | — | 2650 | 2985 |
| 2017 | 29 486 | 17 195 | 6297 | — | 2778 | 3216 |

* 其他人造板中，细木工板占主体。以2017年为例，细木工板占其他人造板的53%。

数据来源：国家林业和草原局

表1-5可以看出，人均消费量已经跻身发达国家水平。因此，中国已经成为世界最大的人造板生产国和消费国。从消费结构看，我国人造板的应用主要集中在家居领域(例如家具、地板、室内装修)，而美国、加拿大、日本等发达国家应用于建筑业的人造板比重相对较高。近年来，我国人造板产业也逐渐向建筑和结构领域发展，如建筑模板、木结构建筑、车厢底板、集装箱底板、机电包装箱等(表1-6)。

**表1-5 部分国家人造板人均消费量**(2017年) $m^3$/千人

| 国家 | MDF/HDF | 刨花板 | 胶合板 | 总量 |
|---|---|---|---|---|
| 加拿大 | 28.27 | 39.93 | 90.79 | 158.99 |
| 中国 | 40.58 | 18.86 | 76.32 | 135.76 |
| 德国 | 8.34 | 73.49 | 15.05 | 96.88 |
| 马来西亚 | 35.01 | 0.35 | 56.97 | 92.33 |

（续）

| 国家 | MDF/HDF | 刨花板 | 胶合板 | 总量 |
|---|---|---|---|---|
| 意大利 | 21.41 | 51.47 | 9.16 | 82.04 |
| 美国 | 14.07 | 15.69 | 41.88 | 71.64 |
| 日本 | 7.02 | 10.79 | 46.30 | 64.11 |
| 法国 | 14.14 | 35.61 | 9.42 | 59.17 |
| 巴西 | 16.19 | 12.62 | 2.07 | 30.88 |
| 世界平均 | 13.35 | 12.36 | 21.16 | 46.87 |

数据来源：联合国粮农组织数据库，含部分预测数据。各种人造板的消费量计算方法：消费量=生产量+进口量-出口量。

**表1-6 我国人造板应用比例** %

| 板种 | 家具 | 建筑 | 交通运输 | 包装 | 其他 |
|---|---|---|---|---|---|
| 胶合板类 | 41.3 | 50.1 | 3 | 2.2 | 3.4 |
| 纤维板类 | 78.2 | 11.8 | 0.9 | 5.4 | 3.7 |
| 刨花板类 | 85.6 | 3.9 | 1.8 | 2.5 | 6.2 |
| 细木工板 | 65.6 | 19.4 | 0 | 0 | 15 |
| 总　计 | 63.33 | 26.26 | 1.88 | 2.52 | 6.01 |

### 1.1.3 发展趋势

由于人类大量使用木材，导致天然林蓄积量陡减，影响了人类的生存环境；木材资源从天然林为主转向人工林，此外竹材、农业剩余物等非木材资源也引起了人们的重视。原料资源的变化对人造板产业带来了许多新的技术问题，有待我们去研究解决。

第一，坚持生产低污染、对生态环境破坏小的产品，即4R产品。

①充分利用可再生资源(Regrown)。木材和其他植物纤维材料是一种借太阳能可再生的资源，因为它是天然资源，对人类有综合性有益效应，因而深得人们关注和开发应用。

②减熵原则(Reduce Entropy)。要求用较少原材料和能源投入来达到既定的经济目的，即在产品生产过程中产生废料、废气、废水、能耗等少而低，减少对环境的污染。

③再使用原则(Reuse)。较多地体现在制造产品和包装容器的重复使用中。生产者应该将制品及其包装当作一种日常生活器具来设计，使其反复使用，而不是用完就扔。饮料瓶用完后许多人把它当作茶杯，就是一个符合再使用原则的实例。废旧木材回收再用也是再使用原则的典型实例。

④再循环原则(Recycle)。就是使木材制品完成其使用功能后，可重新变成可以利用的资源而不是当作垃圾。

第二，研究开发新产品。如：功能性人造板、结构用定向排列人造板、化学物理改性的复合人造板等。

第三，高新技术的应用。如：喷蒸真空热压技术、单板连续组坯技术、采用生物质胶黏剂、人造板生产过程计算机模拟技术、纳米技术等。

第四，走产、学、研结合的道路，发挥各自长处，花费最低成本求得最大效益，使科研成果早日用于生产。

## 1.2　人造板的分类

由于人造板品种繁多、应用场所不同、产品性能差别极大、功能不同、形状变化大、密度变异大、制造方法有所不同、胶黏剂种类多、原料可为木质和非木质、构成单元形状差别大等原因，其分类方法至今尚未统一。现归纳介绍几种分类方法。

### 1.2.1　依生产过程类型分类

根据产品成型时板坯的含水率大小，分成干法、湿法和半干法(图 1-1)。由于湿法产生的废水处理难度大、成本高，因而当前生产主要以干法为主。

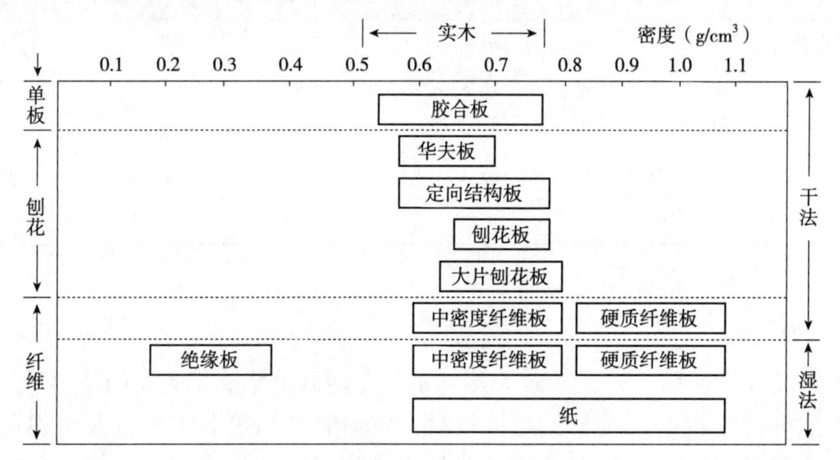


图 1-1　人造板依生产过程类型分类

### 1.2.2　依使用性能分类

人造板属于材料学科中的复合材料类，依其使用性能，可分成结构材料与功能材料两大类(表 1-7)。结构材料的使用性能主要是力学性能和耐老化性能；功能材料的使用性能主要是装饰性、阻燃性、抗虫性、抗腐性，对电、光、磁、热、声等的性能。

表 1-7　人造板依使用性能分类

| 依性能分 | 依特性再分 | 产品名称 |
| --- | --- | --- |
| 结构人造板 | 定向结构材 | 胶合层积木(又称集成材)(Glulam)<br>单板层积材(LVL)<br>木(竹)条层积材(PSL)<br>重组木(Scrimber)<br>胶合板<br>定向结构大片板(OSB)<br>定向结构华夫板(OWP)<br>平行大片刨花层积材(OSL/LSL)<br>细木工板 |

（续）

| 依性能分 | 依特性再分 | 产品名称 |
|---|---|---|
| 结构人造板 | 高密度板 | 木材层积塑料<br>塑化胶合板<br>高密度纤维板（HDF）<br>高密度刨花板（HDP） |
| 功能人造板 | 装　饰 | 饰面的各种人造板 |
| | 阻　燃 | 阻燃人造板 |
| | 抗　虫 | 抗虫人造板 |
| | 抗　腐 | 抗腐人造板 |
| | 抗静电 | 抗静电人造板 |
| | 曲　面 | 曲面（弯曲、成型）人造板 |

### 1.2.3 依组成的木质（或非木质）单元分类

（1）以单板、板、片为主的产品

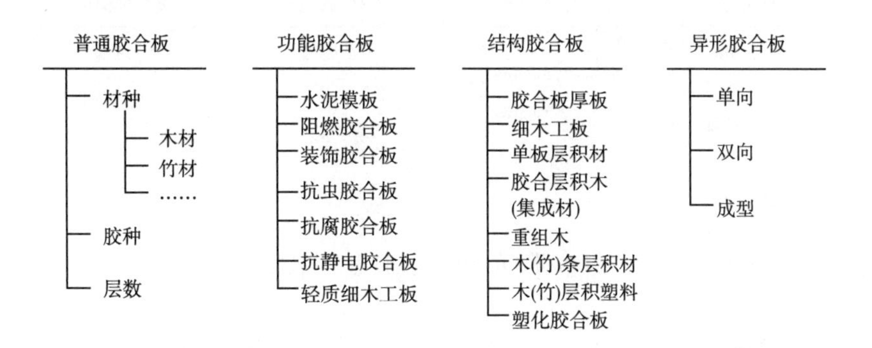


（2）以刨花为主的产品

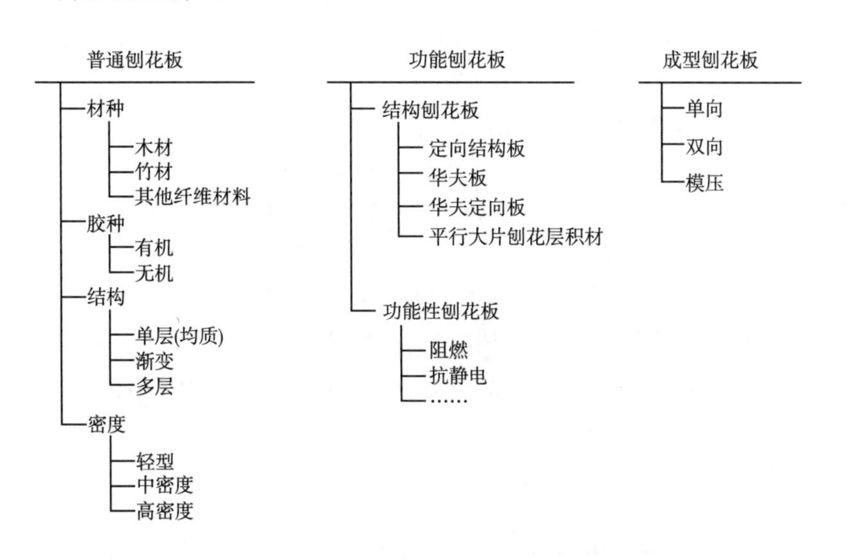

(3)以纤维为主的产品

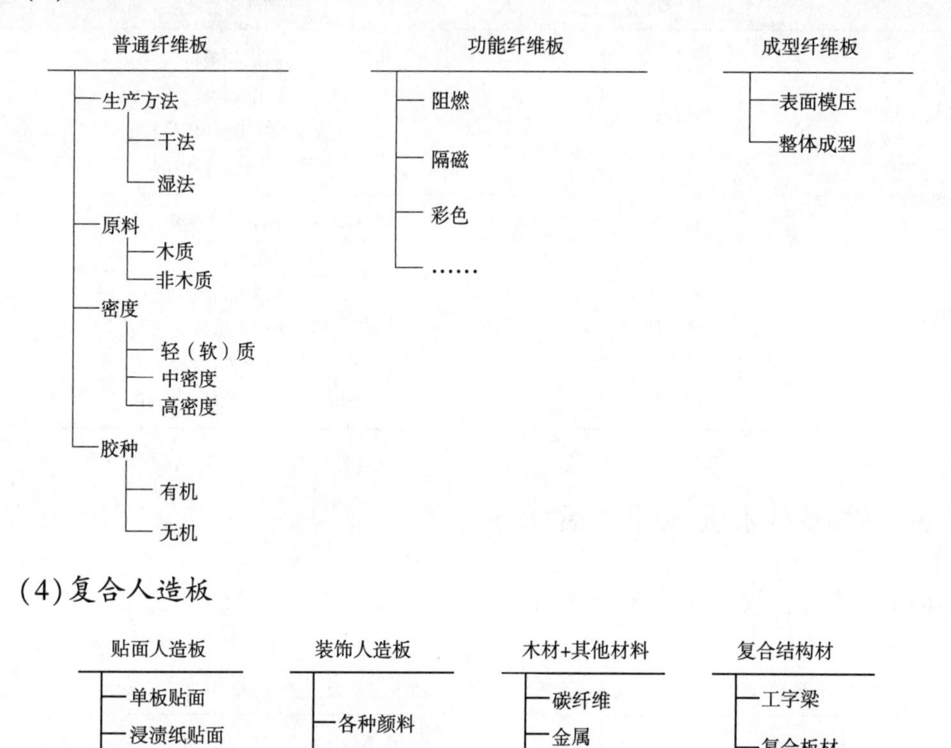


(4)复合人造板

贴面人造板
- 单板贴面
- 浸渍纸贴面
- 其他材料贴面

装饰人造板
- 各种颜料
- 各种涂料

木材+其他材料
- 碳纤维
- 金属
- ……

复合结构材
- 工字梁
- 复合板材

### 1.2.4 综合式分类法

依人造板组成的木质(或非木质)的单元、胶黏剂和添加剂，以及产品形状的组合进行分类。

单元(A)+胶黏剂($B_1$)+添加剂($B_2$)+产品形状(C)= 人造板

单元(A)：单板、竹片、板材、木条、大片刨花、刨花、纤维等。

胶黏剂($B_1$)：合成树脂胶——脲醛树脂胶、酚醛树脂胶、三聚氰胺树脂、异氰酸酯树脂等。

无机胶黏剂——水泥、石膏、粉煤灰、矿渣等。

添加剂($B_2$)：阻燃剂、防虫剂、防水剂、防腐剂等。

产品形状(C)：平面状、异状(曲面、弯曲)表面模压等。

例如：

单板(A)+脲醛树脂胶($B_1$)+平面状(C)= 脲醛树脂胶合板

单板、木条(A)+脲醛树脂胶($B_1$)+平面状(C)= 细木工板

刨花(A)+脲醛树脂胶($B_1$)+防水剂($B_2$)= 普通刨花板

## 1.3 人造板的基本性能和应用

基本性能可分为外观性能和内在性能。人造板的基本性能取决于人造板最终应用的

场所。例如用于室外结构材，对人造板的要求不仅力学性能要好，而且耐久性要高；作为装饰用材料，表面必须有美丽的木纹图案；在高层建筑中应用，不但要有装饰或其他功能，而且要有阻燃性能。

### 1.3.1 外观性能

GBT 19367—2009
人造板的尺寸测定

外观性能主要包括产品的外形尺寸及偏差、材质缺陷(活节、死节、腐朽、变形等)、加工缺陷(叠离芯、鼓泡、分层、压痕等)、边缘直度、平整度、垂直度等。具体规定参见相应产品标准。

### 1.3.2 内在性能

内在性能主要包括人造板的物理性能、力学性能、耐久性(老化性能)、表面特性和特殊性能等。

GBT 17657—2013
人造板及饰面人造板理化性能试验方法

(1)物理性能

人造板的含水率、密度、吸水率、吸水厚度膨胀率、游离甲醛释放量等均属于物理性能，见表1-8。

**表1-8 常见人造板产品主要物理性能**

| 性能指标 | 普通胶合板 GB/T 9846—2015 | 混凝土模板用胶合板 GB/T 17656—2018 | 单板层积材 GB/T 20241—2006 | 细木工板 GB/T 5849—2016 | 竹编胶合板 GB/T 13123—2003 | 刨花板 GB/T 4897—2015 | 中密度纤维板 GB/T 11718—2009 | 定向刨花板 LY/T 1580—2010 |
|---|---|---|---|---|---|---|---|---|
| 含水率(%) | 5~16 | 5~14 | 6~14 | 6~14 | ≤15 | 3~13 | 3~13 | 2~12 |
| 密度($g/cm^3$) | — | — | — | — | — | 0.4~0.9 | 0.65~0.80 | — |
| 吸水厚度膨胀率TS(%) | — | — | — | — | — | ≤8.0(2h) | ≤12.0(24h) | ≤20(24h) |
| 浸渍剥离 | ≤25mm | ≤25mm | 非结构型，≤1/3；结构型，≤1/4 | ≤25mm | — | — | — | — |
| 游离甲醛释放量* | 按GB 18580—2017执行 | — | 非结构型，E1/E2级 | 按GB 18580—2017执行 | — | 按GB 18580—2017执行 | ≤8.0mg/100g | ≤8.0mg/100g |

* 胶合板、单板层积材常采用干燥器法测试，E1级≤1.5mg/L、E2级≤5.0mg/L；刨花板和中密度纤维板常采用穿孔法测试；定向刨花板仅采用脲醛树脂时测试甲醛释放量。

(2)力学性能

人造板的力学性能主要表征为：胶合强度、静曲强度、弹性模量、顺纹抗拉强度、横纹抗拉强度、冲击韧性、顺纹胶层剪切强度、顺纹抗压强度、端面硬度、内结合强度、表面结合强度、握螺钉力等，见表1-9。

**表1-9 常见人造板产品主要力学性能**

| 性能指标 | 普通胶合板 GB/T 9846—2015 | 混凝土模板用胶合板 GB/T 17656—2018 | 单板层积材 GB/T 20241—2006 | 细木工板 GB/T 5849—2016 | 竹编胶合板 GB/T 13123—2003 | 刨花板 GB/T 4897—2015 | 中密度纤维板 GB/T 11718—2009 | 定向刨花板 LY/T 1580—2010 |
|---|---|---|---|---|---|---|---|---|
| 胶合强度(MPa) | ≥0.7 | ≥0.7 | — | ≥0.7 | — | — | — | — |
| 静曲强度(MPa) | ≥24/18 | ≥35/25* | 结构型,分10个等级,≥16 | 横向≥15 | ≥50 | ≥11 | ≥24 | ≥20/10 |
| 弹性模量(MPa) | ≥5500/3500 | ≥5000/4000 | 结构型,分10个等级,≥5000 | — | ≥5000 | ≥1600 | ≥2300 | ≥3500/1400 |
| 冲击韧性(kJ/m$^2$) | — | — | — | — | ≥50 | — | — | — |
| 水平剪切强度(MPa) | — | — | 结构型,分7个等级,≥3.5(垂直加载)/3.0(平行加载) | — | — | — | — | — |
| 内结合强度(MPa) | — | — | — | — | — | ≥0.35 | ≥0.45 | ≥0.32 |
| 表面胶合强度(MPa) | — | — | — | ≥0.6 | — | ≥0.8 | ≥0.9 | — |
| 握螺钉力(N) 垂直板面 | — | — | — | — | — | ≥900 | — | — |
| 握螺钉力(N) 平行板面 | — | — | — | — | — | ≥600 | — | — |

* “/”两侧数值分别代表顺纹和横纹方向。表中列入的刨花板和中密度纤维板均为最常见的干燥状态下使用的家具型刨花板(厚度13~20mm),定向刨花板为干燥状态下的承载板材(OSB/2,厚度10~18mm),其他条件见标准。

(3)耐久性

人造板产品在使用中由于受到气候的变化，如吸湿受潮、解湿干燥、加热冷冻等，使得木材单元和胶层变形，但相互受到胶黏剂的牵制作用，不能自由变形，形成内应力，久而久之促使胶层变弱而破坏，最终使产品的物理力学性能降低直至产品破坏。产品受太阳光、紫外线等照射，也能促进胶黏剂老化而降低产品性能。这一过程需要很长时间，才能测出产品性能随使用时间变化的衰减规律。因而人们根据影响产品性能变化的主要气候因素设计了许多快速老化试验方法(表1-10)来测定残存的力学性能，以确定其抗老化性能。

**表 1-10 人造板老化试验后的力学性能**

| 序号 | 指 标 | 胶合板 | | 混凝土模板用胶合板 | 航空用桦木胶合板 | 定向结构板 | 欧洲耐潮MOF | 竹编胶合板 |
|---|---|---|---|---|---|---|---|---|
| | | Ⅰ类 | Ⅱ类 | | | | | |
| 1 | 试件在水中煮4h，干20h(63℃±3℃)煮4h后胶合强度(MPa) | ≥0.7 | | ≥0.7 | | | | |
| 2 | 63℃±3℃水中浸3h胶合强度(MPa) | | ≥0.7 | | | | | |
| 3 | 试件在沸水中煮1h胶合强度(MPa) | | | | ≥1.6 | | | |
| 4 | 煮2h后MOR(MPa) | | | | | ≥1.2 | | |
| | IB(MPa) | | | | | ≥0.12 | ≥0.10 | |
| 5 | 煮3h，冰冻(-20℃)24h，干燥(103℃)3h后MOR(MPa) | | | | | | | ≥50 |

(4)功能性

功能型人造板是在使用时有特殊要求的一类人造板，如防火、防虫、低游离甲醛等。基本要求见表1-11。

**表 1-11 功能性基本要求**

| 功能要求 | 标 准 |
|---|---|
| 防 火 | GB 50222—2017 建筑内部装修设计防火规范 |
| | GB 8624—2012 建筑材料及制品燃烧性能分级 |
| | GB 8625—2016 建筑材料难燃性试验方法 |
| 低游离甲醛 | GB 18580—2017 室内装饰装修材料 人造板及其制品甲醛释放限量 |

## 1.3.3 人造板的应用

人造板应用范围极广，建筑、家具、车船、包装、乐器、航空等行业都离不开它，举例见表1-12。

**表 1-12 人造板应用范围举例**

| 行 业 | 用 途 | 人造板品种 | 备 注 |
|---|---|---|---|
| 建 筑 | 内外墙板 | 胶合板、OSB | 间隔墙 |
| | 房 屋 | 胶合板、OSB、刨花板、复合地板<br>复合工字梁 | 地 板<br>搁 板 |
| | 水泥模板 | 胶合板等 | |

(续)

| 行 业 | 用 途 | 人造板品种 | 备 注 |
|---|---|---|---|
| 家 具 | 装 饰 | 薄胶合板、各种贴面人造板 | 柜体材料 |
| | 厨房家具 | 胶合板、刨花板、细木工板、MDF 等 | |
| | 室内家具 | 胶合板、刨花板、细木工板、MDF 等 | |
| | 办公室 | 胶合板、刨花板、细木工板、MDF 等 | |
| | 会 议 | 胶合板、刨花板、细木工板、MDF 等 | |
| | 客 房 | 胶合板、刨花板、细木工板、MDF 等 | |
| 车 辆 | 车厢板 | 胶合板、OSB | |
| | 隔 板 | 胶合板、OSB | |
| 包 装 | 设 备 | 胶合板、OSB | |
| | 仪 器 | 胶合板、OSB | |
| | 物 品 | 胶合板、OSB | |

## 1.4 人造板的生产方法

人造板生产方法依板坯成型时组成单元(单板、刨花、纤维等)的含水率分成三大类：①干法(单元含水率在15%左右)；②湿法(单元含水率在100%以上)；③半干法(单元含水率在30%以上)。由于湿法生产产生大量废水，污染环境，随着社会的不断进步，人们认识到环境的重要性，因此现代人造板生产方法以干法为主。

根据板坯在压制成产品时加热和不加热，分为热压法和冷压法。由于热压法的压制时间较短，而且质量能得到保证，一般均采用热压法。

综上所述，当前人造板生产方法以干热法为主导方法。

无论哪种人造板，其干热法生产过程均可简单归纳成两大块：单元制造和板的成型及加工，两者可连续进行，也可单独实施。例如，甲企业可单独制造单元半成品，售予乙企业再加工成人造板成品，这种形式在胶合板生产中最为常见。其中，单元制造包括原料准备、单元制备、单元加工三大工段，板的成型及加工包括单元施胶、板坯成型、胶合和后处理四大工段。对于不同的人造板产品，因涉及原料种类与形式、单元形态与尺寸、板坯结构与特性等不同，七大工段所采取的具体工序有差异。这集中体现了不同人造板品种其制造工艺的共性与个性特征，需要横向对比、甄别把握。

### 1.4.1 单元制造

人造板单元主要包括单板、刨花和纤维三大类。一般而言，考虑木材原料的高值化利用，三种形态尺寸迥异的人造板单元采用的木材原料形式有显著差异，相应的切削加工和处理的工艺与设备也截然不同。其中：单板由具有较大直径的原木木段切削加工而成；刨花可分为大片刨花和普通颗粒状刨花两类，大片刨花主要由小径材刨削而成，普通颗粒状刨花主要由制材剩余物、木材加工剩余物或森林采伐剩余物等低附加值木材原料加工而成；而纤维则主要由小径材或加工剩余物切削成的木片磨削而成。制造三种单元的工艺均可分为原料准备、单元制备、单元加工三个工段，具体工序对比汇总见表1-13。表中纤维处理是指在纤维中施加防水剂、胶黏剂和其他功能性添加剂。

表 1-13 单元制造的主要工序

| 工段名称 | 工序名称 | 单板 | | 刨花 | | 纤维 |
|---|---|---|---|---|---|---|
| | | 薄单板 | 厚单板 | 大片刨花 | 普通刨花 | |
| 原料准备 | 原木或小径材 | 1 | 1 | 1 | | 1 |
| | 制材、加工或采伐剩余物 | | | | 1 | (1) |
| 单元制备 | 原木锯断 | 2 | 2 | | | |
| | 木段热处理 | 3 | 3 | | | |
| | 木段剥皮 | 4 | 4 | | | |
| | 木段定中心、旋切 | 5 | 5 | | | |
| | 封边和卷筒 | 6 | 6 | | | |
| | 刨片 | | | 2 | | |
| | 削片(木片料仓贮存) | | | | 2 | 2 |
| | 再碎 | | | | 3 | |
| | 热磨 | | | | | 3 |
| 单元加工 | 湿料仓或浆池(纤维处理) | | | 3 | 4 | (4)** |
| | 干　燥 | 7 | 7或8* | 4 | 5 | 4 |
| | 单板剪裁 | 8 | 8或7* | | | |
| | 分选 | 9 | 9 | 5 | 6 | |
| | 修理和加工 | 10 | 10 | | | |
| | 干单元贮存 | 11 | 11 | 6 | 7 | 5 |

* 单板生产有“先干后剪”和“先剪后干”两种工艺，两者对剪裁尺寸要求不同。一般大型企业采用先干燥湿单板带再剪裁成干单板片的连续化生产工艺，中小型企业采用先把湿单板带剪裁成单板片、再干燥的生产工艺。薄单板生产一般采用前者。

** 湿法生产纤维板时，纤维制造到该工序结束，后面直接进入板坯成型工段；干法生产纤维板时，纤维在热磨后还需进行干燥和施胶(生产中一般采用热磨后直接施胶再干燥的工艺，也可先干燥后施胶，两种工艺各有优劣，后续章节详细介绍)。

## 1.4.2 板的成型及加工

以单板、刨花和纤维为单元，分别制造单板类人造板、刨花类人造板和纤维类人造板，其成型及加工工艺均可笼统划分为单元施胶、板坯成型、胶合和后处理四大工段，工序设计依据单元形态、胶黏剂种类、产品结构、产品用途而定，具体见表 1-14 和表 1-15。

表 1-14 单板类人造板成型加工的主要工序

| 工序名称 | 普通胶合板 | | | 单板层积材 | 木材层积塑料 |
|---|---|---|---|---|---|
| | 脲醛胶 | 蛋白胶 | 酚醛胶 | | |
| 干面板的准备 | 1 | 1 | 1 | 1 | 1 |
| 干芯板的准备 | 2 | 2 | 2 | 2 | 2 |
| 胶黏剂准备 | 3 | 3 | 3 | 3 | 3 |
| 施　胶 | 4 | 4 | 4 | 4 | 4 |

(续)

| 工序名称 | 普通胶合板 | | | 单板层积材 | 木材层积塑料 |
|---|---|---|---|---|---|
| | 脲醛胶 | 蛋白胶 | 酚醛胶 | | |
| 涂浸胶单板干燥 | | | (5) | | 5 |
| 配板坯 | 5 | 5 | 6 | 5 | 6 |
| 板坯预压 | 6 | 6 | 7 | | |
| 胶　合 | 7 | 7 | 8 | 6 | 7 |
| 胶合板干燥 | (8)* | (8)* | | | |
| 裁　边 | 9 | 9 | 9 | 7 | (8) |
| 表面加工 | 10 | 10 | 10 | 8 | |
| 分等及检验 | 11 | 11 | 11 | 9 | 9 |
| 修　理 | (12) | (12) | (12) | (10) | |
| 包　装 | 13 | 13 | 13 | 11 | 10 |

注：括号表示该工序依情况可有或无；*表示胶合采用热压时可无此工序，若冷压时需此工序。

**表 1-15　刨花和纤维成型加工的主要工序**

| 工序名称 | 刨　花 | | 纤　维 | 工序名称 | 刨　花 | | 纤　维 |
|---|---|---|---|---|---|---|---|
| | 普　通 | 大　片 | | | 普　通 | 大　片 | |
| 干料仓定量 | 1 | 1 | 1 | 金属吸取 | (8) | (9) | (9) |
| 拌　胶 | 2 | 2 | 2 | 预　压 | (9) | (10) | 5 |
| 铺装机计量 | 3 | 3 | 3 | 热　压 | 10 | 10 | 11 |
| 定　向 | | 4 | | 垫板回送 | (11) | (12) | |
| 铺　装 | 4 | 5 | 4 | 锯　裁 | 12 | 13 | 11 |
| 板坯截断 | 5 | 6 | 6 | 砂　光 | 13 | 14 | 12 |
| 测密度 | (6) | (7) | (7) | 分等检验 | 14 | 15 | 13 |
| 测板坯含水率 | (7) | (8) | (8) | | | | |

注：(11)(12)依工艺确定有或无；其他加括号数值表示该工序从工艺讲应该有，若资金不足可暂时省略。

## 1.5 人造板知识产权

在人造板工业发展的进程中，除了向社会提供了满足人类生产和生活之需的巨大物质财富外，还创造了丰富的智力成果。通常把人们基于自己的智力活动创造的成果和经营管理活动中的经验及知识依法享有的权利理解为知识产权。

### 1.5.1 知识产权的性质和法律特征

知识产权是一种无形的产权，是一种特殊的民事权利，具有以下性质：具有无形的智力成果；具有使用价值和具有财产权的性质。

知识产权作为一种有财产权性质的民事权，具有以下法律特征：

(1)法律确认性

知识产权必须经过国家法律直接确认、核准授予。知识产权要想受到法律保护，必须符合法律法规对可以取得知识产权的智力成果界定范围、产生的条件和程序。

(2)专有性

知识产权所有人对其知识产权有独占权，未经法律或权利人许可，任何人不得擅自享有或使用，否则构成侵权行为，对于同样的智力成果只能授予一项知识产权，不允许两项以上同样的知识产权存在。

(3)地域性

知识产权的地域性是指知识产权只在授予权利的国家或者确认其权利的国家产生并且只能在该国范围内发生法律效力并受法律保护。

(4)时间性

知识产权仅仅在一个法定期限内受法律保护，超过了法定期限，智力成果便进入了公有领域，成为人类社会的共同财富。任何国家和个人都可以自由地加以利用。

### 1.5.2 知识产权的范围

知识产权的范围是指我国《知识产权法》的确认和保护的知识产权的领域与对象。由于世界各国经济文化传统存在着差异，另由于知识产权内涵随着科技进步和社会的发展而不断扩大，因此世界各国对知识产权范围的划定也不尽相同。

根据我国《民法通则》规定的知识产权的范围与人造板相关的知识产权主要包括：

(1)著作权

著作权指在人造板研究领域内获得的学术专著、学术论文、计算机软件、影像资料等。著作权的取得采取自动取得原则，均自创作完成之日产生。

(2)专利权

专利权分为发明专利，实用新型专利和外观设计专利。其中发明专利又可划分为产品发明和方法发明，专利具有新颖性、创造性和实用性。

(3)商标权

商标权分为商标使用权和商标所有权。商标所有权须注册，成为一种专有权，商标权具有独占性和专有性。

(4)商业秘密权

商业秘密权是不为公众所熟悉，能为权利人带来经济效益，具有实用性并经权利人采取保密措施的技术信息和经济信息。它具有秘密性、新颖性和价值性。

在人造板生产和经营活动中，涉及知识产权的主要有以上四种，了解有关人造板知识产权的基本知识，既要学会用法律手段保护自己的知识产权，又要避免发生侵犯他人知识产权的行为。

## 1.6 人造板的标准

中国标准分为四大类：国家标准、行业标准、地方标准和企业标准。国家鼓励企业制定严于国家标准或者行业标准的企业标准，在企业内使用。标准的制定、执行和监督权属于国家质量技术监督局，也可委托有关机构代为行使其职权，如××标准化委员会、××质量检测站等。

根据我国标准法规定，国家标准、行业标准分为强制性标准和推荐性标准。保障人体健康、人身、财产安全的标准和法律及行政法规规定强制执行的标准是强制性标准，必须执行。不符合强制性标准的产品，禁止生产、销售和进出口。如《建筑内部装修设计防火规范》(GB 50222—2017)为强制性国家标准，其中规定：(顶棚材料)木材和木质材料必须达到燃烧性能 B1 级。这就要求生产厂家必须对木材进行阻燃处理，达到后才能出厂使用。一般用人造板标准大多为推荐性标准。

根据国家有关法令规定，在制定标准时应尽量以国际技术规程或标准为依据，直至等同采用有关国外先进标准，如 ISO、EN、DIN、ASTM、JIS(JAS)等标准。

(1)国际标准

国际标准是指国际标准化组织(ISO)和国际电工委员会(IEC)所制定的标准，以及 ISO 确认并公布的国际组织和其他国际组织[如国际计量局(BIPM)、联合国教科文组织(UNESCO)、世界知识产权组织(WIPO)等]制定的标准。

有关人造板方面的国际标准有：ISO1096 Plywood—Classification，ISO 1098 Veneer Plywood for General use—General Requirements 等。

(2)国外先进标准

有权威性的区域性标准。如欧洲标准化委员会(CEN)等制定的标准：EN310-Wood based panels-Determintation of modulus of elasticity in bending and of bending strength，EN317-Particleboard and fiberboard，EN300-Oriented strand board (OSB)等。

世界主要经济发达国家的国家标准。如美国 ANSI、德国 DIN、英国 BS、日本工业标准 JIS、日本农林标准 JAS 等。如 JIS A 5908-刨花板、JIS A 5905-纤维板、ANSI A 208. 1-Particleboard、ANSI A 208. 2-Medium density fiberboard (MDF)、DIN 280-Parquet 等。

(3)国际上通行的团体标准

如美国试验与材料协会(ASTM)、美国机械工程师协会(ASME)等制定的标准：ASTM D 1037-Standard Test Methods for Evaluating Properties of Wood-Base Fiber and Particle Panel Materials，ASTM D 3500-Standard Test Methods for Structural Panels in Tension 等。

(4)国内标准

由国家质监总局、国家标准委员会发布的国家标准(GB)或由国家林业局组织制定并颁布的行业标准(LY)。与人造板有关的标准有：《人造板及饰面人造板理化性能试验方法》(GB/T 17657—2013)；《普通胶合板》(GB/T 9846—2004)；《刨花板》(GB/T 4897—

2015)；《中密度纤维板》(GB/T 11718—2009)；《细木工板》(GB/T 5849—2016)；《浸渍纸层压木质地板》(GB/T 18102—2007)；《单板层积材》(GB/T 20241—2006)；《麦(稻)秸秆刨花板》(GB/T 21723—2008)；《定向刨花板》(LY/T 1580—2010)；《石膏刨花板》(LY/T 1598—2011)等。

国内相关标准

## 1.7 人造板的构成原则

木(竹)材顺纹与横纹方向上的力学性能和物理性能差异极大，为了改善这种性能，发挥它的优势，保持成品形状、尺寸的稳定，在组坯时应遵循以下三个原则。

### 1.7.1 对称原则

在人造板的对称中心平面两侧的相应层内的单元，其树种、厚度、制造方法、纹理方向、含水率等均应相同(图 1-2)。

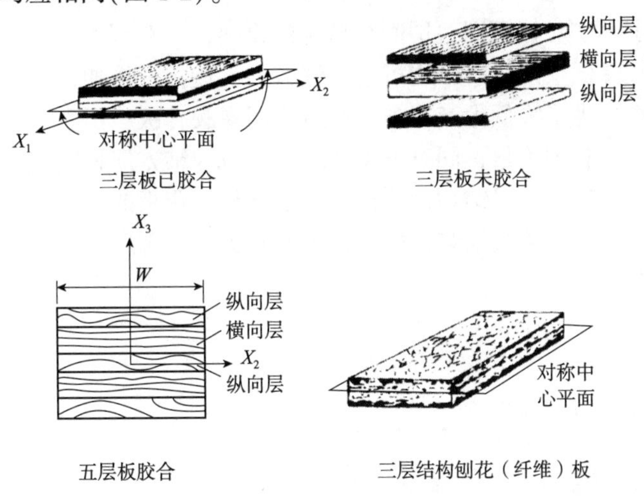


**图 1-2 人造板结构示意**

例如，当人造板含水率发生均匀变化时，板内木(竹)将会发生变形(吸湿膨胀、解吸干缩)，因变形而产生的应力可用下式计算：

$$\sigma=\varepsilon \cdot E$$

式中：$\sigma$——应力(MPa)；

$\varepsilon$——应变[其值与木(竹)材材种、纤维方向、含水率变化值等有关]，$\varepsilon=\dfrac{\Delta L}{L}$；

$L$——材料原长或宽或厚(m)；

$\Delta L$——材料由于含水率的变化而引起的伸长量或收缩量(m)；

$E$——木(竹)材的弹性模量(同材种、纤维方向、含水率等有关)(MPa)。

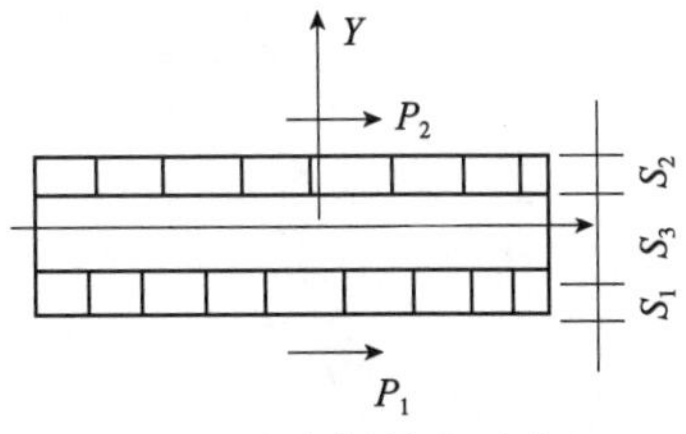


**图 1-3 胶合板的变形力**

例如，胶合板中相对应单板(单元)层仅厚度不同 $S_1>S_2$，当胶合板吸湿时将产生变形力 $P_1=\sigma \cdot S_1 \cdot l \cdot W$

和 $P_2=\sigma \cdot S_2 \cdot l \cdot W$，所以 $P_1>P_2$(图 1-3)。在这种情况下，胶合板内产生了内应力，三层板将会发生向上弯曲变形、开裂(胶)等缺陷。

### 1.7.2 层间纹理排列原则

由于木材(竹材)纹理方向(即纤维方向)上物理力学性能的差异极大，为了改善其各向异性的缺点，因而可使相邻层单板(刨花层、纤维层)的纤维排列方向互成直角或可减少相隔角度值使成品的各向异性降至最小，或任意排列(刨花、纤维)，如胶合板、细木工板、定向结构板、刨花板、纤维板等。

为了发挥木材纤维纵向的强度和尺寸稳定性的特点，也可使相邻层单板(刨花层、纤维层)的纤维排列方向同向(并行)排列，成为定向产品，如单板层积材(LVL)、胶合层积木(Glulam)、木(竹)条层积材(PSL)，重组木(Scrimber)等定向产品。

可见层间纹理排列对产品的物理力学性能影响极大。

### 1.7.3 奇数层原则

组坯时，为了遵守对称原则、层间纹理排列原则，一般都遵守奇数层原则。有时为了满足用户要求，降低生产成本，也可生产偶数层人造板。例如，用户要求板增厚，但力学性能要求不高，为了降低生产成本，可生产四层胶合板，不生产五层胶合板，因为少一层可减少一层胶黏剂用量，同时把中间二层单板纤维方向相同方向排列，实际上成为三层胶合板结构。生产三层结构刨花板时为了满足刨花板的厚度要求和表芯层刨花厚度比例要求，可用四个铺装头铺装，中间二个铺装头专铺芯层刨花，名为四层实际上仍为三层结构的刨花板。

**思考题**

1. 为什么要发展人造板工业？
2. 为什么要熟悉人造板分类？
3. 试述人造板主要产品的特点。
4. 下图为胶合板的结构示意图，当单板吸湿或解湿时，将会发生什么情况？试用图表示。

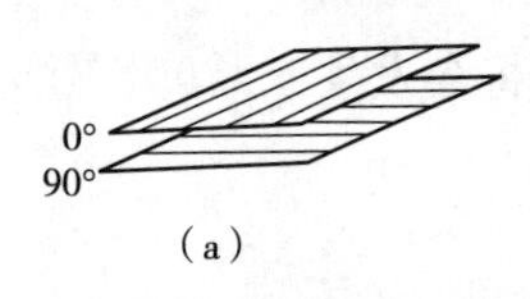

(a)

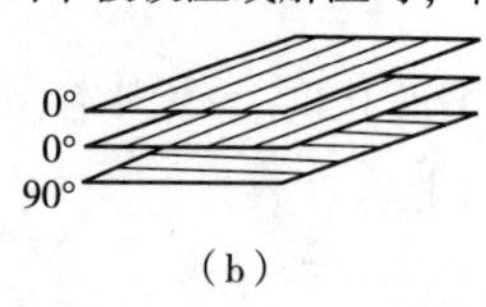

(b)

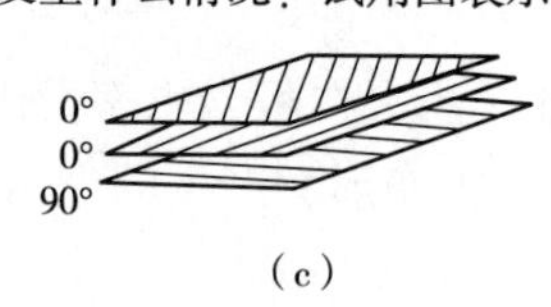

(c)

5. 人造板的基本性能是什么？
6. 试写出干法中密度纤维板(MDF)基本生产工艺过程。
7. 制定人造板标准的基本原则是什么？
8. 试述常见的人造板产品及其用途。

# 第2章
# 原　料

本章就人造板生产的主要原料(木质原料、非木质原料、胶黏剂)的基本性能进行了较为具体的论述；对防水剂、固化剂、填充剂、阻燃剂、防腐剂以及贴面材料等其他原料作了简介，为后续章节学习打下基础。学习本章的目的在于掌握主体原料的构成和特征及其对成品制造的影响机理，探索材料改性的工艺方法，对于保证产品质量、降低生产成本和节能减排意义深远。

本章重点为木材原料的结构组成和化学成分。

原材料的性质对加工工艺、生产流程、设备选型，以及最终人造板制品的质量和成本都有重要影响，生产中要合理选择和正确使用原材料。

## 2.1　人造板生产对原料的要求

在人造板制造的总生产成本中，木材原料的成本是很重要的一部分。据有关统计资料记录，在欧洲和美国的刨花板企业中，木材原料占总成本的24%~33%，而细木工板则高达72%。这与对原料的要求及出材率有关。刨花板、纤维板制造原料的出材率较高，达到75%~85%，而胶合板原料的出材率仅为45%~55%。各类人造板的性能因其构成基本单元(单板、刨花、纤维等)形状、质量以及板坯结构的不同而不同，因此，不同种类的人造板对原料要求也不尽相同。

### 2.1.1　胶合板生产对原料的要求

在人造板生产中，对原料要求较高的是以单板作为基本单元的层积材类制品，主要为胶合板。该类制品对原木要求主要体现为原木质量、原木长度、原木径级。

原木质量——较大的削度、机械损伤、环裂、端裂、伤疤、空心、腐心等缺陷均会降低木材的利用率；原木的斜纹理、节子、涡纹、变色等，使单板的表面质量和强度降低，从而影响胶合板等制品的质量。

原木长度——按国家标准，胶合板用原木检尺长为4m、5m、6m，长度公差为$^{+6}_{-2}$cm。根据成品板的规格要求，选择木段的合理长度。

原木径级——原木的直径直接影响到木材的出材率和劳动生产率，我国规定胶合板用材最小直径为26cm，检尺直径按2cm进级。随着开发利用速生人工林资源，单板用材的径级变小是一个趋势。

除上述几方面的要求外，材性方面也应特别注意，应避免使用密度特大、硬度特高或干燥后翘曲变形严重的树种；不同树种材性不一样，加工过程中原料不可随意混用。

### 2.1.2 刨花板、纤维板生产对原料的要求

各类刨花板、纤维板生产中，主要使用小径级原木，采伐、加工剩余物以及非木质的植物纤维原料。为了保证板材的物理力学性能，对原料的基本要求是：具有一定纤维素含量的木质或非木质植物纤维原料，都可用于制作非单板类的人造板。

使用小径材、薪炭材时，最好为单一树种，如若为几种原料混用，应将性质(密度、压缩率、化学组成等)相近的原料放在一起使用，目的是便于控制生产工艺。

原料品种选择，一般考虑选用密度低而强度高的树种，为制造优质产品创造条件。

小径材、枝丫材及各类加工剩余物，树皮含量一般比较高，会给产品质量和外观带来不良影响，所以一般要求控制在10%以下。

此外，原料含水率对人造板生产工艺及性能也有较大影响。含水率过低，原料刚性大、发脆，易碎易裂；含水率过高，不仅影响切削质量，而且增加后续干燥负荷。一般地，原料含水率在40%~60%时较为理想。

## 2.2 木质原料的性质

木质原料的基本性质包括物理性质、力学性质、化学性质等。了解木材的基本性质，对木材的加工和利用具有重要意义。

### 2.2.1 木材的物理性质

木材的物理性质是指不改变木材的化学成分，也无外界机械力的作用，就能了解的性质。其主要包括木材的水分、缩胀和密度，这与木材的一般加工与利用很有关系；此外，木材对电、热、声的传导性，电磁波的透射性等，都属于此类性质的范畴。

(1)木材水分与缩胀

新鲜木材中的水分占木材本身质量的一大部分，这些水分直接影响到木材的许多性质，如质量、强度、干缩与湿胀、耐久性、燃烧性及加工性能等。

木材中的水分有两种：吸着水与自由水。

吸着水存在于木材细胞壁里，又叫吸湿水，与胞壁物质结合，直接影响木材的胀缩和强度。因此，这种水分在木材加工利用时要特别重视。自由水存在于细胞腔及细胞间隙内，只影响木材的质量、保存性和燃烧性等。

当木材胞腔内的水分完全蒸发，而胞壁的吸着水没散失时；或者当干木材的细胞壁吸满吸着水，即胞壁水分达到饱和状态，但胞腔内完全没有水分时，这时候的木材含水状态称为纤维饱和点。纤维饱和点是木材材性变异的转折点。木材含水率在纤维饱和点以上变化时，木材强度不变，木材没有缩胀变化；在纤维饱和点以下变化时，木材强度随含水率的降低而增加，木材体积随含水率的减少而收缩，含水率减少至零，收缩率达到最大值；反之，随含水率的增加而膨胀，直至达到纤维饱和点为止。纤维饱和点的含

水率因树种不同而有差别，通常在 30%左右。

木材的缩胀，顺纹方向(纵向)与横纹方向(径向与弦向)不同；径向与弦向的差异也很大。纵向通常较小，约 0.1%，径向平均为 3%~7%，弦向达6%~14%。这与木材的构造有关，主要是细胞壁结构，因为干缩湿涨是发生在垂直于纤丝的方向，起主导作用的是纤维细胞壁中次生壁中层，该层纤丝排列方向与细胞纵轴接近平行，因此木材的横向缩胀最大，纵向缩胀很小。此外，这与细胞壁中主要化学成分的分布也有一定的关系。

(2)木材密度

单位体积木材的质量即木材密度，用 $\rho=G/V$ 表示，$\rho$ 为木材的密度($g/cm^3$)，$G$ 为木材质量(g)，$V$ 为木材体积($cm^3$)。木材的密度是木材物理性质的一项重要指标，可以根据它来估计木材的质量，判断木材的物理力学性质(强度、硬度、干缩率、湿胀率等)和工艺性质，有很大的实用意义。

木材是多孔性材料，其外形体积由细胞壁物质和显微孔隙(胞腔、胞间隙、纹孔等)及超微孔隙(微纤丝之间的孔隙等)构成，因而其密度除木材容积密度外，尚有细胞壁密度和木材物质密度。木材物质密度与树种关系很小，不同树种间基本相似，通常取 $1.5g/cm^3$ 为平均值。木材胞壁密度因树种不同而异，一般为 $0.71\sim1.27g/cm^3$。

木材密度，其影响因子很多，变化幅度很大，通常根据它的含水率不同分为：基本密度 $\rho_i$=绝干材质量/生材体积；生材密度 $\rho_y$=生材质量/生材体积；气干密度 $\rho_g$=气干材质量/气干材体积；绝干密度 $\rho_0$=绝干材质量/绝干材体积。最常用的是基本密度和气干密度，我国规定的气干含水率为 15%。不同树种的木材密度与含水率、木材构造、抽提物等有关，而木材的构造和抽提物又受树龄、树干部位、立地条件等的影响。

木材的强度与刚性随木材密度而变化，其实质是单位体积内所含木材细胞壁物质数量的多少决定木材强度与刚性的大小。

### 2.2.2　木材的力学性质

木材强度又叫木材力学性质，它表示木材抵抗外部机械力作用的能力。外部机械力的作用有拉伸、压缩、剪切、弯曲等。由于组成木材的细胞是定向排列的，各项强度也就有平行纤维方向与垂直纤维方向的区别，而垂直纤维方向又分为弦向、径向。同项强度因木材各向异性，其大小在三个方向各不相同。

影响木材强度的因素很多，主要是木材缺陷，其次是木材密度、含水率、生长条件、解剖因子等。密度大，强度也大，所以密度通常是判断木材强度的标志。产地不同、生长条件不同，木材强度也会有差异。在同一株树上，因部位不同，强度也会有差别，如靠髓心部分，易开裂，强度也较低。

### 2.2.3　木材的化学性质

#### 2.2.3.1　木材化学组分

木材化学是研究木材中各种物质的化学组成、结构、理化性质及有效利用木材资源的科学。根据木材中有机物所处位置分为细胞壁物质和非细胞壁物质。细胞壁物质是构成木材的基本物质，如纤维素、半纤维素和木质素，都属于天然高聚物。非细胞壁物质主要在细胞间隙和细胞腔内，因能溶于水或中性有机溶剂，所以又称木材提取物；此外，尚含不到1%的无机物。温带针叶树材和阔叶树材的主要化学组分分别为：纤维素42%±2%、45%±2%；半纤维素27%±2%、30%±5%；木质素28%±3%、20%±4%；提取物3%±2%、5%±3%。树种不同，组分相差很大，即使同一树种，因立地条件、树龄及采伐季节的影响，组分也不一样。几种国产主要木材的化学组分见表2-1。

**表2-1 木材的化学组分**(以绝干材为准) %

| 树种 | 灰分 | 冷水抽提物 | 热水抽提物 | 1% NaOH抽提物 | 苯-乙醇抽提物 | 克-贝纤维素 | 克-贝纤维素中的α-纤维素 | 木质素 | 半纤维素 | 木(竹)材中α-纤维素 | 产地 |
|---|---|---|---|---|---|---|---|---|---|---|---|
| 针叶树材 | | | | | | | | | | | |
| 臭冷杉 | 0.50 | 3.00 | 3.80 | 13.34 | 3.37 | 59.21 | 69.82 | 28.96 | 10.04 | 41.34 | 黑龙江 |
| 柳　杉 | 0.66 | 2.18 | 3.45 | 12.68 | 2.47 | 55.27 | 77.86 | 34.24 | 11.18 | 43.03 | 安　徽 |
| 杉　木 | 0.26 | 1.19 | 2.66 | 11.09 | 3.51 | 55.82 | 78.90 | 33.51 | 8.54 | 44.04 | 福　建 |
| 落叶松 | 0.38 | 9.75 | 10.84 | 20.67 | 2.58 | 52.63 | 76.33 | 26.46 | 12.18 | 40.17 | 黑龙江 |
| 黄花落叶松 | 0.28 | 10.14 | 11.48 | 20.98 | 3.37 | 52.11 | 76.71 | 26.21 | 11.96 | 39.97 | 黑龙江 |
| 鱼鳞云杉 | 0.29 | 1.69 | 2.47 | 12.37 | 1.63 | 59.85 | 70.98 | 28.58 | 10.28 | 12.18 | 黑龙江 |
| 红皮云杉 | 0.24 | 1.75 | 2.79 | 13.44 | 3.54 | 58.96 | 72.18 | 26.98 | 9.97 | 42.56 | 黑龙江 |
| 黄山松 | 0.20 | 2.61 | 3.85 | 15.59 | 4.89 | 60.84 | 71.47 | 25.68 | 9.82 | 43.48 | 安　徽 |
| 红　松 | 0.30 | 4.64 | 6.53 | 69.50 | 7.54 | 53.98 | 69.80 | 25.56 | 9.48 | 37.68 | 黑龙江 |
| 马尾松 | 0.18 | 1.61 | 2.90 | 10.32 | 3.20 | 61.94 | 70.15 | 26.84 | 10.09 | 43.45 | 安　徽 |
| 马尾松 | 0.42 | 1.78 | 2.68 | 12.67 | 2.79 | 58.75 | 73.36 | 26.86 | 12.52 | 43.10 | 广　州 |
| 鸡毛松 | 0.42 | 1.06 | 2.03 | 11.76 | 2.11 | 56.88 | 74.66 | 31.54 | 5.99 | 42.47 | 广　东 |
| 金钱松 | 0.28 | 1.59 | 3.47 | 12.26 | 2.67 | 57.55 | 70.13 | 31.20 | 11.27 | 40.62 | 安　徽 |
| 长苞铁杉 | 0.18 | 1.65 | 2.89 | 14.13 | 3.47 | 55.79 | 80.58 | 31.13 | 7.65 | 44.96 | 湖　南 |
| 阔叶树材 | | | | | | | | | | | |
| 槭　木 | 0.51 | 3.30 | 4.14 | 18.33 | 3.82 | 59.02 | 73.75 | 22.46 | 25.31 | 43.53 | 黑龙江 |
| 拟赤杨 | 0.40 | 1.51 | 2.21 | 18.82 | 2.41 | 58.70 | 78.52 | 21.55 | 22.95 | 46.10 | 湖　南 |
| 光皮桦 | 0.27 | 1.34 | 2.04 | 15.37 | 2.23 | 58.00 | 73.17 | 26.24 | 24.94 | 42.44 | 湖　南 |
| 棘皮桦 | 0.32 | 1.56 | 2.22 | 23.24 | 3.39 | 59.72 | 71.84 | 18.57 | 30.12 | 42.90 | 黑龙江 |
| 白　桦 | 0.33 | 1.80 | 2.11 | 16.48 | 3.08 | 60.00 | 69.70 | 20.37 | 30.37 | 41.82 | 黑龙江 |
| 苦　槠 | 0.40 | 3.59 | 5.46 | 17.23 | 2.55 | 59.43 | 78.36 | 23.46 | 22.31 | 46.57 | 福　建 |
| 山　枣 | 0.50 | 3.86 | 6.05 | 21.61 | 6.47 | 58.77 | 83.45 | 21.89 | 22.04 | 49.04 | 福　建 |
| 香　樟 | 0.12 | 5.12 | 5.63 | 18.62 | 4.92 | 53.64 | 80.17 | 24.52 | 22.71 | 43.00 | 福　建 |
| 大叶桉 | 0.56 | 4.09 | 6.13 | 20.94 | 3.23 | 52.05 | 77.49 | 30.68 | 20.65 | 40.33 | 福　建 |
| 水青冈 | 0.53 | 1.77 | 2.51 | 15.52 | 1.65 | 55.79 | 78.46 | 27.34 | 23.33 | 43.77 | 湖　南 |
| 水曲柳 | 0.72 | 2.75 | 3.52 | 19.98 | 2.36 | 57.81 | 79.91 | 21.57 | 26.81 | 46.20 | 黑龙江 |
| 核桃楸 | 0.50 | 2.47 | 4.72 | 22.35 | 5.39 | 59.65 | 77.22 | 18.61 | 22.69 | 46.06 | 黑龙江 |
| 苦　楝 | 0.52 | 0.52 | 1.88 | 15.07 | 1.79 | 57.58 | 74.82 | 25.30 | 19.62 | 43.08 | 安　徽 |
| 毛泡桐 | 1.13 | 10.30 | 13.02 | 29.55 | 9.84 | 58.92 | 75.18 | 21.37 | 21.32 | 44.30 | 安　徽 |

从上述数据和表2-1中可以看出：针叶材和阔叶材相比，针叶材的木质素含量普遍高于阔叶材，阔叶材中半纤维素含量高于针叶材，针、阔叶材中纤维素含量差异较小。

在同株树中，树干与树枝的化学组分差异很大，主要表现在两方面：树干的纤维素含量高于树枝；树枝的热水抽提物含量高于树干。以枝丫材为原料的刨花板、纤维板，对上述差异应给予注意，它不仅影响原料的利用率，而且影响产品质量。

树皮的化学组分与树干木质部的化学组分大不相同。树皮中热水抽出物含量高，而纤维素、半纤维素含量则较少，木质素含量变化较大。原料中的树皮含量大，会导致板性变差，即强度下降，吸水率提高，板面色泽不均，从而影响制品的使用范围。

### 2.2.3.2 主要组分的结构与性质

(1)纤维素的结构与性质

纤维素是不溶于水的简单聚糖，是由大量的D-葡萄糖基彼此通过1，4位碳原子上的β-糖苷键连接而成的直链巨分子化合物，具有特殊的X射线图。纤维素的分子式可用$(C_6H_{10}O_5)_n$表示，式中$C_6H_{10}O_5$为葡萄糖基，$n$为聚合度。天然状态下的棉、麻及木纤维素，$n$接近于10 000。纤维素分子链的结构式如图2-1所示。

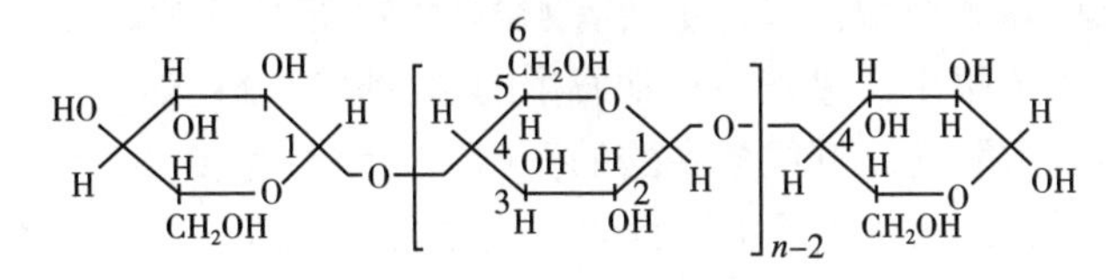

**图2-1 纤维素的结构式**

由许多不同长度的纤维素巨分子链组成微纤丝，而细胞壁的骨架又由微纤丝以各种不同的角度缠绕而成。关于微纤丝的具体结构和尺寸尚有不同的说法，根据比较公认的两相结构理论认为，微纤丝内的纤维素巨分子链不是混乱地纠缠在一块，而是程度不同地、有规律地排列起来的。排列严密的区段显晶体特征，叫结晶区；排列疏松的区段叫无定型区(图2-2)。

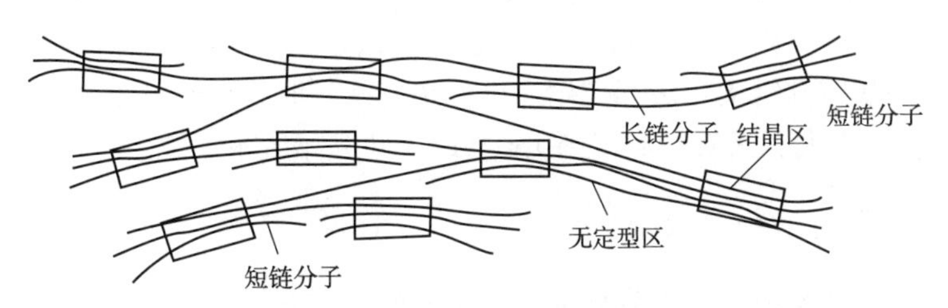


**图2-2 纤维素大分子结晶和非结晶区示意**

有人测得构成针叶材最基本的微纤丝直径约为3.5nm，微纤丝中的结晶部分约占其全部体积的70%。

纤维素巨分子链相互之间之所以能有秩序地排列，是因为其分子链上自由羟基之间的距离在0.25~0.3nm时，可以形成氢键结合。分子链间氢键的存在对纤维素的吸湿性、溶解度、反应能力等都有很大的影响。

纤维素为白色、无臭、无味、各向异性的高分子物质，密度为1.52～1.56g/cm$^3$。根据分子链主价键能计算纤维素的拉伸强度可高达8.0×10$^3$MPa，但天然纤维素中强度最高的亚麻，其拉伸强度仅为1.1×10$^3$MPa。这是因为纤维素的破坏是由分子链相互滑动所引起的，所以，其强度主要取决于分子链之间的结合力，结晶度越高，定向性越好，纤维素的强度越大。此外，分子链的聚合度在700以下时，随着聚合度的增加，强度显著提高，聚合度在200以下时，纤维素几乎丧失强度。

纤维素的无定型区有大量的游离羟基存在，羟基具有极性，能吸引极性的水分子形成氢键，因此，纤维素的无定型区具有较强的吸湿性，结晶区则没有。吸湿量与空气的湿度有关，温度越高，纤维素无定型区越大，吸湿量越多。纤维素吸湿后会产生膨胀，无定型区原有的少量氢键就会破裂，产生新的游离羟基，与水分子形成新的氢键，有时还能形成多层吸附，这些吸附的水叫结合水。当吸附水量达到饱和以后，水就不能再与纤维素产生氢键结合力，这些水称为游离水，或自由水。纤维素无定型区占的百分比越大，则结合水越多。原料的吸湿性会影响制品的物理力学性能，因此，选用原料和制定工艺时要从多方面加以考虑。

根据纤维素的化学结构，可知其化学性质。在人造板制造中，最普遍遇到的问题是纤维素降解反应。

用物理、化学或物理化学方法使高分子化合物的分子尺寸减小、聚合度降低的现象叫作降解。纤维素的降解类型很多，主要有水解降解(有酸性和碱性之分)、氧化降解、热降解等。现将在人造板生产过程中经常发生的两种降解分述如下：

第一种是酸性水解降解，纤维素在酸的作用下，缩醛连接($\beta$糖苷键)裂开，产生水解反应。水解反应后，纤维素的聚合度降低，还原能力增加，吸湿性增强，机械性能下降。当原料在高温下蒸煮时，即会产生酸性水解降解，酸性来自纤维素本身所分解出的有机酸(如甲酸、乙酸)，起到催化作用。

第二种是热降解，是指高分子物质因受热而产生聚合度降低的现象。纤维素热降解的程度与温度高低、作用时间的长短及介质的水分和氧气含量均有密切关系。受热时间越长，降解越严重。氧气对热降解速度影响很大，例如，在空气中加热至140℃以上，纤维素的聚合度显著下降，但在同样温度的惰性气体中加热，则聚合度下降速度明显缓慢。由此可见，纤维素在空气中加热所发生的变化，先是氧化，然后才是分解。

水可以缓解热对纤维素的破坏作用。例如热与水同时作用于纤维素时，即使温度达到150℃，变化也不大，只有当温度到150℃以上才开始脱水。

(2)半纤维素的结构与性质

半纤维素又称戊聚糖，系指除纤维素以外的所有非纤维素碳水化合物(少量果胶质与淀粉除外)的总称。半纤维素是由木糖、甘露糖、葡萄糖、阿拉伯糖、半乳糖、葡萄糖醛酸、半乳糖醛酸等单糖类的缩合物构成。同一树种一般含有几种不同的半纤维素，而其中任何一种又是由两种或三种以上单糖基构成的不均一聚糖。半纤维素各分子链常带有支、侧链，主分子链的聚合度约为200。树种不同，半纤维素的化学结构也不同。半纤维素无结晶区是无定型物质。

由于半纤维素的结构原因，所以其吸湿性、润胀能力比纤维素大得多。对提高原料的塑性和人造板强度是有利的。但半纤维含量过高，会对人造板制品的耐水性、尺寸稳定性等带来不利的影响。各种半纤维素在水和碱液中的溶解度与其结构分枝度(支侧链上的糖基数与主链聚合度之比)有关，对于同一溶剂、同一聚糖，分支度较高溶解度较大。

在半纤维素分子链中含有多种糖基和不同的连接方式，其中有的可以被酸溶解，有的可以被碱破坏，所以半纤维素抗降解比纤维素弱得多。在人造板生产过程中，凡有水、热作用工序都会出现程度不同的半纤维降解反应。

(3)木质素的结构与性质

木质素在植物纤维中与半纤维素共同构成结壳物质，存在于胞间层与细胞壁上微纤维之间。木质素的一部分与半纤维素有化学连接。木质素是一类复杂的芳香族物质，属于天然高分子聚合物，它的分子量很大，约在 800～10 000。构成木质素的基本单元是苯丙烷，这些基本单元通过比较稳定的醚键和碳—碳键连接在一起。在木质素的结构中存在如下几种官能团：甲氧基、羟基、羰基、烯醛基和烯醇基等。

原木的木质素为白色和浅黄色，而分离木质素均具有较深的颜色。木质素与相应试剂有特殊的颜色反应，这是用来判别木质素是否存在的特征反应。

木质素是热塑性物质，因其是无定型物质，所以无固定的熔点。木质素因树种不同，其软化和熔点温度也不一样，熔化温度最低为 140～150℃，最高为 170～180℃。木质素的软化温度与含水率高低有密切关系(图 2-3)。木质素的热塑性是人造板生产工艺条件制定的主要依据，如在纤维板生产中是纤维分离和纤维重新结合的重要前提条件之一。

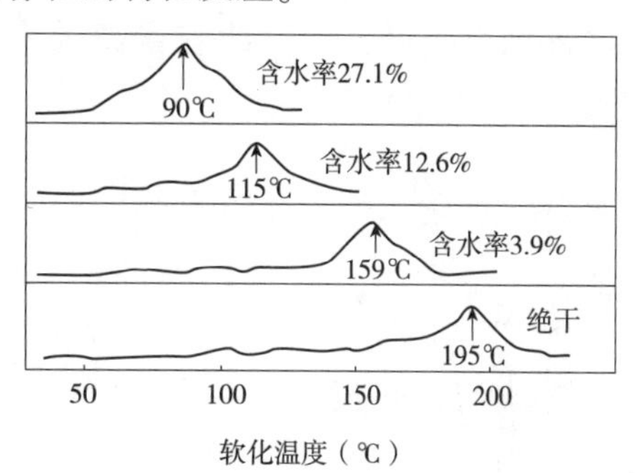


**图 2-3　木质素的软化温度与含水率的关系**

在木质素结构中有多种化学官能团，所以化学活性很高，可以起各种化学反应，如氧化、酯化、甲基化、氢化等，还可与酚、醇、酸及碱等起作用。这些对人造板制造与改性的研究都是非常重要的。木质素在人造板加工过程中，主要在受水热作用时，会发生水解降解。处理温度高，处理时间长，木材各组分水解降解就严重。主要组分中，以木质素抗水解降解的能力最强，纤维素次之，半纤维素最弱。水热作用能使木质素降解活化，在热的继续作用下，又能重新缩合。例如，当纤维原料在蒸煮时，木质素的自动缩合在 130℃就开始。此后降解与缩合两个方向相反的反应同时进行。140～160℃时，木质素缩合反应加速。水对木质素的缩合反应速度有很大的影响。当有水存在时，高温下降解的碳水化合物能溶于水，使活化的降解木质素暴露在外面，并使之相互接触而缩合。在无水状态，覆盖在木质素表面的降解碳水化合物起了隔离作用，阻碍了缩合反应的进行，故木质素降解速度比有水时更快。这就是高温下水对木质素的保护作用。木质素的降解产物与碳水化合物的降解产物与木质素相似，故这类物质被称为假木质素或类木质素。

(4)抽提物与酸碱性

木材的抽提物是指除构成细胞壁的纤维素、半纤维素和木质素以外，经中性溶剂如水、乙醇、苯、乙醚、水蒸气或稀酸、稀碱溶液抽提出来的物质的总称。抽提物是广义的，除构成细胞壁的结构物质外，所有内含物均包括在内。植物原料抽提物含量少者约为1%，多者高达40%以上。抽提物含量随树种、树龄、树干部位以及生长立地条件的不同而有差异，一般心材高于边材。抽提物不仅决定原料的性质，而且是制定人造板加工工艺的依据条件之一，它不仅影响制品的质量，有些甚至还会腐蚀设备。

木材的酸碱性也是原料重要的化学性质之一，其中包括存在于细胞腔、细胞壁中的物质经水抽提后所得到的抽提液呈现出来的pH值，总游离酸和酸碱缓冲容量等方面的性质。

木材的pH值泛指其水溶性物质酸性或碱性的程度。国内外研究测试结果表明，世界上绝大多数木材呈弱酸性，只有个别呈弱碱性，一般pH值介于4.0~6.1。这是因为木材中含有乙酸、甲酸、树脂酸及其他酸性物质。此外，在木材的贮存过程中含酸量会不断增加；在干燥过程中，由于半纤维素乙酰基水解而生成了游离醋酸，导致木材呈弱酸性反应。

木材的酸碱性对人造板制造有重要影响，如纤维胶合时，对其表面pH值有一定的要求，木材中的碱性物质不利于脲醛树脂固化；一定量的酸性物质可提高制品的内部结合强度；碱缓冲容量高的木材需要消耗更多的酸性固化剂才能保证胶合质量。

## 2.3 非木质原料的特性

众所周知，我国的森林资源贫乏，无论从近期或从中、长期看，木材供需矛盾都是一个较为突出的问题。大力发展人造板工业，扩大人造板应用是弥补我国木材供应不足行之有效的途径之一，并可调整我国资源结构的变化，特别是综合利用森林资源如林区的“三剩物”“次小薪”和推动林产资源向人工速生定向培育发展；另外不容忽视的是我国毕竟是一个农业大国，大量非木质原料的有效利用，对解决人造板工业原料不足也有重大意义。开发利用非木质原料生产人造板已成为国内外科研部门和生产企业关心的热点课题之一。迄今为止，我国已开发利用非木质植物原料有十多种，非木质人造板品种达几十种之多。

与木材相比，非木质原料在宏观与微观构造、物理力学性能和化学特性等多方面有其特殊性，具体表现为以下几方面：

非木质原料与木材相比，一般同一种原料的外径在长度上变化较小，相对匀称，且有中空和实心结构之分，外表层有的较坚硬或有一层蜡质，但不同种类原料间差异则非常显著。非木质纤维原料的生长靠的是植物末梢和节部的分生组织，因此茎秆的径向生长较少，主要是纵向延伸，这正是非木质原料与木材外形上产生差异的本质原因。

非木质原料的纤维细胞短，平均长度一般为1.0~2.0mm，非纤维细胞多，它们主要由维管束组织、薄壁细胞和外皮组织等构成。表2-2为不同原料的细胞构成情况。

**表 2-2　各种原料的细胞构成**　　%

| 原料 | 纤维细胞 | 薄壁细胞 | | 导管 | 表皮细胞 | 竹黄* | 其他 |
|---|---|---|---|---|---|---|---|
| | | 秆状 | 非秆状 | | | | |
| 马尾松 | 98.5 | — | 1.5 | — | — | — | — |
| 钻天杨 | 76.7 | — | 1.9 | 21.4 | — | — | — |
| 慈　竹 | 83.8 | — | — | 1.6 | — | 12.8 | 1.8 |
| 毛　竹 | 68.8 | — | — | 7.5 | — | 23.7 | — |
| 芦　苇 | 64.5 | 17.8 | 8.6 | 6.9 | 2.2 | — | — |
| 棉秆(去皮) | 70.5 | 6.7 | 4.9 | 3.7 | 10.7 | — | 3.5 |
| 甘蔗渣 | 70.5 | 10.6 | 18.6 | 5.3 | 1.2 | — | — |
| 稻　草 | 46.0 | 6.1 | 40.4 | 1.3 | 6.2 | — | — |
| 麦　草 | 62.1 | 16.6 | 12.8 | 4.8 | 2.3 | — | 1.4 |
| 高粱秆 | 48.7 | 3.5 | 33.3 | 9.0 | 0.4 | — | 5.1 |
| 玉米秆 | 30.8 | 8.0 | 55.6 | 4.0 | 1.6 | — | — |
| 蓖麻秆 | 80.0 | — | 9.5 | 10.5 | — | — | — |
| 龙须草 | 70.6 | 6.7 | 4.9 | 3.7 | 10.7 | — | 3.5 |

*　在竹类原料中有较多薄壁细胞和石细胞，由于其形状很相近，因而在测量时不易严格区分，故统称竹黄。

由表 2-2 可看出，针叶材杂细胞含量最低，一般仅为 1.5%左右；阔叶材较高；再高是竹材，达 20%~35%；草类原料杂细胞含量最高，达 40%~60%。原料的杂细胞不仅影响产品强度，而且在人造板生产过程中，易形成大量细屑，使原料利用率降低，同时如控制不好，还会造成环境的污染。

由表 2-2 还可看出，竹材、蓖麻秆、芦苇、甘蔗渣、棉秆等的纤维细胞含量已接近阔叶材，这就是上述原料能在刨花板、硬质纤维板、中密度纤维板生产中得到广泛应用的先决条件。

当然，决定原料质量的因素很多，除了纤维细胞含量外，还包括纤维形态、化学组成及原料加工性能等。表 2-3 和表 2-4 列出非木质和部分木材原料纤维形态的对比情况。

**表 2-3　不同原料纤维的长宽比**

| 原　料 | | | | 长度(mm) | | | | 宽度(μm) | | | | 长宽比 | 质量平均纤维长度(mm) |
|---|---|---|---|---|---|---|---|---|---|---|---|---|---|
| | | | | 算术平均 | 最大 | 最小 | 一般 | 算术平均 | 最大 | 最小 | 一般 | | |
| 马尾松 | 全部位 | | | 3.61 | 6.33 | 0.92 | 2.23~5.06 | 50.0 | 105.4 | 19.6 | 36.3~65.7 | 72 | 4.01 |
| 马尾松 | 分部位 | 秆部 | 上 | 4.05 | 6.11 | 1.79 | 2.80~5.30 | 54.1 | 100.5 | 26.5 | 36.3~72.5 | 74 | — |
| 马尾松 | 分部位 | 秆部 | 中 | 3.89 | 6.02 | 1.60 | 2.79~4.89 | 54.9 | 95.1 | 26.5 | 39.2~71.1 | 71 | — |
| 马尾松 | 分部位 | 秆部 | 下 | 2.74 | 5.19 | 1.29 | 1.86~3.61 | 46.6 | 92.2 | 26.6 | 33.3~60.8 | 59 | — |
| 马尾松 | 分部位 | 梢部 | | 3.03 | 5.59 | 1.26 | 2.21~3.90 | 43.5 | 80.5 | 24.5 | 32.3~57.3 | 70 | — |
| 马尾松 | 分部位 | 早材 | | 3.86 | 6.27 | 1.75 | 2.94~4.78 | 66.6 | 105.4 | 39.2 | 56.6~75.5 | 58 | — |
| 马尾松 | 分部位 | 晚材 | | 3.94 | 5.98 | 1.38 | 2.74~5.06 | 37.0 | 60.8 | 19.6 | 31.4~42.1 | 103 | — |
| 马尾松 | 分部位 | 枝部 | | 2.39 | 4.07 | 1.01 | 1.80~2.94 | 36.3 | 71.1 | 17.6 | 27.9~44.1 | 66 | — |
| 马尾松 | 分部位 | 节部 | | 1.34 | 2.65 | 0.55 | 0.98~1.75 | 29.9 | 61.3 | 18.1 | 24.5~36.3 | 45 | — |

(续)

| 原料 | | | 长度(mm) | | | | 宽度(μm) | | | | 长宽比 | 质量平均纤维长度(mm) |
|---|---|---|---|---|---|---|---|---|---|---|---|---|
| | | | 算术平均 | 最大 | 最小 | 一般 | 算术平均 | 最大 | 最小 | 一般 | | |
| 落叶松 | 全部位 | | 3.41 | 5.16 | 1.60 | 2.28~4.32 | 44.4 | 98.0 | 21.1 | 29.4~63.7 | 70.7 | 3.69 |
| 意大利214杨 | 全部位 | | 0.88 | — | — | — | — | 23.5 | — | — | 37.5 | 0.97 |
| 白皮桦 | 全部位 | | 1.21 | 1.58 | 0.61 | 1.01~1.47 | 18.7 | 27.0 | 10.8 | 14.7~22.0 | 64.7 | 1.15 |
| | 分部位 | 边材 | 1.21 | 1.69 | 0.52 | 1.09~1.44 | 17.9 | 27.0 | 10.8 | 14.7~21.0 | 68 | — |
| | | 心材 | 1.03 | 1.56 | 0.46 | 0.77~1.27 | 18.0 | 25.5 | 10.8 | 14.7~22.1 | 57 | — |
| 甘蔗渣 | 全部位 | | 1.73 | 4.97 | 0.42 | 1.01~2.34 | 22.5 | 78.4 | 6.8 | 16.7~30.4 | 77 | 2.04 |
| | 分部位 | 皮 | 2.26 | 4.97 | 0.72 | 1.31~3.13 | 23.8 | 44.1 | 9.8 | 17.6~31.9 | 95 | — |
| | | 筋 | 1.47 | 3.40 | 0.55 | 0.94~2.13 | 20.7 | 41.7 | 6.8 | 14.7~2.74 | 71 | — |
| | | 节 | 0.96 | 1.88 | 0.42 | 0.66~1.29 | 32.3 | 78.4 | 11.8 | 20.6~44.1 | 29 | — |
| 棉秆芯 | 全部位 | | 0.83 | 2.15 | 0.29 | 0.63~0.98 | 27.7 | 60.8 | 11.8 | 21.6~34.3 | 30 | 1.03 |
| | 分部位 | 上 | 0.82 | 1.83 | 0.35 | 0.61~1.01 | 24.7 | 47.1 | 11.8 | 18.1~31.9 | 33 | — |
| | | 中 | 0.83 | 1.92 | 0.37 | 0.61~1.00 | 29.6 | 55.4 | 14.7 | 22.5~36.4 | 28 | — |
| | | 下 | 0.76 | 1.69 | 0.29 | 0.59~0.94 | 29.2 | 60.8 | 11.8 | 21.6~36.4 | 26 | — |
| | | 枝 | 0.78 | 1.44 | 0.33 | 0.53~0.92 | 22.9 | 42.6 | 13.7 | 16.3~27.6 | 34 | — |
| | | 节 | 0.74 | 1.66 | 0.37 | 0.57~0.92 | 27.0 | 44.1 | 11.8 | 19.6~34.3 | 27 | — |
| 芦苇 | 全部位 | | 1.12 | 4.51 | 0.35 | 0.60~1.60 | 9.7 | 25.2 | 4.2 | 5.9~13.4 | 115 | 1.46 |
| | 分部位 | 秆 | 1.27 | 4.37 | 0.31 | 0.69~1.75 | 11.2 | 30.2 | 4.2 | 5.9~16.8 | 113 | — |
| | | 叶 | 0.58 | 2.93 | 0.29 | 0.54~1.10 | 13.3 | 31.5 | 4.6 | 7.6~17.6 | 44 | — |
| | | 节 | 0.48 | 1.48 | 0.15 | 0.31~0.71 | 10.6 | 25.2 | 4.2 | 5.9~16.8 | 45 | — |
| 毛竹 | 全部位 | | 2.00 | 5.39 | 0.48 | 1.23~2.71 | 16.2 | 33.3 | 7.8 | 12.3~19.6 | 123 | 2.31 |
| 小山竹 | 全部位 | | 1.69 | 3.70 | 0.47 | 0.92~2.47 | 13.2 | 28.9 | 8.3 | 8.3~16.5 | 128 | — |
| 慈竹 | 全部位 | | 1.99 | 4.47 | 0.35 | 1.10~2.91 | 15.0 | 29.4 | 5.0 | 8.4~23.1 | 133 | 2.36 |
| 棉秆皮 | 全部位 | | 2.26 | 6.26 | 0.53 | 1.40~3.50 | 20.6 | 41.2 | 7.8 | 15.7~22.9 | 113 | 2.81 |
| 亚麻 | 全部位 | | 18.30 | 47.00 | 2.00 | 8.0~40 | 16.0 | 27.0 | 5.9 | 8.8~24.0 | 1140 | 27.96 |
| 高粱秆 | 全部位 | | 1.18 | 3.40 | 0.24 | 0.59~1.77 | 12.1 | 23.5 | 4.9 | 7.4~15.7 | 109 | 1.58 |
| 玉米秆 | 全部位 | | 0.99 | 2.52 | 0.29 | 0.52~1.55 | 13.2 | 29.4 | 5.9 | 8.3~18.6 | 75 | 1.31 |
| 烟秆 | 全部位 | | 1.17 | 9.51 | 0.46 | 0.72~1.29 | 27.5 | 63.7 | 7.4 | 19.6~34.3 | 43 | 1.36 |
| 麦草 | 全部位 | | 1.32 | 2.94 | 0.61 | 1.03~1.60 | 12.9 | 24.5 | 7.4 | 9.3~15.7 | 102 | 1.49 |
| 稻草 | 全部位 | | 0.92 | 3.07 | 0.26 | 0.47~1.43 | 8.1 | 17.2 | 4.3 | 6.0~9.5 | 114 | 1.22 |
| | 分部位 | 茎 | 1.00 | 2.13 | 0.47 | 0.75~1.17 | 8.9 | 20.6 | 4.3 | 6.5~12.9 | 112 | — |
| | | 叶 | 0.64 | 1.21 | 0.18 | 0.39~0.88 | 6.7 | 9.3 | 4.9 | 5.9~8.3 | 96 | — |
| | | 节 | 0.33 | 0.68 | 0.14 | 0.20~0.46 | 9.9 | 14.7 | 4.9 | 7.4~13.7 | 33 | — |

注:“一般”的长/宽度是指除去最大长/宽度(15%)和最小长/宽度(15%)后余下70%的长/宽度范围。

**表 2-4 不同原料纤维细胞的壁腔比**

| 原 料 | | | 平均(μm) | 最大(μm) | 最小(μm) | 一般值(μm) | 壁腔比 |
|---|---|---|---|---|---|---|---|
| 马尾松 | 早材 | 壁厚 | 3.8 | 7.0 | 2.0 | 3.0～5.0 | 0.23 |
| | | 腔径 | 33.1 | 50.0 | 15.0 | 25.0～40.0 | |
| | 晚材 | 壁厚 | 8.7 | 12.0 | 6.0 | 7.0～10.0 | 1.05 |
| | | 腔径 | 16.6 | 25.0 | 10.0 | 13.0～20.0 | |
| 落叶松 | 早材 | 壁厚 | 3.5 | 5.0 | 2.0 | 3.0～4.0 | 0.21 |
| | | 腔径 | 33.6 | 52.0 | 15.0 | 28.0～40.0 | |
| | 晚材 | 壁厚 | 9.3 | 14.0 | 5.0 | 7.0～10.0 | 1.48 |
| | | 腔径 | 12.6 | 25.0 | 6.0 | 8.0～25.0 | |
| 毛白杨 | 壁厚 | | 4.9 | — | — | — | 0.81 |
| | 腔径 | | 12.1 | — | — | — | |
| 意杨-214 | 壁厚 | | 4.0 | — | — | — | 0.53 |
| | 腔径 | | 14.9 | — | — | — | |
| 甘蔗渣 | 皮 | 壁厚 | 3.26 | 7.0 | 1.6 | 2.0～4.4 | 0.36 |
| | | 腔径 | 17.9 | 32.0 | 4.0 | 10.0～26.0 | |
| | 节 | 壁厚 | 3.9 | 7.0 | 2.0 | 3.0～5.0 | 0.86 |
| | | 腔径 | 9.1 | 16.0 | 3.0 | 4.0～12.0 | |
| 棉 秆 | 皮 | 壁厚 | 5.8 | 8.0 | 3.0 | 4.0～7.0 | 2.70 |
| | | 腔径 | 4.3 | 12.0 | 1.0 | 2.0～8.0 | |
| | 芯 | 壁厚 | 2.7 | 5.0 | 1.5 | 2.0～4.0 | 0.28 |
| | | 腔径 | 18.9 | 42.0 | 4.0 | 8.0～30.0 | |
| 芦 苇 | 壁厚 | | 3.0 | 5.0 | 1.5 | 2.0～3.5 | 1.77 |
| | 腔径 | | 3.4 | 12.0 | 1.0 | 1.5～6.0 | |
| 毛 竹 | 壁厚 | | 6.6 | 13.0 | 3.0 | 5.0～10.0 | 4.55 |
| | 腔径 | | 2.9 | 7.0 | 1.0 | 2.0～4.0 | |

注：①表中数据是由每种原料横切面上的有代表性部位，测量纤维壁厚及腔径系各 20 个数据的统计分析结果。

②壁腔比 $=\frac{2\times 壁厚}{腔径}=\frac{2W}{d}$。

由表 2-3 可知，各类原料的纤维长宽度均有一定的分布范围。如纤维长度，以棉、麻最大，可达 18mm 以上；竹材一般为 1.5～3.0mm，草类最短。纤维一定的长度、长宽比对板制造中纤维交织和结合性能有重要的影响。由表 2-4 看出，除甘蔗渣纤维的壁腔比小于 1 外，其他非木质原料都大于 1。因此，仅形态而言，它们不能划到优质原料之列，这些原料柔韧性和可塑性差，刚性较高，如竹材原料，在生产工艺制定和设备的选择时应充分予以考虑。

表 2-5 列出了几种非木质原料与木材原料的主要化学组分对比。

表 2-5 几种非木质原料与木材原料的主要化学组分对比 %

| 种类 | 产地 | 水分 | 灰分 | 抽出物 | | | | | 戊聚糖 | 蛋白质 | 果胶 | 木质素 | 综纤维素 | 纤维素 | 聚半乳糖 | 聚甘露糖 |
|---|---|---|---|---|---|---|---|---|---|---|---|---|---|---|---|---|
| | | | | 冷水 | 热水 | 乙醚 | 苯醇 | 1% NaOH溶液 | | | | | | | | |
| 马尾松 | 四 川 | 11.47 | 0.33 | 2.21 | 6.77 | 4.43 | — | 22.87 | 8.54 | 0.86 | 0.94 | 28.42 | — | 51.86 | 0.54 | 6.00 |
| 落叶松 | 内蒙古 | 11.67 | 0.36 | 0.59 | 1.90 | 1.20 | — | 13.03 | 11.27 | — | 0.99 | 27.44 | — | 52.55 | — | — |
| 毛白杨 | 北 京 | 7.98 | 0.84 | 2.14 | 3.10 | — | 2.23 | 17.82 | 20.91 | — | — | 23.75 | 78.85 | — | — | — |
| 意杨-214 | 河 北 | 7.57 | 0.65 | 1.56 | 3.26 | — | 1.89 | 23.11 | 22.64 | — | — | 24.52 | 79.71 | — | — | — |
| 毛 竹 | 福 建 | 12.14 | 1.10 | 2.38 | 5.96 | 0.66 | — | 30.98 | 21.12 | — | 0.70 | 30.67 | — | 45.50 | — | — |
| 慈 竹 | 四 川 | 12.56 | 1.20 | 2.42 | 6.78 | 0.71 | — | 31.24 | 25.41 | — | 0.87 | 31.28 | — | 44.35 | — | — |
| 芦 苇 | 河 北 | 14.13 | 2.96 | 2.12 | 10.69 | — | 0.74 | 31.51 | 22.46 | 3.40 | 0.25 | 25.40 | — | 43.55 | — | — |
| 芦 苇 | 江 苏 | 9.63 | 1.42 | — | — | 2.32 | — | 30.21 | 25.39 | — | — | 20.35 | — | 48.58 | — | — |
| 甘蔗渣 | 四 川 | 10.35 | 3.66 | 7.63 | 15.88 | — | 0.85 | 26.26 | 23.51 | 3.42 | 0.26 | 19.30 | — | 42.16 | — | — |
| 蔗 髓 | 四 川 | 9.92 | 3.26 | — | — | 3.07 | — | 41.30 | 25.43 | — | — | 20.58 | — | 38.17 | — | — |
| 棉 秆 | 四 川 | 12.46 | 9.47 | 8.2 | 25.65 | — | 0.72 | 40.23 | 20.76 | 3.14 | 3.51 | 23.16 | — | 41.26 | — | — |
| 高粱秆 | 河 北 | 9.43 | 4.76 | 8.08 | 13.88 | — | 0.10 | 25.12 | 24.40 | 1.81 | — | 22.51 | — | 39.70 | — | — |
| 玉米秆 | 四 川 | 9.64 | 4.66 | 10.65 | 20.40 | — | 0.56 | 45.62 | 24.58 | 3.83 | 0.45 | 18.38 | — | 37.68 | — | — |
| 麦 草 | 河 北 | 10.65 | 6.04 | 5.36 | 23.15 | — | 0.51 | 44.56 | 25.56 | 2.30 | 0.30 | 22.34 | — | 40.40 | — | — |
| 稻 草 | 河 北 | — | 14.00 | — | — | 5.27 | — | 55.04 | 19.80 | — | — | 11.93 | — | 35.23 | — | — |

由表 2-5 可看出，竹材、棉秆、甘蔗渣和芦苇等的纤维素含量接近，一般低于木材，而草类原料最低，这就是通常非木质原料强度低于木材的原因所在。非木质原料灰分含量远高于木材，所以在制定工艺、选择设备时，应充分考虑环境污染的治理问题。非木质原料的抽提物含量亦远高于木材，这将直接影响板的胶合性能和制板工艺的制定。总结以上非木质原料的特性，提出以下几点应注意的问题：

第一，非木质原料中的棉秆、麻秆、甘蔗渣等，均有松软的髓结构物质，由秆的横切面组织估算髓芯量，棉秆约为 7.4%，麻秆约为 12%，蔗渣约为 10%。这类物质具有较强吸收胶黏剂的性能，影响界面胶合，降低制品的强度；其存在也影响板的耐水性，因此使用这类原料时一定要考虑髓芯的去除。

第二，棉秆、麻秆外层都有柔软的外皮层，虽然它属于长纤维，但在生产过程中，切削表皮易缠绕风机叶片，不仅影响物料输送，而且极易造成设备故障。这类原料切削或经纤维解离，形成的皮纤维或纤维束，易卷曲成团，影响施胶均匀性，铺装中不易松散，影响铺装质量，所以在可能条件下应尽量除去皮。

第三，有些原料中含有二氧化硅和蜡，如竹材中含有 0.1%~0.2%，甘蔗皮中也有一定的含量。二氧化硅所形成的非极性的表层结构，会影响胶黏剂的吸附和氢键的形成，从而影响板坯内部的结合力，有时也会影响产品的二次加工性能，如贴面装饰时易造成表面结合强度低的问题。

## 2.4 胶黏剂

在一定的条件下，将两个物体黏合起来的物质，称为胶黏剂。能使木材与木材或木材与其他材料通过表面胶接在一起的物质为木材胶黏剂。在人造板生产中，胶黏剂是构成人造板必不可少的重要材料，对板材的质量和产量起着极关键的作用，同时也直接关系到制品的生产成本。

### 2.4.1　胶黏剂应具备的条件

胶黏剂应具有足够的流动性，对固体表面能很好地润湿。木质和非木质原料是极性物质，在其表面具有部分极性基因，而具有极性基团胶黏剂，才能容易地被基材表面所吸附，即有好的润湿性，才能形成牢固结合，这是首要条件。

各种胶黏剂使用时的特性不一样，应根据使用要求具备不同的使用性能。使用性能主要有黏度、浓度、活性期、固化条件、固化速度等。

胶黏剂的黏度、浓度不但与施胶方法、设备、用胶量等因素有关，还与胶合工艺及产品种类与质量有关。

胶液的活性期决定了胶黏剂使用时间的长短。一般生产周期短的可选用活性期较短的胶料。相反，则选用活性期较长的胶种。

胶黏剂的固化条件及固化速度，随胶种不同而异。胶的固化条件主要有：温度、压力和被胶黏基材的含水率等。绝大多数胶黏剂胶合时都必须施加一定的压力，仅是不同板种压力大小不同。对温度的要求，则根据胶种是热固、热塑或冷固等不同性质而异。胶黏剂固化速度不仅影响生产率，而且影响产品质量和生产成本。一般说来，有机合成树脂胶黏剂的固化速度比无机胶黏剂要快。

胶黏剂固化后能形成牢固的胶层，具有化学稳定性，制品具有足够的耐久性。由于各种胶黏剂的耐久性不一，即使同一种胶黏剂在不同的条件下耐久性也不一样。脲醛树脂不宜在高温高湿条件下使用，它的胶层，即使在一般条件下，也极易老化。脲醛树脂热固化的胶层耐久性比常温固化的好。酚醛树脂，在一切条件下都有相当的耐久性，在高温高湿反复作用的情况下，更显出它的优越性。三聚氰胺树脂在较不利的条件下，仍有相当的耐久性，但在高温高湿反复的情况下，耐久性不如酚醛树脂。

胶黏剂固化形成的胶层在其体积收缩时，产生的内部应变要小，且应具有逐渐消失的能力。

在人造板生产中，根据胶黏剂的化学组成，分为有机胶黏剂和无机胶黏剂两大类，如图 2-4 所示。

### 2.4.2　合成树脂胶黏剂

合成树脂胶黏剂是有机物通过加工合成的方法形成的高分子化合物。它不像天然型那样受资源品种及地理条件的限制，其原料来源丰富，品种繁多，可根据不同需要选择原料的配比和适当的合成工艺，制成满足性能要求的胶黏剂(图 2-4)。

在人造板工业中，应根据产品性能和使用场合选用不同胶黏剂。按耐水性分为：①高度耐水性胶，即以沸水作用一定时间，强度不显著降低者，如酚醛树脂；②耐水性胶，经室温水作用一定时间，强度不显著降低者，如脲醛树脂、血胶等；③非耐水性胶，经水的作用，强度显著降低者，如豆粉胶。在木材加工和人造板工业中，目前使用范围最广、用量最大的是脲醛和酚醛树脂，占总用胶量的 90%左右。

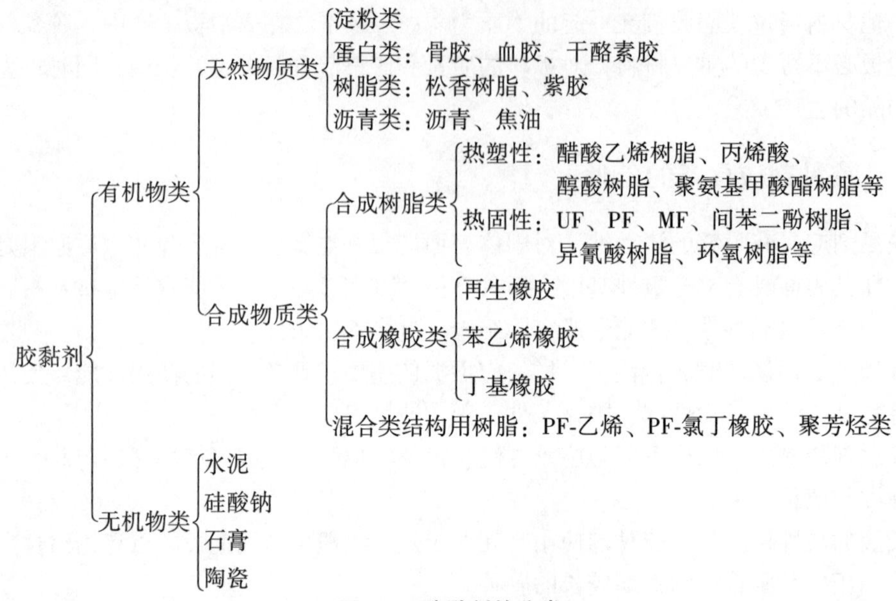


**图 2-4 胶黏剂的分类**

(1)脲醛树脂(UF)

以尿素和甲醛作原料，进行缩聚反应制得。由于其原料资源丰富，生产工艺简单，胶合性能好，具有较高的胶合强度，较好的耐温、耐水、耐腐性能。树脂色泽浅，成本低廉，因而得到广泛的应用。脲醛树脂有较多的牌号，根据胶接制品的不同，脲醛树脂可分成胶合板用胶、刨花板用胶、纤维板用胶、细木工板用胶等。脲醛树脂易老化，但可通过苯酚、间苯二酚、三聚氰胺等共聚进行改性。此外，也可用醋酸乙烯树脂与其混合制成改性脲醛树脂。使用固化剂是为提高脲醛树脂的固化速度和固化程度。固化剂应用最普遍的是氯化铵，也有使用磷酸铵、醋酸铵、硫酸铵等。高温条件下的固化抑制剂可以用氨、六次甲基四胺、尿素、三聚氰胺等，加热固化时使用的潜伏性固化剂有对甲苯磺酰胺、亚胺磺酸铵等。

(2)酚醛树脂(PF)

酚类(苯酚、甲酚或间苯二酚等)与醛类(甲醛、糠醛等)在碱性或酸性介质中，加热缩聚形成的液体树脂。酚醛树脂胶具有胶合强度高、耐水性强、耐热性好、化学稳定性高及不受菌虫侵蚀等优点；但其不足是颜色较深和胶层较脆。它的优良性能，使其适用于制造可在室内外使用的各种人造板。水溶性酚醛树脂，使用方便，游离酚含量也较低，用于胶合板制造，一般采用水溶性的酚醛树脂，它的渗透性大，因此，必须加填充剂。通常不需加固化剂，但可加固化促进剂。醇溶性酚醛树脂，游离酚含量高，污染性大，适用于浸渍纸生产。酚醛树脂虽然有极好的耐候性，但对板坯含水率控制要求严格，热压温度要求高，时间比较长等许多对胶合制造不利的因素，为了改善这方面的缺陷，往往采用和间苯二酚或三聚氰胺共缩聚的改性酚醛树脂。

(3)三聚氰胺树脂(MF)和三聚氰胺脲醛树脂(MUF)

三聚氰胺树脂是由三聚氰胺和甲醛作原料，在一定条件下缩聚而成。这种树脂的耐热和耐水性能，均较酚醛树脂和脲醛树脂为优，由于三聚氰胺原料价格昂贵，目前国内主要用于制造装饰贴面用浸渍纸生产。

三聚氰胺脲醛树脂是由三聚氰胺、尿素与甲醛等原料，在一定条件下缩聚而成。它的性能决定于尿素和三聚氰胺的摩尔比。三聚氰胺作为脲醛树脂的改性剂，加入量为尿素质量的5%~20%，加量大，成本高；若尿素用量多，成本虽会降低，但浸渍胶膜透明度会降低，吸湿性增大且胶膜发黏。故常用于隔离层纸的浸渍。近年来，三聚氰胺脲醛树脂越来越多地用于人造板的生产。

(4)聚乙酸乙烯酯乳液胶黏剂(PVAc)

俗称白乳胶，是由乙酸乙烯酯单体在引发剂作用下，经乳液聚合而得到的高分子乳液。其合成工艺简单，具有成本低廉、无毒、无味、使用方便、无环境污染、节省资源等特点，被认为是一种绿色环保型胶黏剂。

(5)异氰酸酯(MDI)

通常所说的MDI，有纯MDI和聚合MDI之分，目前的MDI合成工艺为光气化法，是由苯胺和甲醛在催化剂盐酸作用下进行复杂的缩合反应，形成亚甲基二苯基二胺(MDA)和多亚甲基多苯基多胺的混合物，然后在氯苯溶液中与光气发生复杂反应，在脱除溶剂后获得粗MDI，再经过分离过程得到众多牌号的纯MDI和聚合MDI。

人造板工业中多使用聚合MDI和改性MDI作胶黏剂，国内主要用于单板层积材、指接材、MDF和PVC薄膜贴面以及秸秆刨花板。由于异氰胺酸基具有很强的反应活性，尤其适用于低自由能表面的胶合，如麦秸秆片的外表面、竹青的外表面、PVC薄膜(饰面)等，而且胶合后的耐沸水煮、耐老化性能优良。正因为如此，理论上讲，MDI只要形成单分子层即能完成胶合作用，所以，与脲醛树脂胶相比MDI的施胶量可以大幅度降低，但施胶一定要均匀。

### 2.4.3 无机胶黏剂

无机胶黏剂通常称为无机胶凝材料，是指一类具有黏接性能的无机材料，当其混入刨花、纤维等植物纤维原料，并与水或水溶液拌和后的混合料，经过一系列的物理、化学作用后，能够逐渐硬化并形成具有一定强度的人造板，其中的无机粉末材料，如水泥、石膏、菱苦土等称为无机胶黏剂。

无机胶黏剂具有下述特点：原料来源丰富，生产成本低；耐久性好，适应性强，可用于潮湿、炎热、寒冷的环境；多为不燃材料，人造板制品的阻燃性好；作为基材组合或复合其他材料的能力强，制品有水泥刨花板、水泥木丝板、石膏刨花板、石膏纤维板等。

(1)石膏

石膏胶凝材料的制备，一般是指将二水石膏脱水成为半水石膏；而石膏胶黏制品的制备过程，则是将半水石膏与一定比例刨花或纤维混合，由于水化作用、硬化作用再生成二水石膏晶体的硬化体，将刨花或纤维结合在一起，制成石膏人造板。

半水石膏加水后进行化学反应可以用下式表述：

$$CaSO_2 \cdot \frac{1}{2}H_2O + 1\frac{1}{2}H_2O \longrightarrow CaSO_4 \cdot 2H_2O + Q$$

影响半水石膏水化速度的因素很多，主要有：石膏煅烧温度、粉磨细度、结晶形态、杂质含量以及水化条件等。半水石膏水化速度越快，则凝结也越快；在生产中可以采用加入外加剂的办法来调整水化速度和凝结时间。如果水化和凝结过快时，可以加入缓凝剂。缓凝剂的作用是使半水石膏溶解速度降低或溶解度减少，因而使水化过程受到抑制。常见的缓凝剂有：硼砂、柠檬酸、亚硫酸盐酒精废液等。

在冬天或者为满足工艺上的某些需要而希望加速水化和凝结时，则可加入促凝剂。促凝剂的作用是使半水石膏的溶解速度加快或溶解度增加。常用的促凝剂有：硅氟酸钠、氯化钠、硫酸钠等。

石膏人造板是以半水石膏为主要原料制成的一种轻质板材。它具有隔热保温、不燃、吸音和可锯可钉等性能，而且原料来源广泛，加工设备简单，能源消耗低，是一种比较理想的内墙材料。为了提高强度，减小密度，降低脆性和导热性，制造时加入适量刨花、纤维、麻秆、芦苇等纤维材料，也可在板面粘贴纸板、单板或其他装饰薄膜。

(2)水泥

在胶凝材料中，水泥占有突出的地位。在水泥的诸多品种中，按国家标准凡以适当成分的生料烧至部分熔融，得到以硅酸钙为主要成分的硅酸盐水泥熟料，加入适量的石膏，磨细制成的水硬性胶凝材料，称为硅酸盐水泥。标准还规定，由硅酸盐水泥熟料，掺入不大于15%的活性混合料或不大于10%非活性混合料以及适量石膏经磨细制成的水硬性胶凝材料，称为普通水泥。

硅酸盐水泥的密度较普通水泥大，一般在3.05~3.20g/cm$^3$，它的密度与矿物组成及粉末细度有关，水泥越细其密度越小，水泥密度在疏松状态一般为1000~1300kg/m$^3$，紧密状态为1500~2000kg/m$^3$。

水泥的细度是表示其磨细程度或水泥的分散度的指标。它对水泥的水化硬化速度、水泥的需水量、和易性、放热速度以及强度都有影响。试验指出，硅酸盐水泥的细度不要超过某一限度，即比表面积为5000~6000cm$^2$/g。超过此范围，不仅不经济，而且可能导致强度降低。

水泥加水拌和后，会逐渐失去其流动性，由半流体状态转变为固体状态，此过程称之为水泥的凝结。影响水泥凝结时间的因素很多，除组成外，还与细度、拌和时的用水量及水化温度的高低等因素有关。

水泥的强度是其最重要的技术性能之一。水泥强度主要与矿物组成有关，另外，与细度、硬化环境温度、湿度、水灰比、外加剂(如刨花、纤维)的化学组成与数量以及其他工艺因素有关。

(3)镁质胶凝材料

镁质胶凝材料一般是指苛性苦土和苛性白云石。苛性苦土的原料是天然菱镁矿，其主要成分是碳酸镁。苛性白云石的原料是天然白云石，它的主要成分是碳酸镁与碳酸钙的复盐。

镁质的胶凝材料一般是将菱镁矿或天然白云石经煅烧再磨细而成。细度要求为采用

4900孔/$cm^2$筛的筛余量不大于25%。上述两种原料配制成优质的镁质胶凝剂，主要利用其中活性的氧化镁(MgO)。

通常使用镁质胶凝材料时，一般是将氯化镁溶液调制苛性苦土或苛性白云石，加入适量的刨花、纤维等物料，制造刨花板、木屑板、人造大理石等。

镁质胶凝剂的抗水性差，可以采用加入改性剂，如加入少量的磷酸或磷酸盐，在一定程度上可提高抗水性。

## 2.5 其他添加剂

其他添加剂是指在人造板生产过程中，施加除胶黏剂以外的其他化学药剂。施加添加剂是为了改善制品的性能，满足在某些特殊条件下功能性的要求。一般使用的添加剂包括防水剂、阻燃剂、固化剂、防腐剂等。

### 2.5.1 防水剂

在人造板生产中，施加防水剂目的是提高板制品的耐水性，改善尺寸稳定性，减轻或消除湿胀和干缩而引起的翘曲变形，以及防止制品因吸湿造成霉变和导电能力增强等问题，是最为简便、成本低廉、有效的措施之一，所以在刨花板、纤维板生产中得到普遍使用。

施加防水剂其实质是在刨花或纤维上施加憎水物质，在刨花或纤维表面吸附憎水物质后，可产生以下作用：憎水物质部分堵塞了刨花之间或纤维之间的空隙，截断了水分传递的渠道；增大了水与刨花或纤维之间的接触角，缩小了接触面积；部分遮盖了物料表面的极性官能团(如羟基)，降低了吸湿作用。

防水剂的种类很多，有石蜡、松香、沥青、合成树脂、干性油、硅树脂等。由于石蜡防水性能较好，来源丰富，价格便宜，所以是目前国内外使用最为广泛的防水剂。石蜡是石油工业生产的副产品，它的主要成分是含19~35个碳原子的直链或带支链的烷烃化合物，通用的化学分子式为$C_nH_{2n+2}$。石蜡憎水，柔软、易熔、颜色有白、黄之分，熔点在42~75℃，而人造板工业中使用的石蜡一般要求熔点在52~58℃，石蜡的密度与其熔点和温度有关。石蜡化学性能稳定，不能皂化，但能溶解于汽油、苯、三氯甲烷等许多有机溶剂。在乳化剂的作用下，石蜡易被乳化成乳液。石蜡施加可以是熔融的液体喷施板坯、刨花、纤维上，亦可以是乳化呈乳状分散体施加。实践证明，只要施加工艺合理，均匀分布，都可获得好的防水效果。不同人造板品种施加量略有差异，施加量过多时，石蜡会阻碍胶黏剂与纤维物料之间的结合，降低产品的强度。

非石蜡类防水剂具有添加量低、防水效果好的优点，对热水的防水能力优于传统防水剂。

### 2.5.2 固化剂

一种促使树脂固化的酸性物质，称之为固化剂。

固化剂按外观形态分，有液体状和固体粉末状固化剂；按固化速度分，有速效性和迟效性固化剂；按化学组分分，有单一型和复合型固化剂。

固化剂应根据制品用途、性能要求和使用环境，进行恰当选择。

胶料固化后胶层的pH值不宜过高或过低，一般pH值在4~5时胶合性能良好。故选择合适的固化剂可依此确定。

最好选用复合型固化剂、潜伏性固化剂，不仅能保证完成固化作用，同时也降低了游离醛。此外，如需增强树脂的耐水性，在固化剂中还可加入间苯二酚、三聚氰胺等化合物。

脲醛树脂常用的固化剂有氯化铵、氯化锌、硫酸铵、硝酸铵等酸性盐类。其中用得最多的是氯化铵，用量以固体粉末计，为树脂重量的0.5%~2.0%，一般都先配成20%溶液进行使用。

热固性的酚醛树脂借助于本身为碱性物质，可以不必再加入其他固化剂。

另外还有专门为异氰酸酯类胶黏剂开发的固化剂，能大幅度提高生产效率和板材力学性能，从而节约生产成本。

### 2.5.3 填充剂

胶黏剂在使用时，常加入一些填充剂，目的是节约树脂的耗用量，降低生产成本；增加胶液的固体含量、黏度和初黏性，避免由于胶液过分渗透，而引起的胶合缺陷，可使胶液的适用期延长，改善作业性；防止和减少胶液在固化过程中胶层的收缩而产生的内应力，提高胶层的耐老化性能，还可减低游离醛含量。

为满足胶合质量以及达到涂胶工艺的要求，使用的填充剂应具备以下条件：在化学性质上，应是不活泼的中性物质；能与树脂很好混合，不产生分层或沉淀；对树脂质量和胶合质量不产生副作用；原料丰富，价格低廉，易加工成细度大于100网目以上的粉末。

常用的填充剂有木粉、淀粉、大豆粉等。利用淀粉类物质作填充剂，制得胶液均匀，易于涂布，但会降低胶合剂的耐水性。以蛋白质类(如大豆粉)作填充剂，耐水性好于淀粉类，对降低游离醛效果显著，胶合质量也较好。

填充剂的加入量，应根据树脂的性能、加工工艺的要求和用途而异，用量一般为液体树脂质量的5%~50%。填充剂加入量大，树脂用量相应减少，可以降低成本。

### 2.5.4 阻燃剂

用于防止人造板燃烧或延缓其燃烧的化学药剂，称为阻燃剂或滞火剂。

人造板作为建筑材料，其阻燃性是很重要的性能指标，而未经阻燃处理的各类人造板均属可燃材料。人造板的可燃性限制了其使用范围，因此，提高人造板的阻燃性是人造板生产中亟待解决的问题。

改善人造板的阻燃性主要通过采用阻燃剂对人造板进行处理。阻燃剂可为单一的或几种配合的化合物，可为无机盐亦可为有机化合物。阻燃剂可在人造板生产过程中施加，亦可对原料(单板、刨花等)或素板浸泡或涂刷，这些处理过的人造板具有一定的防火功能，可降低烟雾产生，减轻明火燃烧和火焰的蔓延。但是，一般阻燃剂不能对上述三种情况同时制止。

阻燃剂应具备下述条件：阻燃性能好；化学性能稳定；无腐蚀性，对人畜无害；与生产工艺相协调，对制品强度和耐水性等影响小；不影响胶合、油漆及其他二次加工；资源丰富，价格便宜等。

阻燃剂的种类很多。适用于人造板的阻燃剂，主要有以下几类：

(1)磷-氮系阻燃剂

磷-氮系阻燃剂包括各种磷酸盐、聚磷酸盐和铵盐，这类防火剂主要含磷、氮两种元素，这两种元素都起阻燃作用，由于二者协效作用，因而是效果最好的一类阻燃剂。磷酸盐中尤以磷酸氢二铵$(NH_4)_2HPO_4$阻燃效果最好。聚磷酸铵(简称 APP)是磷-氮系列的聚合物，聚合度越高则阻燃效果越好，抗流失性强，经它处理的人造板，板面无起霜现象。

磷-氮系阻燃剂在火焰中发生热分解，放出大量不燃性氨气和水蒸气，起到延缓燃烧作用，其本身还有缩聚作用，生成聚磷酸。聚磷酸是一种强力的脱水催化剂，可使木质材料脱水而炭化，在材料表面形成炭化层，降低传热速度。

(2)硼系阻燃剂

硼系阻燃剂包括硼酸、硼砂、多硼酸钠、硼酸铵等硼化物。硼系阻燃剂为膨胀型的阻燃剂，遇热产生水蒸气，本身膨胀形成覆盖层，起隔热、隔绝空气的作用，从而达到阻燃的目的。

以硼酸为例：

$$\underset{\text{硼酸}}{H_3BO_3} \xrightarrow[\triangle]{>70℃} \underset{\text{偏硼酸}}{HBO_3} \xrightarrow[\triangle]{140\sim160℃} \underset{\text{四硼酸}}{H_2B_4O_7} \xrightarrow[\triangle]{320℃} \underset{\text{三氧化二硼}}{B_2O_3}$$

$B_2O_3$ 软化呈玻璃状薄膜，覆盖在基材表面，具有隔热排氧的功能。

硼酸可减弱无焰燃烧和发烟燃烧，但对火焰传播有促进作用；而硼砂能抑制表面火焰传播。因此，这两种物质经常配合使用。常用的重量比为硼砂∶硼酸=1∶1，其特点是在水中的溶解度大，并能调节溶液的 pH 值，使之趋于中性，从而减少金属的腐蚀，硼酸、硼砂等阻燃剂的优点是兼具防腐、杀虫功能，且毒性小，对基材强度影响小。其缺点是易析出，影响胶合及板面质量。

(3)氨基树脂阻燃剂

氨基树脂阻燃剂是由双氰胺、三聚氰胺等有机胺与甲醛、尿素和磷酸在一定条件下反应制得。它的种类很多，根据组成的成分、配比和不同的反应条件予以制备，用于人造板浸渍或涂刷处理。其阻燃机理是在 150~180℃ 开始发泡，起到阻隔火焰的作用，并在高温下放出氮气，稀释周围空气中的氧气含量。

常用的有尿素-双氰胺-甲醛-磷酸树脂和三聚氰胺-双氰-甲醛-磷酸树脂等。

防火涂料涂覆于人造板基材表面，有装饰、防腐、耐老化、延长使用寿命的作用，又可使人造板具有阻燃功能。

防火涂料按组成的基料通常分无机型和有机型；按防火性能分为膨胀型和非膨胀型两类。非膨胀型防火涂料基本上是以硅酸钠为基材，掺入石棉、云母、硼化物之类的无机盐。这类涂料基本靠其本身的高难燃性或不燃性来达到阻燃目的。膨胀型防火涂料是以天然或人工合成高分子聚合物为基料，添加发泡剂、碳源等构成阻燃体系。遇火时形成蜂窝状或海绵状碳质泡沫层，起到隔热隔氧的效果。

### 2.5.5 防腐剂

防腐剂是能够防止、抑制或中止危害木质基材的细菌、微生物及昆虫侵害的化学药品。

用于人造板工业的防腐剂有如下要求：对各种真菌、细菌和昆虫有杀伤力，但在处理过程中，不使人、畜中毒和造成环境污染；化学稳定性好，不易挥发，又不会遇水流失；与胶黏剂有好的相容性，不影响胶合和涂饰等二次加工；原料来源广泛，价格便宜等。

防腐剂的种类很多，大致可分为三类，即水溶性防腐剂、油溶性防腐性和油类防腐剂。不同种类防腐剂性能有差别，处理方法和效果亦不一样，使用时根据板种、用途和处理方法进行选择。

在人造板工业中，经常采用的防腐剂有：

五氯酚钠——具有防腐、防虫的效果，特别是防霉效果好。

五氯酚钠为白色针状或鳞片状结晶，熔点为378℃，易溶于水、甲醇、乙醇和丙酮中，有强烈的刺激性气体。五氯酚钠的化学性能稳定，其水溶液呈弱碱性，加酸酸化时析出五氯苯酚。它常与氟化钠、硼砂、碳酸钠混合使用。

烷基铵化合物——多数防腐剂不仅对菌、虫有毒性，而且给人和周围环境带来危害和污染，而由长链季铵和叔铵盐类化合物作为防腐剂，有其独特之处。因为这类化合物为阳离子表面活性剂，一般具有和蛋白质发生反应的性能，因此，它们是很好的杀菌剂。烷基铵类化合物对金属连接件无腐蚀作用，性能稳定，有良好的抗流失性，对胶黏剂、油漆无不良影响，因而是一类很好的防腐剂，常使用的有烷基二甲基苄基氯化铵、二烷基二甲基氯化铵和烷基二甲基乙酸铵等。

烷基铵类化合物的价格较贵，但因为它比铜铬砷类对菌的毒性高，用量较低，故费用也不算高。

### 2.5.6 脱模剂

脱模剂是一种用在两个彼此易于黏着的物体表面的界面涂层材料，它可使物体表面易于脱离、光滑及洁净。

脱模剂具有较大的抗拉强度；耐磨、耐化学性、耐热及应力性能，不易分解或磨损；黏合到模具上而不转移到被加工的制件上，以便不妨碍二次加工操作。

脱模剂按用法分有内脱模剂和外脱模剂；按形态分有溶剂型脱模剂、水性脱模剂、无溶剂型脱模剂、粉末脱模剂、膏状脱模剂涂料等；按活性物质分有硅系列、蜡系列、氟系列。硅系列主要为硅氧烷化合物、硅油、硅树脂甲基支链硅油、甲基硅油、乳化甲基硅油、含氢甲基硅油、硅脂、硅树脂、硅橡胶、硅橡胶甲苯溶液。蜡系列主要为合成石蜡、微晶石蜡、聚乙烯蜡等。氟系列的隔离性能最好，对模具污染小，但成本高。主要有聚四氟乙烯、氟树脂粉末、氟树脂等。

目前国内人造板行业常用的多为进口产品，如德国的Wuertz、Zeller和Gmelin，澳大利亚的FENTAK等。适合于连续压机钢带脱模，其优异的脱模和自清洁性能，保持了钢带干净，从而提高热传递效率和板材表面质量，确保生产线连续不停机稳定运行。有脲醛树脂用脱模剂和异氰酸酯用脱模剂等。

### 2.5.7　增黏剂

用于刨花板板坯成型，特别适合用于异氰酸酯类胶黏剂，能让板坯具有足够的初强度，可以顺利进入压机中热压成型。

## 2.6　贴面材料

为了进一步提高人造板基材的质量，改善板面的物理性能，美化其外观，我们常对人造板表面进行装饰处理，贴面装饰是使用最为广泛的方法之一。主要采用的贴面材料有：薄木、三聚氰胺浸渍纸、装饰板(塑料贴面板)、聚氯乙烯塑料(PVC)薄膜以及其他装饰材料等。

### 2.6.1　薄木

薄木是将纹理美丽的木材经旋切或刨切而成的薄单板。薄木贴面能够最有效地利用具有美观大方木纹的珍贵树种，具有天然木质感。生产中还常根据特殊要求，将薄木选拼成各种图案、花纹，使其具有更加独特的性能，因此，薄木种类丰富多彩。

(1)薄木分类

薄木分类如图 2-5 所示。

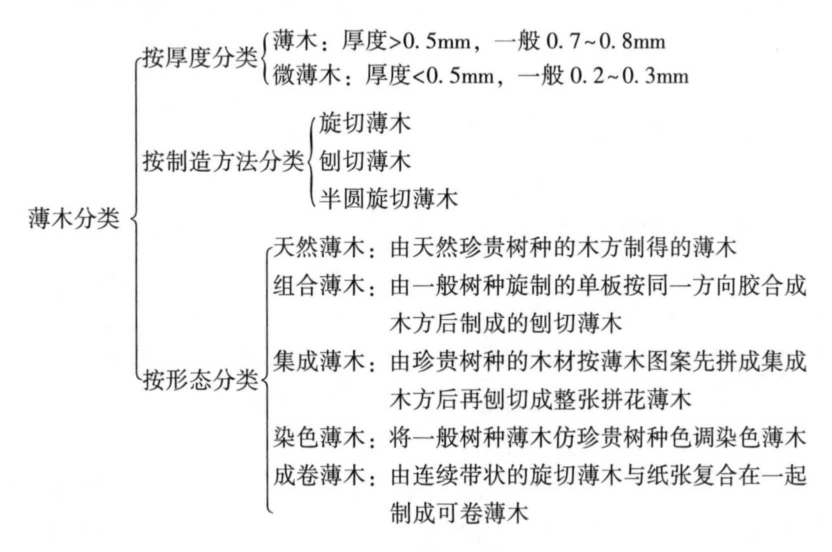


图 2-5　薄木分类

(2)薄木用树种

适于制造薄木的树种很多，一般要求为早晚材比较明显、木射线粗大或密集、能在径切面或弦切面形成美丽木纹的树种；要易于切削、胶合和涂饰等加工处理。对于阔叶材其导管直径不宜太大，否则制成薄木后易破碎，胶贴时易产生透胶现象。

常用树种：国产材有水曲柳、黄波罗、花梨木、桦木、柞木、椴木、楸木、麻栎；进口材有柚木、桃花心木、色木、红木、榉木等。

(3)薄木制造

薄木制造的方法一般有旋切法、刨切法、半圆旋切法等。选择哪种方法制造，主要根据树种、原木及设备情况而定。一般针叶材及纹理通直、木射线丰富的阔叶材，采用刨切法；而纹理交错、树瘤多、节多的则采用旋切法。总之，主要根据制造出薄木的纹理来定。目前国内外主要采用刨切法和旋切法。

刨切法生产需先将原木剖成木方(图2-6)，进行蒸煮，软化后再在刨切机上刨切成薄木(图2-7)。刨切薄木纹理通直，适于拼成各种图案。

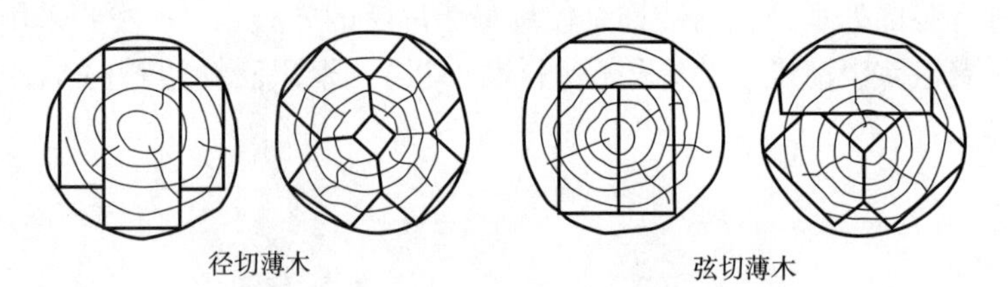


图2-6 刨切木方的锯剖

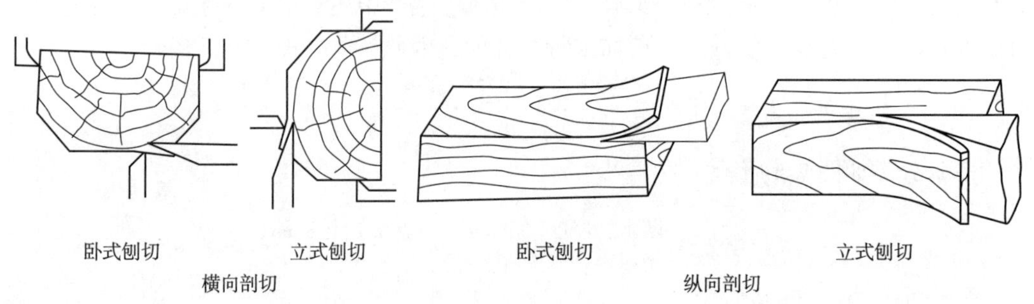


图2-7 剖切示意

旋切法是在精密旋切机上旋切薄木。旋切所得的薄木成带状，不需拼接，易于实现连续化生产。旋切前木段需经蒸煮软化，蒸煮工艺可参考木方的蒸煮法。

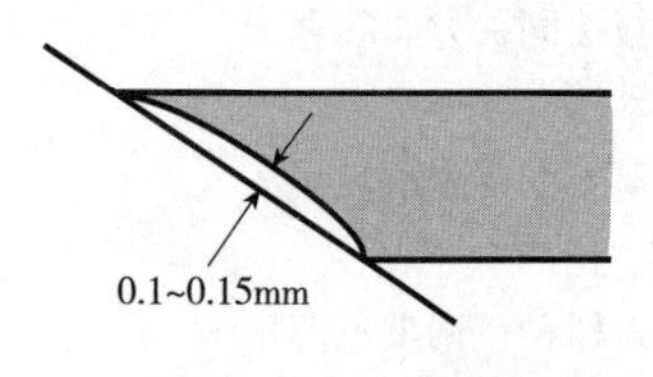


图2-8 旋刀形状

旋切时旋刀的研磨角越小则刀口越锋利，但为了保证刀口的强度，一般研磨角为17°~21°。为了减少旋刀后面与原木的接触面积，减少旋刀在旋切过程中的振动，一般将旋刀后面磨成凹面，凹进深度为0.1~0.15mm，如图2-8所示。旋刀硬度$R_c$为58~62。

由于薄木薄，因此采用单棱压尺，研磨角为60°。

旋制薄木为弦向纹理；刨制薄木为径向、弦向、半径向纹理。径向纹理美观大方，且收缩率小，所以饰面多采用刨切薄木。为了进一步节约珍贵木材，提高原材料的利用率，随着制造技术的发展，薄木向薄型发展，出现了厚度在0.2mm以下的薄木，称为微薄木。

(4)薄木干燥

薄木干燥一般采用单板干燥的方法，即用网带进料或辊筒进料的喷气式干燥机或纵向循环式干燥机进行干燥。网带式干燥机可将薄木横向连续进给，从而与刨切机组成连续化的流水线(图2-9)。厚薄木可用“S”形网带式干燥机进行干燥。

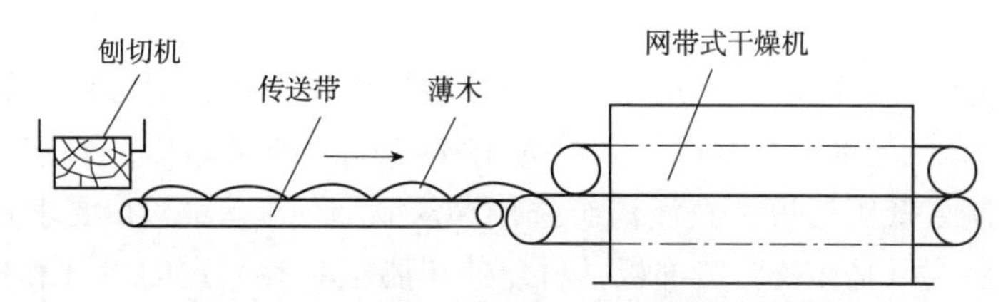


图 2-9 刨切机与干燥机组成的连续化流水线

薄木的干燥工艺，随薄木厚度不同而改变，一般0.7～0.8mm的薄木与单板相近，可采用一般单板干燥的基准，最终含水率可控制在8%～12%；但微薄木(0.2～0.3mm)的干燥温度不宜超过100℃，干燥后薄木的含水率应保持在20%左右。否则，薄木易碎、翘曲。微薄木在含水率较高时，具有一定的可塑性，较平整，在胶黏时不易发生错动。

在使用刨花板作基材时，一般用厚薄木贴面，含水率不宜超过10%，否则会因板面刨花吸收水分而造成板面的粗糙不平。

未经干燥的微薄木，在长期保存时，应注意防止水分散失，但也要注意防止霉变。因而，在生产中，应尽量做到随刨随用，不宜长期大量储存。

### 2.6.2 三聚氰胺浸渍纸和三聚氰胺装饰板

由无色透明、耐热耐水性能优良的三聚氰胺树脂浸渍特种纸张制成浸渍纸或由三聚氰胺树脂浸渍纸与PF浸渍纸数层组坯后压制成树脂装饰板，均为人造板基材常用的贴面材料。采用上述两种材料贴面，可赋予人造板表面耐磨性、耐热性、耐水性、耐化学药品污染、表面平滑光洁易清洗等优良性能。因此其用途日益扩大。

三聚氰胺树脂浸渍纸制造工艺流程为：

装饰纸原纸 —低压三聚氰胺树脂→ 浸渍 → 干燥 → 三聚氰胺浸渍纸

三聚氰胺树脂装饰板的制造工艺流程为：

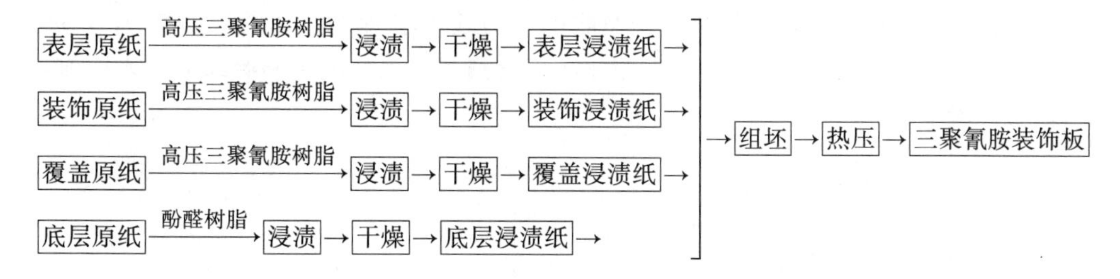


用于纸张浸渍的三聚氰胺树脂为三聚氰胺与甲醛的初期缩聚物，胶液容易浸入，经干燥除去溶剂制成浸渍纸，干燥的浸渍纸在100℃以上的温度下，所含树脂熔融，并很快固化。用乙醇改性的三聚氰胺用于高压法制造三聚氰胺装饰板，由聚乙烯醇改性三聚氰胺用于低压浸渍纸制造。

原纸在三聚氰胺浸渍纸和三聚氰胺装饰板中有两种作用：一是增强作用，利用其纤维状结构提高装饰层强度和补偿纯聚合物合成带来的脆性；二是装饰性，各种浸渍用原纸，根据用途分为表层纸、装饰纸、覆盖纸、底层纸四类，故而对纸的性能要求不同。表层纸是覆盖在装饰纸上面，用以保护装饰纸上装饰图案，因此，要求原纸完全透明，并能被树脂完全渗透，树脂含量要求达到 130%～145%，一般要求纸张厚度控制在 0.05～0.15mm 范围。装饰纸上一般印刷木纹或装饰图案，因此对原纸印刷性能有一定要求，所以生产高压装饰板通常选用定量为 120～150g/m$^2$ 钛白纸，要求树脂浸渍量达 50%～60%，而制备低压三聚氰胺浸渍纸选用 80g/m$^2$ 钛白纸，因其要求树脂浸渍量达 100%～150%。底层纸是作树脂装饰板基材，使树脂板具有一定的厚度和机械强度，所以采用不加防水剂的牛皮纸浸酚醛树脂，浸胶量一般为 30%～45%。覆盖纸是夹在装饰纸与底层纸之间，目的是遮盖深色的底层纸，因此同样为钛白纸。

浸渍纸的保管采用塑料薄膜密封放在恒温恒湿室中保存，温度约 20℃，湿度约 50%～60%，若保存条件好，浸渍纸可保存 2 个月左右。

由表层纸、装饰纸、覆盖纸各一层组成板坯，底层纸的层数则根据对装饰板厚度适当增减，配好板坯通过热压，使浸渍纸树脂均匀流展，直至树脂固化，将各层浸胶纸牢固地胶合在一起成为三聚氰胺树脂装饰板。一般采用压力 6.0～8.0MPa，压制温度135～150℃，为了得到表面光滑、光泽优良的制品，通常采用冷—热—冷的热压工艺。

### 2.6.3 聚氯乙烯装饰薄膜

热塑性树脂可以加工成薄膜用于人造板的表面装饰。树脂薄膜经印刷图案、花纹，再经模压处理后，有很好的装饰效果。树脂薄膜制造方便，适于连续生产，所以价格低廉，是人造板表面装饰的主要材料之一。常用的树脂薄膜有聚氯乙烯、聚酯及聚碳酸酯薄膜等。

聚氯乙烯薄膜是一种最常用的人造板表面装饰薄膜，它具有以下特点：可制成透明或不透明，印刷性能好，色泽鲜艳；透气性小，可减少湿气的侵入；表面柔软，便于模压图案；无冷硬感，适于连续化生产。但是聚氯乙烯薄膜耐热性较差，表面硬度比较低，对胶黏剂有选择性，使其应用受到一定的限制。目前聚氯乙烯贴面胶合板、刨花板、中密度纤维板主要用于家具、室内装饰及家用电器的壳体等。

一般用作贴面装饰材料的聚氯乙烯树脂的平均聚合度为 800～1400，厚度为 0.08～0.4mm。其增塑剂含量为 10%～25%，属于半硬度薄膜。薄膜采用凹版印刷技术印制各种木纹或图案。

## 2.7 原料的贮存与保管

为保证生产的正常进行，在厂内需要有一定数量的原料贮备。原料贮存量由原料种类、工厂规模、运输条件及原料来源的季节性等因素决定。原料供应有季节性的贮存场，需贮存 1～2 个季度的原料。

原料贮存的状况，直接影响产品的质量。原料贮存场地应干燥、平坦，并且要有良好的排水条件。为了防火和保证通风与干燥，及考虑装卸工作的方便，原料堆垛之间必须留出一定的间隔和通道。

贮存场地的大小通常取决于搬运方式。由人工搬运的料堆，高度一般不超过 2.0m，由机械搬运的料堆，允许高达 10m 以上。

各种薪材及剩余物的堆积系数见表 2-6，可供料场面积计算作参考。

**表 2-6　各种薪材及剩余物的堆积密度**

| 材料种类 | 堆积系数 | 材料种类 | 堆积系数 |
|---|---|---|---|
| 圆薪材(未劈开) | 0.74 | 大板皮(堆垛) | 0.53 |
| | 0.70 | 板条(散堆) | 0.35 |
| | 0.66 | 锯屑(1~3mm) | 0.20 |
| | 0.65 | 刨花 | 0.20 |
| | 0.51 | 截头梢头 | 0.30 |
| 薪材(已劈开) | 0.64 | 枝丫 | 0.25 |
| 伐根(已劈开) | 0.50 | 木片(晃实的) | 0.35 |
| 三角木块 | 0.40 | 木片(未晃实的) | 0.27~0.28 |

以制材板皮和等外材为原料的刨花板、中密度纤维板厂，一般都设有运输带将原料送往备料车间。

非木质原料堆垛必须注意保持原料的含水率为 10%~15%。含水率过高，会引起腐败发热，甚至导致原料自燃。此外，在堆垛中部，应在顺风向留通风洞，以防原料腐烂变质。

胶合板生产用的原木保存有其特殊性，要求较高。为了防止木材在保存期间腐朽变质和由于水分蒸发引起的端裂，有条件应尽量采用水中贮存。凡没有条件水中贮存的工厂，应建立陆上贮木场，采取以下两方面措施：第一，尽量保持高含水率，使其接近或达到含水率约 150%，这样防止真菌侵害，也不会产生端裂。使木材不暴露于太阳下面，同时在楞场上装设水管，定期进行喷水。第二，在木材两端涂刷保湿防腐材料，可防止水分蒸发，还具有防腐功能。

## 2.8　剥皮与去皮

树皮含量占树木的 6%~20%，平均占 10%左右，制材板皮占 10%以上，小径材和枝丫材占 13%~28%，平均在 20%以上。树皮内纤维含量极低。

由于树皮的结构和性能与木质部完全不同，在胶合板生产中无使用价值，原木不剥皮而直接旋切易堵塞刀门，树皮内还夹有金属和泥沙杂物，会损伤刀具，影响正常旋切和单板的质量。在中密度纤维板和刨花板生产中随树皮含量的增加，板的强度和耐水性会降低，同时影响板的外观质量，所以利用小径木和枝丫材为原料，生产中密度纤维板和刨花板时，也要考虑原料去皮问题。

人工剥皮速度慢、效率低，是一项繁重体力劳动，一般采用机械剥皮。机械剥皮的基本要求是：剥皮要干净、损伤木质部越小越好；设备结构简单，效率高，受树种、直径、长度、外形等因素的影响要小。

由于树皮的结构多种多样，原木大小不一，形状又不规则，目前胶合板生产中主要使用切削式剥皮机。它是利用切削刀具有旋转运动，配合木段的定轴转动或直线前进运动，从木段上切下或刮下树皮。切削式剥皮机按树皮剥下的方向又可分为纵向切削、横向切削和螺旋切削三种形式。

对于刨花板和中密度纤维板生产常用的小径材、枝丫材、薪炭材等木材原料的去皮设备通常采用摩擦式剥皮机。常见的摩擦式剥皮机为滚筒式木材剥皮机。它是利用木段与滚筒内壁、木段和木段之间的相互碰撞和摩擦达到去除树皮的目的。与切削式剥皮机相比，摩擦式剥皮机的缺点是树皮去除率稍低，不能达到100%的去除。但是，滚筒式剥皮机由于采用摩擦的方式去皮，因此对木质部基本上没有损伤。

## 思考题

1. 如何评价人造板的木质或非木质原料的质量？
2. 人造板生产对胶黏剂的基本要求有哪些？
3. 人造板生产中化学添加剂有哪些？其具体功能是什么？
4. 人造板作基材的贴面材料种类有哪些？

# 第3章 基本单元加工

本章从工艺技术创新的角度出发，将人造板生产的传统原料划分为两大类单元，根据单元先从大到小、后从小到大的变化过程，论述人造板的制造机理和生产过程。对于优化生产工艺参数、提高产品质量、拓宽产品用途意义重大。

本章重点在于分析基本单元及其构成要素对人造板生产工艺和成品质量的影响及其应对措施。

人造板产品的设计思想是将由大或粗的木质原料变成具有一定规律和形状的原料，再经过一些合理的加工过程，使这些相对小的原料再组合成较大尺寸和具有一定性能的板材。因此，我们常称这些相对小的原料为基本单元，如单板、刨花、纤维、竹片、薄木等，把制造基本单元的过程称为基本单元加工。

## 3.1 原料预处理

### 3.1.1 原料软化处理

#### 3.1.1.1 软化处理目的

为了得到设计的基本单元尺寸，木材一般需经过原料加工前的软化处理工序。木质原料软化处理目的是将原料进行软化，降低原料的硬度，增加可塑性，使其在人造板原料加工过程中，确保能达到工艺所要求的尺寸、形状、质量以及减少制造能耗。

在胶合板生产的单板制造中，单板在木段上原为圆弧形，旋切时被拉平，并相继反向弯曲，导致在单板表面产生压应力，背面产生拉应力。

$$\sigma_1 = \frac{ES}{2\rho_1}, \quad \sigma_2 = \frac{ES}{2\rho_2} \quad (\text{MPa})$$

式中：$E$——木材横纹方向的弹性模量(MPa)；

$S$——单板厚度(mm)；

$\rho_1$——单板原始状态的曲率半径(mm)；

$\rho_2$——单板反向弯曲的曲率半径(mm)。

单板厚度越厚，木段直径越小，则这种应力越大。当拉应力大于木材横纹抗拉强度时，单板背面产生裂缝，单板强度降低，并造成单板表面粗糙度增加。

在一定生产条件下，只能用控制 $E$ 值来减少裂缝和裂隙度。$E$ 值主要随木材本身温度和含水率升高而降低。即使木材的弹性降低，塑性增加。因此，木段水热处理是提高单板旋切质量的有效方法。此外，木段经水热处理以后，节子的硬度大幅度下降，不易损伤旋刀；边材部分的树脂和细胞液经过水热交换后渗透出来，有利于单板干燥、胶合和油漆。

刨花板使用的原料来源不同，原料含水率不均匀，且变化较大，一般在35%~120%，在极端情况下，最小值低于16%，最大值可达200%。从木材切削方面来看，原料含水率不应低于35%。含水率在35%以下时，随着含水率的减少，单位切削功迅速增加，同时细碎刨花的比例明显增加。因此，为了有利于刨花制备以及干燥，原料的含水率应尽可能控制在40%~60%。对于密度较大的树种可以在温水中浸泡，适当增加含水率到70%。

植物纤维是由纤维素、半纤维素和木质素等主要成分构成的统一体。据统计，$1cm^3$ 针叶材含60万~80万根纤维，阔叶材约含200万根纤维。这些植物纤维在原料中以主价键、副价键和表面交织力等几种力牢固地结合在一起。若将这种未经软化处理的原料分离成单体纤维或纤维束，需消耗大量动力，花费很长时间，而且纤维的机械损伤也很严重，影响纤维质量。因此，不论采用哪种方法分离纤维，原料在分离之前均应进行不同程度的软化处理，使纤维中某些成分受到一定程度破坏或溶解，削弱纤维间的结合力，以提高纤维原料的塑性。如此可使纤维易于分离，提高纤维质量，减少动力消耗，缩短纤维分离时间。

#### 3.1.1.2　软化处理方法

原料软化处理的方法有如下几种：①喷水；②水煮；③水与空气同时加热；④蒸汽热处理；⑤加压蒸煮；⑥冷碱法；⑦碱液蒸煮法；⑧中性亚硫酸盐法等。对于不同的人造板生产，其处理的方式也不尽相同。

喷水处理法，是将水直接喷洒到原料上，增加原料的含水率，达到软化的目的。一般设置于刨花板备料工段，专门处理枝丫材、工厂废料、下脚料工艺木片和混合原料等。

水煮处理法，是将原料放入具有一定温度的水中加热软化。此方法设备简单，操作方便，一般用于木段或木片软化。胶合板、纤维板和刨花板生产中都有应用，尤其是胶合板生产。

水与空气热处理法，较适宜于木段要求的温度较低，生产连续性较强的车间。

蒸汽热处理法，喷出蒸汽温度较高，易使木段开裂。但水煮易发生木材变色，故有时还须用蒸汽热处理方法。为了缓和热处理过程，采用热水蒸气池。蒸汽法一般比水煮法热处理时间短些。

加压蒸煮法，是将纤维原料(如木片)在压力容器内经蒸汽加热软化，原料软化过程伴随纤维水解作用。

冷碱法，是在常压低温条件下，用稀碱液处理纤维原料的一种软化处理方法。但由于水污染大，目前已不多采用。

碱液蒸煮法，即将植物原料和碱液装在密闭的容器里，通入蒸汽进行蒸煮。碱液蒸煮时，胞间层的木质素首先破坏，与氢氧化钠作用生成碱木质素而溶解，纤维素和半纤维素由于碱性水解作用也可部分溶解，便于纤维分离。同样由于废水处理成本高，已很少在人造板生产中应用。

#### 3.1.1.3　软化处理工艺

木材在热处理时，首先通过加热介质把热量传导给木材，然后热量再由木材表面传向内部体系，使内部达到所要求的温度。然而由于木材的传热系数在传热过程中随着各种条件(如含水率、温度等)变化而改变，木材热处理过程是一种“不稳定导热过程”。因此，木材热处理是一个较为复杂的问题。下面只讨论涉及制定热处理工艺的一些基本原理。

(1)木段热处理工艺

首先讨论两类不同情况的典型木段热处理工艺曲线图。从图 3-1 中可知，热处理非冰冻材时，加热介质的温度变化可分为三阶段：*AB* 为升温阶段，*BC* 为保温阶段，*C* 以后为自然冷却均温阶段。热处理冰冻材时，加热介质的温度变化，基本上与非冰冻材相似，仅增加了一个 *OA* 融冰阶段。

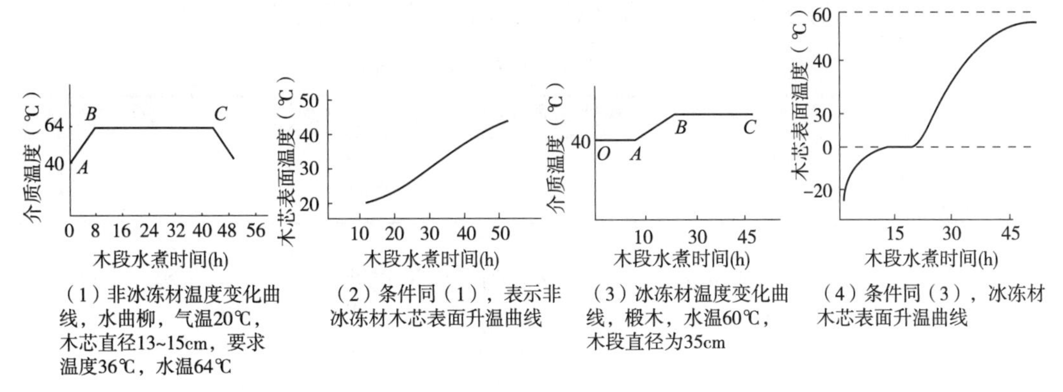


**图 3-1　典型热处理工艺曲线**

①升温阶段

如果木段露天贮存，可根据外部气温来确定，若天气温度变化很大，则取前夜的气温。若在室内存放时间较长，可取为室温。

由于树种、单板厚度、制造方法和木材含水率不同，对木段的加热温度要求也不同。硬阔叶材比软阔叶材要求的温度高；陆贮材比水贮材要求的温度高；旋切厚单板的木段温度要高些。温度过高，单板容易起毛；太低，木材塑性不足，易产生裂缝，甚至不能正常旋切。有些材质很软、含水率高的新鲜木材可直接旋切，不必蒸煮。一般热处理后，木芯表面的温度范围见表 3-1。

**表 3-1　加热介质和木芯表面温度范围**　℃

| 树　种 | 椴　木 | 红　松 | 落叶松 | 水曲柳 | 桦　木 | 红阿必东 | 栎木柠檬桉 |
|---|---|---|---|---|---|---|---|
| 木芯温度 | 25~35 | 42~50 | 44~50 | 44~50 | 36~48 | 55~60 | 70~80 |
| 介质温度 | 约 60 | 约 80 | 约 90 | 60~80 | 约 60 | 约 90 | 约 90 |

我国木材热处理工艺，基本以非冰冻材冬季热处理为主要基准。当在夏季热处理

时，仅将保温时间减少；当对冰冻材热处理时，先把冰冻材融冰，其后各处理步骤，基本上同于非冰冻材冬季热处理。

木材受热膨胀，遇冷收缩。木材的胀缩性在顺纹方向较小，横纹方向较大，其中弦向为最大。在热处理时，木材由外到内存在着温度梯度，因此内部就存在着膨胀梯度。当膨胀产生的内应力大于木材横纹抗拉强度时，木段端头将会产生环裂和纵裂。同样木材在冷却时，也会产生相类似情况。这些是在确定融冰、介质升温以及热处理后木段的存放都应该考虑的问题。

在融冰阶段，介质温度一般为30~40℃，保温时间约为8h，视木段初温而定。

在介质升温阶段，一般阔叶材的升温速度比针叶材的要慢，特别是易开裂的木材其升温速度应慢一些，如柠檬桉、桦叶楠为2℃/h，枫香3~4℃/h。不易开裂的木材可为5~6℃/h，如落叶松；但一般不宜超过10℃/h。密度大的木材一般介质升温时间要长一些。有的易开裂的木材，可采用阶段升温方法避免木段开裂。

②保温阶段

在此阶段，热处理木段的内部升温速度较前阶段快，迅速上升到所要求的温度。所需加热时间与木段的直径、密度、含水率、介质温度和木芯表面要求达到的温度等因素有关，一般用实验方法来确定。常用树种冬季所需的保温时间见表3-2。

**表3-2 常用树种冬季保温时间**

| 树种 | 椴木(软阔叶材) | 桦木(中硬阔叶材) | 水曲柳(硬阔叶材) | 针叶材 |
| --- | --- | --- | --- | --- |
| 直径(cm) | 40 | 36 | 40 | 40 |
| 时间(h) | 10 | 20 | 40 | 40 |

对于不同直径的同一树种木材，其保温时间可用下式近似求得，再在实践中修正。

$$Z_2 = Z_1 \times \left(\frac{D_2}{D_1}\right)^2$$

式中：$D_1$——已知热处理时间的木段直径(cm)；

$D_2$——要求的热处理时间的木段直径(cm)；

$Z_1$——在直径为$D_1$时的保温时间(h)；

$Z_2$——在直径为$D_2$时的保温时间(h)。

③自然冷却均温阶段

如热处理一结束，立即从煮木池取出木段，它在室温中突然冷却，易产生内应力而导致开裂。另外，木芯表面达到要求的加热温度时，木段外表部分已超过合适的旋切温度。因此，热处理结束后，还需要一个自然冷却均温时间。

(2)木片加压蒸煮工艺

加压蒸煮工艺分蒸汽蒸煮和水蒸煮两种，二者软化原理相同，区别在于加水量不同。蒸煮器中不加水称蒸汽蒸煮，加水则称为水蒸煮。加压蒸煮软化方法制得的纤维柔韧性好，强度比磨水浆高，但色泽较深。一般说来，水蒸煮的纤维质量比蒸汽蒸煮好，但耗汽量大，且存在废水排放问题。目前纤维板生产常采用蒸汽蒸煮。

纤维受热分解的有机酸会加速木材的水解反应，起到了催化剂的作用。当然，这种只靠纤维本身分解的有机酸作催化剂的水解过程，与工业上加无机酸使原料中全部碳水化合物溶解的水解过程相比，只是一种很缓慢的水解过程，因此也叫预水解过程。蒸煮温度升高到100℃以上时，植物纤维中的热水抽提物，如单糖、淀粉、单宁、部分果胶等首先溶解。

随着蒸煮温度的升高和蒸煮时间的延长，半纤维素中易水解部分开始水解。由于纤维素聚合度较高，且有结晶区，不易水解。但随着温度升高和时间延长，水分子可能进入纤维素的无定型区，使其水解，降低聚合度。也可能有某些聚合度较低的纤维素溶解于水。在预水解的条件下，纤维素的结晶区是难以破坏的。因此，水、热对纤维素的作用主要表现是聚合度降低和低聚合度纤维素分子链的数量增多。木质素是抗酸的，但在预水解条件下，也会受到破坏而改变性质。据报道，100~120℃时会出现木质素水解反应，并有微量木质素溶解。因此，在预水解条件下，木质素不可能大量溶解，主要是受热软化。

加压蒸煮时，选择正确的蒸煮温度和蒸煮时间很重要。蒸煮温度高低和蒸煮时间长短直接影响纤维质量、得率和动力消耗。

蒸煮温度对纤维分离时的动力消耗影响很大。温度接近100℃时，动力消耗就有所下降。超过100℃时，随温度升高，动力消耗下降明显。当温度达到160~180℃时，即温度达到木质素可塑温度时(针叶材170~175℃、阔叶材160~165℃)，胞间层被软化，动力消耗急剧下降。此时，木片容易分离成纤维。因此用热磨机分离纤维时的温度通常在165℃以上，目的就是为了降低能耗。

生产中常常用提高蒸煮温度和延长蒸煮时间来改善纤维质量，减少动力消耗和提高生产效率。但是这里存在着一个矛盾，即温度越高，时间越长，纤维得率就越低。这样不仅成本提高，而且过多的水溶物会提高水质污染浓度。云杉在183℃条件下蒸煮5min,质量损失为8%，蒸煮35min，损失为25%；温度为223℃时，仅蒸煮3min，质量损失就高达32%。试验结果表明，在预水解条件下，温度每升高8℃，水解反应速率增加1倍。上述质量损失中包括木材中的可溶单糖和蒸煮过程中半纤维素与纤维素水解生成的可溶性碳水化合物。木材中的可溶单糖仅占木材质量的1%~3%，在蒸煮过程中是必然溶解的。树种不同，蒸煮效果也不一样。在同样蒸煮条件下，阔叶材对水解反应比针叶材敏感得多，质量损失大。其原因一是由于结构上的特点，液体对针叶材的渗透性能差；二是针叶材的树脂、木质素多，且木质素性质与阔叶树木质素有差异；三是阔叶材的半纤维素多，介质酸性强，易水解。因此，与阔叶材相比，针叶材的蒸煮温度可以高些，时间也可稍长。

总之，选择蒸煮条件时，必须根据生产条件，对树种、纤维质量、纤维得率、电耗、纤维板质量及废水处理等因素加以综合分析。热磨法纤维分离时，木片预热时间不应长于木片温度升至木质素软化点所需要的时间，热磨温度一般在165~180℃。木片经蒸煮处理后，成分和性质会发生一系列变化，其中有永久性变化，如颜色变化，也有可逆性变化，如木片软化。木片经蒸煮而软化，但冷却后很快变硬。因此，木片经蒸煮处理后应尽快进行纤维分离。热磨法制浆之所以耗电量小，原因之一就是预热后的木片立刻在同样温度条件下进行纤维分离。

#### 3.1.1.4　软化处理设备

目前，木段热处理池主要分为三类(图3-2)：水煮、水与空气同时加热和蒸汽热处理。由于这些方法处理时间较长，有人试用高压电阻加热法和高压(约0.7MPa)热水罐

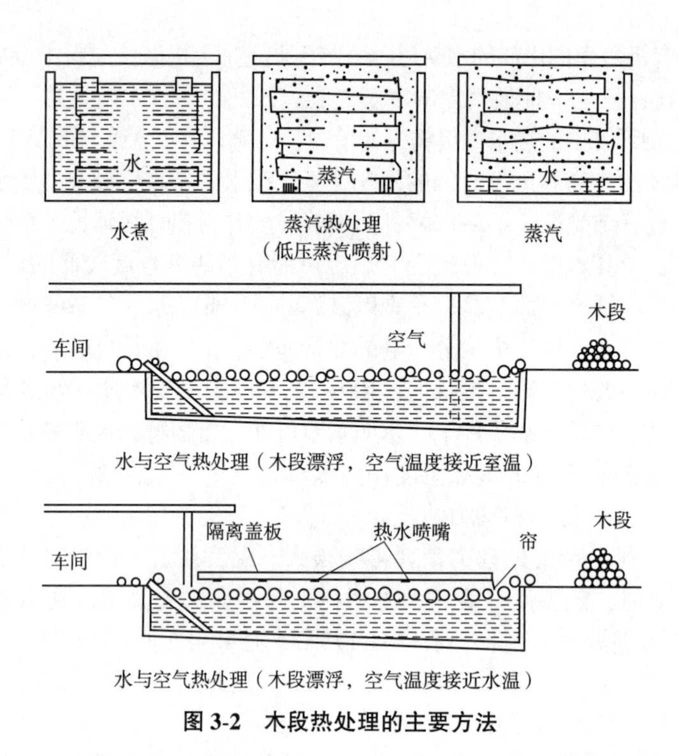


**图 3-2 木段热处理的主要方法**

加热法，这两种方法都能在 1h 内达到要求，但装置较贵而且复杂，操作不便，尚未正式用于生产。我国木段热处理主要是硬处理法，采用较高的水温(常为70~80℃)，适用于大径级木材，因而热处理装置常为煮木池(一般尺寸为 3m×6m×3m)。每池处理量约为 20m$^3$。北欧一些国家因木材直径较小，采用软处理方法(水温约为 40℃)。蒸煮原木，蒸煮后再剥皮、截短。换行木片软化处理设备，在纤维板工业发展初期，软化处理设备基本上是间歇式的，如蒸球。19 世纪 50 年代以来，连续式软化设备有了很大发展。80 年代后，由于湿法纤维板的污水处理问题，以及干法纤维板的发展，木片软化大多从水平式蒸煮改成采用垂直预热装置。

## 3.1.2 原料净化处理

### 3.1.2.1 脱脂处理

针叶树材松科属、落叶松属、黄杉属和云杉属的木材构造上含有正常树脂道，木材中树脂含量高，颜色深，对木材单元的加工、胶合、后期处理以及精深加工有很大影响。因此，以这类树种制造人造板产品时通常需要进行脱脂处理。

(1)树脂的组成及其对木材加工的影响

松木类的树脂又称松脂，因树种不同，树脂含量在 0.8%~25%之间变化，同一树株不同部位，含脂量也有很大差异，通常心材含脂量远高于边材，如马尾松材平均含脂量约为 7%，边材树脂含量约 1%~3%，而心材树脂含量约 7%~10%，近根株部分的心材则可高达 15%~20%。

树脂是固体树脂酸(松香)溶解在萜烯类(松节油)中所形成的溶液。除松香和松节油外，还有少量水分和杂质。表3-3为马尾松树脂的平均组成。

表3-3 马尾松树脂组成

| 组　分 | 比例(%) | 组　分 | 比例(%) |
|---|---|---|---|
| 树脂酸(包括脂肪酸) | 62~70 | 水分 | 2~4 |
| 松节油 | 16~22 | 杂质 | 0.5~1 |
| 中性物质(二萜醛、二萜醇等) | 6~12 | | |

松脂的比重在0.997~1.038之间，具有一种特殊香气，纯松脂无色，但因含一定量杂质以及与空气接触氧化，颜色变深，常呈淡黄、黄褐或褐色。不溶于水，能溶于乙醚、乙醇、甲苯和松节油等溶剂中。

松香是一种硬脆的、折断面似贝壳且有玻璃光泽的固体物质，颜色从微透明的黑褐色到完全透明的淡黄色，或几乎无色；密度为1.05~1.10，软化点70~85℃；不溶于水，微溶于热水，溶于乙醇、乙醚、苯、松节油、汽油和煤油中，遇碱溶液可产生皂化反应。松香会产生结晶，且因结晶而变得混浊，结晶松香熔点较高，难以皂化。松香是一种复杂的混合物，主要由各种同分异构树脂酸(分子式分 $C_{19}H_{29}COOH$)组成，还有少量脂肪酸和中性物。如天然马尾松树脂的松香主要由85%~90%的枞酸型和海松酸型树脂酸、3%~6%的脂肪酸、5%~8%的中性高沸点萜烯化合物组成。

松节油是一种透明、无色、流动的液体，易挥发干燥，具有特殊的芳香气味；比重0.850~0.875；不溶于水，能溶于乙醇、苯、乙醚、二硫化碳、四氯化碳等，还能溶于有机物的树脂和汽油中，是一种优良的溶剂。松节油本身无酸性，受到氧化作用会生成游离酸，因其含水含酸，致使颜色加深，黏度增大。松节油由许多不同沸点的萜类混合物组成，主要是单萜烯($C_{10}H_{19}$的$\alpha$-蒎烯和$\beta$-蒎烯)，占90%左右，此外还有少量的长叶烯、香叶烯和$\beta$-水芹烯等。松节油化学性质活泼，能进行异构化、氧化、酯化、聚合等化学反应，$\alpha$-蒎烯和$\beta$-蒎烯是工业上合成樟脑和多种香料的原料。

松木树脂主要是液体的松节油和在常温下呈固体的松香组成，虽然在温度低时很黏稠不易流动，但因松香软化点低(70~85℃)，且松节油能溶解固体的松香，因而具有流动性，如马尾松等含脂高的木材，在60~80℃温度下即会出现树脂渗出现象，在锯刨或砂光过程中，因机械热，树脂渗出会堵塞刀口和砂带；即使经过人工干燥的木材制品，在日光直射烤晒(温度可达70℃以上)，或在采暖设备附近，树脂也会渗出污染木材表面，使木材颜色加深或在漆膜下产生色斑，因松节油溶解涂层而引起漆膜的鼓泡和剥落，对于含锌或铅的涂料，木材中的树脂酸还能与氧化锌作用，致使涂膜早期破坏。

(2)脱脂方法与机理

脱脂处理有多种方法，第一类是洗涤法，其原理是选择能与树脂酸进行化学反应的化学药剂，使松香反应后生成能溶于水的化合物，排出木材；同时利用松节油易挥发的特性，使之蒸发排出木材。第二类是溶剂萃取法，以能溶解树脂的有机溶剂，如丙酮、乙醇、苯、甲氯化碳、石油醚等处理木材，将木材中的树脂浸提出来；该方法由于溶剂价格高，又易燃或具毒性，且溶剂回收成本高，所以除对少量、特殊用材作处理外，工厂很少采用。第三类采用高温湿热处理，使松香软化从木材中溢出，松节油挥发。第四类不属于脱脂，而是降低树脂对木材涂饰的不良作用，在涂饰处理前，采用催化剂对木材进行预处理，与树脂作用生成一种黏性和不易流动的聚合物，固定或缔合在木材内，以减轻对涂饰处理的影响。能与松香反应并生成可溶于水的化合物的化学药剂很多，如氨液或氨盐溶液(氨水、碳酸氢氨)，含氮杂环化合物及其盐(六次甲基四胺)，碱液(碳酸钠、氢氧化钠、碳酸钾)等。从经济性、对材质的影响、毒性和污染方面考虑，通常选用碱液处理效果较好。以氢氧化钠水溶液作处理剂为例，当板材中的树脂酸与水溶液的氢氧化钠反应，生成可溶于水的树脂酸钠而排出板材，反应机理如下：

$$C_{19}H_{29}COOH+NaOH=C_{19}H_{29}COONa+H_2O$$

松节油各组分的沸点在150~250℃之间，其中占主要的$\alpha$-蒎烯和$\beta$-蒎烯的沸点分别为155℃和162℃，但如果松节油与水共存，则其沸点可降低到100℃以下(约95.2℃)。利用松节油、水的共沸现象，从木材中排除松节油，既不要化学药剂，也不要特殊设备。

(3)脱脂处理工艺

①碱液皂化处理

碱液皂化法是根据树脂与碱可以皂化成可溶性皂，并随着木材中的水分排出而进行脱脂的方法。常用的碱有碳酸钠、碳酸钾和氢氧化钠等。根据被处理板材的具体情况(板材厚度、树脂含量、处理要求等)，选择一定的工艺条件，对其进行药液煮沸处理。

药液(碱液)浓度直接影响碱液的扩散速度，浓度高，进入板材的碱含量也多，有利于与板材中的松香进行反应。在选择碱液浓度时，宜适当加大浓度值，药液的扩散速率和深度也能增大，能够较好地提高脱脂效果，同时也有利于消除脱脂不均匀现象。但浓度太高会破坏木材纤维素，降低木材力学强度。根据木材的渗透性和含脂量，碱液的浓度在0.5%~1.5%为佳。

为了提高碱液的渗透性，常采用高温高压蒸煮方法。蒸煮的温度会影响松脂的软化、松节油的蒸发，以及碱液的注入速率和均匀性。由于松香的软化点温度为70~85℃，松节油与水共存时其沸点在95℃左右，所以处理温度通常控制在95~120℃之间。随着处理过程进行，碱液温度逐步上升，板材中的松香逐渐软化，容易与碱液产生皂化反应，同时随着温度进一步上升，松节油也会从板材中蒸发出来。在较高温度作用下，有利于药液的注入速率。但木材在高温碱液作用下，半纤维素易分解，会降低木材的强度。蒸煮处理时间则取决于多种因素：处理材的树种构造、板材厚度、含脂量、脱脂率，药液的温度、浓度和有无表面活性剂，以及处理过程中有无施加压力及压力大小等。处理时间可在8~24h之间。根据具体情况，试验确定。压力参数的选择直接影响碱液进入板材的速率和深度，压力大小可依据板材情况(厚度、密度、心边材情况等)选取，通常在120~200kPa之间，可满足脱脂要求。加压处理对设备要求较高，需要有耐碱液腐蚀的压力蒸煮容器、加压设备等。

药液中可添加少量表面活性剂，有十二烷基磺酸钠、十二烷基苯磺酸钠、六次甲基四胺等，用量为0.5%~1.2%，能起到加速药液向木材内部渗透的作用。

木材在高温高压碱液浸渍下，由于多糖类被溶解，减少了木材的羟基，木素比例相应增加，纤维之间更加紧密，木材的变形会减小，有利于提高木材的尺寸稳定性，但木材的强度有所下降，木材的颜色会有所加深(泛黄)，光泽减弱。

②溶剂萃取

溶剂干燥。根据松脂可溶于有机溶剂的原理，用能溶于水的有机溶剂(如丙酮)循环流过木材表面，在与木材相遇时将木材中的水分和松脂等内含物抽提出来，从而在木材干燥的同时排出大部分树脂。如果将木材的含水率降到10%~15%之间，萃取处理2h左右，作为溶剂的丙酮可多次循环使用。由于溶剂干燥法除去了大部分的松脂，可以防止木材中松脂的渗出。

共沸干燥。采用不能与水相融合的溶剂作热交换介质干燥木材。热能由液体溶剂传给木材，木材中的水蒸气压力升高，促使水分向木材表面转移。水分与溶剂相混合，既低于溶剂也低于水的沸点同时沸腾。如采取三氯乙烯作为溶剂，其松香含量可以减少8.2%，同时松节油能减少72.8%。

上述这两种溶剂萃取干燥过程基本相似，板材置于处理罐内，热溶剂通过处理罐循环流动。水和溶剂从罐内排出、冷凝和分离。回收的溶剂再被加热，并再循环通过处理罐，干燥终结后，对处理罐加热或抽真空，以回收残留在木材内的溶剂。对溶剂的要求是回收容易，能耗低，回收率高，且能满足工业溶剂的不变条件，还具有化学稳定性、不腐蚀、无毒、不燃、不爆等特点。由于溶剂干燥设备、溶剂投资和回收费都很高，而且操作人员要具备一定的化学知识，因此，工业上应用较少。

③高温湿热处理

高温干燥法被认为是一种比较有效的脱脂方法。用这种方法主要是除去能溶解固体树脂酸的松节油，因为松节油的沸点大致是150~230℃，但是如果与水共存则可降低到100℃以下。松节油在高温下挥发，而在高温汽蒸的条件下使松节油的沸点降低，同时高温汽蒸提高了木材的渗透性，能有效地蒸发松节油成分，处理后剩下的固体松香便不会向外渗出。脱脂效果略差于碱液蒸煮处理，适于对树脂含量较低或脱脂要求稍低的松木进行脱脂处理。高温加蒸汽的联合干燥法适于具有干燥窑的工厂，只需做工艺改进，即可达到要求，因此投资少，易被部分企业所采用。

汽蒸干燥处理采用高温饱和水蒸气(100~160℃)，在干燥初期即对窑内板材进行加热、喷蒸处理。在汽蒸过程中，板材逐步升温，且因水蒸气凝结含大量自由水，部分松脂软化溢出，松节油在与水共存下因沸点降低而能够有效地蒸发。失去了松节油的部分树脂便是固体松香，保留在木材内部，不会向外渗出。

汽蒸时间越长，脱脂效果越好，但高温汽蒸时间过长，材色变深严重。根据板材工、树种、蒸汽温度，控制在2~8h，也可依每1cm板厚汽蒸0.5~1h估算。

汽蒸结束后，让窑内板材缓慢冷却，这样在温度梯度作用下，板材内水分向外移动剧烈，松节油随水蒸气继续蒸发。当窑内温度降至50℃左右，即可进入板材窑干的连续升温的干燥过程。

④真空干燥

真空干燥法是把木材堆放在密闭容器内，在低于大气压力的条件下，进行干燥的同时除去部分树脂的方法。真空干燥适合于透气性好的木材，对渗透性差的落叶松木材不能取得预期的效果。真空干燥的主要特点是干燥速度比其他方法快，干燥时间大约可缩短2/5~1/2。日本的内藤真理用高频真空干燥法干燥花旗松木材，认为对脱脂是有效的，并且主要是在干燥初期。因为木材中的水分排出是在干燥初期，所以其脱脂作用也在于干燥初期。中野隆人等对落叶松木材进行蒸煮、真空和人工干燥，认为蒸煮、真空处理脱脂效果好，因为蒸煮增加木材的渗透性。如果在蒸煮、真空处理后进行人工干燥则脱脂效果更佳，因为真空干燥缩短了干燥时间。但是，真空干燥设备复杂，投资较高。

⑤催化聚合处理

通过催化剂的作用，使松节油中的主要成分$\alpha$-和$\beta$-蒎烯产生聚合，形成一种具黏性而不易流动的物质，使其固定或缔合在木材内。能产生催化作用的有氯化铝、氯化血红素、三氟化硼等。据报道，用三氟化硼处理含脂木材，可有效地降低树脂渗出。方法是将三氟化硼调制成浓度为26%的乙醇溶液，然后涂刷在含脂木材表面。三氟化硼酒精溶液能改变树脂中萜的组成，使之形成不易挥发、不易流动的聚合物。

由于这种方法只对木材表面进行处理，内部的松节油成分未受到催化剂的作用，没有产生变化；木材细胞壁成分未受影响，不会降低木材的强度。但处理材在遇热或较高温度下，树脂依然会向表层移动。该方法的处理对象为干燥后含水率较低的木材，在木材涂饰前进行。

⑥酸性脱脂

根据松脂中的双键和环易发生多种反应的特点，利用一些易与松脂发生反应的盐(如次氯酸钠)在某些酸的催化作用下使松脂的分子量降低或羧基增加，这样不仅使松脂易皂化、溶于水，而且还可以使松木避免碱污染和增加木材的渗透性。这种方法非常容易实现对厚度小于2cm的松木板材脱脂处理，同时处理后板材呈现新鲜材材色，物理力学性能下降也不明显，可做高档室内装饰和实木家具及高档包装等用材。

#### 3.1.2.2 去杂质处理

(1)水洗

原料中常会夹杂泥沙、石块、金属等，影响木材单元的制备质量，还易损坏单元加工设备。应对这些杂质进行去除处理。

木片的清洁一般采用水洗，一方面可去除杂质；另一方面可调整木片含水率，利于木材单元的加工。木片水洗一般采用上冲水流式水洗系统，图3-3为此类水洗机示意图。

木片进入杂物分离器后，在鼓式搅拌叶片的搅拌下被浸入水中，由下部进水口进入的水流冲洗，使木片中的石子、金属碎片以及木片上的泥沙被分离出来，落到搅拌器底部的管道内，下部用两个交替开闭的阀门定期排出杂物。洗涤过的木片用倾料螺旋运输机运出，多余的水分由带孔的倾斜螺旋外壳排出。水的循环系统，由给水管道、泵及除渣器、浮子、控制阀组成。从倾斜螺旋运输机底部的水流入水槽，液位由浮子控制，水量不足时清水控制阀开大，如水量超过可关小水阀，或另设溢流口排出。水经泵送到除渣器，除渣器连续排渣，经除渣后的澄清水继续循环使用。经水

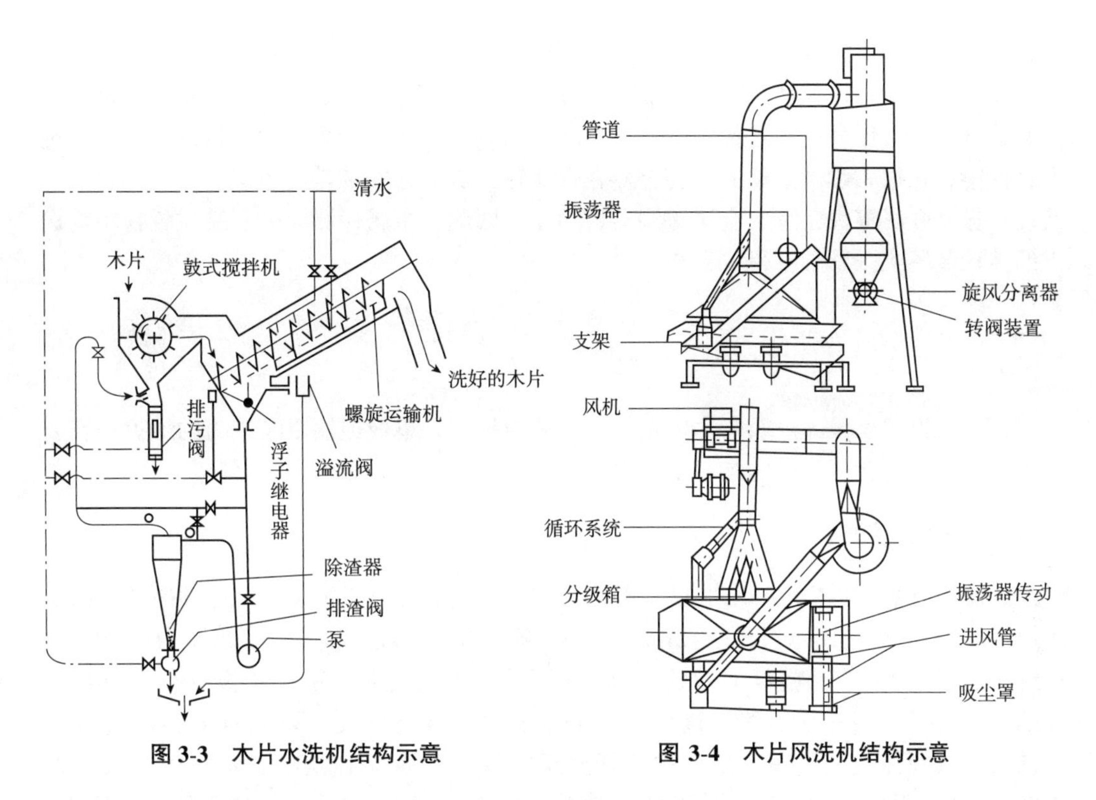


图 3-3　木片水洗机结构示意

图 3-4　木片风洗机结构示意

洗木片的含水率约为 56%。鼓式搅拌器下反冲水流速不超过 0.8m/s，从而保证木片与杂物的分离效果。

水洗工艺对杂质清除效果好，但也存在水耗量大、污水处理成本高等缺点，而且水洗后木片含水率提高，会增加后续干燥等工序的负荷，同时也会使干燥能耗提高。

(2) 风洗

木片也可采用如图 3-4 所示风洗机进行干洗。木片由风洗机分级箱后部进入，由于分级箱与振荡器固定在一起，所以，分级箱和振荡器一起做上下振动，从鼓风机出口的管道，通过转阀装置，分成两股气流，交替吹入分级箱底部，分级箱做上下、前后振动，分级箱内的木片随着分级箱做上下、前后运动，木片内的细砂、小石块，经分级箱内的网孔，由分级箱前面孔口排出，灰尘、细小杂质被吹起，通过吸尘罩进入管道，再进入旋风分离器内，灰尘杂质等被分离出来，由回转出料器排出，干净空气由旋风分离器上出口再进入鼓风机进风口，重新进入下一个循环，分级箱前部还装有一个横向分级箱，用于去除特大尺寸木片，有一部分合格木片通过循环装置重新进入分级箱。在吸尘罩头部装有磁性吸铁，用来去除木片中的铁丝、小铁块等杂物，经过以上步骤，木片基本上达到清洗目的。

风洗工艺存在动力消耗大、噪声大等不足之处，但避免了水洗法导致木片含水率过高的缺点。

(3) 磁选

为了清除原料中的金属杂物，还可安装电子金属探测器。这种探测器是一种电子仪器，由金属自激传感器、探测器、带离去继电器的脉冲放大器、整流器、稳压器和音响信号仪等组成。金属探测器的传感器，安装在带式输送机支架断开处的特制金属底座上。输送带的工作面应通过传感器口，但不得与其壁相接触。金属探测器的灵敏度和抗干扰性能，在很大程度上取决于传感器在带式输送机上的安装是否正确。靠近传感器的活动和振动金属零件会造成金属探测器误动作。因此，金属探测器的安装位置，距输送机的传动装置或张紧轴不得少于2m。

## 3.2 单板制造

在单板旋切工段，一般有木段定中心、单板旋切、单板运输以及旋刀的维护和安装等工序。这是胶合板生产的核心工段之一。

### 3.2.1 木段定中心

一般木段带有尖削度和弯曲度。因此，在旋切成圆柱体以前(图3-5)，得到的都是碎单板(单板长度小于木段长度)和窄长单板(板长等于木段长)，木段旋成圆柱体以后，再继续旋切，才能获得连续的带状单板，最后剩下的为木芯。带状单板的数量与圆柱体的直径有关。每一根木段，按照它的大小头直径及弯曲度，可以计算出理论上最大的内接圆柱体直径。实际生产中旋切所得圆柱体的直径总是小于木段理论最大内接圆柱体的直径。产生碎单板和窄长单板的原因，一方面是由于木段形状不规则；另一方面是由于定中心和上木不正确产生偏差(图3-6)，本来应该得到连续的带状单板，而变成碎单板和窄长单板。若定中心偏差相同，木段直径越小，木材损失率就越多，所得的碎单板和窄长单板数量也越多。由于定中心和上木不正确，不但损失了较好的边材单板，而且加大了单板干燥、干单板修理和胶拼的工作量，增加了工时消耗，给生产工序的连续化增加了困难。因此，正确定中心对节约木材、提高质量和降低成本都具有很大意义。

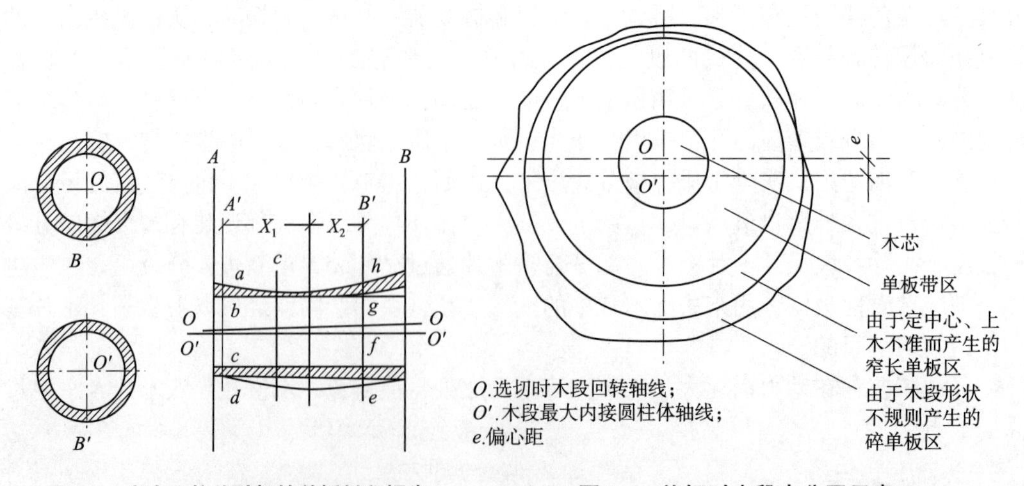


图3-5 定中心偏差引起的单板材积损失

图3-6 旋切时木段内分区示意

木段定中心的实质，就是准确地确定木段在旋切机上的回转中心位置，使获得的圆柱体最大。所以，完成木段回转中心线与最大内接圆柱体中心线相重合的操作称为定中心。人工定中心误差较大；机械定中心比人工定心可提高出材率 2%~4%；计算机扫描定心可提高出材率 5%~10%，整幅单板比例可增加7%~15%。

定中心的方法一般为三种：①直接在木段的端面定心；②在木段最大内接圆柱体的断面定心；③利用木段的投影，在最小内封闭曲线上寻找最大内切圆中心。

(1) 直接在木段端面定中心

这种方法比较简单，它是直接在木段的端面定出木段的几何中心。它主要用在木段直径大、弯曲度和尖削度较小、形状比较规则的木段，如人工定心和光环定心。光环定中心法就是将光环发生器形成的同心多圈光环，投射到木段两端面上，目前仍用人的视觉来调整木段的上下位置，使光环的中心与木段最大的内接圆柱体中心相重合，则光环的中心即为木段内接圆柱体的中心(图 3-7)。

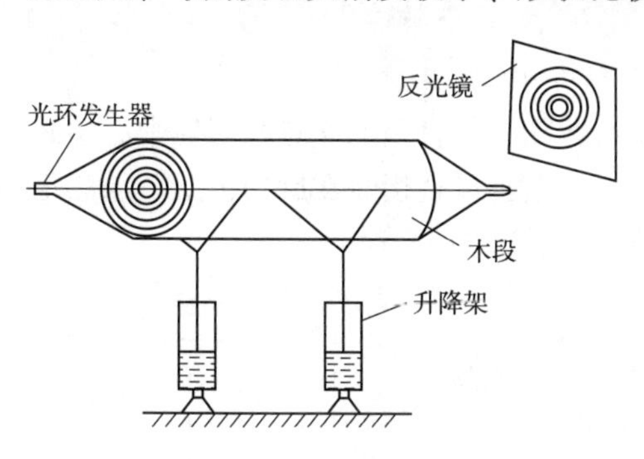


图 3-7　光环定中心示意

(2) 在木段最大内接圆柱体断面定中心

从图 3-5 中可以看出，以木段两端面作为定中心的基准面(*A*—*B*)和以距木段中央 $X_1$ 和 $X_2$ 处断面(*A′*—*B′*)为基准面所得到的内接最大圆柱体的直径是不相等的。图中画剖面线的部分即旋圆前产生的碎单板和窄长单板；仅在以 *A′*—*B′*定出的轴线 *O′*—*O′*时，主要产生碎单板，而且此时所得的内接圆柱体直径为最大。因此，可以断定以木段两端面作为定中心的断面是不适宜的。而只有在木段两端面以内选取两个断面来定其中心是合适的。

我们知道木段有尖削度、弯曲度和断面形状不规则等，因此确定基准断面的位置是一个比较复杂的问题。但胶合板生产中所使用的木段外形一般比较规则，可认为通过木段纵轴的平面与木段表面的交线近似为圆弧(图 3-8)。

假设定中心的两个基准面分别在 *A′*和 *B′*位置上，为了获得最大的内接圆柱体，根据四点定中心原理，则两基准断面必须满足下列条件：

$$\overline{ab}=\overline{cd},\qquad \overline{ef}=\overline{gh}$$

*A* 和 *B* 断面距离木段中央分别为 $X_1$ 和 $X_2$。当木段形状规则、长度不太长时 $X_1+X_2\approx(0.6\sim0.8)L$。

一般找断面中心的方法有：

一是三点定中心法，利用三个相互交叉成 120°，并且与回转中心始终保持等距离的点，来确定该断面的中心(图 3-9)。但是在绝大多数情况下，木段横断面不是圆形，因此这种方法尚不能得到满意的结果。

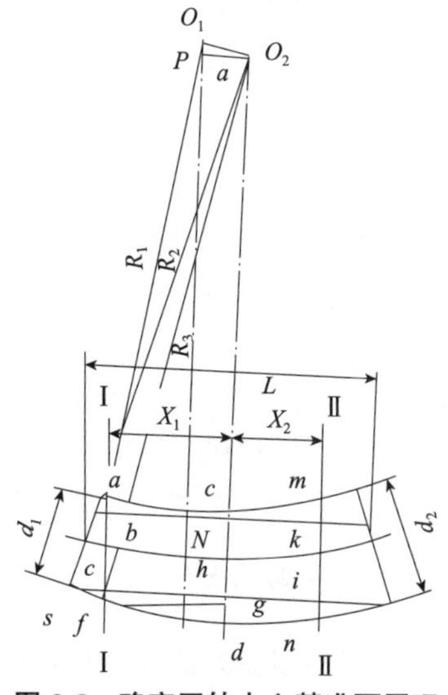


图 3-8　确定回转中心基准面原理

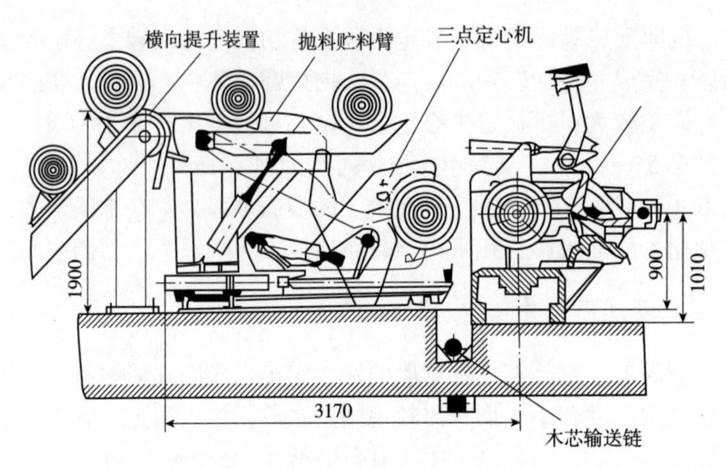


**图 3-9　三点定中心上木机结构示意**

二是成对直角钢叉定中心法，上钢叉可以左右转动，使直角的交点与回转中心始终保持等距离。用这种方法设计的定中心机操作方便，而且可直接装在旋切机上。虽然定中心误差比三点定中心法大些，但仍在生产中被采用(图 3-10)。

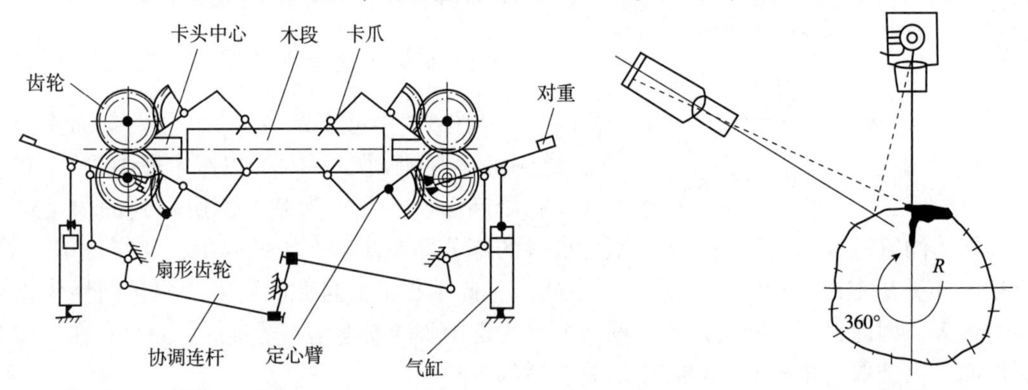


**图 3-10　直角钢叉(卡爪)定中心上木机结构示意**　　**图 3-11　计算机 X—Y 定中心系统示意**

(3)在最小内封闭曲线上寻找最大内切圆

机械定中心虽然提高了木段的出板率，但由于木段形状存在着差异，因而总存在着定心误差。近来生产中已开始应用计算机 X—Y 定心系统，其工作原理如图 3-11。当木段转动 360°时，摄像机同时扫描木段外形。根据木段的长度、要求定中心的精度、木段外形和该系统的投资大小，可在全长上设置 3~10 个摄像机。每当木段转 15°(也可更小)，摄像机就取一次木段外貌尺寸并输送给计算机。计算机将输入的立体数据信息投影到平面上，组成木段的最小内封闭曲线，然后在此基础上得到最大的内切圆中心，并将此换算到在木段端面上的位置。尽管目前在数学上还没有 Max(circle)= G($x$, $y$)理论，但由于采用计算机进行穷举法，一般仅用 10s 内即可得到精度为 0.005 的解。然后计算机控制伺服油缸使木段运动到合适位置，通过上木装置卡住木段送到旋切机去。

## 3.2.2　单板旋切

单板的制造方法有三种：旋切、刨切和锯切。应用最多的方法为旋切；得到的片状材料称为单板，主要用于胶合板生产。用于表面装饰的单板，特称为薄木。

#### 3.2.2.1　旋切基本原理

木段做定轴回转运动，旋刀做直线进给运动时，旋刀刀刃基本平行于木材纤维，而又垂直木材纤维长度方向向上的切削，称为旋切。在木段的回转运动和旋刀的进给运动之间，有着严格的运动学关系，因而旋刀从木段上旋切下连续的带状单板。其厚度等于木段回转一圈时刀架的进刀量(图3-12)。

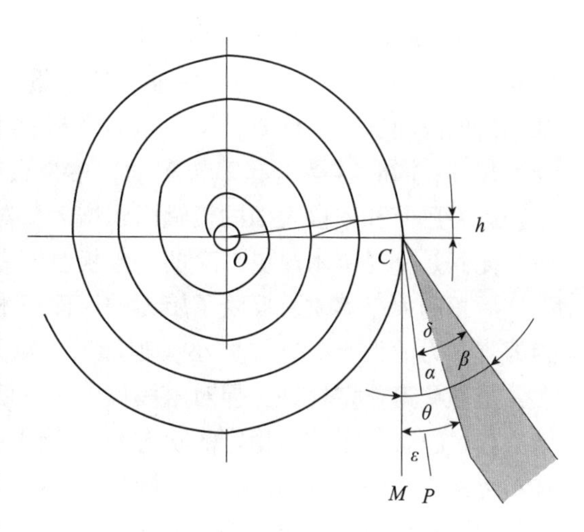

**图3-12　未加压尺的木段旋切示意**

为了旋得表面平整、厚度均匀的带状单板，在旋切时，应保证最佳的切削条件。切削条件是：主要角度参数，切削速度，旋刀的位置($h$为旋刀刀刃和通过卡轴中心水平面之间的垂直距离)，压尺相对旋刀的位置。这些条件是根据木材的树种、木段直径、旋切单板厚度、木材水热处理和机床(旋切机)精度等来确定。

(1)主要角度参数

旋刀的研磨角($\beta$)：旋刀的前面与后面之间的夹角。旋刀对着木段的一个面是后面(即旋刀的斜面)，其相对面就是前面。

后角($\alpha$)：旋刀的后面与旋刀刀刃处旋切曲线的切线$\overline{CP}$之间的夹角。

切削角($\delta$)：切线与旋刀前面$\overline{CP}$之间夹角，即旋刀的研磨角和后角之和($\angle\delta=\angle\beta+\angle\alpha$)。

补充角($\varepsilon$)：切线$\overline{CP}$与铅垂线$\overline{CM}$之间夹角。确定后角时，必须知道补充角的值。$\theta$角为旋刀后面与铅垂线$\overline{CM}$之间夹角，故$\angle\delta=\angle\alpha+\angle\varepsilon$。

$\beta$值的大小，根据旋刀本身材料种类、旋切单板的厚度、木材的树种及温度和含水率等来确定。为了要旋得优质单板，尽可能减少$\beta$值。在胶合板生产中，$\beta$值一般采用18°~23°。当其他条件相同，采用硬度高、节子多的木材旋切厚单板时，应当采用较大的$\beta$值。我国常用树种的$\beta$值，见表3-4。为了稳定旋切质量和增加旋刀正常使用寿命，可采用带微楔角的旋刀。其研磨角$\beta$可为19°，微楔角可为单面或双面，其值约为25°~30°(图3-13)。

**表3-4　我国常用树种的$\beta$值**

| 树　种 | $\beta$　值 |
|---|---|
| 松　木 | 20°~23° |
| 椴　木 | 18°~20° |
| 水曲柳 | 20°~21° |

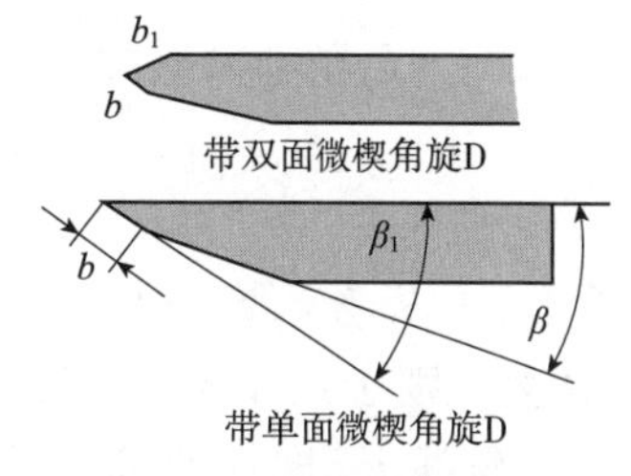

**图3-13　带微楔角的旋刀**

($b$值为研磨成微楔角时二次研磨宽，约为0.25~0.5mm)

后角($\alpha$)和切削角($\delta$)在旋切时具有十分重要的意义。旋切时$\beta$值不变。当改变$\alpha$值时，$\delta$有相应的改变。为了保证旋切质量，$\alpha$值的大小要适当。$\alpha$值过大，在单板离开木段的瞬间，单板伸直，反向弯曲变形就大，这时单板的背面(朝木段的一面)更易产生裂缝；同时容易引起刀架震动，单板会变成节距为10mm左右的瓦楞状。$\alpha$值过小，旋刀后面和木段表面的接触面积增大，对木段产生较大的压力，导致木段劈裂或弯曲，尤其是小径级木段更易弯曲，单板厚度有变化，节距为300mm或更大。

后角的大小实质上反映了旋刀的后面与木段表面的接触面的大小，其值表示木段对旋刀支撑力的大小。支撑力小，则旋刀在旋切时稳定性能差，将会发生振动。支撑力大，虽然旋刀稳定性好，但对木段推力大，使木段向外弯曲变形，旋切质量变差。为了给旋切过程有一个较为稳定的状态，在旋切过程中，旋刀后面和木段表面的接触宽度应基本上保持在一定范围内，一般硬材为2~3mm，软材为2~4mm。

同一直径下，后角大的比后角小的接触面宽度小。因此，为了保证正常的旋切条件，要求$\alpha$值必须随着木段直径变小而减小。一般在旋切过程中后角的变化在1°~3°较好；木段直径大时，后角可为3°~4°，直径小时可为1°，甚至为负值，依据木材树种、旋切单板厚度等来决定，目的是保持一定的接触面，保证旋切质量。

补充角($\varepsilon$)值可用下式求得：

$$\tan\varepsilon = \frac{a + h}{\sqrt{r^2 - h^2}}$$

式中：$a$——阿基米德螺旋线的分割圆或渐开线的基圆半径，$a=\frac{s}{2\pi}$(mm)；

$s$——旋切单板厚度(mm)；

$h$——旋刀刀刃距卡轴轴线水平面的垂直距离，低于水平面时为负值，高于水平面时为正值(mm)；

$r$——旋切过程中木段瞬时半径($\overline{OC}$)(mm)。

(2)旋切运动学

在旋切过程中，旋刀的刃口在木段横断面上所走过的轨迹，称为旋切曲线。在这里将对下列两个问题进行讨论：设计旋切机运动学的依据和实际旋切时的运动轨迹。

①设计旋切机运动学的依据

旋切木段的目的是得到厚度均匀的优质连续单板带，像纸卷展开一样。目前有两种运动轨迹符合要求：阿基米德螺旋线和圆的渐开线。

阿基米德螺旋线　其基本公式为：

$$x = a\varphi\cos\varphi$$
$$y = a\varphi\sin\varphi$$

从木段上旋出的单板名义厚度即为该曲线在$x$轴方向上螺线各节的螺距($\varphi_2=2\pi+\varphi_1$)。

要使$\Delta x$=常数，则$\cos\varphi$必须等于1，$\varphi=0$。当$\varphi=0$时，$y=a\varphi\sin0=0$，即刀刃高度为零，刀刃应在$x$轴线上(即在通过木段回转轴线——卡轴中心线的水平面内)。也可以说，不管要求旋切单板厚度的大小如何，刀刃高度总是为零($h=0$)。

圆的渐开线　其公式为：

$$x=a\cos\varphi_1+a\varphi_1\sin\varphi_1$$

$$y=a\sin\varphi_1-a\varphi_1\cos\varphi_1$$

式中：$\varphi_1$——发生线至坐标中心点之间垂线与 $X$ 轴之间夹角。

旋刀是沿着平行于 $X$ 轴方向做直线运动，故其 $X$ 轴方向上渐开线各节的螺距，即为单板的名义厚度。

$$\begin{aligned}S&=\Delta x=[a\cos(2\pi+\varphi_1)+a(2\pi+\varphi_1)\sin(2\pi+\varphi_1)]-[a\cos\varphi_1+a\varphi_1\sin\varphi_1]\\&=[a\cos\varphi_1+a(2\pi+\varphi_1)\sin\varphi_1]-[a\cos\varphi_1+2\varphi_1\sin\varphi_1]\\&=2\pi a\sin\varphi_1\end{aligned}$$

若要求 $S$ 为恒值($S=2\pi a$)，$\varphi_1$ 必须为 $2\pi n+270°$，因此 $y=a\sin270°-a\cos270°=-a=h$。为了保证单板质量，在旋切加工过程中希望旋刀相对于木段的后角(切削角)，或旋刀后面与铅垂面之间夹角($\theta$)，应随木段旋切直径的减小而自动变小，而$h=-a=-S/2\pi$之值是依 $S$ 值改变而变化，故此时旋刀的回转中心也应相应变化，这样旋切机结构太复杂了。由于这个原因，用圆的渐开线作为设计旋切机旋刀与木段相互间的运动关系是不合适的。

与此相反，阿基米德旋线是比较理想的，不管单板的名义厚度的变化，$h$ 值总为零，旋刀的回转中心线不必改变。因此，目前它被作为设计旋切机旋刀与木段间运动关系的理论基础。

②实际旋切时的运动轨迹

在生产中，旋刀刀刃安装高度($h$)不一定同卡轴中心线连线在同一水平面。这是由于旋切木段的树种、旋切条件、旋切单板厚度、旋切机结构及精度不同等原因。为了得到优质单板，装刀时 $h\neq0$，可为正值或负值，甚至旋刀中部可略高于旋刀的两端。在不同旋刀刀刃安装位置($h$ 值不同)时，旋切曲线将为：

| | |
|---|---|
| $h>0$ | 此时旋切曲线近似于阿基米德螺旋线 |
| $h=0$ | 为阿基米德螺旋线 |
| $0>h>-a$ | 为伸长了的渐开线 |
| $h=-a$ | 为渐开线 |
| $h<-a$ | 为缩短了的渐开线 |

(3)旋切力学

木段在旋切机上被旋切成单板时，作用在木段上的力基本上可分为：旋刀的作用力、压尺的作用力、卡轴(卡头)的作用力和压辊的作用力。

①旋刀的作用力

旋刀对木段的作用力可分为：旋刀前面对已旋出单板的作用力 $P_1$、切削力 $P_2$、旋刀后面对木段的压力 $P_3$(图 3-14)。

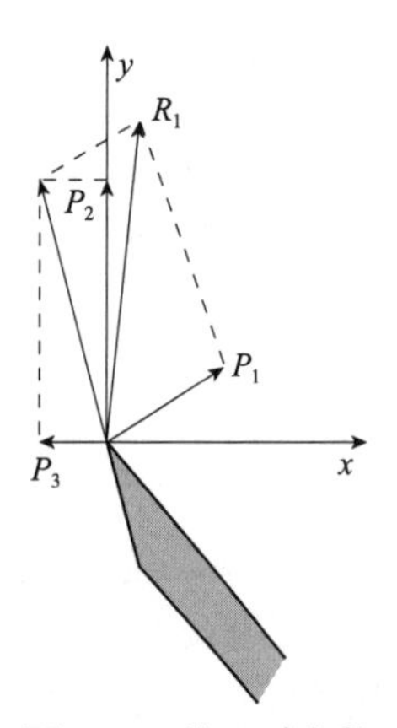

**图 3-14 旋刀对木段的作用力**

$P_1$ 可称为劈力。在 $P_1$ 的作用力下，旋切时产生超前裂缝，使单板同木段分离，不是按旋切轨迹进行而是不规则的劈裂，木材纤维不是直接被旋刀切断分离，而是先撕开后切断。结果在旋切的木段表面上出现了凹凸现象；单板的背面(与旋刀前面接触的一面，单板另一面称为单板正面)是高低不平的，单板的正面仅有凹陷，因为木段上凸出的地方被旋刀切掉。另外在 $P_1$ 的作用下，单板由原来自然状态(正向弯曲状态)变到反向弯曲状态，使单板内部产生应力。由于木材横纹抗拉强度较低，结果在单板背面产生了大量的裂缝，降低了单板质量。为了消除这些缺陷，应该正确地使用压尺。

$P_2$ 为切削力。在该力作用下从木段上切下了单板。影响切削力大小的因子较多，例如木段的温度、木材的密度、切削条件($h$ 值、$\alpha$ 值、$\beta$ 值、单板厚度、刀刃状态等)、木材结构等。切削力可用下式计算：

$$P_2 = kL$$

式中：$k$——单位切削力(N/cm)；

$L$——木段长(cm)。

根据试验，在一般树种和常用单板厚度时，单位切削力 $k$ 为 100~200N/cm。

$P_3$ 为压木段力。要保持正常旋切，该力必须存在，应尽量使其值稳定。影响该值的因子很多，但以旋切条件影响较大。在正常旋切条件下，刀锋利时 $P_3=0.2P_2$ 左右；刀钝时 $P_3=(0.8\sim1.0)P_2$。

旋刀对木段的总作用力为 $\overline{R_1}=\overline{P_1}+\overline{P_2}+\overline{P_3}$，与铅垂线夹角为 $\theta$。在未使用压尺旋切时，$\overline{R_1}$ 可在第一象限。在这种情况木段和旋刀是“相吸”的，当 $\alpha$ 变得过小、刀钝等情况下，$\overline{R_1}$ 可在第二象限内。

②压尺的形状和作用力

为了避免旋切时发生劈裂现象，必须使用压尺。压尺对单板和木段有一个压力。应该使压尺的作用力的作用线，通过旋刀的刀刃，这样才可防止由于旋刀作用力所引起的劈裂现象。由于单板被压缩，其横纹抗拉强度有所增加，这对减少单板背面的裂缝是有益的。同时从单板内压出一部分水，可缩短单板的干燥时间。

压尺形状归纳起来可分为两大类型：一类是接触型压尺，可分为固定压尺(圆压棱压尺、斜面压棱压尺)和辊柱(动)压尺；另一类是非接触型压尺(喷射压尺)(图 3-15)。

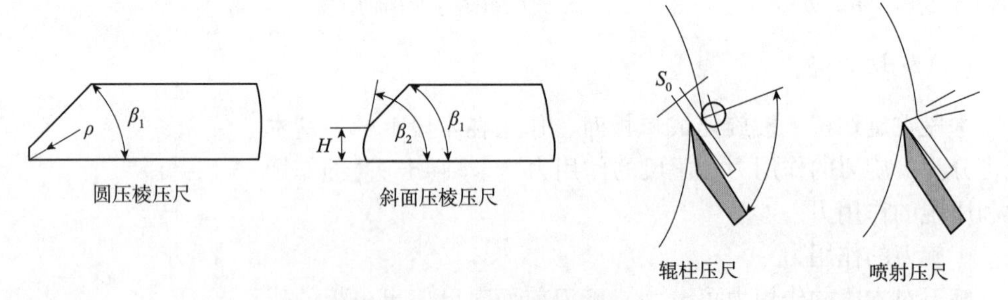


**图 3-15 压尺形状示意**

固定压尺是由厚度为 12~15mm，宽 50~80mm 的钢板条制成。圆压棱压尺的压棱半径($\rho$)为 0.1~0.2mm，压尺研磨角 $\beta_1$ 通常为 45°~50°。斜面压棱压尺的断面形状，由斜面压棱的宽度 $H$ 及其斜棱研磨角 $\beta_1$ 来确定(一般 $\beta_1=45°$)。

$$H=(1.5\sim2)S$$

$$\beta_2=180°-(\delta+\sigma+\alpha_1)\text{，一般为 }85°\text{左右}$$

式中：$\delta$——切削角；

$\sigma$——压尺和旋刀之间夹角；

$\alpha_1$——压尺的压榨角，一般为 5°~7°。

辊柱压尺是由不锈钢或其他材料制成，其直径为 16~40mm。压尺两端用轴承支持，本身的转动可由同木段表面接触而摩擦带动或由电动机带动。

喷射压尺，介质可为常温压缩空气；若用蒸汽，既加压又加热木段，有利于旋切。

在同样的压尺压入木段表面量时，圆压棱压尺对木段的正压力最小，斜压棱压尺次之，圆柱压尺最大，因后者压榨木材的面积最大。

圆压棱压尺最好用于旋切薄单板和硬质木材，因为圆压棱压尺对单板的压力分布比较集中，能使单板的表面光滑。当用于厚单板和软质木材时，可能发生纤维的压溃与剥落，造成单板表面粗糙。

斜压棱压尺，由于压尺的压榨角较小，木材的压缩面比较大，压缩程度是逐渐增大的，因此适用于软质木材和旋切厚单板。

辊柱压尺对木材的压缩面更大，压缩程度是逐渐增大，适用于软质木材和旋切厚单板，另外，旋切时产生的碎屑较易排出刀门，对单板表面质量影响较小；而固定压尺会发生堵塞刀门，甚至中断旋切(图 3-16)。

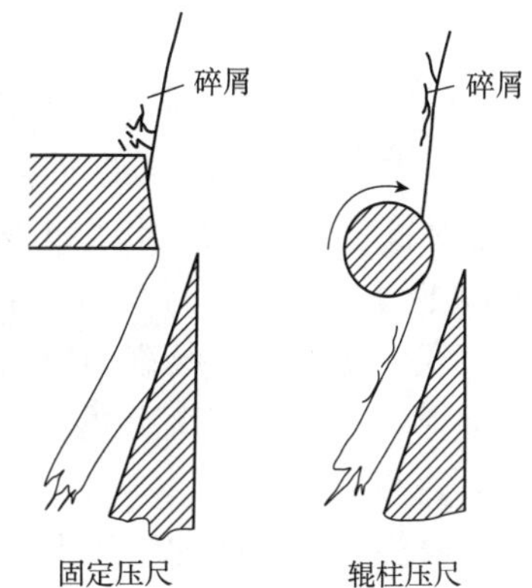

**图 3-16　旋切时产生的碎屑对刀门和单板表面质量的影响**

压尺对木段作用力为压榨力 $P_0$ 和由此而产生的、阻止单板通过刀门的阻力 $F=\mu\times P_0(\mu\approx 0.4)$。两者的合力方向与水平线夹角约为 30°。压榨力 $P_0$ 同单板的压榨程度($\Delta$)有关，$\Delta$ 越大则 $P_0$ 也越大，一般为 10%~20%，依单板厚度而定，薄单板则 $\Delta$ 小一些。

$$\Delta=\frac{S-S_0}{S}\times 100\%$$

式中：$S$——单板名义厚度(mm)；

$S_0$——单板通过旋刀和压尺棱之间最小垂直距离(mm)。

压尺和旋刀对木段的总作用力(图 3-17)根据实验和计算，其有关参数如下：

$$R=KL$$

式中：$R$——总作用力(N)；

$K$——单位长度作用力(N/cm)；

$L$——旋切木段长(cm)。

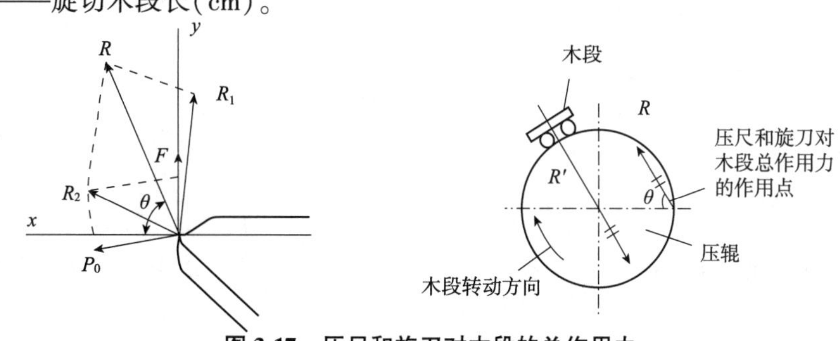

**图 3-17　压尺和旋刀对木段的总作用力**

在一般情况下，单位长度作用力 $K$ 为 160~240N/cm，作用力方向可用 $\angle\theta$($\bar{R}$ 同水平轴线间夹角)表示，约在 40°~75°变化。

③卡头对木段的作用力

木段在旋切过程中，由于旋刀和压尺的总作用力 $R$ 的作用，形成一个阻力矩($M=\frac{RD}{2}\sin\theta$)和一个垂直于卡轴轴线的作用力 $R'$(大小与 $R$ 相等，但方向相反)。$M$ 值取决于总切削阻力 $R$(与木段长度 $L$、树种、切削状态等有关)和瞬时旋切木段直径 $D$ 的大小。可见在旋切大直径木段时，所产生的阻力矩 $M$ 就大；当木段直径变小时，$M$ 值就小。

为了保证正常旋切，必须有一个反方向力矩 $M_1$ 来带动木段回转，克服切削阻力矩 $M$。只有 $M_1>M$，旋切才能正常进行。

要获得力矩 $M_1$ 主要是通过卡头卡入旋切木段的两个端部，同木段紧密连在一起，当卡头转动时，使木段同步一起转动，形成 $M_1$。$M_1$ 的大小与卡头形状、直径(图 3-18)、卡头卡入木段内的合理深度(即卡头对木段轴向正压力的大小)等有关。

从图 3-18 中可看出，卡头齿形以直角三角形较好，卡入木段转动时，木段对它无推出力，因而运行良好。若用等腰三角形齿形，在旋切时木段有推出卡齿分力，因而很易搅断木段纤维而空转(打滑)，不能进行正常旋切。尤其端部材质差，旋切厚单板时，更易产生上述情况。根据研究，卡齿的直角边在中心线上的卡头能传递较大的 $M_1$。

卡头对木段的轴向压力(卡头卡入木段的深度)不宜过大。太大易使木段端部劈裂；同时在旋切木段直径变小时，容易产生弯曲变形 $f$(压杆不稳定现象)，如图 3-19 所示。从图中很明显地看到，在同样 $R$ 力的作用下，木段瞬时直径越小，则 $f$ 值越大。当然 $F_E$ 值越大，$f$ 值也会增加。结果单板产生中间薄两边厚的现象，单板质量变坏。

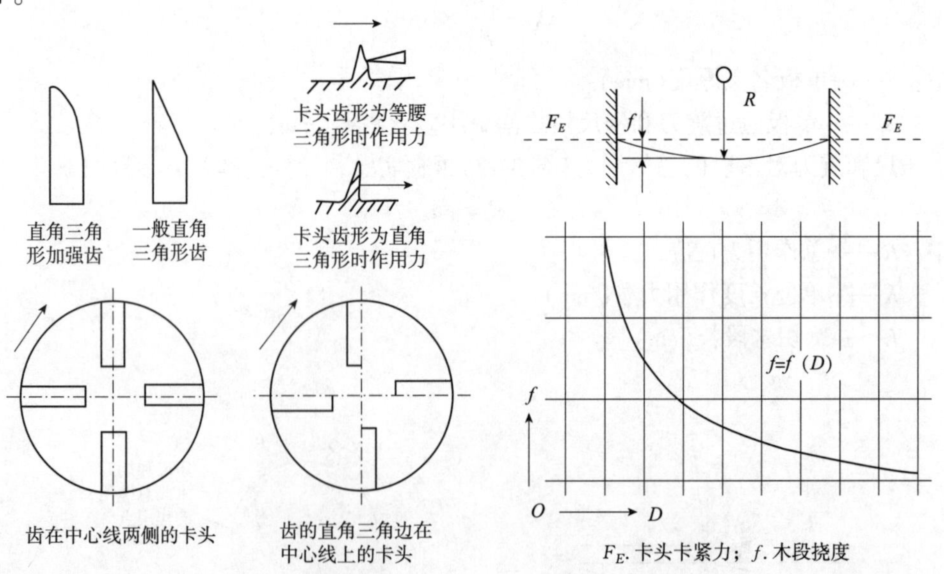


**图 3-18　卡头的齿形及位置**　　**图 3-19　木段旋切时产生的弯曲变形**

在同样卡头形状下，直径不同时，其轴向压力增加速率较小，而扭矩增大较快，约为其相应直径平方之比值(表3-5)。

**表3-5 不同卡头直径时的扭矩**

| 卡头直径(mm) | 卡头轴向压力(kN) | 扭矩(kN·cm) | 树 种 |
|---|---|---|---|
| 65 | ≈24.4 | ≈96 | 桦木 |
| 85 | ≈25.5 | ≈190 | 桦木 |

上述这些作用力的分析，可作为合理设计旋切机和改善单板旋切质量的理论依据。

从上面作用力分析中可知，要在旋切机上直接减小木芯直径和利用小径木旋切，可应用双卡头带压辊装置的旋切机(图3-20)。在开始旋切大径级木段时，左、右两边的内外卡头同时卡住木段，以保持足够的转矩保证正常旋切。当木段直径减小到比外卡头直径稍大时，通过液压传动，把左、右两边的外卡头从木段内退出到左、右两侧的主滑块(即半圆形滑块)之外；内卡头(即小直径卡头)继续卡住木段进行旋切。为了避免木段由于旋刀、压尺和卡轴作用力而发生弯曲变形，一般当直径减少到约125mm(依木段树种、长度等而定)时，压辊可以自动地在木段的上方且相对于旋刀的另一方压住要变形的木段，防止木段向上和离开旋刀方向发生弯曲变形。这样可以在同一台旋切机上将木芯直接旋到65mm(图3-21)。如图3-22所示，压辊还可采用动力传动，这样不但防止木段旋切时发生弯曲变形，而且辅助木段转动，可有效减小木芯直径。压辊应采用长压辊，不宜用短压辊。

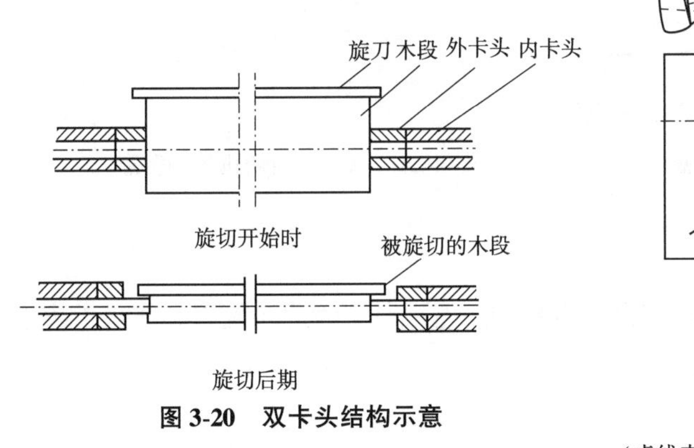


**图3-20 双卡头结构示意**

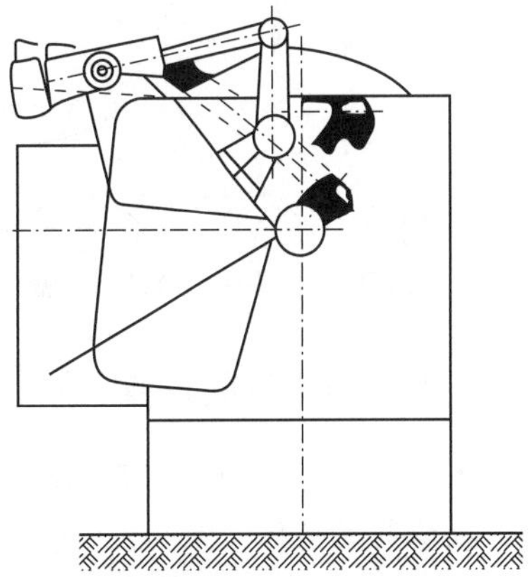

**图3-21 压辊工作示意**

(虚线表示压辊不工作状态；实线表示工作状态)

在旋切时，希望卡头深入木段后的位置不再变化，在保持一定扭转的情况下，可使轴向压力减少，采用机械进退卡轴的方法无法实现，只有液压传动才能达到。

由于旋刀、压尺对木段有个总作用力 $\bar{R}$，因而木段对它们(刀架)有一个与 $\bar{R}$ 力方向相反、大小相等的反作用力 $R'$。该力可分解为$R_x'$和 $R_y'$两个分力(图3-23)。在 $R_x'$的作用下，使刀架后退，阻止它正常旋切；另外产生一个颠覆力矩，使旋刀刀刃变位。应用进刀螺杆(或液压进刀机构)来克服 $R_x'$，使刀架做严格的直线运动。考虑到要克服主滑道同主滑块之间摩擦阻力，进刀螺杆的轴线应略低于通过卡轴中心线的水平面。

同样，压尺梁最好不要用支持螺钉支持在刀梁上，采用滑块同刀梁上凹槽相互连接

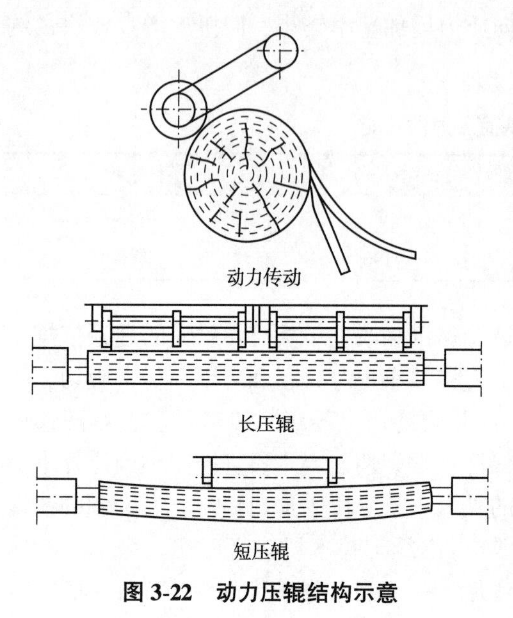

图 3-22　动力压辊结构示意

和支持，压尺的压力用气(液)压保持为好。

根据以上分析，目前应用的传统旋切机，是借助卡轴来支持木段并使其转动，该法有其不足之处。因此已生产出一种无卡轴旋切机(图 3-24)。木段的支持和得到动力转动是由支持动力辊传给。上压辊起定位和压尺作用。在旋切时，旋刀是固定不动的，上压辊也是固定不动的，仅支持动力辊作同步转动和向上移动，使木段始终压在上压辊下，保证连续地旋出单板来。上压辊可上下移动，调节它同旋刀之间间距，这个间距的大小决定单板厚度的大小。使用这种旋切机前，木段必须先旋圆，使其表面具有 1/2 木段断面周长的圆形，否则不能正常地进行旋切。木芯再旋使用这类旋切机最为合适。

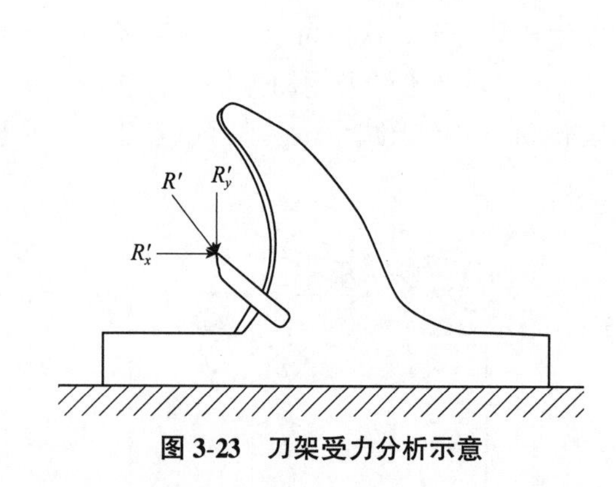

图 3-23　刀架受力分析示意

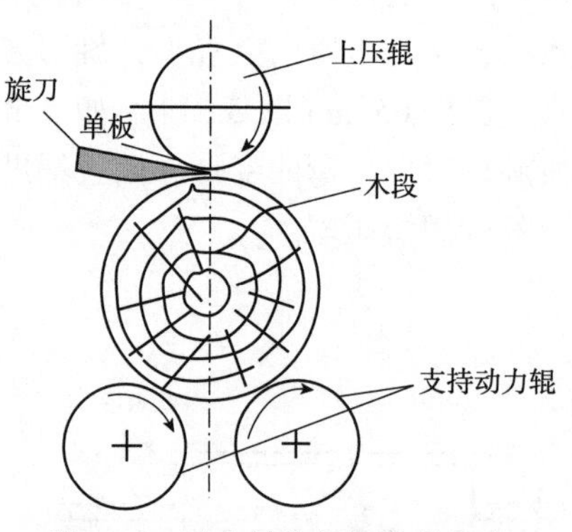

图 3-24　无卡轴旋切机结构示意

### 3.2.2.2　旋刀和压尺的位置

要旋出质量好的单板，在旋切时应保持合理的工艺条件。因此，旋刀和压尺的安装位置是一项重要的操作。

(1)旋刀的位置

旋刀的研磨角要一致，刀刃锐利而成一直线。根据刀刃通过卡轴中心线的水平面的距离 $h$ 和后角来安装旋刀。为了避免由于旋刀两端不平，而影响安装精度，应当在离开刀端 40~50mm 的位置上测量刀刃高度。安装旋刀时，首先调整旋刀的两端，合乎要求后，立即初步固定，再调整其他支持螺杆，使其相应处旋刀高度合乎要求，最后再把旋刀紧固在刀梁上。

旋刀固定在刀梁上后，就调整旋刀的后角 $\alpha$。调整某一半径处旋刀的后角是比较容易的，但在旋切过程中是要求后角逐渐变小，要使后角变化的范围符合工艺上的要求，就比较麻烦了。要正确地解决这个问题，必须了解各种刀架后角变化的规律性，然后结合要求进行调整。

目前，旋切机刀床结构基本上有两类。在旋切过程中，旋刀相对于刀床来说是不动的(不回转)，仅能和刀床一起做直线进刀运动，这种刀床称为第一类刀床。另一种刀床，旋刀不仅做水平移动，同时它自动地围绕着通过卡轴轴线的水平面与旋刀前面的延伸面相交的水平线做定轴回转运动，这种刀床属于第二类刀床。

①第一类刀床的后角变化规律

从图3-25中可清楚地看出该类刀床后角变化情况。木段刚开始旋切时补充角为$\varepsilon_1$，其他的角度为$\alpha_1$和$\delta_1(\delta_1=\alpha_1+\beta)$；在旋切过程中我们需要讨论某一位置的相应角为$\varepsilon_2$、$\alpha_2$和$\delta_2(\delta_2=\alpha_2+\beta)$。

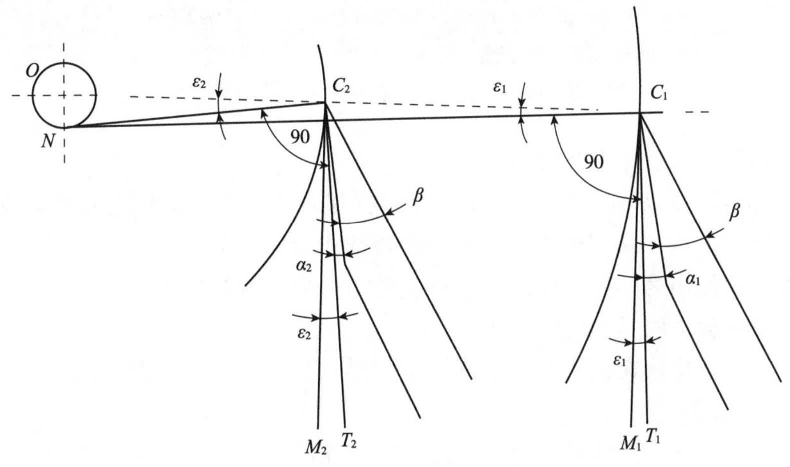


**图3-25　第一类刀床$h=0$时旋刀后角变化情况**

通过补充角的增量$\Delta\varepsilon=\varepsilon_2-\varepsilon_1$的变化情况，能清楚地看到切削角和后角在旋切过程中的变化。在第一类刀床中，旋刀仅作水平移动。因此，旋刀的倾斜角在旋切过程中始终保持恒值，即$\delta_1+\varepsilon_1=\delta_2+\varepsilon_2$，所以可得到下列公式：

$$\alpha_2-\alpha_1=-(\varepsilon_2-\varepsilon_1)=-\Delta\varepsilon$$

$$\delta_2-\delta_1=-(\varepsilon_2-\varepsilon_1)=-\Delta\varepsilon$$

已知

$$\tan\varepsilon=\frac{a+h}{\sqrt{r^2-h^2}}$$

当$a+h>0$，补充角$\varepsilon$为正值。补充角随着木段直径的变小而增大，此时补充角的增量$\Delta\varepsilon$是正值。由上面公式中可以看出$\alpha_2<\alpha_1$，即后角在旋切过程内逐渐变小。当$\alpha_2=\alpha_1-\Delta\varepsilon\leqslant0$时，表示后角要变向0°和负值，也就表示$h$值太大了。

当$a+h=0$，此时切线$CP$与铅垂线$CM$相重合，补充角$\varepsilon$永远为0。在这种情况下，切削角和后角是没有变化的。

当$a+h<0$，补充角为负值。补充角随着木段直径的减小，其绝对值在变大。此时补充角的增量为负值，即表示后角随着木段直径的减小而变化。

从图3-26第一类刀床中可以看出$h\geqslant2$mm时，旋切直径大的木段时，其后角变化范围较小；到了小直径时，后角变化剧烈。$h<2$mm时，其后角变化甚微，这类旋切机的后角变化虽不太理想，但其结构简单，常作小径木和短木段旋切成芯板用。

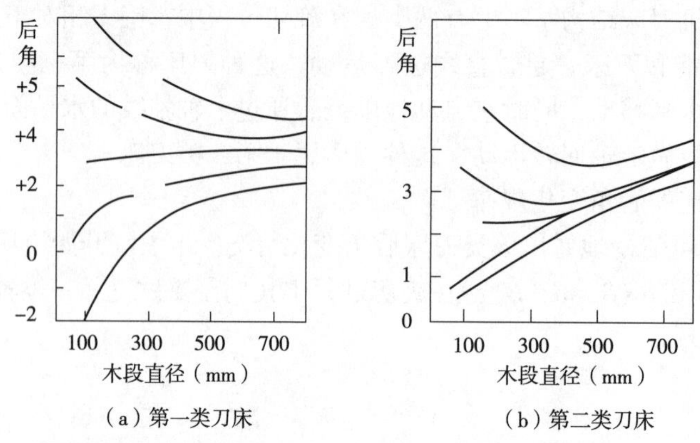


（a）第一类刀床　　（b）第二类刀床

**图 3-26　后角的变化同木段直径和刀刃高度之间的关系**

②第二类刀床的后角变化规律

从图 3-26 第二类刀床中看出，$h<1$mm 时，其后角变化范围较大且缓和平滑，但刀床结构较为复杂。这类旋切机能保证旋切单板的质量，因而在生产中广泛应用。

目前生产中使用第二类刀床的结构种类较多，但从调整旋刀后角变化的基本原理来看，该类刀床可分为两类型(图 3-27)。

旋刀后角的变化依靠偏心轮和辅助滑道相结合的刀床。这类刀床是较为常见的。它可分为两种[图 3-27(a)(b)]。

旋刀后角的变化依靠辅助滑道和其垂直高度相结合调节的刀床。这类刀床主要应用于轻型旋切机[图 3-27(c)]。

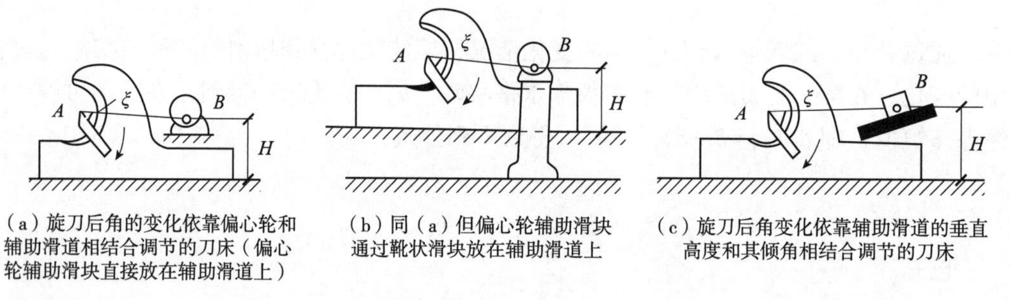


（a）旋刀后角的变化依靠偏心轮和辅助滑道相结合调节的刀床（偏心轮辅助滑块直接放在辅助滑道上）　（b）同（a）但偏心轮辅助滑块通过靴状滑块放在辅助滑道上　（c）旋刀后角变化依靠辅助滑道的垂直高度和其倾角相结合调节的刀床

*A*. 旋刀前面点的延伸面与通过卡轴中心线的水平面之交线的点投影；*B*. 刀架后尾与辅助滑块连接轴的点投影；*H*. *B* 点距水平主滑道的垂直距离；$\xi$. 直线 *AB* 与旋刀前面之间夹角

**图 3-27　旋切机的第二类刀床结构示意**

综合研究各类刀床结构后，发现刀架的后尾同辅助滑块连接点(图 3-27 中 *B* 点)距主滑道的垂直距离决定了旋刀的后角值(图 3-28)，即 $\angle\alpha=f(H)$。因为 $\overline{AB}$(旋刀回转臂)与旋刀前面之间夹角 $\xi$ 对每台旋切机来说是一个定值，又 $r+\xi+\beta+\theta=90°$，即

$$\theta=90°-(r+\xi+\beta)=\varepsilon+\alpha$$

$$\alpha=90°-(\xi+\beta+\varepsilon+r)=f(r)=f(H_n)$$

$$r_n=\sin^{-1}\left(\frac{H-H_n}{L}\right)$$

式中：$H$——刀刃回转中心距水平主滑道的垂直距离，对给定的旋切机其值为常数；

$H_n$——为旋刀假想回转臂尾端（即 $B$ 点）距主滑道的垂直距离，该值在旋切过程中是可改变的。

由于后角在旋切过程中变化范围一般在4°之内，因而从工程实用来讲，$\alpha$ 和 $H_n$ 之间关系可认为近似直线关系，为了实际应用可绘成$(\beta+\theta)$与 $H_n$ 之间关系图，如图3-29。这就是各种旋切机旋刀后角变化的共同规律。

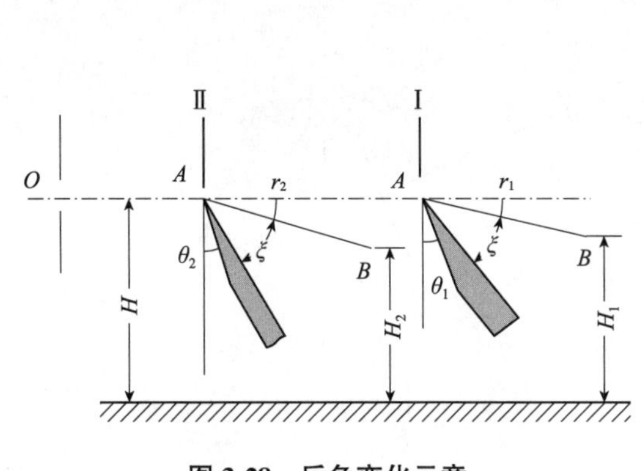


图3-28 后角变化示意

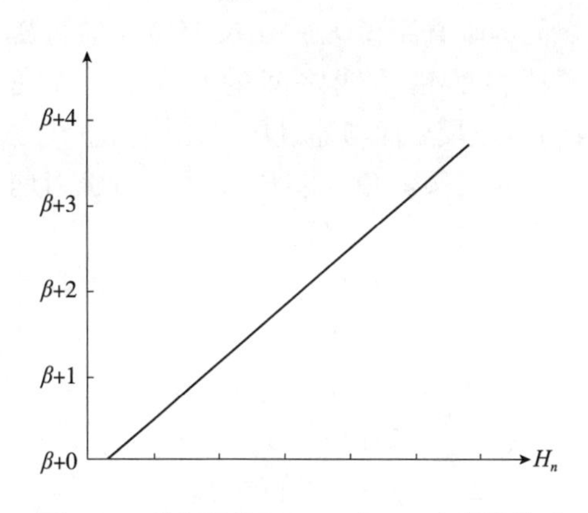


图3-29 旋切机旋刀$(\beta+\theta)$与 $H_n$ 之间的关系

③实用旋切机旋刀后角调节法

按下述步骤进行后角的调整：

首先根据旋切机的基本参数计算或测出后角变化常数 $K=\dfrac{\Delta(\beta+\theta)}{\Delta H}$（即图3-29中的斜线的斜率），并绘出似图3-29的关系图。

然后求出辅助滑道的倾斜角 $\mu$ 值（$B$ 点上的轨道与水平面的夹角）。

$$\mu=C\tan\left(\frac{K\cdot\Delta(\beta+\theta)}{\Delta R}\right)$$

式中：$K$ ——机床后角变化常数（°/mm）；

$\Delta(\beta+\theta)$——木段开始旋切位置后角（$\alpha_1$）和 $\varepsilon_1$ 与旋切终止位置后角 $\alpha_2$ 和 $\varepsilon_2$ 之间差值，即为 $\Delta\theta$；

$\Delta R$——木段开始旋切位置的回转半径（$R_1$）与旋切终止位置木芯半径（$R_2$）之间差值（mm）。

再根据求出的辅助滑道 $\mu$ 值来调节旋切机的辅助滑道的倾斜角（该滑道应向卡轴方向倾斜）。

最后调整 $B$ 点的位置满足初始位置$(\beta+\theta)$或 $\alpha$ 值的要求。

对于带有偏心盘的刀床，首先把旋刀行驶到旋切位置，调节偏心盘位置，使带水泡的万能测角仪测得的$(\beta+\theta_1)$值为规定值时，即表示该点符合要求。为了可靠，把旋刀再行驶到木芯半径的位置再测定$(\beta+\theta_2)$值，若符合要求，即表示后角调节完毕。

对于不带偏心盘的刀床，把辅助滑道调到规定值后，把滑道的两端等量地升高或降低，直到距卡轴中心线为木芯半径处的$(\theta_2+\beta)$规定值为止。然后把刀床移动到开始旋切位置，测定$(\theta_1+\beta)$值符合规定值，即表示调整完毕。

(2)压尺的位置

压尺相对于旋刀之间位置，对旋得单板质量关系极大。压尺的位置，可由以下条件决定：压尺的压棱与旋刀之间缝隙的宽度 $S_0$；压棱至通过刀刃水平面之间的垂直距离 $h_0$；压尺前面与通过压尺压棱的铅垂线之间的夹角(压榨角 $\alpha_1$)；压尺后面与通过压尺压棱铅垂线之间的压尺倾斜角 $\delta_1$；压尺后面与旋刀前面形成的夹角 $\sigma$(图 3-30)。

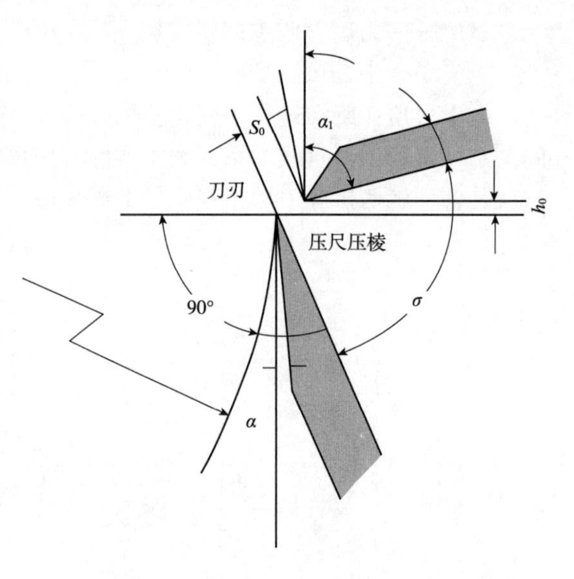

图 3-30 压尺相对于旋刀的位置

当压榨程度($\Delta$)已知时，$S_0$ 可根据下式求得：

$$S_0 = S(100 - \Delta)/100$$

式中：$S$——单板厚度(mm)；

$\Delta$——压榨程度(%)。

最适宜的单板压榨程度，根据单板厚度 $S$ 可由下列经验公式来确定：

桦木、松木 $\Delta=(7S+9)\%$

椴木、杨树 $\Delta=(7S+14)\%$

单板压榨程度 $\Delta$(%)，桦木、椴木、松木应<35%；杨木<50%。超过这些数值，将明显地破坏表面木材纤维。

$h_0$ 是依据单板厚度、压榨程度、切削角($\delta$)、$\sigma$ 等所决定。切削角一般在 25°之内；$\sigma$ 角根据机床结构而定，一般在 70°~90°。如上海造纸机械厂制造的旋切机 $\sigma$ 为 70°，前苏联生产的 ЛУ · Ⅱ-10 型旋切机 $\sigma$ 为 83°~84°。

针对不同的 $\Delta$、$\sigma$，$h_0/S$ 值可参见表 3-6。

表 3-6 不同 $\Delta$、$\sigma$ 时的 $h_0/S$ 值

| 压榨程度(%) | 切削角(°) | $h_0/S$ 值 | | | | |
|---|---|---|---|---|---|---|
| | | 70° | 75° | 80° | 85° | 90° |
| 10 | 20 | 0 | 0. 08 | 0. 10 | 0. 23 | 0. 31 |
| | 25 | 0. 08 | 0. 16 | 0. 24 | 0. 31 | 0. 38 |
| 20 | 20 | 0 | 0. 07 | 0. 14 | 0. 21 | 0. 27 |
| | 25 | 0. 07 | 0. 14 | 0. 21 | 0. 28 | 0. 34 |
| 30 | 20 | 0 | 0. 06 | 0. 12 | 0. 18 | 0. 24 |
| | 25 | 0. 07 | 0. 13 | 0. 18 | 0. 24 | 0. 30 |
| 简化计算 | | 0 | 0. 10 | 0. 18 | 0. 25 | 0. 30 |

压尺倾斜角 $\delta_1=\alpha_1+\beta_1$，可用下式近似 $\delta_1=85°$。旋切时，常用带圆棱压尺或带斜棱压尺。带圆棱的压尺 $\alpha_1$ 应在 15°~20°，这样保证压尺前面压榨木材。当旋切单板厚度大于 2mm 的单板时，应采用斜棱压尺，这时压榨角 $\alpha_1$ 应为 5°~7°。

辊柱压尺的位置如图3-31。辊柱直径一般为$D$=16mm左右，若旋切松木时，其压尺安装参数可参见表3-7。

表3-7　辊柱压尺的安装位置参数　mm

| 单板厚度 | $h_0$ | $x$ | $W$ | $T$ |
|---|---|---|---|---|
| 2.4 | 1.88 | 2.13 | 2.05 | 1.9 |
| 9.2 | 1.57 | 8.22 | 8.3 | 7.2 |

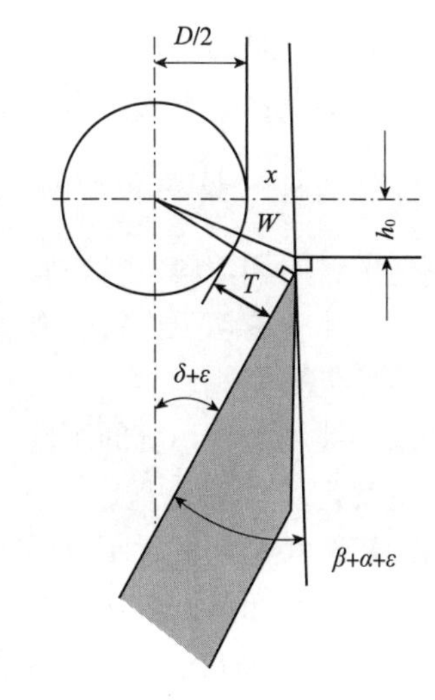


$D$. 辊柱压尺直径(mm)；
$x$. 辊柱压尺距刀刃的水平距离(mm)；
$W$. 刀刃到辊柱压尺表面的径向距离(mm)；
$T$. 辊柱压尺到刀前面之间垂直距离(mm)；
$h_0$. 辊柱压尺距刀刃的垂直距离(mm)

图3-31　辊柱压尺的位置

### 3.2.2.3　影响单板质量的主要因子

单板质量的好坏关系到胶合板的质量。评定单板质量的指标归纳起来有4个：①单板厚度偏差，即加工精度；②单板背面裂缝；③单板背面光洁度；④单板横纹抗拉强度。这些指标中前两个是主要的。因为单板背面裂缝越多、越深，则背面光洁度就差，抗拉强度也就小。前两个指标的测定方法和仪器比较简单，生产中便于采用。

影响单板质量的因子很多，而且因子之间互相关联，是比较复杂的问题。

(1)工艺条件

一般指的工艺条件是木段热处理温度、含水率、旋刀的研磨角及安装位置(刀刃高度、切削角和后角)、压尺的形状、角度和安装位置(压榨百分率、压尺相对于刀刃的水平和垂直距离)、旋刀后角的变化程度等。这些参数互相协调好，即能得到优质的单板。

旋刀相对于卡轴的垂直距离$h$值(mm)见表3-8。

表3-8　旋刀相对于卡轴的垂直距离($h$值)

| 刀架种类 | 木段直径(mm) | |
|---|---|---|
| | 300以下 | 300以上 |
| 无辅助滑道或$\mu$=0时 | 0~+0.5 | 0~+1.0 |
| 有辅助滑道：$\mu$=30′ | 0~−0.5 | 0~−1.0 |
| $\mu$=3° | −0.5~−1.0 | −0.5~−1.5 |

注：$\mu$为辅助滑道倾斜角。

旋切小径木时，为了避免产生单板两端厚中间薄的现象，可使旋刀中部高于两端0.1~0.2mm。

旋刀的切削角在切削过程中，应该均匀地变小，不能变大。直径100~300mm时后角变化一般不超过1°。直径800~200mm时后角为3°；刀的刃口应该同卡轴轴线向平行，若在垂直平面内歪斜会引起沿刀长上的后角变化，水平面内歪斜形成斜旋切。

压榨百分率是同单板厚度、树种、木材热处理后温度等有关。目前我国常用树种的压榨百分率如下：椴木为10%~15%，水曲柳15%~20%，松木15%~20%。

(2)旋切机的精度和切削—被加工物系统的刚性

制造木材层积塑料、航空胶合板的单板是比较薄的(约0.5mm)。假如旋切机本身精度很差，那就旋切不出符合质量要求的单板。因此，对不同要求的单板应由不同加工精度的旋切机来完成。

切削—被加工物系统的刚性差，在旋切时，刀架发生变形或木段弯曲，这样得到的单板质量就差。

当旋切50℃以上的木段时，木段和单板中热能会传递到旋刀刀刃和压尺的前棱。由于局部不均匀加热、热膨胀变形的结果，使旋刀和压尺变形弯曲，而且变形量较大。从图3-32中可以看出，原来水平间距为2.5mm、垂直距离为0.5mm，由于热变形，中部的间距变为2.0mm和0。此时旋出的单板厚度差异是很大的，都将成为废单板。目前改进办法有两种：一是预先把旋刀和压尺加热后再安装在刀架上；二是刀架装有冷却系统，把旋刀和压尺从木段得到的热量，用循环的冷却水把其带走。有些树种本身带有很多黏状分泌物，旋切时遇冷很容易黏附在刀刃上，影响旋切。因此，有的刀架上装有热水循环系统，使黏液不黏在旋刀上，从而提高旋切质量。

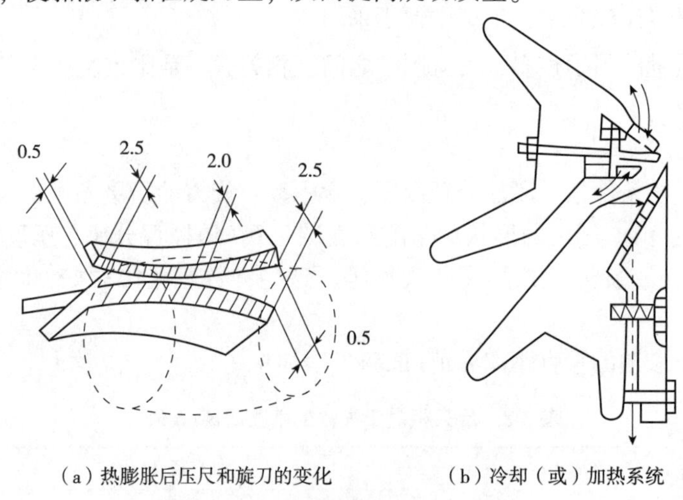


(a) 热膨胀后压尺和旋刀的变化　　(b) 冷却(或)加热系统

**图3-32 旋刀和压尺热变形和冷却装置**

在旋切时，由于木段对刀架有反作用力，结果使刀梁和压尺梁变形，改变了旋切条件。

为了保持稳定的压榨力，现代旋切机上装有气缸，用气压来保持压尺对木段的压力，保证旋切质量。

为了防止刀梁后退而过多磨损进刀螺杆，在刀床后尾装有气压装置来抵抗木段对刀架的反作用力，保证单板质量均一。

(3)机床磨损和保养

在旋切机中运动件很多，但对旋切质量关系较大的是进刀螺杆和螺母之间磨损(目前有的旋切机已采用液压进刀系统)，卡轴径向摆动，两卡轴中心不同心，压尺梁和刀梁的松动等。因此，需要定期检查这些易损地方，及时维修和保养。

进刀螺杆外面应套上皮套，不让尘屑掉入螺杆而加速磨损。压尺梁最好不用支持螺钉支持在刀梁上，而是用滑块联结和支持；压尺最好用气压保持其对木段的压力。

大旋切机不应旋切过短木段，否则必须装有中心扶架。

#### 3.2.2.4 单板出板率

提高单板出板率是合理利用木材资源和降低产品成本的重要措施之一。提高单板旋切质量，减小厚度偏差，也是提高单板出板率的一个主要方面。这在前面已讨论过。提高旋切单板的体积，减少无用的材积(如缩小木芯直径)是另一个重要方面。木段在旋切时可分成四大部分。

第一部分是由于木段形状不规则(木段弯曲、尖削度和木段横断面形状不规则)而形成的碎单板部分(其长度小于木段的长度)。

第二部分是由于木段在旋切机的卡轴上安装不正确(即木段最大内切圆柱体的轴线与卡轴中心线没有重合)，而引起的长单板部分(其长度为木段的长度，但其宽度小于旋切木段的圆周长)。

第三部分是连续的单板带部分。

第四部分是剩余的木芯部分，一般木芯直径为85~140mm。

可见，在旋切时产生了一定量的碎单板、窄长单板和木芯等。为了提高有用单板的出材率，可采用下列措施：减小木芯直径，改善木段在旋切机卡轴上的安装基准(即正确定中心和上木)；合理组织单板挑选流水线。

(1)减小木芯直径

在大型旋切机上要直接减小木芯直径，可采用双卡头带压辊的旋切机。最初旋切时大小卡头一起卡住木段；当直径变小接近大卡头直径时，大卡头退出木段，而小卡头继续卡住木段进行旋切。为了避免木段旋切时发生弯曲，一般当旋切木段直径减小到125mm左右时(依木段树种、材质、长度而定)，压辊自动地在木段的上部和相对于旋刀位置压住木段，防止木段向上和离开旋刀的方向发生弯曲。这样同一台旋切机上可将木芯直接旋到65mm左右(依木段长度和材质而定)。

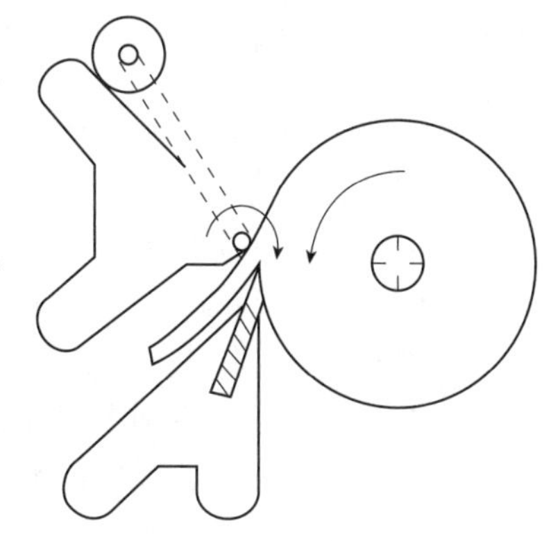

图3-33 动力压尺

为了使木段转动阻矩减小，有利于缩小木芯直径，可采用动力压辊和动力压尺(图3-33)。为减小厚单板干燥后的变形，可用带齿压尺在单板正面刺上齿痕，消除背面裂缝引起的不平衡，这种处理称为单板柔化。

(2)木芯锯断再旋

有些木段由于带有心腐、开裂等缺陷不能直接减小木芯直径，可把这部分缺陷断去，在专用的小型旋切机上进行旋切，得到的单板可作为大幅面胶合板芯板或制成小幅面胶合板，也可用无卡轴旋切机进行木芯再旋。

(3)合理挑选碎单板和窄长单板

人工运送挑选单板容易损坏，而且影响旋切机生产效率。目前广泛采用机械分选运送方法，这样既挑选了单板又提高了旋切机产量。其基本方法为：从旋切机上旋下的不可用单板和可用单板分成两条流水线；或把木段的旋圆和旋切分成两个工序。

把旋切下来的单板分成两条流水线，一为可用，一为不可用(图 3-34)。不可用单板通过阀门，落在运输带再运送到集中地进行处理(如打碎作纤维板或刨花板原料，也可作燃料用)。可用单板则通过阀门上部而运送到旋切机后面的工作台进行整理、剪裁。连续单板带可直接运去剪裁或卷筒贮存或运输带贮存。

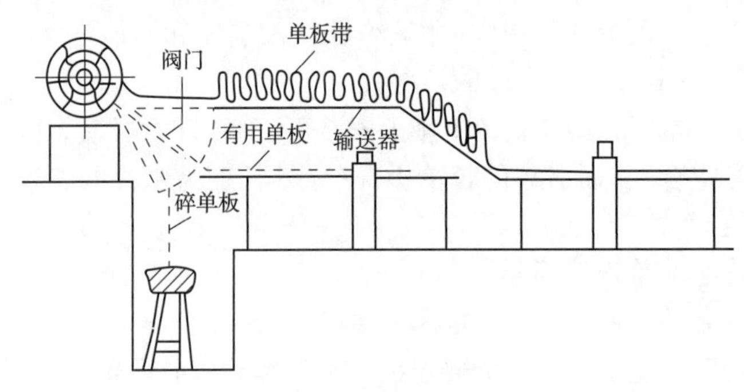


图 3-34 单板分选流水线

(4)湿单板封边

由于单板横向抗拉强度较低，在卷板时容易发生撕裂。特别是旋切薄单板时，更应用胶纸带粘在单板两端，以防以后加工中单板撕开，造成损失。卷成卷贮放 1h 后再干燥，这样可使胶纸带紧紧地胶在单板上。

### 3.2.2.5 旋切机和前后工序的配合

旋切机的前工序为木段运输、上木定心，后工序为把有用单板运送到剪板机或干燥机的运送装置。

目前，由旋切机到单板干燥有三种不同的加工工艺：一是先剪后干；二是先干后剪(这里主要指连续单板带)；三是木段外部旋成薄单板，封边后卷成卷再去干燥，内部旋成厚单板先剪后干。由于旋切的线速度同剪切的线速度或单板干燥机的线速度不会一致，以及这些工序的劳动组织等原因，在旋切到单板干燥之间必须设置一个有缓冲作用的贮存装置，这样才能连成：旋切—缓冲中间库—剪裁—分等或旋切—缓冲中间库—单板干燥—剪裁—分等流水线。虽然流水线之间有差别，但其连接方法(缓冲中间库)基本相同。

旋切机同后工序连接的基本方法可分为：带式传送带(可为单层或多层)；单板折叠输送器(单层或双层)；单板卷筒装置(其动力可为人工或电动机和机械)(图 3-35)。

(1)带式传送装置

带式传送装置将单板带直接运送到后工序，可以减小单板损失、节省人力、提高劳动生产率，常用于运送厚单板或小径木材旋得的单板带。

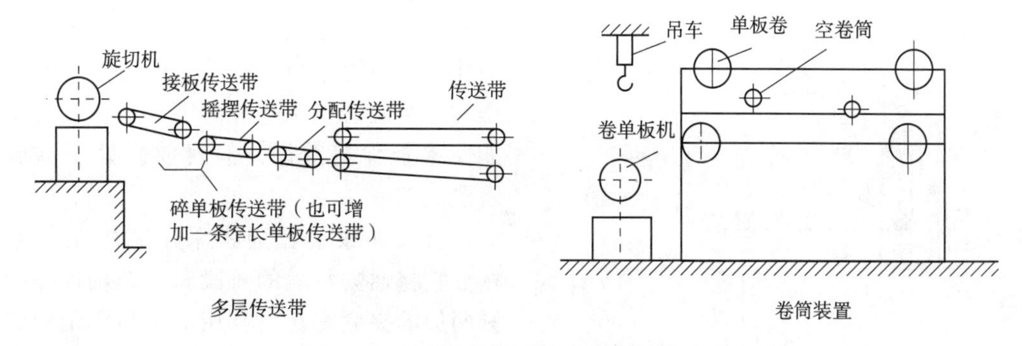


**图 3-35 旋切机和后工序连接的基本方法**

(2)卷筒卷板法

这种方法要求卷筒的转速与旋切单板的速度相匹配，以免单板被拉断。卷筒放在开式轴承上，这样便于取下和放上。其动力可用直接带动法，通过摩擦离合器控制转速(或调速电机)，也可用皮带传送间接带动。由于该法占地面积少，比较灵活，特别在大径木旋切薄单板时被广泛采用。单板卷的直径可达80cm以上。

### 3.2.3 竹材旋切

竹材单板具有纹理美观，色泽鲜艳，在装潢业渐渐展现出它的魅力。竹材从基本原理角度与木材旋切类似。其不同之处在于，竹材是中空的，而木材是实体的；竹材刚性大，横向强度小；可旋周长小于木材；径级小等。因此，竹材旋切的关键是软化过程、卡轴形状、压尺和进给机构等。

(1)竹材截断

竹材旋切用的竹种基本用的是楠竹，又称毛竹。其高度在10~20m，胸径8~16cm，竹壁厚度0.5~1.5cm；相对木材来讲，竹筒壁薄，直径小。为了提高出材率，必须将竹材截成一定长度的竹段。一般来讲，竹段的长度不宜超过1m，否则出材率降低。

(2)竹段软化

竹材材质坚硬强韧是指的顺纹方向。通常顺纹抗拉强度为153~190MPa，而横纹抗拉强度只有6~9.2MPa，在旋切加工过程中横向容易产生开裂。竹材的软化工艺可以采用热水法或热碱法。从生产效率来看，热碱法优于热水法，但对于用脲醛树脂胶合条件上，胶合强度相反，另外热碱法如果运用不当，会引起竹材过分软化，造成旋切过程中夹持困难和旋切起毛堵塞刀门的现象。如果不考虑软化时间的话，也可以采用清水浸泡。

软化工艺1：10%的NaOH溶液，温度100℃，时间8h，含水率115%。

软化工艺2：清水浸泡，时间30天，含水率100%。

(3)竹材旋切机

获取连续等厚的竹材单板通常有三种方式：普通木段旋切机、无卡轴旋切机、摆动进给旋切机。前两种基本与普通木质胶合板生产设备类似。第三种旋切方式是在考虑到

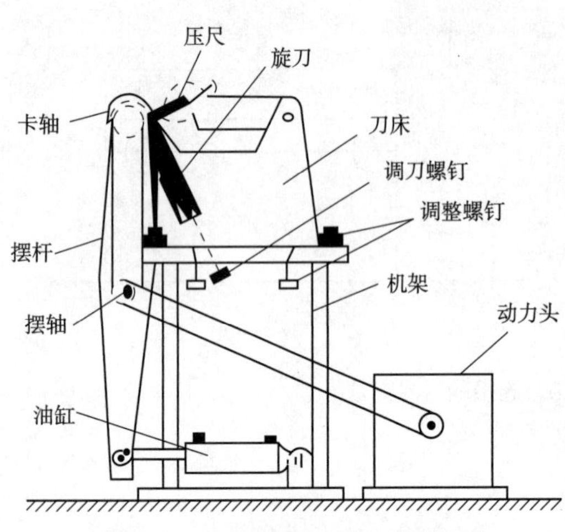


图 3-36 毛竹旋切实验机结构示意

竹段可旋切的连续单板少，质量小，可以简化传动系统与结构发展起来。图3-36为摆动进给旋切机工作原理图。这种旋切也能使单板保持等厚，但目前尚处于试验阶段。

竹段夹紧装置通常采用芯轴胀爪结构。它将通去竹隔的竹段套入芯轴，并旋紧两边的夹紧螺母，利用滑套与固定套的斜面，将卡爪外推，顶住竹段内壁面，从而利用摩擦力与卡紧力传递扭矩(图3-37)。这种自定心芯轴的特点是：①采用三爪式，保证定位基准与夹紧基准重合。②卡爪在轴向上分为两段，两段卡爪的总长度小于竹段的总长，以免竹段两端部受机械损伤切而导致竹段开裂。每段卡爪较短，可避免竹段内孔在节内因突出使卡爪弯曲，造成卡紧力不足。③退出竹芯时，卡爪在弹簧力的作用下自动复位。④更换不同高度的卡爪可使芯轴适应不同径级的竹段。

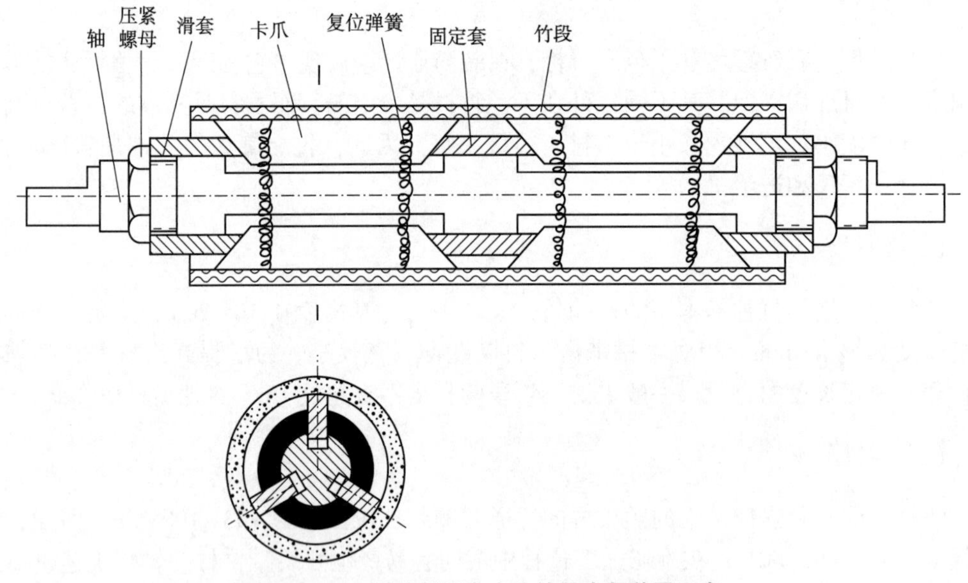


图 3-37 三爪式斜面自定心竹段夹紧装置示意

## 3.3 薄木制造

利用具有独特木纹或特殊纹理的天然珍贵树种木材或人造木质材料，经刨切(或半圆旋切)制成的厚为0.1~0.5mm的薄单板，称为薄木。薄木主要用作装饰材料，胶贴在基材上，使其成为珍贵材料，提高装饰效果，满足人们的需要。

刨制薄木的生产工艺流程主要为：原木合理贮存、原木锯断、剖成木方、木方热处理、薄木刨切、干燥、整理成合格薄木等。若应用人造木质材料生产人造薄木，那首先用单板依一定的排列组合胶合成木方，然后再刨切成人造薄木。为了模拟贵重木材，可对木方或单板(薄木)进行染色处理，再进行加工。

### 3.3.1　刨制薄木原料的准备

一般早晚材比较明显、木射线宽大且分布奇特的树种比较适合于制造薄木。常用的树种中，阔叶材有桦木、花梨木、槭木、榆木、桃花心木、核桃木、栎木、水曲柳、拟赤杨等；针叶材有柏木、松木等。这类原木在楞场内应很好保管，不允许发生裂缝和其他的质变缺陷，否则影响薄木的质量和出材率。

根据原木直径的不同，可采用各种锯剖方法，如图 3-38 所示。

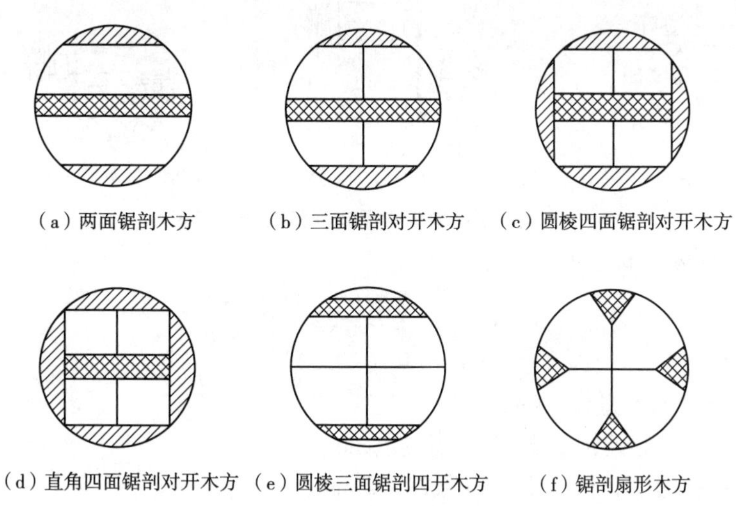

（a）两面锯剖木方　（b）三面锯剖对开木方　（c）圆棱四面锯剖对开木方

（d）直角四面锯剖对开木方　（e）圆棱三面锯剖四开木方　（f）锯剖扇形木方

**图 3-38　原木锯剖图例**

两面锯剖木方：适用原木直径为 30~40cm，湿薄木出材率为 44%~51%，在刨板机上固定比较困难，在卧式刨板机上只能放一两个木方，因此降低了生产率。由于木方的两侧为圆弧形，放多了很难使各个木方在同一水平面上，这样得到的薄木厚度不一致。

三面锯剖对开木方：适宜原木直径为 40~60cm，出材率为 50%~52%，固定在刨板机上木方数量只能放一两个，生产率较低。

圆棱四面锯剖对开木方：能牢固地固定在刨板机上，一次可同时放 3~5 个木方。有些采用四面锯剖直角对开木方，便于今后拼花，但贵重的边材变成了废料，从而降低了刨制薄木的出板率。这种方法适宜于原木直径 40~60cm，出材率为 48%~50%。

圆棱三面锯剖四开木方：适宜直径 60cm 以上，出材率为 50%~60%，能得到较宽的径切薄木和窄的弦切薄木。

锯剖扇形木方：要求制得的薄木基本上为径切面时，才采用此法。过去没有专用锯剖机床，很少采用，现在有专用锯剖机床，大径木锯剖逐渐采用此法。

原木锯剖可采用卧式或立式带锯和卧式框锯。后者虽锯剖精度高，但生产率较低。现代 SAT 型专用锯剖机床是由直径 1500mm 的可往复运动的圆锯机、长 600mm 圆柱形组合铣刀头(也能作往复运动)、支承和转动原木用定位装置和转动卡轴等组成，如图 3-39 所示。

锯剖木方时，在刨切面处需锯去板皮厚度。可用下列方法计算：

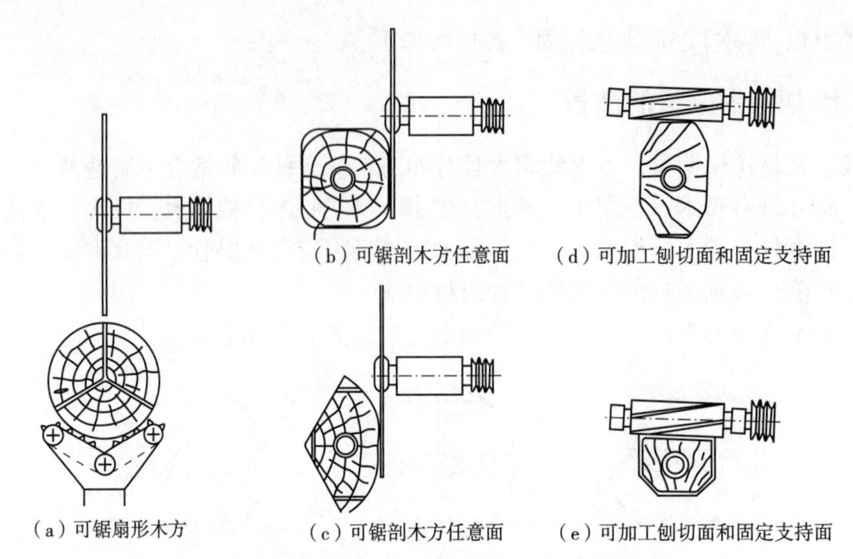


**图 3-39 SAT型专用锯剖机床功能示意**

圆棱四面锯剖对开木方时:

$$h_1 = 0.5(D - \sqrt{D^2 - (2b+a+c)^2})$$

$$h_2 = (0.4 \sim 0.5) h_1$$

式中: $D$——锯剖原木直径(mm);

$b$——需要的起始刨切面和安置宽度(mm);

$a$——锯去的髓心板厚度,约为22~45mm;

$c$——由于原木断面形状不规则和弯曲所考虑的余量为10~20mm。

## 3.3.2 木方的热处理

木方刨制成薄木时,薄木也会发生弯曲,产生裂缝,影响到以后的修饰质量。因此,木方刨切前必须经热处理。由于木方大都是硬阔叶材,应缓慢地加热,否则容易开裂。一般采用水煮,含单宁多的木材,可用蒸煮方法。

煮木温度和时间要根据材质软硬、端裂的难易,分别采用不同条件。软材水温可低,煮木时间稍短些(2天或以上);硬材水温要稍高些甚至达到沸点,煮木时间可长达10天。煮木结束后要调节木材的内外温度,一般为60℃左右,这样有利于刨出薄木厚度偏差小,不易起毛。

## 3.3.3 薄木的刨切

(1)切削条件

刨切薄木的切削条件,主要为刨刀的研磨角($\beta$)、切削后角和压榨程度。如图3-40所示。

一般的切削条件如下:

$$\beta = 16° \sim 17°$$

$$\alpha = 1° \sim 2°$$

$$\delta = \beta + \alpha = 17° \sim 19°$$

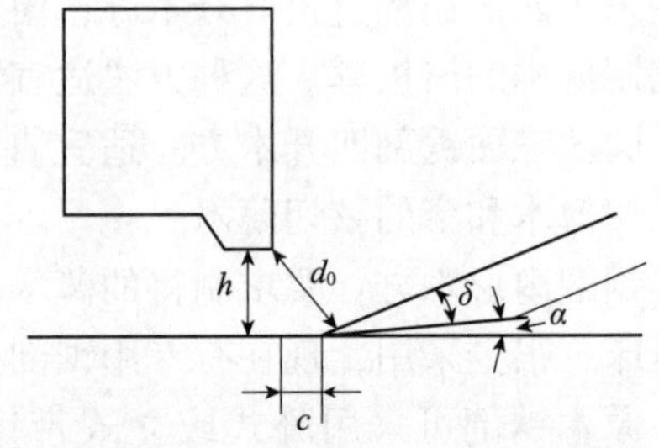


$h$. 压尺压棱距刨刀刀刃水平面的距离(mm);
$d_0$. 压尺压棱与刨刀刀刃之间间距(mm);
$c$. 压尺压棱与刀刃之间水平距离(mm);
$\delta$. 切削角;
$\alpha$. 切削后角。

**图 3-40 刨刀与压尺的配置**

刨刀厚度 15mm

$$\Delta=\left(\frac{d-d_0}{d}\right)\times100\%$$

$$c=d_0\sin\delta=d\left(1-\frac{\Delta}{100}\right)\sin\delta$$

式中：$d$——薄木名义厚度；

$\Delta$——压榨程度一般为 10%~15%。

如果 $d$、$\Delta$ 和 $\delta$ 已知，则可根据上面公式求出 $d_0$ 和 $c$，然后以 $d_0$ 来调节压尺和刨刀的相对位置，最后检查水平距离 $c$。

(2)薄木最小厚度的确定

由于刨制薄木的原料是珍贵的树种，为了降低成本和充分利用贵重原料，合理地决定其厚度有着重要意义。确定薄木厚度的主要因素如下：

①薄木贴在基底上时，不允许胶液从木材中透出来。

②在搬运和加工薄木时，要处理方便，同时不得破损。

③在进行修饰之前，允许进行磨光等表面处理。

④依使用场合而定，如用在造船和车厢制造中，厚度应接近 1.5mm，在不常接触处可减小到 0.5~0.8mm，甚至表面进行预处理后可减小至 0.2mm。

(3)刨切方向

木材本身具有年轮(早、晚材)和木射线，因而正确地确定刨切方向有着重要的作用。当纵向(顺纹)刨切时，应顺纤维方向刨切，即刨刀运动方向和木纹倾斜方向之间夹角越小越好，这样刨切得到的薄木表面质量较好，否则反之。横向刨切时，木方年轮的切线方向与刨刀运动方向之间夹角接近180°时刨得的薄木表面质量最好；夹角接近90°时，质量较差，表面发生皱褶现象(图 3-41)。

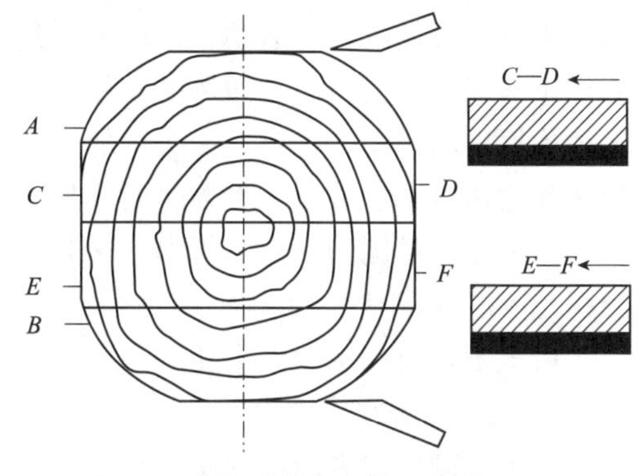


**图 3-41　刨切方法与年轮之间的关系**

(4)刀刃与木材纹理方向之间的夹角

当横纹切削时，为了减少刨切开始时的初切削阻力、无冲击地进入切削状态和提高刨切质量，刨刀刀刃应与木材纤维成一角度安装，一般为 10°~15°，夹角越大则切削功率越大。纵向切削时，为了减少切削开始时的冲击，刨刀刀刃同木纹方向之间的夹角也应小于 90°安装。

(5)刨切薄木的出板率

薄木的有效出板率决定于原木直径和加工方法。据统计 $1m^3$ 作木原木可刨出 0.8mm 厚的薄木 700~750$m^2$，厚度 1mm 时则为 580~620$m^2$。制造 1000$m^2$ 薄木约需原木量 1.4~1.65$m^3$。刨制薄木原料平衡见表 3-9。

表3-9 刨切单板出材率 %

| 工 段 | 阔叶材 | 热带材 |
|---|---|---|
| 湿单板出板率 | 72 | 70 |
| 干单板出板率 | 50 | 40 |
| 损 失: | | |
| 锯 断 | 14 | 16 |
| 热处理 | 4 | 4 |
| 刨 切 | 10 | 10 |
| 干 燥 | 7 | 7 |
| 其 他 | 14.5~15.5 | 22.5~23.5 |

### 3.3.4 刨切机

目前刨切机种类较多，但归纳起来可分为两大类：顺纤维刨切(顺纹刨切)和横纤维刨切(横纹刨切)。顺纹刨切机刨出的薄木表面平滑，木方长度可不受限制，占地面积较小；但生产率较低，薄木易卷曲，一般适合于小批量的薄木生产工厂使用。横纹刨切机生产率较高，是目前应用最广的一类刨切机。

横纹刨切机可分为立式刨切机、卧式刨切机和倾斜式刨切机。立式刨切机，夹住的木方做垂直方向的往复运动，而刨刀做周期式的直线进给运动(在水平方向上)。当木方向下运动时，刨刀不动而切下一片薄木；木方向上运动刚到起始位置时，刨刀前进一个薄木厚度的距离，等待下一次切削。这种形式的刨切机，切下的薄木易卷曲，不利于机械化运送薄木。现改为木方向上行时进行刨切，下行将终止时，刨刀作进料运动，这样可机械化运送刨切下来的薄木。这类刨切机在北美洲应用较广泛。每分钟切削薄木次数可达90次甚至超过100次。

卧式刨切机在水平面上切削，由刨刀(或木方)来完成主要工作运动(往复运动)，木方(或刨刀)来完成进给运动(在垂直面上运动)。其间相对运动关系类似于立式刨切机。为了使刨切出来的薄木便于机械化运送而不致损伤，目前设计一种刨切机为木方固定在刨刀上方，刨刀从木方底部进行刨切，使薄木的松面(即背面)朝上输出。

倾斜式刨切机是一种立式和卧式相结合的较新的刨切机，可分为卧式倾斜刨切机和立式倾斜刨切机。卧式刨切机，其刨刀运动方向与水平面之间夹角为25°。在刨切时，木方固定(仅做进料运动)，刨刀作主运动(往复运动)。其特点为：切削时由刀床惯性往下冲，使刨刀受力平稳提高了切削质量；换刀方便。

立式倾斜刨切机，木方往复运动同铅垂线之间有一个夹角，相应刀床运动方向与水平面也有一个相应等同的夹角，使木方运动方向和刀床运动方向之间夹角仍为90°。这种刨切机，刨刀在切削木方时，木方架始终有一个重力分力压在导轨上，提高了刨切薄木的厚度精度。一般夹角为10°。

### 3.3.5 半圆旋切

半圆旋切是介于旋切与刨切之间的一种薄木制造的方法。专用的半圆旋切机

(图3-42)的结构基本上类似于普通旋切机，但木方必须固定在特殊支柱上或用特殊卡子夹持在特殊的支柱上，特殊支柱是固定在旋切机的转动轴上，它可牢固地带着木方作回转运动，每转一圈切削一次。在不切削时，刀床前进一个单板厚度，直至旋切结束。半圆旋切根据木方夹持的不同位置，可得到弦切薄木或径切薄木。

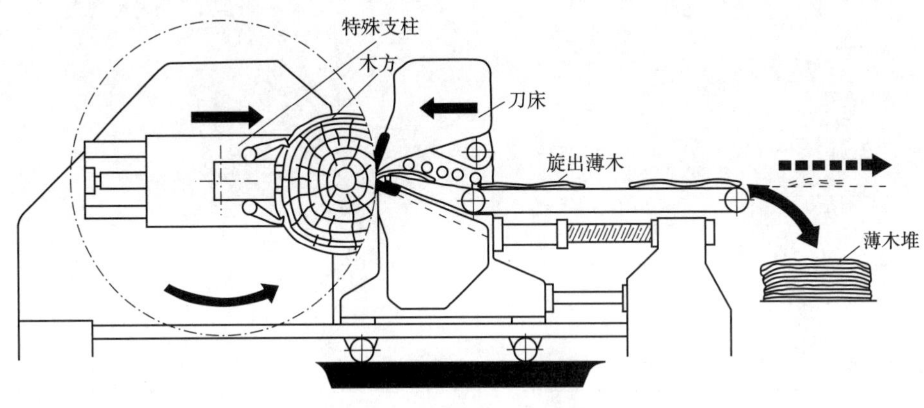


图3-42　半圆旋切机结构示意

## 3.4　刨花制备

### 3.4.1　原木截断和劈裂

原木截断和劈裂根据工艺和设备性能的要求，在制造刨花之前，需要把原木按一定尺寸截断。直径大的原木还需要劈裂。截断可用普通木工圆锯或带锯机。

### 3.4.2　去除金属杂物

原料中混入金属杂物会损伤切削刀具，为了探明原料中是否有金属杂物，可采用电子金属探测器。这种探测器是一种电子仪器，由金属自激传感器、探测器、带离去继电器的脉冲放大器、整流器、稳压器和音响信号仪等组成。金属探测器的传感器，安装在带式输送机支架断开处的特制金属底座上。输送带的工作面应通过传感器口，但不得与其壁相接触。金属探测器的灵敏度和抗干扰性能，在很大程度上取决于传感器在带式输送机上的安装是否正确。靠近传感器的活动和振动金属零件会造成金属探测器误动作。因此，金属探测器的安装位置，距输送机的传动装置或张紧轴不得少于2m。

### 3.4.3　刨花类型与形态

(1)刨花类型与特征

生产刨花板可采用各种木质刨花原料。刨花的尺寸、形态、刨花长度与纤维方向夹角不同均会影响板的性质。通常将刨花分为特制刨花和废料刨花(表3-10)。

表 3-10 刨花板生产用木质刨花的种类和尺寸 mm

| 木质刨花种类 | 厚度 | 宽度 | 长度 |
| --- | --- | --- | --- |
| 宽平刨花 | 0.15~0.45 | <12 | 25~100 |
| 棒状刨花 | 0.8~1.5 | 0.8~1.5 | 8~15 |
| 细小刨花 | 0.1~0.25 | <2 | <8 |
| 微型刨花 | 0.01~0.2 | <1 | <5 |
| 纤维刨花 | 0.01~0.25 | <0.25 | <6 |
| 工厂刨花 | 0.01~1.45 | <35 | <12 |
| 锯　屑 | 0.1~2.05 | <2.3 | <5 |
| 工艺木粉 | 0.01~0.5 | <1 | <1 |
| 砂光粉尘 | 0.01~0.5 | <1 | <1 |

①特制刨花

特制刨花是用专门刨花板生产设备按照要求加工出规定尺寸的刨花。特制刨花有宽平刨花、棒状刨花、微型刨花、纤维刨花等。

宽平刨花——这种刨花是刨片机上通过刀具对木材做横向或接近横向切削加工出来的。其特点是刨花薄而平整，厚度比较均匀，保持木材纤维较完整。用它制成的刨花板强度大，尺寸稳定性好。在三层或多层刨花板中，这类刨花往往用于表层材料，也可直接制得单层结构板，对于结构板来讲，希望放在表层或接近表层。但是，生产这类刨花的原料要求规整，一般为小径级原木或原木芯等材料。

棒状刨花——这种刨花来源于木片、碎单板等原料，经原料再碎制成的。其特点是能保持木材纤维长度，具有一定的刨花强度，但厚度较大，是挤压法刨花板的较好原料；在平压法生产中一般作为芯层刨花。

微型刨花——它是将木片或大刨花用研磨机进一步加工而成的。其特点是基本保持木材纤维长度，形状薄而细，常作为刨花板的表层材料，或用来制造薄型单层结构刨花板。制成的刨花板具有表面平整、光滑、材质均匀、边缘紧密和耐水性好等优点。

纤维刨花——该类原料来源纤维生产中的木纤维材料，通常将木片经热磨机磨成纤维状刨花，主要用做刨花板表层材料。其制成的板面光滑、平整，与中密度纤维板表面类似。

②废料刨花

废料刨花是在木工机床上进行各种机加工(如刨、铣、锯、砂光等)时产生的刨花状木质废料。这类刨花大致可分为下列几种：

工厂刨花——是木材加工厂为了保证零件形状和尺寸，用刨、铣等旋切刀头进行加工时产生的废料。它的一边有一个厚的边缘，其厚度大都超过刨花板所要求的厚度；另一边有一个薄的羽状边缘。这种刨花类似英文字母的“C”字，因此又称“C”形刨花。它的纤维大部分被切断，强度低，而且大都呈卷曲状。施胶时卷曲的内表面不易上胶。使胶合强度下降。此外，这种刨花在板结构中势必有一部分纤维不平行于板面。因此，制成刨花板线稳定性较低，而厚度稳定性较高。这种刨花作为其他木材加工车间的废料，来源充足、价格低廉。经再碎后可以作为刨花板的表层材料。

颗粒状刨花及木粉——颗粒状刨花是锯机加工木材时产生的锯屑。它的长、宽、厚尺寸基本一致。刨花中掺入适量的锯屑可起填充作用，不但能增加板面平整度，而且具有增加板的强度的效果。木粉即砂光粉尘，可在刨花板表层材料中少量添加，制成的板表面光滑、平整，但耗胶量大。

(2)刨花形态

刨花板的用途非常广泛，根据用途不同，对质量的要求也就不同。刨花的几何形状在很大程度上影响板的质量。刨花的长、宽、厚对其表面积都有影响，但是其中影响最大的是厚度。一般刨花越薄，板的强度越高，但是太薄的刨花容易碎裂，很难保证刨花板的表面质量和强度。在测试刨花板抗拉强度或抗弯强度时，总希望刨花在板内被拉断而不是被拔出，这样的刨花板能够发挥刨花最大的木质纤维强度。因此，理想的刨花几何形状(即刨花的长度、宽度和厚度)是制造刨花板的重要工艺参数，也是工艺与设备追求的方向。

衡量刨花形态常常用下式来说明：

$$\lambda = \frac{l}{t}, \qquad \lambda_b = \frac{b}{t}$$

式中：$\lambda$——刨花的长细比(无量纲)；

$l$——刨花的长度(mm)；

$t$——刨花的厚度(mm)；

$\lambda_b$——刨花的宽细比(无量纲)；

$b$——刨花的宽度(mm)。

$\lambda$ 值与刨花的抗拉强度和刨花之间的胶合强度等密切相关。一般

$$\lambda = 2k\frac{\sigma_{fu}}{\tau}, \qquad \lambda_b = (1/40 \sim 1/30)\sigma_{fu}$$

式中：$k$ ——板材的结构形式系数与刨花排列方向等有关(0.5~1.0)，当板材内刨花排列方向与刨花纹理方向一致时，$k=1.0$；

$\sigma_{fu}$——刨花的顺纹抗拉强度(MPa)；

$\tau$ ——刨花之间的胶合强度(MPa)。

显然，刨花的长度对板的强度也有影响，最适宜的长度取决于刨花本身的强度和刨花之间的接触面积，刨花过长会造成分布和施胶不均。刨花的宽度对表面积和施胶量的影响比长度大，但是比厚度小。为获得高强度的刨花板，应采用厚度一致的薄型刨花，宽度比厚度大数倍的刨花，用平压法进行生产。如欲获得板面平整、花纹悦目的刨花板，可采用厚度一致的薄型刨花，而且长度与宽度相接近的刨花形态。一般来说，薄刨花比厚刨花生产的刨花板静曲强度大，长刨花比短刨花生产的刨花板强度大。刨花形态对刨花板强度的影响见表 3-11、表 3-12。

表 3-11 刨花长度和宽度与刨花板静曲强度的关系

| 刨花长度(mm) | 板材静曲强度(MPa) | 刨花宽度(mm) | 板材静曲强度(MPa) |
|---|---|---|---|
| 20 | 23.2 | 5 | 26.0 |
| 40 | 26.4 | 10 | 24.8 |
| 60 | 28.2 | 15 | 21.8 |
| 80 | 29.0 | 20 | 21.0 |

表 3-12 刨花厚度与刨花板静曲强度的关系

| 刨花板的密度($g/m^3$) | 刨花板的静曲强度(MPa) | | | |
|---|---|---|---|---|
| | 刨花厚度(mm) | | | |
| | 0.1 | 0.3 | 0.5 | 1.0 |
| 0.45 | 20 | 17 | 15 | 11 |
| 0.50 | 24 | 20.5 | 18 | 12 |
| 0.60 | 35 | 30 | 23 | 19 |
| 0.70 | 44 | 38 | 30 | 23 |
| 0.80 | 53 | 47 | 38 | 30 |
| 0.90 | 61 | 52 | 46 | 37 |

选定刨花的尺寸时，需要考虑形状系数，形状系数包含长细比、宽细比和长宽比。选定形状系数的值应大于理想值即可。经验认为理想长细比为100～200，宽细比大于10，而长宽比可根据板的种类与性质而定。这样制得的板子，用胶量少、密度较低、强度较高。形状系数小，加压时边部容易溃散，裁边尺寸要大，否则板的边部强度很低。形状系数大时，给施胶和成型带来一定困难。刨花之间的间隙较大，不容易制得高强度刨花板。此外，生产不同的产品对刨花形态也有不同的要求，以及实际当中刨花加工的难易程度也决定了刨花的尺寸。例如，生产定向结构刨花板要求刨花的长宽比为7∶1。而生产大片刨花板时，长宽比为2∶1，厚度为0.4mm。目前各种普通刨花板的刨花尺寸见表3-13。

表 3-13 普通刨花板刨花尺寸要求 mm

| 刨花尺寸 | 三层结构板、表层高质量的单层板或渐变结构板 | 三层结构板、芯层低质量的单层板 | 挤压法刨花板(精碎) | 挤压法刨花板(粗碎) |
|---|---|---|---|---|
| 长 度 | 10～15 | 20～40 | 5～15 | 8～15 |
| 宽 度 | 2～3 | 3～10 | 1～3 | 2～8 |
| 厚 度 | 0.15～0.3 | 0.3～0.8 | 0.5～1 | 1～3.2 |

### 3.4.4 刨花制备工艺

刨花制备工艺过程主要有两种形式：一种是直接刨片，即用刨片机直接将原料加工成薄片状刨花，这种刨花可直接作多层结构刨花板芯层原料或作单层结构刨花板原料，也可通过再碎机(如打磨机或研磨机)粉碎成细刨花作表层原料使用。这种工艺的特点，刨花质量好，表面平整，尺寸均匀一致，适用于原木、原木芯、小径级木等规整木材，但由于对原料有一定的要求，生产中有时不得不采用先削后刨的工艺配合使用。另一种工艺是先削片后刨片，即用削片机将原料加工成木片，然后再用双鼓轮刨片机加工成窄长刨花。其中粗的可作芯层料，细的可作表层料。必要时可通过打磨机加工增加表层料。该工艺的特点，生产效率高，劳动强度低，对原料的适应性强，除了原木、小径级材，也可使用枝丫材、板皮、板条和碎单板等不规整原料，但是刨花质量稍差，刨花厚度不均匀，刨花形态不易控制。图3-43是两种典型的刨花制备工艺过程。

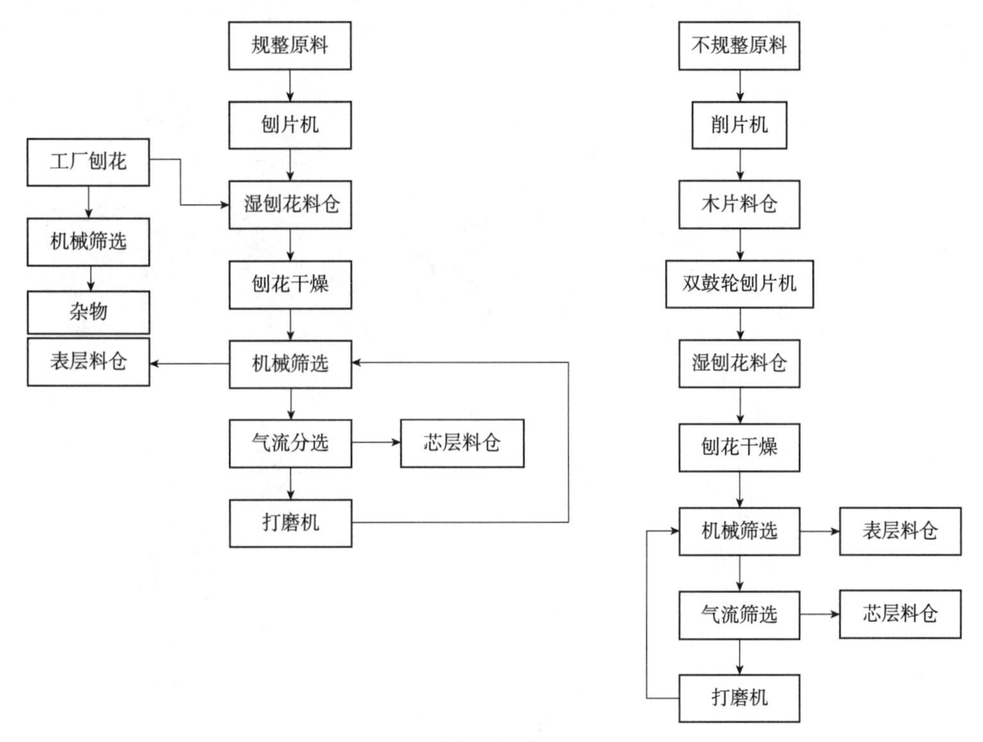


**图3-43 两种典型刨花制备工艺过程**

### 3.4.5 刨花制备设备

刨花制备设备可以按设备的切削原理即破坏载荷的形式或加工原料的大小分类。设备的切削原理分类实际是按刀具的切削原理分为纵向切削、横向切削和端向切削。纵向切削是指刀刃与木材纹理方向垂直，且切削运动方向与木材纹理平行。纵向切削的刨花易卷曲，因此这种切削方式很少用于制造刨花；横向切削指刀刃与木材纹理平行，且与木材纹理做垂直运动。切削特点是刨花的长度和厚度易控制，刨花质量良好；端向切削指刀刃与木材纹理成垂直，刀刃运动方向与木材纹理垂直。切削特点，刨花的长度易控制，但厚度不均匀，切削功率大，刨花质量低于横向切削。

按加工原料的大小分为初(粗)碎型机床、再碎型机床和研磨型机床。(粗)碎型机床指把初始原料(原木、小径材等)加工成木片或薄型刨花的机床，其设备为削片机、刨片机；再碎型机床把初碎机的产品作为原料，进一步将原料在形态上变小的机床。其设备有双鼓轮刨片机、锤式再碎机等；研磨型机床是通过挤压、剪切和摩擦共同作用使原料分裂成纤维状刨花的机床，其设备有研磨机等。

### 3.4.5.1 初碎型机床

(1)削片机

削片机按其机械结构可分为盘式削片机和辊式削片机两种形式。

盘式削片机——如图3-44所示，刀盘旋转时，由切削片的刀刃与底刀之间形成的剪切作用将木片切下。切下的木片通过切削刀与刀盘之间的缝隙落入机壳内，在圆盘旋转时产生的离心力作用将木片排向机壳边部，然后靠装在圆盘外缘的翼片把这些切好的木片送至出料口。

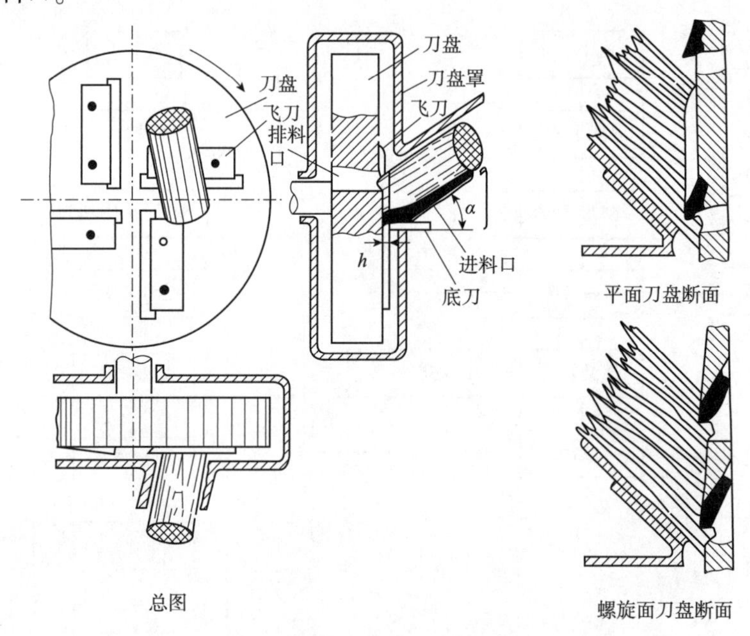


图3-44 盘式削片机结构示意

盘式削片机的结构是刀盘，其直径为1.3~3m；旋转角速度150~720r/min，在刀盘上设置；3~16个飞刀；研磨角$\beta$=30°~45°，飞刀布置可沿刀盘半径方向或者转10°~15°，飞刀伸出量$h$值；通过垫刀块调节。在刀盘上沿每个飞刀切削刃方向有贯通的排料口，它的功用是排出木片。刀盘由刀盘罩盖着，在进料槽底部设置底刀。底刀安装在刀架上。

按进料方式，削片机可分为斜口进料和平口进料两种形式。进料机构可以使进料方向与刀盘垂直(即平口进料)，也可以与刀盘平面成一定角度(即斜口进料)。平口进料适于加工尺寸较大的物料，如长材(4~6m的原料)；斜口进料适于加工短材(2m以内的原料)，斜口进料利用重力进料，进料口与水平面倾斜角45°~50°。按刀片数目多少，削片机又分为多刀削片机和少刀削片机。多刀削片机是在普通少刀削片机的基础上发展起来的，飞刀数现已增加到10~16把。其优点如下：在切削过程中，在第一把飞刀尚未离开物料以前，第二把飞刀已经开始切削，因此端面表面压碎，木材纵向位移，木片产生变形。螺旋面刀盘的削片机，刀后刃与刀盘形成螺旋面，被切削原木的端面与刀盘整个都接触，接触应力不大，端部不压碎，木片尺寸均匀。

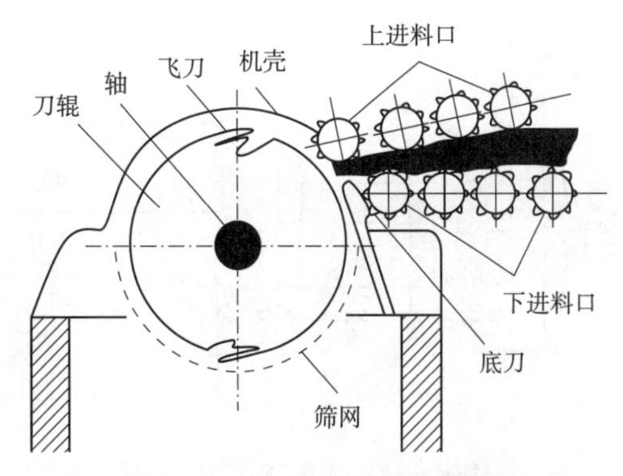

图 3-45 辊式削片机结构示意

辊式削片机——如图 3-45 所示，它的切削部分是由刀辊、装在刀辊上的飞刀及固定在机座上的底刀构成。刀辊做回转运动，木材通过进料机构进入切削区后，在飞刀与底刀的剪切作用下，将木材切成具有一定长度(纤维方向)的木片。木片长度由刀伸出量(即飞刀刀刃伸出刀辊表面的高度)决定。在刀轴下面有固定在机座上的筛网，切下的木片穿过筛网，从出料口排出。刀辊直径一般在 1m 左右，刀辊转速约为 390r/min，刀辊上一般装 2~4 把飞刀。刀刃背面应为圆弧面，以保证切削后角。刀刃研磨角约为 35°，飞刀与底刀之间的间隙原则上要求在 0.8~1mm，机座可以在机架上沿导轨方向移动，以调整飞刀与底刀之间的间隙。进料口向下倾斜，倾斜角(与水平面夹角)为 40°，木材可沿此斜面滑入进料辊自动喂料。原木进给时，始终保持纤维与刀轴垂直。进料口装有数根挡铁，以挡住偶尔向外反跳的木材。进料机构也有水平方向安装的，适合加工 4m 以上的长材。

(2)刨片机

刨片机加工刨花时，刀刃与木材纤维方向相平行或接近于平行，并且在垂直于纤维的方向上进行切削，即横向或接近于横向切削。它是将原木或其他规格较大的块状原料(如旋切后的原木芯、木截头、大板皮及板条等)加工成刨花的设备。刨片机按刀头形式分为盘式刨片机和鼓式刨片机两种。

盘式刨片机：如图 3-46 所示，这种刨片机从结构上看与盘式削片机相似，是由带飞刀的刀盘、进料器及机架和机壳构成。它的切削部分是在圆盘上沿辐射方向，并与径向成某种角度装有 2~6 把(或更多)刨刀。刨刀刀刃的研磨角一般为 30°，刀片厚一般为 12mm。为了保证刨出刨花的纤维完整性，一般采用强制进料装置，使木材固紧在进料器内，进料时木材就不会歪斜。刨片机的刀具形式可分为带割刀和不带割刀两种(图 3-47)。带割刀的刀刃是通长的，为了获得较小尺寸的刨花，这种刨刀每一把都另配几把小割刀，并按工艺要求装在每把刨刀前面，在切削时，割刀先将木材纤维割断，再由刨刀刨成刨花。割刀之间的距离就是刨花长度(纤维方向)，刨花厚度由刀伸出量，即刨刀伸出刀头表面的高度确定。为了节省换刀时间，刨刀和割刀可一起装在能拆卸的刀盒上，换刀时只需将已装好刨刀和割刀的刀盒更换即可。不带割刀的刀具其刀刃在长度上是分段的，每一小段刀刃的长度决定刨花的长度(纤维方向)。安装时，前后相邻刀片的刀刃部分相互错开，而且前后刀刃相互重叠 0.3~0.5mm。刨花厚度也是由刀刃伸出量决定。盘式刨片机加工出的刨花厚度均匀，光滑，同时切削功率小。

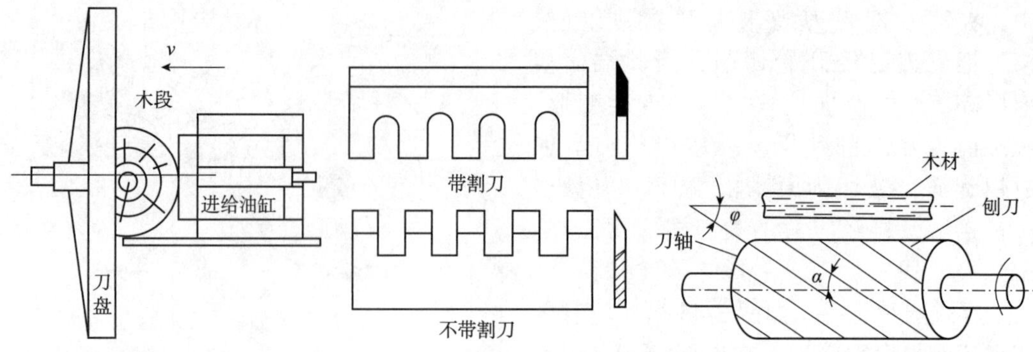


图 3-46 盘式刨片机结构示意　图 3-47 刨片机刀具形式　图 3-48 鼓式刨片机工作原理示意

鼓式刨片机：工作原理如图 3-48 所示，这种刨片机从结构上看与辊式削片机相似，它主要是由装有刨刀的刀鼓、进料器及机壳构成。它是在刀头旋转时对木材进行横向或接近横向切削制得一定厚度和长度的刨花。鼓式刨片机与盘式刨片机相比最大缺点是刨出的刨花厚度是一个变值。从生产工艺角度，刨花厚度最小值与最大值之比应大于 0.71，如果此值过小的话，势必造成刨花卷曲。因此，设备的刀鼓直径越大则比值也越大。这种刨花具有一定长度和厚度，可以直接使用，也可以再碎后使用。为了保证加工刨花纤维完整，并充分利用刨刀全长，只有将木材以纤维平行于刀轴方向进给才能达到。这时，如果刨刀以平行于刀轴方向安装，即刀刃与刀轴母线夹角为 0°，切削时，刀刃将与木材全长同时接触，使得木材纤维从刀刃方向承受很大压力，容易被弄断，从而降低刨花质量，而且使切削阻力增加，尤其是刀刃变钝时更为明显。为了保证切削平稳，得到良好的切削条件，就必须使刨刀刀刃与刀轴母线夹角为 0°。此时，刀刃需有一定的弧形，才能保证刃口在同一切削面上，这样的刀刃在制造及研磨上都比较困难，特别是当刀轴较长时更是如此。为了克服上述缺点，长轴刨片机常把刀轴分段制作，即将刀轴分成几个相邻的圆柱体，并在每一段上装上较短的刀具，这样可以减少每把刀的长度，也就减小了刀刃的弧度。

刨片机按其加工木材的长度又分短材刨片机及长材刨片机。这两种刨片机其加工原理基本相同，只是在加工前对原木长度的要求不一样。目前长材刨片机多为鼓式刨片机，又称刀轴式长材刨片机。

### 3.4.5.2 再碎型机床

再碎型机床主要有双鼓轮刨片机和锤式再碎机等。

(1)双鼓轮刨片机

双鼓轮刨片机的主要工作结构是装有刀片的刀轮和装有叶片的叶轮，刀轮和叶轮方向旋转相反，且叶轮的转速比刀轮高。木片(或大刨花)从进料口落入机内后，在叶轮旋转产生的离心力作用下被压向刀轮的内缘，然后，在刀轮和叶轮的相对运动中，由刀刃将水片沿木材纤维方向刨切成刨花。切下的刨花由机底出料口排出(图 3-49)。刀轮内径一般为 600~1200mm，飞刀数量一般为 26~48 把。安装在同一刀轮上的刨刀，其形状和刀刃凸出刀轮内缘的高度要求都要一致，以保证切削质量。刨刀刃磨角一般为 37°~38°。为了节约换刀时间，每台机床应备有 2~3 个刀轮交替使用。刨刀变钝需要更换时，从机床上取下刀轮，换上另一个预先装好锋利刨刀的刀轮。

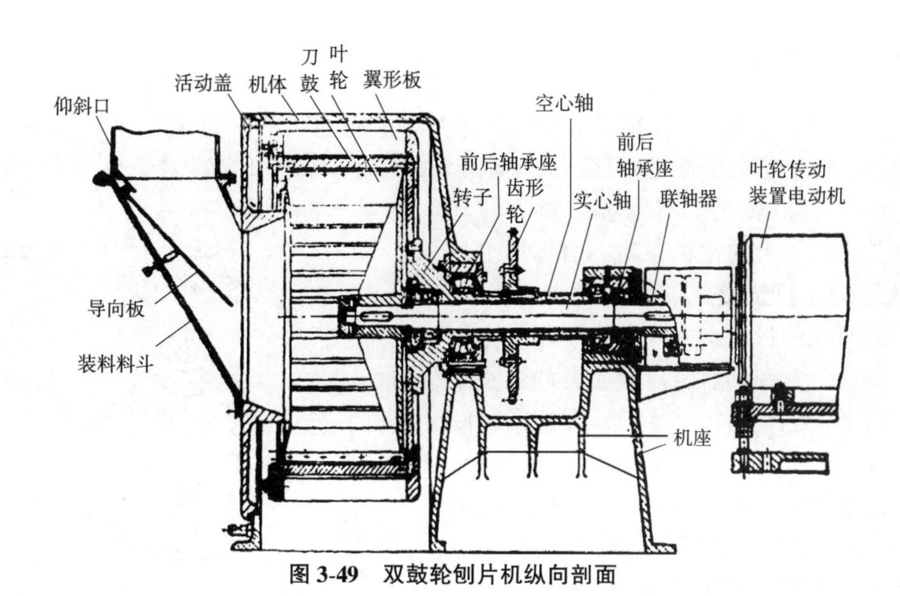


图3-49　双鼓轮刨片机纵向剖面

刨花的厚度主要取决于刨刀刀刃在刀轮内表面上的伸出量。刨花长度取决于木片的长度，宽度是随机的。随着刨刀伸出量 $h$ 增大，刨花的平均厚度也相应增大。刨花的平均厚度一般要比刨刀伸出量略大，生产厚度0.35~0.45mm的刨花时，刨刀伸出量 $h$ 应为0.35mm。所以制造表层刨花时，刨刀的伸出量 $h=0.35\sim0.45$mm；制造芯层刨花时，$h=0.55\sim0.65$mm；底刀间隙的尺寸 $S=1.5\sim2.5$mm，径向间隙 $r=1.5\sim2$mm。

为了方便调整刨花的厚度，德国迈耶公司制造了MKZ型双锥轮刨片机（图3-50）。这种锥形轮式双鼓轮刨片机（简称双锥轮刨片机）的结构和工作原理与双鼓轮刨片机基本相同，但是其加工性能优于双鼓轮刨片机。机体内固定着可拆卸的锥形刀轮。在轮内装有旋转的涡轮叶片轮。叶轮的锥度与刀轮的锥度相同。刨刀和底刀在刀轮上和叶轮内的位置可以调节。叶轮叶片板和刨刀之间的径向间隙（0.25~0.5mm），通过调节螺帽轴向移动涡轮叶片轮予以保证。为了更换刨片机刀轮和叶轮，装有转向架和拆卸装置。往刀轮上安装刨刀在刨片机外进行。更换刀轮需要10min。MKZ型刨片机采用下面的调整参数，可以制得规定质量的刨花：刨片在刀轮表面上伸出量为0.35mm，叶轮和刀轮间的径向间隙为0.35mm，刨刀和底刀之间的间隙为2.0~2.5mm，刨刀的研磨角31°~37°，底刀的研磨角47°~50°，刨刀可连续作业2.5~3.0h。由于叶轮可以轴向移动，移动叶轮就可以调整叶轮和刀轮之间的径向间隙尺寸，从而可以比较方便的调整刨花的厚度。此外，由于叶轮的形状和可以调节的径向间隙，使产生的细小碎料及木粉减少。

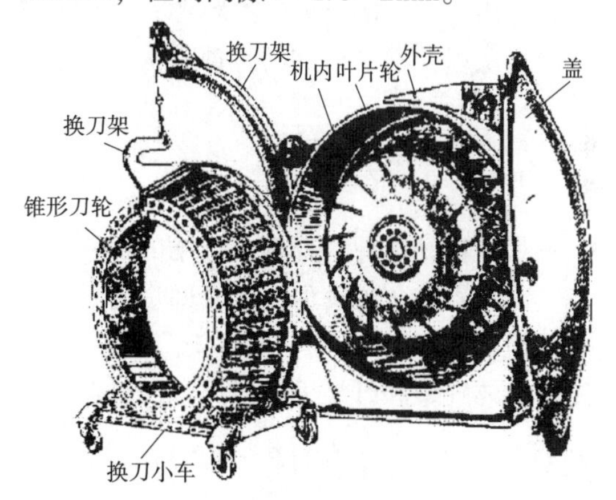


图3-50　锥形轮式双鼓轮刨片机

(2)锤式再碎机

这种再碎机是靠冲击作用将大刨花或木片等进行再碎的。图3-51是一种单转子锤式再碎机。它的主要工作机构是一个绕轴旋转的转子，转子上铰接着锤板，外边用机壳封闭，转子与机壳之间有筛板。转子转动时，铰接在转子上的锤板在离心力作用下呈辐射状甩动，打击落入机内的木片或大刨花，达到再碎的目的。再碎后的刨花尺寸取决于网眼的尺寸和形状，以及原料的含水率等。再碎后的刨花形状是棒状，即如同折断了的火柴杆，是挤压法刨花板的主要原料，也可作平压法刨花板的芯层材料。网孔的形状有两种：圆形，其网眼直径为8～12mm；细长形，其网眼尺寸有3mm×35mm、4mm×50mm、8mm×40mm、9mm×60mm等。

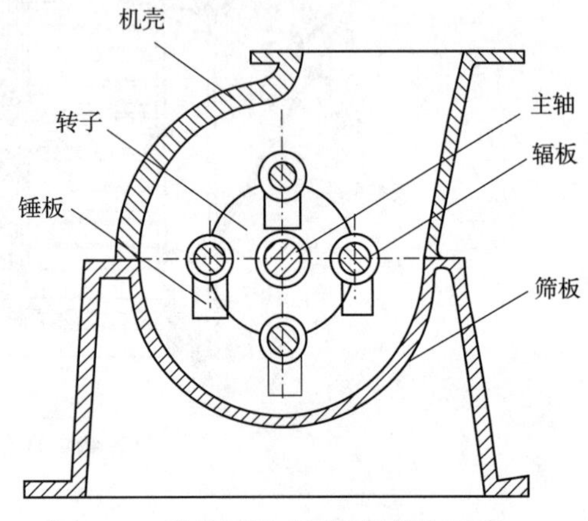


图3-51　单转子锤式再碎机结构示意

### 3.4.5.3　研磨型机床

研磨型机床是一种靠研磨作用进行再碎的盘式再碎机。大刨花或木片等在螺旋进料器的推动下进入磨区，在磨盘之间通过时被研磨成纤维状细刨花。合格刨花经磨盘体的底部排出。磨片的类型、原料形状、研磨速度以及磨盘之间的间隙对制得的刨花形态，再碎程度以及盘磨机的产量都有很大影响。

## 3.5　纤维分离

将植物纤维原料分离成纤维的过程称为纤维分离(解纤)。

原料经软化处理后，应立即进行纤维分离。为此，目前多采用机械研磨法，即软化后的植物原料(木片等)在分离设备——热磨机磨盘的摩擦、挤压、揉搓等作用下，分离成单体纤维和纤维束。因此，纤维分离也叫作磨浆。

### 3.5.1　纤维分离原理

在磨浆过程中，木片或纤维在磨盘之间受到各种动载荷作用，而且这种作用力以很快的速度从零到最大值交替变换着。另外，木片或纤维在磨浆条件下的应变性能又与它们本身的弹塑性有很大关系。解释磨浆过程的理论很多，这里只简要介绍一下松弛理论，因为这种理论既考虑了植物纤维作为高聚物在机械应变过程中所具有的普遍规律性，又兼顾到植物纤维本身的弹塑性能。

松弛理论认为，植物纤维与其他高聚物一样，根据受力情况可产生三种变形：纯弹性变形、高弹性变形和塑性变形。图3-52为高聚物受力变形模型，纯弹性变形由弹簧(A)表示，高弹性变形由弹簧(B)和活塞(C)表示，塑性变形由活塞(D)表示。纤维原料受磨盘诸力作用会发生下列情况：当作用力很小时，只有弹簧(A)被拉长，纤维只产生纯弹性变形，也称急弹性变形，外力消除后，这种变形便快速完全消失，纤维恢复原状；如果作用力增大，并超过纯弹性变形极限时，继弹簧(A)被拉长之后，弹簧(B)也被拉长，与此同时活塞(C)也将在缸体内移动，这种继纯弹性变形后出现的补充变形称作高弹性变形。外力消除后，高弹性变形也能够彻底消失，纤维可完全恢复原状，但是，高弹性变形的消失速度将受到活塞(C)的阻尼作用而变得缓慢(几秒钟到几分钟)，因此，高弹性变形又叫滞后变形；如作用力再增大，则有可能在弹簧(A、B)被拉长及活塞(C)被移动之后，活塞(D)在缸体内也将开始移动。因活塞(D)移动而产生的变形称作塑性变形，当外力解除后，这种变形是不能消失的，故又叫永久变形。

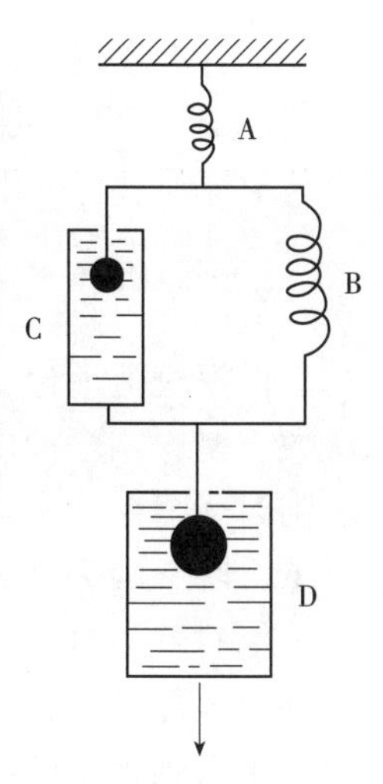

图3-52　高聚物受力变形模型

根据松弛理论，磨削过程中原料位于两磨盘的磨齿之间时，其受力值应能使大部分原料处于高弹性变形状态，作用太小，纤维不易分离，作用力过大，纤维损伤严重。纤维分离的速度取决于两个基本因素：一个因素是原料受力变形后的弹性恢复速度，即外力解除后原料恢复到原来状态所需要的时间；另一个因素是外力对原料相邻两次作用的时间间隔。如果纤维变形后的复原速度很快，或者对纤维的相邻两次作用力的时间间隔较长，则原料变形有可能在下一次外力作用前完全或大部分恢复，原料将不易在连续受力状态下迅速达到“疲劳”程度，纤维分离时间长，能量消耗多。反之，如果原料产生变形后的复原速度较慢，或者对纤维的相邻两次作用力的时间间隔较短，则原料可能在变形未完全或大部分恢复之前就受到下一次外力作用，原料易在连续受力条件下很快达到“疲劳”程度，纤维则迅速从木片上被剥离下来，磨浆时间短，能量消耗少。

### 3.5.2　磨浆过程中的主要因素

磨浆过程的基本要求是在保证纤维质量的前提下，尽量缩短磨浆时间和降低电耗，以提高磨浆设备生产率和降低生产成本。如上所述，原料受力变形后的恢复速度和两次作用力的时间间隔，是影响磨浆速度的两个基本因素。原料变形后的恢复速度与其弹塑性直接有关；两次作用力的时间间隔与外力作用频率，即单位时间的外力作用次数也有直接关系。原料的弹性越大，变形后的恢复速度就越快；外力作用频率越高，相邻两次作用力的时间间隔就越短。因此可以说，原料的弹塑性和外力作用频率是磨浆过程的两个主要因素。此外，磨浆时的单位压力和浆料浓度等，也都直接影响纤维质量和磨浆速度。

(1)原料的弹塑性

原料的弹塑性决定其变形复原所需时间。如果原料富于弹性，变形后复原所需时间就短，原料受力后产生的变形可能在下一次外力作用之前全部或大部分恢复，磨浆时间需延长，被切断纤维的量增多。如果原料富于塑性，变形后复原所需时间就长，原料在下一次外力作用之前变形可能来不及恢复，易被分离成单体纤维或纤维束，磨浆时间短，设备效率高。用高塑性的原料制得的纤维，横向切断少，纵向分裂多，纤维形态好。

原料的弹塑性与其温度、含水率、分子间的结合力及大分子的聚合度等有关。温度越高、含水率越大、分子间的结合力越小、大分子的聚合度越低，原料的塑性就越高。上述影响原料弹塑性的因素是相互联系的。生产中提高原料塑性的有效措施是在纤维分离前对原料进行软化处理，提高原料的温度和含水率。

(2)外力作用频率

根据松弛理论，外力作用频率，即单位时间内磨削机构(如磨齿)对原料的作用次数，是影响磨削质量和产量的主要因素。在同样压力条件下，外力作用频率提高，磨削时间缩短，平均纤维长度和板的强度都有所提高。外力作用频率小，磨削质量、产量下降。因为外力作用频率小，说明磨削机构对原料相邻两次作用力的时间间隔长，原料变形可能在下一次受力前全部或大部分恢复原状，原料中原有内应力可能全部或大部分消失。为了使原料分离成纤维，必须使其重新获得必要的内应力。这样，不仅延长了磨削时间，增加了电力消耗，而且磨削质量因纤维横向切断量增多而下降。提高外力作用频率的方法很多，如提高磨盘转速、加大磨盘直径、优化磨盘齿形等。

(3)单位压力

磨削单位压力是指单位磨削面积上所施加的压力。为使原料分离成纤维，磨削时必须对原料施加一定压力，而且压力值应能使大部分原料处于高弹性变形状态。具体单位压力大小的确定主要以原料的弹塑性而定，原料塑性大，磨削压力可小些。增加单位压力可缩短磨浆时间，提高设备效能。但磨削压力过高，尽管磨削时间可缩短，很多纤维可能被切断，而不是被剥离，平均纤维长度和强度指标都会有所降低。因此，为了保证磨削质量和提高设备效能，应尽可能采取增加外力作用频率的方法，而不宜采用提高单位压力的方法。在条件允许的情况下，应尽量降低磨浆单位压力。

(4)水分

首先，磨浆时原料中必须有一定水分，其目的是使植物纤维润胀软化、吸收纤维分离时产生的摩擦热。但是，浆料浓度必须适当。如果水分过高，由于大量水分在纤维间起润滑作用，纤维间的摩擦力很小，磨削主要靠与磨盘的接触作用，因此磨盘间隙必须控制在很小的范围内。在这种条件下，纤维必然受磨盘的剧烈摩擦作用。因为同时通过磨盘的纤维数量很少，所以多数纤维直接与磨盘接触，被切断的纤维较多，纤维质量较差。其次，由于磨盘的装配精度和磨损的不均匀性，整个磨盘不可能保持很精密的均等间隙。部分间隙可能很小，甚至相互接触，使纤维受到过度压溃和切断，而另一部分间隙又可能过大，原料得不到足够的外力作用。再者，过多的水分，将会增加后续工段干燥的负荷。适当的浆料浓度，可使磨盘间隙处在一个合理的区间，从而避免了纤维过度压溃和切断。此时，受切断作用的只是那些直接与磨盘接触的一小部分纤维，而大部分纤维主要受挤压和揉搓作用，从而改善了纤维质量，提高了纤维板强度。

### 3.5.3 热磨法制浆工艺及设备

热磨法制浆是20世纪30年代初期由瑞典专家阿斯普朗德(AsPlund)研制出的一种连续式制浆方法，目前仍普遍应用于国内外纤维板生产。热磨法制浆的原理是基于木质素加热软化和冷却变硬的性质，在密闭的系统中利用饱和蒸汽作热源对原料进行软化处理并进行机械分离。

根据热磨中介质条件与热磨设备不同，热磨工艺有以下几种类型：

(1)一次磨浆法

木片一次性在热磨机中磨削成纤维的方法。这种方法是目前被国内外广泛采取的纤维分离方法。磨削在较低的蒸汽压力下(0.6MPa 左右，温度低于 160℃)进行。

这种热磨机的特点是功率大，磨盘转速高，磨盘直径大。磨盘的齿形按径向分成三个区域：破料区、粗磨区和精磨区。这样木片解离和粗纤维精磨都在一个热磨机中完成。其目的是彻底消除粗纤维精磨过程中的纤维表面玻璃化障碍，既提高纤维质量，又可以降低电耗。

为了获得较好的磨浆效果，还应配备工作性能良好的木片水洗装置。为了确保磨室体中的蒸汽压力不因排料阀开启程度变化而产生波动，热磨机应装有蒸汽压力控制系统，以便使磨室体中的蒸汽压力始终比蒸煮罐里的蒸汽压力高 0.03~0.05MPa。木片在蒸煮过程中产生可溶性物质的主要原因是木材水解，木材水解会使其 pH 值降低，进一步加剧其水解反应。因此，在蒸煮罐里加入适量碱性物质可缓解木材的水解作用，从而减少可溶性物质，提高纤维得率。作为中和介质的碱性物质以氨水为常用，其渗透能力强，且具有软化木材的效果。利用热磨机的废蒸汽对木片进行预热处理是减少解纤能耗的有效措施。将废蒸汽通入木片料仓不仅提高了木片的温度，而且提高了木片的含水率，尤其对于含水率比较低的木片就显得更为重要。据计算，采用这种方案可使蒸煮罐的蒸汽用量减少 165kg/t，因为料仓内的温度可提高到 90~95℃。当然，实际节约的热能与木片含水率、木片温度、浆汽分离器和料仓的结构等因素有关。

磨室体(图 3-53)有两个磨盘：一是转动磨盘，一是固定磨盘。两种磨盘的齿纹虽略有差异，但都有进料区和磨削区。磨削区又细分为预磨区和主磨区。主磨区齿面平滑，可使磨盘间隙调整为 0.1~0.2mm。预磨区有一定锥度，以利于木片在进入主磨区之前进行预磨。主轴端头装有甩料器，其作用是在离心力的作用下将物料送入预磨区。

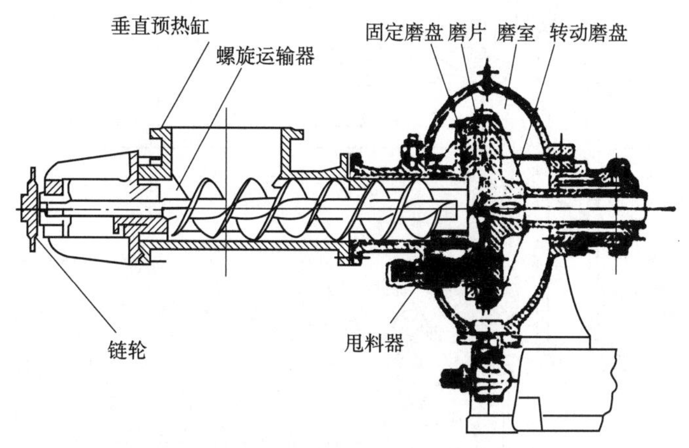


**图 3-53 热磨机磨浆室结构示意**

磨齿形状对磨削效果影响很大。在图 3-54 中，(a)可用于破碎木片，(b)是一种综合性磨齿，通过它可以一次性将木片沿径向从磨盘中心到磨盘边缘完成破碎、粗磨和精磨过程，目前在中密度纤维板生产中应用较为广泛；磨制细料时，可以采用(c)；(d)为单向旋转热磨机的磨齿，磨盘转动方向与磨齿倾斜方向相同时，磨齿对物料有“拉入”作用，能够延长磨削时间，磨盘转动方向与磨齿倾斜方向相反时磨齿对物料有“泵出”作用，有利于提高设备生产率；(e)是属于人字型磨齿，热磨效果较好，但产量不如(c)型磨齿。精磨区为加大磨面面积，齿槽浅些；粗磨时，齿槽应深些，以便原料尽快磨碎。为了增加磨削时间，齿槽内设有阻板。设置阻板还可增加磨削面积，提高磨削效果。

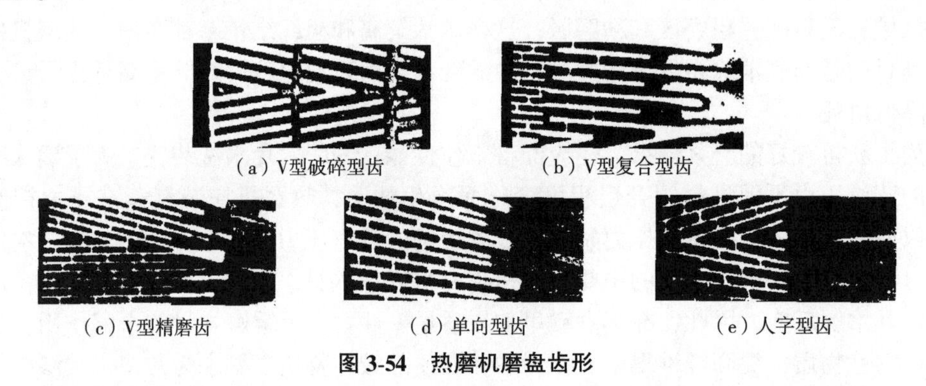

(a) V型破碎型齿　(b) V型复合型齿

(c) V型精磨齿　(d) 单向型齿　(e) 人字型齿

**图3-54　热磨机磨盘齿形**

磨盘间隙通过微调装置进行调整。磨盘间隙与纤维分离度有关，一般磨盘间隙应是纤维直径的3~4倍。间隙过大，纤维太粗；间隙过小，纤维较细，磨盘可能相互接触摩擦，纤维损伤严重，动力消耗剧增。磨削过程中还必须保证磨盘对木片或纤维有足够的压力，即磨削压力。

木片软化处理采用垂直预热缸，它与热磨机一起构成木片软化—热磨系统(图3-55)。

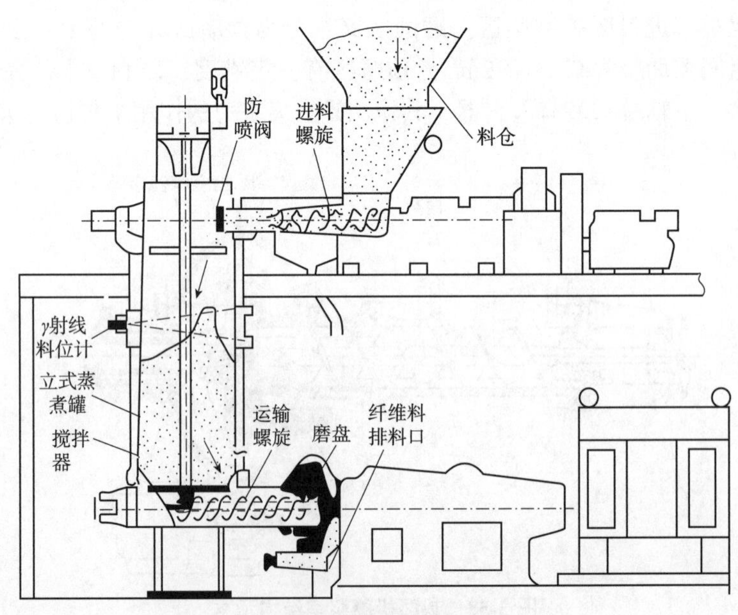


**图3-55　热磨机结构示意**

(2)二次磨浆法

高温高压热磨法纤维分离即为传统的热磨法制浆。其特点制浆通常采用压力为0.8~1.2MPa(170~187℃)的饱和蒸汽，而木质素的熔融温度一般为165~175℃，所以原料经软化处理后木质素几乎处于熔融状态，解纤比较容易，动力消耗低，约为180~250kW·h/t干纤维。原料的蒸煮软化温度虽然很高，但时间较短(1~2min)，故纤维的性质变化不大，纤维得率较高，可达92%~96%。纤维分离是在封闭的系统内进行的，所以可以避免因与大气中氧气直接接触而引起的纤维变质。热磨纤维的性质纤维结构基本完整，细胞壁很少损伤，甚至连阔叶材的纤维导管也很少破坏，纤维的弹性、拉伸强度与天然木材纤维相差无几。纤维较长，细纤维较长，浆料呈游离状，滤水性能好。由于经高温处理，纤维颜色略微加深。浆料中含有一定量的粗纤维束。为了满足工艺要求，热磨浆必须进一步精磨。另外，污水处理是最大的问题，目前生产采用得较少。

(3)其他纤维分离方法

①高速磨浆法

高速磨浆工艺主要设备是高速磨浆机(又称双盘磨)，其结构由进料装置、磨浆室和调整装置三大部分组成(图3-56)。磨浆室内有两个磨盘，分别由两个电动机带动，成相反方向转动。木片经软化处理后(或不经软化处理)由进料装置定量均匀地送进磨浆室进行纤维分离。调整装置控制电动机主轴的轴向移动，以保证必要的磨盘间隙和磨浆压力。

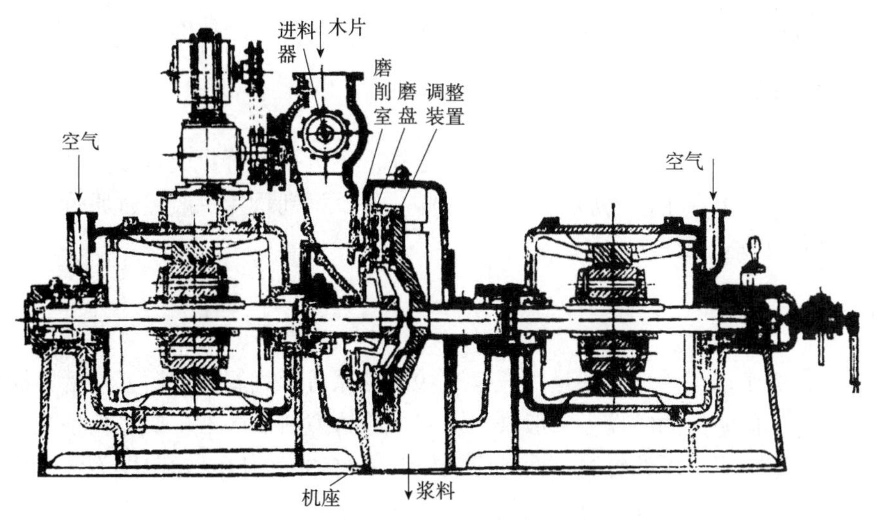


**图3-56　高速磨浆机结构示意**

由于两个磨盘旋转方向相反，磨齿对原料的作用频率很高，磨削压力可以相应减小，因此磨制的纤维比磨木浆损伤少，且比较均匀，通常无须精磨即可直接用于制板。这对于利用阔叶材或短纤维植物作原料生产高质量纤维板有重要意义。高速磨削机在常压下工作，结构比热磨机简单，操作可靠，维修方便。高速磨削机的磨削温度比热磨机低，所以纤维得率高、浆色浅淡是其优点。但是，纤维平均长度较热磨纤维短，电能消耗较高。

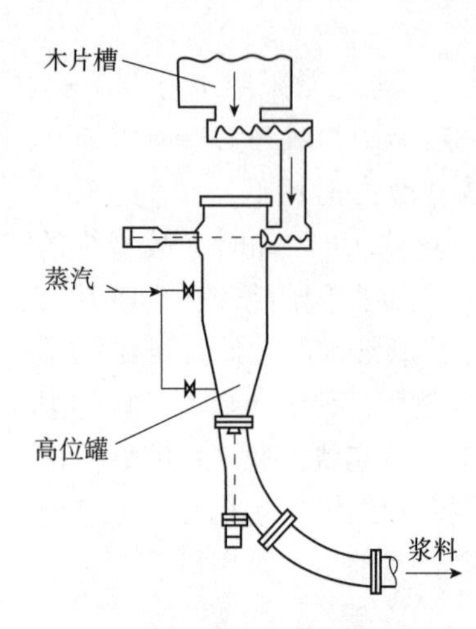


图 3-57 纤维爆破分离器结构示意

②爆破法制浆

首先将木片装入由液压密封的高压罐中(图 3-57),通入蒸汽在 30s 内将压力升至 4MPa,保压 30s,然后将蒸汽压迅速升高至 7~8MPa,保压 5s 后立即卸压。木片受内外压差作用猛烈地膨胀,使木片结构完全破坏而解离,通过喷料口的高速摩擦而分离成褐色的絮状纤维。此法的特点:在高压下保持的时间必须严格控制(取决于木片树种、规格和含水率),仅 0.5s 之差也能大为改变产品的性能;爆破法所生产的纤维板木质素含量约 38%,而其他方法所得产品木质素含量仅 18%~22%;解纤过程无直接电能消耗,每吨板只需消耗 1.6~1.8t 蒸汽;纤维得率约为 83%[筛选(细纤维)损耗 10%~15%,喷散损耗 8%,水洗损耗 5%~8%],总的结果纤维得率较高;此法分离纤维对设备的结构要求严格,需要高压蒸汽锅炉,设备生产效率较低。

## 3.6 其他基本单元的制造与特殊加工

人造板种类较多,其所用原料也很广泛,故单元加工形式也有较大的不同,如竹材胶合板的基本单元可以是竹片、竹篾以及竹单板等;竹丝与木丝也同样可以生产刨花板。随着新技术的发展,人造板的基本单元片加工方式也在不断的发展。

### 3.6.1 竹片制造

竹材作为胶合板原料,除了旋切竹单板之外,还可采用竹片或竹篾。尽管有时讲竹篾是竹片的细分,但在生产上加工方式不一样。从竹材到竹片一般经过原竹截断、去外节、剖分和去内节等工序。

(1)截断

竹材胶合板生产用的竹子都是以长度 7~9m 的原竹形式调运进厂,然后根据产品的规格进行截断。截断使用的设备一般采用圆锯。原竹截断工序不仅要将长条原竹按产品尺寸的要求截成一定长度的竹筒,而且应当根据原竹的尖削度、弯曲度等合理确定截断的位置,做到按材取料,提高竹材利用率。

(2)去外节

为了提高展平、辊压和刨削工序的加工质量,需去掉竹节处的凸起部分,使其与竹筒表面的竹青保持同一高度,这一操作过程称为去外节。

去外节采用竹筒去外节机(图 3-58)进行。去外节机依靠突出在靠板外面的旋转刀刃将竹筒外节依次切去。

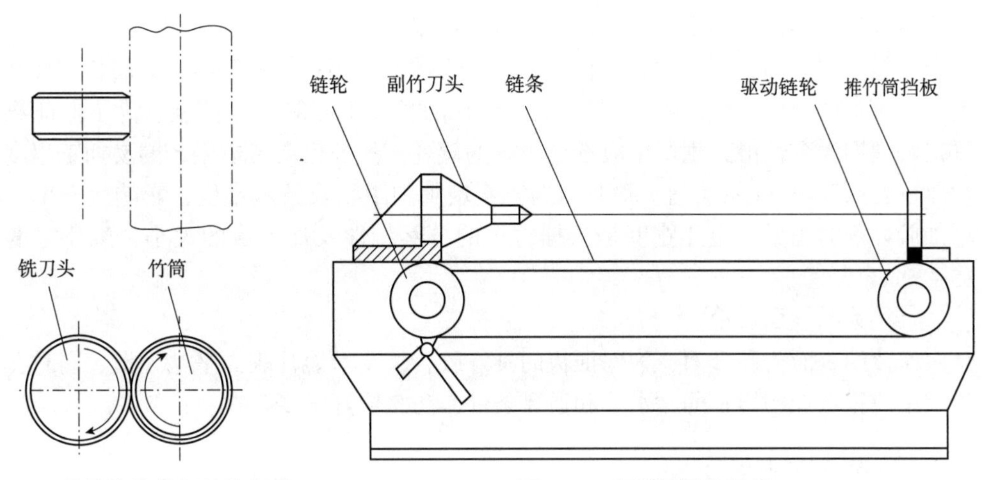


图 3-58 竹筒去外节机结构示意　　图 3-59 剖竹机结构示意

(3)竹筒剖分

为了便于将弧形竹片展平，并减小展平过程中产生的应力，需要将去过外节的竹筒剖分成2~3块。竹筒剖分的设备采用剖竹机(图3-59)。竹材维管束的排列平齐，因此横向结合力很小，剖分比较方便、省力。剖竹机的刀盘固定在机座上，竹筒通过固定在传动链条上的挡块推动前进，促使竹筒劈裂剖分成2块或3块。刀盘上固定互成120°的3把切刀或互成180°的2把切刀，就可一次把竹筒均匀地剖成2片或3片，如果增加切刀的数量，则可一次将竹筒剖分成更多块竹片。

在操作中需要注意使竹筒端面的中心对准刀盘的中心，只有这样才能剖分出比较均匀的竹片。

(4)竹片去内节

竹筒剖成竹片以后，由于竹隔(统称为竹内节)还连在竹片内壁的竹节上，竹内节的凸起高度多则50~60mm，少则20~30mm。必须将内节去掉使其与竹片内壁形成平滑状态，方可取得满意的展平效果。

## 3.6.2 竹篾加工

竹篾的加工工艺为：毛竹—截断—剖开—去内节—剖篾等过程。

(1)原料要求

考虑到强度、刚性和出材率等生产竹篾积成胶合板应选用竹龄3年以上、竹干弯曲程度较小、竹干胸直径较大的毛竹。合格的毛竹经截断、剖开后就可进行剖篾加工。

①篾片的尺寸

竹篾胶合板属层积材，作为基本组成单元的篾片的长度并不一定等于产品的长度。生产中一般不宜过多地使用短篾片，否则会造成成品板材的强度降低，组坯时造成铺装不匀的概率也会大大增加，直接影响产品的质量，但如全采用长篾片则会影响竹材的出材率，增加产品的成本。因此，压制竹篾胶合板应遵循长短篾片搭配使用的原则。从产品质量及经济两方面因素考虑，长短竹篾的用量比应为1∶(0.2~0.3)，组坯时长篾片分布于板的两表面，短篾片置于板的中层。通常，长篾片的长度等于成品长度加裁边余量。短篾片的长度最短不得低于30cm。篾片的长度由截断工序控制。为了保证篾片良好接触面即胶合性能，生产中应选用较薄的篾片。另外也要考虑生产的易加工程度，篾片厚度在0.8~1.4mm为宜。篾片太薄则会增加加工量及技术难度，影响生产率，同时增加胶黏剂的用量。篾片宽度是根据竹子的自然特性及加工量的大小，篾片宽度应以15~20mm为宜。

②篾片的表面质量

篾片的表面为胶合面，为保证板的良好胶合，要求篾片表面平整光滑。同时在贮存过程中应重点控制篾片的含水率和通风条件，防止篾片霉变。

(2)篾片加工设备

生产竹篾时，通常应根据毛竹径级的大小将其剖分成8~16片，然后进入剖篾机。它的主要作用是将一定宽度的竹片剖成一定厚度的篾片。图3-60为竹材人造板生产中常用的剖篾机。

剖篾机主要由机架、进给部分、切削部分组成。机架通常由角钢焊接而成，用以固定其他零部件构成设备主体。进给部分由电机、传动部分、进料辊和导向块构成。工作时电机通过传动部分带动进料辊转动。为增加进给力，通常进料辊加工成直齿辊。每对进料辊的间距设计为可调式的，并配有弹簧压紧装置，以适于加工不同厚度的竹片。进料辊前安装导向块，以利于竹片准确进入进料辊。随着进料辊的转动，竹片被送到固定在其后面的切削刀具上进行切削，加工好的篾片也随之被送出剖篾机。

(3)篾席编织

竹篾经过编织成竹席，作为胶合板的单层板。编织方法多为纵(纬)横(经)方向交织，即通过相互间“挑”和“压”。如“挑三压三”或“2，二”(2为挑，二为压)(图3-61)。

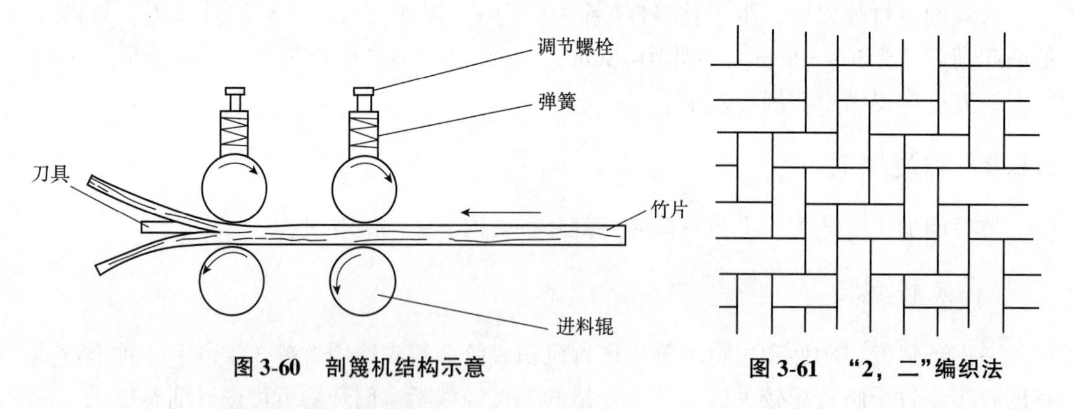


图3-60 剖篾机结构示意

图3-61 “2，二”编织法

### 3.6.3 木丝或竹丝加工

由于木丝或竹丝具有较高的纵向强度，故在无机胶合中常作为增强材料而得到应用，如水泥木丝板、竹丝增强水泥板。木丝的加工通常用木丝刨床(图3-62)刨切而得。木丝的厚度为0.05~1mm，宽度为1.5mm。

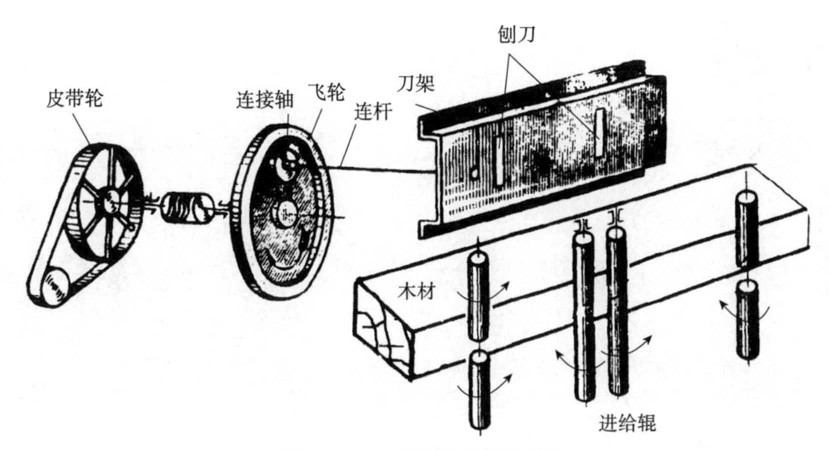


图 3-62　木丝刨床结构示意

### 3.6.4　纤维束加工

重组木的基本单元是纤维束。通常采用碾压机碾压方式将热处理后的小径级木段(或纤维杆状材料)加工成网状纤维束(图 3-63)。显然，这种梳解过程是无切削运动，其消耗功率是不大的。除了碾压外，还可以采用扭转、冲击和穿刺等方式加工纤维束。

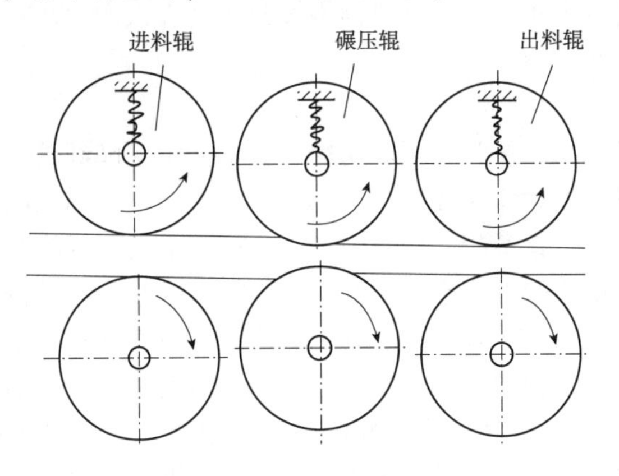


图 3-63　碾压机结构示意

#### 思考题

1. 简述木段旋切的工作原则。
2. 如何保证薄木刨切的质量?
3. 如何确保单板旋切和薄木旋切的厚度?
4. 刨花制造有哪几种工艺路线?
5. 列举几种不同的刨花制备设备。
6. 简述纤维分离的原理。
7. 简述工厂对单元加工的方法。

# 第4章 干 燥

本章介绍了单板、纤维和刨花三种基本单元的干燥机理及高效节能的供热方式，阐述了各种不同基本单元的干燥工艺方式和所用的相关设备。围绕着降低能耗、降低成本、降低污染的目标，书中评价了能源的热转化体系以及单板、纤维和刨花三种基本单元的干燥过程及其控制，为干燥过程的节能减排提供了有力保障。

本章重点是木材干燥机理，核心是水分在温度、压力作用下以不同形态在木材中移动的状态过程，尤其重要的是含水率及含水率梯度两个因素对干燥工艺、质量及成本的影响。

在人造板生产过程中，从胶合板旋切用的原木到中密度纤维板和刨花板用于制备纤维、刨花的原料，对初始含水率都有基本要求，通常为50%以上。这是为了保证加工单元的质量和延长切削刀具寿命。但是，在胶合板、中密度纤维板和刨花板的后续生产工序中，都要求加工单元的含水率控制在一个比较低的范围内，例如，涂胶前干单板的含水率需要控制在10%左右，拌胶前刨花的含水率控制在2%~3%。当然，加工单元所要求的含水率与材种、胶种和工艺方法有着密切的关系。例如，酚醛树脂胶合板干单板含水率在5%~15%可良好胶合，而脲醛树脂胶合板对干单板含水率则限于8%~12%；对中密度纤维板来说，采用先干燥后施胶工艺，干纤维含水率取2%~4%；若采用先施胶后干燥工艺，干纤维含水率取8%~12%；若采用粉状胶黏剂或异氰酸酯胶黏剂，则干燥后加工单元的含水率可适当提高。

毫无疑问，为了满足工艺上的基本要求，保证产品质量符合标准，在人造板生产中，干燥工序非常重要。在传统的胶合板、中密度纤维板和刨花板生产工艺流程中，基本木质单元的干燥一般必不可少，但是，在无机胶黏剂人造板(如石膏刨花板和水泥刨花板)生产过程中，由于工艺的特殊性，通常可以省略干燥工序。

## 4.1 干燥原理与供热

### 4.1.1 干燥原理

(1)水分的移动

尽管单板、纤维和刨花的形态有很大的差别，但其干燥原理是相同的。木材中的水分通常以三种形式存在：①存在于大毛细管内(细胞腔内)的水分称为自由水；②存在于微毛细管内(细胞壁内)的水分称为吸着水；③少数与木材分子化学结合的水分，称为化合水。用物理的方法不能将化合水与木材分离，化合水的去除不在本章讨论的范围之内。

木材中的自由水一般在微毛细管系统内的水分达到饱和时才存在，其容量很大，有可能使木材的绝对含水率超过100%，木材中自由水的增加或减少不会引起木材尺寸的缩胀。木材中存在的吸着水可使木材的含水率最高升至30%左右，此时的含水率称为纤维饱和点，纤维饱和点是木材中自由水和吸着水存在状态的分界线，超过纤维饱和点以上的水分为自由水。微毛细管对吸着水有一定的束缚力，其大小随含水率变化而变化，因此，蒸发相同体积的吸着水比蒸发自由水消耗更多的热量。增加部分的热量称为分离热。纤维饱和点以下含水率的增加或减少会引起木材尺寸的胀缩。

所谓单板、纤维和刨花的干燥，其本质是在干燥介质的作用下，通过传热传质过程，蒸发木材单元中的自由水和部分吸着水，使之符合生产工艺的要求。

木材单元的干燥过程如下：在温度的作用下，热量首先传递给物料表面，并逐渐向内部传递，这个过程称为传热过程。物料表面的水分首先得到蒸发，导致表面和内部的含水率形成差异，称为含水率梯度。在热量和水蒸气压力差作用下，物料内部水分不断地向表面扩散，此扩散过程称为内扩散。物料表面水分汽化过程以及物料内部水分向表面移动的过程称为传质过程。在木材单元干燥过程中存在着两类传质：一类是物料表面的水蒸气向干燥介质中移动的气相传质；另一类是物料内部水分向其表面扩散移动的固体内部的传质。

对一般板材而言，表面水分蒸发要比内扩散作用强烈得多，二者之间的不平衡往往会形成应力，引起开裂、变形等干燥缺陷。因此，要根据被干燥物料的厚度、材种、含水率等具体情况，选择合适的干燥工艺，使表面蒸发速度与内部扩散速度相一致，这种工艺条件称为干燥基准。

木材中水分移动有两种通道：一种是以细胞腔作为纵向通道，平行纤维方向移动；另一种是以细胞壁上纹孔(包括孔隙)作为横向通道，垂直纤维方向移动。单板、纤维和刨花厚度小，面积大，其形态与板材存在着比较大的差异，主要依靠横向通道传递水分，表面蒸发速度和内部扩散速度彼此容易适应，尽管两种作用都很强烈，但不会产生开裂、变形等工艺缺陷，故可采用高温快速干燥工艺。

(2) 干燥过程的三个阶段

①预热阶段

预热阶段主要通过干燥介质与干燥单元直接接触，使物料温度快速上升，一般地，预热阶段不产生水分蒸发，根据环境温度的不同，所需的预热时间也不同。

②恒速干燥阶段

恒速干燥阶段以蒸发自由水为主，且蒸发速率不变。由于木材中自由水的增减不影响木材的尺寸变化，故自由水的蒸发速率可以尽可能地提高。

③减速干燥阶段

减速干燥阶段又可分为两段：第一段，主要蒸发恒速干燥阶段剩下的自由水和大部分吸着水；第二段，蒸发剩余部分吸着水。减速干燥阶段的特点是：水分移动和蒸发的阻力逐步加大，干燥速率逐步降低，供给的热量除了蒸发水分外，还使干燥单元温度上升。

一般来说，从时间上严格划分三个阶段的明显界限是困难的，常常出现前一阶段尚未结束，后一阶段已经开始的现象。例如，在自由水尚未蒸发完毕的情况下，靠近木材单元表面的吸着水已经开始蒸发。

对单板干燥来说，选择合适的干燥温度和干燥时间是非常重要的，处理不当会引起单板翘曲、变形、含水率分布不均等缺陷，一般来说，所用的干燥介质温度不宜太高。对纤维、刨花干燥来说，干燥的时间相对较短，通常不需考虑单元形态变化，一般都采用高温快速干燥工艺。

木材单元的干燥过程实质上包含了热量传递和水分蒸发二者作用的总和，可以用数学模型描述在过程中干燥单元与干燥介质之间在热量和水分两个方面的动态变化规律。

## 4.1.2 干燥曲线和干燥速率曲线

(1)干燥曲线

在木材单元干燥过程中，以横坐标表示干燥时间 $\tau$，纵坐标表示被干燥物料的含水率 $MC$，根据数据整理所得到的 $MC-\tau$ 曲线，称为干燥曲线(图4-1)。图中给出的 $\theta-\tau$ 曲线表示物料表面温度 $\theta$ 与干燥时间 $\tau$ 之间的关系，称为温度曲线。

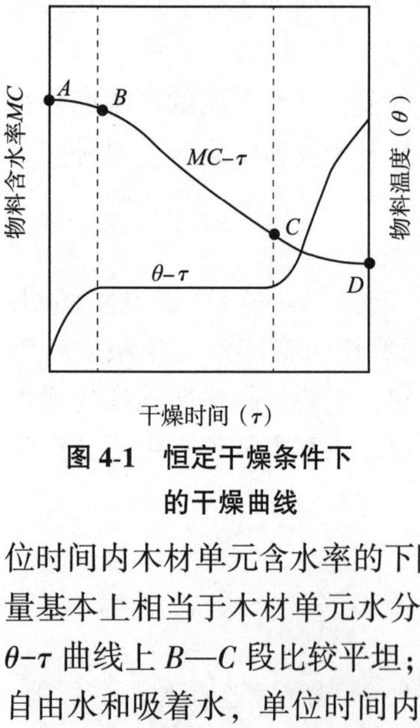

**图4-1 恒定干燥条件下的干燥曲线**

单板、纤维和刨花的干燥曲线可以通过试验得到。试验必须在稳定的干燥条件下进行。这就是说，干燥介质(热空气)的温度、相对湿度和流动速度在整个干燥过程中应保持不变。

从图4-1可以看出，$A$—$B$ 段属于预热阶段，供给的热量主要用于木材单元升温，基本上不用于水分蒸发，反映在 $\theta-\tau$ 温度曲线上 $A$—$B$ 段的温度变化比较明显；$B$—$C$ 段属于恒速干燥阶段，主要蒸发自由水，干燥单元的含水率急剧下降，$MC-\tau$ 曲线斜率较大，但单位时间内木材单元含水率的下降速率不变，$MC-\tau$ 曲线近似呈直线，此阶段内供给的热量基本上相当于木材单元水分蒸发所需的热量，物料的表面温度基本上不变，反映在 $\theta-\tau$ 曲线上 $B$—$C$ 段比较平坦；$C$—$D$ 段为减速干燥阶段，主要蒸发 $B$—$C$ 段未蒸发完的自由水和吸着水，单位时间内木材单元含水率下降速率逐渐减小，$MC-\tau$ 曲线斜率变小，此阶段供应的热量除了用于吸着水蒸发所需的热量外，尚有一部分被用于木材单元升温，$\theta-\tau$ 曲线在 $C$—$D$ 段明显上升。

在大量试验基础上，可以在物料含水率 $MC$ 与干燥时间 $\tau$ 之间建立经验公式 $MC=f(\tau)$，或者建立分段公式，如 $MC_{B-C}=f(\tau_{B-C})$，$MC_{C-D}=f(\tau_{C-D})$。

(2) 干燥速率曲线

干燥速率($\mu$)表示在单位时间内单位干燥面积上蒸发的水分量，用下式表示：

$$\mu=\frac{\mathrm{d}\omega}{A\mathrm{d}\tau}=\frac{-G\mathrm{d}C}{A\mathrm{d}\tau}\quad [\mathrm{kg/(t \cdot m^2 \cdot h)}]$$

式中：$\omega$——自然物中除去的水分量(kg)；

$A$——干燥面积($m^2$)；

$\tau$——干燥时间(h)；

$G$——绝干物料量(kg)。

式中负号表示物料含水率随干燥时间的增加而降低。$\mathrm{d}C/\mathrm{d}\tau$ 即表示干燥曲线的斜率。干燥速率有恒速和减速之分。所谓恒速，指在整个干燥过程中干燥速率保持不变，一般发生在蒸发自由水阶段；所谓减速，指在干燥过程中干燥速率逐步下降，一般发生在蒸发吸着水阶段。

图 4-2 为木材干燥速率曲线。从图中可以看出，$A$—$B$ 段为物料预热段，此阶段主要提高物料表面温度，几乎不蒸发水分；$B$—$C$ 段为恒速干燥阶段，此阶段干燥速率基本上维持不变，反映在图上为一条近似直线；$C$—$D$ 段为减速干燥阶段，此阶段主要蒸发纤维饱和点以下的吸着水，干燥速率逐步下降，反映在图上即 $C$—$D$ 段，为曲线。在恒速干燥阶段与减速干燥阶段之间有一拐点($C$ 点)，与 $C$ 点对应的物料含水率称为临界含水率 $C_C$，即纤维饱和点含水率。

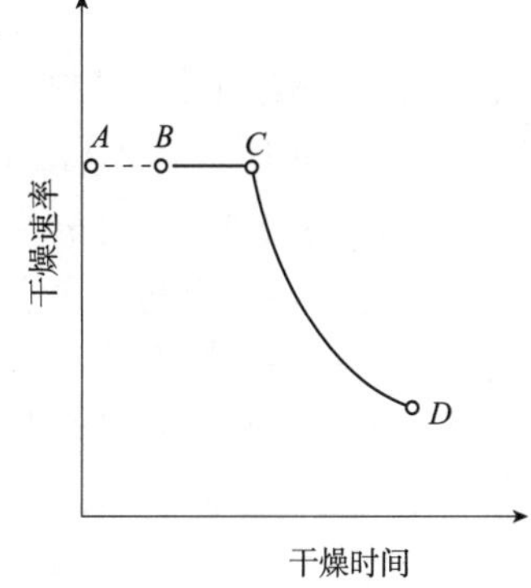


**图 4-2　木材干燥速率曲线**

干燥速率可以分为蒸发自由水阶段和蒸发吸着水两种情况。

①蒸发自由水(纤维饱和点以上的水分)时的干燥速率

$$\frac{\mathrm{d}\omega}{A\mathrm{d}\tau}=\frac{k}{k_c}\cdot\frac{1}{RT}\cdot\frac{P}{P-P_s}\cdot\frac{\mathrm{d}p}{\mathrm{d}x}$$

式中：$k$——空气中的水蒸气扩散系数(m/h)；

$k_c$——含水率为 $C$ 的物料水分扩散阻力系数(m/h)；

$R$——水蒸气的气体常数 47.1[kg · m/(kg · K)]；

$T$——水蒸气的绝对温度(K)；

$P$——热空气的蒸汽压力(Pa)；

$P_s$——水蒸气的分压(Pa)；

$\frac{\mathrm{d}p}{\mathrm{d}x}$——压力梯度(Pa)。

②蒸发吸着水(纤维饱和点以下的水分)时的干燥速率

$$\frac{\mathrm{d}\omega}{A\mathrm{d}\tau}=-K_f\frac{\mathrm{d}C}{\mathrm{d}x}$$

式中：$K_f$——水分传导系数[kg/(m · h · %)]，随受温度影响的表面张力和黏度及含水率变化而变化；

$\frac{\mathrm{d}C}{\mathrm{d}x}$——断面上含水率梯度(%/m)；

$\omega$——水分蒸发量(kg);

$\tau$——干燥时间(h);

$A$——蒸发面积($m^2$)。

由上面两个方程式可知，干燥速率与水蒸气扩散系数 $k$，水分传导系数 $K_f$ 呈正比，与水分扩散阻力系数 $K_c$ 呈反比，而 $k$、$K_f$、$K_c$ 又受干燥介质参数(热空气的温度、相对湿度、气流速度)和木材单元条件的影响。干燥过程所需的时间用下式计算:

$$\tau=\tau_1+\tau_2$$

式中: $\tau$——干燥时间(h);

$\tau_1$——恒速干燥阶段所需时间(h);

$\tau_2$——减速干燥阶段所需时间(h)。

其中:

$$\tau_1=\frac{G}{k_cA}\cdot\frac{C_H-C}{C_0-C_p}=\frac{G}{U_cA}(C_H-C)$$

式中: $G$——绝干物料的质量(kg);

$k_c$——比例系数[kg/($m^2$·h·Δc)];

$A$——干燥面积($m^2$);

$C_H$——物料初始含水率(%);

$C_0$——物料临界含水率(%);

$C_p$——物料平衡含水率(%)。

$$\tau_2=\frac{G}{k_cA}\cdot\ln\frac{C_0-C_p}{C_e-C_p}$$

式中: $C_e$——减速干燥终点物料的含水率(%)。

由于受被干燥物料材种、单元形态和干燥方式等因素的影响，用上式计算出的干燥时间仅作为制定干燥工艺条件的参考依据，与实际干燥时间会有差异，应当根据实际生产试验来最终确定干燥时间。

在人造板生产中，也可以用平均干燥速率来表示被加工单元的干燥过程，用下式进行计算:

$$\mu=\frac{C_1-C_2}{\tau}$$

式中: $\mu$——平均干燥速度(%/s);

$C_1$——物料干燥前的含水率(%);

$C_2$——物料干燥后的含水率(%);

$\tau$——完成干燥所需的时间(s)。

平均干燥速率意味着在单位干燥时间内使物料含水率下降的程度，根据平均干燥速率的大小可以对所采用的干燥工艺参数和干燥设备性能作出评估。

### 4.1.3 热量供应

#### 4.1.3.1 热量计算

在选用或设计一台木材加工单元干燥装置之前，首先要确定被干燥物料量、蒸发水分量以及需供应的热量，这就需要进行物料平衡计算和热量平衡计算。

在一个干燥系统中，湿物料的质量随着水分的蒸发不断降低，但其干物料的质量是不会改变的。设进入干燥系统的物料流量为 $G_\tau$(kg 干物料/h)，物料进出干燥系统的含水率分别为 $C_1$ 和 $C_2$，进出干燥系统的绝干空气的流量为 $L$(kg 干空气/h)，空气的湿度分别为 $x_1$ 和 $x_2$(kg 水蒸气/kg 干空气)。单位时间内的水分和物料衡算方程式如下：

$$G_\tau C_1 + L x_1 = G_\tau C_2 + L x_2$$

水分蒸发量 $\omega$

$$\omega = G_\tau(C_1 - C_2) = L(x_2 - x_1) \quad (\text{kg 水/h})$$

绝干空气消耗量 $L$ 为

$$L = \frac{\omega}{x_2 - x_1} \quad (\text{kg 干空气/h})$$

蒸发 1kg 水分所消耗的绝干空气量称为单位空气消耗量；记为 $I$(kg 干空气/kg 水分)。

已知水分蒸发量 $\omega$、绝干空气量 $L$ 就可以计算出干燥过程的热量消耗。

在工程计算中，对一个完整的干燥系统来说，输入的总热量 $Q$ 应由四部分组成：

$$Q = Q_1 + Q_2 + Q_3 + Q_4 = \sum_{i=1}^{4} Q_i$$

式中：$Q_1$——蒸发物料中水分所需的热量(kJ)；

$Q_2$——加热物料所需的热量(kJ)；

$Q_3$——设备散热损失(kJ)；

$Q_4$——废气排放带走的热量(kJ)。

对干燥过程来说，$Q_1$ 和 $Q_2$ 是必不可少的，是有效热，故干燥机的热效率用下式计算：

$$\eta = \frac{Q_1 + Q_2}{Q} \times 100\%$$

很显然，欲提高 $\eta$ 值，无疑有两条途径，一是采用多种措施，增大蒸发强度，使总热量 $Q$ 下降，总热量 $Q$ 中的 $Q_1$ 和 $Q_2$ 占的比重增大；二是采用各种新技术，尽可能降低 $Q_3$ 和 $Q_4$，使总热量 $Q$ 下降。

$Q_1 \sim Q_4$ 可以根据下式进行计算：

$$Q_1 = G_{水} C_{水}(t_1 - t_0) + G(L + q)$$

式中：$G_{水}$——物料中含有水分的质量(kg)；

$C_{水}$——水的比热容[J/(kg·K)]；

$t_0$——干燥装置环境温度(℃)；

$t_1$——水汽化临界温度(℃)；

$G$——物料中蒸发水分的质量(kg)；

$L$——水的汽化潜热(J/kg)；

$q$——克服水分子和木材分子结合力的平均分离热(J/kg)。

$$Q_2 = G_0 C_{木}(t_2 - t_0)$$

式中：$G_0$——物料绝干质量(kg)；

$C_{木}$——物料的比热容[J/(kg·K)]；

$t_2$——物料离开干燥机时的温度(℃)。

作为设备散热损失 $Q_3$ 分成两种情况：

对框架壳体式单板干燥机来说，$Q_3$ 用下式计算：

$$Q_3=(A_1\lambda_1+A_2\lambda_2)(t_3-t_0)$$
$$=A\lambda(t_3-t_0)$$

式中：$A_1$——干燥机壁的表面积($m^2$)；

$A_2$——干燥机底的面积($m^2$)；

$t_3$——干燥机内的温度(℃)；

$\lambda_1$——干燥机内壁体的传热系数[W/($m^2$·K)]；

$\lambda_2$——地面的传热系数[W/($m^2$·K)]；

$\lambda$——干燥机整个壳体传热系数的概略值[W/($m^2$·K)]。干燥机壳体上下、左右、前后有很大差别。为了计算简便，一般概略计算为

$$\lambda=2.236\sim3.489$$

圆筒式或管道式的刨花和纤维干燥机散热损失 $Q_3$，可参照以下有关简式计算：

$$Q_3=\lambda(2\pi rL)(t_{介}-t_0)$$

式中：$t_{介}$——最外层的介质温度。

对单板干燥机来说，$Q_4$ 相当于加热补充新鲜空气所需的热量，用下式计算：

$$Q_4=\left[\frac{\omega_2}{d_2-d_1}\right](C_2+C_3d_1)(t_3-t_0)$$
$$=\left[\frac{\omega_2}{d_2-d_1}\right]C_2(t_3-t_0)$$

式中：$d_1$——环境空气的湿含量(kg/kg 干空气)；

$d_2$——干燥机内空气的湿含量(kg/kg 干空气)；

$C_2$——干燥机内空气的比热容[J/(kg·K)]；

$C_3$——水蒸气的比热容[J/(kg·K)]。

对于刨花和纤维干燥机来说，$Q_4$ 相当于排放废气带走的热量，用下式计算：

$$Q_4=V\rho r$$

式中：$V$——从干燥机内排放的废气量($m^3$)；

$\rho$——在排气温度下废气的密度(kg/$m^3$)；

$r$——在排气温度下废气的热含量(J/kg)，$r$ 值可以经实测并计算后得出。

应当说明，对干燥系统的热量评价最可靠的方法是实地进行热平衡测试。目前，我国对胶合板、纤维板和刨花板工程项目的热量消耗指标值均有一定的规定，在进行干燥系统设计时必须遵守。

#### 4.1.3.2　热量供应和转换模式

在木材单元的干燥过程中，干燥工序的热量供应和转换是十分重要的，首先有必要引入载热体和干燥介质的概念。

载热体是热量传递的一种物质，在某种状态下，该物质蓄存了一定的热能，通过状态的改变，使热能释放。人造板生产中干燥工序常用的载热体有蒸汽、热水、热油、热空气和烟气等。

干燥介质是指在干燥过程中把热量传递给物料并从物料中带走蒸发水分的物质。木材单元干燥过程中，常用的干燥介质为热空气和烟气。

热空气作为干燥介质，应用广泛，它可以通过蒸汽、热水、热油和烟气换热得到。热空气的特性参数见表 4-1。

**表 4-1 干空气的物理参数**( $B=1.013\times10^5$ Pa)

| $t$ (℃) | $\rho$ ($kg/m^3$) | $c_p$ [kJ/(kg · ℃)] | $\lambda\times10^2$ [W/(m · ℃)] | $\alpha\times10^6$ ($m^2/s$) | $\mu\times10^6$ ($n\cdot s/m^2$) | $\upsilon\times10^6$ ($m^2/s$) | $\beta\times10^3$ (l/K) | $pr$ |
|---|---|---|---|---|---|---|---|---|
| -50 | 1.5340 | 1.005 | 2.06 | 13.4 | 14.65 | 9.55 | 4.51 | 0.715 |
| 0 | 1.2930 | 1.005 | 2.43 | 18.7 | 17.20 | 13.30 | 3.67 | 0.711 |
| 20 | 1.2045 | 1.005 | 2.57 | 21.4 | 18.2 | 15.11 | 3.43 | 0.713 |
| 40 | 1.1267 | 1.009 | 2.71 | 23.9 | 19.12 | 16.97 | 3.20 | 0.711 |
| 60 | 1.0595 | 1.009 | 2.85 | 26.7 | 20.02 | 18.90 | 3.00 | 0.709 |
| 80 | 0.9998 | 1.009 | 2.99 | 29.6 | 2.94 | 20.94 | 2.83 | 0.708 |
| 100 | 0.9458 | 1.013 | 3.14 | 32.8 | 21.81 | 23.06 | 2.68 | 0.704 |
| 120 | 0.8980 | 1.013 | 3.28 | 36.1 | 22.66 | 25.23 | 2.55 | 0.700 |
| 140 | 0.8535 | 1.013 | 3.43 | 39.7 | 23.51 | 27.55 | 2.43 | 0.694 |
| 160 | 0.8150 | 1.017 | 3.58 | 43.0 | 24.33 | 29.85 | 2.32 | 0.693 |
| 180 | 0.7785 | 1.022 | 3.72 | 46.7 | 25.14 | 32.29 | 2.21 | 0.690 |
| 200 | 0.7457 | 1.026 | 3.86 | 50.5 | 25.82 | 34.63 | 2.11 | 0.685 |
| 250 | 0.6745 | 1.034 | 4.21 | 60.3 | 27.77 | 41.17 | 1.91 | 0.680 |
| 300 | 0.6157 | 1.047 | 4.54 | 70.3 | 29.46 | 47.85 | 1.75 | 0.680 |
| 350 | 0.5662 | 1.055 | 4.85 | 81.1 | 31.17 | 55.05 | 1.61 | 0.680 |
| 400 | 0.5242 | 1.068 | 5.15 | 91.9 | 32.78 | 62.53 | 1.49 | 0.680 |
| 450 | 0.4875 | 1.080 | 5.43 | 103.1 | 34.39 | 70.54 | — | 0.685 |
| 500 | 0.4564 | 1.093 | 5.70 | 114.2 | 35.82 | 78.48 | — | 0.690 |
| 600 | 0.4041 | 1.114 | 6.21 | 138.2 | 38.62 | 95.57 | — | 0.690 |
| 700 | 0.3625 | 1.135 | 6.64 | 162.2 | 41.22 | 113.70 | — | 0.700 |
| 800 | 0.3287 | 1.156 | 7.06 | 185.8 | 43.65 | 132.80 | — | 0.715 |
| 900 | 0.3010 | 1.172 | 7.41 | 210.0 | 45.90 | 152.50 | — | 0.725 |
| 1000 | 0.2770 | 1.185 | 7.70 | 235.0 | 47.90 | 173.00 | — | 0.735 |

烟气作为干燥介质，在刨花和纤维干燥中应用较广泛。它具有获取方便、温度较高等优点，但也存在着污染物料表面、钝化物料活性等缺陷。烟气一般通过热油、木材加工剩余物以及煤的燃烧获得。烟气需要经过净化处理才可用作干燥介质。工业生产中，可以把热空气和烟气两种干燥介质混合在一起使用，烟气的特性参数见表 4-2。

在人造板生产中，干燥介质转换的模式，根据干燥对象、干燥要求、干燥形式和干燥设备的不同而改变。归纳起来可分为表 4-3 所列的各种形式。

**表 4-2 在大气压力下烟气的热物理性质**

(烟气成分：$X_{CO_2}=0.13$，$X_{H_2O}=0.11$，$X_{N_2}=0.76$)

| $T$ (℃) | $\rho$ (kg/m³) | $c_p$ [kJ/(kg·℃)] | $\lambda \times 10^2$ [W/(m·℃)] | $\alpha \times 10^6$ (m²/s) | $\mu \times 10^6$ (n·s/m²) | $\upsilon \times 10^6$ (m²/s) | $pr$ |
|---|---|---|---|---|---|---|---|
| 0 | 1.295 | 1.042 | 2.28 | 16.9 | 15.8 | 12.2 | 0.72 |
| 100 | 0.950 | 1.068 | 3.13 | 30.8 | 20.4 | 21.54 | 0.69 |
| 200 | 0.748 | 1.097 | 4.01 | 48.9 | 24.5 | 32.8 | 0.67 |
| 300 | 0.617 | 1.122 | 4.84 | 69.9 | 28.2 | 45.81 | 0.65 |
| 400 | 0.525 | 1.151 | 5.70 | 94.3 | 31.7 | 60.38 | 0.64 |
| 500 | 0.457 | 1.185 | 6.56 | 121.1 | 34.8 | 76.3 | 0.63 |
| 600 | 0.405 | 1.214 | 7.42 | 150.9 | 37.9 | 93.61 | 0.62 |
| 700 | 0.363 | 1.230 | 8.27 | 183.8 | 40.7 | 112.1 | 0.61 |
| 800 | 0.330 | 1.264 | 9.15 | 219.7 | 43.4 | 131.8 | 0.60 |
| 900 | 0.301 | 1.290 | 10.00 | 258.0 | 45.9 | 152.5 | 0.59 |
| 1000 | 0.275 | 1.306 | 10.90 | 303.4 | 18.4 | 174.3 | 0.58 |
| 1100 | 0.257 | 1.323 | 11.75 | 345.6 | 50.7 | 197.1 | 0.57 |
| 1200 | 0.240 | 1.340 | 12.62 | 392.4 | 53.0 | 221.0 | 0.56 |

**表 4-3 干燥介质转换模式**

| 干燥对象 | 热量转换方式 | 所用设备 |
|---|---|---|
| 单 板 | ① 蒸汽→换热器→热空气→进干燥机<br>② 燃料 →烟气→热空气→进干燥机<br>③ 蒸汽或热油→进压板 | ①② 网带式或辊筒式单板干燥机<br>③ 热板干燥机 |
| 纤 维 | ① 蒸汽或热油→换热器→热空气→进干燥机<br>② 燃气+热空气→进干燥机 | ①② 管道式纤维干燥机 |
| 刨 花 | ① 蒸汽、热水、热油→进干燥管束<br>② 烟气、蒸汽、热油→换热器→热空气→进干燥机<br>③ 燃料→烟气→热空气→进干燥机<br>④ 烟气→净化→进干燥机 | ① 圆筒式或转子式刨花干燥机<br>②③④ 单通道、三通道或喷气式干燥机 |

## 4.2 单板干燥

### 4.2.1 影响单板干燥的因素

影响单板干燥的因素主要有干燥介质和单板自身的条件。

(1)干燥介质的影响

①热空气温度的影响

随着介质温度升高，单板内水蒸气压力梯度(d$P$/d$x$)、含水率梯度(d$U$/d$x$)、水蒸气扩散系数及水分传导系数均有所增加，将引起单板水分蒸发速率增大，单板内部水分移动速率也相应增大(图4-3)。

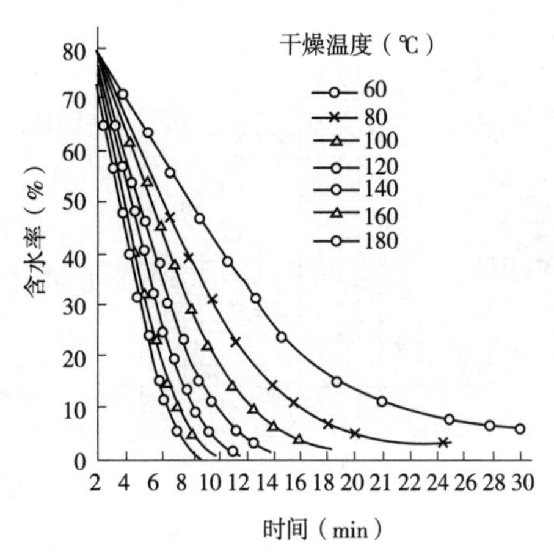


**图4-3 不同温度下的物料含水率下降过程**

（桦木单板1mm；20cm×20cm；风速2.2m/s）

在恒速干燥阶段，干燥速率与干球温度或干湿球温差几乎成直线关系，在减速干燥阶段，干球温度对干燥速率的影响比干湿球温差更大。

介质温度与干燥时间的关系用下式表示：

$$Z=Z_0\left(\frac{t_0}{t}\right)^n$$

式中：$Z$，$Z_0$——在温度$t$和$t_0$时的干燥时间(min)；

$n$——系数，根据单板条件定，当含水率为10%~60%时，$n=1.5$。

上述经验公式适用于一般对流传热干燥机，也适用于风速为15~20m/s的喷气式干燥机。

②热空气相对湿度的影响

热空气的相对湿度反映了空气中水蒸气饱和的程度，其数值可以用干球温度和湿球温度之差再查有关数据得出，也可以用相对湿度传感器直接读取。

干球温度一定时，干湿球温差大，则干燥速率也大(图4-4)。单板含水率高，影响程度则大；单板含水率低，影响程度则小(图4-5)。

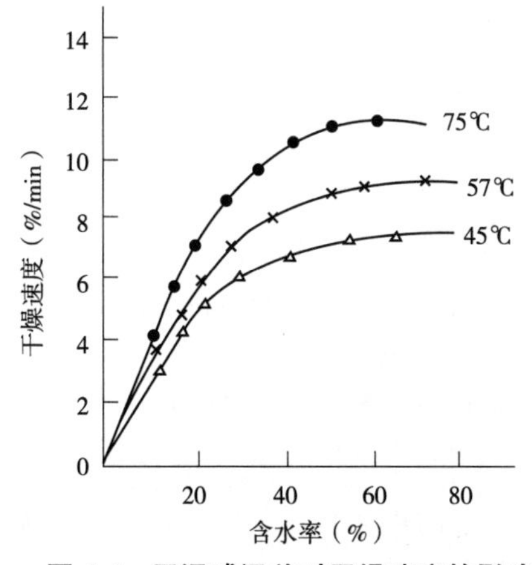


**图4-4 干湿球温差对干燥速度的影响**

（单板1mm；20cm×20cm；干球温度120℃；空气速度2.2m/s）

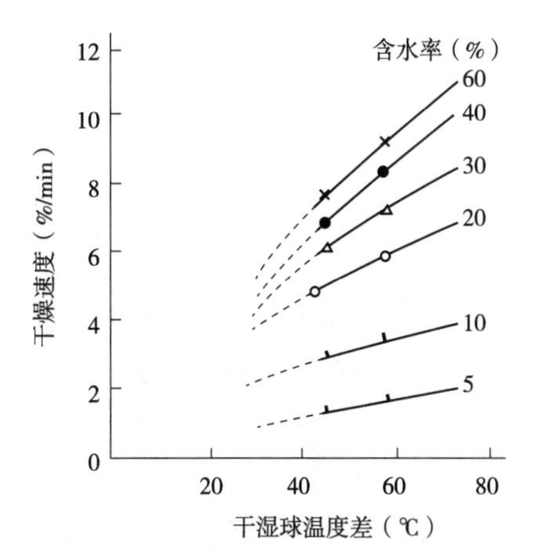


**图4-5 不同含水率对干湿球温差与干燥速度的关系**

（单板1mm；20cm×20cm；干球温度120℃；空气速度2.2m/s）

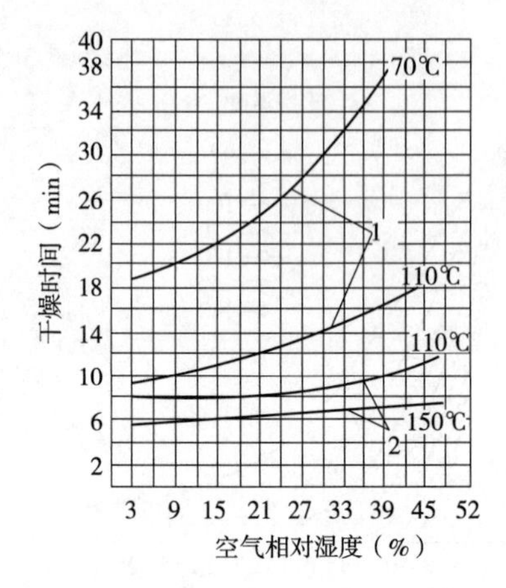


1. 在带式干燥机中用空气对流法干燥时；
2. 在辊筒式干燥机中用联合法干燥时

**图 4-6 空气相对湿度与干燥时间的关系(桦木单板)**

热空气相对湿度与干燥时间的关系，用下式计算：

$$Z = Z_0 \left( \frac{\varphi}{\varphi_0} \right)^{0.64}$$

式中：$Z$，$Z_0$——相对湿度为 $\varphi$、$\varphi_0$ 时的干燥时间（min）。

图 4-6 表示干空气相对湿度与干燥时间的关系。从图中可见，干球温度高，相对湿度对干燥时间影响小；干球温度低，相对湿度对干燥时间影响大。

当干湿球温差为零时，表明空气相对湿度已达 100%，水蒸气已经饱和，单板已不能再向介质中蒸发水分，此时，应当打开排气孔，降低空气湿度。一般单板干燥机上部均设有排气孔，依照机内空气湿度开启或关闭排气孔。空气湿度过大会降低干燥速率，湿度过小会损失热量，一般干燥机内的空气相对湿度为 10%～20%。

③热空气风速的影响

图 4-7 和图 4-8 表示热空气风速对普通网带式干燥机和喷气式干燥机干燥时间的影响。

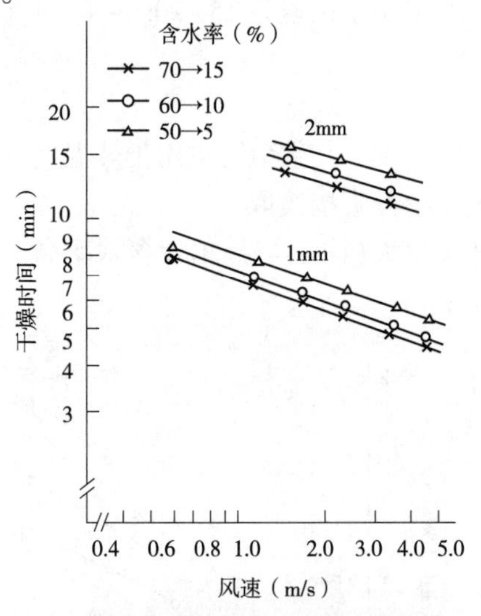


**图 4-7 空气风速对干燥时间的影响(普通网带式干燥机)**

（桦木单板；20cm×20cm；干球温度 120℃；湿球温度 45℃）

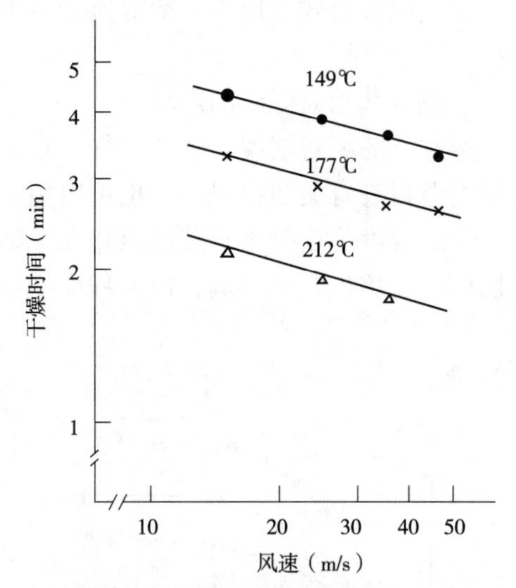


**图 4-8 空气风速对干燥时间的影响(喷气式干燥机)**

（花旗松单板；3.2mm，30cm×30cm；初含水率 35%；终含水率 5%）

对于对流干燥机来说，一般风速为 1～2m/s，当风速超过 2m/s 时，进一步提高风速，对干燥速率的影响很小，但会大大增加动力消耗。

对喷气式干燥机来说，一般风速为 15～20m/s 时才能够有效破坏单板表面的临界层，达到提高水分蒸发速率的效果，同时，喷嘴的宽度和间隔，喷嘴与单板表面的垂直距离对单板干燥速率也有重要影响。

④热空气流动方式的影响

热空气喷射方式对单板干燥速率影响极大。如果按照图4-9所示，高速热气流平行于单板表面流过，由于摩擦导致气流速度降低，单板表面处的流速几乎为零，形成凝滞的薄层把空气与单板隔开，这一薄层称为临界层。其厚度随与板端距离增加而增加，临界层既阻碍了空气中的热量传递给单板，也影响单板中水分向空气中扩散，因而严重影响热交换效率和水分蒸发强度。

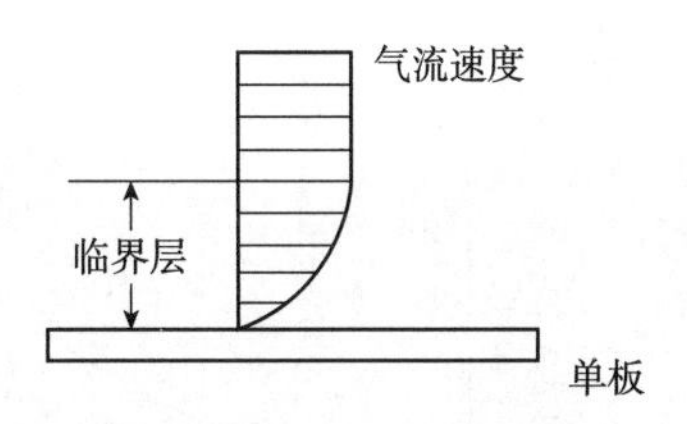


**图4-9 临界层形成示意**

为了破坏临界层，在喷气式干燥机中采用高速气流(一般达15~20m/s)垂直喷射于单板表面，提高传热效率，加速内部水分扩散，缩短干燥时间(图4-10)。

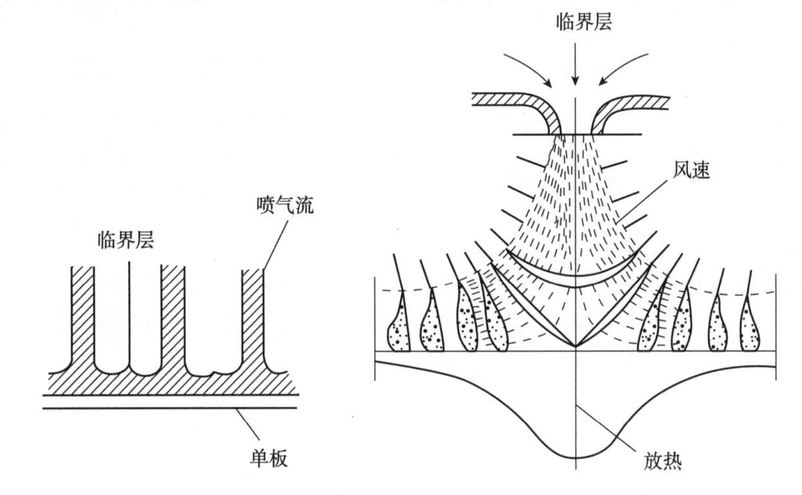


**图4-10 垂直喷射于单板表面的气流及风速与放热的关系**

(2)单板本身条件的影响

①树种、初含水率的影响

同一树种、同一厚度的单板，初含水率高低对干燥时间有一定的影响。初含水率高，所需干燥时间则长，单板的初含水率决定于原木的含水率及原木的运输保存方式(表4-4)。有些心边材区别比较明显的树种，边材部分初含水率较高，干燥时间也相应延长。

**表4-4 不同树种的单板初含水率** %

| 运材方式 | 水曲柳 | 椴　木 | 桦　木 | 松木边材 | 松木心材 |
|---|---|---|---|---|---|
| 陆运材 | 60~80 | 60~90 | 60~80 | 80~100 | 30~50 |
| 水运材 | 80~100 | 100~130 | 80~100 | 100~130 | 40~60 |
| 沉水材 | >100 | >130 | >100 | >130 | 40~60 |

若单板的其他条件相同，树种不同，干燥速率也不相同。产生差异的原因在于其密度不同。一般认为，密度大的树种，细胞壁较厚，细胞腔较小，在低含水率范围内，水分传导阻力大，干燥速率降低。也有个别例外，如异翅龙脑香属。图4-11给出了单板密度与干燥时间的关系。

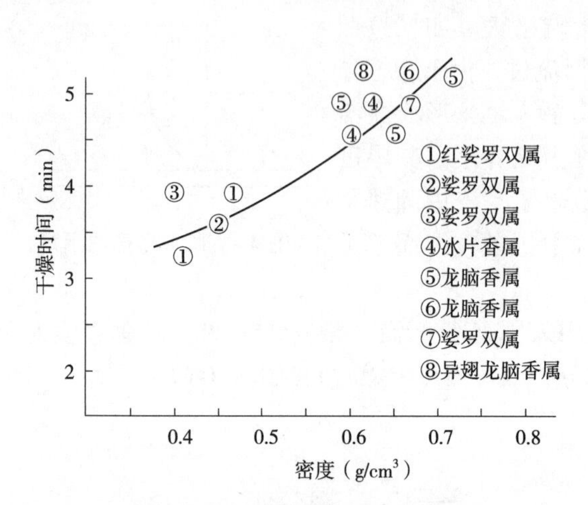


**图 4-11　密度与干燥时间的关系**

（干球温度 140℃；单板 1mm，30cm×30cm；湿球温度 57℃；风速 2.2m/s；初含水率 60%；终含水率 10%）

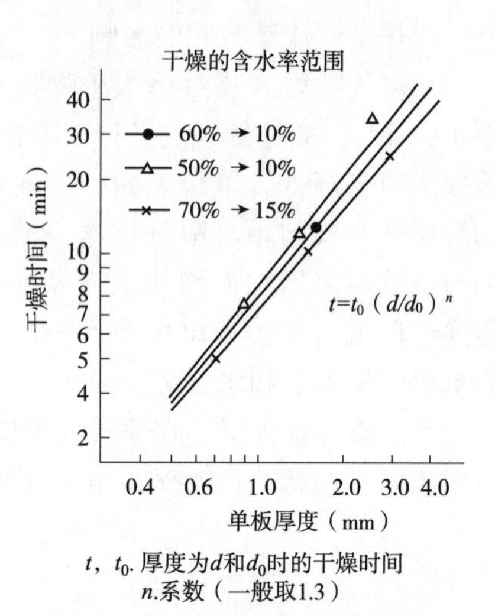


**图 4-12　单板厚度与干燥时间的关系**

（桦木单板；20cm×20cm；干球温度 120℃；湿球温度 45℃；风速 2.2m/s）

②单板厚度的影响

单板厚度越大，水分传导的路程越长，阻力也随之增大，干燥速率减小，干燥时间延长，单板厚度与干燥时间的关系如图 4-12 所示。

### 4.2.2　单板干燥机

(1)单板干燥方式

单板干燥方式分为自然干燥和设备干燥两大类。自然干燥方法是将旋切后湿单板直接放在太阳下晾晒，使单板在空气中自然干燥的方法。这种单板干燥方式虽然节能，但是干燥后单板含水率偏高且不均匀，受天气的影响大，而且人工劳动强度大，效率低。设备干燥是指利用专门的单板干燥装置对单板进行干燥处理，使其含水率达到工艺要求的方法。这种方法效率高，含水率均匀，质量好。一般工业化生产大多采用设备干燥方法。

①按传热方式分

空气对流式：由循环流动的热空气把热量传给单板。

接触式：钢板与单板直接接触，把热量传给单板。

联合式：有对流—接触式、红外线—对流混合式、微波—对流混合式等多种形式。

②按单板的传送方式分

网带式：在干燥过程中，单板被放置在两层钢网之间，随网带运动而通过干燥机。

辊筒式：在干燥过程中，单板靠上下辊筒的摩擦力而向前运动通过干燥机。

③按热空气在干燥机内的循环方向分

纵向通风干燥机：热空气沿干燥机的长度方向循环，气流和单板运送方向相同，称为顺向；气流和单板运送方向相反，称为逆向。

横向通风干燥机：热空气沿干燥机的宽度方向循环。气流有平行于单板表面的，也有垂直于单板表面的。

(2)单板干燥机

单板干燥机是一种连续式的单板干燥设备，常用的有网带式和辊筒式两大类。每种单板干燥机都包括干燥段和冷却段两部分。干燥段主要用来加热单板，蒸发水分，通过热空气循环，从单板中排出水分。干燥段视产量不同，可由若干个分室组成，各个分室结构相同。干燥段越长，传送单板速度越快，设备生产能力越高。冷却段的作用在于使单板在保持受压状态的传送过程中，通风冷却，一方面消除单板内的应力，使单板平整；另一方面利用单板表芯层温度梯度继续蒸发一部分水分。冷却段一般由1~2个分室组成。

单板的传送常用两种方式：①用上、下网带来传送，下层网带主要用于支承和传送，上层网带用于压紧，给单板以适当的压紧力，防止单板在干燥中变形；②用上、下成对辊筒组，依靠辊筒转动和摩擦力带动单板前进，鉴于前后辊筒的间距不能太小，故这种传送方式适合于传送厚度1.0mm以上的单板。由于辊筒传送压紧力较大，所以干燥后单板的平整度比网带式好。

单板干燥机绝大多数采用0.4~1.0MPa的饱和蒸汽作为热源。冷空气通过换热器被加热成140~180℃的热空气作为干燥介质，将热量传递给单板，也可直接燃烧煤气、燃油、木材剩余物等加热冷空气。热空气通风系统一般有横向与纵向之分。同样条件的干燥机，采用不同的通风方式，干燥效率有很大的差别。

干燥机的工作层数为2~5层。一般喷气式网带连续干燥机，先干后剪，通常为二层或三层，干燥机出板端需配备剪板机。辊筒式、网带式干燥机若干燥零片单板，为提高干燥机生产能力，一般多为5层。

干燥机的进板方向有纵向和横向之分。如果进板方向与单板的纤维方向一致，称为纵向进板，适应于先剪后干的工艺。一般网带式干燥机和所有的辊筒式干燥机都采用这种进板方式。如果单板的进板方向与单板的纤维方向垂直，称为横向进板。适应于先干后剪的工艺。网带喷气式干燥机采用横向进板。

纵向进板必须把旋切后成卷的单板剪裁成单张，才能进行干燥，而横向进板则可以将成卷单板展开后连续地送进干燥机。目前，国内外广泛采用喷气式网带干燥机，高温、高速热气流从单板带的两面垂直喷射在板面上，冲破单板表面的临界层，使单板干燥的速度大大加快，为单板连续干燥创造了必要的条件。将旋切—剪裁—干燥工序改变为旋切—干燥—剪裁、配板连续化生产。

喷气式网带干燥机有直进型和“S”型两种。直进型用于干燥表板和背板(薄单板)。“S”型主要用于干燥厚芯板或在场地受限制的条件下使用。图4-13为两种类型喷气式网带连续干燥机“旋切—干燥—剪裁”工序连续化示意图。

目前，单板生产大量采用速生树种，如杨木，由于材性本身的特点，单板干燥时，常常出现翘曲变形，除了要求改进干燥工艺条件外，还可采用诸如热板干燥、单板整平等新技术。

单板干燥机，主要由机架、传动装置、加热装置、门、外壁及附属装置五大部分组成。

目前，胶合板厂所采用的单板干燥机主要为多层网带式干燥机和辊筒式干燥机。前者可用于表背板和芯板干燥，后者主要用于芯板干燥。

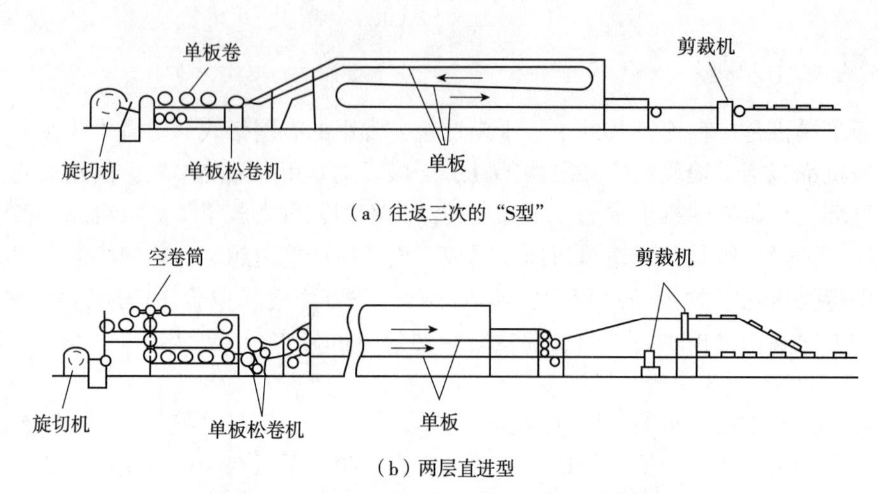


（a）往返三次的“S型”

（b）两层直进型

**图 4-13　“旋切—干燥—剪裁”工序连续化示意**

图 4-14 为 BG183A 型三层网带式单板干燥机，国产 183 系列多层网带式高效节能单板干燥机主要特性见表 4-5。

图 4-15 为国产辊筒式单板干燥机，其主要特性见表 4-6。

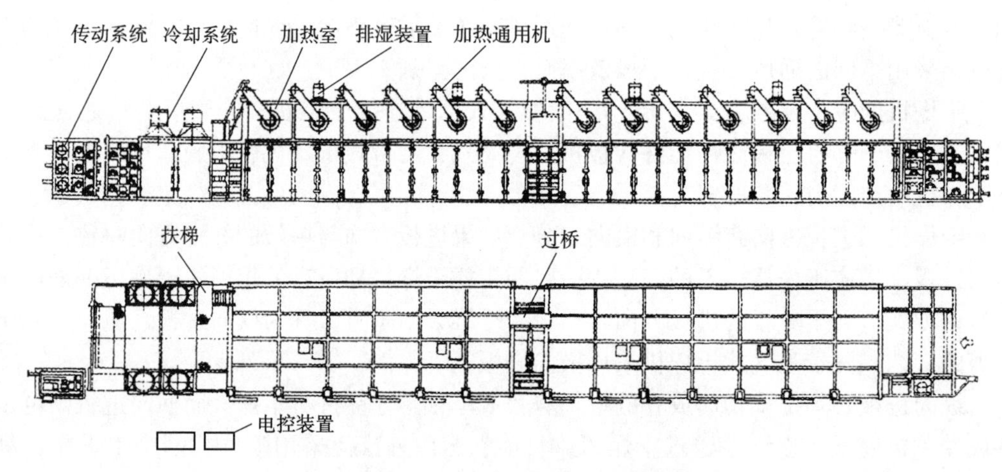


**图 4-14　BG183A 型三层网带式单板干燥机**

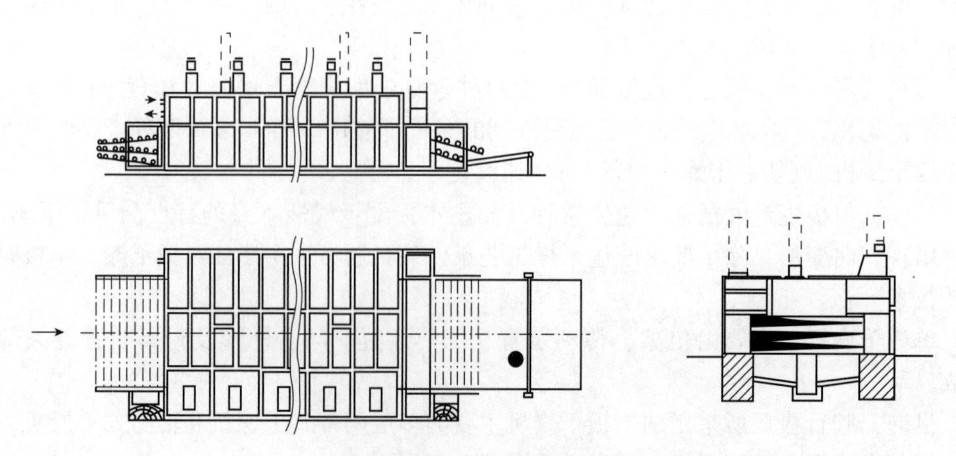

**图 4-15　新颖、高效、节能的国产辊筒式干燥机**

表 4-5 国产 183 系列多层网带式高效节能单板干燥机主要特性

| 技术参数 | BG183A 型 | BG183C 型 | BG183D 型 | BG1834 型 |
|---|---|---|---|---|
| 工作宽度(mm) | 2600 | 2600 | 2600 | 2600 |
| 网带宽度(mm) | 2750 | 2750 | 2750 | 2750 |
| 压链形式 | — | — | C212A | C212A |
| 工作层数(层) | 3 | 3 | 3 | 4 |
| 干燥速度(m/min) | 4~32 | 4~32 | 4~39 | 8~42 |
| 干燥段节数(节) | 13 | 10 | 13 | 13 |
| 干燥室长度(mm) | 2000×13=26 000 | 2000×10=20 000 | 2000×13=26 000 | 2000×13=26 000 |
| 冷却室长度(mm) | 1500×2=3000 | 1500×2=3000 | 1500×2=3000 | 1500×2=3000 |
| 外形尺寸(mm×mm×mm) | 39 180×4780×4485 | 39 180×4780×5521 | 39 180×4780×5100 | 39 180×5210×6180 |
| 电机总容量(kW) | 188.4 | 175.4 | 188.4 | 251.4 |
| 其中:传动电机容量(kW) | 11×3=33 | 11×3=33 | 11×3=33 | 11×4=44 |
| 加热风机电机容量(kW) | 11×13=143 | (15+11)×5=130 | 11×13=143 | 15×13=195 |
| 冷却电机容量(kW) | 4×2+2.2×2=12.4 | 4×2+2.2×2=12.4 | 4×2+2.2×2=12.4 | 4×2+2.2×2=12.4 |
| 压缩空气压力(MPa) | 0.3~0.5 | 0.3~0.5 | 0.3~0.5 | 0.3~0.5 |
| 压缩空气自由状态流量($m^3$/min) | 0.5 | 0.5 | 0.5 | 0.5 |
| 饱和蒸汽压力(MPa) | 0.3~0.5 | 0.3~0.5 | 0.3~0.5 | 0.3~0.5 |
| 单板初含水率(%) | 85 | 85 | 85 | 85 |
| 单板终含水率(%) | 12±2 | 12±2 | 12±2 | 12±2 |
| 单板密度(kg/$m^3$) | 590 | 590 | 590 | 590 |
| 单板规格(mm×mm×mm) | 1270×2540×0.85 | 1270×2540×0.85 | 1270×2540×0.65 | 1270×2540×0.65 |
| 干燥负荷率(%) | 85 | 85 | 85 | 85 |
| 干燥温度(℃) | 150~160 | 150~160 | 150~160 | 150~160 |
| 蒸汽耗量(kg/h) | 4000 | 4000 | 4000 | 7000 |
| 干燥能力($m^3$/h) | 4.2 | 4.3 | 4.8 | 7.2 |
| 总质量(kg) | 88 000 | 78 000 | 90 000 | 126 000 |

表4-6 国产辊筒式单板干燥机主要特性

| 技术参数 | BG1332型 | B1G1333型 | BG1933型 | BG134型 | BG1344型 |
|---|---|---|---|---|---|
| 工作宽度(mm) | 2800 | 3000 | 2600 | 4400 | 4400 |
| 工作层数(层) | 2 | 3 | 3 | 3 | 4 |
| 加热室节数(节) | 8 | 13 | 8 | 8 | 12 |
| 加热室长度(mm) | 8×2000<br>=16 000 | 13×2000<br>=26 000 | 8×2000<br>=26 000 | 8×2000<br>=16 000 | 12×2000<br>=24 000 |
| 单板输送速度(m/min) | 0.75~7.5 | 1~10 | 网带2.5~25<br>辊筒1~10 | 1.2~10 | 1.2~10 |
| 干燥能力($m^3$/h) | 1.4 | 4.3 | 2.8 | 4.2 | 8.4 |
| 电机总容量(kW) | 71.9 | 165.4 | 110.4 | 122.7 | 265.5 |
| 传动电机(kW) | 7.5 | 15 | 7.5 | 7.5 | 15 |
| 加热通风电机(kW) | 7.5×8=60 | 13×11=143 | 8×11=88 | 11×4+15×<br>4=104 | 18.5×6+<br>15×6=201 |
| 冷却风机电机(kW) | 2.2 | 2×2.2=4.4 | 2×3=6 | 2×3=6 | 4×4+<br>2×7.5=31 |
| 出料装置电机(kW) | 2.2 | 3 | 3 | 3 | 3 |
| 加热介质 | 饱和水蒸气 | 饱和水蒸气 | 饱和水蒸气 | 饱和水蒸气 | 饱和水蒸气 |
| 饱和水蒸气压力(MPa) | 0.8 | 1.0 | 1.0 | 1.3 | 1.3 |
| 单板容量(kg/$m^3$) | 590 | 590 | 590 | 590 | 590 |
| 单板厚度(mm) | ≥1.5(允许5) | ≥1.5(允许5) | 网带0.6<br>辊筒1.7~5 | ≥1.5(允许5) | ≥1.5(允许5) |
| 单板初含水率(%) | 85 | 85 | 85 | 85 | 85 |
| 单板终含水率(%) | 8±2 | 8±2 | 8±2 | 8±2 | 8±2 |
| 干燥温度(℃) | 150 | 150 | 150 | 170 | 170 |
| 蒸汽耗量(kg/h) | 12 000 | 3900 | 2500 | 3800 | 8000 |
| 整机尺寸(长×宽×高)<br>(mm×mm×mm) | 24 750×5000<br>×3100 | 36 180×5500<br>×3980 | 26 800×5300<br>×3900 | 28 120×6950<br>×3570 | 41 880×6950<br>×5395 |
| 总质量(kg) | 40 000 | 78 100 | 53 850 | 79 000 | 125 000 |

(3)其他类型单板干燥机

①红外线—对流加热混合式干燥机

红外线是一种不可见电磁波，又是一种热射线，波长为0.76~400μm，红外线可穿透木材，最大穿透深度为1~2mm，吸收后转变为热能，可用来干燥单板，单板含水率影响红外线穿透性。

红外线辐射源可以采用功率为250~500W的专用红外灯或燃烧气体(如煤气、重油)来加热辐射表面——多孔陶瓷板或金属网(辐射表面温度800~1000℃，金属网比陶瓷板辐射强度大)，再由辐射表面辐射出大量红外线加热单板，并由辐射源和燃烧废气加热循环气流，则可获得辐射和对流混合加热作用，既可以充分利用热源，又可以提高热效率，缩短干燥时间。

红外线干燥具有温度高、干燥质量好等优点，但能耗大。

②微波—对流加热混合式干燥机

微波是一种波长为2~30cm，频率为1000~10 000MHz的电磁波。利用单板在微波电场中木材的偶极分子排列方向的急速变化，分子间摩擦发热而使水分蒸发，达到干燥目的。

单板在微波电场中，吸收微波能量的多少与含水率以及微波功率呈正比。

为节省能量，通常在高含水率时，用热空气干燥，在低含水率时，用微波干燥，这种组合式干燥方式可以获得良好的效果。

③热板干燥机

热板干燥机的结构，类似于普通的胶合板热压机。单板装进热板干燥机后，将压板闭合，持续一段时间后，热板张开，干燥后的单板被拉出，一般加压压力为0.35MPa，热板温度为150℃。热板干燥单板时，每张单板的每一面，即单板和热压板之间，放一张开有沟槽的覆盖板，使水分和蒸汽能够排出。

热板干燥的最大特点是单板干燥后光滑平整，适合于涂胶、配坯、热压连续化生产，也可节省能量，减少宽度方向的干缩率，适用于干燥速生杨树的厚单板。热板干燥机的缺点是单板干燥效率较低。

### 4.2.3 单板干燥质量

单板干燥后，通常从干缩、变形、终含水率、色变等方面进行质量评价。

(1)单板的干缩

木材的弦向和径向干缩湿涨率不相同，单板宽度上的干缩相当于木材的弦向干缩，厚度上的干缩相当于径向干缩。此外，受含水率和厚度的状态不同影响，单板干燥发生的状态也不相同。

当平均含水率高于纤维饱和点时，单板宽度方向先局部干缩，然后才在单板整个厚度方向上干缩。表层干缩受到芯层的抑制，造成两种现象：①厚单板比薄单板宽度方向的干缩率小；②厚单板表层产生过度干燥现象，厚度方向干缩率偏大(图4-16)。

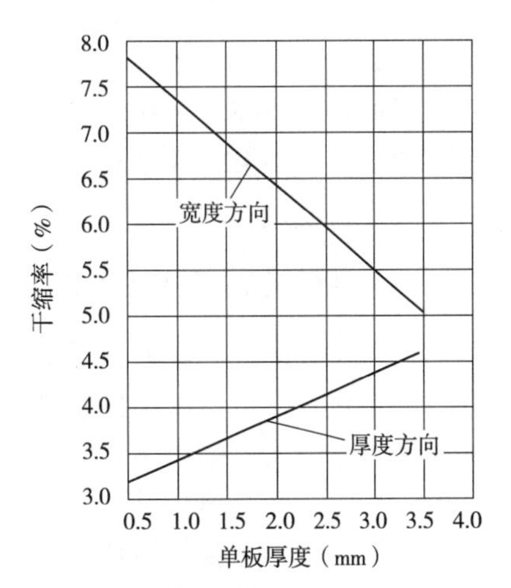

图4-16 单板厚度与单板干缩率关系

快速干燥时，温度越高，弦向干缩率越小。

湿单板剪切后逐张干燥时，必须留有足够的宽度干缩余量。单板宽度干缩余量 $b$ 为：

$$b=\frac{BV}{100-V}$$

式中：$B$——干单板宽度(mm)；

$V$——宽度方向的干缩率(%)。

单板厚度上也有干缩，也需要考虑厚度余量 $d$：

$$d=\frac{DV_H}{100-V_H}$$

式中：$D$——干单板厚度(mm)；

$V_H$——厚度方向的干缩率(%)。

单板连续干燥时，单板的前进方向与单板横纹方向垂直，木材横纹拉伸强度较低，干缩产生的应力会使单板开裂，甚至拉断。

(2)单板的变形

单板表面有早材和晚材之别，板面各处的密度不同。旋切时，单板有正、背面之分，背面有裂隙，结构松散；正面无裂隙，结构紧密。木材本身又是一种非均质材料，常有扭转纹、涡纹、节子等缺陷，会引起组织不均匀，使各部分干缩率有差别，引起变形和开裂。

单板在干燥机中干燥时，边缘部分比中间部分水分蒸发要快，而边缘部分的干缩又受到中间部分的限制，因此，边部容易产生波浪形，有时甚至开裂。采用辊筒进料对单板变形有一定的抑制效果。

通常可以采用下列措施减少变形：①单板逐张干燥时，可将前后板边重叠1~2cm，使厚度加倍，减小边部水分蒸发速度，消除变形和开裂；②带状单板干燥时，可在单板带两边6mm宽度上进行喷水，增加单板边部含水率，延缓边部水分蒸发，减少波浪状变形和开裂；③连续干燥单板带时，在湿单板两端贴上加强胶带，提高单板横纹方向的强度，防止单板边部开裂。

(3)单板终含水率

干燥后，单板终含水率应在符合胶合工艺要求的范围内(一般为5%~10%)，且含水率应尽可能均匀。由于干燥机内不同位置的风速和温湿度存在差异，以及单板心边材初含水率的差异，会引起干燥不均匀，单板干燥后终含水率的偏差比较大，给胶合板的胶合质量带来不良影响。

单板含水率受单板在原木中的部位和初含水率的影响，原木边材部分的单板初含水率比心材部分单板的高，而且偏差也大，单板干燥后，这种现象依然存在。为此，应尽可能根据单板含水率的高低，分类进行干燥，以减少单板干燥后含水率的偏差。

单板干燥后终含水率有一定的偏差范围，这是难以避免的。为了减少这种偏差，可以在干燥机的后部，安装连续式含水率测试仪，可以尽早了解单板干燥后的含水率状态，及时调整干燥机的速度，使单板干燥后达到符合要求的终含水率。单板干燥后应堆放一段时间，使其含水率均匀，减少含水率偏差。国内工厂一般都要求单板干燥后，存放24h后再使用。

(4)单板的色变和内含物外析

由于单板经过干燥失去了水分，或者由于木材内部内含物的作用，单板表面的色泽会发生变化。一般来说，色泽普遍由浅变深。色泽变化的程度受树种、单板在树干中的部位和含水率高低的影响。此外，干燥介质的温度和干燥时间也对色泽变化有着不可忽视的作用，要防止单板过干而造成表面炭化。

对于内含物丰富的树种，单板干燥后，其内含物也会外析到单板表面。例如，用马尾松旋成单板，干燥后表面会有松脂类物质，影响板子的胶合。在砂光时松脂类物质会钝化砂带，所以工艺上需要对马尾松等材种进行脱脂处理。

## 4.3 纤维和刨花干燥

纤维和刨花干燥在工艺和设备上与单板干燥有很大的不同，突出表现在以下几点：

①由于纤维和刨花形态尺寸小，后序工艺对物料变形无特殊要求，故可以不考虑干燥应力而引起的变形问题，通常使用高温干燥介质，如刨花干燥的温度高达350℃；②由于采用高温干燥介质直接与物料接触，热交换效率高，干燥速率快，干燥机生产能力大；③干燥系统中一般需配备防火防爆安全控制系统。

纤维与刨花干燥过程中的运行状态与单板有很大的差异，其中，纤维在管道中主要呈悬浮状态，借助于介质气流运动。而刨花则根据所采用的干燥方式和干燥设备不同，有的主要借助于机械运动，有的呈悬浮状气流运动，有的介于二者之间作混合运动。

### 4.3.1 影响干燥工艺的因素

(1)干燥介质参数的影响

①介质温度

一般来说，介质温度高，水分蒸发强度大，干燥时间可相应缩短。但对中密度纤维板生产中纤维的干燥则必须控制好介质的温度。因为现代中密度纤维板生产工艺都是先施胶后干燥，所选用的介质温度必须保证胶黏剂不发生预固化，此外，过高的介质温度也可能引起纤维燃烧。

纤维干燥介质温度的选择与所用的介质类型有关，如果用燃气作介质，可采取高温，进口温度高达300℃；如果用热空气作介质，可采取低温，进口温度为110~120℃。

表4-7给出了一组采用不同介质温度干燥纤维所压制的中密度纤维板产品物理力学性能。从表中可以看出，干燥介质进口温度在117~162℃时，中密度纤维板的静曲强度、平面抗拉强度、吸水厚度膨胀率等性能均比较好。

表4-7 纤维干燥温度对中密度纤维板性能的影响

| 干燥介质进口温度(℃) | 干燥介质与物料混合后的温度(℃) | 中密度纤维板性能 | | | | | 备注 |
|---|---|---|---|---|---|---|---|
| | | 密度($g/cm^3$) | MOR(MPa) | IB(MPa) | 吸水率(%) | 厚度膨胀率(%) | |
| 180 | 168 | 0.70 | 10.2 | 0.39 | — | — | ①未加防水剂<br>②干燥后纤维含水率为4% |
| 168 | 159 | 0.71 | 22.3 | 0.57 | 18.99 | 10.66 | |
| 162 | 147 | 0.71 | 24.2 | 0.61 | 21.14 | 10.00 | |
| 151 | 135 | 0.72 | 25.7 | 0.62 | 20.05 | 7.91 | |
| 142 | 128 | 0.71 | 26.5 | 0.72 | 17.90 | 8.62 | |
| 138 | 120 | 0.71 | 27.8 | 0.80 | 22.01 | 10.46 | |
| 123 | 110 | 0.71 | 28.2 | 0.80 | 18.62 | 8.57 | |
| 117 | 106 | 0.71 | 28.2 | 0.66 | 20.55 | 8.97 | |

②介质的相对湿度

干燥介质相对湿度的高低极大地影响着干燥速率。为了保持干燥系统内介质的相对湿度符合工艺要求，必须及时地排除介质中的水分，常用方式有两种：一是打开排湿风机；二是向干燥系统内充入低湿度的介质。

③介质的流速

介质的流速根据不同的干燥方式而异，以热空气作介质，速度的选择与以下条件有关：第一，与流经干燥系统的热量有关，在介质温度不变的情况下，输入的总热量随介质流速的增加而增加；第二，物料在干燥系统内的运行状态有关，纤维和刨花必须有一定的风速才能处于悬浮状态；第三，与物料在干燥系统内停留时间有关，风速越大，则停留时间越短。风速的确定首先应当综合考虑以上多种因素，此外，还应该注意在干燥系统的各个不同位置，介质风速是不相同的，当介质温度下降时，会引起介质体积乃至流速的改变。

(2)物料本身条件的影响

①树种与初含水率

树种不同，密度差异很大，导致在相同干燥条件下，干燥速率有所不同。树种不同还会引起生材含水率不同，心边材含水率不同，这些差异都要求对干燥工艺进行调整(图4-17)。

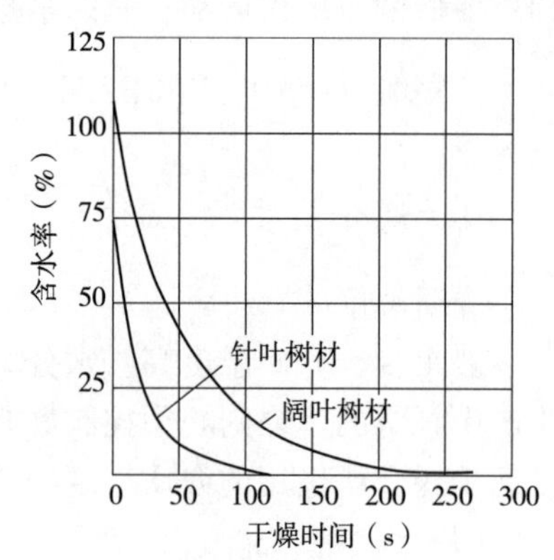

图4-17 树种和含水率对干燥时间的影响

对碎料状物料干燥来说，初含水率高低并不重要，重要的是初含水率的波动范围不宜太大，否则会造成物料的终含水率不均匀。

对某一条件固定的干燥机来说，额定的生产能力是相对于一定的初含水率而言的。如果物料的初含水率改变了，则干燥机的生产能力将会发生改变。在进行纤维和刨花干燥装置的设计或选用时，必须以生产中所用频率最高的原料含水率作为设计基准，应当留有一定的负载系数。

②物料形态

物料形态对干燥速率影响显著，由于木材中水分主要是通过表面蒸发的，因此，与水分扩散阻力及距离密切相关的刨花厚度就成了影响干燥速率的关键因素。刨花越厚，干燥时间越长(图4-18)。

刨花尺寸的不均匀性也是影响干燥质量的重要因素。在相同的干燥条件下，大尺寸刨花比小尺寸刨花需要更多的干燥时间。混合在一起干燥将会产生终含水率不均匀的现象。如果有条件的话，不同规格的刨花应当尽量分开干燥(图4-19)。

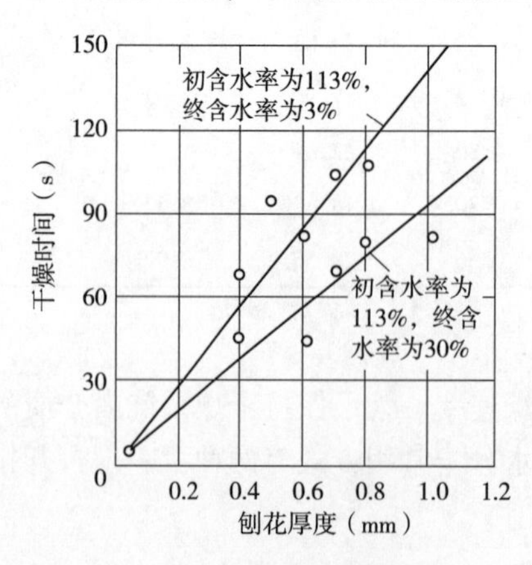

图4-18 干燥时间与刨花厚度的关系

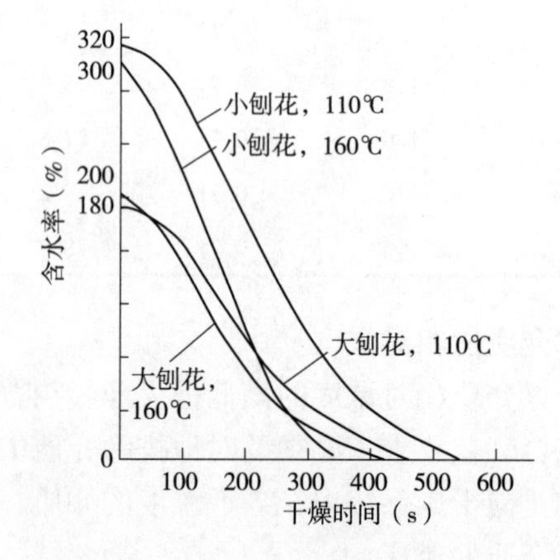

图4-19 刨花尺寸与干燥时间的关系

(3)干燥装置工作状态的影响

①输送浓度与充实系数

纤维在管道中干燥时，物料的输送和干燥是同步进行的。被干燥纤维相对于热空气之间形成了一定的输送浓度。

输送浓度是指输送1kg绝干纤维所需要标准状态下的空气量($m^3$)。一般说来，纤维干燥机管道直径、长度和风机都是固定的。在保证纤维终含水率符合要求的前提下，干燥温度、输送浓度的选择，直接影响到干燥机的热效率和产量，同时，也影响纤维干燥的质量。若输送浓度较大，则单位时间内，纤维受热面积大，纤维中水分的蒸发量增加，使干燥介质在干燥机出口的温度降低，干燥机的热效率和产量会提高。但是，如输送浓度过大，则会产生副作用，比如干燥后纤维含水率达不到要求，纤维分散性变差，甚至产生纤维沉积等不良现象。若系统输送浓度较低，虽可获得较好的纤维干燥质量，但是，干燥机的热效率和产量均相对降低。一般介质与纤维的混合比为$12m^3$∶1kg，纤维在管道内的停留时间为5~10s。

刨花干燥时，干燥滚筒断面上物料截面积($F_1$)与滚筒截面积($F$)之比值称为充实系数$\beta$：

$$\beta=\frac{F_1}{F}\times100\%$$

一般来说，在保证终含水率合格的前提下，应尽可能地增大堆积系数，这样可以提高生产能力和热效率。$\beta$值一般取为0.25~0.35。

②干燥滚筒安装角度与转速

刨花干燥常用滚筒式干燥机，滚筒通常呈正角安装，角度为1°~5°，为了提高堆积系数，增加设备生产能力，也有把干燥滚筒安装成负角的(图4-20)。

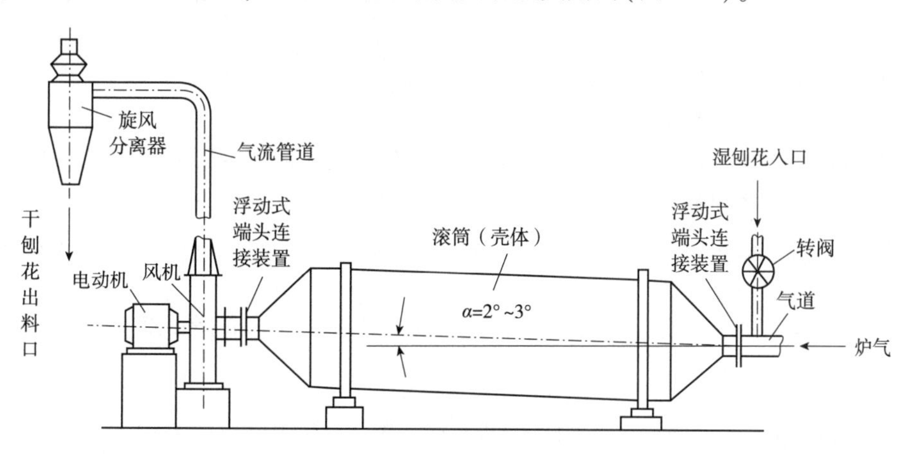


**图4-20 干燥滚筒负角安装示意**

干燥滚筒的转速改变主要影响物料在转筒内被抄起的频率以及停留时间，实验表明，在三通道干燥机滚筒中，改变滚筒转速，仅对大刨花的停留时间有所影响，而对小刨花的停留时间几乎没有影响(图4-21)。

③物料在干燥机内的停留时间

物料在干燥机内的停留时间是确定干燥工艺条件的一个重要参数。根据不同的干燥设备，对应有一定的停留时间。到目前为止，还难以找到比较精确的计算物料在干燥机内停留时间的公式，根本原因在于许多参数难以确定。以国内外常用的单通道刨花干燥机为例，刨花在滚筒内的停留时间 $\tau$ 可用下式计算：

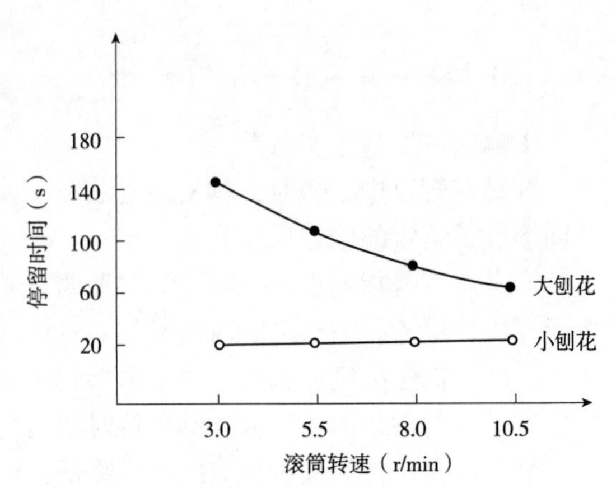

图 4-21 滚筒转速与刨花停留时间的关系

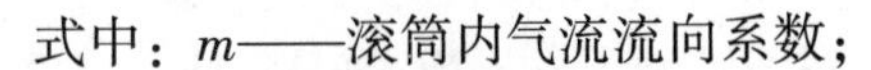

$$\tau = mk\frac{L}{Dn\tan\alpha} \quad (\text{min})$$

式中：$m$——滚筒内气流流向系数；

$k$——抄板系数；

$L$——干燥滚筒长度(m)；

$D$——干燥滚筒直径(m)；

$n$——干燥滚筒转速(r/min)；

$\alpha$——滚筒安装倾角(°)。

## 4.3.2 纤维和刨花干燥机

(1)纤维和刨花干燥机分类

①按使用的热介质或载热体分

有蒸汽干燥机、热油干燥机、燃气干燥机、热水干燥机、热空气干燥机等。

②按设备结构分

有回转式干燥机、固定式干燥机等。

③按传热方式和物料运动方式分

接触传热为主的机械传动干燥：干燥机内装有蒸汽管道，主要靠刨花与蒸汽管接触进行热交换，刨花靠机械的力量产生运动。

对流传热为主的机械传动干燥：干燥机中的刨花与热介质直接接触进行热交换，刨花靠机械力量产生运动。

对流传热为主的气流传动干燥：干燥机内的刨花随高速热介质运动，并通过与热介质接触，将热量传递给刨花。

(2)纤维干燥机

早期用于中密度纤维板纤维的干燥设备是回转式滚筒干燥机，而后出现了喷气式干燥机，现在中密度纤维板生产线广泛使用的是一级或二级管道式气流干燥机。一级气流干燥系统包括长70~100m、直径1.0~1.5m主干燥管道，管道端部与旋风分离器相连接，使干纤维与干燥介质分离，干燥时间为5~10s。由于干燥时间极短，又称为“闪击式”管道干燥机。

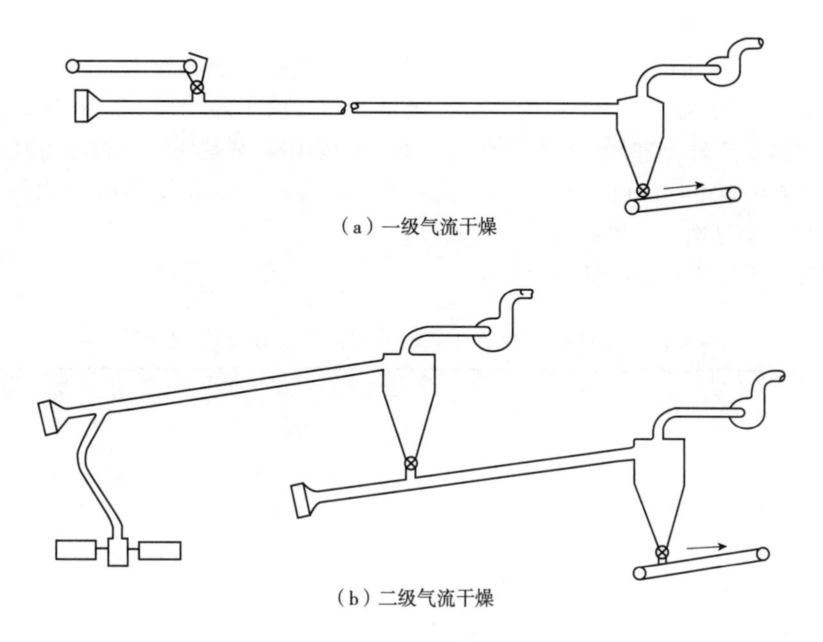

（a）一级气流干燥

（b）二级气流干燥

**图 4-22　纤维一级和二级干燥系统**

现代纤维干燥系统由燃烧炉、空气预热器、干燥管道、风送系统、旋风分离器、监测控制装置与防火安全设施等部分构成。管道式纤维干燥系统分为一级和二级干燥两种形式(图 4-22)。

①一级气流干燥系统

介质温度通常为 250~350℃，有两点基本要求：即纤维一次干燥后终含水率达到要求，且胶黏剂不发生固化。酚醛树脂在 350℃时，固化时间为 8~10s，所以，纤维在管道内停留时间不应超过 5~7s。脲醛树脂在 140℃时，固化时间为 5~10s，因此，纤维在管道内停留时间不超过 5~8s。

一级气流干燥系统具有干燥时间短、生产效率高、设备简单、投资节省等优点。但由于干燥温度高，着火概率大，因此，在系统内特别要重视火警监测和防护装置。

一级气流干燥系统工作管道分为前后两段。前段称为加速段，此段管道直径略小，因此介质流速高，湿纤维刚从热磨机喷出并施胶，与热介质有较大的速度差，故纤维水分汽化快，含水率急剧下降；后段称为干燥段，干燥段约占管道全长的 90%，此段管径略有加大，热介质流速减小，由于纤维含水率低，干燥主要依靠纤维与热介质之间的温度梯度来完成，干燥段的关键是纤维滞留时间，特别对较粗的纤维，适当延长纤维在热介质中的滞留时间，可以获得较好的干燥效果。

②二级气流干燥系统

二级气流干燥系统干燥介质的温度比一级干燥系统低，一般在 200℃以下。纤维干燥分两步进行，当含水率高的纤维进入第一级时，借助热介质与纤维的温度差，使纤维中水分快速蒸发，含水率急剧下降，纤维进入第二级干燥管道，管道内热介质温度比前一级低，但管道较长，纤维有较长的滞留时间，可保证纤维含水率达到要求，避免因过热而损伤纤维和防止胶料提前固化，还可降低热耗 15%。采用二级干燥系统，由于介质温度低，干燥条件柔和，纤维质量好，减少了着火的概率；此外，在二级干燥系统中，可灵活控制和调整纤维的干燥程度，使纤维含水率均匀。但二级干燥系统明显比一级系统复杂，投资升高，占地面积亦较大。

图4-23为节能型二级干燥系统，由一级干燥和二级干燥组成。湿纤维采用由第二级干燥排出的热废气，进行一级预干燥；二级干燥采用新鲜热空气。这样可减少热能消耗，仅为700～800($4.19\times10^3$)J/kg水分蒸发，第二级干燥介质温度也比较低(可在140℃)，可以明显减少干燥系统内着火概率。

不同纤维干燥方式的能耗见表4-8。

**表4-8 纤维干燥工艺与能耗比较**(以产量为10t绝干纤维/h)

| 指 标 | 先施胶后干燥 | | | 先干燥后施胶 | | |
|---|---|---|---|---|---|---|
| | 一级 | 二级 | | 一级 | 二级 | |
| | | Ⅰ | Ⅱ | | Ⅰ | Ⅱ |
| 流量(kg/s) | 3.3 | 3.3 | 3.3 | 3.0 | 3.0 | 3.0 |
| 入口纤维绝对含水率(%) | 75 | 75 | — | 71 | 71 | — |
| 干燥机入口最高温度(℃) | 160 | 160 | 120 | 210 | 210 | 140 |
| 出口纤维绝对含水率(%) | 11 | — | 11 | 4 | — | 4 |
| 能量消耗(%) | 95 | 85 | 85 | 100 | 85 | 85 |
| 具有热回收装置的两级干燥能量消耗(%) | — | 72 | 72 | — | 77 | 77 |

③干燥管道的类型与风压形式

按干燥管道的结构，可分为直管型、脉冲型和套管型三种(图4-24)。

直管型：主干燥管为一个直管，管径一般在1m左右，管道长度则根据需要确定。特点是设备结构简单、容易加工、投资少，应用广泛，但结构不紧凑。

脉冲型：管道呈双圆锥形，管径交替扩大和缩小，使纤维不断加速和减速，可提高干燥的效率。改进的脉冲型管在扩大区的切线方向导入一个二次热气流，使扩大区中造成一种附加的高紊流，可以调节纤维的流动速度，使纤维在里面旋转。控制二次热气流的流量，把粗纤维的速度限制在最佳的悬浮点，延长其干燥时间，而让细小纤维在主气流的升力作用下优先通过(图4-25)。防止细纤维过热，同时切向导入的二次气流产生的高紊流，还可防止纤维附着在管壁上，消除着火及纤维炭化的隐患。这种管型可使纤维进行高效热交换，纤维含水率也较均匀；但是，设备结构复杂，工艺较难控制，管道内容易黏挂纤维。

套管型：管道由不同管径的管道套在一起，形成一个同心的干燥器。设备结构紧凑、热效率较高；但由于采用卧式安装(图4-26)，纤维易沿着管道堆积，粗纤维在管道底部滚动，对干燥不利；气流在管道内作多次180°转向，增加纤维阻力和动力消耗；纤维容易在一些死角停留或附着在管壁上构成隐患。

上述各种管型，对于一级或二级气流干燥系统均适用。如用于二级气流干燥系统只需分段将选取的管型串联起来。

根据风机安装位置不同，有两种不同的风压形式：正压式和负压式。正压系统又称压出式(图4-27)，特点是风机安装在干燥管道前端，是目前纤维干燥常用的一种形式，但由于风机在高温下作业，增加了风机主轴和轴承的磨损。负压系统又称吸入式(图4-28)，特点是风机安装在旋风分离器后端，介质温度较低，它没有压出式的缺点，但是风压受

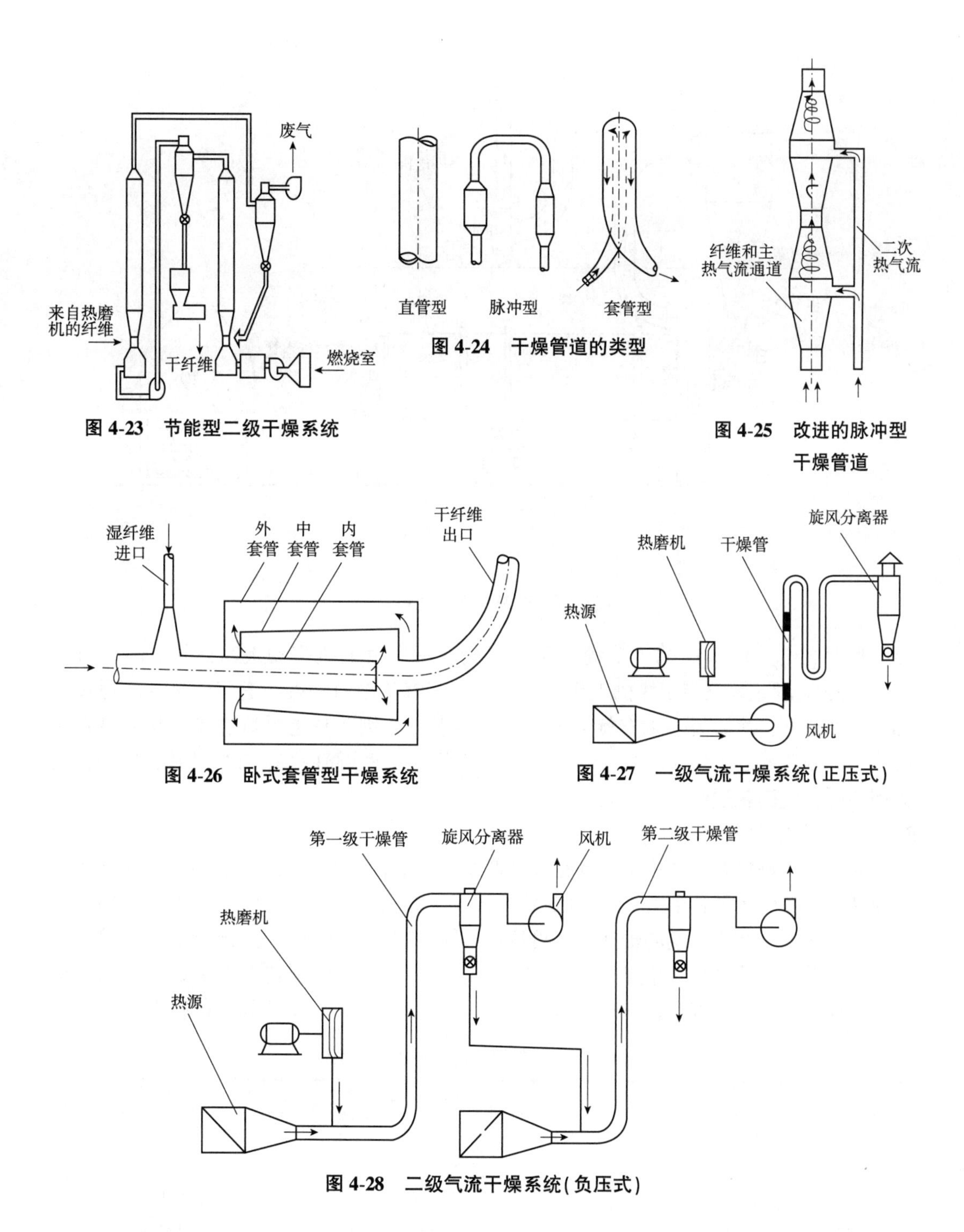


图 4-23　节能型二级干燥系统

图 4-24　干燥管道的类型

图 4-25　改进的脉冲型干燥管道

图 4-26　卧式套管型干燥系统

图 4-27　一级气流干燥系统(正压式)

图 4-28　二级气流干燥系统(负压式)

到限制，尤其是离心式风机，所能形成的真空度有限。要加大风速，只能增加风机的容量，所以动力消耗较大。

(3)刨花干燥机

①接触加热回转式滚筒干燥机

图 4-29 为早期国内刨花板生产中常用的干燥设备。滚筒干燥机辊筒长 5~18m，直

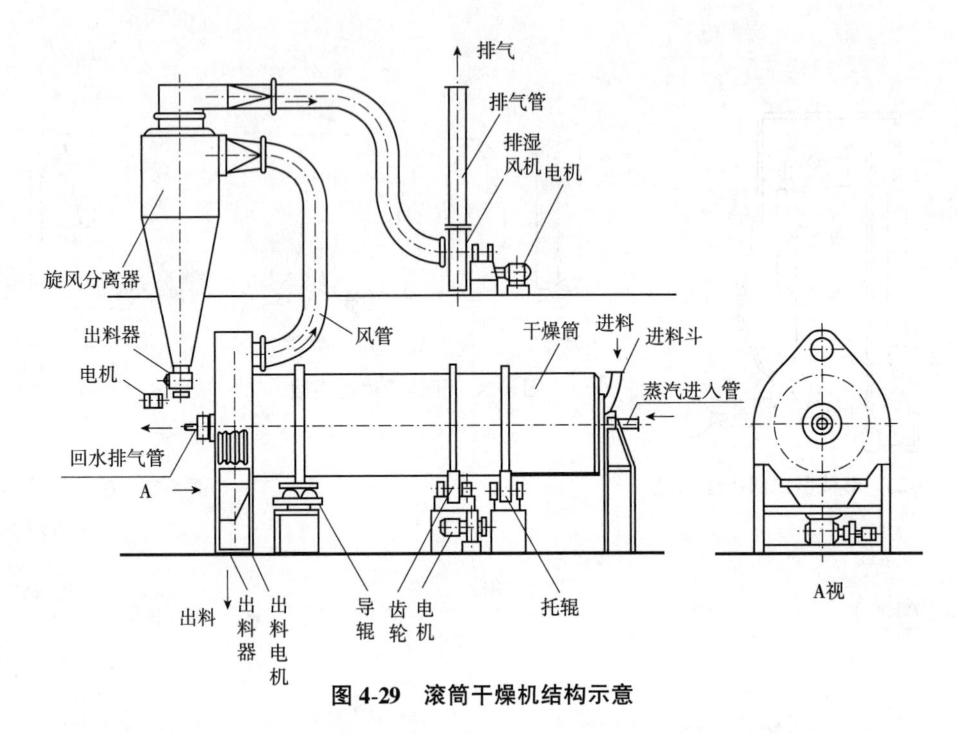


图 4-29 滚筒干燥机结构示意

径与长度之比为1∶(4~6)。滚筒用两对托轮支承，由电机带动滚筒回转。滚筒可在3.5~5r/min 调速。滚筒干燥机工作过程如下：蒸汽从滚筒一端的进气管进入，通过内部多组加热管，滚筒另一端有旋风分离器和排湿管，刨花从进料口进入，与加热管接触，加热刨花使之干燥。滚筒安装成一定倾斜度，并在滚筒内装有导向叶片，以便在滚筒回转时，使刨花逐渐向出口处移动。

②转子式干燥机

转子式干燥机是国内中小型刨花板生产线应用最普遍的刨花干燥设备。这种干燥机分单转子和双转子两种形式。图 4-30 是单转子干燥机的示意图。转子通过空心轴架在轴承上，热油或蒸汽由空心轴注入，再流经管束，刨花从进料口进入干燥机，直接与管束接触，并进行热交换，借助于装在转子上的导向叶片，使刨花沿着干燥机作轴向移动，干燥机内的湿空气经排气口排出。表 4-9 给出了国产转子式干燥机的技术参数。

表 4-9 国产转子式干燥机的性能指标

| 技术参数 | BG2323 型 | BG232S7 型 |
|---|---|---|
| 生产能力(绝干)(kg/h) | 700~1400 | 1400~1800 |
| 蒸汽压力(MPa) | 1.0~1.3 | 1.3~1.5 |
| 水分蒸发量(kg/h) | 500~900 | 1000~1260 |
| 总热量消耗(J/h) | 3.65×109 | 5.23×109 |
| 转子直径(mm) | $\phi$2326 | $\phi$2720 |
| 转子转速(r/min) | 3~9 | 2~8 |
| 物料终含水率(%) | < 3 | < 3 |
| 电机总功率(kW) | 15 | 15 |
| 外形尺寸(长×宽×高)(m×m×m) | 12.5×3.45×3.99 | 12.5×3.68×4.39 |
| 总质量(kg) | 23 000 | 26 000 |

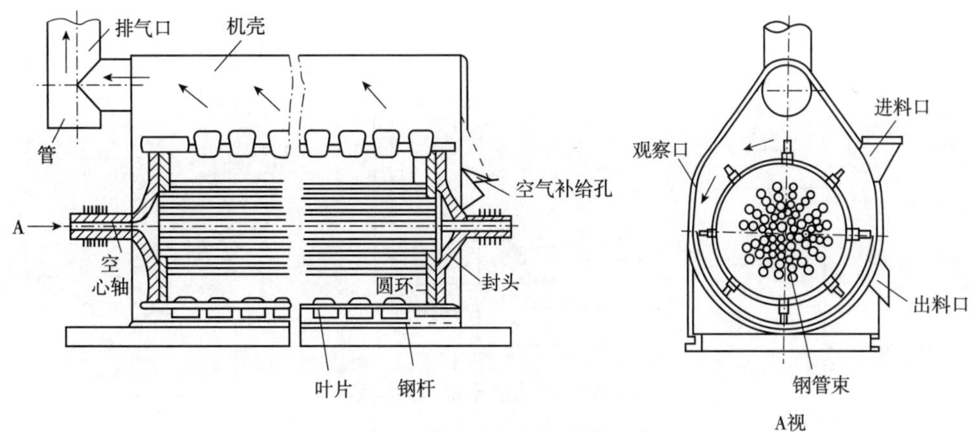


图 4-30 转子式干燥机结构示意

③单通道干燥机

又称烟气加热滚筒干燥机。干燥机主体为一个滚筒，内壁装有抄板，滚筒两端用支承轮支承。由电机带动，滚筒可以回转(图 4-31)。干燥机工作时，滚筒内通入热空气或烟气，刨花进入干燥机后，直接与干燥介质接触，并进行热交换。单通道刨花干燥机的排料方式有两种：第一种是自动排料，即物料从滚筒下落经星形阀排出；第二种是物料借助气流从滚筒中吸出，再经旋风分离器和星形阀排出。单通道刨花干燥机通常带有燃气燃烧室和热空气交换室，介质温度一般较高。为保证干燥质量，烟气需经净化处理。干燥系统一般配有灭火装置和防爆系统。单通道干燥机是目前国内应用最为广泛的刨花干燥机。

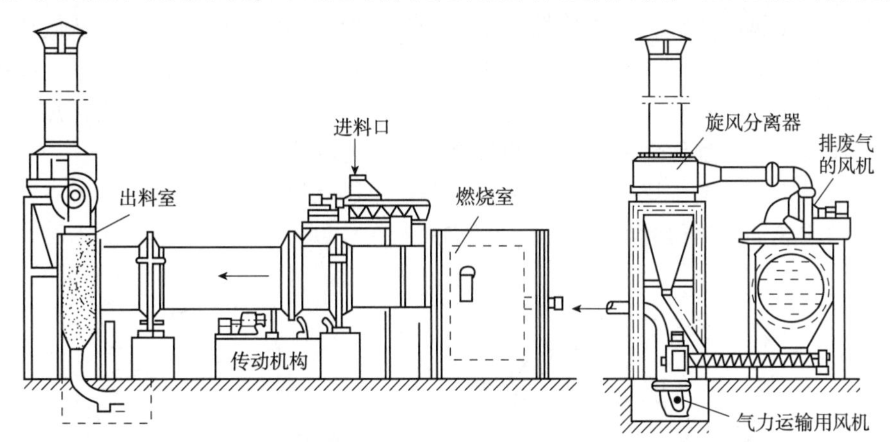


图 4-31 单通道干燥机结构示意

单通道干燥机对刨花形态破坏小，尤其适用于大片刨花的干燥。

④三通道干燥机

这种干燥机在国外使用已有悠久历史。外形长约 30m，直径约 4m。筒体由三层同心圆筒组成，热空气在三个同心圆筒之间进行流动，这样缩短了干燥机的总长度。图 4-32 为三通道干燥机结构示意图，主要由燃烧室、筒体及排气部分等组成。以天然煤气、油类、木粉或上述混合物为燃料产生热空气或烟气作为干燥介质，刨花靠干燥介质气流作用通过干燥机，湿空气排放由风机完成，风机安装方式可以是正压式，也可是负压式。

三通道干燥机工作原理是：在第一级套筒(即直径最小的套筒)内可使用较高的空气温度和速度。当热气流作用到刨花上时，表面水分蒸发处于等速干燥阶段。在第二、

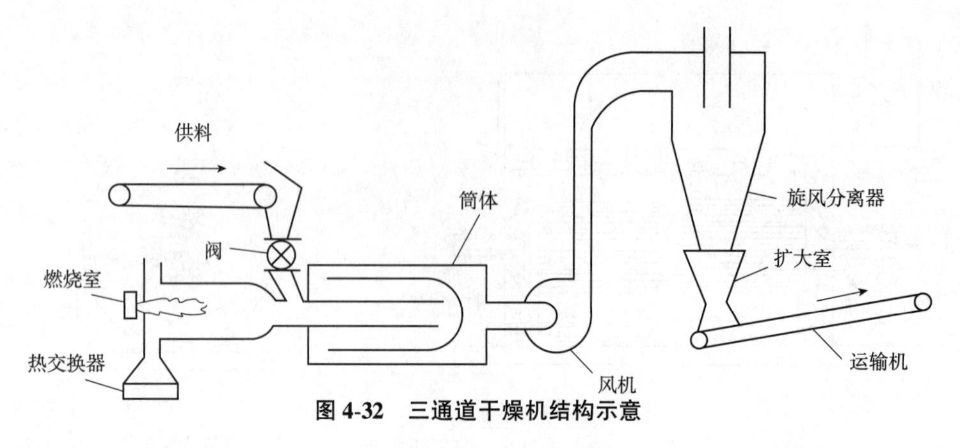

图 4-32　三通道干燥机结构示意

三级套筒(即中间及最外层套筒)内分别使用较慢的空气速度和中等温度，刨花在第二、三级圆筒内水分蒸发处于减速干燥阶段。加热气体的速度随着温度和筒径不同而变化。三个套筒由小到大的进口速度依次为498m/min、195m/min、98m/min。因此，刨花在三个套筒内停留时间是不同的。与单通道干燥机相比，三通道干燥机干燥能力大，占地面积小，节能效果和干燥质量好，适用于大片刨花和普通刨花的干燥。

⑤喷气式干燥机

喷气式干燥机属于水平固定式干燥机，主要用于普通刨花的干燥。喷气式干燥机是利用旋转流动层干燥的原理。湿料进入固定筒体的一端，在筒体底部形成物料层。热空气借助纵向排列的喷嘴作用，呈切线方向进入干燥筒内，物料在筒内一面旋转一面向前运动。为了防止刨花集结，可用旋转齿耙疏松。干燥后的物料经过风机，从旋风分离器底部排出，热空气可回到加热装置继续使用，大部分热量保留在干燥机内，热效率较高。喷气干燥机的关键技术在于控制筒底空气进口处的叶片方向，据此确定热介质在筒内旋转角度及物料向前运动的速度，调整物料在筒内的停留时间。

喷气干燥机所用的干燥介质有两种：一种是通过燃烧室产生的烟气；另一种是利用蒸汽、热水或热油换热得到的热空气(图4-33)。

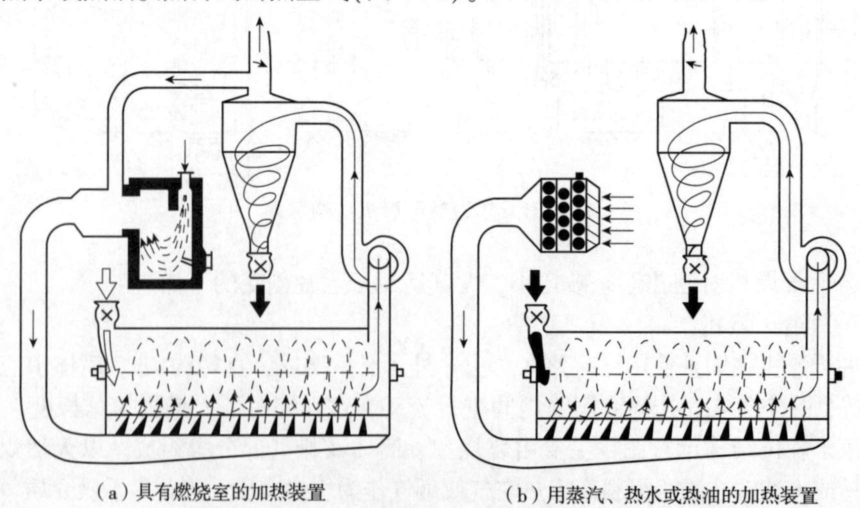
(a) 具有燃烧室的加热装置　　(b) 用蒸汽、热水或热油的加热装置

图 4-33　两种加热装置的喷气式干燥机结构示意

燃气加热的喷气干燥机，使用煤气、油或木屑与油混合物作燃料，产生的燃气经净化处理后直接作为干燥介质。这种干燥机工作时入口温度为370~400℃。加热介质可循环使用。热空气加热的喷气干燥机用蒸汽、热水或热油经换热得到热空气作为干燥介质，这种干燥机热空气不能再循环使用。工作时入口温度为160~188℃。

除了上述多种干燥机以外，近来还出现了一些新型结构的刨花干燥机，例如，悬浮式干燥机和网带式刨花干燥机等，但目前尚未在工业生产中得到普遍采用。

## 4.4 干燥过程控制

### 4.4.1 含水率控制

(1)含水率测量

物料含水率测量方法多种多样，主要分为周期式和连续式两大类。

①质量法

先将干燥前的物料称量，再烘至绝干后称量，用两次称量的质量差，求得物料的绝对含水率。

$$W=\frac{G-G_0}{G_0}\times 100\%$$

式中：$G$ ——干燥前单板质量(g)；

$G_0$——绝干单板质量(g)。

这种方法简单可靠，测量结果精确度高但是它只能对同一批物料进行抽样检验，结果存在局限性，而且测量时间长，效率低。

②微波测量法

微波束穿透一定厚度的物料时，能量受到损失，被吸收的微波能量与水分含量呈比例。含水率越高，能量吸收率也越大。微波测湿就是利用这个原理来测定物料的含水率。所用的微波频率为9400MHz，微波的接收和发送传感器，紧靠在单板的两个相对表面上，但又不接触单板，越靠近被测表面，测量的精确度越高。为提高测量精度，可以使用多对传感器，求其含水率平均值。此法含水率测定范围广，但对单板厚度变化和木材结构的均匀程度及水分分布的均匀性比较敏感。如果在单板带的厚度变化不大、含水率分布比较均匀的情况下，使用这种仪器较为合适。

③介质常数测量法

工作原理是木材对5000MHz的高频阻抗用含水率的不同而变化。仪器记录是由于阻抗的这种变化而引起的电流变化，电流的变化是用一种根据惠斯登平衡电桥原理制成的电位差计来测量的。含水率测量范围为0~12%，并在温度为0~40℃使用。测量精度不超过含水率的±0.5%。这种仪器存在的问题是校准后的短期内读数较精确，长期使用时就会产生读数不准确的现象，只能表示含水率的增减趋势。

④相对湿度测量法

工作原理是从原料的表面连续抽取空气样品，测量其相对湿度，并用含水率表示出来。用一个螺旋送料器连续收集原料样品，送料器的一端埋在流动的原料中，当螺旋送料器将原料样品送过空气取样管入口处时，空气样品从原料中连续抽出。由一只小电机驱动一只轴向风扇，使空气样品抽过取样管，并将其吹过测量线。测量线随相对湿度的变化而胀缩，由杠杆原理将这种胀缩转换成含水率读数。测过的空气通过回气管，并在空气进气管前吹向原料取样管，这一过程使相对湿度更趋稳定。空气进气管和回气管的长度可以达 10m 左右。这种仪器的缺点是受温度和大气湿度的影响较大，含水率的读数不够精确。

⑤红外线测量法

该方法是利用不同含水率的物料对波长为 1~2μm 的红外线的吸收程度不同的原理而设计的。由于物料的含水率不同，在 1~2μm 波长范围内，形成一个狭窄的吸收区，并以此吸收区为基准点。在 1~2μm 波长的其他区域内，含水率变化大的物质对红外线的吸收量变化也大，就形成了广泛变化区域。这些区域就是测量仪器需要测量的部分。含水率是根据测出波长广泛变动区域与狭窄或不变区域之间的比值而定。在测试时，发现下面几个问题：仪器重新校正后，在被测物质表面十分均匀的情况下，含水率读数可以精确到 0.5%。表面粗糙时，读数不如平滑时精确，但仍能保持在±1%以内，这是粗糙层厚度变化或粗糙层阴影引起的。阴影对仪器有一定的影响，为了消除车间内明亮和阴暗处光差的影响，必须保证车间有稳定的光源。被测面上光线增强或减弱，就会相应地显示含水率的提高或下降。长期使用这种仪器会产生读数不准确，使用 24h 精度降低±(0.5%~1%)。

⑥电阻测量法

工作原理是利用木材的电阻因含水率不同而变化，用此法测量结果是比较精确的，但温度对测量结果有一定的影响。根据此原理制成一种新型测湿仪，是一个钢质圆筒，内壁有四个半球形电极，用陶瓷绝缘。测湿仪的结构，在保证测距内完全不受外面交流电干扰。测湿仪的圆筒装在不断充满刨花的料槽上，安装位置要求测筒的入口不断有大量刨花充入。螺旋输送器由一个三相电机带动，从刨花流中取部分刨花压进前测室，测湿仪测筒的出口经四个弹簧片变狭窄，对送进来的刨花产生挤压作用，从而使其形成刨花塞，不断通过四个电极。弹簧紧紧压住刨花塞，因此只有前端部分断裂下来，这样使刨花流不断进入测筒。四个电极构成四个测段，每个电极的测流由电极端通到圆筒壁，使刨花塞的四周都有测流通过。一个交流电放大器对四个测段的测数进行平均处理，并将平均值通过积分调节器反映出来。这样能显著缩小因个别湿刨花或厚刨花引起的误差。在测筒的前部，在电极的范围内，装有一个温度校正装置，随时测量受测刨花的温度。测量湿刨花的温度范围为 10~50℃，干刨花的温度范围为 40~120℃。这种测湿仪具有较高的稳定性。含水率读数用%表示。

(2)含水率的自动调控

在单板干燥时，可通过安装在生产线上的单板含水率连续测量装置发出信号，人工或自动地调节网带速度和其他干燥工艺参数。

在纤维和刨花干燥时，也可以根据安装在出口端的含水率测定仪给出信号，人工或自动地通过调节介质温度、物料加热量以及物料在系统内所留时间来改变干燥工艺条件，使干燥后的物料含水率符合工艺要求。图 4-34 为纤维干燥控制系统示意图。含水率探测器(MX)不断对成型板坯带进行含水率测定，并通过含水率显示器(MI)显示；测

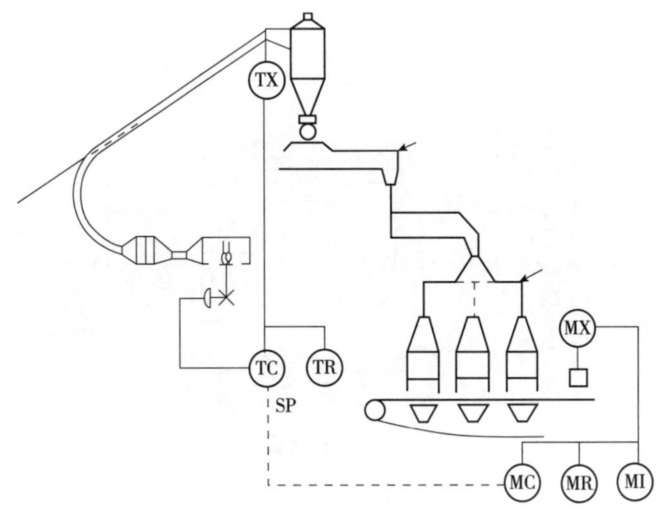


图4-34 纤维干燥控制系统示意

得的含水率与工艺设定的含水率参数(MR)进行比对，经分析处理后，由含水率控制器(MC)发出指令，控制调整器(SP)调整干燥介质温度控制器(TC)的温度参数(TR)数值，并通过安装在干燥系统的旋风分离器出口的温度探测器(TX)进行温度控制，从而实现对干燥纤维含水率的自动控制。

## 4.4.2 防火控制

火灾通常发生在刨花和纤维干燥系统中。

刨花板生产中应特别注意防范火灾问题。火灾发生的原因主要有：①物料中有金属或石块进入设备内，撞击后产生火星；②设备维修时使用电焊或用乙炔切割，操作不当而引起火灾；③设备或电路故障；④干燥介质温度过高；⑤干燥机内沉积的物料长时期处于高温状态，引起自燃。

(1)定点防护系统

生产中比较有效的措施是在各危险点使用高敏火花探测器来控制。这种探测器一般装有对红外光源的敏感元件或其他光电敏感装置。其灵敏度比任何物料的运输、燃烧和爆炸速度都快，能在0.002~0.003s以内发出火警信号，并通过放大器推动执行机构控制灭火系统喷射灭火剂，以及自动切断风机电源，关闭阀门及其他一系列作业系统，防止火源蔓延。定点防护系统如图4-35所示。

(2)含氧量控制系统

物料的燃烧是一种剧烈的氧化还原反应。当热空气中含氧量超过17%时，就给燃烧反应创造了条件。因此，只要使含氧量低于17%就不易着火，如降低到安全值13.3%以下，则基本上不会发生燃烧反应。实际的干燥介质中含氧量都达到18%~20%，物料在这种高湿介质中干燥容易发生燃烧反应。可以通过控制干燥介质的含氧量降低燃烧的风险。热气流的含氧量控制是比较困难的，必须采取特殊措施，如通入惰性气体。含氧量控制系统如图4-36所示。

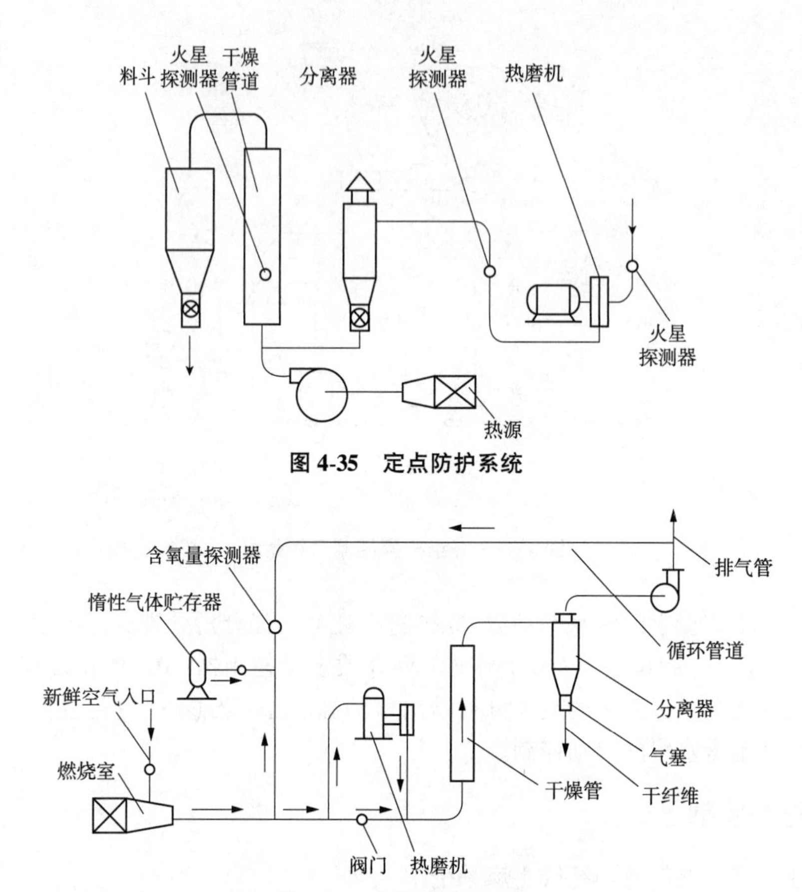


图 4-35 定点防护系统

图 4-36 含氧量控制系统

含氧量控制系统的工作原理：首先将危险区(干燥系统)与纤维分离和成型系统隔离，使各部分的运输气流系统独立封闭循环，便于缩小含氧量的控制范围，使干燥系统建立低氧气流作业。

在干燥系统中使用氧化锆($ZrO_2$)探测仪来测量和控制含氧量。当气流中的氧浓度超过17%时，输出信号经过放大后，控制惰性气体($N_2$ 或 $CO_2$)贮存器的阀门动作，放出惰性气体稀释循环气流中的氧浓度到17%以下。然后自动关闭。这样，管道中即使偶然出现火花也不致引起纤维燃烧。

(3)防爆系统

在纤维和刨花干燥中，如果瞬间内能量高度集中，则有可能发生爆炸。图4-37为木粉爆炸的时间—压力曲线。基本上呈对数关系，在反应初期压力上升速度比较缓慢；当反应继续进行，压力迅速上升达最大值，爆炸发生。

因粉尘燃烧引起爆炸的因素有很多，物料含水率是一个重要因素(图4-38)。含水率越高，压力上升速度和最大压力值就越低，着火要求的能量也会显著增加。

氧气浓度高低也对反应“压力—时间”函数关系有重大影响。加入惰性气体(如$N_2$)，可以降低助燃 $O_2$ 的浓度，既能减缓因压力上升的速度，又能显著降低最大压力。

影响爆炸反应的其他因素还有物料粒度、引燃能量、初始压力、温度及材料的可燃限度。如当木尘颗粒粒度大于40目时，一般认为是非爆炸性的。它们在空气中悬浮时，

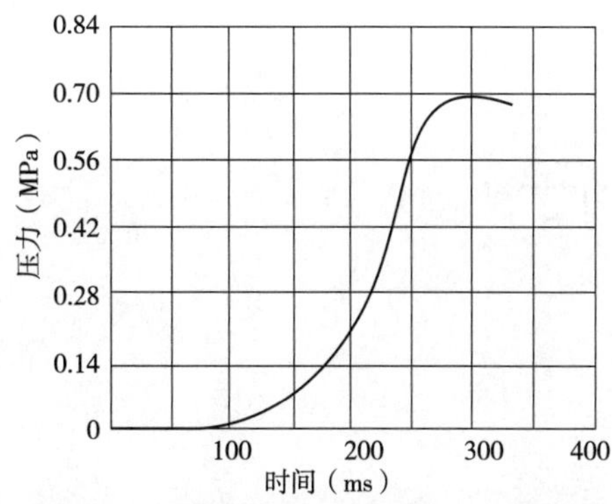


图 4-37　木粉爆炸的典型压力—时间关系

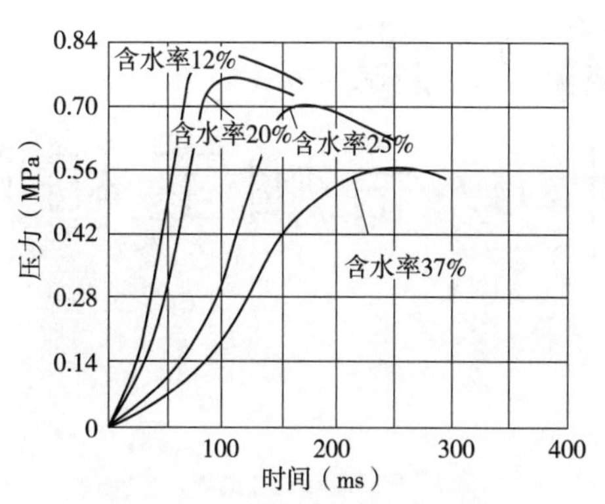


图 4-38　含水率对爆炸的影响

常见的火源，如静电、热金属等不致引起燃烧反应。

图 4-39 为最基本的防爆系统，所装的敏感电测器与灭火器的动作相连。爆炸探测器可测出被保护容器内的任何光、压力及火源，并能在火焰临近探测器几十毫米前探测出来。抑制器是一个充满惰性介质的易碎容器，它的中心装有少量起爆炸药，能瞬时燃烧，从而给惰性介质以极高的分速度，迅速压制扩展的火焰，使混合物由于化学惰性而不能灼烧。

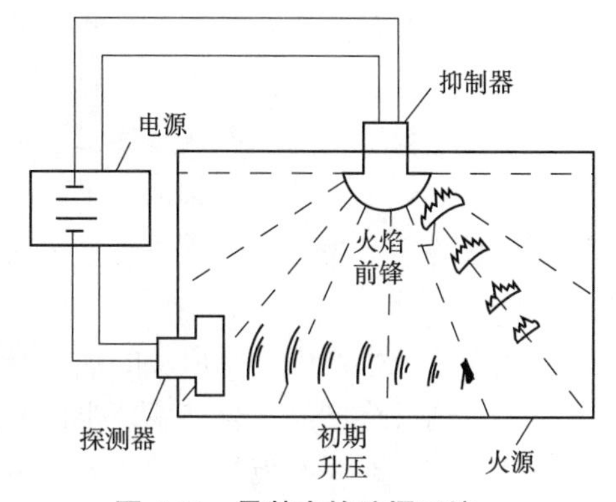


图 4-39　最基本的防爆系统

## 思考题

1. 简述木材单元的干燥原理。
2. 简述木材单元干燥所需热量转换模式。
3. 影响单板、纤维和刨花干燥的因素有哪些？
4. 简述生产上常用的单板、纤维和刨花干燥机。
5. 造成纤维和刨花干燥机发生火灾和爆炸的原因是什么？如何控制？

# 第5章 半成品加工和贮存

本章叙述了单板、纤维和刨花在生产过程中的分级、输送和贮存，重点介绍了半成品的加工方式、贮存工艺与设备，目的在于通过一系列相互不连续工序的连接，构成一条连续的工艺循环链，以实现生产的连续化、自动化。

本章重点是如何保证加工单元在输送过程中单元形态不被破坏，对于提高物料得率、确保产品质量关系重大。

在人造板生产中，半成品的加工与贮存是一个不可忽视的工艺过程。半成品的质量直接关系到最终产品的合格率。半成品的加工与贮存常常在生产线上起到前后工序的过渡缓冲作用。在人造板的三种主要产品(胶合板、纤维板和刨花板)中，半成品的形态有很大的区别，其加工内容与方法也大不相同。一般来说，胶合板生产过程中的单板分等、整理、运输与贮存属于一类，而中密度纤维板和刨花板生产过程中的碎料分选、再碎、输送和贮存则属于另一类。

随着科学技术不断进步和产品用途不断开拓，半成品的加工内容不断扩展，所采用的工艺与设备也不断更新。

## 5.1 单板的加工和贮存

在胶合板的生产过程中，单板分选以湿态和干态两种状态存在，单板含水率的不同将影响单板加工的工艺和设备。

### 5.1.1 湿单板的加工

(1)湿单板挑选与分类

从旋切机上旋出的单板通常包括不可用单板和可用单板两部分：①在旋圆的过程中，产生厚度不等、形状各异和不连续、不规则单板，这部分单板统称为不可用单板；②在旋切过程中，产生的少量窄长单板和大量的连续带状单板，统称为可用单板。

不可用单板和可用单板的分类，通常用两种方法进行：①把木段的旋圆和旋切分成两个工序，这样做有利于提高单板的质量；②旋圆和旋切在同一台旋切机上完成，然后通过人工或机械将可用单板和不可用单板进行分类。这是目前大多数胶合板厂采用的工艺路线。

在旋切机的出板端，需要将湿单板分类并输往不同的去向。目前，工厂大多采用机械分选，把旋切下来的单板分成两条流水线(图 5-1)，一条为可用单板线，另一条为不可用单板线。不可用单板通过闸门落在运输带上被送到指定地点，作为纤维板或刨花板生产原料。可用单板中的窄长单板从阀门上部被送往工作台进行整理和剪裁，而连续单板则被直接送去剪裁或卷筒贮存。

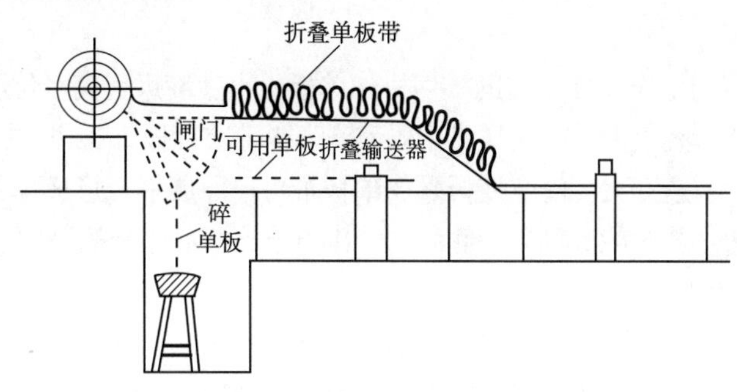


**图 5-1　单板分选流水线**

(2)湿单板传送流水线

在胶合板生产中，从旋切到干燥工序之间可采用两种工艺路线，即先剪后干工艺和先干后剪工艺。无论采用哪一种工艺路线，在旋切和干燥之间都不可能像常规连续流水线那样进行单板直接传送，因为旋切速度、剪板速度和干燥速度三者之间不能完全匹配，这就需要在旋切和单板干燥之间形成一个起连接作用的有较大容量的中间缓冲贮存库，这里有两种流水线模式：即旋切—中间缓冲贮存库—剪裁—单板干燥—分等(先剪后干)和旋切—中间缓冲贮存库—单板干燥—剪裁—分等(先干后剪)。

从旋切机到后道工序的单板传送连接方式有三种：带式单板传送器、单板折叠传送器和单板卷筒装置(图 5-2)。

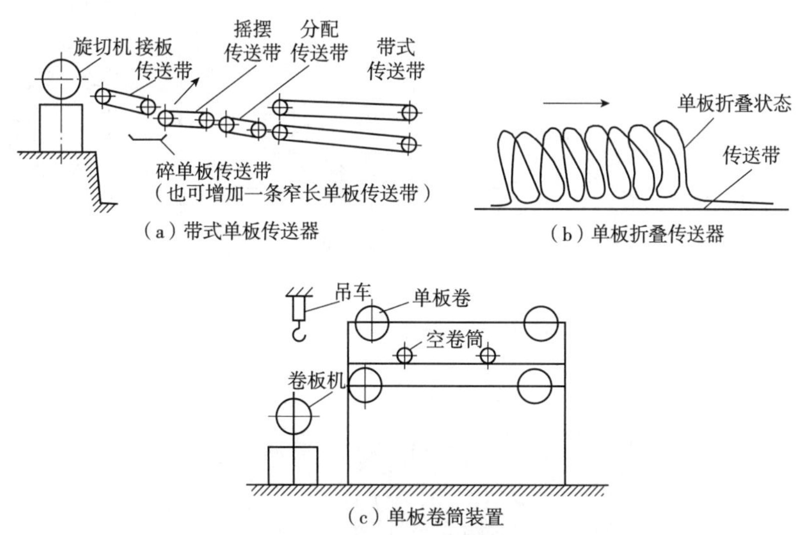


**图 5-2　单板传送连接方式**

①带式单板传送器

带式传送器可以是单层或多层，通过输送带直接将单板运送到后续工序，具有生产率高、单板破损率低等优点，适用于传送厚单板或用小径级原木旋得的单板带。带式传送器一般比较长，造价高，占地面积大。

②单板折叠传送器

单板折叠传送器是在带式传送器的基础上改进而成，其特点是：单板在输送带上形成波浪状，克服带式传送器过长的缺点，大大缩短传送带的长度，减少占地面积，降低设备造价。

单板折叠传送器的工作原理：借助旋切机的单板旋出速度远远高于传送带线速度，使单板在带子上呈波浪状折叠起来，在输送带末端和剪板机(或单板干燥机)之间另装一传送带，令其运行线速度比旋切速度大，借此使折叠的单板带再还原展平。形成单板折叠时，应当保持向旋切机一侧倾斜。若向剪板机另一侧倾斜，则可能在折叠单板展开时，将板带拉断。

③单板卷筒装置

单板卷筒装置主要适合于贮存带状单板，其特点是将单板带在钢管上卷成圆筒状，卷板时，钢管轴架在开式轴承上，可以借助电机通过离合器带动钢管转动，也可以通过皮带轮带动钢管转动。在旋切过程中，木段的直径是变化的，则单板的出板线速度也为变量，若木段转速不变，为防止单板带被拉断，常常将钢管转速设计为可调。目前，许多工厂采用恒线速旋切，可以较好地解决单板带被拉断的问题。用卷筒卷板法传送和贮存单板，占地面积少，结构简单；尤其适合于用大径级原木旋切薄单板时的单板贮存，单板卷筒的最大直径可达800mm以上。

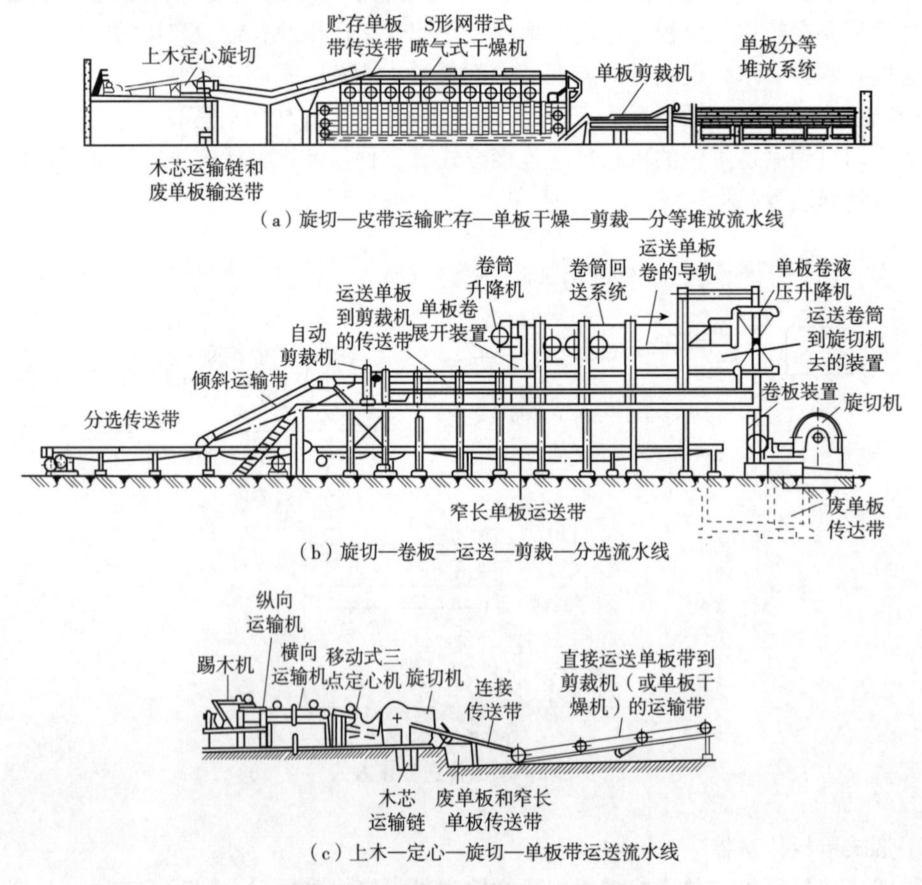

（a）旋切—皮带运输贮存—单板干燥—剪裁—分等堆放流水线

（b）旋切—卷板—运送—剪裁—分选流水线

（c）上木—定心—旋切—单板带运送流水线

**图5-3 旋切机前后工序连接方案**

在单板旋切时，由于单板较薄，为防止单板边部开裂，常常用胶纸带粘贴在单板带两侧，以提高单板带的抗拉强度。在胶合板生产中，旋切机从旋切、干燥到整理工段可以依照不同的工艺组合形式而形成三种不同的连接方案(图 5-3)。这些方案各有特点，生产厂可以根据本单位的原料特点、设备类型、工艺要求和资金投入等情况统筹考虑。

### 5.1.2　干单板的加工

(1)单板剪切

①剪板工艺

在胶合板工厂，单板剪切往往发生以下两种情况：若采用先剪后干工艺，则剪切的是湿单板；若采用先干后剪工艺，则剪切的是干单板。如果干燥时采用一般的辊筒式干燥机或网带式干燥机，则需要将湿单板剪切后再送入干燥机；如果采用喷气网带式连续干燥机连续地干燥单板，则在干燥后进行剪切，二者之间在剪切工艺的要求上是有区别的。

就先剪后干工艺而言，由于剪切的是湿单板，必须考虑加工余量。单板的长度加工余量在原木截料时已经考虑，厚度余量已根据板厚、干燥压缩余量和加工余量进行了设计。剪切时只需考虑整幅单板的宽度加工余量即可。剪切时主要根据胶合板标准将单板带剪成整幅单板和窄长单板。

整幅单板的剪切宽度 $B$ 应按照下式计算：

$$B=b+\Delta a+\Delta b$$

式中：$B$——整幅湿单板剪切宽度(mm)；

$b$——胶合板宽度(mm)；

$\Delta a$——胶合板加工余量(mm)，一般为 40～50mm；

$\Delta b$——单板的干燥余量(mm)，根据材种和单板含水率进行计算。

单板剪切时除了控制尺寸外，还要进行严格的表面质量把关，胶合板国家标准中对单板的表面质量等级作了严格规定，剪切时应去除材质缺陷，如腐朽、节疤、裂口等。此外，还应去除工艺缺陷，比如厚度不够、边缘撕裂等。

胶合板国家标准中对面板的质量等级有一系列限制。为了提高单板出材率，应当在剪切时采取一系列措施，主要包括以下几点：在面、背板达到平衡的前提下，根据标准允许的范围，应尽可能地多剪成整幅单板，少剪成窄长单板；对于有材质缺陷的单板，若经过修补能符合国家标准，应尽量剪成整幅单板；剪切后的单板尺寸要规范，四边成直角，切口要整齐，尽可能减少不必要的再次剪切。

湿单板剪切后进行干燥，还有可能因产生裂口而降等，需要二次剪切，因此，湿状整幅单板或长条单板的剪切分等并不是最终判定。

湿状长条单板在干燥时由于干缩不均匀会出现毛边，胶拼前还需齐边，所以，在湿状剪切时，可以保留边部 10mm 宽度范围内的缺陷，这些缺陷将在干单板齐边时去除，这样做有利于提高单板出材率。

剪切干单板时可以不考虑干缩余量，剪出的长条单板在胶拼时不需再齐边。干单板剪切时的等级划定就是单板贮存和组坯时的判等依据。

②剪切设备

目前，工厂中常用的有人工剪板机、机械传动剪板机和气动剪板机三种。

人工剪板机：在大多数小型胶合板厂，由于工厂产量低或由于初期投资资金不足，常常选用人工剪板机。人工剪板机结构简单，操作简便，价格低廉，剪板质量可以满足工艺要求，但效率低，人工劳动强度大。

机械传动剪板机：在大多数胶合板生产厂，常常采用机械传动剪板机剪切单板。机械传动剪板机具有生产能力大、操作方便等优点。典型的机械传动剪板机结构如图5-4所示。机械传动剪板机由机架、底刀、切刀和传动系统组成。机架由两个铸件架、刀架和横梁组成。底刀为一把固定在机架上的直尺，切刀固定在可上下运动的刀架上。机械传动系统包括主轴、偏心轴、离合器、齿轮副和电机等。操作时，踩动脚踏板，离合器闭合，离合器的摩擦环张开并与大齿轮接触，电动机通过齿轮带动主轴回转，借助偏心机构使回转运动成为上下运动，借此完成单板剪切。离合器分开时，电动机带动的大齿轮在主轴上空转。

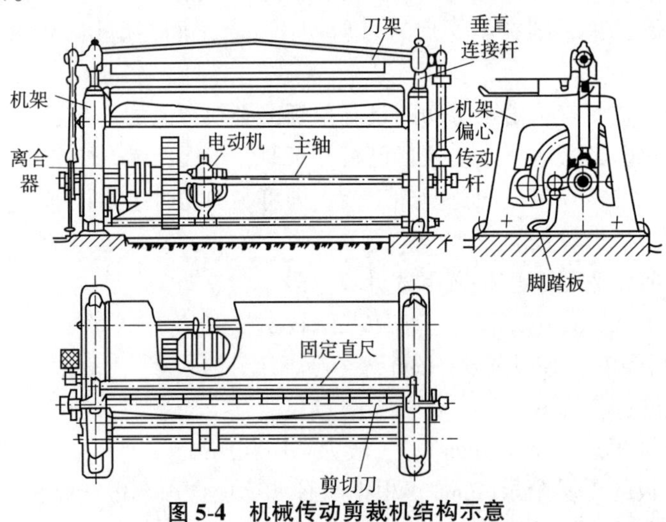


图5-4 机械传动剪裁机结构示意

为了保证剪出的单板不出现毛边，必须保持切刀锋利并与直尺边缘成直角，因此定期研磨切刀和校准直尺是必要的。切刀的研磨角应保持在25°~30°。

气动剪板机：机械传动剪板机效率低，剪板时必须停止进给，一台旋切机往往要配置3~4台剪板机。为了解决这一矛盾，诞生了气动剪板机。气动剪板机具有生产能力大、剪切速度快和剪板时单板带可继续进给等优点。剪切后的单板通过电机带动的出料辊输出，出料辊的速度比进料辊的速度高出1倍，一般在喷气网带式干燥机后需配置气动剪板机。

气动剪板机结构如图5-5所示。从图中可以看出，气动剪板机由机架、气压传动部分和机械传动部分组成。其工作原理如下：单板带经过输送带进入进料压辊，再经进料辊进入表面附有氯丁橡胶的砧辊。通过两种方式使气门动作，即借助单板的运动来启动气门或触动安装在某一位置的限位开关来启动气门。气门开启后，压缩空气进入气动头，快速地使偏向一侧的转动主轴作偏向另一侧的运动，在这一过程中，切刀产生上下运动，切刀下落到最低点时，完成单板剪切动作，继而刀头迅速提起。如此周而复始，可以连续不断地进行单板剪切。

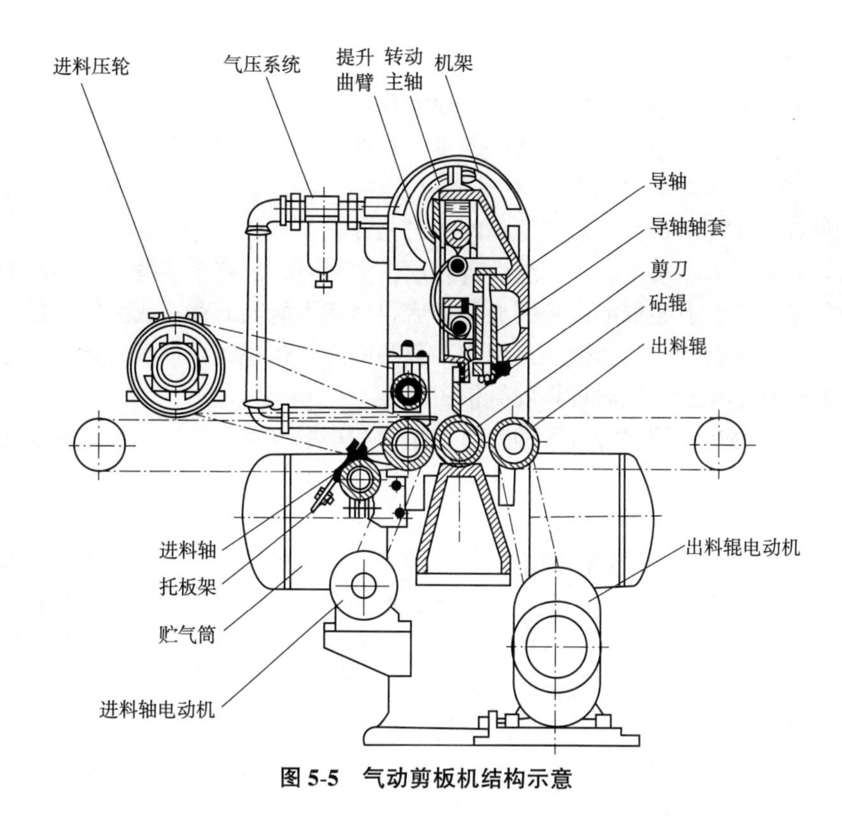


**图 5-5　气动剪板机结构示意**

(2)单板加工

干燥后的单板加工包括单板分选、单板修补和单板胶拼。完成加工后的单板将被送入单板仓库贮存和调配使用。

①单板分选

湿单板经干燥后按规定的要求分成整张单板、窄长单板和中板。为了提高单板出材率，应当尽可能地根据材质标准和加工质量多分选出整张单板，同时要将那些待修补和胶拼的单板分别选出，以便进一步加工。

目前，在工业生产中，单板分选主要靠人工完成，至少目前在等级判定上基本上靠人工。分选后的大量单板中要进行修补和胶拼，劳动量非常大，尽管已经有不少可以替代手工劳动的机器出现，但是，这一工序的机械化、自动化程度还不能达到现代化工业生产流水线那样高的水平。加强管理，提高劳动生产率很重要，一般可以从以下途径入手：多出面板、中板和整张板；增加修补量，减少胶拼量；合理搭配修补和胶拼设备的生产能力。

当前，许多工厂以速生杨木单板作胶合板的芯板，用进口原木旋切面背板，或者直接从国外进口面背板，在这种情况下，应对单板质量加强检查以实现表芯层单板的最佳搭配。

为防止不必要的单板破碎，应当尽量减少单板的翻动和搬运，干单板很脆，尤其在木纹宽度方向上强度很低，极易破损。一般应在干燥完成后立即进行分选。

分选后的干单板除了按照树种以及长、宽、厚的规格尺寸分开堆放外，还应按材质和加工缺陷，分成面板和背板。

②单板修补

那些有材质和加工缺陷(如节子、虫眼和裂缝等)的单板应进行修补。经过修补，可以提高单板的质量等级。对那些缺陷严重、修补后仍不能提高等级的则应将缺陷部分剪掉。

所谓修补，实际上包括修理和挖补两种工艺方法。

修理：主要针对单板上的小裂缝而言。用作中板时，虽有小裂缝，但不影响合板质量，可以不予修理；有裂缝的面板制成合板后裂缝有可能仍旧存在或引起叠层，导致产品降等，所以必须修理。具体做法是用人工熨斗沿着整条裂缝在单板的正面贴上一条胶纸带，在胶合板热压后砂光时再将胶纸带去除。

挖补：指将超出标准允许范围的死节、虫眼和小洞等缺陷挖去，然后再在孔眼处贴上补片的工艺过程。

挖补有冲孔和挖孔两种方式。

冲孔：借助冲力去除单板的缺陷。常见冲刀有四种形式，即圆形、菱形、椭圆形和船形。椭圆形和船形冲刀冲孔效果好，适于面板冲孔，操作时应使冲刀的长径方向和单板的纤维方向保持一致，不过，这两种形式的冲刀制造和研磨比较困难。圆形冲刀制造和研磨较方便，但不能保证单板横纹方向切口平齐，孔的边缘常常破碎，镶进去的补片不够紧，补片效果不好。一般补片时不能用胶固定，在补片镶入孔内后，可以用胶纸片将其固定。补片的含水率应低于面板含水率，一般在4%~5%，补片的尺寸应比补孔稍大0.1~0.2mm，借此将补片固定在补孔内。

挖孔：用弯成圆形的锯片或作圆周运动的小刀在单板上加工成圆形孔而将缺陷去除。背板和中板的修补常用这种方法，补片的尺寸和补孔的尺寸一样，用手工在补片周边涂上胶后再放入补孔，通过电熨斗烫平将补片固定。

单板挖补包括机械挖人工补和机械挖机械补两种方式。

机械挖人工补：图5-6为挖孔机，图5-7为回转刀头。操作时开动挖孔机，回转刀头将有缺陷部分挖去，留下一个补孔，然后用人工将补片涂胶并镶入补孔。补片也可用挖孔机制取。

机械挖机械补：采用这种工艺，可以使冲孔、冲补片和镶补片在一台设备上连续完成。操作时，将待修补单板上有缺陷部分冲掉，在作补片用的单板上冲下补片，自动压入单板的补孔内并压紧。

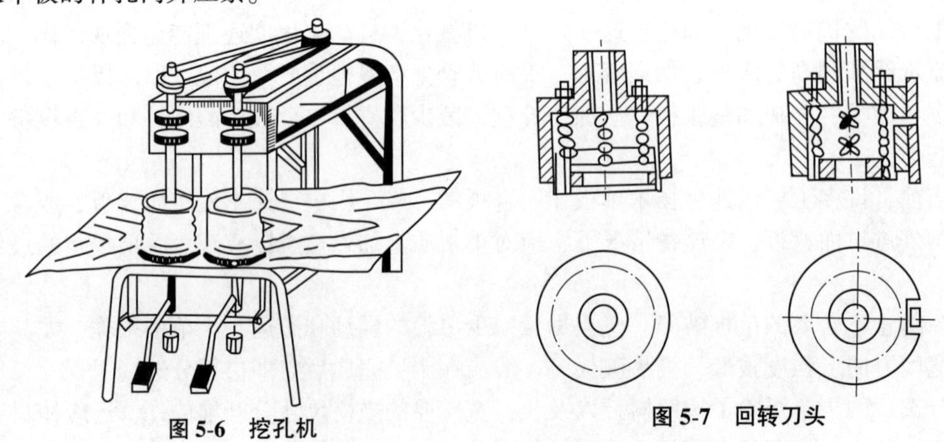

图5-6　挖孔机　　图5-7　回转刀头

③单板拼接

单板拼接包括单板纵向接长、单板横向胶拼等内容。

单板长宽方向上的拼接称为单板纵向接长。由于大径级原木日益短缺，整张单板的获得越来越困难，小径级原木逐步成为胶合板的主要原料。为了解决这一矛盾，研制成功了单板纵向接长技术。采用该项技术，可以将短单板纵向接长而成为结构胶合板的面背板和长芯板，在配料时，要使相连接的两块单板材质与色泽相近。两块单板连接处的接口通常有斜接和指接两种方式，接口涂胶后需进行热压，使两块单板牢固地结合在一起。

单板横向拼接，称为单板胶拼。把窄长单板变成整幅单板的工艺过程称为单板胶拼，包括纵拼(单板进板方向与木材纤维方向相同)和横拼(单板进板方向与木材纤维方向垂直)两种方式。

上述两种胶拼方式按上胶方式又可分为有带胶拼和无带胶拼。

单板胶拼包括两个步骤：第一步为单板齐边，使干燥后的单板边缘平直，单板齐边通常可用刨边机和切边机两种设备；第二步为按所要求的宽度将窄长单板拼成整幅单板，可用有带胶拼机和无带胶拼机两种设备。胶拼所用的胶纸带是涂有动物胶的牛皮纸，分为有孔和无孔两种。胶内含有甘油，以防止胶层发脆。

有带胶拼机可分为纵向带式胶拼机和横向带式胶拼机。

纵向带式胶拼机结构如图 5-8 所示。用其胶拼面板时，在拼缝处贴上胶纸带，板子热压后砂光时将胶纸带去除。如果用于中板胶拼，应当用有孔胶纸带，否则会影响胶合质量。

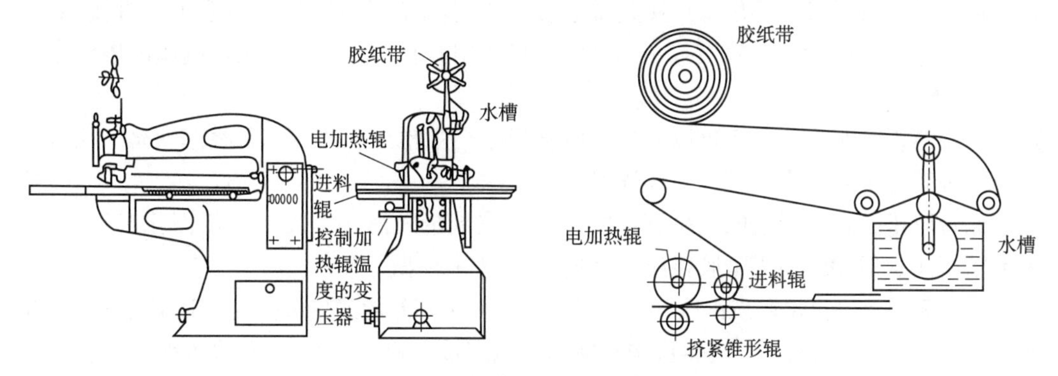


**图 5-8　纵向带式胶拼机结构示意**

纵向胶纸带拼接每次只能完成一条缝的拼接。在操作过程中有三个关键动作：必须通过专门的压料辊产生推力，使被胶接的两个单板紧密靠拢；让胶纸带加湿湿润；通过加热辊蒸发纸带中水分，使纸带和单板胶贴在一起。

横向带式胶拼机结构如图 5-9 所示。其工作原理如下：单板由进料皮带带入，通过一排厚度检查辊检查单板厚度，当所有被检单板达到同一厚度时，方可驱动开关进行剪切。剪切发生在测定位置，切刀由凸轮机构控制，切刀下部为砧辊，砧辊也用于单板进料，切刀工作时，砧辊不转动，借助砧辊可以保证单板被平行输入。剪切下来的废板条通过废板条排除器清除，借助平行进料辊和单板夹转器使前后两块单板的接缝被准确地拼在一起。胶带装在压尺上，靠压缩空气进行活动，压尺携带着胶带压在拼缝上，使两片单板牢固地拼在一起。胶带是通过在牛皮纸上涂压敏胶制成的，使用时只需施加正压力，不需加水和加热。胶拼时在一条胶缝上可贴多条胶纸带。为了防止在运输过程中单

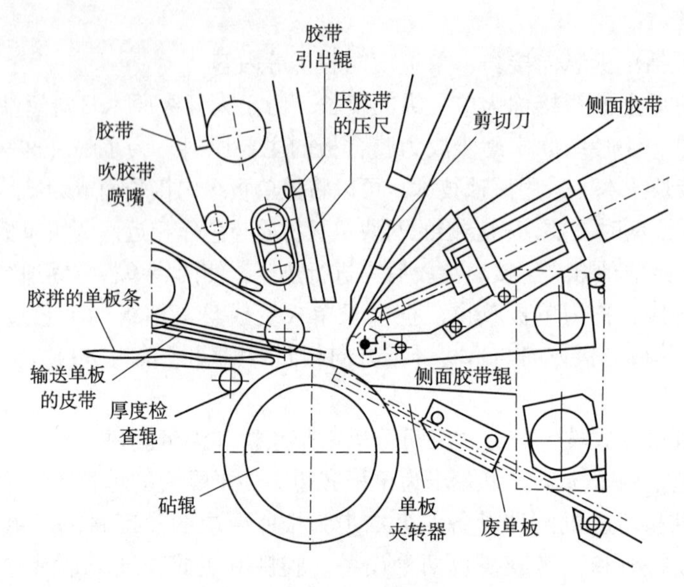


**图 5-9 横向带式胶拼机结构示意**

板边部撕裂，在平行进料辊两侧有两个胶带压辊，用来压住封边的胶纸带。胶拼机加工出来的是连续的单板带，为了切成一张张整幅单板，可以用同一把切刀来完成该动作，动作指令由受板带尺寸控制的限位开关下达。整幅单板由皮带输送到自动堆板机上。

带式横向胶拼机主要用来拼接整幅芯板，也可用来拼接背板。如果用于拼接芯板，胶纸带残存在板内对胶合效果有一定影响，可使用有孔带，也可用热熔树脂的胶线来代替胶纸带。

实现芯板整张化，不仅可以避免在胶合板生产中常出现的离芯和叠芯缺陷，而且有助于实现胶合板生产中涂胶、组坯连续化。

无带胶拼，指单板之间的拼缝连接不是靠胶纸带，而是靠胶液加热固化产生强度。无带胶拼通常借助纵向无带胶拼机和横向无带胶拼机来实施。

纵向无带胶拼机常用来拼接背板，适合于各种不同厚度的单板拼接。其结构如图 5-10 所示，由机架、上胶机构、进料机构和加热机构组成。机架为呈 C 形的铸铁机架，机架下部装有无级调速器，由其带动进料履带，在工作台上方有可移动的横梁，横梁上装有电加热器和履带。通过手轮可以调节横梁高度、上履带和上加热机构的位置。履带的进料速度依单板厚度而异。根据单板厚度和进料速度二者来确定加热的温度，并由电接点式温度计控制。上履带的位置可以根据单板厚度加以调节，其本质乃是调节上下履带间的间隔以改变压力，厚单板取高值，薄单板取低值。待拼单板边部涂胶后经导入辊，借助定向压尺而紧密地完成拼缝，胶拼厚单板时，导入辊倾斜角要大一些，对拼缝产生的推力越大，要求导入辊的正压力也大一些。胶拼薄单板时，情况相反。

横向无带胶拼机结构如图 5-11 所示。该设备适用于把齐边后的单板条胶拼成连续的单板带，再剪切成整幅单板。其工作原理如下：单板先通过一个海绵水槽，将拼缝胶面湿润，然后通过一组有槽沟的辊子，将单板横向进料，借助辊子的推力，使单板之间的接缝处产生压力，在加热板的作用下，胶缝固化，实现拼接。胶拼机后部配有自动剪切机，将连续单板带按所需尺寸剪成片状单板。

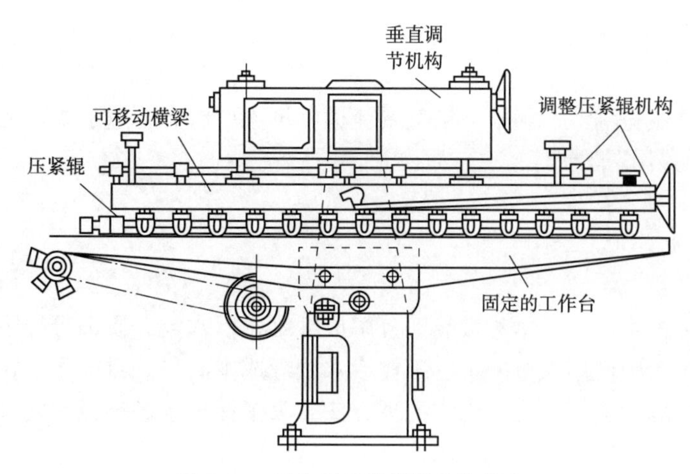


图 5-10　纵向无带胶拼机结构示意

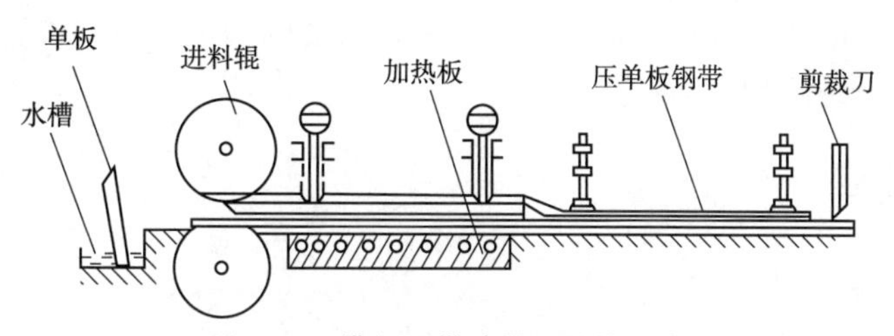


图 5-11　横向无带胶拼机结构示意

横向无带胶拼机一般只能胶拼厚度为 1.8mm 以上的单板，胶拼后的单板容易出现扇形状。使用该设备时，工艺上要求被拼接的单板条四边成直角，因此该设备在工厂中的应用受到一定的限制。

### 5.1.3　单板的贮存

胶合板生产中单板消耗数量大，品种多。必须建立中间单板仓库进行严格的科学管理，以获得良好的产品质量和理想的经济效益。

(1) 中间单板仓库的作用

中间单板仓库有利于掌握库存单板的数量和质量，适合按销售生产模式对原料需求的动态平衡，并为前道工序的运作提供信息。

中间单板仓库有利于根据市场上产品销售的行情或产品订单，对库存单板进行最优组合，以尽可能提高单板等级的利用率。

中间单板仓库有利于防止因前后工序局部设备故障而导致全线停产，有利于干燥后单板含水率进一步均衡。

(2) 中间单板仓库的基本要求

中间单板仓库要求有一定的贮存面积，过大过小都不宜，过量贮存积压资金，过小则不利周转，一般情况下，以满足两个班生产所需单板量为宜。但对于某些特殊情况 (名贵单板、进口单板和特殊规格单板)，允许单板过量贮存。

单板贮存要实行科学管理，建立品种、尺寸、等级和数量等数据的信息化管理系统。

中间仓库要避免潮湿、漏雨，空气要流通，堆放要整齐，过道要通畅，做好火灾防范，贯彻“先来先用”的原则。

## 5.2 纤维的加工和贮存

在湿法纤维板生产中，木片被热磨分解成纤维，以水为介质进行纤维传送，用浆池进行贮存，在生产中使用大量的水，工业废水处理成本高昂。目前还未找到在处理效果和处理成本上均能为工厂接受的废水处理方法，为了保护生态环境，国家环保部门已经明令禁止湿法纤维板厂排放工业废水。许多工厂已经停产或将湿法生产工艺改造成干法生产工艺。湿纤维的加工贮存问题本章拟不予介绍。

在干法纤维板(主要为中密度纤维板)生产中，纤维是以空气作为传送介质进行运输，为了获得理想的产品质量，常常对纤维进行必要的加工，还应该从实用、安全等角度考虑，解决好纤维的贮存问题。

### 5.2.1 纤维分选

(1)纤维分选目的

①提高纤维质量

由于多种原因，从热磨机研磨出来的纤维形态均匀性较差，甚至含有一些形态较大的纤维束，经过分级处理后，有可能去除这些粗纤维束，提高纤维板的质量。板坯成型时可将细纤维和粗纤维分开铺装，粗纤维置于板子芯部，细纤维用于表面。这样，既节省原料，又降低生产成本，还可以保证产品的外观质量和物理力学性能。

②提高产品表面质量

中密度纤维板在使用时对表面质量有很高的要求，尤其在表面装饰时，特别要求板面平整、细腻以及有很高的结合强度。有些工厂生产三层结构的中密度纤维板，也需要把表芯层纤维分开贮存，表层细纤维量为40%，芯层粗纤维量为60%。这就要求通过纤维分选来实现这一方案。

在工业化生产中，许多工厂并没有在生产线中配置专门的分选工序，但纤维在铺装时还是存在着分选的隐性作用，用机械式或气流式铺装头可以将粗细混合的纤维分选开来，使细纤维铺在表层，粗纤维铺在芯层。

(2)纤维分选方式

纤维分选方式分为两大类，即预分选和自然分选。

①预分选

所谓预分选，是指采用专门的设备把混合纤维先分成粗细两类，然后再分别进行铺装，多用于多层结构板的生产。预分选的基本原理是：借助分选器，根据粗细纤维的质量不同，在一定的涡流气流运动中，产生不同的运动状态而达到相互分离的目的。预分选分为一级预分选和两级预分选两种方式。

一级预分选：图 5-12 是一级预分选工作原理图。混有纤维的气流按一定的速度进入风选装置，形成涡流。纤维伴随着气流在风选装置内作离心旋转运动。粗纤维因质量大故离心力大，沿着管道运动并从小管中排出，再经旋风分离器分离后落入粗料仓。细纤维(不排除也含有少量稍粗纤维)在叶片和涡流气流作用下，进入风选装置内侧旋转。其中夹杂的少量粗纤维因其离心力大被叶片导向外侧，叶片外侧夹杂的部分细纤维，经叶片产生的涡流被旋进内侧，多次进出，达到粗细纤维分路输送的目的，细纤维从中央管道被吸走。调节叶片的角度能够改变纤维的分选程度。分选装置还配有空气补充管道，并由流量阀控制，调节流量阀可以调节纤维输送速度以防止纤维在管道中堆积。

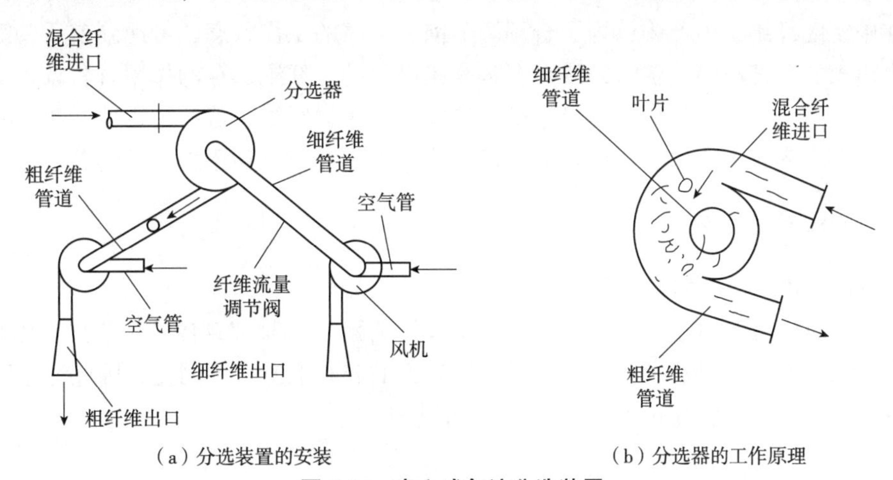


（a）分选装置的安装　　（b）分选器的工作原理

**图 5-12　离心式气流分选装置**

两级预分选：图 5-13 是两级预分选装置工作原理图。两级预分选是利用机械作用和风力的联合作用，根据纤维的重量和表面积进行分选，两级预分选包括用振动筛分选和风力分选两道分选步骤。第一步，粗细混合纤维进入第一级机构——振动筛上部时，由于从底部有一股向上运动的气流，使大部分合格的混合纤维在下落至筛网时被上升的气流吸走，经振动筛分选后的纤维送入第二级涡流分选装置，不能被吸走的粗颗粒从筛网中落下送往指定地点另作他用。包含有粗细两种类型的合格纤维按照与一级预分选装置相同的原理在两次预分选装置将粗细纤维分开。两级预分选的分选效果比一次预分选好。

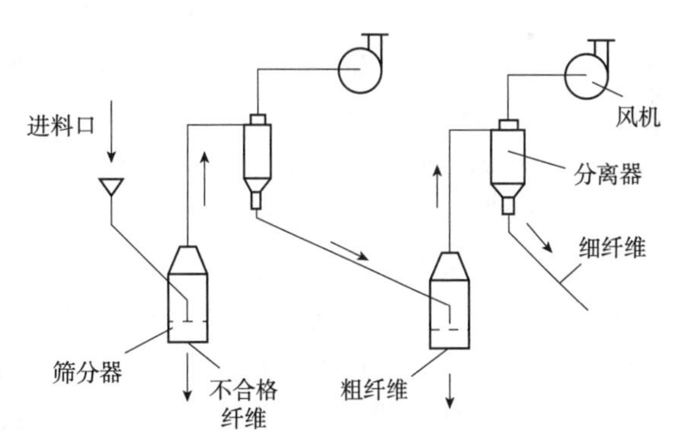


**图 5-13　两级预分选工作原理**

②自然分选

所谓自然分选，是指纤维成型和分选同时进行。自然分选不需要专门配备设备，在成型时基于不同类型的铺装头，借助纤维离心力或浮力而达到分选的目的。自然分选的工作状态有三种形式。用自然分选的纤维生产的产品在厚度方向上表现为渐变结构，即从板子表层到芯层纤维逐渐由细变粗。

机械铺装—分选：用机械铺装头成型纤维，在抛辊的旋转作用下，因粗细纤维质量不同而产生不同的动能，最终，粗纤维抛落得远，细纤维抛落得近，粗细纤维得以分开。

气流铺装—分选：用气流成型纤维，在一定速度的气流吹动作用下，粗细纤维因质量不同而得到的浮力不同，粗纤维就近下落，细纤维被吹送得较远，粗细纤维得以分开。

机械气流混合铺装—分选：上述两种方式均属于强烈的分选措施，不利于形成理想产品结构，因此，生产中提出了将这两种分选方式结合在一起的组合式分选方式，一般可以获得理想的分选效果。

### 5.2.2 纤维贮存

在中密度纤维板生产中，为了合理调节前后工序的工作状态，考虑到前后关键工序可能会出现的局部故障，配备纤维贮存料仓是必要的。纤维贮存的作用有三点：实现干燥工序与成型工序之间的原料需求平衡；使完成干燥的纤维获得一个缓冲时间，有利于均衡纤维含水率；为齐边、横截及废板坯回收产生的纤维再利用提供纤维贮存点。

(1)纤维贮存的特点

①堆积密度小，1t 纤维堆积容积达 40m³。

②堆积时因纤维自重和相互挤压会产生纤维结团和“架桥”现象，造成出料困难。

③堆积时水分容易散发，会造成干纤维表面的胶黏剂发生预固化，因此纤维贮存时间不宜过长，夏季不宜超过 1h，冬季不宜超过 8h。

(2)纤维料仓

纤维料仓分“立式”和“卧式”两种类型。立式料仓容易产生“架桥”现象，导致出料困难，故较少用于纤维贮存，纤维板生产中多采用卧式料仓。年产 15 000m³ 中密度纤维板生产线配备一台容积为 60m³ 的卧式料仓，而年产 30 000m³ 中密度纤维板生产线配备一台容积为 100m³ 的干纤维卧式料仓。

干纤维卧式料仓结构如图 5-14 所示。其工作原理如下：纤维由水平螺旋从料仓上部进入料仓，被料仓内的运输螺旋水平地推向料仓前部，料仓底部装有焊接刮板链，使料仓内整个料堆平稳地向前推进，再通过卸料辊被抛松打散，使纤维均匀地出料送往下一道工序。采取上述措施后基本上不会产生结团和“架桥”现象。为保证出料均匀，料仓中的纤维必须保持一定的料位高度，通常料仓中装有音叉式料位探测计，并将其与干燥机和铺装机实现电器联锁。料仓设有通风口，尾门可手动或气动开启，当发生火情或其他事故时，底部刮板链可灵活地反转，将着火的物料卸出。

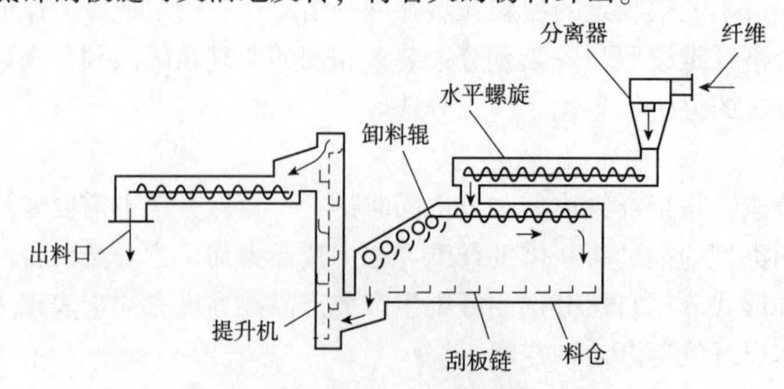


图 5-14 干纤维卧式料仓结构示意

## 5.3　刨花的加工和贮存

在刨花板生产过程中，干燥后的刨花需经过分选将粗细刨花分开，对其中过粗刨花还需进行再碎，按照不同的刨花形态，采用不同的输送装置和贮存装置。

### 5.3.1　刨花分选

(1)分选的目的

分选可以将合格刨花与不合格刨花分离，将特厚特大刨花通过再碎使之成为合格刨花，将粉状碎屑加以排除，以减少胶黏剂的耗量。

分选可以将合格刨花中的粗料细料两者分离，以便实现粗细刨花分别施胶，满足工艺需要。拌胶前需要将粗细刨花分开，按不同条件施胶后将二者混合在一起，板坯成型时，再借助机械和气流的作用，将粗细刨花重新分离，以达到从表层向芯层刨花形态逐步由细变粗的渐变结构。当年产量大时，可分开铺装成型，成为三层或多层结构刨花板。

(2)刨花分选方法

刨花分选主要有三种方式，即机械分选、气流分选或机械气流分选。

①机械分选

机械分选将刨花置于水平或垂直运动的筛网内振动或摆动，根据刨花的重力和惯性力，使平面尺寸小于筛网孔的刨花通过筛网，而平面尺寸大于网孔的刨花则留在筛网上，据此达到刨花分选的目的。机械分选是根据刨花的长度和宽度进行分选的，不能按照刨花的厚度进行分选。

利用机械筛可以对刨花的尺寸进行分选，如用晃筛对两种刨花进行筛分，通过对比筛分值，可以对两种刨花的形态质量作出评判。

按照机械筛的运动状态可以分为以下几类：

平面筛：借助刨花重力和水平方向惯性力进行分选的一种机械筛，运动速度低，振幅大，分选效果好，生产能力低，目前工业生产中已较少应用。

振动筛：借助刨花的重力和垂直方向的惯性力进行分选的一种机械筛，振动频率高，振幅小，分选效果差，生产能力高。早期应用较普遍，目前生产中较少应用。

摆动筛(又称晃动筛)：借助平面筛和振动筛二者的运动特点和优点而进行分选的一种机械筛，结构简单，分选效果好，生产能力高。现代刨花板厂普遍采用这种设备。

圆筒筛：借助绕轴转动的圆形筛网上的网孔进行分选的一种机械筛，对刨花形态的破坏较小，适合于大片刨花的分选。

圆盘分选器：由若干根装有许多圆盘的辊轴组成一个有若干间隔的工作面，工作面间隙从小变大，根据刨花长度不同而掉入不同区域的原理，常用于定向刨花的分选。

在设计和选用机械筛，网孔尺寸是一个重要的变量，网眼尺寸一般根据刨花尺寸、刨花尺寸分布、刨花板所要求的物理力学性能等因素确定。一般机械筛内有二层或三层筛网，其尺寸取值为：上层网孔尺寸 7mm×7mm，留在网上的刨花为尺寸过大的不合格刨花，需要进一步再碎；中层网孔尺寸(1.25mm×1.25mm)～(2.2mm×2.2mm)，将通过上层筛网但不能通过此层筛网的刨花作为合格的芯层刨花(即粗刨花)；底层网孔尺寸0.3mm×0.3mm，能通过中层但不能通过此层筛网的刨花作为合格的表层刨花(即细刨花)。能通过底层网孔的刨花视为粉尘，不宜用于制板。

机械筛可以用效果和产量两个指标来衡量。效果指分选质量，产量指生产能力，这两个指标与材种、刨花形态、刨花含水率、进料量、筛网运动情况和筛分时间等因素有关。其中含水率的因素尤其不容忽视。

圆形晃动筛是目前我国刨花板生产中应用最普遍的一种机械筛。国产圆形晃动筛的结构如图5-15所示，常用国产圆形晃动筛的型号和性能见表5-1。

圆形晃动筛工作原理如下：待筛物料从上部筛盖顶部中央进料口投入后，首先进入第一层筛网，整个筛网通过主轴，偏心轴调节板的作用作偏心转动，产生了一个既有水平又有垂直方向的三向组合运动，使物料不断地从中心移向外围出料口并高效地进行筛分。第一层筛网网孔较大，通过网孔的物料进入第二层筛网，留在筛网上的粗料由上层出料口排出，通往再碎机。未通过第二层筛网的物料由出料口排出，作为合格刨花继续送往气流分选机，通过第二层筛网的细料被送入表层料仓。一般刨花板生产中，用2～3层筛网。为了有利于物料向外围分散，筛网中心部分比外围可略隆起20～30mm，借助调节螺母调节其高度。

②气流分选

气流分选是对刨花厚度进行分选的一种分选方法，将刨花置于气流中，通过气流的运动，根据刨花的质量与表面积的比例，将其分成不同的等级。在分选室中，刨花受到两个力的作用，即刨花受地球引力而产生的重力和受与刨花表面积成比例的向上升力，由于刨花的形态和规格不同造成它们在气流中的升力不同，而产生分选功能。在原料树种和刨花长度、宽度确定的情况下，刨花在分选室中的运动状态主要取决于刨花厚度，本质上取决于刨花的悬浮速度。用气流分选可以获得厚度均匀一致的刨花。

分选室中的刨花悬浮速度 $V_S$，用下式计算：

$$V_S = \sqrt{2g\frac{m_F}{R_v C_v}}$$

式中：$V_S$——刨花悬浮速度(m/s)；

$g$——重力加速度($m/s^2$)；

$m_F$——刨花表面积密度($kg/m^2$)；

$R_v$——空气密度($kg/m^3$)；

$C_v$——空气阻力系数。

当气流速度大于悬浮速度时，刨花就上升。悬浮速度通过计算是比较困难的，因为公式中的刨花表面积难以确定，一般可以通过实验来确定刨花的悬浮速度。

根据设备的结构不同，可以将气流分选分为三类：

单级气流分选：单级气流分选借助单级气流分选机实现，是目前国内刨花板生产应用最普遍的一种分选方式，可以将混合刨花分成合格刨花(作芯层刨花)和不合格刨花(再碎)。典型的单级气流分选机结构如图5-16所示。国产单级气流分选机型号和主要参数见表5-2。

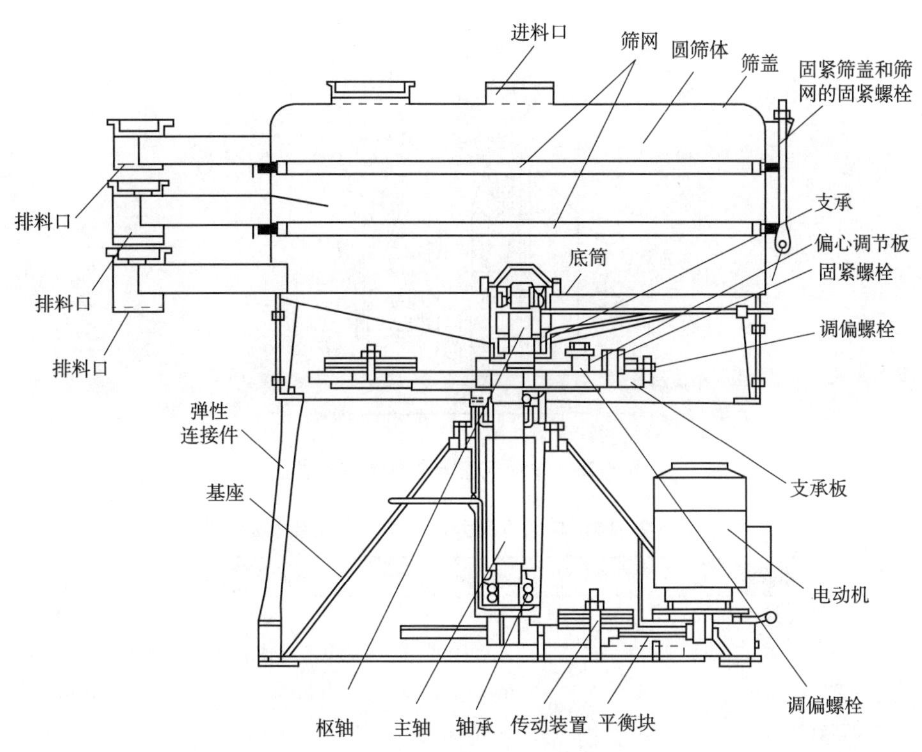


**图 5-15　圆形晃动筛结构示意**

**表 5-1　国产圆形晃动筛型号和技术参数**

| 技术参数 | | BF 1626 | BF 1626A | BF 1626B | BF 1626C | BF 1620 | BF 1620A | BF 1620B |
|---|---|---|---|---|---|---|---|---|
| 筛选物料 | | 木质碎料 | 棉　秆 | 干刨花 | 木片碎料 | 木片碎料 | 干刨花 | 干刨花 |
| 筛网直径(mm) | | $\phi$2600 | | | | $\phi$1830 | | |
| 筛选能力(kg/h) | | 3000 | 4000 | 3000 | | 1800 | | |
| 筛选孔径(mm×mm) | 上　层 | 4×4 | 30×30 | 4×4 | | 4×4 | 4×4 或 2. 5×2. 5 | 6. 3×6 或 4×4 |
| | 中　层 | — | — | — | | — | 1. 25×1. 25 | 2×2 |
| | 下　层 | 1. 25×1. 25 | 4×4 | 1. 6×1. 6 或 1. 25×1. 25 | | 1. 25×1. 25 | 0. 4×0. 4 | 1. 25×1. 25 或 0. 4×0. 4 |
| 主轴转速(r/min) | | 230 | | | | | | |
| 偏心范围(mm) | | 20~40 | | | | | | |
| 径向倾角(°) | | 0~2(分四级) | | | | | | |
| 切向倾角(′) | | 0~30 | | | | | | |
| 电机型号与功率(kW) | | Y112-4(VI)N=4 | | | | Y100L2-4(VI)N=3 | | |
| 外形尺寸(mm×mm) | | $\phi$2650×2110 | | $\phi$2650×2320 | $\phi$2650×2116 | $\phi$1880×1752 | $\phi$1880×1856 | |
| 质量(kg) | | 1300 | 1350 | 1580 | 1500 | 1190 | 1260 | 1410 |

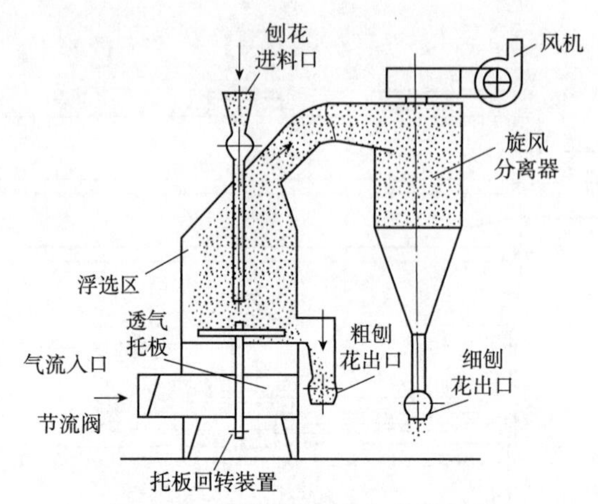


**图 5-16 单级气流分选机结构示意**

**表 5-2 国产单级气流分选机型号及主要参数**

| 技术参数 | BF212A | BF213 | BF214 |
|---|---|---|---|
| 分选能力(绝干刨花)(kg/h) | 800~1000 | 3000 | 4000 |
| 悬浮筒直径(mm) | $\phi$1250 | $\phi$1800 | $\phi$2100 |
| 刨花分选范围(mm) | 0.4~1.0 | 0.4~1.0 | 0.6~1.0 |
| 旋风分离器直径(mm) | $\phi$1400 | $\phi$2000 | 2×$\phi$1600 |
| 上筛板孔径(mm) | $\phi$2 | $\phi$2 | $\phi$2 |
| 下筛板孔径(mm) | $\phi$5 | $\phi$5 | $\phi$5 |
| 进料口尺寸(长×宽)(mm×mm) | — | 402×342 | — |
| 抽风口直径(mm) | — | 560 | 700 |
| 粗料出口尺寸(长×宽)(mm×mm) | — | 282×222 | 220×400 |
| 回风口尺寸(mm) | — | 960×690 | 594×700 |
| 主风机参数：风量($m^3$/h) | 12 000 | 22 500 | 34 560 |
| 风压(Pa) | 3236 | 3726 | 3334 |
| 电机功率(kW) | 30 | 45 | 55 |
| 装机总容量(kW) | 33.8 | 49.4 | 60.2 |
| 配套生产线规模($m^3$/a) | 15 000 | 30 000 | 50 000 |

单级气流分选机由分选机、风机、旋网分离器和进风排风管道组成。分选机悬浮室在正常工作时处于负压状态，待分选的物料经进料阀落入分选室内，在气流作用下呈沸腾翻动状态，悬浮的合格刨花随气流经管道由旋风分离器下部排出送往料仓，不合格的刨花落在上层筛板上由拨料器拨送到侧面的粗料阀排出。系统的工作风量由风机提供，与排风管相连可以循环使用气流。来自旋风分离器的循环气流及可调空气补给口的新鲜空气从主风门通过导流板、下部及上部筛板面均匀地进入分选室，携带着物料通过风机送进旋风分离器。分选室上部还设置了旁通管，通过主风门和旁通管的调节，可调节上部气流，获得物料筛网的优化分布。悬浮室上部的真空度可用仪器测出，并给出预警信号。分选机顶部设有照明灯、观察器及无火喷头、清洁喷头。

双级气流分选机，是对刨花进行两次分选，第一次是将表层刨花分选出来，第二次将粗刨花分成芯层刨花和需要再碎的大刨花。双级气流分选机结构如图 5-17 所示。

曲折型(又称迷宫型或Z字型)气流分选：采用这种方法，可以分选出芯层和表层中较厚的刨花，曲折型气流分选机结构如图5-18所示。通过封闭型进料螺旋，将刨花送至进料口，风机将高速气流穿过倾斜的网眼板，送入分选室内，气流将刨花(包括一部分大刨花)吹起，分选室上部有12根垂直的分选管，刨花就在这些管道内进行分选。细料沿着管道上升，最后进旋风分离器被排出，粗料沿管壁下降，从出料口排出，分选机内的空气可循环使用。

气流—机械分选：这种分选机目前在我国刨花板生产中应用很少(图5-19)，刨花从顶部进料口进入，在分选机的负压作用下，刨花中的细刨花随着气流从一室进入二室，并从出料口处排出，稍粗一些的刨花落入旋转式圆筒筛内进行机械分选，合格刨花通过筛网从出料口排出，过大过厚的刨花从粗料口排出。

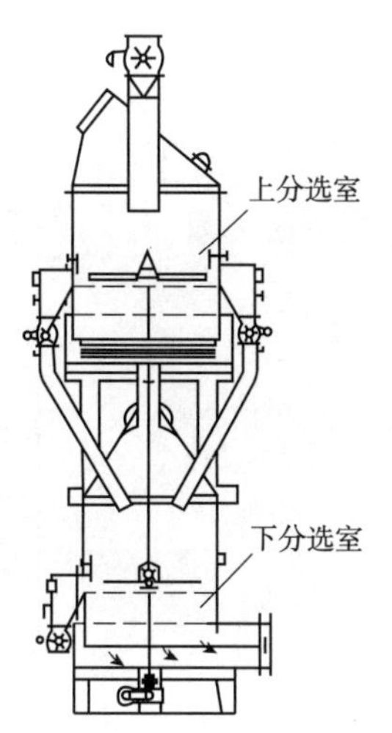

图5-17 双级气流分选机结构示意

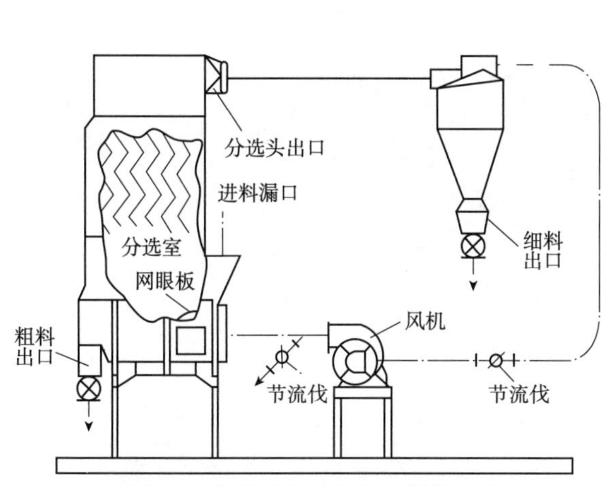

图5-18 曲折型气流分选机结构示意

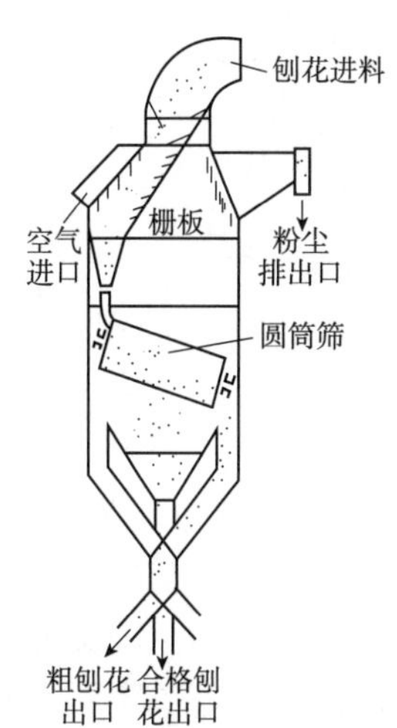

图5-19 气流—机械分选机结构示意

## 5.3.2 刨花再碎

刨花分选后，产生的一部分粗刨花不能直接用于制板，必须经过再碎后方可使用，此外，有时靠刨花制备工段产生的细刨花不能满足板坯铺装工序对表层碎料的需求量时，也常常会取一部分合格刨花将其加工成用于表层的细料。刨花再碎常用设备有双鼓轮打磨机、筛环式打磨机、锤式再碎机、十字型再碎机、齿盘式打磨机等。我国工业生产上应用最普遍的是筛环式打磨机(图5-20)。

目前，刨花板生产厂主要用筛环式打磨机加工干刨花，常用的有BX566型、BX568型，其性能见表5-3。其工作原理如下：振动给料器将物料均匀下落，磁选装置和重物分离器将刨花中的大块物料清除，刨花被高速气流抛入固定筛环和可转叶轮之间的再碎通道，顺纤维方向撕裂成细小刨花，从通道两侧穿过筛网送入出料口，尺寸大的刨花继续在通道里再碎。该机主要用于加工含水率较低的刨花，被加工的刨花通常用作表层细料。

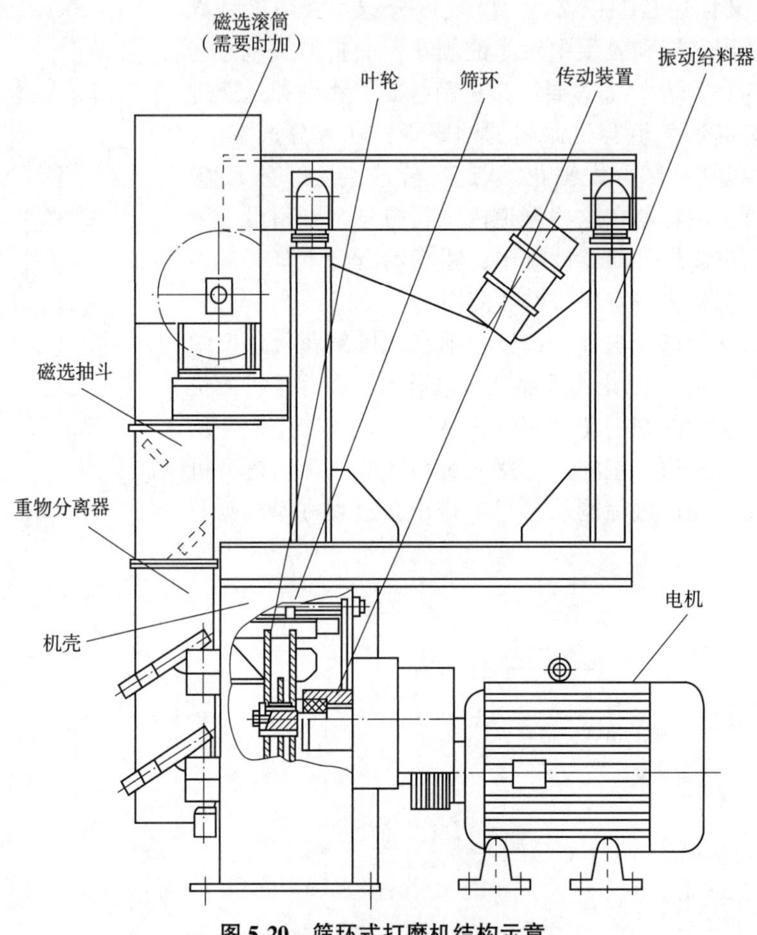


图 5-20 筛环式打磨机结构示意

表 5-3 国产筛环式打磨机型号及技术性能

| 技术性能 | BX566 | BX568 | 技术性能 | BX566 | BX568 |
|---|---|---|---|---|---|
| 筛环直径(mm) | 600 | 800 | 振动槽电机功率(kW) | 0.4×2 | 0.4×2 |
| 磨道宽度(mm) | 150 | 175 | 振动槽宽度(mm) | 300 | 300 |
| 筛网宽度(mm) | 2×100 | 2×90 | 振动槽长度(mm) | 1180 | 1200 |
| 叶轮转速(r/min) | 2970 | 2320 | 生产能力[kg(绝干)/h] | 300~800 | 1200 |
| 内部风量($m^3$/min) | 75 | 100 | 质量(不包括电机)(kg) | ≤1500 | ≤2052 |
| 主电机功率(kW) | 55 | 90 | | | |

(1) 锤式再碎机

结构如图 5-21 所示，该机是借助于冲击作用将大刨花或木片等再碎。工作时，转子转动，转子上的锤片在离心作用下呈辐射状甩动，打击落入机内的物料，达到再碎的目的。得到的棒状刨花，可用作芯层刨花。再碎效果取决于网眼尺寸和形状及落料的含水率。

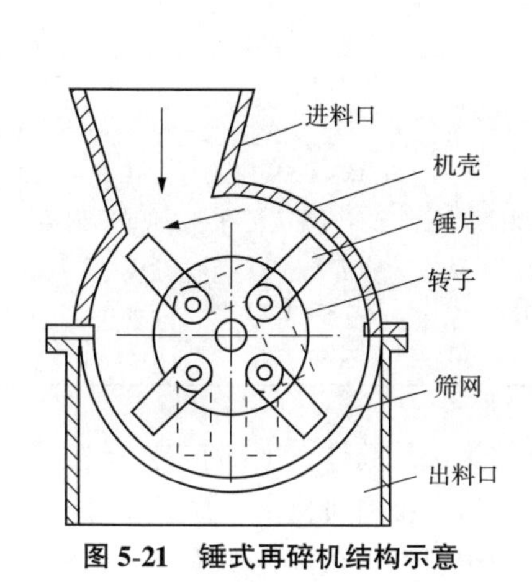

图 5-21　锤式再碎机结构示意

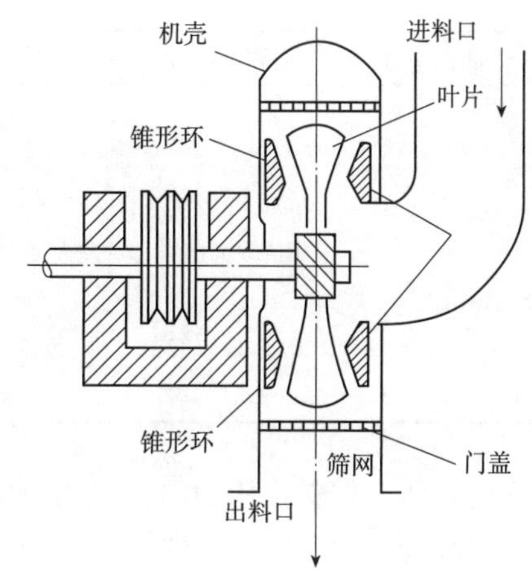

图 5-22　十字式再碎机结构示意

(2) 十字式再碎机

结构如图 5-22 所示，该机也是一种冲击式再碎机。工作原理与锤式再碎机相似。但其打击机构为叶片状，并固定在十字形转子上。此外，壳体上配有齿纹环。

## 5.3.3　刨花贮存

在刨花板生产过程中，基于与纤维贮存相同的目的，中间贮存是不可缺少的。贮存量一般取以满足 2~4h 生产所需刨花量为宜。对料仓的基本要求是出料畅通，不架桥，密封性好。刨花料仓多种多样，目前生产中较常用的主要有两种。

(1) 立式料仓

立式料仓的特点是结构简单，占地面积少；缺点是贮存密度大，易架桥。国产立式料仓结构如图 5-23 所示，主要型号及参数见表 5-4。

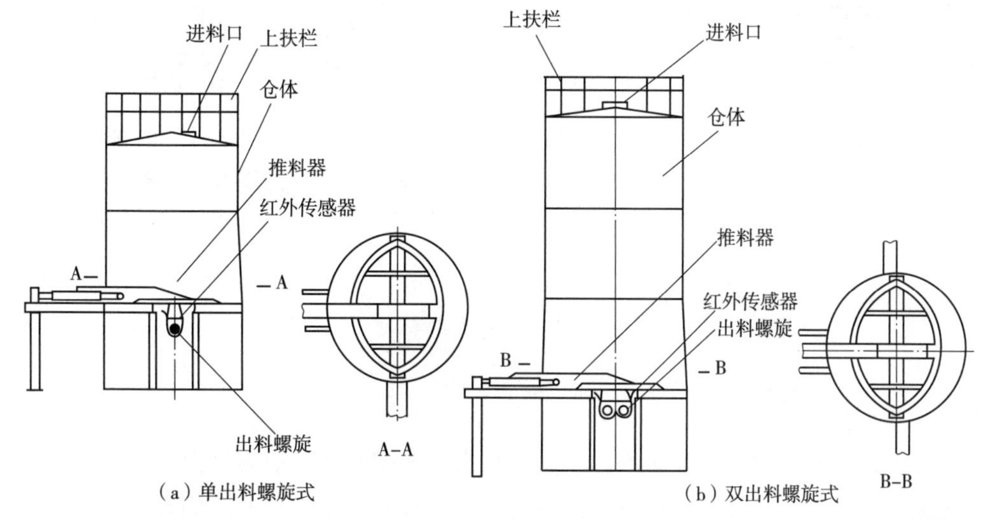

图 5-23　立式料仓结构示意

表 5-4 国产立式料仓型号和参数

| 参 数 | 木片料仓 | 湿刨花料仓 | 表层刨花料仓 | 芯层刨花料仓 |
| --- | --- | --- | --- | --- |
| 型 号 | BLC2350 | BLC2630 | BLC2415 | BLC2715 |
| 容积($m^3$) | 50 | 30 | 15 | 15 |
| 出料量($m^3$/h) | 2. 36~7. 09 | 3. 92~11. 78 | 1. 18~3. 55 | 1. 18~3. 55 |
| 出料方式 | 双螺旋双向出料 | 左向或右向螺旋出料 | 左向或右向螺旋出料 | 左向或右向螺旋出料 |
| 装机容量(kW) | 11. 5 | 8. 5 | 7. 7 | 7. 7 |
| 外形尺寸(m×m×m) | 6. 5×5. 1×8. 72 | 5. 1×4. 8×6. 72 | 5. 1×4. 85×4. 72 | 5. 1×4. 85×4. 72 |
| 整机质量(kg) | 9323 | 8418 | 6645 | 6645 |

料仓由仓体、推料机构和出料机构组成。仓体为圆形筒体，上部有料位仪，可显示料仓内料位高度，并反馈至进料系统。顶部有进料口。推料机构由主横梁、滑架和油路系统组成，由油缸带动滑架作往复运动，保证均匀出料和防止刨花架桥。出料机构位螺旋输送。小料仓用单螺旋，大料仓用双螺旋。

此外，生产中还应用到一种方形立式料仓，其结构如图 5-24 所示。料仓做成锥台形，上小下大，锥度为 6°~10°，底部设有卸料刺辊，通过每个刺辊以自身轴心半圆往复回程运动使物料下落。为便于排料，底部也可用振动槽式螺旋出料器排料。

(2)卧式料仓

卧式料仓的性能特点与立式料仓恰恰相反，结构如图 5-25 所示。卧式料仓由机架、水平运输机和出料机构组成。出料方式又有上部出料和下部出料之分。

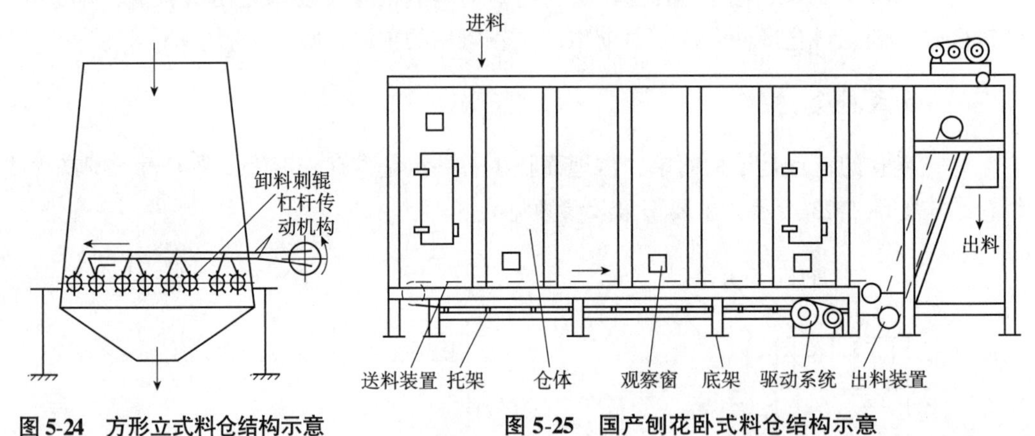


图 5-24 方形立式料仓结构示意

图 5-25 国产刨花卧式料仓结构示意

## 5.4 半成品的运输

### 5.4.1 单板的运输

在胶合板生产中，除了在生产线上通过皮带或网带来完成单板输送外，各工序之间的单板输送也是必不可少的。通常情况下，分选整理后的单板按照不同等级和用途成垛贮存在仓库。通常用小车和叉车运送。

（1）小车运送

小车运送常用的工具是机械式小车，它具有装载量大、操作简便和劳动强度低等特点。其动力源可以是汽油或蓄电池。操作时，将小车沿长度方向插入单板垛下部，借助机械和电气动作，将单板垛移载到小车上，运输到指定地点后，再将单板垛卸下。

（2）叉车输送

在现代胶合板生产中，车间内前后工序的单板输送，常常用叉车输送，一般用正面叉车。操作时，沿着单板的宽度方向将叉臂插入单板垛的下部，移送到新地点后，再将板垛卸下。利用叉车输送单板，具有许多优点。但要求车间内有宽敞的通道，运输成本相对高一些。

### 5.4.2　纤维和刨花的运输

（1）纤维的输送

在干法中密度纤维板生产中，纤维的输送主要有以下几种形式：皮带输送、螺旋输送和气流输送，其工作原理和所用设备与刨花输送时基本相同。

（2）刨花的输送

纤维和刨花尽管在形态上有一定的差异，但均属于碎料范畴，其输送特性及所用的输送装置大致相似。对纤维和刨花输送的基本要求是：输送能力与生产能力相适应；可连续稳定工作，对被输送物料形态不产生破坏以及输送成本较低等。常见的输送方式包括机械输送和气流输送两大类。

①机械输送

机械输送包括带式运输机、链槽式运输机、刮板式运输带、斗式提升机和螺旋运输机等形式。

带式运输机：结构简单，运输可靠，适用于水平或 30°坡度以下的长距离运输。为防止输送过程中物料飞扬，应尽可能将物料密闭。其结构如图 5-26 所示。

链槽式运输机：主体为一个循环链条。链条上装有“U”形托架，托架从进料口接料并在回程处卸料。该机可以在既有水平转换又有垂直转换的场所使用，占地空间小，动力消耗少，整个输送过程处于密封状态。其结构如图 5-27 所示。

刮板式运输机：结构与链槽式运输机类似，主体为两条平行的滚柱链，链条上装有木制或金属制刮板，借助刮板带动物料运动，该机可以在任何场所装卸料。尤其适用于长距离和倾斜度（45°）较大的场所运输。缺点是速度慢，生产率低，且易挤碎被输送物。其结构如图 5-28 所示。

斗式提升机：适用于垂直输送，主体为垂直运动的循环链条，链条上装有提升斗，该机结构简单，占地面积小，运行成本低，特别适合于输送高度较大的场所应用。但工作结构易被损坏。其结构如图 5-29 所示。

螺旋运输机：是一种常用的刨花运输装置，主体为装在半圆槽中的螺旋轴。螺旋运输机适合在水平或低于 20°倾斜角的场所使用。该机结构简单、紧凑，封闭输送，不污染环境。其结构如图 5-30 所示。

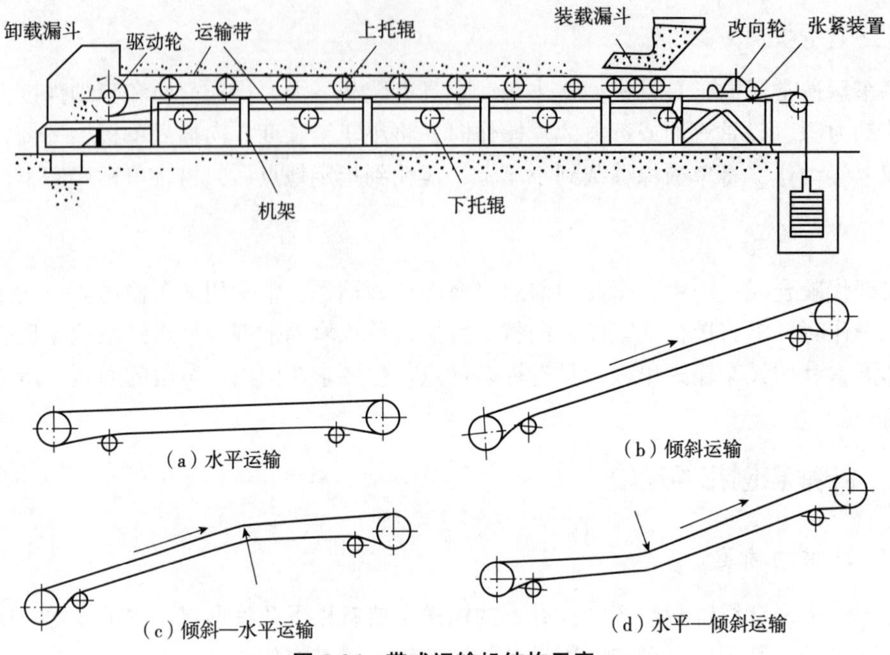


图 5-26 带式运输机结构示意

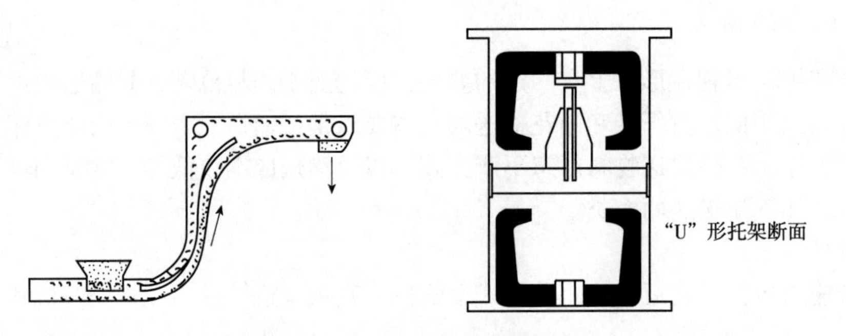


图 5-27 链槽式运输机结构示意

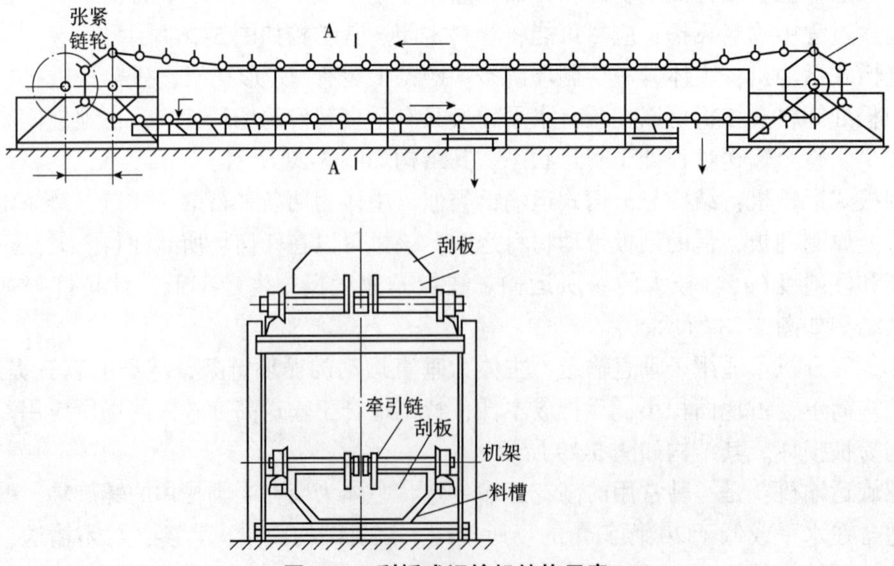


图 5-28 刮板式运输机结构示意

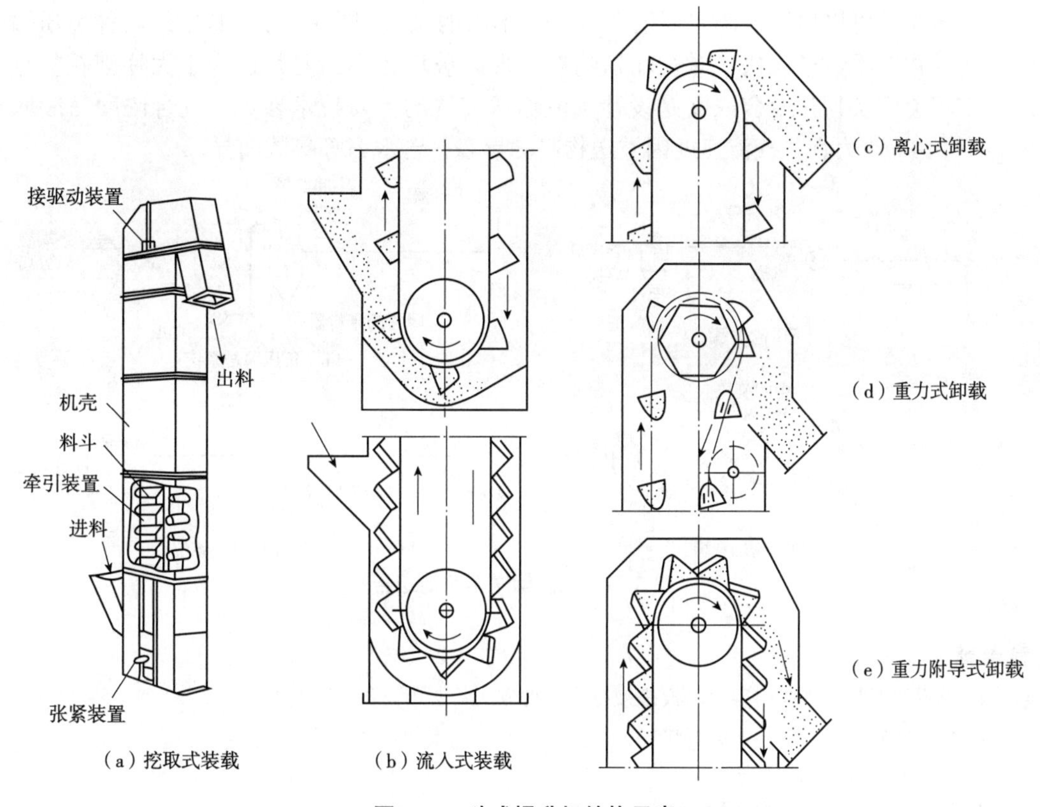


**图 5-29　斗式提升机结构示意**

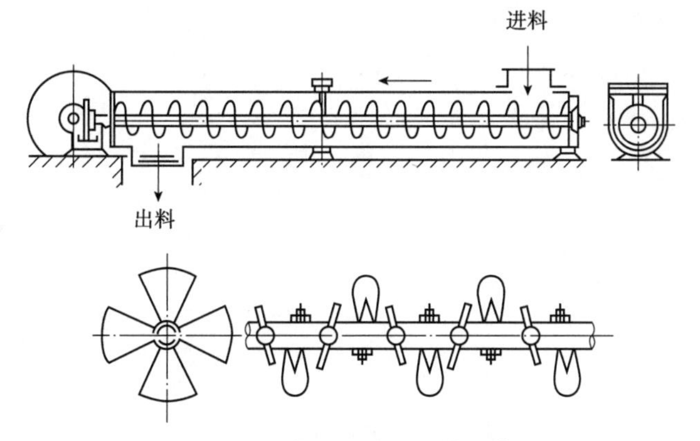


**图 5-30　螺旋运输机结构示意**

②气流输送

气流输送可以在不适合用机械输送场合的任何地方发挥作用，尤其被用在长距离且有多处转换的场所。气流输送可以在水平、垂直或任何倾斜角度的条件下输送物料，该装置可以安装在室内或室外，占地面积小，生产能力大，在中密度纤维板厂和刨花板厂广泛被采用，不足之处在于高速气流能耗大，管道易磨损。

气流输送由输送管道、风机和旋风分离器三部分组成，风机用于产生一定压力的气流，使物料呈悬浮状流动，管道是物料输送的通道，旋风分离器是将悬浮状物料与气流分开。

气流输送可以根据生产需要组合成各种不同的系统(图5-31)，其中的两种负压输送系统，物料不经过风机，对被输送物料的形态破坏较小，尤其适合于大片刨花的输送。气流速度及物料混合浓度是设计气流输送装置的主要技术参数，混合浓度一般取0.1~0.3kg/m$^3$为宜。气流速度因被送物料的形态、含水率等参数而异。

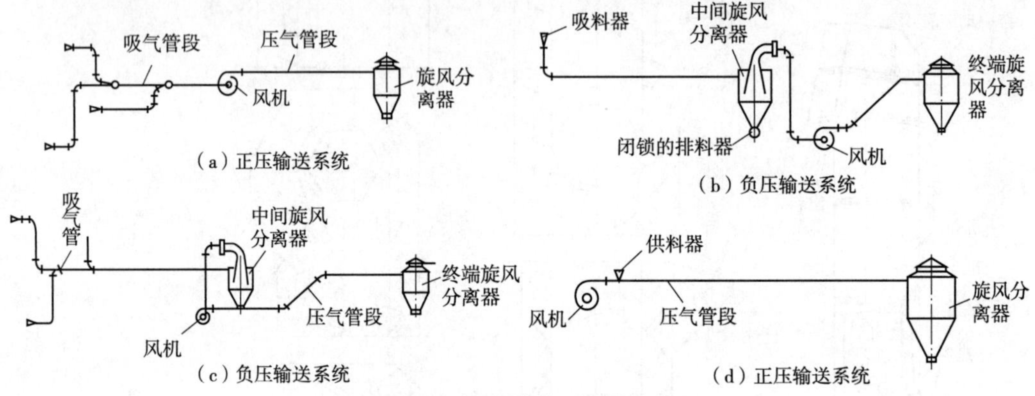


图5-31 气流输送系统的组合

## 思考题

1. 单板加工包含哪些内容？单板拼接有哪几种方式？所用设备有哪些？
2. 纤维预分选的目的和方法有哪些？
3. 刨花分选有哪几种方法？
4. 纤维和刨花贮存有哪几种方式？
5. 纤维和刨花常用哪些方法输送？

# 第6章
# 施　胶

本章介绍了单板、纤维和刨花三种基本单元的施胶工艺、施胶设备、施胶质量评估以及影响施胶效果的若干因素，分析了施胶与产品性能的关系，对于保证施胶效果、降低胶黏剂成本、优化施胶工艺具有重要的意义。

本章重点在于施胶基本原理和施胶工艺(包括调胶和施胶方式等)，核心问题是如何在确保产品质量、满足标准要求的前提下，尽可能地降低胶黏剂成本和突出环保质量。

将胶黏剂和其他添加剂(如防水剂、固化剂、缓冲剂、填充剂等)施加到构成人造板的基本单元上的过程，称为施胶。这是生产人造板的关键工序，对制品的质量和成本影响很大。施胶方法有很多，随板种、基本单元形态、胶种以及不同的工艺而采用不同的施胶方法。

## 6.1　胶黏剂的调制

预先制成的合成树脂，在使用前，必须进行胶液的配制，调胶是指在树脂中加入固化剂和/或其他添加剂并调制均匀的过程。调胶工序包括胶黏剂配制和防水剂的制备。

### 6.1.1　胶黏剂调制的目的

使施胶后制备的人造板具有较高的胶合强度和耐水、耐久及耐老化性能；调制的胶液在胶合过程中达到较快的固化速度，提高生产效率；调制的胶液有较好的操作性能，具有一定活性期，一般调制后的胶液可使用时间达3~4h。

### 6.1.2　胶黏剂调制的工艺流程

调胶操作通常在调胶罐中进行，调胶罐中装有星形搅拌器，转速140~150r/min，依次加入各组分，每次搅拌5~10min，加完所有组分后再搅拌15~20min即可(图6-1)。

目前，我国人造板生产中常用的合成树脂有脲醛树脂(UF)和酚醛树脂(PF)两大类，又以UF或MUF(三聚氰胺改性脲醛树脂)为主，在UF的调制中，加入固化剂大多为氯化铵，用量为树脂质量的0.1%~1.0%，一般调制成10%~20%浓度的溶液，以达

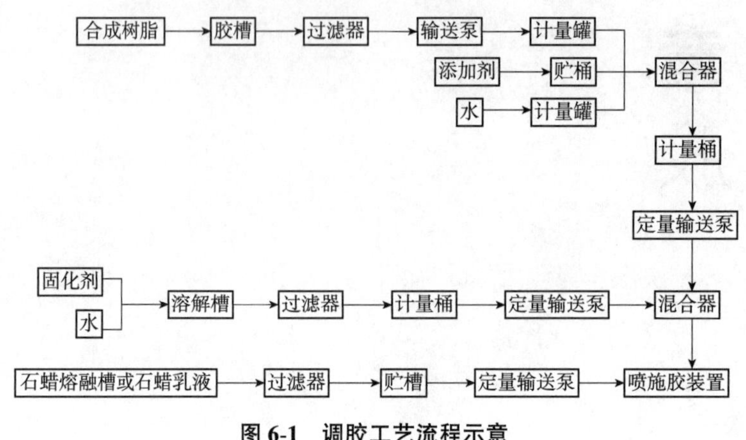


**图 6-1 调胶工艺流程示意**

到适宜的活性时间和固化速度为准。胶液要求的活性时间应在 6~8h，不得少于 2h，以保证调胶、施胶组坯(铺装)、热压等操作过程中不发生提前固化现象，而在 100℃加热条件下，应在 0.5~1min 或更短时间内固化。

在夏季气温较高的情况下，为延长胶液的活性时间，可采用缓冲剂(抑制剂)与固化剂并用，如将氯化铵与适量六次甲基四胺或三聚氰胺、尿素、氨水等配合使用，例如刨花板生产用 UF，采用下述配方可使胶液活性时间延长至 10h：UF100 份、氯化铵 0.3 份、尿素 0.2 份。

胶合板用 UF 胶黏剂调制：UF100 份、氯化铵 0.2~1 份、氨水 0.0~0.4 份、面粉 3~6 份、花生壳粉 6~9 份。调胶时首先加入 UF，然后加入面粉搅拌 10~15min 至混合均匀，加入花生壳粉搅拌 5min，最后加入浓度为 20%的氯化铵和氨水，一起搅拌 5min，放置 15min 后即可使用。

一般用于热压的 PF 胶黏剂在使用前不需加固化剂，必要时也可以加填料共聚剂和固化剂，提高胶层的韧性、强度和缩短固化时间。

胶合板用 PF 胶黏剂的调制：PF100 份、白垩土 7~12 份、木粉 3 份、三聚氰胺 0~2 份、水 2.5~5.0 份，调胶时依次加入各组分，每次搅拌 5~10min，全部加入后搅拌 20min 即可使用。

## 6.2 单板施胶

胶合板生产中，单板施胶为大幅面材料的施胶(也称涂胶)。单板施胶，是将一定质量胶黏剂均匀涂布于单板表面的过程，目的是在板坯胶合后使胶合表面之间具有一层厚度均匀连续的胶层。施胶工艺对胶层的形成有很大的影响，因此是影响胶合质量的一个重要因素。

### 6.2.1 施胶方法

单板的施胶方法按胶的状态可分为固态法施胶和液体施胶两种。

按所用的设备，固态法施胶也分两种：胶膜法和粉状上胶法。液体施胶又可分为辊筒施胶、淋胶、挤胶和喷胶等方法。

(1)固态法施胶

①胶膜法

将热固性酚醛树脂预先浸渍很薄(20μm 厚)的纸(如硫酸盐特种纸)，浸渍纸经干燥制成胶膜，使用时按产品所需规格剪裁，夹入各层单板中，热压时靠胶膜纸中的树脂将材料胶合在一起。此法可在单板厚度较小、施胶难以进行时使用。其特点是胶料分布均匀，胶合质量高，但胶膜纸制造成本较高，一般此法仅用于特种胶合板生产。

②粉状上胶法

液体树脂经喷雾干燥制成粉状树脂，将粉状树脂，通过喷粉装置或抛撒辊使其均匀地散落在单板表面，此法尚未在胶合板生产中大规模投入工业生产。

(2)液体施胶

液体施胶是将液体胶黏剂涂布于两个胶合表面中的一个表面，靠胶的流动性润湿另一个胶合表面。使用胶种有 UF、PF、MUF 以及各种蛋白质胶，根据使用设备和施胶方法分述如下。

①辊筒施胶

辊筒施胶属于接触式施胶。常见施胶设备为双辊筒施胶机(图 6-2)和四辊筒施胶机(图 6-3)。

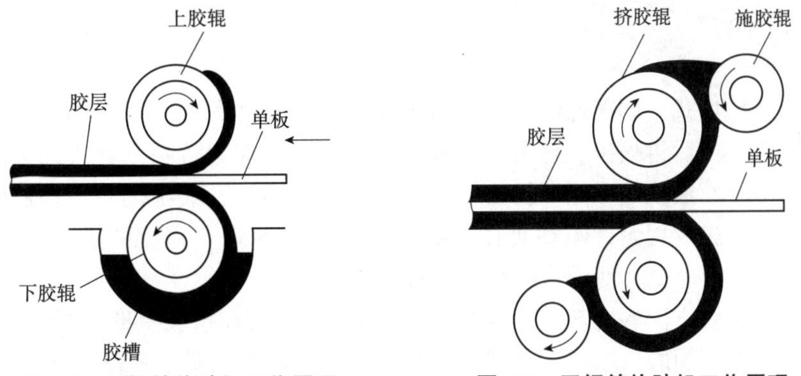


**图 6-2　双辊筒施胶机工作原理**　　**图 6-3　四辊筒施胶机工作原理**

双辊筒施胶机上辊筒表面的胶液是靠下辊筒传递上来的，施胶时单板从两辊筒中间通过，靠接触使辊筒上的胶涂在单板上，施胶量大小主要调节辊筒之间、辊筒上沟纹形式的数量。不同胶种对辊筒沟纹有不同要求，合成树脂胶黏剂多用平辊筒表面包覆有带螺纹橡胶的施胶辊，液面高度以达下辊筒 1/3 为宜，太多或太少都会影响施胶量。

双辊筒施胶机结构简单，便于维护，但其工艺性能较差，胶量不易控制，单板不平时易被压坏，单板施胶长度受上辊筒周长的限制，效率较低。

四辊筒施胶机在一定程度上克服了上述缺点，增加了两个钢制的挤胶辊；挤胶辊的速度低于施胶辊 15%~20%，起着刮胶的作用。它与施胶辊间的距离是可调的，用以控制施胶量。由于四辊筒施胶机上、下同时供胶，所以施胶均匀性较好。

为了保持施胶机良好的工艺性能，应加强对它的保养，防止施胶辊的不均匀磨损，定期用温水清洗，如遇局部有胶液固化可用 3%~5%氢氧化钠溶液和毛刷去垢，辊筒沟纹有一定磨损要重新修复，这样才能保证施胶的均匀性。

随着胶合板生产技术的发展，配合芯板整张化，四辊筒施胶机增加了辊筒的长度，为了施胶的均匀，防止压坏单板，在硬橡胶覆面的辊筒外加一层软橡胶，施胶速度也可提高到90~100m/min。

②淋胶

淋胶是一种高效率的施胶方法。其工作原理为：首先采用一定的装置使胶液形成厚度均匀的胶幕，单板通过胶幕时便在表面被淋上一层胶，淋在单板上的胶层厚度与胶的流量、黏度、单板的表面张力和进料速度有关。增加胶的流量，提高胶的黏度，降低单板的进料速度都能使胶层增厚。淋胶时胶的温度应略高于20℃，不然影响胶层厚度的均匀。

③挤胶

挤胶是将高黏度或泡沫状胶液经过挤胶器小孔施加到单板上的过程。其工作原理如图6-4所示。单板从挤胶器下方通过，胶液呈条状流下，落在单板表面，胶液在后期板坯预压时，可扩展成完整的胶层。也可在挤胶器后面设置一个表面上覆有硅橡胶的辊筒把胶条展平。挤胶法主要优点是节省胶料，使用时应防止胶孔堵塞。

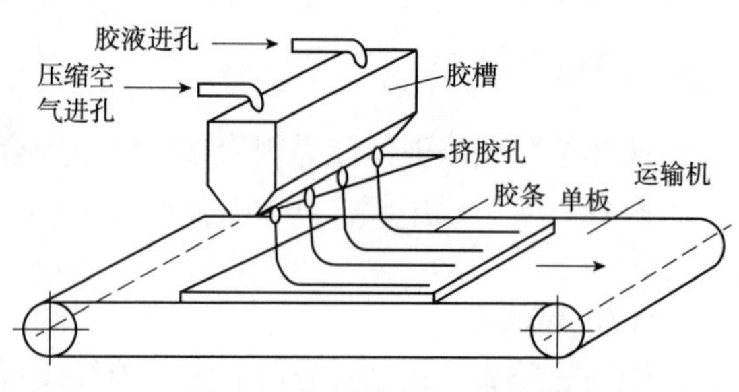


图6-4 挤胶器工作原理

④喷胶

喷胶有两种形式，即普通喷胶法和压力喷胶法。普通喷胶法是使胶液在空气压力下在喷头内雾化，然后再喷出，这种方法胶液损失大，只在人造板基材表面喷涂时使用。压力喷胶法是给胶液施加一定的压力，使其从喷嘴中喷出，喷出的胶应是旋转前进的，分散性好。为了施胶均匀，喷嘴直径一般仅在0.3~0.5mm，这就要求胶液清洁，黏度小。压力喷胶法效率高，胶损小，但胶量控制较难。

上述几种施胶方法的比较见表6-1。从中可看出淋胶和挤胶有明显的优越性，比较适合于连续化单板施胶—组坯生产线。但目前在国内还是辊筒施胶较为普遍。

表6-1 各种施胶方法的比较

| 指标 | 辊筒施胶 | 淋胶 | 挤胶 | 普通喷胶 | 压力喷胶 |
|---|---|---|---|---|---|
| 生产率 | 中 | 高 | 中 | 高 | 高 |
| 施胶均匀性 | 中 | 高 | 高 | 中 | 中 |
| 胶量调节 | 能 | 能 | 能 | 能 | 较困难 |
| 胶液回收 | 能 | 受限制 | 能 | 不能 | 不能 |
| 黏度对胶层影响 | 能 | 能 | 不能 | 能 | 能 |
| 单板粗糙影响 | 能 | 能 | 不能 | 不能 | 不能 |
| 胶液过滤 | 不用 | 不用 | 用 | 用 | 用 |
| 经济性 | 中 | 好 | 好 | 不好 | 好 |

### 6.2.2 施胶量

施胶量以单位面积单板表面上胶液的质量(g/m$^2$)来表示。施胶量是影响胶合质量的重要因素之一。施胶量的大小要合理：施胶量过大，胶层增厚，固化后内应力增大，反而使胶合强度下降，也不经济。施胶量太小形成不了连续胶层，也不利于使胶液从一张单板表面向另一张单板表面转移。施胶量大小是由胶液浓度、施胶速度、施胶辊的结构等决定的。在生产中，胶种不同，胶液的固体含量不同，单板树种、厚度不同，背面裂隙深度，表面光洁度不同，需要的施胶量也都不一样。

通常，固体含量为13%~15%血胶，施胶量为480~650g/m$^2$；固体含量30%~35%豆胶，施胶量为550~730g/m$^2$；固体含量45%~48%的PF，施胶量为200~320g/m$^2$；固体含量60%~65%的UF，施胶量为220~340g/m$^2$(双面施胶量)。

## 6.3 刨花施胶

在刨花板工业中，胶黏剂用量和施加方法是直接影响产品质量和成本的主要因素。

### 6.3.1 刨花施胶对胶黏剂的性能要求

生产刨花板的主要原材料是小径材、枝丫材、原木芯和木材加工剩余物。由于不同原材料加工成的刨花形状不一，靠木材刨花自身的化学组分结合成具有一定强度的刨花板，就目前的技术而言，是难以实现的，必须施加一定的胶黏剂，使刨花之间借助胶黏剂的作用相互胶合成板。由于刨花形态小，单位质量的刨花表面积大，要求施胶更均匀才可能有效降低胶黏剂的用量。

刨花胶合所用的胶黏剂属于热固性的，即在加热加压的条件下，能在一定的时间内固化，且固化过程是不可逆的。常用UF胶黏剂，其性能为：

| | |
|---|---|
| 固体含量 | 60%~65% |
| 黏度 | 200~400cP(25℃) |
| pH值 | 7~8 |
| 与石蜡乳液的相溶性 | 好 |

当前，由于刨花板生产工艺不断改进，品种增多，因此所用胶黏剂除满足上述特性外，还须考虑下列问题：

①胶黏剂应具有一定初黏性，足以使成型板坯在运输过程中边部不会塌散。

②胶黏剂既要在热压时快速固化，又要防止早期固化。为此在树脂中加入某种助剂，以满足上述性能的需要。

③胶黏剂必须是无污染至少是低污染，达到相应的国际或国家相关标准，对人体无害。

④随着刨花板使用范围的不断扩大，从室内家具发展到室外建筑，这就要求所使用的树脂与加入的各种添加剂，如阻燃剂、防腐剂和防水剂等，有较好的相溶性。

⑤由于刨花原料比较混杂，变异性大，所以要求采用的树脂要有较宽的使用范围和稳定性。

### 6.3.2 施胶量

刨花施胶量以固体树脂胶黏剂的质量与绝干刨花质量的百分比(%)来表示。

试验证明，在相同密度情况下，板的静曲强度(MOR)、内结合强度(IB)，随着施胶量的增加而提高，而其吸水厚度膨胀率(TS)随施胶量的增加而减小。虽然施胶量的增加，使产品性能有着明显提高，但还须考虑对成本的影响。刨花的施胶量，与所用树脂性质、产品结构、刨花形态等因素有关。生产单层结构板，一般PF用量为5%~8%，UF用量为8%~12%。生产三层结构或多层结构板，为了保证各项性能的要求，各层施胶量可以不同。通常表层施胶量略高于芯层。这样可以保证板的MOR和较好的表面性能。在实际生产中，UF胶黏剂配制是以UF为主体，加入固化剂、防水剂和/或其他助剂以及适量水配制而成的。各种助剂的用量根据生产时各种因素(气温、树种、原料的pH值等)而定。胶液的配比范围见表6-2。

表6-2 胶液的配比范围 %

| 项目内容 | 表 层 | 芯 层 | 备 注 |
|---|---|---|---|
| 固体树脂 | 10~12 | 8~10 | 以绝干刨花计 |
| 固化剂 | — | 0.0~0.5 | 以固体树脂计 |
| 防水剂 | 0.5~1.5 | 0.5~0.8 | 以绝干刨花计 |
| 缓冲剂 | 2~3 | 0.5~1.0 | 以固体树脂计 |
| 水 | 调节浓度 | 适量加入 | — |

刨花因树种不同，施胶量也不同。以阔叶树为原料的施胶量要比针叶树高10%左右。

刨花的形状和尺寸对施胶量的影响也很大。据研究，同一密度的100g绝干刨花，随着刨花厚度的减少，刨花的比表面积增大(表6-3)。在相同施胶量时，薄刨花单位面积上得到的胶量相对减少(表6-4)。例如1mm厚的100g的杨木刨花，刨花表面积为0.55m$^2$，若用8g固体胶，折合每平方米刨花表面上施胶14.5g；如刨花厚度只有0.25mm，刨花表面积增加到2.2m$^2$；同样8g固体胶，折合每平方米刨花表面上着胶量只有3.6g。所以用薄刨花做原料，要相应提高施胶量，否则会因缺胶而影响板的质量。

表6-3 100g不同厚度和密度的绝干木质刨花的表面积

| 刨花厚度(mm) | 树 种 | 杨 木 | 云 杉 | 桦 木 | 山毛榉 | 红铁木 |
|---|---|---|---|---|---|---|
| | 密度(g/cm$^3$) | 0.36 | 0.43 | 0.60 | 0.68 | 1.00 |
| 1.00 | 100g绝干刨花的表面积(m$^2$) | 0.55 | 0.47 | 0.33 | 0.29 | 0.20 |
| 0.50 | | 1.10 | 0.94 | 0.66 | 0.59 | 0.40 |
| 0.25 | | 2.20 | 1.88 | 1.32 | 1.18 | 0.80 |
| 0.10 | | 5.50 | 4.70 | 3.30 | 2.90 | 2.00 |
| 0.05 | | 11.0 | 9.40 | 6.60 | 5.90 | 4.00 |

表 6-4 100g 绝干刨花，施 8g 固体胶黏剂时每平方米刨花表面上的着胶量

| 刨花厚度(mm) | 树　种 | 杨　木 | 云　杉 | 桦　木 | 山毛榉 | 红铁木 |
|---|---|---|---|---|---|---|
| | 密度(g/cm³) | 0.36 | 0.43 | 0.60 | 0.68 | 1.00 |
| 1.00 | 刨花表面着胶量(g/m²) | 14.40 | 17.20 | 24.00 | 27.2 | 40.00 |
| 0.50 | | 7.20 | 8.60 | 12.00 | 13.6 | 20.00 |
| 0.25 | | 3.60 | 4.30 | 6.00 | 6.80 | 10.00 |
| 0.10 | | 1.44 | 1.72 | 2.40 | 2.72 | 4.00 |
| 0.05 | | 0.72 | 0.86 | 1.20 | 1.36 | 2.00 |

施胶时刨花表面质量对用胶量亦有影响。表面粗糙的刨花，施胶量应增加；相反，表面光滑的刨花，则施胶量相应减少。

改进刨花筛选设备，减少锯屑、粉尘含量(从 25%~30%减少到 10%~15%)，施胶量可降低 5%。

采用新型拌胶机，提高拌胶的均匀性，也可使施胶量降低 10%左右。提高削片机刀具和切削部件的工作精度和耐磨性，可改善刨花表面质量，也可有效降低施胶量。

生产密度为 0.6~0.7g/cm³ 的刨花板，一般施胶量为：

| | |
|---|---|
| 单层结构板 | 8%~14% |
| 三层结构板 | 芯层 5%~8%，表层 9%~12% |
| 渐变结构板 | 8%~10% |

## 6.3.3 计量与控制

在刨花板生产中，刨花和胶黏剂的计量，可按容积计，也可按质量计。胶料的计量，因其比重稳定，目前多用容积计量。在周期式拌胶机中，用专门的容器计量。连续式拌胶机采用调节输胶泵转速控制胶量。刨花用容积计量比较困难，因为刨花形态和大小不一样，装料容器稍有振动，就会产生误差，影响计量准确，所以生产中通常采用质量计量。计量秤有周期性动作和连续性动作；可以用电动或气动控制，进行自动称量。

下面介绍三种常用控制胶黏剂和刨花比例的方法。

第一种方法：一定容积刨花，经带式秤连续称量，根据秤上刨花质量控制胶量，图 6-5 为该法工艺流程。该套装置与干刨花出料装置相连，当带式秤上的刨花质量有变化时，输胶泵会自动调整转速，保证胶料与刨花的配比，在胶泵和喷嘴堵塞时，还可自动进行补偿调节。

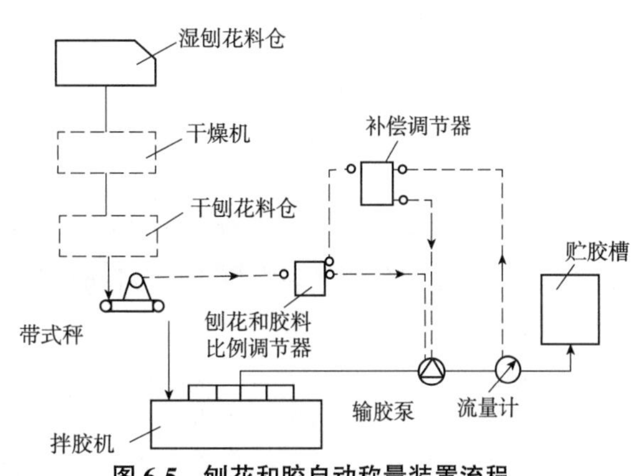

图 6-5 刨花和胶自动称量装置流程

第二种方法：将一定体积的刨花送往连续称量的带式秤，带式秤能自动调节线速度，以确保经带式秤的刨

花质量连续稳定，因此输胶泵只要能用固定流量供应胶料(图6-6为该法工艺流程)，即可保证一定的施胶量。

第三种方法：胶液预先定量，固定输胶泵转速，用流量计来控制，间歇地向拌胶机内加入定量刨花。活塞每次行程即可完成胶料的输入和排空的动作，该法工艺流程如图6-7所示。

在生产中必须能精确控制拌胶机内胶料和刨花的比例，使之易于调节和校对，达到控制质量的目的。完善的胶黏剂贮存与进、出料装置，除了保证精确的计量外，还应具有有效的清洗设备。另外，贮存的胶黏剂有适当的温度要求，主要确保冬、夏两季，仍能维持在15℃左右即可。胶黏剂进入喷嘴前需通过过滤器过滤，防止脏物、胶凝颗粒及其他杂物堵塞喷嘴。

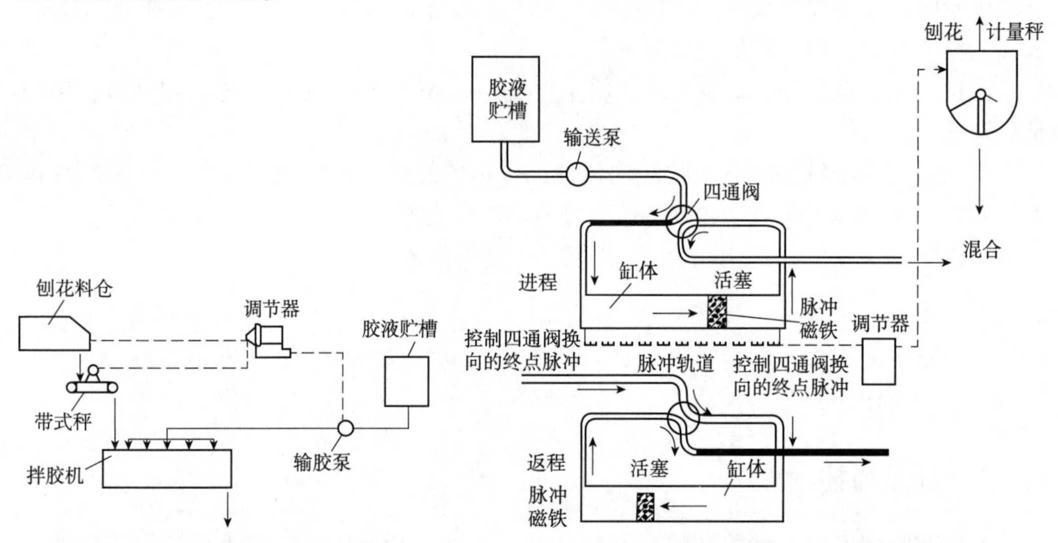


图6-6 按固定质量刨花施胶的装置流程

图6-7 按胶量调节间隙称量刨花的装置流程

### 6.3.4 施胶方法及其比较

为了使刨花之间能很好地胶合，必须使有限的胶黏剂均匀分布到刨花表面上。影响胶液分布均匀性因素较多，如施胶方法、施胶工艺、刨花形态以及施胶设备等，都对施胶均匀性有一定的影响。

(1)施胶方法

施胶方法可分为摩擦法和喷雾法两种。

①摩擦法

胶液连续不断地流入搅动着的刨花中，靠着刨花之间的相互摩擦作用将胶液分散开。此法拌胶质量取决刨花在机内的停留时间。这种方法适合于细小刨花的施胶，设备采用高速拌胶机。

②喷雾法

胶黏剂在空气压力(或液压)的作用下，通过喷嘴形成雾状，喷到悬浮状态的刨花上。

喷雾法施胶主要通过不同喷头来实现，现介绍常用的三种基本形式：

压力式喷雾喷头(图6-8)，又称为无空气雾化喷头，其作用原理是由泵使胶液在高压(8MPa)下通过喷头，喷头内有螺旋室，液体在其中高速旋转，然后从出口呈雾状喷出。该喷头能耗低、生产能力大，可将高黏度胶液雾化，由于是无空气雾化，工作环境好，对减轻气体污染效果明显，但需通过高压泵来实现。压力喷雾法应用比较广泛。

气流式喷雾喷头(图6-9)，其作用原理是采用表压为0.1~0.7MPa的压缩空气压送胶黏剂经喷头成雾状喷出。气流式喷雾法适合喷胶量较低时使用，操作比较方便，雾化胶滴直径较小，较适合黏度较小的胶黏剂，使用时必须注意设备密封，防止雾气泄漏，污染工作环境。

离心式喷雾喷头(图6-10)，其作用原理是胶黏剂被送入高速旋转圆盘中央，圆盘上有放射叶片，圆盘转速为4000~20 000r/min，液体受离心力的作用而被加速，到达周边时呈雾状甩出。离心式喷雾喷头施用于黏度较低的胶黏剂。

实验表明，在相同施胶量的情况下，施胶方法不同，胶液在刨花表面覆盖情况和均匀程度有较大差异(表6-5)，这样会导致制品胶合强度和吸水率(表6-6)的差异。

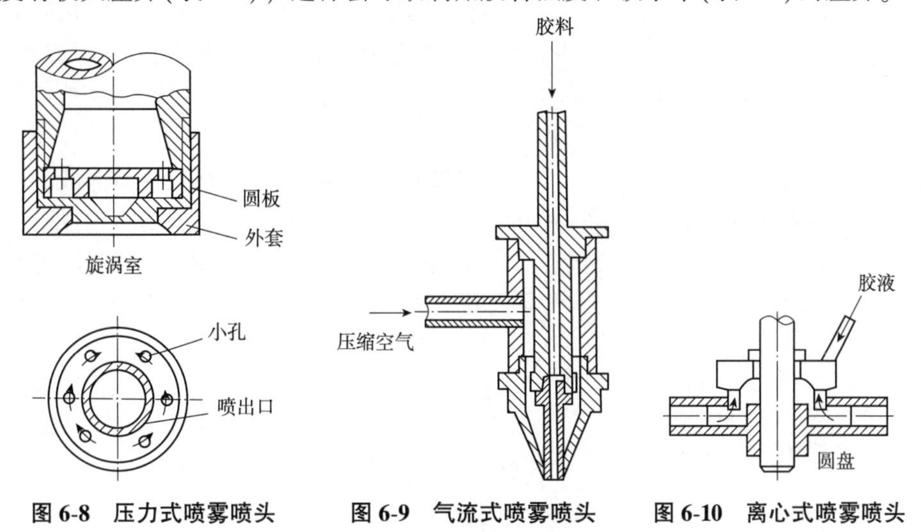


**图6-8 压力式喷雾喷头** **图6-9 气流式喷雾喷头** **图6-10 离心式喷雾喷头**

**表6-5 施胶方法对刨花表面胶覆盖率的影响**

| 刨花表面被胶覆盖面积百分率(%) | 施胶方法 | |
|---|---|---|
| | 摩擦法 | 喷雾法 |
| 100 | 41.6 | 66.7 |
| 50 | 16.7 | 25.8 |
| 20 | 37.5 | 4.2 |
| 0 | 4.2 | 3.3 |

**表6-6 施胶方法对板材胶合强度和吸水率的影响**

| 施胶方法 | 松木刨花 | | 桦木刨花 | |
|---|---|---|---|---|
| | MOR(MPa) | 吸水率(%) | MOR(MPa) | 吸水率(%) |
| 喷雾法 | 125 | 18.5 | 116 | 23.1 |
| 摩擦法 | 98 | 20.0 | 86 | 39.0 |

(2)刨花大小和几何形状对胶黏剂分布的影响

当刨花的大小和几何形状变化较大时，施胶很难使胶液在刨花表面分布均匀。细料由于比表面积较大，往往着胶量较多，粗料上胶量较少。刨花的上胶量与刨花的表面积之间存在一种近似的线性关系。刨花大小由粗到细变化时，表面上胶量随之增加。

另外刨花的表面质量对上胶量也产生影响。刨花表面破损越小，则胶液分布越好，所以，完整无损光滑的刨花，在较低的压力下比粗糙的、表面破坏的刨花胶合得更好。使胶黏剂的胶合作用能够得到充分的发挥。

(3)施胶条件对胶黏剂分布的影响

施胶条件一般包括喷嘴类型、雾化程度、刨花量、搅拌时间和速度、刨花质量和温度等。其中雾化程度最为重要。雾化程度直接影响到喷胶质量，雾化程度就是指胶黏剂经过喷嘴将胶滴分离的程度。胶滴越细，在刨花表面分布越均匀。雾化程度与空气压力、喷嘴流量、喷嘴只数、喷嘴位置等有关。

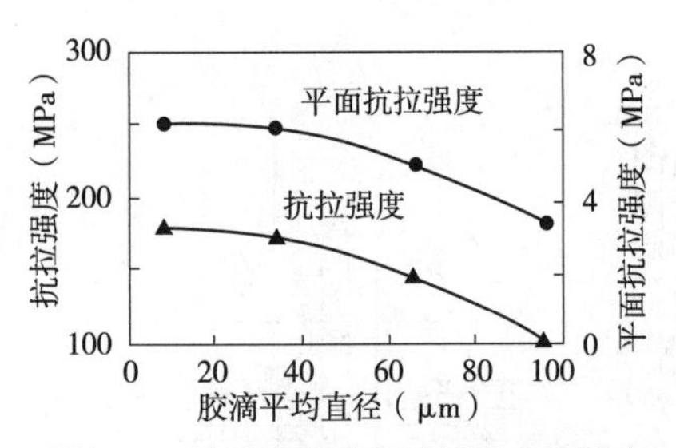

图6-11 胶滴平均直径对板强度的影响

喷嘴胶料流速的增加，将产生较大胶滴，使分布均匀性降低，影响板的性能，如图6-11所示。

喷嘴数目、喷嘴位置及搅拌机轴的转速与施胶质量都有关系，有关研究如图6-12所示。喷嘴数量增加、喷嘴出口到搅拌机中刨花高度距离增加。以及搅拌轴转速的提高可获得最好效果，即板的强度增高，吸水厚度膨胀率和吸水率下降。这是因为喷嘴数量和距离增加，即增大了喷嘴所形成的雾化圆锥体的几何尺寸，拌胶机中胶分布区面积增大，提高了胶液分布的均匀性。

研究认为，胶滴平均直径为8~35μm时较为理想。实际工业喷胶设备只能达到30~100μm。刨花中有10%~25%的面积未涂上胶，从而在一定程度上影响到刨花板的强度。

一般建议采用以下喷胶工艺参数：空气压力为0.2~0.35MPa，胶液黏度为150~600cP时，可获得50μm左右小胶滴。

### 6.3.5 施胶设备

刨花的施胶通常借助于机械搅拌和供胶装置来完成，所以刨花的施胶机一般称为拌胶机。拌胶机按拌胶过程，可分为连续式和周期式两类。

连续式拌胶机，因连续不断地出料，故生产效率高，劳动强度低，生产规模较大的企业都采用这类设备。周期式拌胶机，设备简单，投资少，维修方便，但劳动强度大，小规模生产或实验室研究中采用这种设备。不论何种拌胶机，均要求在拌胶过程中，尽量减少刨花的破碎，最大可能地保持刨花原有的形态。

目前用于刨花施胶的搅拌机共有两类：一类是喷雾式连续拌胶机设备；另一类是淋胶式强烈搅拌装置的连续拌胶机。

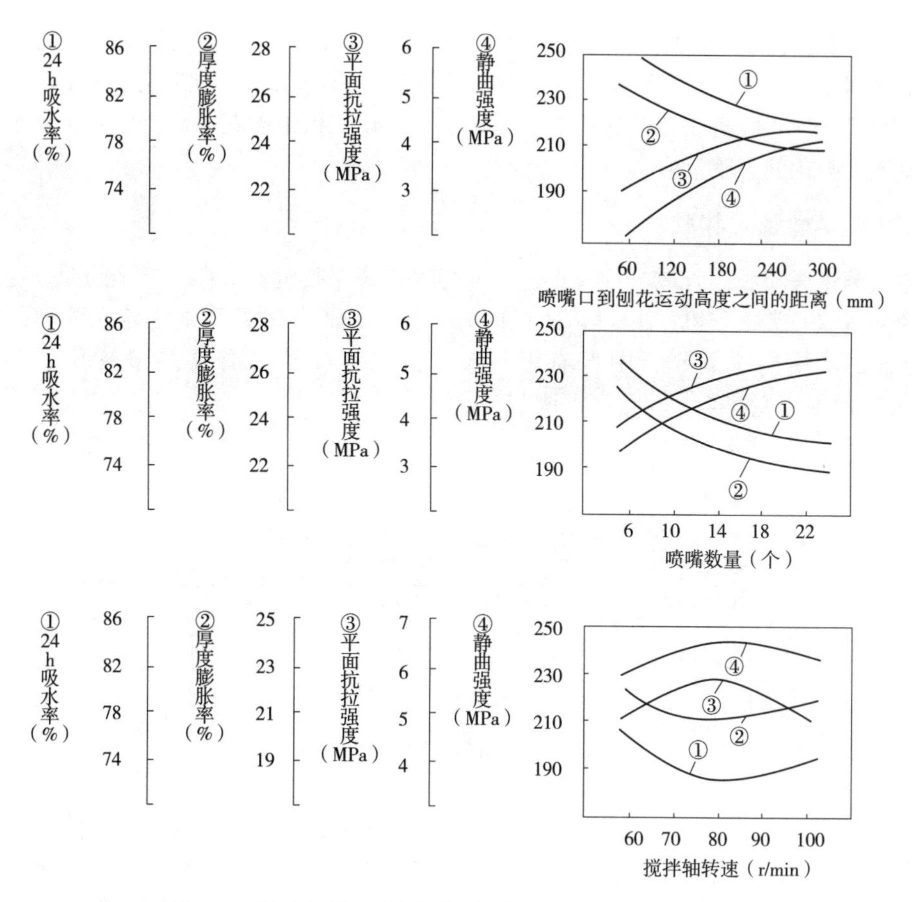


**图 6-12 施胶条件对三层结构刨花板物理力学性能的影响**

(1)喷雾式连续拌胶机

喷雾式连续拌胶机由前后壁的圆槽、拱形顶盖、进料口、搅拌轴、出料装置和喷嘴等组成，如图6-13所示。经计量的刨花连续不断地从进料口进入拌胶槽，装在拌胶机顶盖上的喷嘴向拌胶槽内喷胶，喷嘴的胶由输送泵供给，喷嘴的压缩空气由空压机供

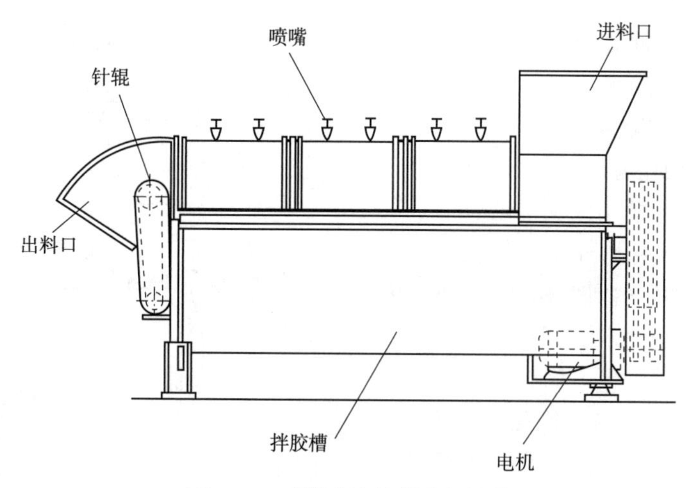


**图 6-13 喷雾式连续拌胶机结构**

给。电机带动搅拌轴搅动刨花，使刨花呈悬浮状态，与胶料均匀混合。拌胶槽有一定倾斜度，使刨花不断往出料口移动。在出料口有针辊，将刨花耙松，避免刨花结团，影响板面质量。这种拌胶机在拌胶过程中，刨花易被破碎，粗细刨花一起上胶时，小刨花着胶量要比大刨花的着胶量多。

(2)离心喷胶式拌胶机

空气雾化法喷胶，胶粒小且易飞扬，离心喷胶式拌胶机就不存在这个问题。这是目前广为使用的一类拌胶机(图6-14)。机内有一根空心轴，轴的两端固定在胶槽外的轴承上。轴的前端有进料铲，中部有甩料胶管，甩料胶管上有许多甩胶孔，孔径为2.54mm，后端有搅拌桨，其高度可调节。

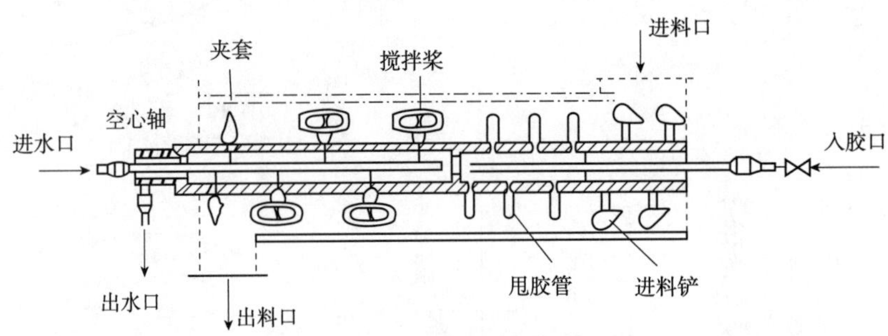


图6-14　离心喷胶式拌胶机结构

工作时，刨花从进料口进入机内，在进料铲的作用下，刨花呈螺旋状前进，胶和刨花都是经计量供应，胶通过分配管进入空心轴的入胶口，依靠空心轴旋转时(约1000r/min)的离心力将胶以0.1MPa左右的工作压力从甩料胶管上的甩胶孔甩出，分布到刨花的表面，经过搅拌桨的搅拌，再将刨花推至出料口排出。

为防止由摩擦作用产生的高温度胶黏剂提前固化，拌胶机的后半部，搅拌轴和搅拌桨都用冷却水冷却，冷却水温一般低于12℃。拌胶机外壳做成夹套式，可通入冷却水冷却，这样，当高速拌胶时不至于过热，避免内壳体上产生结胶现象。

(3)高速拌胶机

这种拌胶机由拌胶装置和调节仓两部分组成(图6-15)。拌胶部分共有四个拌胶箱，每个拌胶箱内装一个高速搅拌轴，拌胶箱相互沟通。第二个拌胶箱内，胶液靠离心力作用，从空心轴搅拌桨的孔眼甩出。在另外两个拌胶箱中，刨花相互摩擦，达到胶液均匀分布的要求。刨花通过拌胶箱的时间很短，只有10~30s。在拌胶箱下面有调节冷却仓，用来贮存和冷却拌胶刨花，调节冷却仓内有搅拌器和螺旋排料器，搅拌器和仓壳都有冷水冷却。

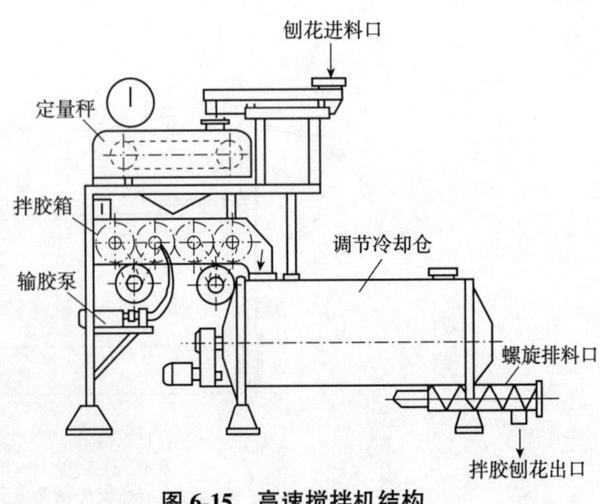


图6-15　高速搅拌机结构

### 6.3.6 定向刨花板大刨花用拌胶机

上述几种拌胶机在普通刨花板生产中普遍使用，但对于生产定向刨花板的大片薄平刨花，尺寸大且薄，在施胶机内的运动性、旋转性和流动性都比较差，显然是不适合的。下面介绍几种适合定向刨花板大刨花施胶的拌胶机。

(1)铲式喷雾拌胶机

该设备是滚筒内装有旋转轴，轴上安装有搅拌铲，在旋转轴的作用下，搅拌铲带起刨花旋转，使其在机内形成环状。施胶时间需1~2min，施胶采用高速离心喷雾器，在喷雾器上有许多小孔，用以喷洒胶料(图6-16)。

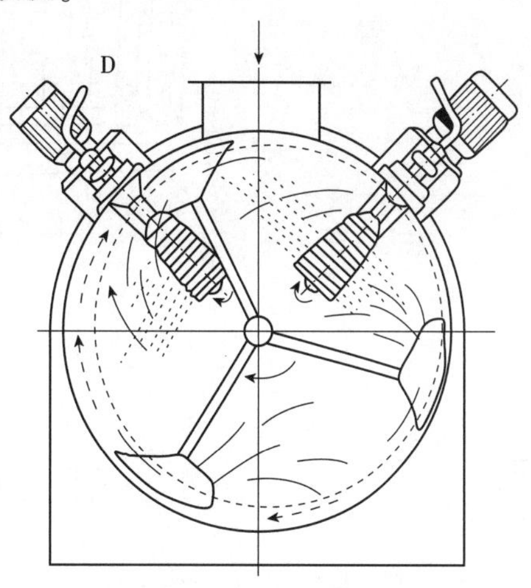


图6-16 铲式喷雾拌胶机结构

(2)滚筒式拌胶机

这是一种喷雾式连续拌胶机。该拌胶机为一个滚筒以一定的速度旋转以翻转刨花旋转滚筒，通过喷嘴将胶液喷洒到刨花上。这种设备的设计形式繁多，其基本原理是在旋转滚筒的内侧安装有与滚筒轴线相平行的吊杆，吊杆上装有雾化喷嘴。胶液的喷洒角度与滚筒轴线成直角(图6-17)，在滚筒内翻转的刨花形成“幕帘”，这样喷洒胶液的损耗将降低至最低。

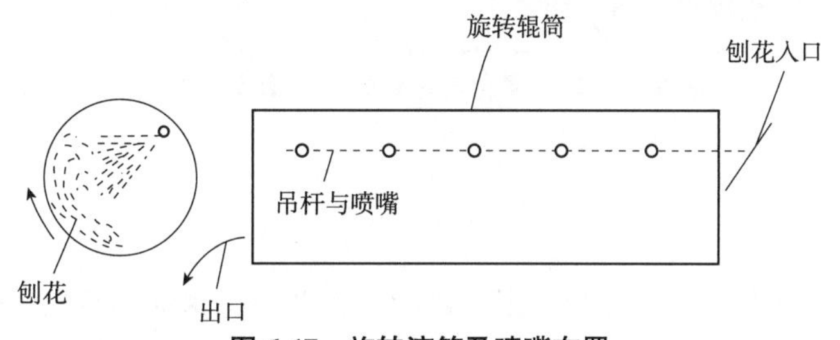


图6-17 旋转滚筒及喷嘴布置

图6-18为国产定向刨花板生产线用滚筒式拌胶机结构。主要由拌胶筒、进料口、出料口、传动系统、机架、喷胶系统等组成。

干燥后的刨花经进料口连续不断地进入拌胶机滚筒，滚筒在无级调速电机作用下旋转，滚筒内装有抄板，抄板使刨花升举到一定的高度后落下，形成连续的刨花帘，在滚筒安装坡度及重力作用下，刨花一面翻滚，一面向出料口移动，最后从拌胶筒的另一端排出。胶黏剂和其他添加剂混合后，经高压泵通过多只喷嘴雾化，喷洒到刨花帘上，使刨花着胶。进入拌胶筒的刨花量根据胶液流量而定，从而保证稳定的施胶量。该拌胶机为中空结构，拌胶时对刨花形态破坏小；另外刨花随滚筒的转动上下翻动，相互间有一定的摩擦作用，有利于刨花间胶液的转移，使胶液分布得更加均匀。

综上所述，要使刨花施胶均匀，主要根据刨花形态和大小，决定在机内的工作状态与对应的施胶方式相配合(图6-19)，也就是选择合适的拌胶机。

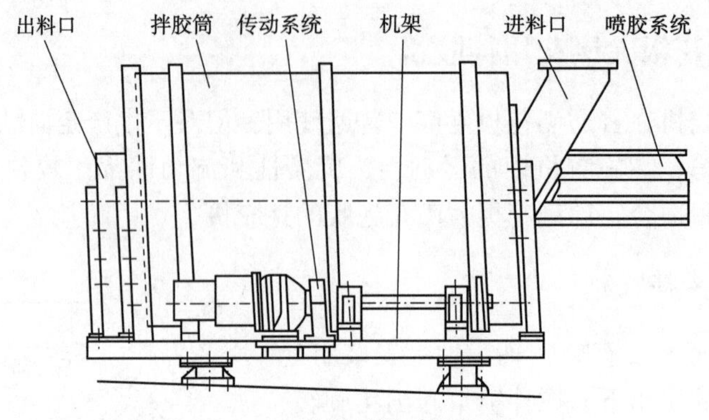


图 6-18 滚筒式拌胶机结构

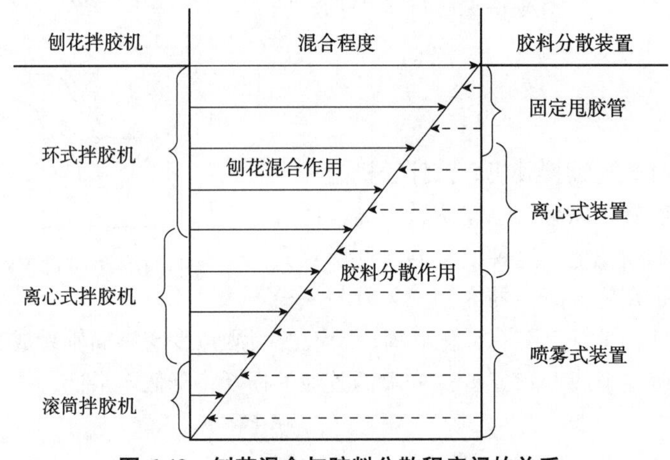


图 6-19 刨花混合与胶料分散程度间的关系

## 6.4 纤维施胶

纤维施胶是将分离后的纤维与一定比例的胶黏剂、防水剂和其他助剂均匀混合的过程，目的是确保纤维的结合，提高纤维板的物理力学性能和耐水性。纤维施胶量的大小以固体树脂质量与绝干纤维质量的百分比来表示。为了赋予板制品的耐火和防腐性能，可同时在纤维中加入阻燃剂和防腐剂等化学助剂。

纤维板干法生产工艺与湿法生产工艺的纤维施胶有较大的区别。湿法生产过程中，一般不需施加胶黏剂，主要施加一些助剂，纤维的施加的助剂主要是指防水剂、少量增强剂以及沉淀剂等助剂施加到纤维浆料中，以提高纤维板的耐水性和强度性能。

干法生产工艺制造纤维板，尤其是中密度纤维板(MDF)，由于纤维含水率低，可塑性差，加之板坯密度低，纤维之间空隙大，仅靠一定的温度和压力使纤维相互结合而达到板制品的各项性能指标是非常困难的。因此，在高、中密度纤维板制造过程中，必须通过施加一定的胶黏剂和助剂才可使制品性能达到质量要求。

### 6.4.1 防水处理

植物纤维是一种亲水性材料，由其制成的纤维板具有很强的吸湿和吸水性能，制品的尺寸稳定性较差，在吸收水分后，产品尺寸和形状发生变化，强度下降，传热和导电性能增加且易腐蚀，从而影响产品的使用性能和使用寿命。为此，在纤维板生产过程中，必须对纤维进行防水处理，以满足各方面性能的需要。

(1)吸湿吸水机理与防水措施

同木材一样，纤维板中的水分是通过内部空隙传递的。板的内部空隙有三种：细胞壁内的微毛细管、细胞腔和纤维之间的空隙。中密度纤维板内的总空隙可以通过以下公式粗略地计算出来，一般木材的实质密度为 $1.5g/cm^3$，那么密度为 $0.7g/cm^3$ 的中密度纤维板的内部空隙率为：

$$\left(1-\frac{0.7}{1.5}\right)\times100\%\approx53\%$$

纤维板在潮湿的空气中吸湿时，空气中的水蒸气分子经过纤维之间的空隙、纹孔和细胞壁内的微毛细管，使纤维细胞壁充满水分。如果将干状的板直接放在水里，则液态水将首先充满细胞腔和纤维之间的空隙，而后逐渐进入细胞壁。

①吸湿原因

游离羟基的存在和纤维表面的负电性：在纤维细胞壁内拥有巨大的自由表面，而自由表面上具有大量的游离羟基，可吸附空气中的水分子。例如，$1cm^3$ 的针叶材有60万~80万根纤维，阔叶材有200万根纤维。1g 纤维素具有 $5\times10^4\sim5\times10^6cm^2$ 的自由表面积。此外，纤维表面带负电性，对极性水分子具有吸引力，从而增加了纤维表面的吸附性能。据测定，纤维表面的电性，可使其表面形成5%~6%的吸附水。

微毛细管的凝缩作用：无定型区的纤维表面被吸附水饱和之后，半径小于 $5\times10^{-7}cm$ 的微毛细管，便开始从空气中凝结水蒸气，继续吸着水分。上述凝缩作用，随着微毛细管孔的半径减小，周围水蒸气压力越高，则吸着水量越大。

通常将表面吸附水和微毛细管凝结水，统称为吸湿水。中密度纤维板的吸湿水量与温度和空气的相对湿度有关，温度越高，空气相对湿度越低，吸湿水量就越少。

②吸水原因

毛细管作用：每根中空的纤维都能产生毛细管作用，同时，板中拥有大量半径大于 $5\times10^{-7}cm$ 的毛细管。因毛细管作用吸入的水分，量虽大，但不影响板的体积膨胀，不过，当吸入水量大时，会增加板的含水率，易使制品霉变或腐朽。

渗透作用：当板制品浸入水中后，会出现渗透作用。细胞壁上的纹孔膜，相当于半透膜，原料中的一些水溶性物质能形成细胞壁内外的浓度差。这个浓度差所形成的渗透压力是纤维发生渗透作用而吸水的原因。

③防水措施

板中的水分可分为表面吸附水、微毛细管凝结水、毛细水和渗透水，其中表面吸附水是引起成品板尺寸变化和变形的主要因素。因此，要从根本上解决吸水变形问题，关键在于减少表面吸附水，即降低纤维表面对水的吸附作用。为此，必须减少存在于纤维表面和纤维素无定型区的游离羟基的数量和降低纤维表面的负电荷。

为了提高纤维板的耐水性能，目前生产中采用的主要措施有：施加防水剂、施加合成树脂类胶黏剂、板的热处理、浸油、贴面等加工处理。

施加防水剂：是纤维板生产中最主要、最方便、最廉价的一种防水措施。其实质是在纤维上施加如石蜡等憎水性的物质。当纤维表面吸附憎水物质颗粒后，可产生以下作用：部分堵塞纤维之间的空隙，截断了水分传递的渠道；增大水与纤维之间的接触角，缩小了接触面积；部分遮盖纤维表面的极性官能团(如羟基)，降低了吸附作用。但由于憎水物质一般为油性且与胶黏剂相容性差，因此憎水物质用量大，会阻碍纤维之间的结合，降低产品强度。施加合成树脂胶黏剂，它与施加防水剂作用原理不同，分散在纤维表面上的树脂官能团(如羟甲基、羟基)热压时能与纤维表面上的游离羟基形成化学键和氢键，降低纤维表面的吸附能力，部分纤维之间的空隙受堵，水分传递渠道被截，因而，降低了微毛细管凝结水、毛细水和渗透水。纤维板的热处理也是提高板耐水性的措施之一。即板制品在高温无压的条件下经过较长时间的处理，使纤维素无定型区和纤维表面上的部分游离羟基形成氢键结合，从而提高板的防水性。

纤维板制品浸油及贴面处理：油是憎水性的物质，能形成耐水薄膜，覆盖表面和堵塞毛细管。因为干性油具有不饱和键和极性官能团，故能与纤维产生强的结合键与吸引力，且形成的薄膜具有一定的强度，所以产品浸油的结果增加了产品的耐水性和提高强度。表面喷涂防水涂料或覆贴塑料薄膜、金属薄膜，不但可使产品美观，并且能防止水分从表面渗入板内。

上述防水措施中，施加防水剂、施加合成树脂类胶黏剂等为纤维处理，而板的热处理、浸油、贴面等则属于板的后期处理。

(2)防水剂的施加

①施加方法

在本书第2章中，已对防水剂有所介绍。石蜡防水性能好，是纤维板生产常用的防水材料。石蜡的施加方式有两种，一种是制成粒径小于4μm的石蜡乳液，直接加入浆料中，这是纤维板生产采用的主要施加方式(图6-20)。

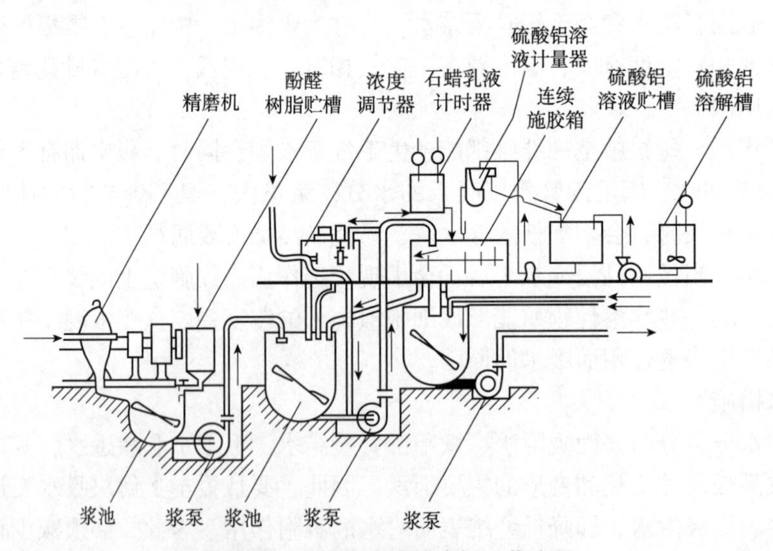


**图6-20 石蜡乳液连续施加工艺流程**

由于石蜡($C_xH_{2x+2}$)是疏水性物质，不能直接与胶液均混，必须借助乳化剂实现均匀分散。乳化剂(如油酸铵$C_{17}H_{33}COONH_4$)是由亲油基团(如$C_{17}H_{33}$—与石蜡相容)和亲水基团(如—$COONH_4$与胶液相容)组成，因此，它既能与疏水性的石蜡结合，又能与极性的胶黏剂结合，从而使石蜡颗粒均匀分散在胶液中。

常用石蜡乳液制备的乳化锅和喷射式乳化锅的结构如图 6-21、图 6-22 所示。以油酸铵为乳化剂的石蜡乳液配方见表 6-7。

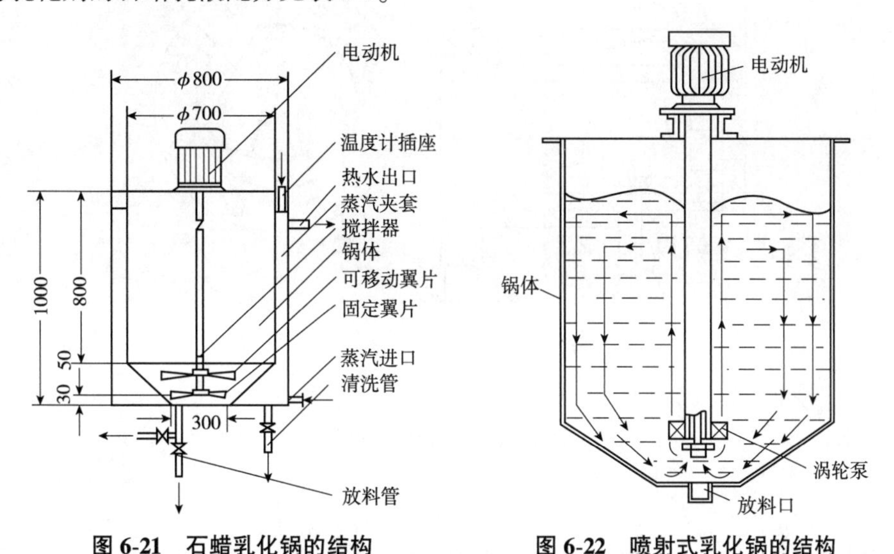


**图 6-21　石蜡乳化锅的结构**　　**图 6-22　喷射式乳化锅的结构**

**表 6-7　油酸铵石蜡乳液配方**

| 项　目 | 石　蜡 | 油　酸 | 氨　水 | 乳化水 | 稀释水 |
|---|---|---|---|---|---|
| 配比(%) | 100 | 13~18 | 11~15 | 55 | 按制备 |
| 用量(kg) | 45 | 6~8 | 5~7 | 25 | 浓度而定 |

注：油酸的酸值为 150~180，氨水浓度为 25%。

另一种石蜡的施加方式是将石蜡熔融，喷施涂覆到纤维表面上(图 6-23)，在干法中密度纤维板、硬质纤维板的生产中，则采取加入热磨机的进料螺旋、磨室体、排料阀或干燥管道的入口，石蜡均匀施加的目的(图 6-24)。

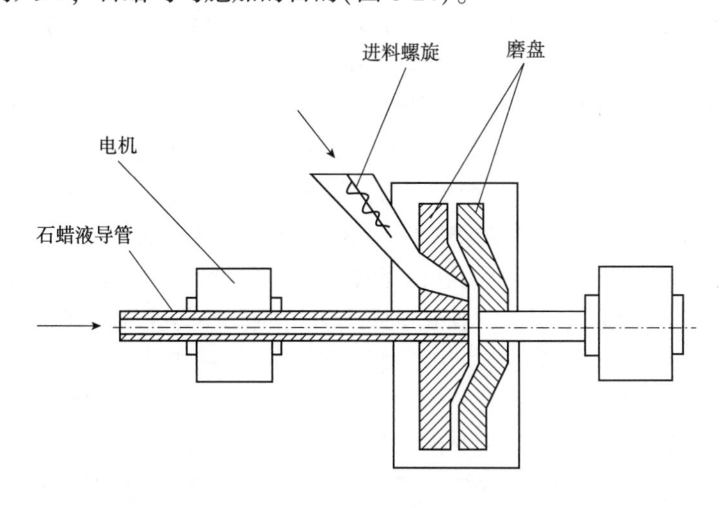


**图 6-23　液体石蜡施加方式**

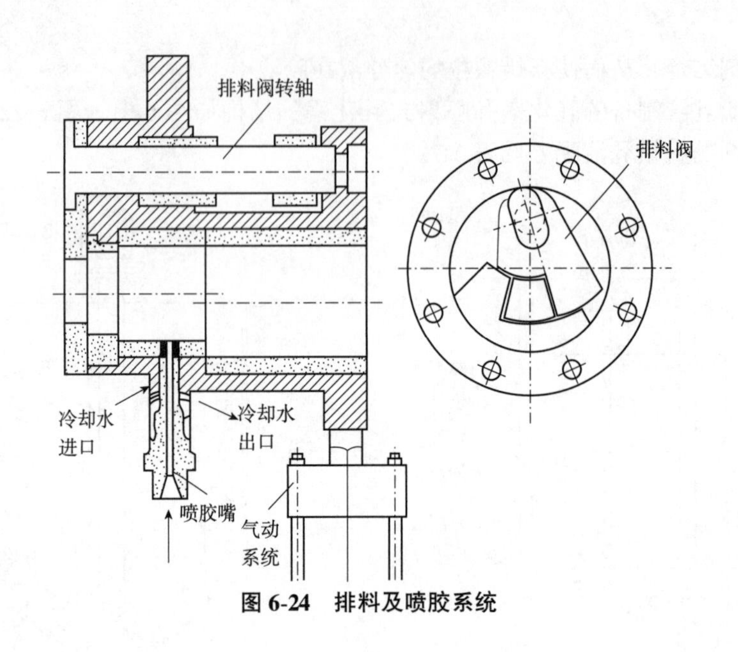


图 6-24　排料及喷胶系统

②施加量

石蜡施加量一般为 1.0%~1.5%(按固体石蜡对绝干纤维质量计)。当施加量在 1.5%以下时，防水效果随石蜡用量的增加而提高；当超过 1.5%以后，再进一步提高施加量，防水效果提高并不显著，不仅增加成本，而且还会影响纤维结合性能。

## 6.4.2　干法纤维板施胶

### (1)施胶方式

在干法纤维板的生产中，施加胶黏剂有多种方式，不同施加方式有各自的特点，且有相应的适用范围和局限性。

第一种施胶方式是较早采用的施胶方式，是在纤维分离时于磨室体内施加(图 6-25)，虽然能获得纤维与胶料的均匀混合，但由于磨室体内的高温和摩擦热，可能引起部分胶的提前固化，所以一般仅限于酚醛树脂胶使用。

第二种施胶方式是将分离出来的湿纤维，先经干燥，然后在高速拌胶机中，对干纤维施加胶黏剂(图 6-26、图 6-27)。此法采用的是纤维先干燥后施胶的工艺。由于干纤维结构蓬松、体积大、易结团。若胶黏剂浓度低，黏度虽小，但会使纤维含水率提高，特别是中密度纤维板用胶量较大，则会增加热压工艺的难度；反之，胶液浓度提高，黏度增大，纤维易结团，胶液分布不匀，板坯铺装也有困难，制品的密度和厚度的均匀性受到影响。

第三种施胶方式是胶黏剂由输胶泵送入热磨机的排料阀或气流管道(位于热磨机和干燥管道之间)中，纤维借助热磨机中的高压蒸汽作用高速喷出，呈较好的分散悬浮状态，从而使胶黏剂与纤维得到充分均匀的混合。施胶过程在管道中进行，所以这种施胶方法又称为管道施胶。此法采用的是湿纤维先施胶后干燥的工艺流程(图 6-28)。

上述三种方式，各有利弊。纤维干燥前施胶，可保证胶液分布均匀，板面不会出现胶斑、胶块；纤维干燥后对含水率要求低，干燥工艺易掌握，节省能源，也减少了干燥过程着火的可能性，还简化了工艺流程，省去了结构复杂的拌胶机，所以是目前国内外

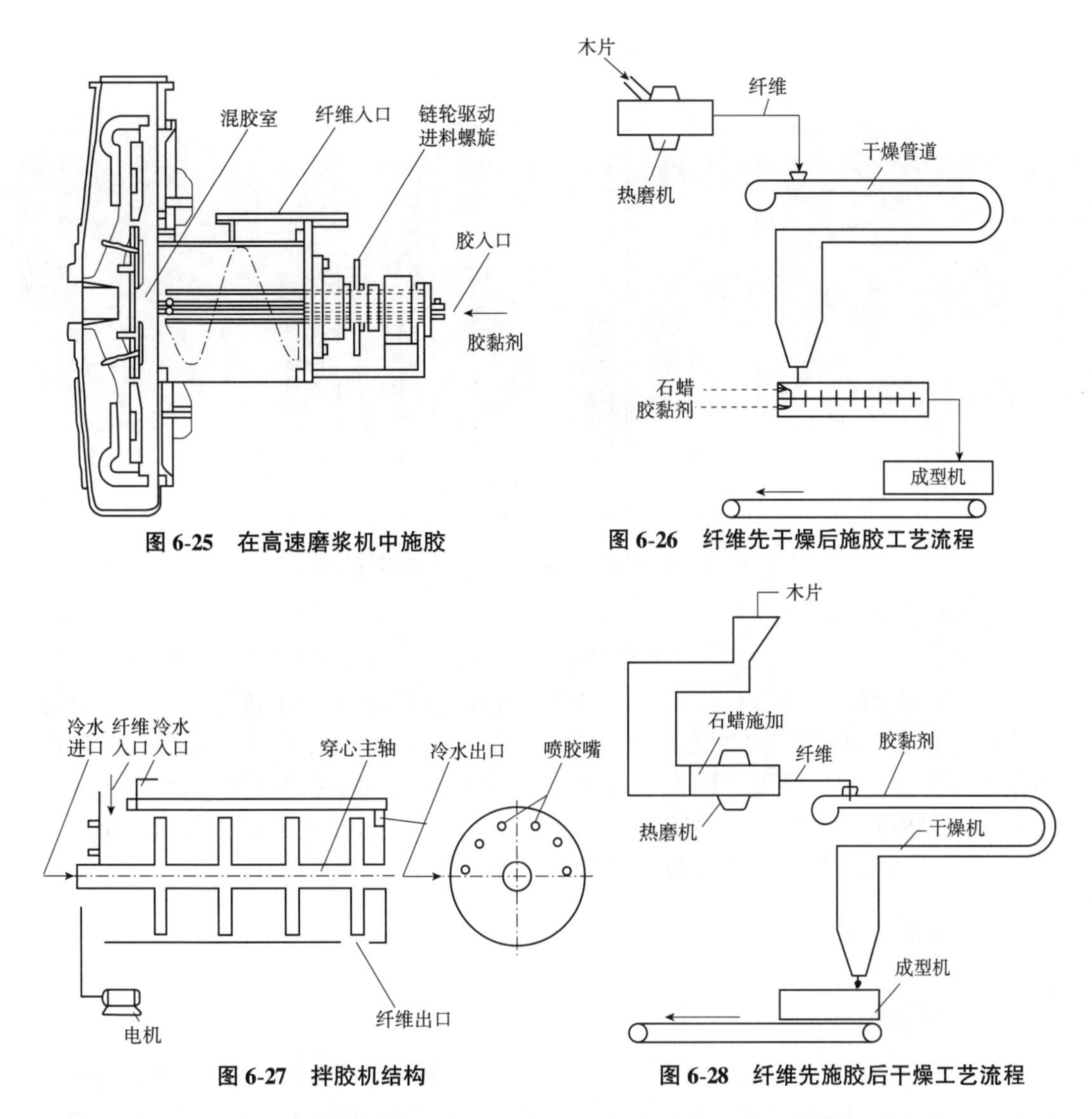


图 6-25 在高速磨浆机中施胶

图 6-26 纤维先干燥后施胶工艺流程

图 6-27 拌胶机结构

图 6-28 纤维先施胶后干燥工艺流程

干法纤维板生产中纤维施胶的主要方法。但此法也存在着少量胶黏剂提前固化、施胶量略高以及个别树种效果略差等问题。

(2)胶黏剂种类及其要求

①胶黏剂的种类

目前，用于纤维板生产的胶黏剂主要种类有：脲醛树脂(UF)、酚醛树脂(PF)以及三聚氰胺脲醛树脂(MUF)，现代纤维板生产中有些企业还使用异氰酸酯(MDI)胶黏剂。胶种的选择，主要根据树脂的胶合性能、制品的性能要求、使用范围以及成本等综合考虑。

高、中密度纤维板现主要用于室内，做家具、强化地板基材、家用电器以及建筑内部的装修材料。UF 和 MUF 树脂的胶合性能好、颜色浅、成本低，能满足上述使用要求，是使用最普遍的胶种。

若板制品做室内防潮或室外用材，应选用耐水性能较好的三聚氰胺树脂或耐老化的酚醛树脂。在不同的环境条件下，不同胶种中密度纤维板制品的静曲强度(MOR)比较情况如图 6-29 所示。

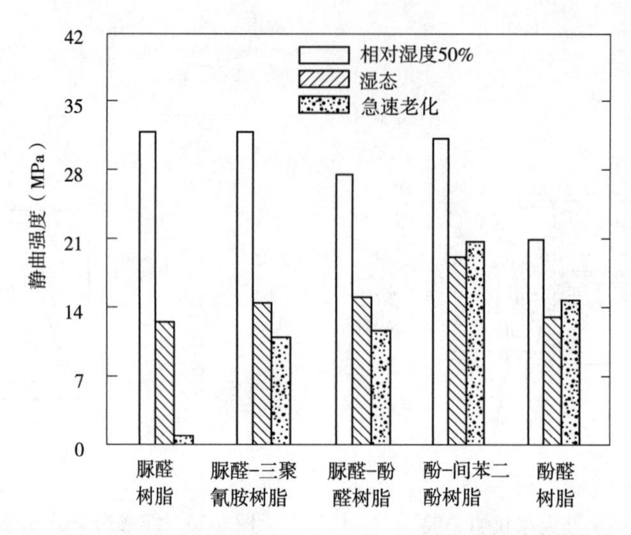


**图 6-29 在各种环境下，MDF 的 MOR 与胶种的关系**

②对胶黏剂的要求

与单板和刨花相比，纤维比表面积大，为使纤维板有足够的强度，胶液必须充分覆盖纤维表面。为此，纤维用胶黏剂应具有低的黏滞性和大的渗透性，还应具备一定固化速度(如在温度170℃或更高时，固化时间不超过1min)；树脂的酸碱性可随纤维的酸度加以调整，因为热压时，pH值对树脂的固化速度具有较大的影响；对于采用先施胶后干燥工艺的胶黏剂，在纤维干燥时，胶液不会产生提前固化；希望胶黏剂与其他添加剂如防水剂、阻燃剂、防腐剂等有好的混溶性。

## 6.4.3 施胶工艺

(1)施胶量

施胶量应根据不同的胶黏剂种类、原料品种与质量、纤维分离质量、板制品的质量要求、板的密度以及用途等来确定。通常情况下，板制品随施胶量增加，各项物理力学性能均有提高或改善，但增加到一定范围后板制品质量提高的幅度，会随施胶量的递增而减少，见表6-8。

**表 6-8 施胶量对中密度纤维板性能的影响**

| 指　标 | 施胶量 | | | |
|---|---|---|---|---|
| | 6% | 8% | 10% | 12% |
| 密度($g/cm^3$) | 0.73 | 0.74 | 0.73 | 0.74 |
| MOR(MPa) | 17.3 | 25.7 | 32.5 | 35.8 |
| IB(MPa) | 0.29 | 0.60 | 0.75 | 0.77 |
| 厚度膨胀率(%) | 20.3 | 9.3 | 8.1 | 7.1 |

由表6-8可见，强度提高，耐水性改善，但并非随施胶量的增大呈线性正比提高，在6%~8%时，产品物理力学性能提高显著，而施加量由10%增至12%时，则性能指标变化较小，这是因为施胶量增至一定程度后，胶量的增加只能使胶层厚度增加，对纤维

之间的胶合影响不大，故产品质量的提高幅度较小。一般中密度纤维板的施胶量为8%~12%、硬质纤维板的纤维施胶量在3%~5%为宜。

以上范围还应根据具体情况，调整施胶量。图6-30为三种不同密度多层结构中密度纤维板，其施胶量与MOR、IB的关系。由图中看出，密度提高，施胶量可相应降低。生产多层结构板时，表层纤维施胶量略高于芯层(如通常表层为10%~12%，芯层可为8%~10%)。纤维形态好、均匀，施胶量则可适当降低，图6-31为细小纤维，分别采用管道和拌胶机施胶等不同工艺与施胶量之间的关系。由图得知：纤维细小，施胶量增加；在同样纤维分离度下，管道法施胶量大于拌胶机施胶量。此外，制品的使用环境不同，除改变胶种外，也可通过调整施胶量来改善制品的性能。

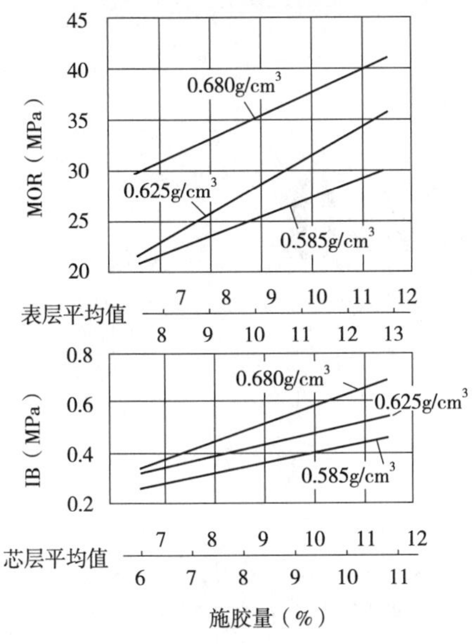


图6-30 不同密度MDF的MOR、IB与施胶量的关系

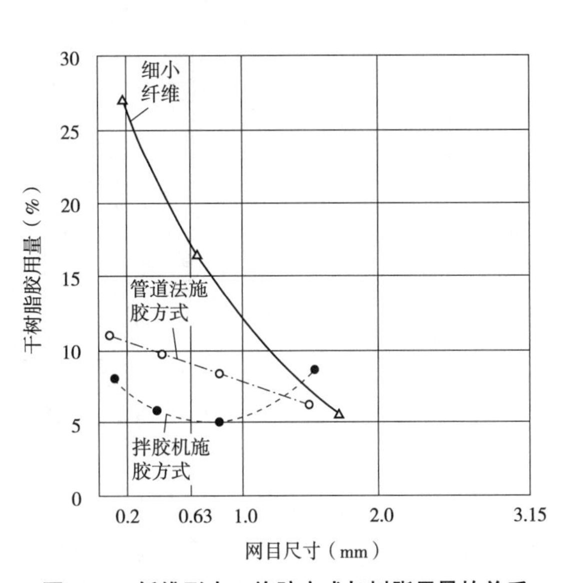


图6-31 纤维形态、施胶方式与树脂用量的关系

(2)施胶工艺

采用管道法施加脲醛树脂，其浓度一般控制在40%~45%，而采用高速拌胶机施加，胶液浓度则为50%~55%。用管道法施加酚醛树脂，浓度为15%~20%。采用先施胶后干燥工艺流程，考虑到少量胶液在干燥时的提前固化，所以施胶量较之先干燥后，施胶工艺的用胶量高5%~10%。此外，固化剂常规用量为0.5%~1.0%(按固体树脂计)。

(3)施胶控制系统

纤维管道法施胶是在热磨机的纤维排放管道上配置一个孔径为2.5~3.0mm的特殊构造的喷嘴，由计量泵将调制好的胶液送入喷嘴，同时输入压缩空气，胶液压力为0.3~0.4MPa，气体压力为0.5~0.6MPa，喷胶压力应大于热磨机排料压力0.2MPa，喷出胶液呈雾状，与处于紊流状态的高速流动的纤维在管道内得到充分混合。施胶量的控制是由施胶控制系统实现的(图6-32)。

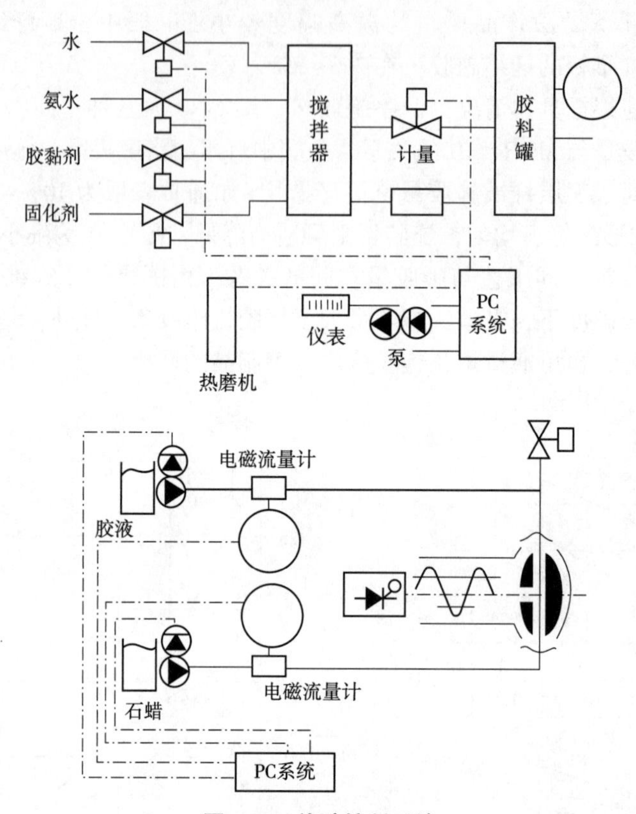


图 6-32 施胶控制系统

为达到最佳和精确配比，施胶量应根据热磨机纤维量和含水率的变化，进行自动调整，全部由计算机控制。在胶管上装有电磁流量计，胶液经过一个交变磁场，产生一感应信号，此信号则经转换器转换进入流量显示器控制装置中，该装置由显示仪和调节器组成，从显示仪中可直接读出胶的流量。进入调节器的电流信号，与来自热磨机进料螺旋转速传感器的电流信号和木片的含水率信号，经调节中心运算后，输出一个信号，此信号经计算机触发可控硅操作器控制施胶泵电机转速，从而达到施胶随热磨机木片进料量的变化而得到相应的调整。

## 思考题

1. 胶黏剂调制的目的与要求是什么？
2. 简述单板的不同施胶方式及其比较。
3. 胶黏剂与刨花配比是如何调节和控制的？
4. 干法生产纤维板时，纤维施胶有哪几种类型？分析其优缺点。

# 第 7 章 成型和预压

本章详尽地阐述了单板、刨花和纤维三种形态基本单元的铺装成型基本原理，介绍了板坯铺装工艺及其对铺装质量的影响，给出了各种铺装设备。对一些特殊的铺装方式作了叙述，并对铺装质量的评价方法、确保板坯质量的措施作了介绍。

本章重点是单元铺装原理和板坯质量评估，为利于板坯输送，板坯预压不可缺少，书内提出了板坯预压方式和预压效果评价，对于提高产品质量具有重要的作用。

板坯成型是人造板生产中十分重要的一个环节。它直接关系到制品的物理力学性能和外观质量。不同种类人造板成型方式不同，即使同一类人造板，也会因成型工艺、方式和设备不同，导致产品结构、性能的不同。

## 7.1 层积类人造板的组坯

### 7.1.1 胶合板的组坯

单板经施胶以后，根据胶合板的构成原则、产品厚度和层数采用人工或机械方式组成板坯。胶合板的单板组坯，胶合板面板和背板等级的搭配应符合胶合板标准的规定，芯板的缺陷只要在表板上反映不出来都是允许的。板坯的厚度是按成品厚度和板坯压缩率大小来决定的，用下式计算：

$$S=\frac{100(S_h+C)}{100-\Delta}$$

式中：$S$——板坯厚度(mm)；

$S_h$——胶合板厚度(mm)；

$C$——胶合板表面加工余量(mm)；

$\Delta$——板坯压缩率(%)，各种胶合板板坯压缩率可参考表 7-1。

胶合板各层单板可以是等厚的或不等厚的，我国通常采用表板薄、芯板厚的组坯方式，这样可以合理利用木材，有利于提高胶合板等级率。

表 7-1 各种胶合板板坯压缩率

| 胶合板品种 | 板坯压缩率(%) |
|---|---|
| 普通胶合板 | 8~16 |
| 单板层积材 | 15~20 |
| 航空胶合板 | 2~25 |
| 木材层积塑料板 | 50 |
| 车厢胶合板 | 8~16 |
| 船舶胶合板 | 30~35 |

胶合板组坯分手工和机械组坯两种。

(1)手工组坯

手工组坯时应注意胶液中水分会使芯板膨胀，容易使胶合板产生叠芯、离缝等缺陷，所以在零片单板施胶后直接组坯时要根据单板吸水后膨胀规律预留缝隙，零片施胶后经开口陈化涨足后再组坯；组坯时芯板与表板纹理应相互垂直；为热压后锯边准确定位，所以组坯要做到“一边一头齐”；采用零片组坯时，窄芯板应放在板坯中间位置，防止搬运时错位、歪斜，造成次品；掌握好陈放时间，防止局部胶干，影响胶合强度。

施过胶的单板要放置一段时间称为陈放。组坯以后陈放，称为闭口陈放；施胶单板放置一段时间再组坯，称为开口陈放。陈放的目的是使胶中一部分水分蒸发或渗入单板，使其黏度增高，避免热压时胶液被挤出，产生缺胶或透胶现象。陈放时间不足，胶层水分过多，达不到陈放的目的；陈放时间过长，胶液干涸失去活性反而降低胶合力，所以应根据胶种、胶液浓度、单板含水率等掌握合适陈放时间，一般为20~30min。

(2)机械组坯

要提高胶合板的生产效率，组坯过程必须机械化、连续化。实现组坯机械化，首先需要芯板整张化。芯板整张化较为成功的办法，是用三条或四条热熔性树脂线将芯板拼成整张板。有了整张化单板，可采用四辊筒施胶机，最好采用淋胶、喷胶等施胶方法，协调整个作业线。芯板翘曲不平会妨碍正常施胶与组坯，可使用整平机整平芯板。通过配备升降台、吸板器、运输机等设备，即可实现施胶、组坯的机械化和连续化。

机械组坯方案较多，首先介绍一种半自动化单面淋胶的组坯生产线，适用于酚醛树脂厚胶合板的生产(图7-1)。在组坯生产线一端，中板放在运输带上，去尘，淋胶，落到组坯机构下部升降台上。组坯机构由两部分组成，下部是接受淋胶单板的升降台，用挡板把堆放在它上边的单板靠齐，上部是自动落板架，它接受吸盘移来的面板，当淋上胶的各种单板叠合到规定的层数后，自动落板架张开，将面板放在板坯上，完成了一张胶合板组坯操作。

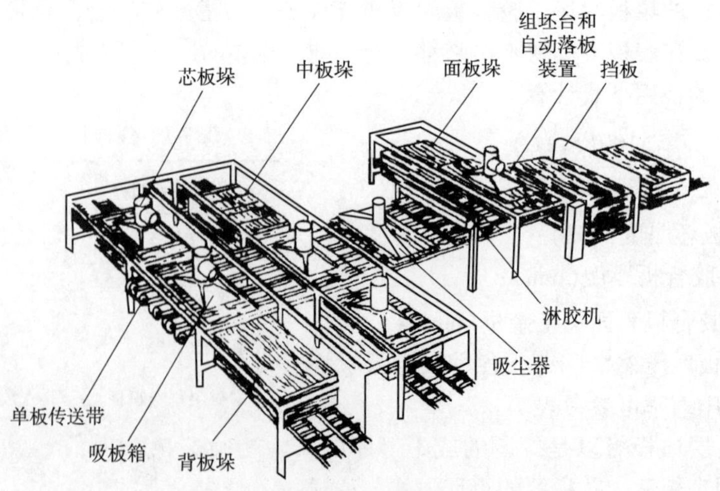


**图7-1 半自动化单面淋胶的组坯生产线**

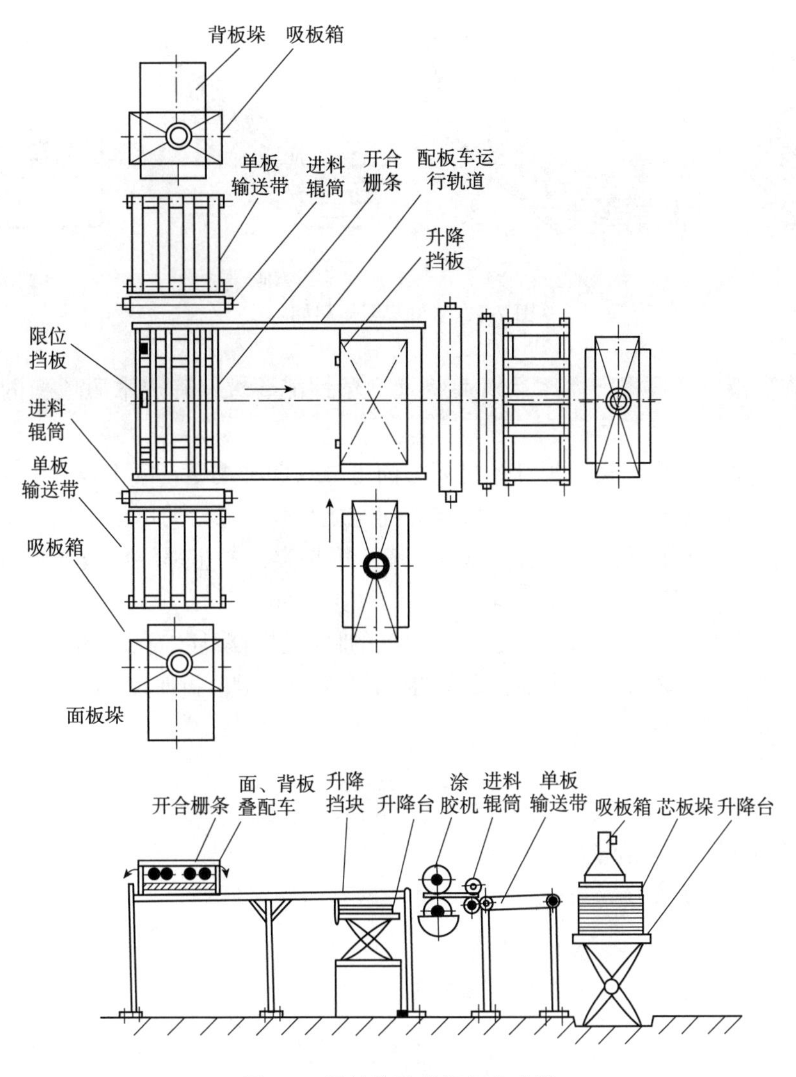


图7-2 辊筒施胶的组坯生产线

用辊筒涂胶机施胶组坯机械化的方法很多，图7-2为其中的一种。

该线的操作程序是吸板箱从芯板垛吸起一张芯板，自动喂进涂胶机前的进料辊筒，芯板平整地进入施胶机；上了胶的芯板，落于预先放好背板的组坯台上，由于挡板的作用，与背板一边靠齐。在芯板进料的同时，送板车两侧面、背板的自动进料系统动作，将面板传送到送板车下层，背板送到送板车的上层。送板车的作用是将面板、背板重合，送板车由气缸推动可以沿轨道往返运行。面板、背板叠合后，即由送板车运送到组坯台上方，它的位置略高于施胶芯板，在送板车抽回时，面板、背板阻留于施胶芯板上，完成一次组坯操作。送板车回原位后，碰到限位开关，又进行第二次组坯操作。以上是三层板的组坯过程，多层板则使用中板自动吸板箱加入程序操作，实现多层板配坯过程。机械组坯配制1650mm×3170mm幅面胶合板时，每张单板参加组坯时间不超过2.5s；配制1525mm×1525mm×4mm规格胶合板每小时可组坯410张。

## 7.1.2 木材层积塑料板的组坯

木材层积塑料板是用浸过酚醛树脂的旋切单板，在高温和高压的联合作用下压制而

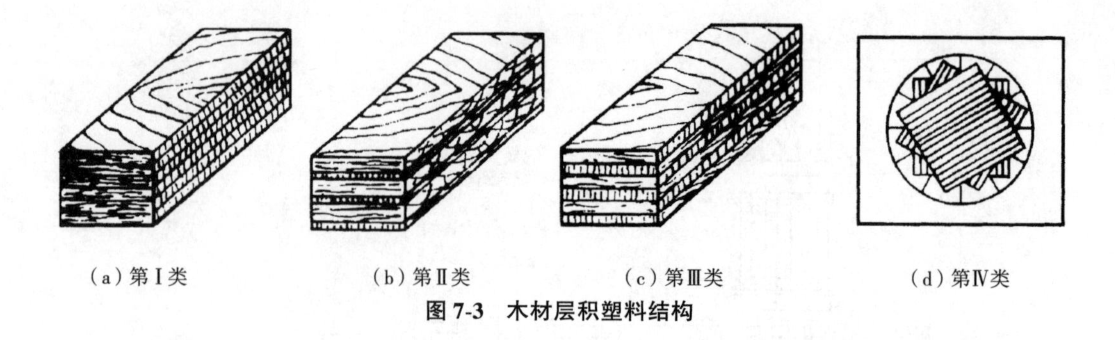

(a)第Ⅰ类 (b)第Ⅱ类 (c)第Ⅲ类 (d)第Ⅳ类

图 7-3 木材层积塑料结构

成的一类胶合板。可根据产品用途对其物理力学性能要求，确定木质单板的排列方向(图 7-3)。

木材层积塑料板中，按单板纤维排列方向可分为四种类型：第Ⅰ类，各层单板纤维方向平行，或四层平行单板中，一层纤维方向与之呈 20°~25°的单板组坯。第Ⅱ类，每隔 5~20 层顺纹方向单板夹一层横纹单板组坯。第Ⅲ类，各相邻层单板纤维方向相互垂直组坯。第Ⅳ类，相邻单板纤维方向互呈 25°~30°组坯。

浸胶和干燥后的单板，按生产层积塑料板的种类进行配坯。在配坯之前，首先应计算出单板需要层数，才能满足所制产品要求的厚度。根据单板厚度和木材的压缩系数，计算单板层数，其计算公式为：

$$N=\frac{S}{(1-K)S_1}$$

式中：$S$——成品厚度(mm)；

$S_1$——单板厚度(mm)；

$K$——压缩系数，见表 7-2。

表 7-2 单位压力不同时的 *K* 值

| 产品种类 | 单位压力(MPa) | *K* 值 |
|---|---|---|
| 木材层积塑料板 | 15.0 | 0.45~0.48 |
| 塑化胶合板(水溶性树脂) | 3.5~4.0 | 0.33~0.35 |
| 塑化胶合板(醇溶性树脂) | 4.0~4.5 | 0.35~0.45 |

根据产品的要求及塑料板的结构不同，板坯配制的方法也各不相同。假若塑料板的尺寸小于单板的尺寸时，可以按塑料板的结构要求配坯。假若塑料板的长度超过单板的尺寸，这时在塑料板长度方向应用搭接的方式，但同一断面上不能有两个搭接缝。横向单板宽度不够，可用对接的方式，因为单板横向强度本身就低，所以无须搭接。

配坯时，表板应采用整张单板，中板可用拼接或搭接。配完了板坯，在金属垫板上涂油酸。由于塑料板较重，最好用机械装卸。装板时，压板温度为 40~50℃，以防板坯面层树脂过早固化。

### 7.1.3 单板层积材(LVL)的组坯

单板层积材(LVL)的单板是顺纹组坯，由于剪切后的厚单板长度一般不超过 2.5m，要想满足一定结构长度要求的 LVL，必须进行单板的纵向接长。目前主要接长方式有对接、斜接、指接等。不同的接长方式及接头位置在板坯中的分布对产品性能有显著的影响(表 7-3)。

表 7-3　不同接长方式及各种分布下的强度性能

| 接合方式 | 分布位置 | MOR(MPa) | MOE(MPa) |
|---|---|---|---|
| 对　接 | Ⅰ | 36.3 | 4654.3 |
|  | Ⅱ | 37.4 | 5039.2 |
|  | Ⅳ | 66.1 | 5638.4 |
| 斜接(1∶9) | Ⅰ | 54.6 | 5719.2 |
|  | Ⅱ | 63.4 | 5578.2 |
|  | Ⅳ | 67.7 | 5442.7 |
| 斜接(1∶12) | Ⅰ | 57.3 | 5672.7 |
|  | Ⅱ | 65.1 | 5484.9 |
|  | Ⅳ | 68.3 | 5375.0 |
| 斜接(1∶15) | Ⅰ | 58.1 | 5684.3 |
|  | Ⅱ | 63.9 | 5306.8 |
|  | Ⅳ | 68.2 | 5439.8 |

注：Ⅰ、Ⅱ和Ⅳ分别代表接头在第一、第二和第四层中部；胶种为脲醛树脂胶；单板树种为意大利杨。

从表 7-3 中可得知：对接性能比斜接差；对接接头分布对 MOR、MOE 的影响显著，分布在外层时，强度较低。斜接接头的分布对 MOR、MOE 影响较小。从接头加工工艺、木材消耗量及产品性能出发，外层宜采用斜接，内层可采用对接形式。在接长方式上另外还有指接、搭接等，LVL 生产中可以选用上述几种接合方式中的一种或两种组合。

LVL 最主要的结构性质之一就是可以通过控制不同质量(强度)的单板在板坯中的位置来调整产品的性能。如果表层配置质量好、强度高的单板，内层可配置些质次的单板，这种配置不仅能保证板材的强度性能，做到有效利用资源，而且也提高了外观质量。因此，在组坯前进行单板分级是很有必要的。

## 7.2　刨花铺装成型

刨花铺装成型是采用某种方法和设备将施胶后的刨花铺撒成一定规格、厚度稳定且密度均匀连续带状板坯的过程。在刨花板生产中，板坯铺装成型是一个十分重要的工序，板坯铺装质量直接关系到成品板的质量、产量及成本。

### 7.2.1　铺装工艺要求

第一，铺装均匀稳定。成品板质量的优劣直接取决于刨花铺装的均匀稳定程度。铺装均衡，板坯密度分布均匀一致，厚度偏差小，可使制品在贮存和使用过程中，不致因外界温度和湿度的变化产生翘曲变形。所以，刨花铺装时，首先要求保持均衡准确的供料。刨花铺撒量决定于刨花的几何形状、含水率、成品板的密度和厚度。一般地，板坯的厚度是成品板厚度的3~4倍。

第二，板坯结构对称。板坯对称是指板坯中心层两侧相对应各层上刨花树种、规格、含水率、施胶量等应尽量一致，使板制品结构平衡，是避免翘曲变形的关键。

第三，分层施胶、铺装。含胶量略多的细料用作表层，而含胶量少的粗料用作芯层，从而获得板面光洁平整。一般芯层原料量占总量的1/2~3/4，上下的两表层各占总重的1/8~1/4。

第四，控制板坯密度。在刨花铺装的过程中，由于工艺和设备的因素，板坯密度易产生波动，特别在铺装宽度方向上，一般变化范围为≤±10%，因此，必须及时掌握控制，使之达到铺装工艺要求。

### 7.2.2 铺装方法

刨花板坯的铺装方法很多，可以是连续式的，也可以是间歇式的。应根据产品质量、生产规模和设备的条件，选择适当的铺装成型方法。

铺装工序一般由计量系统和铺装系统两部分组成。铺装工序根据其机械化程度，有称量和铺装全用手工；手工称量，机械铺装；称量和铺装完全机械化、自动化。

手工铺装就是将一定数量的带胶刨花直接铺在垫板上，人工堆平，这样很易造成厚薄不均，板密度不一致，往往细刨花落至靠近垫板，板面多为大刨花。因此，手工铺装质量差，生产效率很低，仅限于实验室试验时的板坯铺装。

机械铺装精度高，消除铺装不均匀现象，生产效率和产品质量要比手工铺装高得多。板坯铺装方法选择，通常小规模生产采用间歇式；大规模生产采用连续式，这样企业机械化、自动化程度高。

间歇式铺装是将称量好的刨花，一块块地铺成板坯。一般均为自动进行，计量秤和铺装机都准确、定时地动作。

连续式铺装在铺装过程中，经精确计量的刨花不间断地铺撒在铺装带上，从铺装机出来是连续的板坯带。间歇式或连续式铺装的板坯，其厚度都取决于刨花堆积密度、含水率，成品板的密度与厚度等因素。而刨花的堆积密度又决定于树种、刨花的形状和尺寸等。

一般刨花板板坯的厚度见表7-4。

表7-4 一般刨花板板坯的厚度

| 刨花尺寸范围(mm) | 施胶量(%) | 不同密度($g/cm^3$)时刨花板每毫米原料厚的板坯厚度(mm) | | | | | | |
|---|---|---|---|---|---|---|---|---|
| | | 0.4 | 0.5 | 0.6 | 0.7 | 0.8 | 0.9 | 1.0 |
| 5~30 | 15.0 | 6.1 | 7.6 | 9.3 | 10.6 | 11.6 | 13.6 | 15.3 |
| | 10.0 | 6.5 | 8.1 | 9.9 | 11.3 | 12.6 | 14.4 | 16.2 |
| | 7.5 | 6.7 | 8.3 | 10.2 | 11.6 | 13.0 | 14.8 | 16.6 |
| | 5.0 | 6.8 | 8.5 | 10.4 | 11.9 | 13.3 | 15.2 | 17.0 |

（续）

| 刨花尺寸范围（mm） | 施胶量（%） | 不同密度（g/cm³）时刨花板每毫米原料厚的板坯厚度（mm） | | | | | | |
|---|---|---|---|---|---|---|---|---|
| | | 0.4 | 0.5 | 0.6 | 0.7 | 0.8 | 0.9 | 1.0 |
| 2.6~5.0 | 15.0 | 3.1 | 3.8 | 4.6 | 5.4 | 6.1 | 6.8 | 7.6 |
| | 10.0 | 3.3 | 4.0 | 4.8 | 5.8 | 6.5 | 7.2 | 8.1 |
| | 7.5 | 3.4 | 4.2 | 5.0 | 5.9 | 6.6 | 7.4 | 8.3 |
| | 5.0 | 3.5 | 4.3 | 5.1 | 6.1 | 6.8 | 7.6 | 8.5 |
| 1.5~2.5 | 15.0 | 2.2 | 2.8 | 3.4 | 3.9 | 4.5 | 5.1 | 5.6 |
| | 10.0 | 2.3 | 3.0 | 3.6 | 4.2 | 4.8 | 5.4 | 5.9 |
| | 7.5 | 2.4 | 3.1 | 3.7 | 4.3 | 4.9 | 5.6 | 6.1 |
| | 5.0 | 2.5 | 3.2 | 3.8 | 4.4 | 5.0 | 5.7 | 6.3 |

板坯可以铺装成不同的结构，主要的板坯结构类型有：单层结构、三层结构、五层结构和渐变结构（图7-4）。单层结构的板坯，是将施胶刨花随机地铺成均匀的板坯，用这种板坯生产结构均匀的单层刨花板。三层结构的板坯有三个不同的层次，即有两个表层和一个芯层，表层是较细刨花，制得刨花板的MOR高，表面平滑。

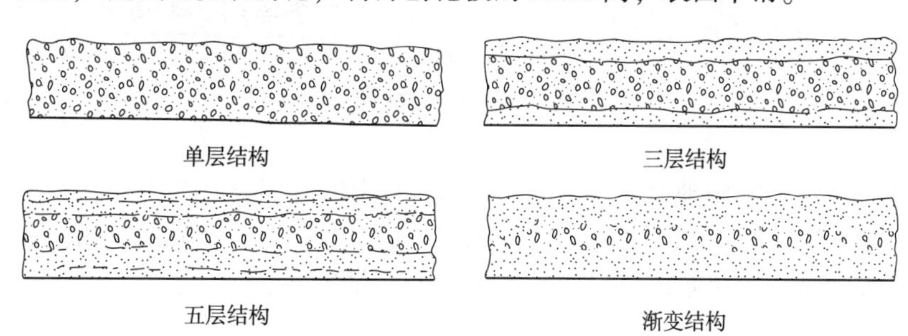


**图7-4　板坯的结构类型**

渐变结构的板坯是将最细小的刨花铺在表面，由表层至板坯中心刨花逐渐变粗大。连续式铺装机经常用来制造三层、五层和渐变结构的板坯。

## 7.2.3　铺装机

铺装机类型较多，由于铺装设备对刨花板的物理力学性质及板面质量影响较大，因此了解不同铺装机的结构和性能并且能结合具体的生产实际情况进行选用极为重要。铺装机一般是由小型料仓、计量装置和铺装装置（铺装头）等组成。铺装机铺装的刨花是按平均密度计量的，在铺装机的整个宽度上铺装，通常是刨花铺装前进行计量，在铺装成板坯后，再一次对板坯称量，以及时了解板坯情况，保证铺装质量。各类不同的铺装机上部都有一个或大、或小的料仓，起贮存原料和调节的作用，料仓和计量往往结合在一起。

现行的铺装机中，既有质量计量，又有容积计量，以保证铺装出的板坯均匀、稳定。质量计量装置一种是周期作用的料斗秤，一种是连续作用的带式秤。料斗秤是由操纵台操作，也可自动称量。每分钟称量一定次数，这样的计量装置保证在单位时间里供给规定重量的刨花。图7-5是一种自动带式秤，它有一条输送带、吊杆将输送带和秤盘连接起来。输送带用装在框架上的电动机带动。施胶刨花在输送带上通过，与此同时秤盘进行称量。根据要求在秤杆上确定好刨花质量，在刨花重量符合要求时，输送带的速度是不变的；当刨花重量出现较大波动时，光电管感知到这种变化并触发伺服机构动作，调整输送带的速度，从而保证了板坯的均匀。

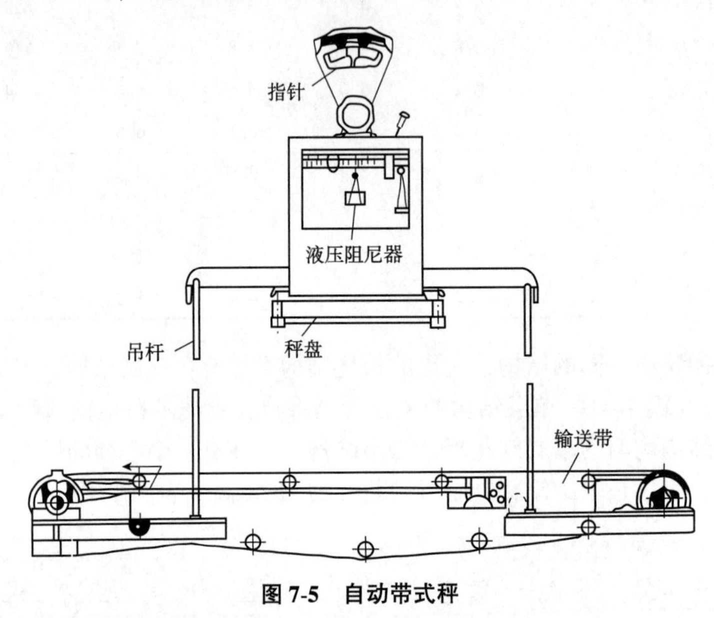


图 7-5　自动带式秤

容积计量装置的结构种类繁多，图 7-6 就是其中的一部分。图中的几种可调速的输送带进料机构，不同之处在于分别采用了固定挡板、摆动板、针辊或针带来限定刨花通过量。这一类装置中铺装效果较好的是针带状的计量装置。

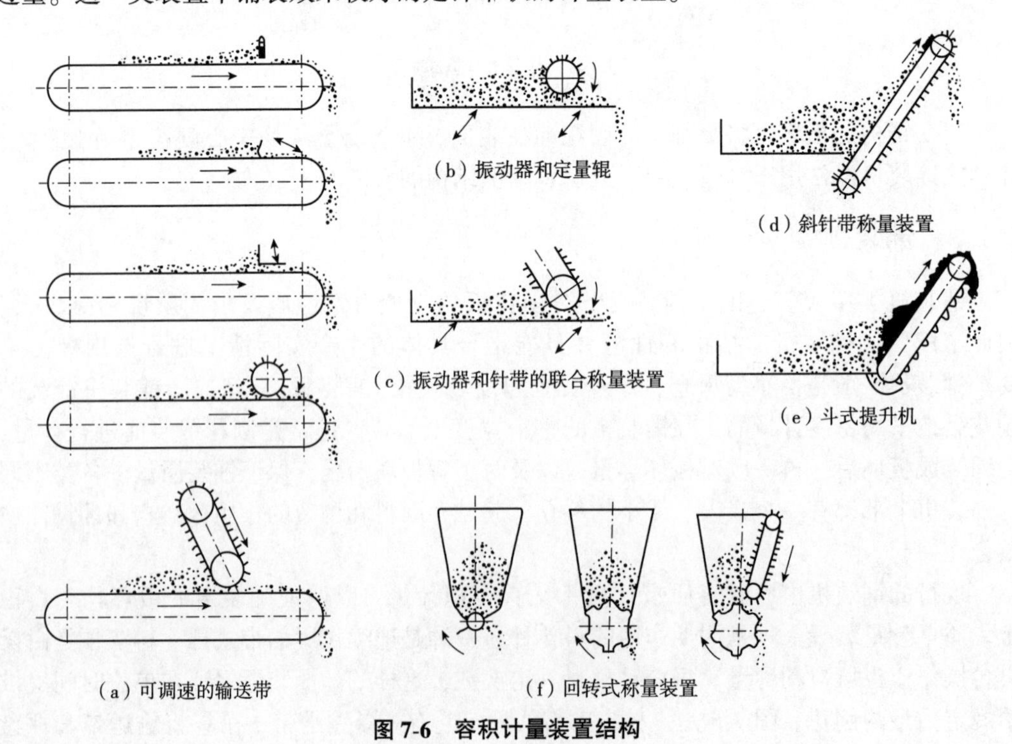


图 7-6　容积计量装置结构

## 7.2.4 铺装机

铺装机种类很多，按铺装方法分为机械式铺装机和气流铺装机，按安装方式分为固定式铺装机和移动式铺装机，按刨花排列方向分为普通刨花铺装机和定向刨花铺装机。

(1)机械式铺装机

机械式铺装机的类型很多，性能各异。早期的机械式铺装机占地面积小，产量较低，适合铺装三层或多层结构的板坯。

传统机械式铺装机的典型结构如图7-7所示。机械式铺装机由刨花均布下料器、拨料辊、拨料耙、计量料仓、排气系统、计量带和铺装头等部件组成。刨花经均布下料器1分配后进入铺装机计量料仓4，料仓下部有计量带及称重传感器6，进入料仓的刨花撒落在计量带上，计量带带动刨花向前运动(计量料带可以根据要求进行调速)，料仓内设有拨料耙3，通过拨料耙不断转动，可将多余的刨花耙向计量仓的后部，使得计量带上的刨花经计量后被逐步扫平而成为等厚的刨花流。当刨花被送到计量带端部时，被处于计量带前上方的拨料辊2拨落，并将结团的刨花打散，在导流板作用下，刨花被均匀地撒落在铺装室内的铺装辊7上。铺装辊上均匀地嵌有许多针刺，可以使撒落在铺装辊上的刨花受到刺辊的多次碰击而被充分打散开来。在刺辊的抛散作用下，大而重的刨花被抛得较远，小而轻的刨花则被抛得较近。如将铺装头成对使用，即可形成细—粗—细结构的板坯。这种类型铺装机铺装出的板坯有较好的板坯平整度，对原料树种的变化不敏感，无需针对原料的不同而作频繁的调整。由于施胶后的刨花重量差异不大，这种类型的铺装机铺装出的板坯其渐变结构并不是很明显。

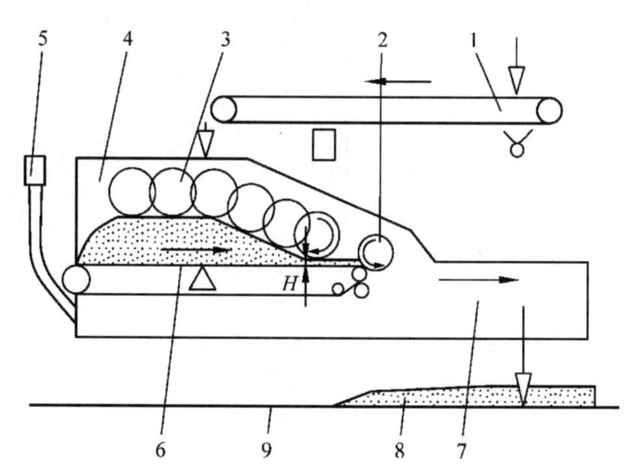


1. 刨花均布下料器 2. 拨料辊 3. 拨料耙 4. 计量料仓 5. 排气系统
6. 计量带及称重传感器 7. 铺装头 8. 板坯 9. 板坯运输机

**图7-7 机械式铺装机的结构示意**

(2)气流式铺装机

气流式铺装机具有分选能力强，可形成表面细致的渐变结构板坯，但是由于受到气流的紊流影响，铺装后的板坯平整度较差，且能耗高，不便于日常维护。

气流式铺装机由计量料仓、铺装室、耙辊机、计量带、拨料辊、风栅组、风机等组成(图7-8)。施胶刨花由进料口进入，通过皮带运输机1运送并被分配螺旋14均匀地撒入计量料仓2中。料仓下部有计量带4，进入料仓的刨花落在计量带的整个宽度截面上，由计量带带动向前运动。料仓内设有4个同步转动、互成90°角的耙辊组成的耙辊组3，通过这些耙辊不断转动，可将刨花耙平与耙松，实现容积计量。此外，在第一耙辊后安装有同位素密度控制装置13，可以根据单位截面积上的刨花重量变化来微调第一耙辊高度，使计量带单位面积上的刨花重量保持不变。当刨花被送到计量带端部时，由位于计量带前上方的拨料辊5拨落，并将结团的刨花打散。被打散的刨花通过摆动下料器6交替进入到铺装室左右两组交错配置的风栅组7之间，在左右两侧风栅喷射出的水平气流作用下，刨花就被铺撒开来并落在钢带16上。由于不同大小的刨花其重量不同，在气流中悬浮速度也不同，从而使轻而小的细刨花落点较远，重而大的粗刨花落点较近，这样就在运行的铺装钢带上面形成了均匀的表面细致的渐变结构板坯。为了防止大而薄的轻刨花落于板坯表面，装有振动筛网12，可挡住大刨花并使其落于板坯的芯层。使用这种类型的铺装机铺装出的板坯渐变结构较为明显，而且板坯表面细致，但是板坯的平整度差，且对树种及刨花含水率的变化较为敏感，必须时常对铺装气流做相应的调整。

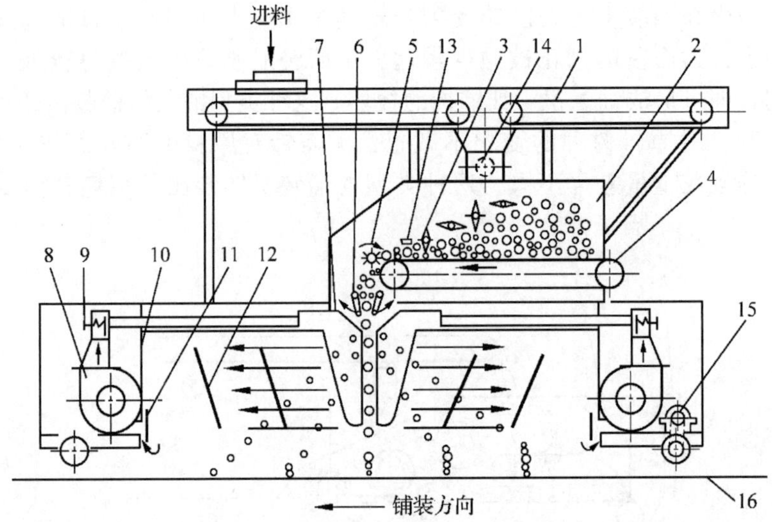


1. 皮带运输机 2. 计量料仓 3. 耙辊组 4. 计量带 5. 拨料辊 6. 摆动下料器 7. 风栅组 8. 风机 9. 微调风门 10. 铺装室 11. 引风挡板 12. 振动筛网 13. 同位素密度控置装置 14. 分配螺旋 15. 行走机构 16. 钢带

**图7-8 气流式铺装机结构**

(3)分级式机械铺装机

分级式机械铺装机是目前国内外应用较广泛的一种新型机械式铺装机。其工作原理与传统机械式铺装机不同。施胶刨花通过铺装辊(钻石辊)圆周面上的细、中、粗菱形花纹及辊间间隙时，按照刨花颗粒大小受到机械强制分选之后，在气流作用下，按照尺寸、密度进一步分选，铺装成为表细中粗、连续均匀的渐变结构板坯，同时通过带式剔除废料运输机或螺旋运输机将过大的刨花、胶团、石块，金属等杂物排出，最大限度地保护热压板及钢带。分级式机械铺装机的刨花下落高度一般仅为气流式铺装机的1/10，因此刨花下落过程中宽度方向的位置变化不大，从而保证了铺装精度；同时，由于铺装的表层板坯在一定的板厚范围内较均匀，因而易于砂光处理，有利于二次加工。分级式铺装机具有铺装精度高，能耗低、无需日常维护、粉尘较少等一系列优点。

分级式铺装机由刨花均布运输机、拨料辊、拨料耙、计量料仓、计量带、钻石辊铺装头和剔除废料运输机等部件组成(图7-9)。施胶刨花经均布运输机1送到计量料仓4内，进入料仓的刨花落在计量带5上，由计量带带动前行，而料仓内的拨料耙3不断旋转，将多余的刨花耙向计量仓的后部，并使计量带上刨花保持一定厚度。刨花送到计量带端部时被处于计量带上方的拨料辊2打松，并被抛入铺装室内落在铺装头7上。铺装头7由箱体、密封辊和钻石辊等组成(图7-10)。密封辊紧贴计量带安装在钻石辊上方，防止大刨花渗漏，影响板坯表面质量。铺装室内设有多个直径相同的处于同一平面的钻石辊，根据钻石辊的花纹深度与间隙，分为细辊区、中辊区和粗辊区，离计量带近的钻石辊花纹深度小，辊间间隙小，而离计量带远的钻石辊辊则花纹深度大，辊间间隙也大。进入铺装室的刨花落在不断向前转动的钻石辊上，形成不断向前行进的刨花流，同时刨花流中细、中、粗不同规格的刨花就会分别从不同间隙的钻石辊间落下。排气系统6由气体收集器、管道及阀门组成，其作用是使通过钻石

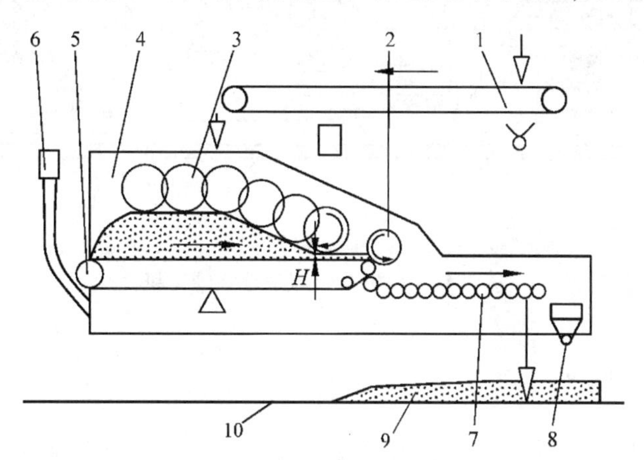


1. 均布运输机　2. 拨料辊　3. 拨料耙　4. 计量料仓　5. 计量带及称重器
6. 排气系统　7. 铺装头(钻石辊)　8. 剔除废料运输机　9. 板坯　10. 板坯运输机

**图7-9　分级式铺装机原理**

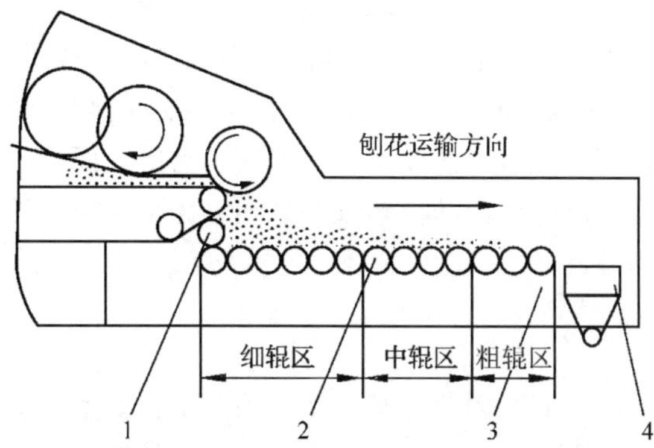


1. 密封辊　2. 钻石辊　3. 机架　4. 剔除废料运输机

**图7-10　分级式铺装头结构**

辊铺装下落的刨花得到进一步分选，提高铺装效果，同时收集铺装机工作时产生的粉尘，保持生产环境清洁。剔除废料运输机8将钻石辊分离出来的过大刨花、胶团、石块等杂物排出，防止发生堵塞。

(4)机械与气流混合式铺装机

机械与气流混合式铺装机充分利用气流铺装和机械铺装各自的优点，将气流铺装用于表层，刨花分选效果好，铺装的板坯表层刨花细小、平整；机械铺装用于芯层铺装，铺装均匀，保证了刨花板的物理力学性能。采用机械与气流混合式铺装机，由于表、芯层刨花分开施胶和铺装，板坯的结构与质量容易控制，可配套产量较大的刨花板生产线。其不利之处在于占地面积较大、能耗较高。机械与气流混合式铺装机结构种类较多，性能各异，应根据生产工艺需要进行选择。比较典型的机械与气流混合式铺装机一般由三个或三个以上铺装头组成，两个气流铺装头用于表层铺装，一个或多个机械铺装头用于芯层铺装(图7-11)。

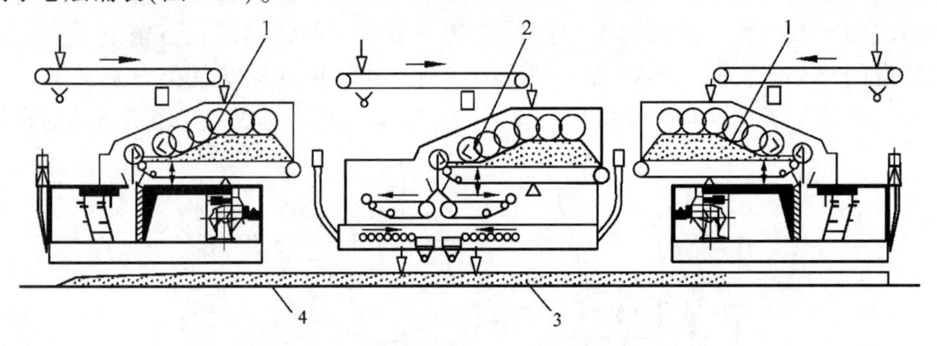


1. 气流铺装头 2. 机械铺装头 3. 板坯 4. 板坯运输机

**图7-11 机械与气流混合式铺装机**

## 7.3 纤维铺装成型

纤维铺装成型工序是纤维板生产中重要工序之一。它不仅直接影响制品的各项物理力学性能，而且与制品的翘曲变形、厚度公差及密度均匀性等性能密切相关。

纤维成型根据成型介质是水还是气流可分为湿法和干法两类。湿法成型是经过预处理具有一定浓度的纤维浆料，通过长网成型设备，抄造成一定规格并具有初步密实度的湿板坯；纤维的干法成型，与刨花铺装成型极为相似。施过胶的干纤维，通过气流和(或)机械铺装成密度均匀、厚薄稳定一致、具有初步支撑强度的板坯。湿法成型虽然工艺成熟但其生产过程产生大量工艺废水，将造成水污染，而且湿成型制得湿板坯，压制时能耗高，因此，除软质纤维板的板坯成型必须采用湿法成型外，现高、中密度纤维板基本上都采用干法铺装成型。

### 7.3.1 干法成型

干法成型有别于湿法成型，因此有某些特殊的要求，如生产多层结构板时，成型前纤维需粗细分级；为了工序间平衡和生产的连续，纤维需要有一定贮存和特殊结构的干纤维料仓。铺装设备是确保成型质量的关键，不同的铺装机成型原理不同，产品结构则不同，制品的性能也有一定差异。

(1)纤维贮存和计量

纤维的贮存是为了保证干燥工序和成型工序之间的物料平衡，为纤维质量稳定提供短暂的混合停留时间，使纤维含水率更趋均匀一致，有利于成品板的质量；为板坯齐边、扫平及废板坯等纤维的回收再利用提供贮存空间。贮存1t干纤维需大约40m³的容积，且由于纤维的自重、挤压会出现结团和“架桥”现象，从而容易造成出料困难和不匀，所以干纤维料仓不宜过大，应根据生产规模、设备条件、胶料性能、环境条件等因素而定。图7-12为干纤维料仓的结构。纤维由水平螺旋从料仓顶部正前方进料，由料仓内上部运输螺旋水平地推向料仓尾部，以料仓底部紧密焊接刮板链，可使整个料堆平稳向前推进，通过料仓前部卸料辊抛松分散，再由运输带或拨料辊、抛料辊等送往成型头。料仓仓壁上设有料位指示、探测器，进出料系统与干燥系统及成型机相连接；料仓还设有防火、灭火、防爆等设施，遇有火情或其他事故时，可自动或人工开启，料仓底部刮板链可自动反转，排除仓内着火的物料。

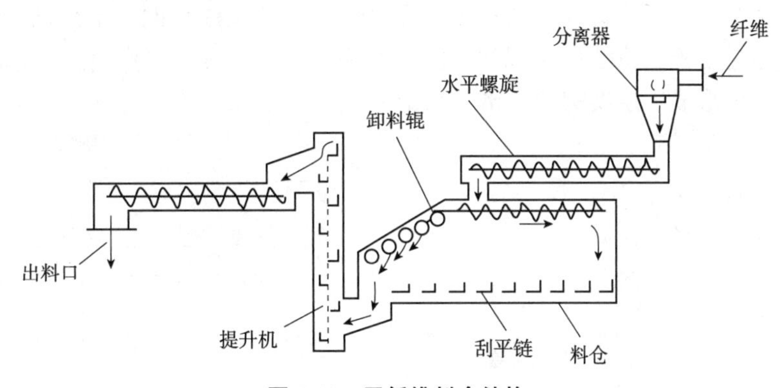


图7-12 干纤维料仓结构

纤维计量的目的、方式与刨花计量基本相同。干法纤维板生产线上，容积计量和质量计量都可以使用。现在生产线上，往往铺装成型前采用容积计量，成型后的板坯用质量计量加以校正，图7-13为三层结构纤维板纤维计量流程。

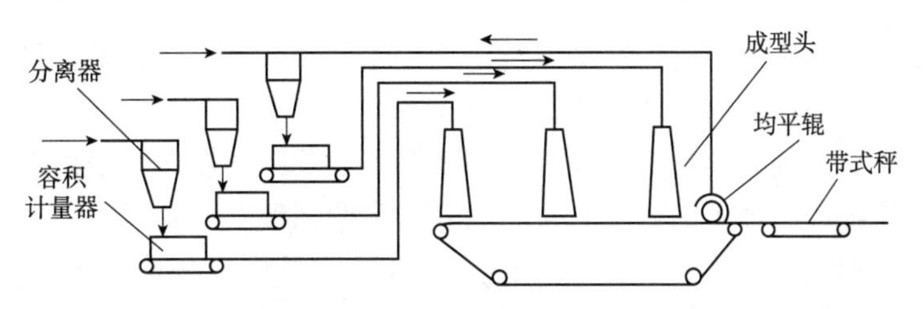


图7-13 三层结构纤维板纤维计量流程

(2)纤维成型

纤维铺装成型的工艺要求是：板坯密度均匀稳定，厚薄一致，具有一定的密实度，并保证达到足够的厚度和尺寸规格，以满足产品质量的要求。为此，铺装成型设备包括：铺装头、成型网带、机架、驱动及其他辅助装置，其中最主要、最复杂的是铺装成型头。纤维铺装机一般也是根据成型头的原理进行分类的，通常分为机械成型、气流成型、机械气流成型以及定向成型等几大类。

①机械成型

机械成型是利用机械作用将经计量后的纤维松散，再均匀铺装成板坯。原理是各种运输带均匀定量供料，各类辊、刷、针、刺将纤维抛松、打散，在离心力和重力作用下，沉降到网带上，因此，单纯机械成型，设备结构简单，动力消耗小，调整、操作和维修方便；与气流成型相比，细小纤维飞扬扩散少，对环境污染小；但其板坯蓬松，密度低，强度小，板坯难以高速运输；纤维靠自身质量沉降，成型速度慢，生产效率低，在板坯预压和热压时要排除大量空气，也会产生粉尘，所以现改进为真空机械成型，这样既保持机械成型的优点，又克服其原有不足，使铺装板坯密度加大，生产效率提高，而且可用于铺装厚板。下面介绍两种不同类型的机械成型铺装机。

回转辊成型机：施胶纤维进入铺装机料斗，输送带将纤维送往倾斜输送带，此带为针带，纤维层的厚度用针辊控制。纤维从输送带按一定速度送往计量秤，由计量秤经输送带、均平辊和甩辊送往铺装机构。快速回转辊用来抛散纤维，并起分选作用(图7-14)。

双辊筛网成型机：未经分选的纤维通过均平辊定量落入一对反向旋转的毛刷辊之间，将纤维抛起，细纤维分别从刷辊两边穿过筛板，落在成型网带上形成上、下表层，粗纤维不能通过筛板，只能由两辊间空隙，铺撒在芯层(图7-15)。这种成型头在成型时进行分级，可形成三层结构的中密度纤维板。

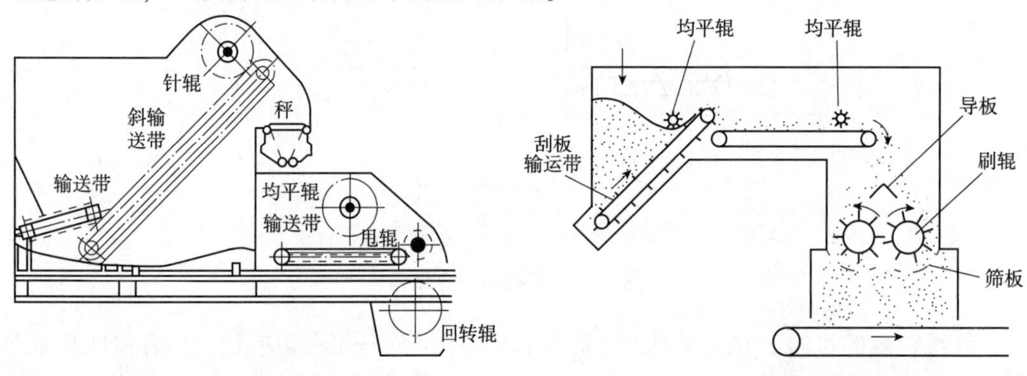


图7-14　回转辊成型机结构　　图7-15　双辊筛网成型机结构

②气流成型

纤维借助于气流作用，均匀分散并沉积在成型网带上的铺装方式为气流成型，此为普通气流成型，现应用较为广泛的是真空气流成型。

真空气流成型是铺撒的纤维借助成型网带下真空负压的抽吸作用，以较快的速度沉积形成板坯。这种方法铺装的板坯密实，具有一定的强度，有利于输送；纤维沉降速度快，可采用较高的铺装速度，生产效率高，适合不同厚度板坯成型要求。但其能耗较高，气动特性较复杂，工艺控制难度较高，设备密封较难，易造成空气污染。

中密度纤维板的铺装成型采用较多的是普通真空气流成型机和潘迪斯特(Pendistor)铺装机。

普通真空气流成型机采用纤维经过预分选后的成型方法(图7-16)，分选后的纤维和空气均匀混合，以高速气流通过处于成型头上部的摆动喷嘴，均匀地铺撒在运行的网带上。网下有真空箱防止纤维由于气流的冲击而飞溅，使之被真空吸附在网带上，逐步形成较为密实的板坯。在成型室外面有均平辊将多余的纤维吸走，送回计量箱重复使用。

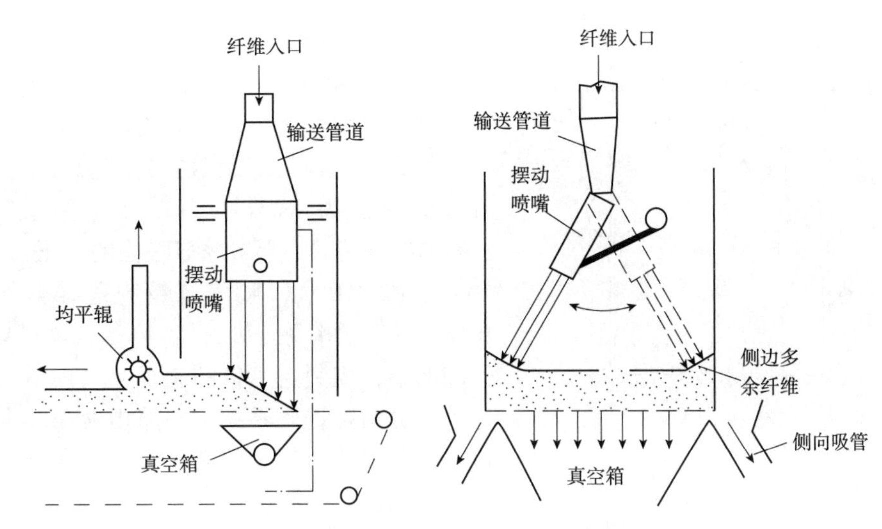


**图 7-16 普通真空气流铺装机结构**

一般安装3~5个同样的铺装头，其中2~3个铺装芯层粗纤维(比例占纤维总量50%~70%)，另外两个分别铺上下表层的细纤维(比例各占15%~25%)，或者在预压机后再铺上一薄层精细纤维，以提高表面光洁度。喷嘴摆动的角度与成型质量有关。角度太小，板坯不完满；角度太大，会造成边角的堆积。摆动角度由喷嘴距离板坯的高度来决定。喷嘴出口断面为矩形，摆动时应保证整个矩形断面气流能把纤维送达边角处。但是喷嘴摆到终点返回时，有一个转向的短暂停留，加上边角处的气流干扰，会造成纤维沉积不均，板坯有加厚的情况，故增设侧向吸槽以除去这部分纤维，并回收再用。

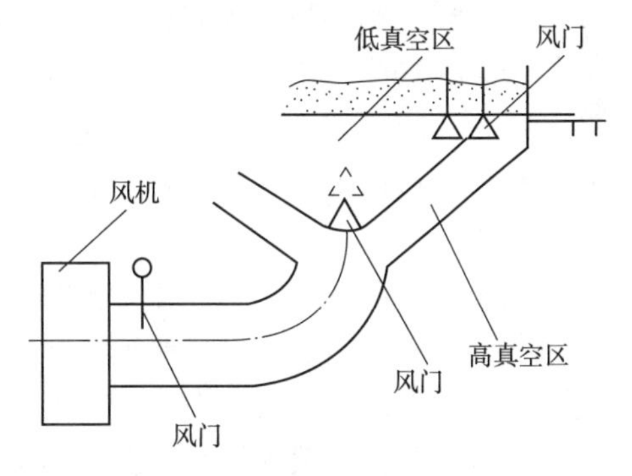


**图 7-17 真空箱剖面**

一般成型箱下部的进出口上下可调整，以适应不同板厚的要求。同样，它沿板宽方向的距离也是可调的，以适应不同板宽的要求。图7-17为真空箱剖面图。从图中可以看出，真空箱的中间部分是低真空区，两侧是高真空区，两部分的风门及风机的风门均可调整。两侧真空壁的角度要适当，以保证纤维不致附着其上。由于两边较高的真空度可使板坯两边的密度较中间部分为高，这样便于运输和锯裁，而且加压后密度比较均匀。此类成型机的生产率决定于空气—纤维的混合比和气流速度。混合比过大，即空气量过大会降低生产率和增加动力消耗；混合比太小，纤维浓度加大，则易结团，一般取3$m^3$(空气)/kg(纤维)。气流速度太小，生产率降低，如气流速度取20~30m/s，达板坯表面速度：细纤维9~12m/s，粗纤维12~14m/s，吸风管产生速度为14~16m/s。但因为板坯的阻力，真空箱入口处的实际速度只有1.4~1.8m/s。

潘迪斯特铺装机(图7-18)也是真空气流成型机的一种。

纤维从成型头上方的“之”字形进料管进料，气流与纤维无须分离，空气与纤维一起进入成型头。“之”字形管道是为保持纤维落料均匀而设置的，管中纤维流速从25m/s降至10m/s。纤维在成型头进口处的流速约为10m/s，气压为1.96×$10^7$Pa左右。当纤维

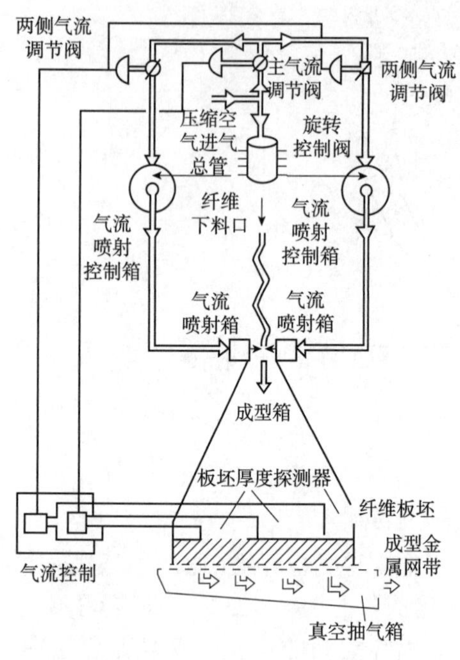


图 7-18 潘迪斯特成型机结构

在成型头进口处下落时，受到来自两侧喷气箱内受控制的脉冲气流的喷射。使其在成型箱内的箱体范围内形成一个振幅逐渐扩大的正弦波形的纤维流，均匀地洒落在传送网带上。此时纤维的流速为 1m/s 左右。网带下真空度为 $3.92\times10^7$Pa 左右，脉冲喷气箱内的气压为 $6.86\times10^7\sim8.82\times10^7$Pa。喷气流量为落纤空气量的 10%。脉冲频率每分钟 5~10 次。气流可自动或手动调节，控制空气量的压缩空气由进气总管进入，分两路进入系统，一路由两条相同的管道经调整两侧空气量的调节阀进入气流喷射控制箱，其空气喷射量的大小，由板坯厚度探测器发出指令来调节，以解决板坯成型宽度上的厚薄不均。两气流喷射控制箱内的气流由另一路旋转控制阀来的脉冲气流调节后，进入气流喷射箱，并向从纤维下料箱来的纤维喷射，使纤维呈正弦波洒落。旋转控制阀是使两侧气流产生脉冲的主要元件，旋转控制阀是一个圆形空筒，一头有进气口，另一头是堵死的，在圆柱面上开有若干个通气口，和气流喷射控制箱的喷射口数量相对应。孔口是按照正弦波效果排列的，所以当旋转阀转动时，不是简单的脉冲气流，原因在于阀在旋转过程中，孔口相对于接通管口的开闭度是变化的，有几个喷射口，相对应的就有几个接收的喷射控制箱，而各喷射控制箱为常开式的。主气流经喷射控制箱，直通喷射箱，喷向落下的纤维，当旋转阀孔口接通，使控制气流进入喷射控制箱，形成一旋转气流，造成闭锁，喷射气流不能进入喷射箱，喷射箱停止喷气，从而形成两侧喷射箱的脉冲气流。

铺装头下面的真空箱，在沿板宽方向被分隔成几个格仓。可按照板坯在宽度方向上的不同密度要求把格仓调节为不同的真空度，一般板坯在宽度方向上的密度偏差小于 2%。出成型箱的板坯经刮平辊刮平，刮平辊上设抽气装置，把刮去的纤维送回纤维料仓。在抽气装置中装有静电消除装置，以避免纤维静电结团。板坯最终成型厚度是由均平辊的高度及其后的计量秤控制的。均平辊下设有负压装置。在均平辊前板坯的宽度方向上，并列设置了三个接触式密度探测器(图 7-19)，用来控制宽度方向上板坯厚度的均匀性。

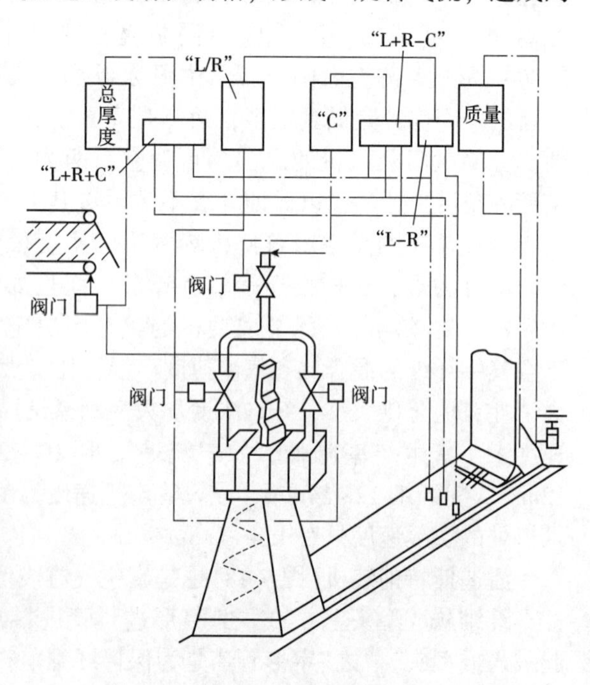


图 7-19 潘迪斯特成型机的板坯厚度控制装置

这种成型头最大成型量为6.8t/h，成型最大宽度达2.5m，可根据要求产量决定成型头的数量及成型网带速度。

总之，真空气流成型方式可以比较精确地控制板坯结构，产品质量比较稳定，故是制造高质量纤维板的主要成型方式之一。

### 7.3.2　湿法成型

将浓度为1.2%~2.0%的纤维浆料，浓缩成含水率为55%~70%均质纤维板坯的工艺过程。湿法成型的工艺要求是：纤维浆料应能稳定连续地流动；上网浆流不能结团和絮聚；整个浆流断面的纤维应均匀分布，交织良好；成型所得的板坯厚度一致，含水率稳定。

用于纤维板生产的湿法成型机，主要有圆网成型机和长网成型机。这两类都可用于软质纤维板坯的成型，长网成型机应用得更为普遍(图7-20)。

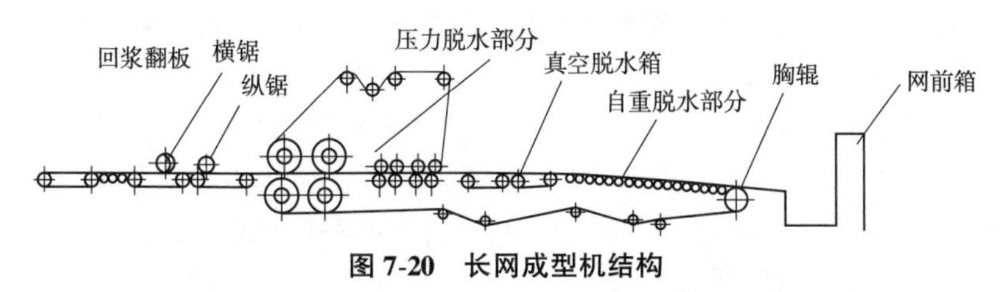


**图7-20　长网成型机结构**

在湿法成型过程中，纤维浆料的浓度、流速以及成型网带的速度三者间是否良好的相互协调，关系到能否得到密度均匀、厚薄一致的板坯。低浓度的浆料通过长网成型机的网案部分、真空部分和机械压榨部分三个区域，分别借助于自重脱水、真空负压脱水和机械压榨脱水等作用，使板坯到达预定厚度和密度，同时满足对板坯含水率的要求。

## 7.4　板坯预压

由人造板不同的构成单元经组坯或铺装成型所得的板坯，通常结构松散、厚度较大，初始结合强度低，为了保证板坯铺装结构和一定的密实度，防止板坯在运输过程中塌散，减小压机压板间的开档，提高生产效率，所以一般都要在热压前设置板坯预压工序。

不同的人造板品种，板坯预压工艺和预压设备不尽相同。

### 7.4.1　胶合板板坯的预压

胶合板板坯热压之前，往往通过在冷压机中进行短期加压，使单板间基本黏合成一个整体，因此可采用无垫板装卸，节省热量消耗，提高压机生产能力。

为了适应预压工艺的要求，胶黏剂应具有在短时间内黏合的性能。对于脲醛树脂胶，目前采用的方法是在胶中加入填料如石粉、豆粉来提高胶的初黏性，或是在脲醛树脂胶合成时加入少量聚乙烯醇进行改性。酚醛树脂施胶后陈化一段时间，则有较好的初黏性，经预压有初步黏合。

使用聚乙烯醇改性的脲醛树脂胶的预压工艺为：板坯闭合陈化时间不少于40min、

单位压力1.0~1.2MPa、预压时间10~20min。使用普通上压式冷压机工作间隔高度1.0~1.5m，最大单位压力1.5MPa，总压力450t。

### 7.4.2 刨花板板坯的预压

刨花板坯预压的目的是使板坯结构密实，排除板坯中残留的空气，防止热压时空气冲出而损坏板坯，减小板坯厚度。这样不仅能提高压机闭合速度，可提高热压效率和生产线产量，而且可以较好地保证制品质量。

刨花板坯预压工艺要求为：板坯压缩量为1/3~1/2；预压压力1.5~1.6MPa，最小不低于1.0MPa；预压时间为10~30s。预压后板坯通常会出现反弹现象，板坯反弹率在15%~25%为宜。刨花板坯的预压方式有两类：一类是周期式的平面预压；另一类是连续式预压。

周期式平面预压又分为上压式和下压式，以上压式为优。用这种方式预压，需要几条运输带，用于板坯称重、齐边和与压机装板装置及齐边作业时保持一段距离，以便热压装板时保证板坯连续运行。

连续式预压是在连续式预压机中，板坯是在被压缩状态下移动的，板坯直接在铺装钢带上铺装和预压。因此，要求钢带的速度在根据铺装和预压的需要确定后，固定不变。连续式预压机种类较多，大致可归纳为两类，即辊式和履带式预压机，图7-21为辊式连续预压机结构。它由五对小压辊和两对大压辊组成。上压带形成封闭环，沿着第一对大压辊、五对小压辊的上辊和张紧辊移动。上压带内所有压辊都悬挂在横梁上，横梁两端有调节装置，使横梁升降，梁的前端由调节轮通过丝杆调节上下，梁的后端与液压活塞杆连接，以控制上压带内压辊对板坯的压力。下压带沿两对大压辊和五对小压辊的下辊移动，下压带内压辊都安装在机架或机座上。两对大压辊一端装有动力传动齿轮，这是驱动上、下压带的主动轮。成型好的板坯由板坯输送带送入预压机加压区，板坯带被上、下压带夹持着运行。由于几对上下压辊的间距由前往后逐渐减小，对板坯的压力逐渐加大，板坯压缩量加大。通过最后压辊时，压辊间距最小，受的压力最大，使板坯达到压缩要求。板坯输送带通过预压机的速度为1~6m/min，压辊的线压力200~600N/cm。

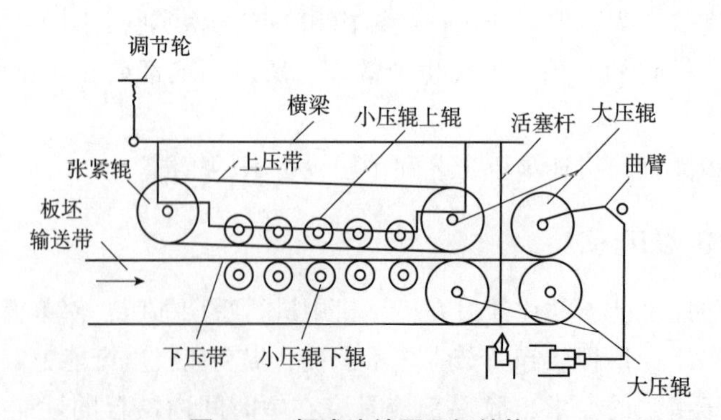


图7-21 辊式连续预压机结构

履带式预压机(又称高压预压机)有一条循环的塑料表面传送带。通过铺装机到预压机间隔里，预压后的板坯由横截锯截开。预压机的压板在压机的上面或下面，压板分段地绕着端头的辊筒转动(图7-22)。这种预压机速度可随铺装速度调整。

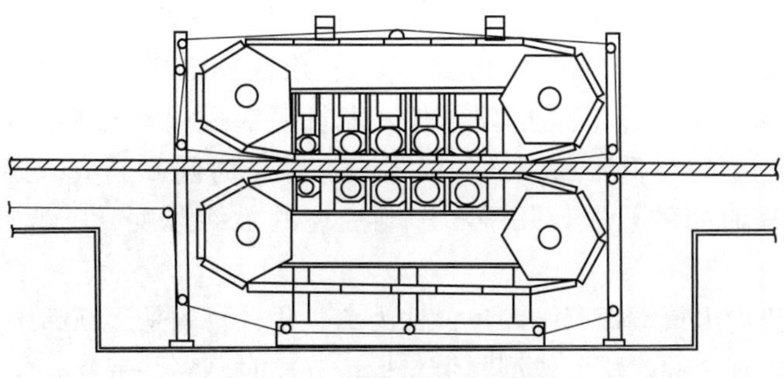

图 7-22　履带式预压机结构

### 7.4.3　纤维板板坯的预压

湿法纤维板坯的预压主要为了板坯脱水，常用的是辊压脱水方式。为了防止施加压力突然加大，造成板坯破裂，采取了四对预压辊逐渐增压，然后两对伏辊达最大限度压力，使板坯含水率降至 65%~70%。少数也采用上压式的平面预压机，下垫板上有排水孔，经长网成型并按规格切割的湿板坯，置于平面预压机内加压脱水，脱水效率较高，板坯含水率可降至 50%~55%。

干法纤维板坯的预压和刨花板坯预压基本类似，干纤维成型后的板坯厚度达成品厚度的 30~40 倍，故必须进行预压。纤维板坯预压的压缩程度与纤维分离质量、含水率、原料种类、施胶量、预压压力、成型方式与工艺等诸多因素有关。

预压后的板坯比原始厚度减小 2/3~3/4，或者为成品厚度的 8~10 倍。板坯预压后，厚度方向有回弹现象。压缩率与回弹率可按下式计算：

压缩率
$$\eta=\frac{h_1-h_2}{h_1}\times100\%$$

回弹率
$$\beta=\frac{h_2-h_3}{h_1}\times100\%$$

式中：$h_1$——板坯成型厚度(mm)；

$h_2$——板坯回弹后稳定厚度(mm)；

$h_3$——板坯压缩时最小厚度(mm)。

对于木质原料压缩率一般在 60%~75%，回弹率则在 15%~30%，对于甘蔗渣为原料，压缩率比木材原料要高 70%~90%，预压后板坯的宽度方向延展约 5%。

干法纤维板坯的预压机类型分周期式平面预压机和连续带式预压机，以连续式预压机应用最为普遍(图 7-23)。该机分为三部分：第一部分为具倾角的引导部，它用

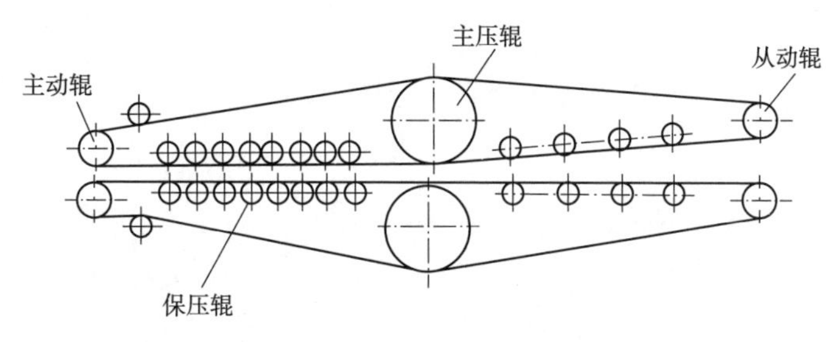


图 7-23　连续带式预压机结构

最小的倾角缓慢减小板坯的厚度；第二部分是由上、下两压辊构成的主要加压部，压辊逐渐增压，最大线压力为1.4~2.5kN/cm，由液压缸供给；第三部分为保压段，由于干纤维回弹大、难压缩，因此必须有一定长度保压段对板坯进行保压，该段压力可与加压段相同，也可低于加压段的线压力，保压时间6~7s，每对辊的开度和压力都可调整，预压时间的长短，几乎不影响板坯的最终厚度，一般加压和保压时间为10~30s。

现不少预压机的出口端带有小倾角，称为离去角，目的是逐渐卸压，防止板坯回弹过快而重新吸进空气，同时避免成型网带与板坯分离时剥离并带起表面纤维。

预压带过去多用钢带，现多为加强的钢丝橡胶带或聚四氟乙烯尼龙带。

在连续带式预压机中，板坯在移中被压缩，因此，预压机运行速度和成型网带速度须严格同步。

板坯预压时，可以同时采用高频预热，以增大板坯压缩率，减小回弹率，同时还可缩短热压周期，预热温度一般不高于70℃，以防树脂提前固化。

## 思考题

1. 胶合板组坯应注意哪些事项？
2. 细木工板芯板结构形式有哪些？
3. 纤维和刨花铺装工艺的主要区别是什么？
4. 人造板板坯为什么要预压？

# 第 8 章
# 热　压

本章介绍了人造板热压工作原理，分析了热压三要素(温度、压力和时间)的作用，给出众多方式和不同单元的热压参数以及各类人造板产品的热压曲线。叙述了单层或多层平压式热压机、立式或卧式挤压式热压机以及各种形式的连续式热压机。并将其优缺点、特性、使用效果以及经济性进行了对比，对于提高产品等级、降低生产成本意义重大。

本章重点是热压过程中水分的移动、断面密度梯度曲线的形成以及传热传质的状态过程。

人造板的热压是指在人造板生产过程中将板坯送入热压机进行加压、加热，并保持一定时间，使板坯内胶黏剂固化成板的加工过程。这一过程基本上是决定人造板产品内在性能的最后工段。这一过程是一个复杂的物理化学过程，采取正确的热压工艺和选择合理的设备才能保证最终产品的质量。

## 8.1　热压的基本原理

热压工艺的三个基本要素是指热压压力、热压时间和热压温度，而热压过程是板坯状况(如含水率、胶种、板厚、板种等)与三要素的组合。

### 8.1.1　温度的作用

热量经过热压板表面传递给垫板(用垫板时)，垫板再传递给板坯表层，然后再逐步传递到板坯中央，促使胶黏剂固化。通常热压温度是指热压板温度，且被视为恒热源。选择热压温度应主要考虑板种、胶黏剂的类型、板坯含水率和板的厚度等因素。通常，酚醛树脂胶固化需要的温度大于 139℃；脲醛树脂胶理论上在 100℃时 20~30s 便固化。然而，板种不同，温度差异性很大。如用脲醛树脂胶生产刨花板，以前的热压温度在 140℃左右，目前，许多厂热压温度达到 190~200℃；胶合板的热压温度在 105~120℃，有的杨木胶合板厂仅用 95℃。这主要取决于板内水分排出的难易程度、温度传递速度、板表层可塑性和胶合性能等。

胶合板在达到规定的胶合强度下，不宜选择较高的温度。温度越高，板内的水蒸气压力越高，而一层层单板因阻碍水分的迁移，易产生鼓泡等工艺缺陷，又使板内温度在板堆放过程中难以释放，造成胶层热分解；胶合板的板坯含水率也稍高于刨花板和中密度纤维板，温度高易造成板的变形；从出材率角度，生产上希望胶合板有较少的压缩率；对酸缓冲容量大的树种，如杨木，在生产脲醛树脂胶胶合板时，热压温度高，鼓泡和分层现象尤为严重；板厚度大和层数多的合板不宜选用较高温度。考虑到上述原因，即使使用酚醛树脂胶生产胶合板热压温度也不宜超过150℃。

对于新型的刨花板或纤维板，压机一般采用较高的温度，对单层压机来说，热压时间特别重要。板坯固化所需的热量也能从胶黏剂固化的缩聚反应放出的热量得到补充。根据报道，反应中缩聚所放出的热量多达总热量的20%，一般是10%~15%。在刨花板工业发展的初期，用低温长时间加压。后来新型的胶黏剂要求高温加热，温度达150~200℃，缩短了热压时间。图8-1说明了板坯的加压时间和加压温度的关系。温度越高，需要加压的时间越短。加热温度的极限以不使木材热解为宜。在热压机中，热量除使胶黏剂固化外，高温还可增加木材塑性，便于使板坯压缩。研究证明，提高温度和增加表层刨花含水率，在加压时板坯容易产生塑性变形。如果不加热或加热不足，要使板坯达到适当的压缩率就要用较高的压力。

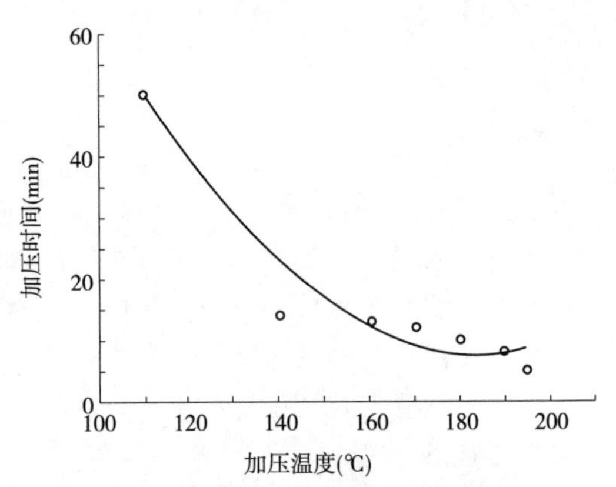


**图8-1 单层刨花板热压时加压温度和加压时间的关系**

热量也影响胶黏剂的缩聚过程。在加热被胶合材料同时，胶黏剂受到热量的作用，分子运动加剧，内摩擦力开始减小，在60~80℃时黏度下降到最小值，在压力的作用下，胶液在被胶合单元表面产生流动，这样将会改善胶与原料之间的接触。这种流动时间很短，随着板坯内温度增加，胶黏剂缩聚反应加快，几秒钟之后胶的内摩擦力迅速增加，最后胶黏剂全部固化。在内摩擦力开始减小时，胶黏剂的表面张力也减小，使邻近被胶合材料的表面容易湿润，胶液也容易从这一表面转移到另一表面。

(1)热压时间—温度曲线

板坯热压时间—温度曲线直接影响到产品质量和生产效率。图8-2是板坯加热时间和板坯表层与芯层温度的关系。在芯层的时间—温度曲线中可以将总的加压时间分为五段。

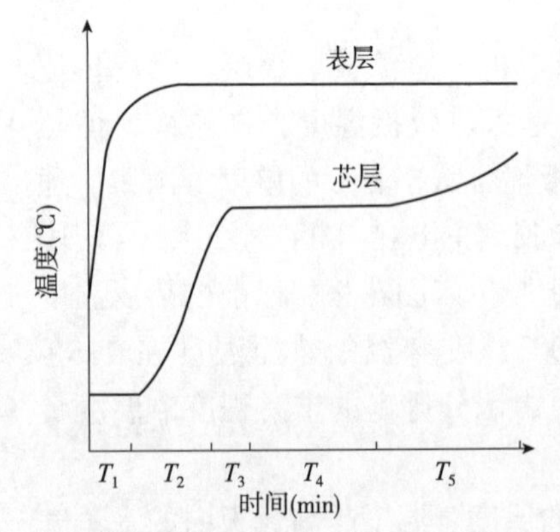


**图8-2 热压时板坯内温度特性曲线**

$T_1$——加热时，靠近热压板的板坯表层温度迅速上升，芯层温度没有变化。

$T_2$——板坯芯层温度开始上升，并继续上升到蒸发以前为止，这一段温度上升很快。

$T_3$——内部水分开始蒸发，并继续蒸发，直至芯层温度达到水的沸点。这一段温度上升缓慢，如蒸汽不能很快排出，沸点将会上升。

$T_4$——芯层保持恒温，水分变为蒸汽，并从板中散发出来。此时外部热压板输入的热量与水蒸气带走的热量基本达到了动态平衡。如果蒸汽不能排出，芯层就不能保持恒温。

$T_5$——板坯继续被加热，水分排出阻力增加，芯层温度缓慢上升，高于沸点温度，并逐渐接近热压板温度，直至热压结束。

从图 8-2 可以看出，采取相应的措施，可以缩短板坯的热压时间，比如尽快使其到达芯层恒温时间 $T_4$，$T_2$ 的斜度尽量大些，$T_1$ 尽可能短些等。也就是说可以采取各种措施加快向芯层传递热量。影响热量传递速度的因素很多，如热压板的温度高，对芯层的热量传递就快。从图 8-3 可看出，加热温度从 175℃上升到 210℃，芯层温度达到 100℃的时间从 3min 降为 105s。提高对板坯的压力，也能缩短加压时间，因为压力大使木质单元之间的接触更加紧密，从而可以加速向芯层的热量传递。因此得出结论，高温和高压能有效地缩短热压时间。原料的尺寸和形状对板坯内热量传递速度也有影响，因为原料单元的形状及大小决定了水蒸气扩散的通道。细小刨花、锯屑或纤维组成的板坯，要比薄平状的大刨花的板坯热量传递速度快得多。而大刨花的板坯热量传递速度比胶合板板坯快。

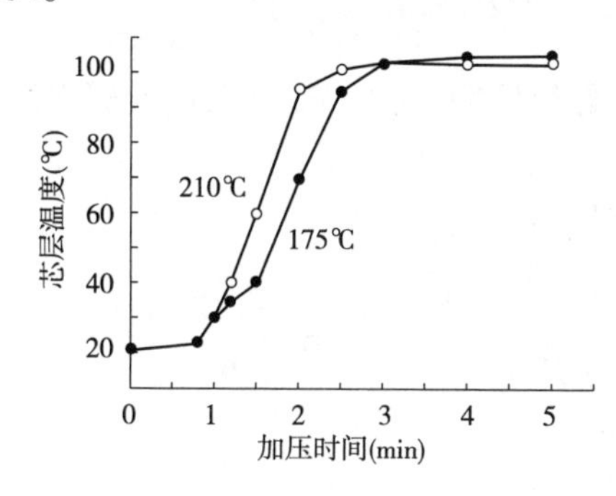


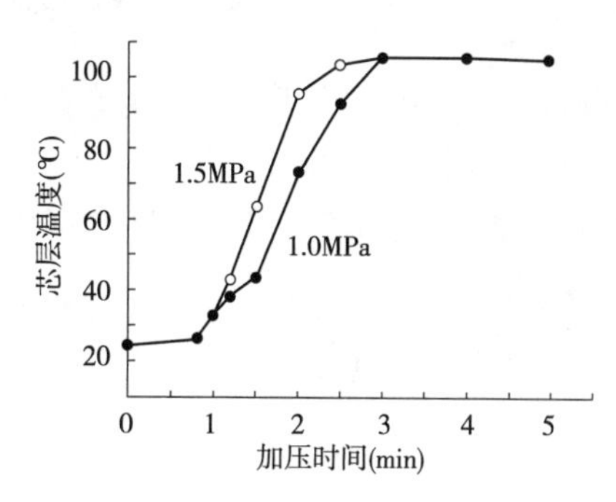


**图 8-3　热压时温度、压力对芯层温度上升的影响**

(2)板坯厚度对芯层温度的影响

芯层到达 100℃的时间和板坯厚度有很大关系。从图 8-4 可以看出，刨花板的厚度越大，芯层到达 100℃所需的时间越长。当刨花板厚度从 5mm 增加到 50mm，即厚度增加 10 倍，而加热时间从 90s 增加到 43min，时间增加 27 倍。实际上对薄的刨花板(如小于 8mm)来说，芯层保持恒温时间 $T_4$ 几乎不存在，尤其在含水率低的时候。另一方面，对于实际人造板热压时(温度高于 150℃)，厚板坯(厚度大于 12mm)的中心层温度上升到一个临界值，温度在一段时间内变化较小，大约为 103~105℃。

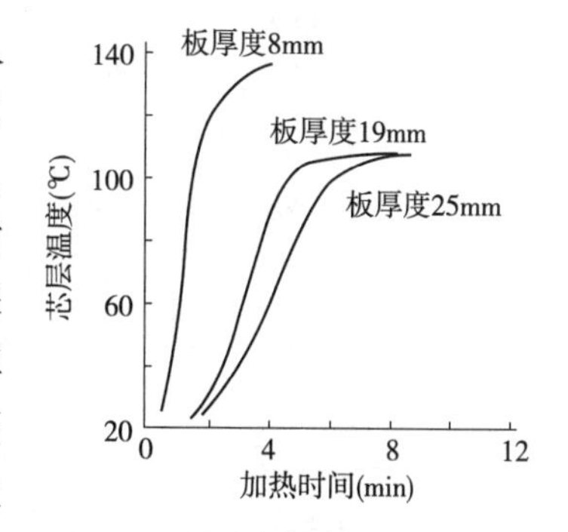


**图 8-4　刨花板厚度对芯层温度上升的影响**

(3)热压后板内部的温度变化

在板坯完成热压后，即从压机张开开始，不同的热压温度，板坯内部各层温度变化规律不一样。图 8-5 为普通刨花板热压后板内部的温度变化。板坯内部温度变化，不仅由板坯自身因素所决定，如板的密度、板的厚度和板坯含水率等；而且因外界条件所改变，如环境温度、空气流动速度等。了解其规律，便于充分利用板内的余热，解决实际

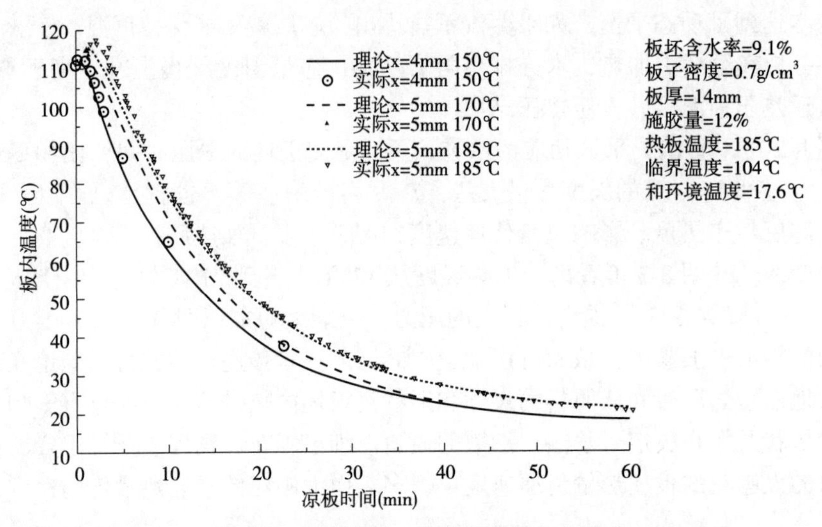


**图 8-5　板内部某一点的温度变化曲线**

生产问题。如缩短热压时间，利用余热进行胶黏剂后期固化；控制或减少板内游离甲醛；合理地安排凉板时间和工序。

热压后板的内部任一点的温度 $T$ 可由下式计算：

$$T = T_0 + \sum_{n=1}^{\infty}\left\{\frac{8(T_s - T_c)}{\pi n}\left[\frac{2(-1)^n}{(\pi n)^2} - \frac{2}{(\pi n)^2} - 1\right] + \frac{8(T_s - T_c)(-1)^n}{\pi n} + \frac{2(T_s - T_c)[1-(-1)^n]}{\pi n}\right\} e^{-\left(\frac{n\pi}{l}\right)^{2kt}} \sin\frac{\pi n x}{l}$$

式中：$T_s$——热压板表面温度(℃)；

$T_c$——板中心点温度(℃)，一般在实际热压过程中可作为临界温度考虑，即近似为 103～105℃；

$T_0$——工作场环境温度(℃)；

$t$——冷却时间(s)；

$x$——板表面到板内部任一点距离(mm)；

$L$——板的厚度(mm)；

$k$——板热扩散系数($m^2/s$)。

$$k = k_v\, k_{mc}\, k_g\, k_D$$

$k_v = (-0.01v^2+0.68v+2.5)10^{-8}$，空气流速为：$0.05 m/s \leqslant v \leqslant 15 m/s$；

$k_{mc} = 0.463+0.058MC$，板坯含水率为：$8\% \leqslant MC \leqslant 15\%$；

$k_g = 1.02-0.06G+0.005G^2$，施胶量为：$6\% \leqslant G \leqslant 15\%$；

$k_D = 4.28-7.95D+4.63D^2$，板子密度为：$0.6\%/cm^3 \leqslant D \leqslant 0.8 g/cm^3$。

## 8.1.2　板坯含水率及其与温度传递的关系

(1) 板坯含水率及其分布

板坯含水率及其分布是影响人造板性能的一个重要因素。

热压前板坯中水分来自三个方面。首先，按照工艺的要求，物料在干燥后，并不是绝干的，在物料中仍保持一定的水分。干燥后刨花和纤维的含水率一般为 2%~5%，单板的含水率一般为 8%~10%。其次，拌胶时加入的液体胶黏剂是板坯中水分的第二个重要来源。刨花板和纤维板用的脲醛树脂胶一般固体含量约为 60%~65%，而胶合板为 55%~60%。酚醛树脂胶的固体含量差别较大，常用的酚醛胶固体含量为 40%，其中 60%是水分。近来，发展了固体含量约为 53%的酚醛胶，其实这些固体含量中并不完全是酚醛树脂胶，有一部分是填料，用来降低树脂中的水分。板坯中水分的第三个来源是树脂胶固化时的缩聚反应。树脂胶进行缩聚反应时产生一部分缩合水。据报道，增加固体脲醛树脂胶 6%，能使板坯含水率增加 0.9%。在任何胶合操作中，过量的水分可以保存在两片木材之间的胶里面。根据产品不同，板坯平均含水率通常控制在 6%~15%。过高的含水率将会延长热压时间；而含水率过低，则可能在压机闭合时发生压缩困难，板厚达不到要求。

热压过程中板坯内会形成温度梯度，其变化规律是热压时间的函数。热压板闭合时，板坯表面立即与热压板接触，板坯表面温度迅速上升。热压开始时板坯芯层温度等于环境温度，随着热压时间延长，板坯表层中水分汽化，蒸汽很快向中心移动，芯层温度上升，板坯表层与芯层的温度梯度逐渐缩小。含水率梯度和温度梯度不但在板坯厚度上存在，同时在板坯平面内也存在，也就是说在板坯的中心部位和边部之间也有温度梯度。板坯长时间地放在压机中压制，温度梯度可逐渐减小。一旦板芯达到 100℃时，脲醛树脂胶在 30s 内就能固化，酚醛树脂胶时间要长些。

(2) 不同原料形态对热量和水分传递的影响

图 8-6 说明，两种不同刨花的板坯中热量和水分传递的相互关系。用粒状刨花时，如含水率增加，板坯芯层温度开始上升的时间稍有缩短，并对芯层保持恒温时间影响很大。一旦芯层温度到达沸点，所有的热量都用来蒸发剩余水分，如板坯含水率较高，则需较长时间蒸发这些水分，然后芯层的温度才能提高。

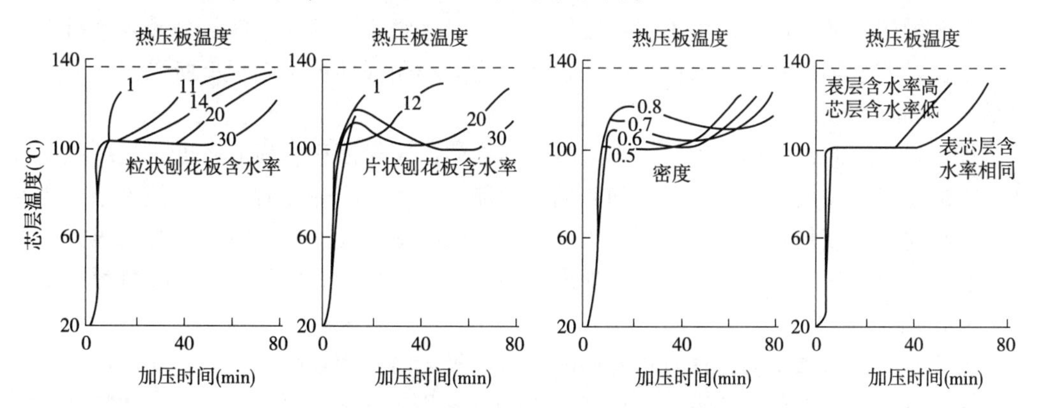


**图 8-6 热压时各种因素对刨花板芯层的影响**

全部用片状刨花的刨花板板坯，在热压时板坯密度性好，水分移动阻力大。图 8-6 表示这种板坯在含水率高时，芯层到达沸点后，水蒸气不容易排出来，内部蒸汽压力不断增加，使水的沸点提高。热压板温度继续向板坯芯层传递，蒸汽压力继续增高，直至蒸汽压力足够水分汽化，蒸发后使水分进一步减少。

刨花板密度也直接影响时间温度曲线。密度高的刨花板由于压得结实，水蒸气移动困难，开始温度上升得很慢，但在整个热压过程中不断地持续上升，芯层到达沸点后，如板坯含水率高，蒸汽压力就较高。由于温度上升，水分开始蒸发和继续蒸发，保持恒温阶段都趋向于100℃或超过100℃。图8-6还证明密度低的板坯(蒸汽较容易逸出)，芯层温度上升迅速，很快能接近水的沸点，因为板坯较松，在热压初期，有利于蒸汽从表层传向芯层。水分开始蒸发和继续蒸发，保持恒温阶段温度不升高，蒸汽压力也不是很高，对蒸汽向板边流动不利，加热时间要比一般的长。这些可以说明热压时板坯中含水率、温度的作用。

从图8-7中可看出，胶合板内部温度的变化规律基本与刨花板类似。但由于胶合板热压温度低，板坯含水率高，板坯芯层保持恒温的时间较长。

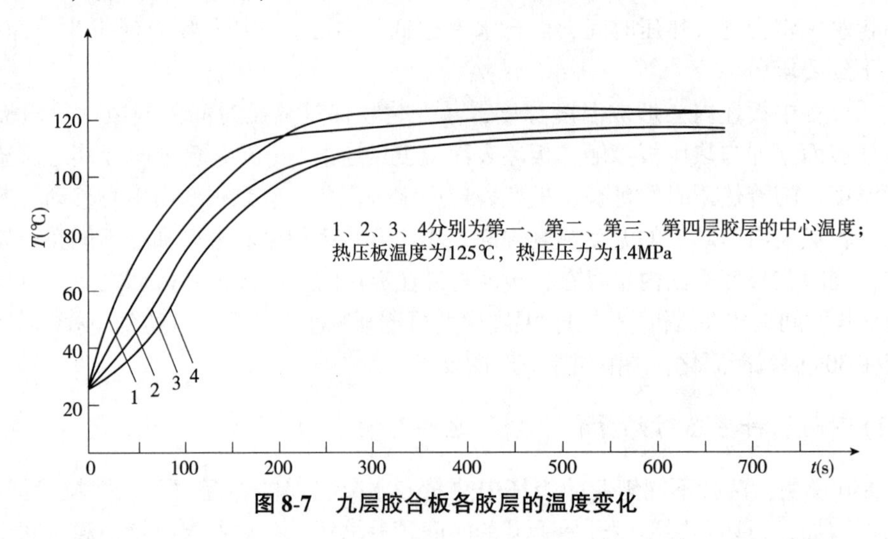


图8-7 九层胶合板各胶层的温度变化

## 8.1.3 压力的作用

板坯加压目的是使板坯中木材—胶层—木材紧密结合，并使胶料部分渗入木材细胞中，为良好胶合创造必要的条件。给予板坯压力大小用板坯单位面积上所受压力的大小表示($N/mm^2$)。

板坯在热压时，施加压力的大小影响物料之间的接触面积、板的密度、板坯压缩特性、板的厚度、胶层厚度和物料之间胶的传递能力。人造板热压时，压力值大小主要取决于原料树种、胶种和产品的密度。板坯中物料的接触程度，对板特性的影响很大。物料之间接触程度好的板的强度高。从加压初期到压力逐渐升高到最高值，接触程度也逐渐增大到最大值。

施胶量对压力大小的选择有重要影响，含胶量低时要用较高的压力，才能使界面很好接触，以便于胶液在物料表面传递和流展。低密度的木材应采用低压力。增加压力，尽管会使木材之间空隙变小，但也会使板的密度增加。在大多数情况下，板的密度总是大于所用木材的密度。一旦刨花板的密度超过木材原料的密度后，木材中的细胞会受到压缩，当压力超过木材的抗压强度后，木材会被压溃。

在刨花板生产中，如热压初期用较高的压力，使板的表层和芯层密度会有较大的区别。假如用山毛榉和云杉两种树种做压力对刨花板密度的影响试验，热压机的压力增加，刨花板密度开始上升，然而表层要比芯层的密度大。图8-8表示压力从1.0MPa升到1.5MPa，密度增加；压力继续提高到3.0MPa，刨花板的平均密度基本不变了。而表层密度在加压过程中是持续增加的。

原料和工艺(在不用厚度规时)中的大量因素都影响板最终厚度。试验了两种树种，不同厚度的刨花在不同压力下对刨花板厚度的影响。图8-9是用杨木和栎木，厚度0.2mm和0.4mm刨花的试验结果。试验时不用厚度规，在不同的压力下，板坯压缩量的变化。在板的密度相同时用杨木做刨花板，要比栎木刨花板的压力高。在一定压力下厚刨花比薄刨花难于压紧，因为厚刨花阻力较大。对于胶合板生产，硬阔叶材比软阔叶材单板需要的压力略大一些。

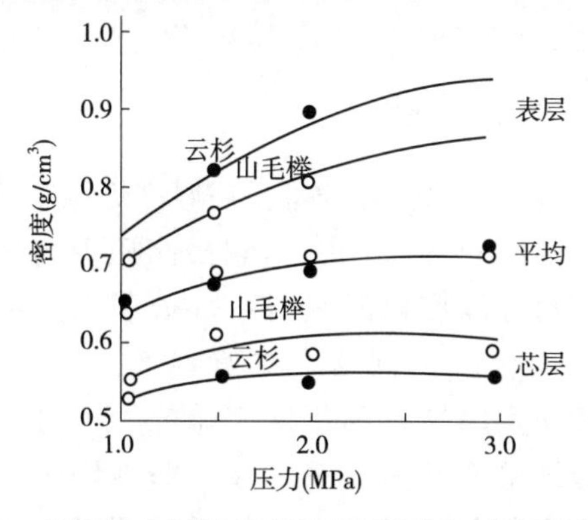


**图8-8 相同形态刨花(两种树种)用同一加压规程制成的三层刨花板芯层和表层的密度**

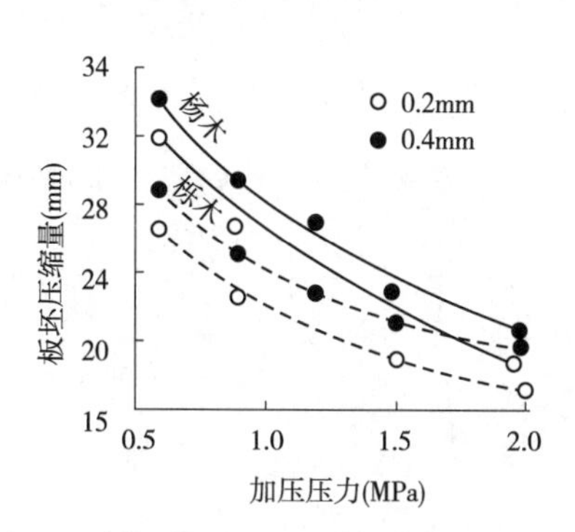


**图8-9 板坯热压2min时刨花厚度、树种和压力与板坯压缩量的关系**

(1)在加压时期内压力和时间的关系(热压曲线)

图8-10是多层压机在加压时期内压力和时间的关系即热压曲线。图8-10的整个时间可划分为如下各阶段：

$T_1$——板坯送入压机的时间，即装板时间。在$T_1$的末尾，整个压机中都装上了板坯，此时板尚未受到压力。

$T_2$——热压板从开始闭合，到全部闭合上，即压板闭合时间。此时板坯上仍未受到压力。

$T_3$——上下热压板都压紧板坯后，压力迅速上升并升到工作压力$P_{max}$所需的时间，即升压时间。

$T_4$——压力保持时间(保压时间)，板坯被压紧并保持厚度，胶黏剂固化。这段时间占整个热压时间的大部分。

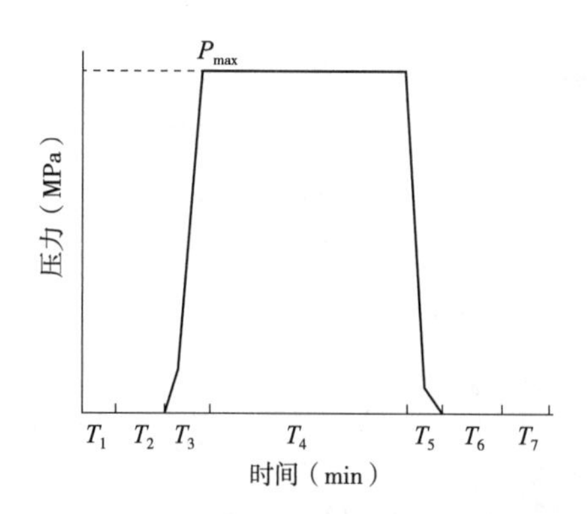


**图8-10 一定热压温度下的典型热压曲线**

$T_5$——胶黏剂完成固化后，压机开始卸压直至压力下降到零所需的时间，即卸压时间。

$T_6$——从压力为零到热压板完全张开的时间。即压机张开时间。

$T_7$——卸板时间。

$T_1 \sim T_7$ 为一个热压周期，$T_3 \sim T_5$ 称为热压时间。通常，工艺上称的热压压力是指板坯单位面积所受到的最大压力。

热压压力($P$)计算公式如下：

$$P=\frac{\pi d^2 m P_0 K}{4A} \quad (\text{MPa})$$

式中：$d$——热压机油缸直径(cm)；

$m$——热压机油缸数目；

$P_0$——热压机表压力(MPa)；

$A$——板坯面积($cm^2$)；

$K$——压力损失系数，0.9~0.92。

(2)采用厚度规时板坯内部压力随时间变化曲线

在传统单层或多层压机生产刨花板和纤维板生产时，往往都采用厚度规控制板的最终厚度。当热压板闭合达到最高压力之后，板坯压到目标厚度此时只有一部分压力压在板坯上，大部分压力都落在厚度规上，也就是说，板坯被压到厚度规的厚度，随着热压时间的延长，板坯温度逐渐上升，板坯塑性增强，保持板坯厚度所需的最大压力值迅速下降，出现了应力松弛现象。然而在这过程中，热压机所施加的压力并没有减小，在多余的压力都有厚度规来承担。

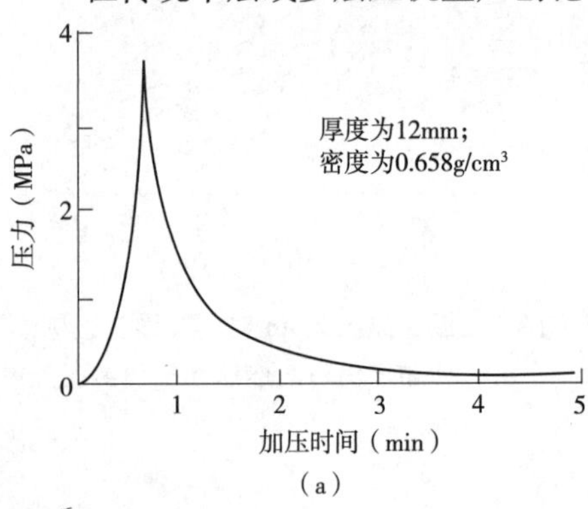

(a)

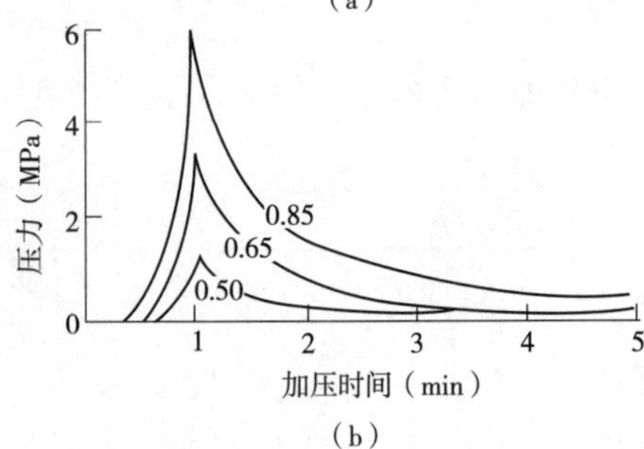

(b)

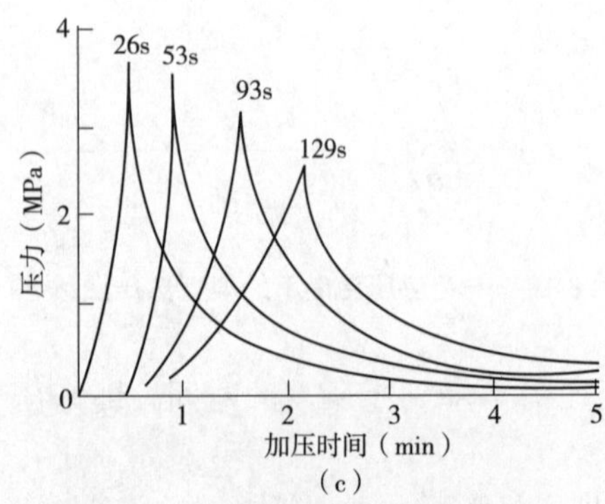

(c)

**图 8-11 各种情况下的压力和与加压时间的关系**

图 8-11(a)表明，厚 12mm 的刨花板，密度 0.658g/cm³，热压板闭合后 40s 板坯内压力达到最大的压力值，在 1min 内突然降至最大压力值的 1/6。因此，当热压板和厚度规接触后再保持最大压力值是没有实际作用的，在达到最大压力后约 1min，压力就可下降。

图 8-11(b)表明，刨花板密度越大，所需最高压力也大。在任何密度下，达到最大压力后板坯内压力都会迅速下降，降压时间的长短取决于最大压力值，并且最终压力的大小，也和最大压力有关。

升压时间不仅影响热压周期的长短，而且对最大压力影响显著。从图 8-11(c)可以看出，用较长的升压时间可以降低压缩板坯(密度 0.658g/cm³)的最大压力。

板坯含水率对最大压力有较大影响，因为含水率的大小与板坯的塑性有关。板坯含水率大，需要的压力可以小些。树脂含量增加，也可适当降低最大压力值。热压板温度对最大压力值也有比较大的影响，热压温度高，板坯塑性好，所需最高压力值就小。但如果热压板温度太高，会使板坯表层的树脂迅速固化，板坯在部分固化后对压缩产生了阻力。板的厚度对最大压力也有同样影响。成品板越厚，要求的压力越高。影响最大压力的两个最重要的因素是板的密度和加压闭合时间。一般来说，板坯所需的最大压力随板子密度增大而提高，但并不呈线性关系。

(3)木材的压缩

由于木材属弹塑性材料，在热湿作用下，木材逐渐被压缩，板坯厚度逐渐减少。在压力作用下板坯厚度的减少称为总压缩变形。卸压后能恢复的那部分压缩变形称为弹性压缩变形。另外不能恢复的部分变形称为残余变形。卸压后残余变形与板坯厚度之比称压缩率，用百分率表示。在有厚度规情况下，板坯厚度达到厚度规厚度后，大部分压力由厚度规承担；在无厚度规情况下，残余变形大小与树种、含水率、热压温度、压力和热压时间有关。胶合板板坯压缩情况如图 8-12(试验条件：单板含水率 5%~8%，板坯含水率 22%~26%，单位压力 2.0MPa，板坯厚度 17.6mm，加热温度 110~115℃)。当每层压板间隔放置一张板坯时，压制的胶合板各层单板的压缩率不相同。由于温度梯度的原因，表板压缩率高，而芯板压缩率低。在相同热压条件下，薄单板制成的胶合板压缩率比厚单板制成的要大一些。同一压板间隔内有多张板坯时，放在表面的板坯要比放在中间的压得实一些，板坯厚度越大这种差别就越大。

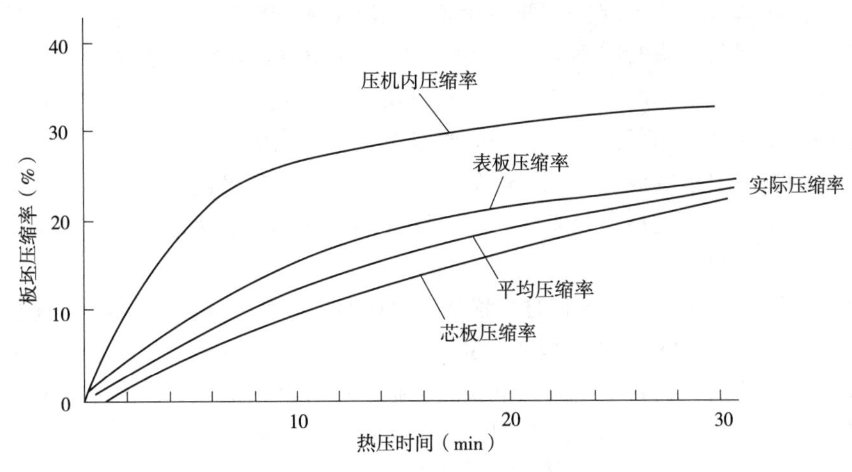


**图 8-12 胶合板板坯的压缩率(桦木)**

板坯压缩率计算公式如下：

$$\Delta = \frac{d_0 - d_1}{d_0} \times 100\%$$

式中：$d_0$——板坯厚度(mm)；

$d_1$——热压后板的厚度(mm)。

## 8.1.4 加压时间

对于多层压机而言，总的热压时间，按压力大小可分为七个部分，图 8-10 中 $T_1$、$T_2$、$T_5$、$T_6$ 和 $T_7$ 不是主要部分，主要应注意的是升压时间 $T_3$ 和保压时间 $T_4$。升压时间

$T_3$ 是压力的函数。一般说来，保压时间是最有意义的，对成品板性质的影响最大，直接影响到成品板厚度上的密度分布、板的厚度控制、板的表面质量、胶合的耐久性和预固化层厚度等。升压时间 $T_3$，对刨花板和纤维板厚度上密度分布有较大影响。在常规热压条件下，在板的厚度方向上密度形成一个梯度，板坯的表层密度较大，而芯层密度小。这个密度梯度称为剖面密度梯度。图8-13是表示不同压力和升压时间对刨花板厚度上密度的影响。图8-13中三种刨花板，其平均密度是一样的，除升压时间外，这三种刨花板的原材料和制造方法都一样。升压时间短(初压力高)，表层的密度大，芯层的密度小，同一块刨花板在厚度上的密度差较大。反之，升压时间长(初压力低)，厚度上各部分的密度接近于刨花板平均密度。由于密度和强度相关，所以前者的抗弯强度较高。后者内结合强度大，但其抗弯强度大大低于前者。

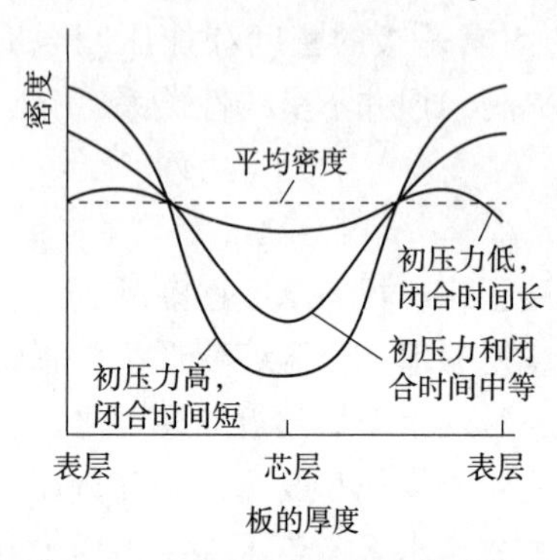


**图8-13　不同压力和闭合时间对刨花板厚度上密度的影响**

升压时间对刨花板和中密度纤维板的厚度偏差也有影响。升压时间长，特别是在高温下热压时，往往在压力解除后，表层部分胶黏剂产生了预固化现象，导致胶合性差，板的厚度回弹率大，厚度很难控制。$T_3$ 段速度一般控制在15~30mm/s。太快会使板坯内部排气不及，导致板坯结构破坏。

空载快速闭合段为空行程，主要是消除板坯上(下)热压板的空间，这一时间称为压机闭合时间，压机闭合时间不应超过10s。时间过长一是影响生产率，二是易使板坯下表面预固化层加厚，影响产品质量。当然过快也可能使板坯表面物料被吹走。

一定的热压时间是为了使人造板中的胶黏剂具有较高的固化率，同时使木材具有一定塑性，达到板所要求的厚度，也可避免热压工艺缺陷，如鼓泡等。热压时间主要由以下因素决定：①胶黏剂的种类及固化速度；②板坯含水率；③板的厚度；④板种；⑤原料树种；⑥热压温度等。

例如，采用常规的脲醛树脂胶时，胶合板热压时间0.7~1.0min/mm；刨花板热压时间14~40s/mm；干法中密度纤维板20~30s/mm。

热压时间不宜过长，否则在高温下易引起板表面胶黏剂的热分解和木材降解从而影响产品质量。除了升压时间和热压时间外，其他辅助的时间减少也具有经济意义。任何时间的减少，都可以提高生产效率和降低生产成本。

## 8.2　影响热压工艺的主要因素

影响热压工艺的因素有许多方面，如板坯含水率、板坯厚度、板坯结构、原料树种、木质单元的大小与形状、板种、胶黏剂、板坯幅面、产品要求以及设备状态等。但当设备和产品确定后，影响因素则主要是板坯含水率、热压温度、热压压力、热压时间和胶的特性。

### 8.2.1　板坯含水率

热压过程中，板坯的含水率是非常重要的因素，它直接影响到热压工艺和热压后产品的性质，如鼓泡、分层、翘曲、内结合强度。板坯含水率高，则板坯塑性好，便于压缩，所需最高压力值小，因此可以采用较低的热压压力。但是，较高的含水率会使热压后期板坯内部蒸汽压力升高，如控制不当容易出现分层甚至鼓泡的现象。含水率过高，压机卸压时会发生“爆板”。

板坯含水率过低，则板坯塑性差，需要较高的热压压力，热压后板坯回弹率大，板的厚度不易控制；另外，含水率过低不利于板坯内部温度的传递以及木材单元之间胶液的转移，影响胶合强度。一般地，板坯含水率控制在 12%~15%为宜。

### 8.2.2　常用热压曲线

图 8-10 是人造板生产中多层压机典型的热压曲线。在实际生产中，工艺条件常会稍有变动。下面介绍几种变化的热压曲线。

(1) 三段降压曲线

这种热压曲线的特点是，压机降压过程分成三个等段逐渐降压。其优点是生产中易实现和操作，利用三段压力下降逐渐释放板中的蒸汽压力，可有效防止鼓泡现象(图 8-14)，适合胶合板、刨花板和中密度纤维板生产。除了三段降压曲线之外，生产中还可以根据实际情况，制定多段降压曲线。

(2) 厚板热压曲线

这种热压曲线的特点是，无保压段，利用厚板在热压过程中的应力松弛而使板坯内部压力渐渐减少，从而有助于水蒸气排出，蒸汽压力渐渐减少，有效地避免了分层或鼓泡的现象。这种曲线常用在厚胶合板生产。它也可说是多段降压曲线一个特例(图 8-15)。

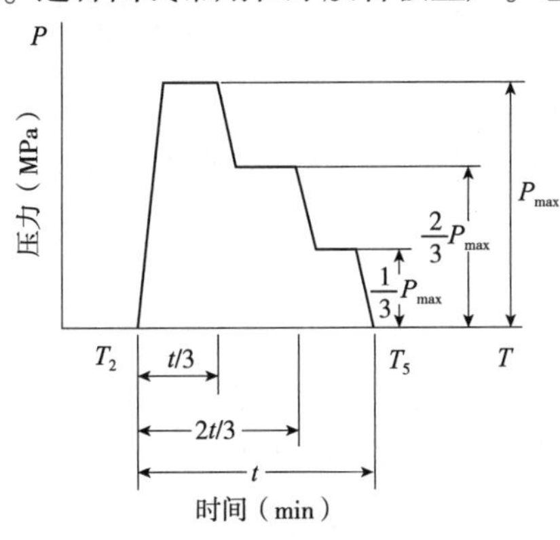


图 8-14　两段降压曲线

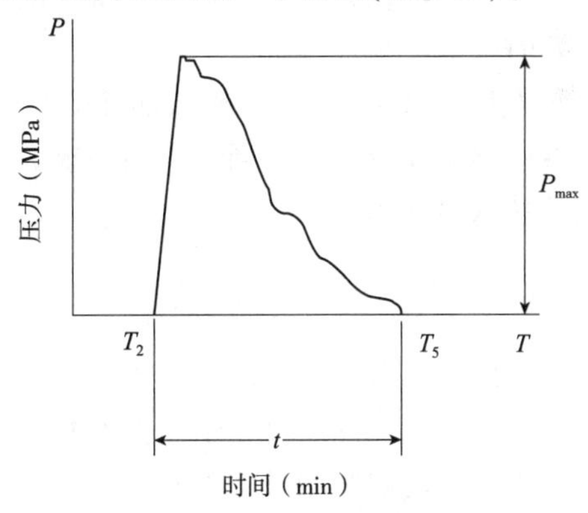


图 8-15　厚板热压曲线

(3) 零段保压曲线

这种热压曲线的特点是，当热压压力降到接近于零时，压板不张开，而是保留一段时间，以释放板坯内部的蒸汽，防止热压缺陷产生(图 8-16)。在人造板生产中这种曲线常用于发现板坯含水率较高，需要纠正原定的热压曲线时。

(4) 高含水率板坯热压曲线

该曲线主要运用在湿法纤维板中，目前也用于无机胶合人造板。热压过程通常采取三段

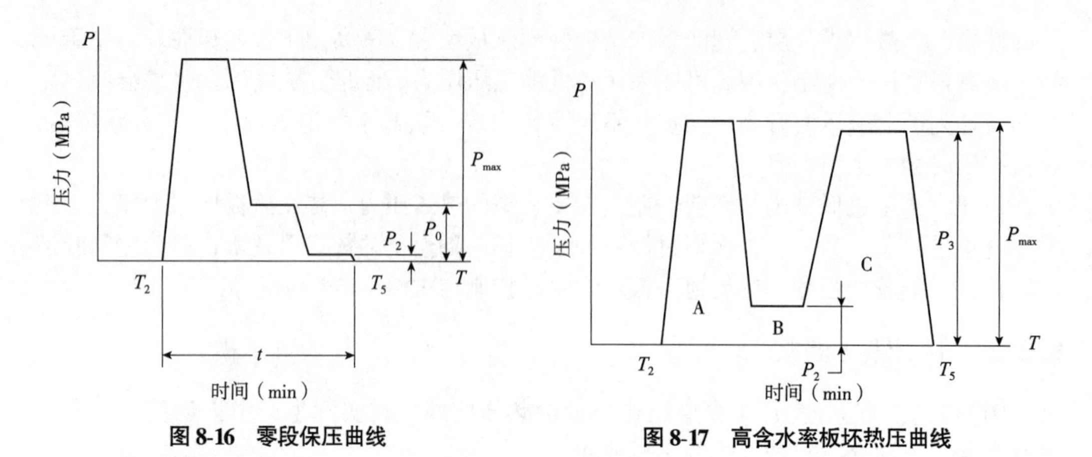


**图 8-16 零段保压曲线**　　**图 8-17 高含水率板坯热压曲线**

加压的形式。在热压温度一定的条件下，压力和时间的关系如图 8-17。

挤水段(A)：这时板坯含水率很高，存在大量自由水和结合水。板坯进入热压机以后，由于热作用，原料软化，板坯被进一步压缩。其中的自由水借助机械压力，以热水的形态几乎全部被排除。此时板坯内的相对含水率降至35%左右。挤水段的目的是使用机械压力将板坯内的自由水以液态形式最大限度地排除，使板坯结构初步密实，并起到减少蒸发量、节省热耗的作用。这一阶段需要较高的压力。

干燥段(B)：主要任务是用热能除去机械压力无法排除的那一部分细胞壁内的结合水及附着于纤维表面的水膜，使其以蒸汽的形态排出。为了保证既能高效传热，防止板坯芯层饱和蒸汽压力使板坯破裂，同时又不致使水蒸气排出困难，干燥段单位压力以 0.5~1.0MPa 为宜。一般认为此段后板坯含水率为 10%~14%较好。但该含水率在热压状态很难测定，也不易准确控制干燥段的终止时间。生产中常以产品的质量反映来调整干燥时间。

固化段(C)：前两个阶段的任务是除去多余水分，板坯初步紧密化，在排水的同时有某些化学反应产生。当干燥到要求的含水率时立即升压。板坯内的真正物理化学反应应该从这段开始。

(5)连续平压热压曲线

连续平压对板坯的加压方式完全不同于间歇式多层压机，因此热压曲线也有非常大的区别。板坯在热压过程中是在不断运动着的，板坯从压机的前端进入压机，待从压机后端出来时已被压制成了板材。因此，连续压机省却了间歇式压机的压板张开、闭合、装板、卸板等辅助时间，压机生产效率高。

连续平压机由许多独立的框架组成，可以看作是由若干台单层压机通过钢带串联而成的，每个框架压板的温度和压力都可以独立控制，因此热压过程中，根据工艺的需要，在压机长度方向上就可以设计出不同的压力控制区域，形成如图 8-18 的压力曲线。

以压板宽度为 2500mm 的库斯特连续平压机(Kusters pres)为例，其宽度方向上设置 8 只油缸对压板加压，而在长度方向上设置了 35 个框架，按其对板坯的作用，一般把其分为预压段、加热排气段和冷却定厚段三个功能区域。生产中可以根据原料、板坯情况、产品厚度、剖面密度分布要求等灵活地调整和设置各区域的温度和压力。例如，生

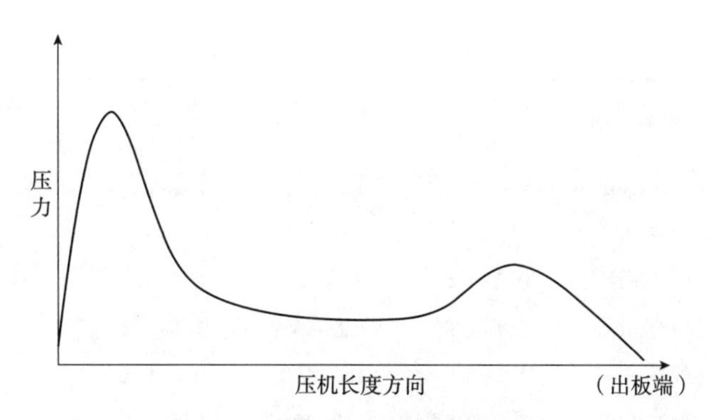


**图 8-18　连续平压机热压曲线示意**

产中压制厚度为 12mm、密度 700kg/m³ 的纤维板时，各框架的压力值和分布见表 8-1 和图 8-19 所示。

**表 8-1　连续平压机各框架压力分布**　　MPa

| 框架号 | 压力 | 框架号 | 压力 | 框架号 | 压力 |
|---|---|---|---|---|---|
| 1 | 0.4 | 13 | 0.3 | 25 | 0.3 |
| 2 | 1.0 | 14 | 0.4 | 26 | 0.3 |
| 3 | 2.2 | 15 | 0.3 | 27 | 0.4 |
| 4 | 2.4 | 16 | 0.2 | 28 | 0.5 |
| 5 | 2.1 | 17 | 0.3 | 29 | 0.6 |
| 6 | 1.9 | 18 | 0.4 | 30 | 0.6 |
| 7 | 1.7 | 19 | 0.2 | 31 | 0.5 |
| 8 | 1.0 | 20 | 0.3 | 32 | 0.5 |
| 9 | 0.3 | 21 | 0.3 | 33 | 0.8 |
| 10 | 0.5 | 22 | 0.2 | 34 | 0.7 |
| 11 | 0.3 | 23 | 0.2 | 35 | 0.5 |
| 12 | 0.3 | 24 | 0.2 | | |

注：纤维板厚度为 12mm，目标密度为 700kg/m³。

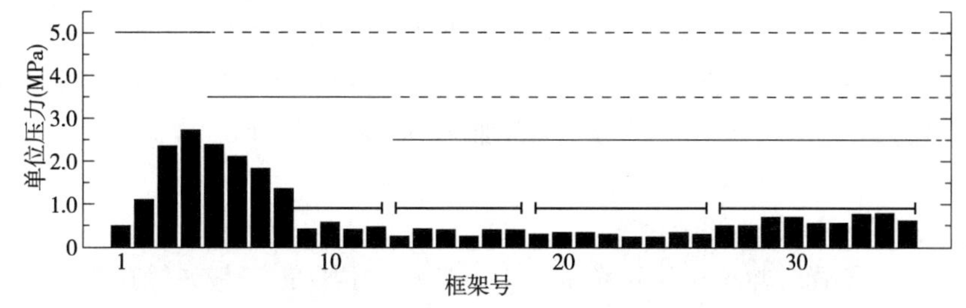


**图 8-19　连续平压机各区域压力分布**

## 8.2.3　常用热压参数

表 8-2 为常用人造板生产热压工艺参数。实际生产当中应根据生产状况，有所修正。

表 8-2 常用热压工艺参数

| 板 种 | 胶黏剂类型 | 板坯压力(MPa) | 热压温度(℃) | 热压时间(min/mm) | 板坯含水率(%) | 备 注 |
|---|---|---|---|---|---|---|
| 3mm 胶合板 | 脲醛树脂 | 0.5~1.5 | 95~120 | 0.5~0.8 | <18 | 建议采用多段热压曲线 |
| | 酚醛树脂 | | 125~140 | 1.0~1.5 | | |
| 多胶合板 | 脲醛树脂 | 0.8~1.5 | 95~110 | 0.7~1.1 | <15 | |
| 多层胶合板 | 酚醛树脂 | 0.8~1.5 | 125~135 | 1.1~1.8 | <15 | |
| 干法中密度纤维板 | 脲醛树脂 | 2.5~3.5 | 160~190 | 0.4~0.6 | <6 | 建议采用三段降压曲线 |
| 干法中密度纤维板 | 酚醛树脂 | 2.5~3.5 | 185~195 | 0.5~0.7 | <8 | |
| 刨花板 | 脲醛树脂 | 2.2~3.5 | 140~190 | 0.3~1.0 | <6 | |
| 刨花板 | 酚醛树脂 | 2.2~3.5 | 180~200 | 0.5~1.0 | <8 | |

## 8.3 周期式热压工艺

板坯在不运动的状态下受热、受压而成板的热压方式，称为周期式热压。热压机形式主要有两类：单层压机和多层压机。压力多采用垂直于板坯平面，称为平压法。胶合板生产中多采用多层热压机。通常刨花板、中密度纤维板年产量在3万~10万 $m^3$ 之间时，基本也采用多层热压机；低于3万 $m^3$ 年产量的刨花板、纤维板可以采用单层热压机或多层热压机。对于特殊用途胶合板，如大幅面车底板，也有采用单层热压机。

### 8.3.1 多层热压机

多层热压机是平压法热压机的一种。多层热压机的特点是生产效率高，厚度范围广，设备易于控制和调整。但其结构复杂而庞大，必须配备装卸板系统，一般情况下还需配备预压机，且板厚公差大，热压周期长。热压机主要技术性能指标有：热压板尺寸(长×宽×厚)(mm)、热压机层数、热压板间距(mm)、公称压力(MN)、闭合速度(s)、加热介质、油缸数量、油缸直径(mm)、液压系统额定工作压力(MPa)、主机外形尺寸(长×宽×高)(mm)和主机净重(t)等。热压机生产产量，主要取决于热压机层数和幅面。产品不同，其热压机的液压系统也不同，如胶合板生产中，热压机的公称压力可以选择低一些。加热介质利用热水或蒸汽加热，近年来越来越多的热压机采用导热油加热。蒸汽加热难以达到较高的温度且热压板温度均匀性差。用油作为载热体，热压机可以比较容易地加热到200℃以上，从而可以降低加压的压力。

图 8-20 为多层压机装卸板过程。

在原始工作位置，热压机压板全部开启，装板机顶层位于板坯输送机的水平面。当板坯经输送机送入装板机时，装板机上升一层，如此每装一层上升一层，当每层均装上板坯后，装板机将板坯一起送入热压机。然后热压机油缸通过下顶式运动将热压板全部闭合，对板坯进行热压。在热压的同时，装板机快速下降至顶层与板坯输送机的水平面，继续装上板坯。当热压结束时，压机开启，装板机刚好全部到位。装板机再次将板坯送入热压机，同时，将压好的板推出热压机，送入卸板机(或在卸板机上采用特殊的

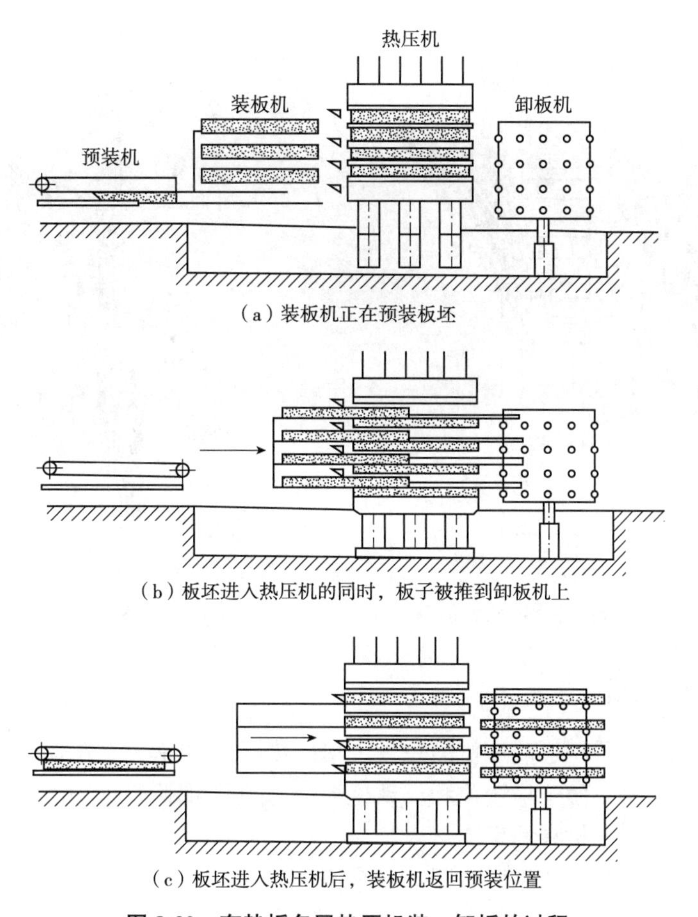


（a）装板机正在预装板坯

（b）板坯进入热压机的同时，板子被推到卸板机上

（c）板坯进入热压机后，装板机返回预装位置

**图 8-20 有垫板多层热压机装、卸板的过程**

方法将板拉出热压机）。热压机再次闭合，装板机快速下降，卸板机向下一层一层地运动，卸出所压制的板，以此周而复始的动作，形成连续自动化的生产。

为了使热压机中各层板坯经历的热压过程和工艺条件一致，快速闭合时又不会使板坯中的刨花或纤维喷出，应采用同时闭合装置(图 8-21)。同时闭合装置的另一个关键作用是补偿热压板间板坯的厚度变化，这种厚度变化如不能补偿，则将在相应热压板的支承装置中产生应力。

厚度规是控制各层刨花板厚度的主要工作元件，一般装在各层热压板的两侧。但厚度规是由钢件制成，长期使用或液压系统控制不当，很易造成热压板的损伤。所以现有的热压机是用定位控制器，即LVDT 线性变位传感器来控制热压机开档的总距离，厚度规只起一种辅助控制厚度的作用。在热压机固定横梁与活动横梁之间的四角，分别安装 4 套位置控制器。控制器由测位杆、微调机构、差动变压器、行程开关、计时器等组成(图 8-22)。测位杆下端的每一小孔，代表设计的板的基本厚度，以圆锥插入孔中定位，再以手轮进行微调，使测位杆在给定范围内作线性调整，以获得在此范围内所需的任何精确尺寸。当压机闭合时，测位杆上端圆锥部分上升，接触差动变压器，并使之产生位移。差动变压器由于位移而发出电信号，通过 PC 控制系统调节活动横梁与固定横梁之间的总高度，从而实现各层热压板之间板坯在各阶段的厚度控制。

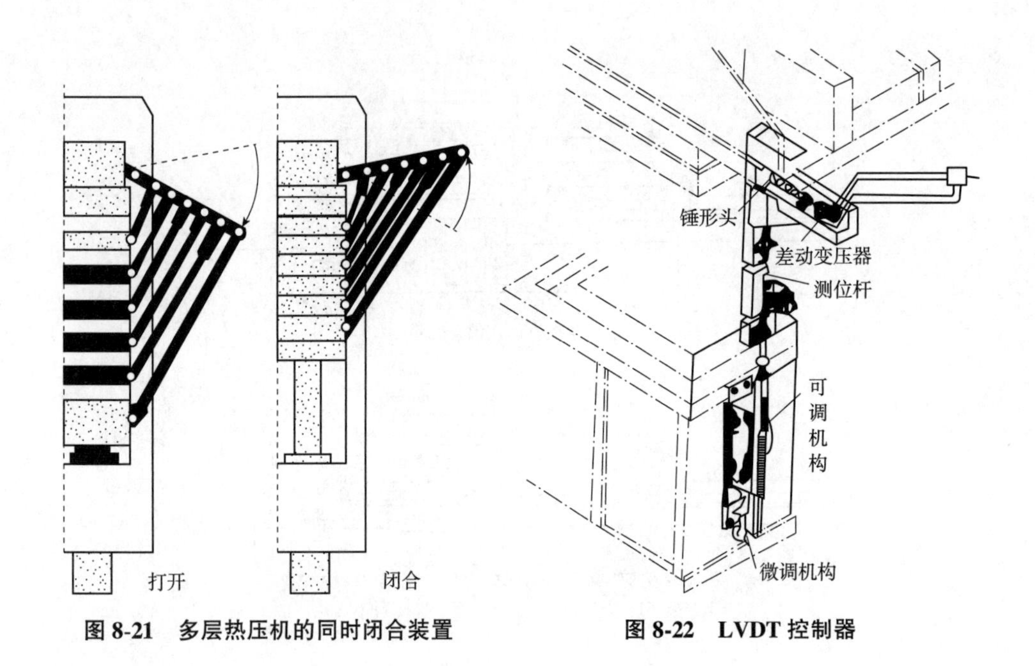


图 8-21　多层热压机的同时闭合装置

图 8-22　LVDT 控制器

## 8.3.2　单层热压机

单层热压机也是平压法热压机的一种。单层热压机的特点是结构简单，不需装卸板机构，可省去预压机，便于连续化和自动化控制。产品可制成大幅面，从而可减少毛板的齐边损失，提高了木材利用率。

单层热压机配备的工艺生产线路一般有：

### (1)一条运输钢带的单层热压机生产线

该生产线是由移动式铺装机和热压机组成。回转的运输薄钢带用于运送板坯和成板。薄钢带延伸到铺装机下边，使板坯在钢带上成型，然后经热压机送出成板。这种作业线中的铺装机为移动式铺装机。压机闭合，钢带停止运动，通过铺装机的移动在铺装机下面的薄钢带上铺装一块新板坯。也就是说，在这种生产作业线中板坯成型是不连续的。板子压制完毕，热压机开启，钢带向前运行，从热压机中运出成板，装入新板坯，进行下一块板子的压制(图 8-23)。

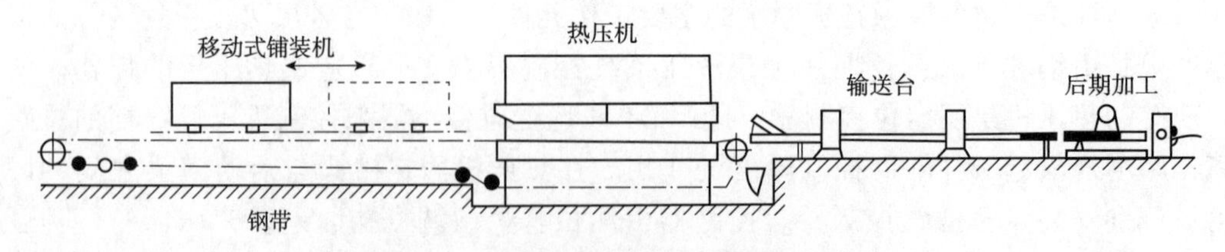


图 8-23　一条运输钢带的单层热压机生产线

### (2)三条运输钢带的单层热压机生产线

该生产线是由铺装机、预压机、横截锯、单层热压机和三条薄钢带输送装置等组成。板坯是在连续运动的薄钢带上由一个固定式铺装机连续铺装成型。然后，板坯通过金属探测器进入到连续预压机。在成型输送带后面装有横截锯，当板坯传到输送带的长度相当于热压机长度时，横截锯动作，将板坯锯断。随后，被锯割下来的板坯加速前进并传送到热压机薄钢带，由薄钢带将板坯送入单层热压机内，停放在适当位置，进行热压。在完成热压工序之后，成板被送到热压机后边的辊筒输送机上。随即另一块板坯被送进单层热压机(图 8-24)。

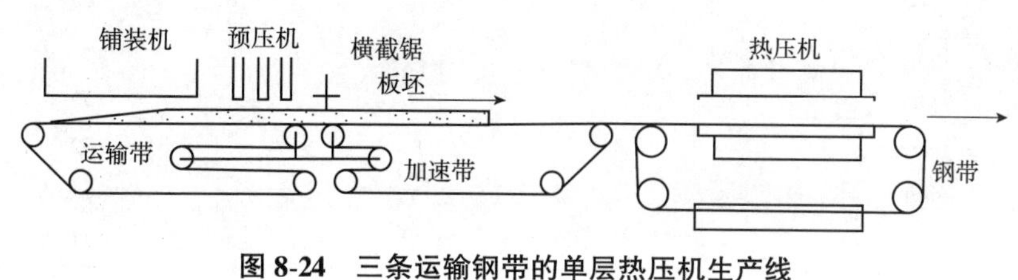


图 8-24　三条运输钢带的单层热压机生产线

(3)移动式单层热压机生产线

它由铺装机、横截锯及往复运动单层热压机和连续运动的网带组成。板坯在匀速运动的网带上连续铺装成型。连续板坯带由横截锯按照设定的规格截成板坯，送入热压机。当板坯进入热压机后，热压板闭合并对板坯进行热压，此时压机和网带以相同的速度向前移动。当热压完毕，热压机开启，并迅速朝铺装机方向返回，对下一块板坯进行热压(图 8-25)。

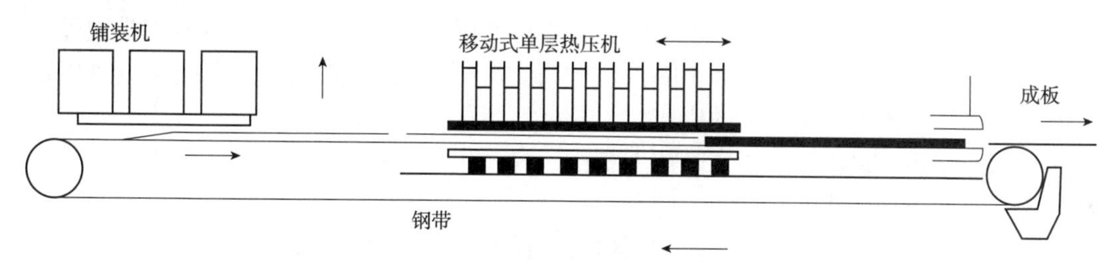


图 8-25　移动式单层热压机生产线

## 8.3.3　单层和多层热压机的比较

单层热压机生产的人造板厚度误差小，有利于进行表面装饰处理。由于单层热压机每平方米加压面积的投资指数高(表 8-3)，因此生产中一般采用高温高压(表 8-4)，以缩短热压时间，提高压机生产效率。如仅考虑这一因素，单层热压机较适用于年产量低于 5 万 $m^3$ 的生产线；单层热压机总是比多层热压机长而且一般亦比较宽，热应力和不均匀机械变形将会使压板、柱塞等产生应力和变形。随着使用时间的增加，板子的厚度公差亦将随之增大，从而产生较大的砂光损失。单层热压机的另一个问题是钢带，它是压机的一个主要部分。目前主要需要宽度在 1800mm 以上的钢带，它只能利用焊接生产，钢带需承受高的热应力和机械应力，因此往往由于焊接裂缝而造成困难，需要技术特别熟练的工人进行修焊，在使用过程中需频繁返修。由于高应力和重焊的结果，焊接钢带随着使用的年限会翘曲，特别是在接近焊缝处，尤为明显。加之热压机本身在使用中引起的误差，最后结果会大大地增加板子的砂光损失。

表 8-3 热压机层数与投资指数的关系

| 层数<br>(层) | 长度<br>(mm) | 总加压面积<br>($m^2$) | 单位压力<br>(MPa) | 热压板每平方米加压<br>面积的投资指数(%) |
|---|---|---|---|---|
| 1 | 3050 | 6 | 2.3 | 100 |
| 2 | 5450 | 20 | 2.3 | 67 |
| 2 | 7315 | 27 | 2.5 | 64 |
| 3 | 3660 | 20 | 2.5 | 61 |
| 3 | 7320 | 40 | 3.0 | 56 |
| 4 | 3660 | 27 | 2.5 | 52 |
| 4 | 4880 | 36 | 2.5 | 48 |
| 6 | 5500 | 60 | 3.0 | 41 |

表 8-4 单层热压机和多层热压机的工艺条件比较

| 工艺条件 | 单层热压机 | 多层热压机 |
|---|---|---|
| 热压温度(℃) | 180~210 | 135~180 |
| 施胶后刨花含水率(%): | | |
| 表　层 | 11~15 | 14~18 |
| 芯　层 | 9~11 | 10~14 |
| 固化时间(min/mm) | 0.13~0.2 | 0.25~0.4 |

注：产品为普通刨花板。

为了避免钢带的缺点，目前更多的是采用挠性循环网式钢带运输。这种网带的尺寸稳定性较好，最大厚度误差为0.10mm。损坏后易于修复，在热压过程中能适应热压机的高温、高压，不致产生过高的内应力。

单层热压机与多层热压机在结构上相比，有一些不同之处：

①油缸的布置方式

多层热压机油缸一般位于压机的下部。下横梁是活动的，油缸加压工作时，是由下往上运动。而单层热压机一般是采用上压式，油缸吊在框架的上部，柱塞头与上横梁是活动的，油缸加压工作时由上而下进行。

②上、下横梁结构

多层热压机一般制造成上横梁为固定，下横梁为活动式；而单层热压机上横梁是活动式的，下横梁为固定的。

③同时闭合装置

多层热压机一般需配备同时闭合装置，而单层热压机因只有上、下两块热压板，故不需配备同时闭合装置。

④提升油缸

多层热压机热压板闭合靠压力油缸的作用完成；开启则借助于各热压板及下横梁的自重实现。单层热压机热压板闭合靠压力油缸及上横梁重量的联合作用实现；开启则需靠几只提升油缸的作用。所以，对单层热压机要配备专门的提升装置。

## 8.4 连续式热压工艺

板坯在连续运动的状态下受热、受压而成板的热压方式称为连续式热压。连续式热压机主要有三类：辊压式、钢带平压式和挤压式。辊压式主要生产薄型人造板，板的厚度在 1.0~8.0mm；钢带平压式可以生产厚度范围较大的板子；挤压式主要生产厚度较大的空心刨花板。

### 8.4.1 辊压式连续热压机

辊压式连续热压机如图 8-26 所示，这是一种连续生产薄型刨花板、纤维板的设备。产品厚度一般为 1.0~8.0mm。刨花板的密度一般为 0.55~0.75g/cm³，纤维板密度为 0.8~0.95g/cm³。

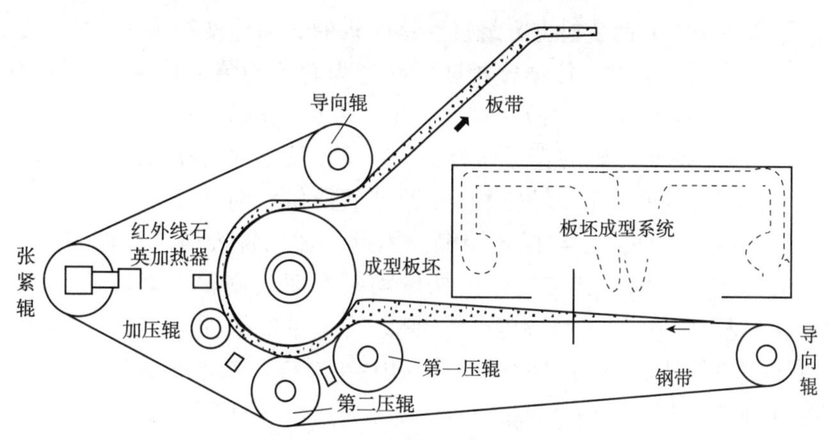


图 8-26 辊压式连续热压机结构

辊压式连续热压机工艺的特点是板坯成型、预热、热压、冷却等工序运行速度完全同步，因而单位长度的板坯生产工艺时间都一样。这类热压机的优点是：工艺和设备简单、配套好、投资小；制品长度不限，适合生产薄板；厚度偏差小(可达 0.15mm)，制品砂光量少；制板的同时可进行贴纸、贴薄膜等二次加工；物料消耗小，经济效益好。

辊压式生产的备料工序和平压式相同，但要求物料形态更细小，目的使产品密度高、强度大。产品通常不需要砂光。原料经过制备、湿料贮存、干燥、分选、精选、贮存、拌胶等工序，然后进入辊压式连续热压机的铺装系统。湿料干燥后含水率为 3%~4%，施胶后进入铺装系统时为 9%~10%，树脂及其他附加材料约占全部材料量的 5%~12%。

铺装后的板坯，由钢带将其运至辊压系统。传送钢带和直径较大的热压辊对板坯加压，传送钢带从张紧轴下面绕过，张紧力约 0.2MPa。钢带运转到辊压系统，由红外线加热器在其底部加热。加热器的辐射温度高达 600℃，能使钢带温度迅速升至 120℃，并保持前后两个压辊之间温度相等。

板坯在第一压辊和主压辊之间完成初压。压辊用油作介质加热到 180℃，热油在压辊内侧焊着的管道内循环。主热压辊的加热方式与压辊相同。热压辊表面的温度约 150℃，压辊对板坯的线压力为 2700N/cm。受压板坯的两面不得有温度差异。如果板坯两面的温度不等，会造成薄板向一面翘曲。

虽然主热压辊与压辊之间温度有 30℃的差别。这一温度差可由两压辊之间的钢带吸收。在压辊和翻转辊之间，设有红外线石英加热器向钢带补充加热，保持钢带的温度不变。这不仅可保证板坯所需的固化温度，而且可以防止钢带膨胀或收缩变形。导向辊的底部通过焊着管加热，其温度与主压辊传到板坯表面的温度相同。主压辊与导向辊对板坯的线压力为3500N/cm。这也是板坯受到的最大压力。实际上，导向辊所加的压力并没有这么大，其中还有张紧辊的作用，钢带的张力增加导向辊的线压强度。加到钢带上压力的大小取决于钢带的张紧度。同时，生产的板厚不同，张紧度也不同。主压辊与第一压辊之间的间隙要调整到比成品厚度小0.5mm。钢带运转到加压辊时，红外线加热器仍然保持钢带的温度不变，加压辊是两个不加热辊，其直径为800mm，用于完成对板加压，防止回弹，并对板的厚度作最后调整。

板坯连续通过主热压辊时，树脂开始固化。板坯通过加压辊后，板已基本固化完毕。这时，钢带的张力仍对板施加压力，而红外线加热就不必要了。经热压的板带通过导向辊送出热压系统，从铺装机上方绕过。这时板的表面温度约为110℃。传送钢带长42m，由40马力电动机通过与传动辊相联的减速齿轮传动装置传动。钢带的张紧度是通过控制台来调节转向张紧辊的液压缸改变的。要改变产品厚度时才调节张紧度，压辊、导向辊、张紧辊和传动辊的直径均为1.4m。液压缸可控制压辊和导向辊对钢带施加压力。同样，只在生产不同厚度板时才调节液压缸。对于主热压辊，要特别注意保护辊的表面，因为辊面直接与板坯接触。因此，加压辊表面上即使有极小的凹陷，也会影响板表面质量。因此，在钢带的两侧均装有清扫刷辊。钢带从加压辊间出来时，传送带接触板坯的一面在张紧辊处清刷。传送带的下面在越过冷却辊之前用清扫刷辊扫清。钢带绕压辊转动时的温度为140~150℃。在通过铺装系统铺装新板坯前，钢带温度必须冷却至65~70℃。钢带通过加压辊转向铺装系统时，温度大约下降至110℃。在到达导向辊之前，钢带温度继续慢慢下降。导向辊中通入50℃左右的冷却水，钢带通过该辊后，温度继续下降，可降低25~30℃。在铺装过程中，钢带继续冷却，直至进入压辊为止。传送钢带的冷却很重要，可防止板坯进入压辊时胶料提前固化。钢带在通过第一组红外线加热器时温度才提高，为热压作准备。钢带厚1.5mm，表面硬度(HB)为280，强度为1400MPa。主压辊用锅炉钢板制成，断裂强度420MPa，板厚60mm，硬度(HB)180度。主压辊表面经渗碳处理，厚度2mm，硬度提高到200~220。用一段时间后，如表面因磨损而不平，可磨去0.5mm，继续使用。整个加压系统中有三个辊要加热，即主压辊、第一加压辊和第二加压辊。可以用热油或蒸汽作加热介质。

## 8.4.2 钢带平板式连续压机

钢带平板式连续压机通常采用双钢带，故又称双钢带平板式连续压机。按输送板坯的钢带与热平板间的摩擦形式，有以下两种类型(图8-27)。

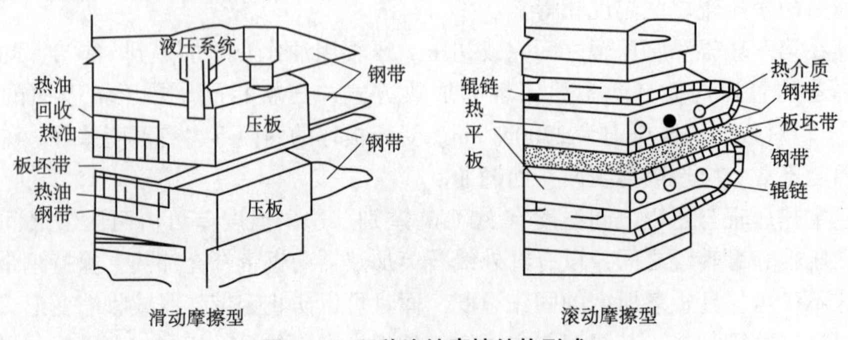


图8-27 两种连续摩擦结构形式

(1)滑动摩擦型

将导热油送入热平板和钢带之间形成油层，从而使钢带在热平板上的运动为有润滑的滑动摩擦。这类连续压机的代表有德国 Bison 公司的 Hydro-Dyn Press(图 8-28)。

(2)滚动摩擦型

在热平板和钢带之间，装一条有很多圆柱型小辊组成的辊排链，从而使钢带在热平板上的运动为滚动摩擦，具体机型如图 8-29 所示。

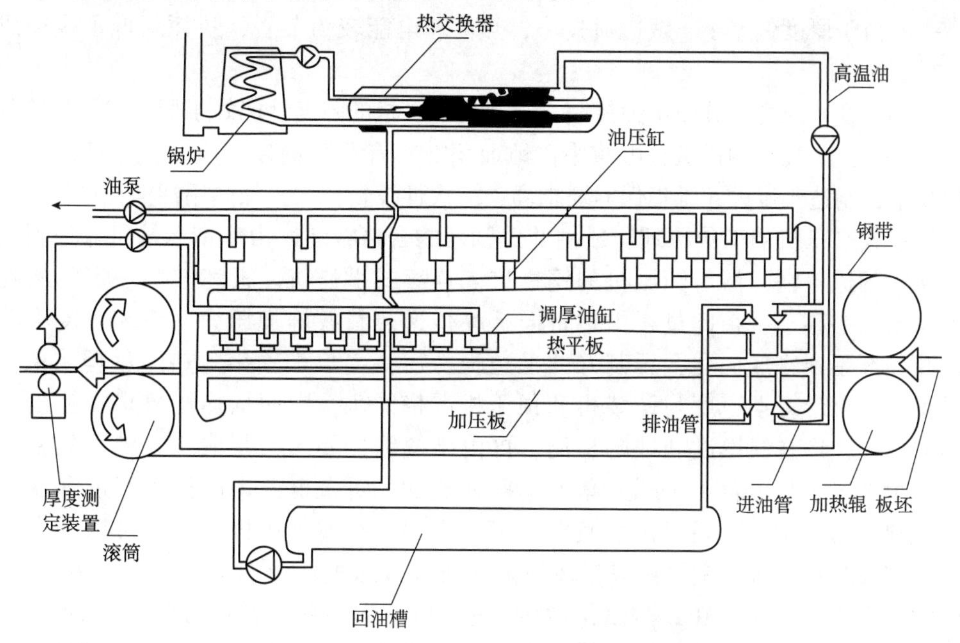


图 8-28　Hydro-Dyn Press 滑动摩擦连续压机结构

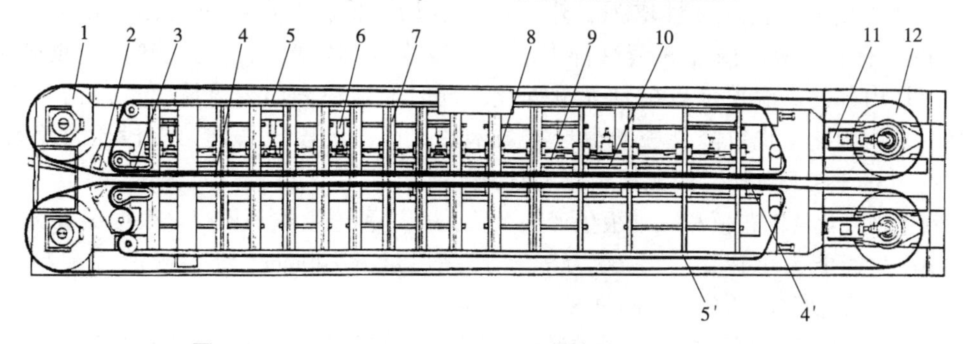


图 8-29　Siempelkamp-ContiRoll 滚动摩擦连续平压机结构

1. 前钢带轮鼓　2. 浮动块　3. 引入链　4、4′. 上、下钢带　5、5′. 上、下辊子链　6. 提升油缸　7. 机架　8. 加压油缸　9. 上顶板　10. 上热压板　11. 张紧油缸　12. 后钢带轮鼓

目前，国际上生产这种类型的连续压机的公司主要有 Siempelkamp 公司(ContiRoll Press，德国)、Dieffenbacher 公司(CPS，德国)等。国内双钢带连续式平压机生产企业有上海人造板机器厂和敦化市亚联机械制造有限公司，目前最大单线产能可达 450 000m$^3$/a。

连续平压法与周期多层加压法相比，有下列诸多优点：

——板面平整，厚度均匀(厚度偏差一般仅在0.15mm)，因此，制品砂光量少。

——生产率高，受板厚度变化影响小，设备无辅助作业时间和空行程。

——省去板的横向裁边，因此裁边损失小，比周期式压机减少裁边量16%~20%。

——热压板无开闭动作，钢带始终与板坯接触，因此，热能利用率高，可节省10%~15%。

——由于压板无频繁启动，所以电能的消耗较低。周期式压机电的消耗为30~40kW·h/m$^3$，而连续式平压仅为10kW·h/m$^3$左右。

——由于厚度偏差小、裁边损失小，热能、电能较为节省，从而降低了生产成本(省20%左右)。

——温度、压力可分段单独控制，工艺灵活。板的强度性能好于周期式压机制品。

——省去了装、卸扳机，可减小占地面积25%和厂房高度50%。但连续式平压机结构复杂，制造难度大，维护保养要求高，一次性投资较大，加热用油消耗也较大。

连续式平压机的工作原理：成型并经预压的合格板坯，由皮带运输机输送到连续式平压机的进口端，然后随压机的钢带进入连续式平压机。板坯按照一定的速度随钢带向出口端移动，在此过程中钢带向板坯传递热量并施加压力，板坯温度不断上升，胶黏剂逐渐完成固化，压制好的毛边板从压机出口端输出，热压过程结束。热压过程中，钢带运动速度与铺装机和预压机严格同步，因而从热压机末端输出的是连续的板带，经在线厚度和缺陷检测，再由横截锯按要求锯割成一定幅面规格的板子。连续平压机是由若干个框架单元串联而成的，每个框架中的压板温度和压力都可以单独控制和调整。因此按照其对板坯的作用，在整个压机长度上可以分为3~4段：第一段为预压段，主要是对板坯逐渐加压，排除板坯中的空气，提供板坯密度，该段的最高压力达2.4MPa。第二段为加热排气段，主要是对板坯进行高温传热，迅速提高板坯温度，特别是板坯芯层的温度，此段的热压温度可达200~225℃。随着板坯温度的提高，板坯塑性增强，热压压力逐渐降低，此段结束时压力仅为0.1~0.2MPa，有利于板坯内部的蒸汽排出。第三段为冷却定厚段，此段热压温度较低，利用板坯内部的高温保证胶黏剂充分固化，同时使板坯表面温度降低，以防止表面胶黏剂过度固化，也可降低板子分层或鼓泡的风险。此段压力比第二段压力略有升高，约为0.5~0.8MPa，保证板子厚度达到工艺要求。

目前现代化的刨花板和纤维板生产线大都采用这种连续式平压机，根据压机长度不同，单机生产能力可达20万~60万m$^3$，产品厚度6~40mm，纤维板厚度最小可至1.0mm。压机宽度有4ft(1.22m)和8ft(2.44m)。

连续压机前端可以配置板坯预热装置，可采用高频或蒸汽对板坯进行预热，预热后板坯温度70~80℃，可大幅度缩短热压时间，压机生产效率可提升20%~30%。

### 8.4.3 连续式挤压机

连续式挤压机生产刨花板也是一种连续式生产方式。与平压法生产的平压板相比较，挤压法的加压方式是不同的，在生产过程中，两块平行的热压板是静止不动的，板坯的压力来自冲头对刨花的不断挤压。该方法不需要专门的刨花板坯铺装设备，刨花在冲头往复运动中靠重力落入热压板之间，在冲头的冲击作用下在热压板中不断前进，因此，刨花的长度方向基本垂直于热压板，即板面。

挤压机有立式与卧式之分，立式挤压机能生产出空心碎料板(图 8-30)。在挤压法生产中，制备碎料最常用的方法是将木材加工的下脚料用鼓式削片机削成大木片，再用锤式再碎机或双鼓轮再碎机将大木片再碎成细小的刨花，一般呈杆状。如果原料中宽平刨花增多，则物料流动性减小，刨花板的强度会下降，排锯的锯屑经筛选后可作为挤压法碎料板的原料，只是产品的横向弯曲强度较低。废料刨花是挤压法生产的一种好原料。这种刨花制成挤压法刨花板的物理力学性能，并不低于特制刨花制成的挤压法刨花板。利用废料刨花可以简化原料制备程序，而且废料刨花最初含水率较低，有利于节约干燥能源。然而这种挤压法生产的刨花板要比平压法生产的刨花板的纵向静曲强度低。因此，挤压板常常需要用单板贴面以提高其静曲强度。另外，挤压机生产效率不高，所以挤压法的应用受到一定限制。挤压刨花板可以用作家具制造、内部装饰、台面、壁板、无线电和电视机壳体、喇叭箱、广告牌、门芯等。空心刨花板特别适用于制造房屋预制件。

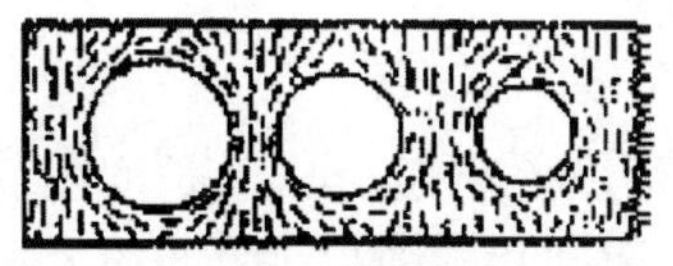

(a) 用规格刨花或锯屑制成的空心板，板子厚度为25~50mm

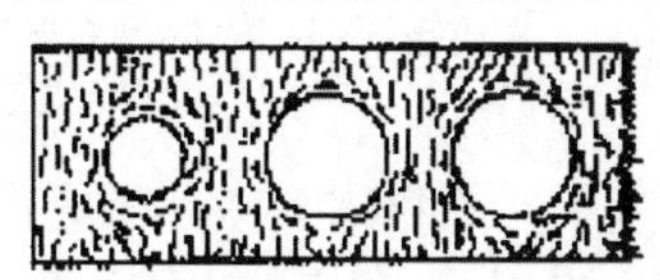

(b) 具有不同孔径的空心板，用于不同荷载处，如房屋建筑

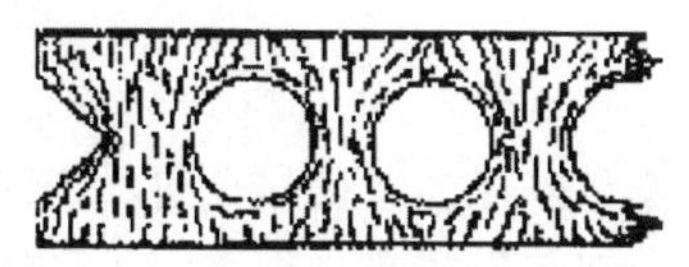

(c) 侧端在三角形靠模上加压形成的板子

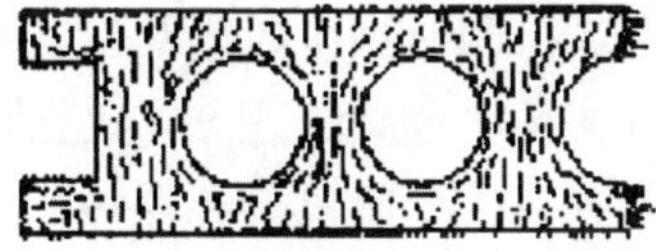

(d) 侧端在矩形靠模上加压形成的板子

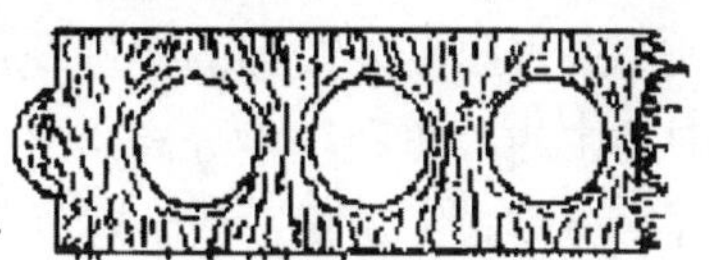

(e) 侧端在半圆形靠模上加压形成的板子

**图 8-30 各种类型的空心碎料板横剖**

挤压法生产在确定施胶量时，必须注意到未饰面挤压刨花板不能作为结构材料使用。施胶量加大，未饰面挤压刨花板的静曲强度也增大。例如，密度 0.6g/cm$^3$，施胶量 6%，强度是 1.0MPa；施胶量 8%，强度 1.2MPa；施胶量 10%，强度 1.4MPa。用 0.8mm 刨切薄木贴面，饰面刨花板完全消除了这种差别。其强度决定于饰面层的强度和胶贴质量。

(1) 立式挤压机

立式挤压机(图 8-31)的主要组成部分有热板、传动机构、带动冲头、铺装槽(刨花流)和出口等装置。拌过胶的定量刨花流入热板内，传动机构带动冲头上下往复挤压刨花。齿轮一般由曲柄连杆装置带动，主要部分是装着两个飞轮的曲轴，在曲轴的两端装有偏心轴。曲轴由两根连杆带动。冲头可以更换。冲头和加热槽壁的位置可通过楔形导向装置调整。楔形导向装置的反向移动(由调节螺丝调节)，使冲头作平面移动。冲头厚度较相应的垫条小 2mm。

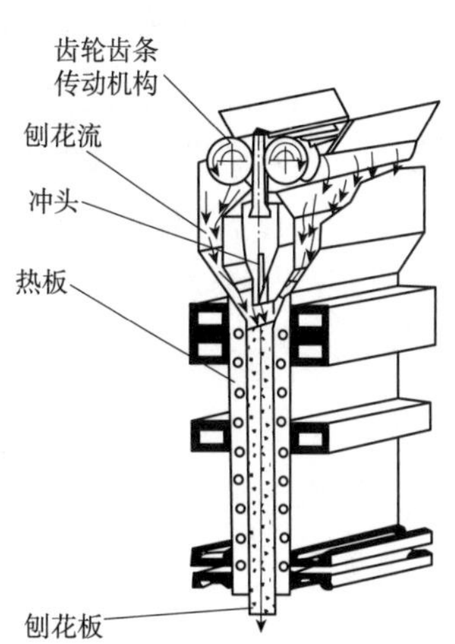


**图 8-31 立式挤压机结构**

生产不同厚度刨花板时，用不同厚度的垫板控制热压板的间距。热压板厚 45mm，温度(180℃±5℃)，它的传热

介质沿水平和垂直管道循环。为了减少热压板的磨损，在其表面覆上厚4mm的镀铬板。生产空心刨花板时，在铺装槽内插入装管子的装置，管子的直径和数量由产品结构决定。图8-32为立式挤压刨花板生产工艺流程。

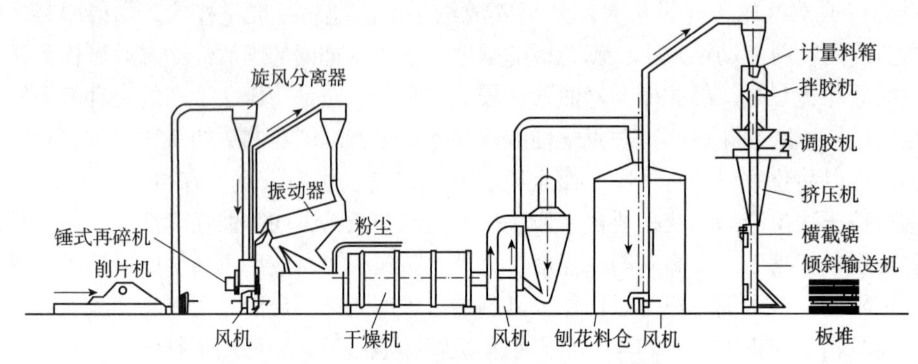


图8-32 立式挤压刨花板生产工艺流程

该工艺过程是全自动控制的，每班仅需3人。挤压机可以生产宽1.4m、长度连续的刨花板或空心板。板子最厚可达41mm。原料由输送机送入削片机削片，生产的大木片由气流输送到车间屋顶上的旋风分离器，从旋风分离器排去空气，接着筛选木片。木片利用重力送入锤式再碎机。较细的湿刨花由风机吹送到旋风分离器，再输送到另一分选筛，将合格刨花中的碎屑和粉尘分离出来并去除。整个工艺过程包括如下主要组件：干燥机进料装置→辊筒式干燥机→气流输送装置→贮存旋风分离器→贮料仓→进给旋风分离器→气流进给装置→计量装置→拌胶装置→进料漏斗→挤压机。拌胶刨花利用挤压机的冲头挤压成型。厚度为30mm的板，挤压速度为610mm/min。已固化的连续板带垂直向下离开挤压机，直接利用位于挤压机下面的自动横截锯截成所需的规格长度。倾斜输送机带动板子旋转90°摆到水平位置，放下板子并平堆在堆板台上。倾斜输送机复位(恢复到原始垂直位置)，准备接受下一张板子。

(2)卧式挤压机

图8-33为卧式挤压机。该机的冲头作水平运动，其特点是热压段和出料段成水平状态。图8-34为卧式挤压机生产刨花板的工艺流程。由图8-34可知，该系统利用工厂废料，通过废料输送带送到锤式再碎机中，再碎后由气流输送到顶部的收集器中，在此落入三层筛中进行分选，筛出长度大于6.4mm以上的不合格刨花，由气流输送回再碎

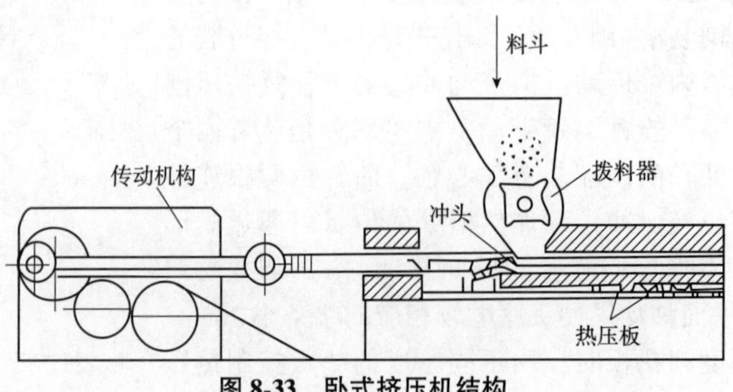


图8-33 卧式挤压机结构

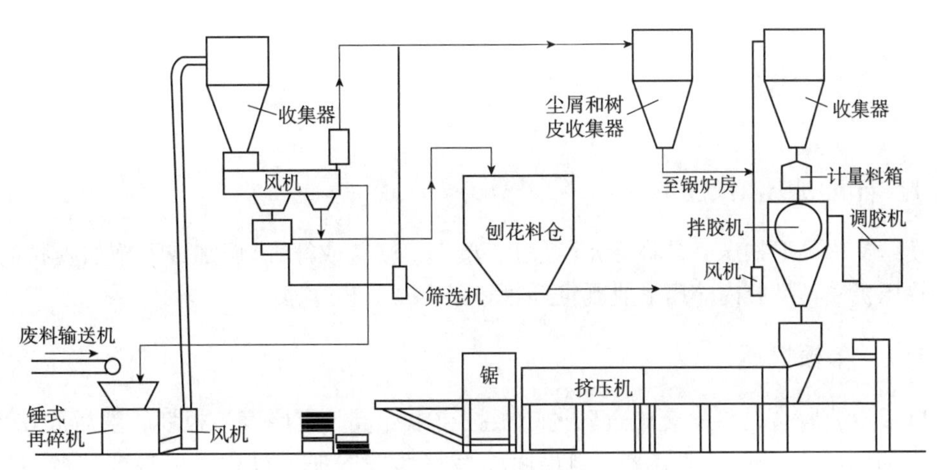


图 8-34　卧式挤压机生产刨花板的工艺流程

机再碎，适用的刨花(通常为 1.6~6.4mm)送到刨花料仓待用。小于 1.6mm 的碎料落入细料分选筛，从细料中分离出尘屑；控制一定的细料量送到同一刨花料仓中，作为正常的碎料用。如果细料出现过剩，则一部分可以送到锅护房。刨花料仓中合格的碎料利用螺旋输送机送至气流输送装置，由此输送到收集器。碎料从收集器进入质量计量料箱中自动计量，然后落入环式拌胶机中。液态胶合剂自动地喷进碎料中，拌胶周期结束，拌好的碎料落入位于挤压机进料端往复冲头上面的料斗中。在冲头每次返回行程时，拌胶刨花借助拨料器重力进给落入冲程室内；冲头向前行程时，将碎料在挤压加热压板间推向前。当重复作用时，逐渐增加形成连续板带，并推向挤压机的出板端，由自动横截锯截成预定长度的板子。锯截后的板子，落在滚筒输送机上。下一块板落在上一块板的上面，形成板堆。最后由操作者将板堆移到输送机上，送往仓库。挤压机产量变化幅度较大，主要取决于往复冲头每分钟的冲程数。冲程的长度可以调节。当制造不同厚度的板子时，这些特性都是需要的。除制造各种不同厚度的板子之外，利用适当装置可以生产各种不同宽度的板子。上下热压板做成三段。第一段(即第一热压板)初期固化；第二段(第二热压板)为放汽段，即中期固化；第三段(第三热压板)为定型段，即后期固化。

卧式挤压机生产 16mm、19mm、20mm 刨花板的工艺条件如下：

| | | |
|---|---|---|
| 热压板温度： | 第一热压板 | 165~175℃ |
| | 第二热压板 | ≥160℃ |
| | 第三热压板 | ≥160℃ |
| 冲程 | | 152mm |
| 冲次 | | 70~120 次/min(无级变速) |
| 拨料器转数 | | 100n/min |

工艺条件还应根据刨花原料的树种、含水率、固化剂和乳化剂喷入量、喷胶后放置时间等条件的变化随时调整，可按刨花板挤出速度来控制，即控制冲头每冲一次挤出刨花板长度应在 10~15mm。此外也可由挤压机电流变化来控制，一般电流应为 18~22A，如增加到 30A 时，应立即停车检查。

# 8.5 特殊热压工艺

## 8.5.1 异形加压(模压)

模压又称异形加压，是将单元(板材、单板、刨花或纤维)施加或不施加胶黏剂后，放在热压机模具型腔内热压形成既定形状和强度的工艺过程。

### 8.5.1.1 单板模压

单板弯曲胶合是将一叠施过胶的单板按要求配成一定厚度的板坯，然后放在特定模具中加压弯曲、胶合和定型，制得曲面型零部件的加工过程。单板弯曲胶合零部件生产过程主要包括：单板制备、施胶配坯、模压胶合、切削加工、涂饰和装配等工序。

(1)单板制备

单板分旋切、刨切两种。单板的厚度根据零部件的形状、尺寸，即弯曲半径和方向来确定。通常家具零部件刨切薄木的厚度为0.3~1.0mm，旋切单板厚度为1~3mm；制造建筑构件时，单板厚度可达5mm。一定厚度的单板可弯曲的最小内圆半径可按下列经验公式计算：含水率为5%时，$\gamma>15t^2$；含水率为10%~15%时，$\gamma>10t^2$($\gamma$为弯曲半径，$t$为单板厚度)。一般控制单板干燥后含水率在6%~12%，最大不能超过14%。

(2)施胶配坯

单板弯曲胶合采用的胶黏剂主要为脲醛树脂胶、三聚氰胺改性脲醛树脂胶、酚醛树酯胶，胶种的选择取决于加工构件的使用要求和工艺条件。一般脲醛树脂胶施胶量单面为120~200g/m$^2$。单板的层数可根据单板厚度、弯曲胶合零件厚度以及弯曲胶合板坯的压缩率来定。通常板坯的压缩率在8%~30%。各层单板的配置方向与弯曲胶合部件使用时受力方向有关，有三种配置方式：平行配置是各层单板的纤维方向一致，适用于顺纤维方向受力的零部件；交叉配置是相邻层单板纤维方向相互垂直，适用于垂直板面承受压力的部件；混合配置是一个部件中既有平行配置又有交叉配置，适用于复杂形状的部件。陈化有利于板坯内含水率的均匀，防止表层透胶，通常采用闭合陈化，陈化时间为5~15min。

(3)模压胶合

这是制造曲面部件的关键工序。板坯放置在模具中，在外力作用下产生弯曲变形，并使胶黏剂在单板变形状态下固化，制成曲面零部件。弯曲胶合时需要模具和压机，以对板坯加压变形，同时还需加热以加速胶黏剂固化，胶压工艺参数见表8-5。加热温度与胶种有关，脲醛树脂胶在110℃左右，酚醛树脂胶为135℃左右。为使模压后曲面胶合件内部温度与应力进一步均匀，减小变形，从模具上卸下曲面件必须陈放4~10d后才能投入到下道工序。

表 8-5 曲面成型胶压工艺参数

| 胶压方式 | 单板树种 | 胶 种 | 压 力(MPa) | 温 度(℃) | 保压时间(min) | 加热时间 |
|---|---|---|---|---|---|---|
| 冷 压 | 桦 木 | 冷压脲醛树脂胶 | 0.08~0.2 | 20~30 | 0 | 20~24h |
| 蒸汽加热 | 柳 桉<br>水曲柳 | 脲醛树脂胶 | 0.08~0.15 | 100~120 | 10~15 | 0.75~1min/mm |
| | | 酚醛树脂胶 | 0.08~0.20 | 130~150 | | 1.0~1.5min/mm |
| 高频介质加热 | 马尾松<br>意大利杨 | 脲醛树脂胶 | 0.10 | 100~115<br>110~125 | 15 | 7min<br>8min |
| 电加热 | 柳 桉<br>桦 木 | 脲醛树脂胶 | 0.08~0.20 | 100~120 | 12 | 1min/mm |

(4)切削加工

对弯曲胶合后的成型坯料进行锯解、截头、裁边、砂磨、抛光、钻孔等，加工成尺寸、精度及表面光洁度符合要求的零部件。

### 8.5.1.2 刨花模压

刨花模压制品已广泛应用于建筑、家具、包装和工业配件等方面，图 8-35 为几种建筑制品的截面形状。

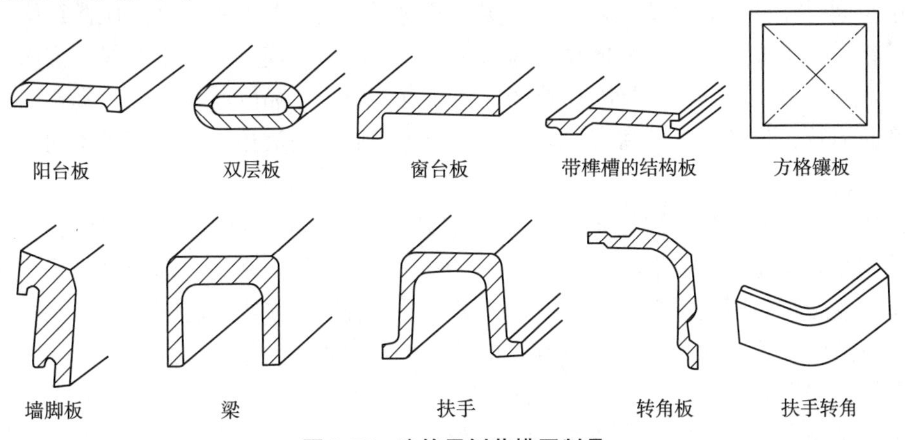


图 8-35 建筑用刨花模压制品

刨花模压的主要工艺流程为：原料→刨花→湿刨花贮存→再碎→干燥→风选→筛选→干刨花贮存→刨花计量→拌胶→铺模→预压→热压→定型→修边→成品包装→入库。

模压工艺对制品性能的影响因素有：

刨花模压的原料以中等密度(0.3~0.5g/cm$^3$)、树脂含量低、浅色的木材为佳。刨花形态因不同制品要求不同，如建筑和家具类制品要求刨花长度为 5~25mm，托盘为 30~150mm，其他一般采用普通刨片及棒状刨花；规格为 6~40 目/in、厚 0.3~0.5mm 为佳，木屑含量小于 4%。形状复杂或壁薄的制品应采用细刨花(60~100 目/in)。刨花含水率要求一般控制在 2%~4%，要求干燥均匀，否则会引起制品的鼓泡、分层、翘曲等。施加脲醛树脂胶后的刨花含水率为 6%~12%，施加酚醛胶后的刨花含水率为

4%~6%。

胶种的选择，取决于模压制品使用场所，一般室内制品采用脲醛树脂，潮湿环境添加三聚氰胺，室外多用酚醛树脂。表8-6为某些模压制品所用树脂性能。施胶量可在4%~20%，通常在10%~15%。对于复杂形体，以及为加强边缘密实、表面硬度光滑，也采用较大施胶量。为使制品具有防水、防腐、防火性能，可加入石蜡、防腐剂、防火剂等。

**表8-6　某些模压制品用树脂性能**

| 名　称 | 黏　度（MPa·s） | 固体含量（%） | 密　度 | pH值 | 游离醛（%） | 储存期（月，20℃） | 活性期（min，20℃） |
|---|---|---|---|---|---|---|---|
| UF | 750~1000 | 65±1 | 1.29 | — | <2.5 | 6~9 | 40 |
| MF | 55 | 54±1 | 1.23~1.24 | 9.7±0.1 | <1.0 | 1~1.5 | — |
| PF | 689~1376 | 45~50 | — | — | — | 1 | — |

铺模是保证刨花模压制品质量的重要环节，要求刨花不应有结团现象，力求均匀；毛坯密度及分布应根据制品要求调整。铺模可采用机械铺装、气流铺装和振动铺装等方法。机械铺装与普通刨花板相似，适用于截面形状变化不大的长条形制品；气流铺装适于形状复杂的部件，尤其是具有垂直壁薄部件；振动铺装适应性强，简单、复杂截面都能采用，同时在铺装时可使毛坯初步密实，简化了一些复杂形状制品的压模结构。模压制品是在模具中成型的，一般模具分为预压模和热压模。模具应便于原料、饰面材料的铺装、压制，热压时能顺利排除加热产生的蒸汽，便于产品的脱模；同时模具形状必须保证产品形状，保证各部分密度均匀，以免产生变形。一般预压模采用优质钢，热压模采用高强抗酸的不锈钢。

预压目的是使铺装后的毛坯具有一定的强度、易脱模、易运输、易热压装模等。一次饰面制品大多先预压成毛坯后再热压。有些较复杂形状的制品，则分解成几个部件分别预压，然后在热压模中组坯构成一体。对于局部需要加强或有高密度要求的制品，利用预压可简化工艺。预压压力一般为3.0~5.0MPa，随制品密度、施胶量、树种和刨花形态而异。预压时也可进行预热，这样可以缩短热压周期，但不能引起胶的固化。

热压是制品成型和保证产品性能的重要环节。热压工艺随产品而异，不饰面制品为一段操作，一次饰面制品则需两段操作，即闭合、保压、卸压、排气、铺纸，再次闭合、保压、卸压。一般热压压力为3.0~6.0MPa，温度为160~190℃，热压时间与制品厚度、胶种、固化剂种类、含水率等因素有关，一般为12~16s。正确掌握闭模时间很重要。

### 8.5.1.3　纤维模压

纤维模压制品有湿法和干法两种生产工艺。湿法是在木质纤维浆料中加入一些树脂，通过湿法成型，热压模中加压成型。与干法相比，湿法可加工制造出曲率半径很小的成品。但湿法工艺能耗大，模具昂贵，工时长，效率低。干法生产是由80%以上的木纤维与热固性、热塑性树脂混合后在加热模中压制，周期约30s。通过不同的模具，可设计制造出屋面衬垫、门板、仪表板、隔热隔音制品等，这类产品具有强度稳定、质量轻、尺寸稳定性好等优良特性。

### 8.5.1.4 模具和压机

模具和压机是模压的关键设备。异形热压胶合零部件的形状、尺寸多种多样，制造时必须根据产品要求采用相应的模具、加压装置和加热方式。模具分类见表 8-7。

表 8-7 模具类型

| 种 类 | 示意图 | 模具组成 | 用 途 |
|---|---|---|---|
| 单向加压一副硬模 | | 一个阴模和一个阳模 | L 形、Z 形、V 形零部件 |
| 多向加压一副硬模 | | 一个阳模和分段组合阴模 | V 形、S 形、H 形零部件 |
| 多向加压封闭式硬模 | | 一个封闭阴模和分段组合阳模 | 圆形、椭圆形、方圆形零部件 |
| 多向加压封闭式硬模 | | 一个阳模和分段组合封闭阴模 | 圆形、椭圆形、方圆形零部件 |
| 卷绕成型硬模 | | 一个阳模和加压辊 | 圆形、椭圆形、方圆形零部件 |
| 橡胶袋软模 | | 一个阳模和作阴模的橡胶袋 | 尺寸较大且形状复杂的弯曲零部件 |
| 弹性囊软模 | | 一副硬模和弹性囊 | 形状复杂的零部件 |

模具设计的准则，一般是采用模具的阳模与阴模相配合，采用相等圆弧段(等曲率)或同心圆弧段(不等曲率)两种机理形成。

按相等圆弧段原则设计制得模具任意一段分析，如图 8-36所示。在加压弯曲胶合制品时，凸模与凹模之间的距离即为制品的厚度。制品两侧任一点厚度 $H \leq$ 制品中线处厚度 $H_0$。这就是说，在加压弯曲过程中，板坯各处的压缩率是不相等的，越靠近圆弧边缘，压缩率越大。制品内会随密度的不同而产生分布不均的应力，在卸压时如控制不当，将使制品产生严重缺陷。因此，用相等圆弧准则设计时，应根据制品的厚度并考虑 $H \sim H_0$ 等因素后合理确定各圆弧段的长度。

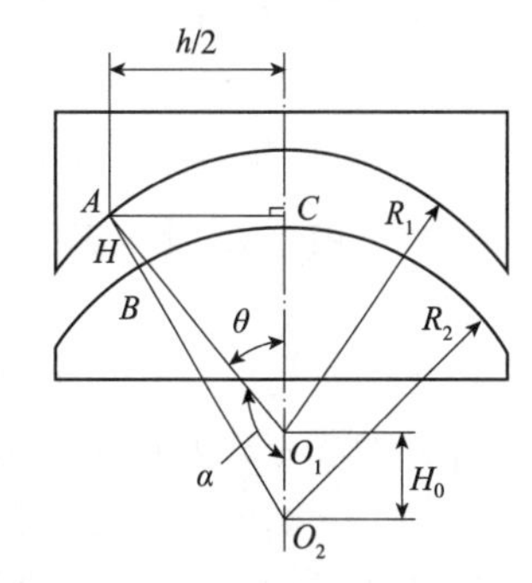


图 8-36 相等圆弧段设计分析

依据同心圆弧段原则设计模具任意抽取一段作分析如图 8-37(a)所示。两个同心圆弧的距离即为制品的厚度。当制品厚度正好等于两个同心圆的间距(两个同心圆同心)时，制品各处的厚度相同，压缩率相等。然而，在实际生产中，很难使两个圆保持绝对同心，因为它受到板坯厚度、压力、温度、树种等多个因素的影响。当 $H=H_0$ 时，如图 8-37(a)所示，凸模、凹模两个圆弧同心，制品各处厚度均匀，压缩率相同；当 $H<H_0$ 时，如图 8-37(b)所示，制品中线处($\alpha=0$)厚度最小，$\alpha=90°$ 处厚度最大；当 $H>H_0$ 时，如图 8-37(c)所示，同相等圆弧段，当 $\alpha=180°$ 时制品厚度最大处。

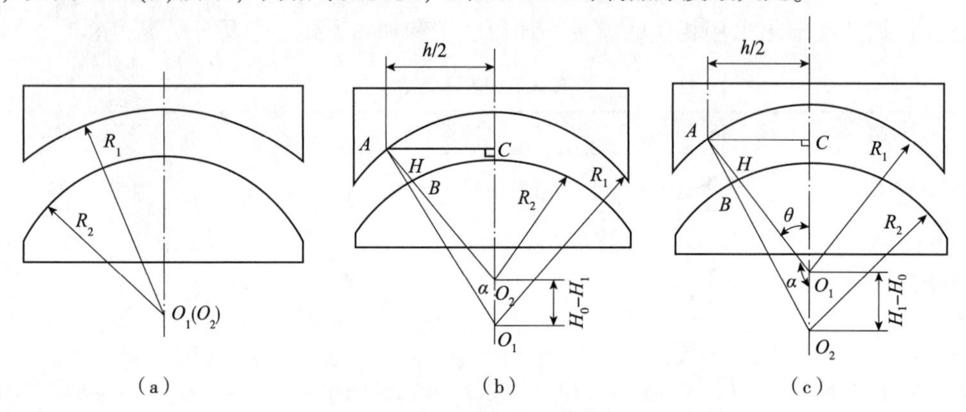


图 8-37 同心圆弧段设计分析

通过以上分析看出，只有采用同心圆弧段，在制品的厚度等于所用模具间的设计距离时，所得制品厚度才均匀，各处密度、压缩率才相等，应力分布匀称，制品稳定性好，并可降低压模压力，减少不必要的木材压缩损失，从而保证制品质量。弯曲胶合形状复杂的部件时，可采用分段加压弯曲压模，同心圆弧段为模具曲面设计的基本准则。

硬模一般用铝合金、钢、木材及木质复合材料制造，软模用耐热耐油的橡胶制成。加压装置，即压机分单向压机和多向压机两种。单向压机分单层压机和多层压机。单层压机为一般胶合用的立式冷压机，配一副硬模使用。多层压机的上下压板为一副阴阳模，中间的压板可以是兼作阴模和阳模成型压板，也可以平板两面分别装上阴模和阳模，如图 8-38 所示。多向压机的加压方向可以从上下和左右两侧加压或从更多方向加压。它配用分段组合模具，可制造形状复杂的曲面胶合件。在弯曲工件的全部表面上，施加均匀压力的最好方法是液压法。也可采用柔软的橡胶片或橡胶袋(图 8-39)。

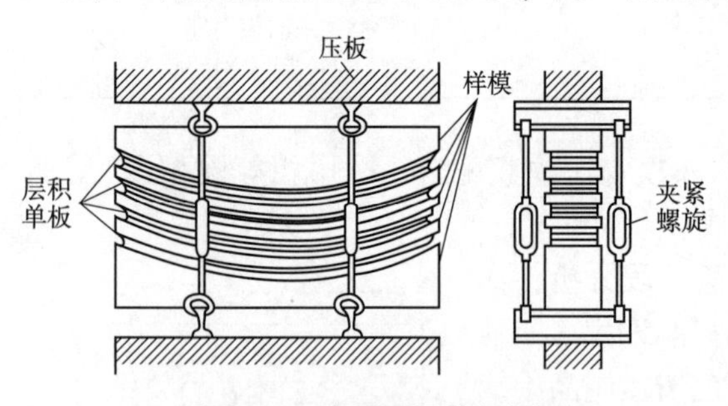


图 8-38 多层压机单向加压

在弯曲胶合时，通常采用热压成型。加热能加速胶液固化，保证弯曲胶合件的质量，各种加热方式及适用模具见表 8-8。蒸汽加热应用普遍，操作方便可靠。一般采用铝合金模、弯曲形状不受限制，成品的尺寸、形状精度较高，适于大批量生产。高频介质加热方式，加热速度快、效率高而且均匀，胶合质量好，通常与木模配合使用。适用于小批量、多品种生产。微波加热由于微波穿透能力强，只要将加工件放在箱体内进行微波辐射，即可加热胶合。不受曲面成型件的形状限制，可加热不等厚成型制品。使用微波频率为 2450MHz，微波加热模具需用绝缘材料制造。

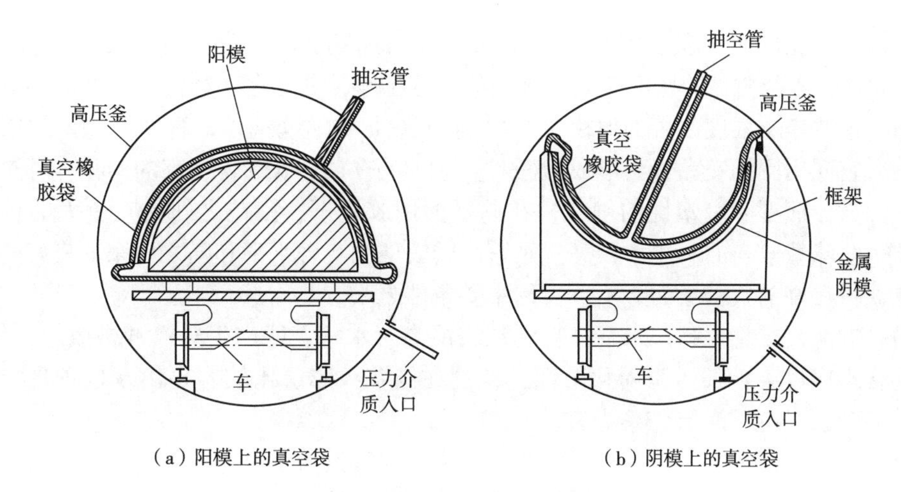


（a）阳模上的真空袋　　（b）阴模上的真空袋

**图 8-39　在高压釜中用橡胶袋加压弯曲**

**表 8-8　加热方式与适用模具**

| 加热类别 | 加热特征 | 加热方式 | 适用模具 |
|---|---|---|---|
| 接触加热 | 热量从板坯外部传到内层 | 蒸汽加热 | 铝合金模、钢模、橡胶袋、弹性囊 |
| | | 低压电加热 | 木模、金属模 |
| | | 热油加热 | 铝合金模、弹性囊 |
| 介质加热 | 热量由介质内部产生 | 高频加热 | 板坯两面须有电极板 |
| | | 微波加热 | 由电工绝缘材料制造模具，不需电极板 |

## 8.5.2　喷蒸热压

喷蒸能缩短热压周期。表层刨花有较高的含水率，在高温下热压能迅速地产生蒸汽并冲向芯层，利用这种蒸汽冲击效应的方法叫蒸汽冲击法。表层和芯层可以用不同含水率的刨花，或是用含水率相同的刨花，但在热压前向表层刨花喷水。板坯的表层与芯层含水率不同有两点好处：一是使表层比较柔软，压出的刨花板表面密度高且比较平滑；二是板坯在高温热压时能产生蒸汽冲击效应。表面的水分变为热蒸汽，突然冲向又冷又干的芯层，蒸汽从表层冲向芯层，使板坯温度也从表层向芯层逐步提高，形成了较大的温度梯度。温度的高低一定程度上决定了刨花的可压缩性（塑性），决定产品的剖面密度分布，继而影响产品的静曲强度（图 8-40）。图中说明由于表层刨花含水率的改变，引起刨花板的静曲强度变化，当表层刨花含水率为 20%左右时，刨花板静曲强度达到最大。

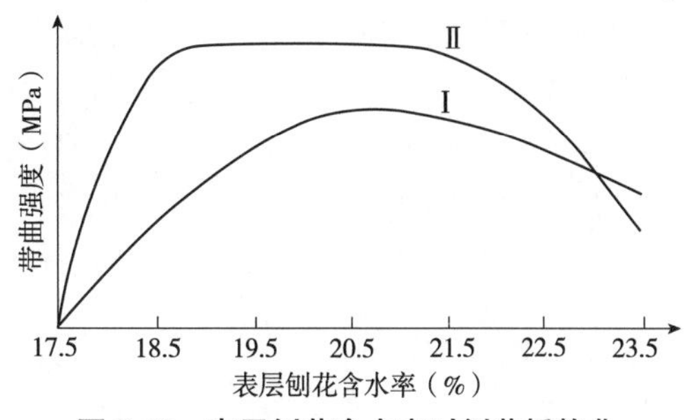


**图 8-40　表层刨花含水率对刨花板静曲强度的影响**

不同的表面增湿处理对板的性能也有影响。图中Ⅰ是利用喷水到板坯上的方法来提高表层的湿度，Ⅱ则是采用空气调温调湿增加含水率。曲线Ⅱ表明，如果刨花采用调湿调温处理增加含水率，较之喷水增加含水率，其静曲强度增加更为迅速。在其他所有工艺技术条件相同时，表层刨花含水率从12%增加到20%，则静曲强度将增加3%~15%。此外，所用树种的密度越大、刨花的厚度越厚，则含水率对板子强度的影响越显著。对于这些板子强度改善的原因，可以利用水分“增塑效应”来解释。过干的刨花是易碎的，它同周围刨花黏着会形成“斑点”。而具有14%~20%含水率的刨花，可塑性显著增加。充分润湿和可塑性的刨花，在同样的用胶量下，刨花之间具有更大的接触面积，这就意味着胶料的利用率较高。足够高的表层刨花含水率和随之而来的良好的可塑性，是获得良好的致密板面必不可少的主要条件之一。

另一方面，尽管提高含水率，特别是表层高含水率，能产生蒸汽冲击效应，然而，过量的含水率也会延长树脂固化时间，特别在刨花板芯层比较容易出现这种现象。为此，板坯含水率应不高于23%为宜。

除了板坯表面喷水或提高表层刨花含水率产生蒸汽冲击效应，加速板坯芯层温度上升的方法之外，还可以直接采用对板坯喷蒸的方法。从生产角度考虑，喷蒸要比喷水效果好。图8-41为典型的喷蒸热压机。随着人造板生产的发展，喷蒸热压机不仅可以用在普通刨花板生产上，还可用于水泥刨花板生产上。

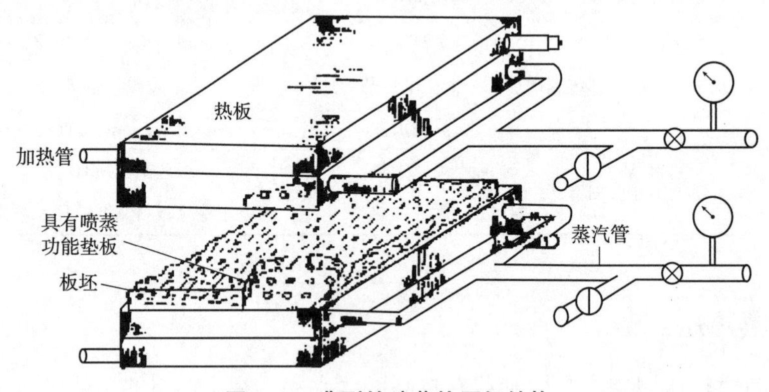


**图8-41 典型的喷蒸热压机结构**

蒸汽喷射加热热压法的优点是：

——热压时间缩短，一般为常规(热压板)热压工艺时间的1/10~1/8。

——因加热几乎在整个板坯厚度上同时进行，故成板断面密度分布极为均匀。

——比相同产量的常规热压机投资要小。

——对生产厚板时，不再因技术或经济方面的需要而考虑采用高频压机。

——砂光量小，可防止板面产生预固化，仅需将板面网痕砂光即可(每面约0.2mm)。

——能耗费用低，向板坯内喷射蒸汽加热，只为常规热压板加热所耗热能的30%左右，而液压系统所耗电能仅为相同产量多层热压机的1/10。

——对各种现有的胶黏剂，如脲醛树脂、酚醛树脂、脲醛三聚氰胺树脂、异氰酸树脂等都适用，还能使成板的甲醛释放量大为降低。

——目前除单板类产品外，可适合于各种人造板素板热压。

### 8.5.3 真空加压

胶合板热压采用真空加压胶合，一般不用多层热压机，而是将板坯放在弹性膜与金属板中间，待密封后抽出中间空气，靠大气压力对板坯加压。由于压力很低，木材压缩一般不超过0.5%，因此大大节约了木材。热压胶合时下边的金属板钻有小孔与大气相通，抽空橡胶膜与板坯之间空气造成负压对板坯加压。由于橡胶膜要经常受热所以应当使用耐热的硅橡胶。对板坯加热的热量是靠金属板下部密闭空心压板通入高温载热体经金属板传递给板坯。金属板上的钻孔可以排出板坯中水分和挥发物。为保证胶合强度单板含水率应在12%以下，施胶量180~200g/m$^2$,使用脲醛树脂胶时加热温度150℃。热压胶合时只能单张加压，压机辅助时间很短，如采用快速固化胶黏剂产量也很高。这种胶合方法胶合强度可达2.0MPa，使用的树种可用排气性较好的桦木，也可用排气性不好的松木，不会产生鼓泡现象，因为在加压过程中通过金属板上钻孔可将板坯中水蒸气排出，同时也可以减少成品游离甲醛含量。真空加压法还可消除胶合板边角开胶的缺陷。真空加压设备可以制成多层压机形式，由许多上述加压构件组成，生产率会相应提高。

## 思考题

1. 简述热压三要素(温度、压力和时间)在板坯热压中的作用及其对产品物理力学性能的影响。

2. 画出常见人造板产品的热压曲线。

3. 画出平压法刨花板的端面密度梯度，并分析其形成的原因。

4. 试分析人造板表面预固化层的形成原因，并说明避免产生表面预固化层的措施。

5. 说明单层或多层平压式热压机、立式或卧式挤压式热压机和滚压式连续热压机以及平压式连续热压机的工作原理，试比较它们各自的优缺点。

# 第9章 后期加工与处理

本章介绍了人造板后期加工与处理(包括冷却、裁边、砂光、调质处理、降低甲醛释放量处理、阻燃处理、尺寸稳定性处理等)的工艺与设备。目的在于通过后期处理，改善和提高产品的物理力学性能，赋予产品特殊性能，达到功能改性的效果。

本章重点是降低甲醛释放量处理、阻燃处理和尺寸稳定性处理，核心是通过后期处理，使产品实现绿色化和功能化。

人造板热压后，其物理力学特性已基本形成。为使板材的性能进一步得到巩固和改善，以及基于后续生产工艺的需要，需要对板材进行一系列后期加工与处理。

人造板后期加工与处理的内容和方式因板种及其用途而异，随着科学技术的不断进步、产品用途的不断扩展，对板材的后期加工与处理也提出了新要求，主要包括冷却、裁边、表面加工、理化处理和改性处理等。

## 9.1 冷却

人造板在热压机中完成热压后，离开热压机时板子从高温场进入常温场，板材(尤其是中密度纤维板和普通刨花板)本身内外部的状态存在着较大的差异。例如，表层温度高于芯层温度，表层含水率低于芯层含水率，即存在着明显的温度梯度和含水率梯度。此外，表层胶黏剂固化程度优于芯层胶黏剂固化程度。这些因素将导致板材内部存在着非均匀分布的应力，会引起板材的胀缩变化，易造成板材的翘曲变形。此外，过高的残余温度还会引起表面色泽加深，促使胶层和木材降解，影响板材的力学性能。借助冷却处理，可以使上述矛盾得到缓解。在现代人造板生产中，冷却是板材完成热压后必须进行的工序之一。

冷却的目的在于：钝化板材表芯层的温度梯度和含水率梯度，缓解以至消除板内的残余热压应力，使板材内部的温湿度与所置大气环境的温湿度趋于平衡，最大限度地避免板材翘曲变形。此外，配置冷却还可促进板材中游离甲醛的挥发，有利于降低成品板的游离甲醛释放量。

冷却的方式包括堆放冷却和散置冷却两类，堆放冷却已逐步被淘汰，散置冷却在工业生产上却被广泛采用。

（1）堆放冷却

基本做法是板材离开压机后，立即进行堆垛，然后由其自然降温。这种方法尽管最终可以达到降低温度和平衡含水率的目的，对采用酚醛树脂胶的板材来说，甚至有可能促进胶黏剂进一步固化。但是，处理时间过长，过高的温度和湿度作用有可能使固化后的胶层发生水解，降低胶合强度，导致板面颜色加深，甚至引起板材自燃。目前，一些采用酚醛树脂为胶黏剂的胶合板生产厂还沿用堆放冷却。而以脲醛树脂为胶黏剂的人造板生产厂，则不再采用堆放冷却。

（2）散置冷却

基本做法是选用轮式翻板冷却运输机（也称扇形冷却机、星形冷却架）。使板材有足够时间散置在大气中，最终实现板材表芯层温湿度的平衡。散置冷却一般采用自然降温，在炎热的夏季，有的工厂也采用强制降温。

轮式翻板冷却运输机多用于中密度纤维板和刨花板生产，胶合板则由于热压温度相对偏低、厚度小，容易散热，一般不需专用冷却设备。它的主体结构为可转动 360°的摇臂扇架，前后有滚台运输机，每输入一块板材，扇架转动（360/$n$）°，即转动一格，$n$ 为转架可放置的板材块数，每转动一格，就有一块完成冷却的板材被运送到出料辊台运输机上（图 9-1）。目前，对于生产能力比较大的连续压机，一般采用两台轮式翻板冷却运输机串联的方式，以保证热压后的板子有足够的冷却时间。对于 8mm 以下的薄板，为适应压机的出板速度，每一格内可放入 2~3 块板材。

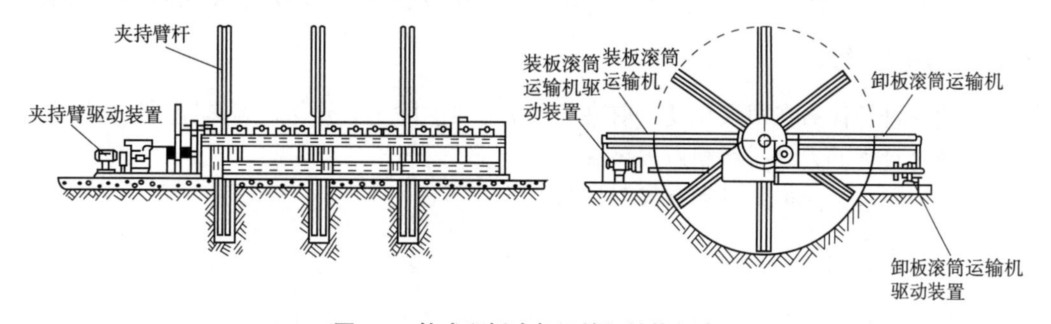


**图 9-1　轮式翻板冷却运输机结构示意**

板材是否进行冷却处理对板材的力学性能和尺寸稳定有重要的影响。图 9-2 是未经冷却和经冷却处理的脲醛树脂胶中密度纤维板的堆垛内部温度变化情况。从图中可以看出，经 52h 堆垛后，未经冷却处理的板材内部温度从 75℃ 升至 85℃，再降至 67℃，而经冷却处理的板材内部温度缓升至 67℃后持续下降至 40℃，未经冷却处理的板材板面颜色加深，内结合强度下降了 1/3，翘曲变形严重，而经冷却处理的板材却没有出现上述现象。

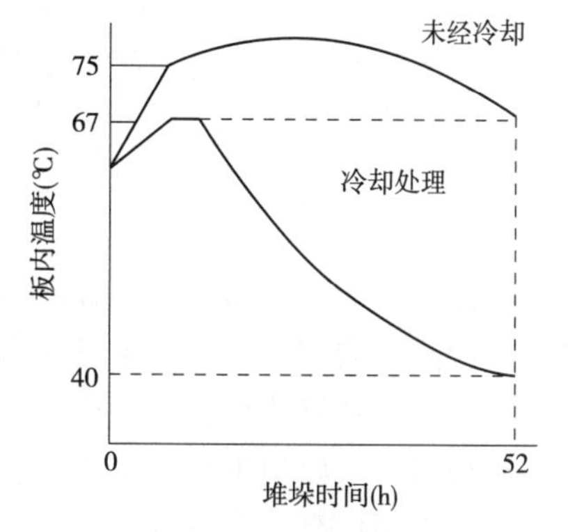


**图 9-2　堆垛时间与板材内部温度的变化**

冷却处理还可以降低人造板的甲醛释放量。热压后的板材内部蒸汽压力常常高于大气压力，借助压力差和可能采取的强制通风，可以使板材内外之间的空气流动。板材内部呈游离状态的甲醛可以散发到大气中。

## 9.2 裁边与分割

### 9.2.1 锯边的技术要求

无论是胶合板、中密度纤维板还是刨花板，热压后毛板的长宽尺寸都比板材最终要求的长宽尺寸多出一部分，以供齐边时裁切，此部分被称为裁边余量。通常胶合板的裁边余量为50~60mm，中密度纤维板和刨花板的裁边余量为40~60mm。

裁边的目的在于将板材边部的疏松部分去除，使板材长宽尺寸达到规定的要求。裁边时，必须保证板材长宽对边平行，四角呈直角。国家标准中对胶合板、中密度纤维板和刨花板的长度、宽度、边缘直度和垂直度都作出了具体的公差要求(表9-1)。

表9-1 人造板的裁边质量要求

| 内 容 | 胶合板 | 中密度纤维板 | 刨花板 |
|---|---|---|---|
| 长宽偏差 | ≤±2.5mm | ≤±2.0mm | ≤+5mm |
| 边缘直度 | 1.0mm/m | ±1.5mm/m | 1.0mm/m |
| 两对角线长度之差 | <3~6mm | ≤6mm | ≤5~6mm |
| 翘曲度 | <0.5%~2% | ≤0.5 | ≤0.5~1.0mm |

裁切后的板材边部应平直密实，不允许出现松边、裂边、塌边、缺角或焦边现象。

### 9.2.2 切割刀具

裁边质量的优劣在很大程度上取决于切割刀具。除了必须保持刀具锋利外，更多的则是要选择合理的刀具材料和刀刃参数。

切削刀具包括无齿刀具和有齿刀具两大类。

(1)无齿刀具

无齿刀具有割刀和滚刀两种，均在我国湿法纤维板生产线上使用过，主要切割厚度小于6mm的薄板。无齿切割的优点在于无粉屑、无噪声和低功率，但切边不如有齿切割那样密实，且板材切割厚度也受到一定限制。图9-3是双轴滚刀裁边机结构，图9-4是单轴滚刀裁边机结构。

(2)有齿刀具

有齿刀具主要指圆锯片，分单锯片和组合锯片两种类型。单锯片仅具有切割功能，组合锯片除可切割齐边外，还具有将切割边条再度打碎回用的功能。打碎装置包括打碎铣刀结构和打碎锯片结构两种形式(图9-5)。

组合锯片主要用于板子长度和宽度方向的裁边，裁边废料被再加工成碎料后，通常送往能源车间作燃料，也可以送入原料料仓重复用于制板。

有齿圆锯片根据所切割的对象不同(包括板种、板材密度和厚度、纵向或横向切割、胶黏剂及板材组成结构等因素)而采用不同的直径、齿形及齿数。为了保证锯路整齐、锯

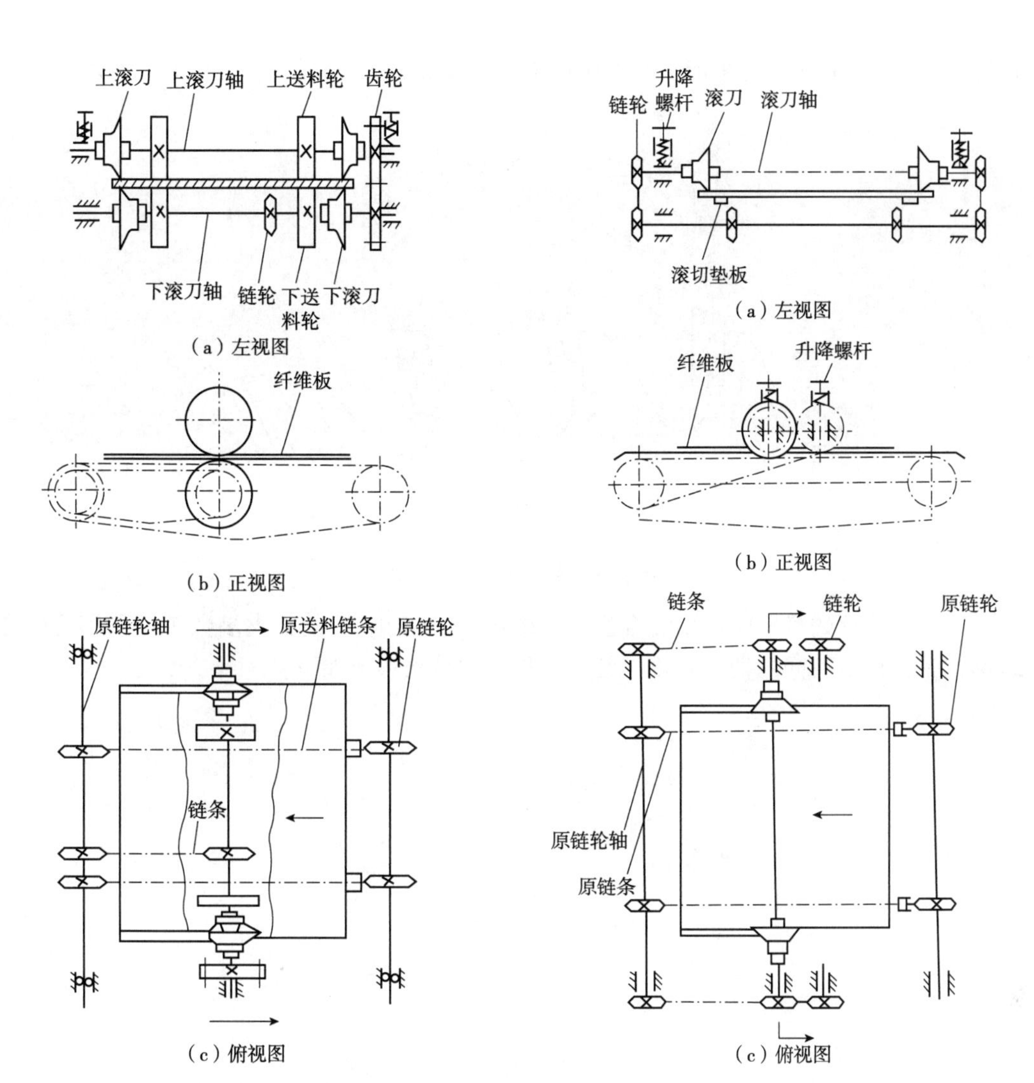


**图 9-3　双轴滚刀裁边机结构示意**

**图 9-4　单轴滚刀裁边机结构示意**

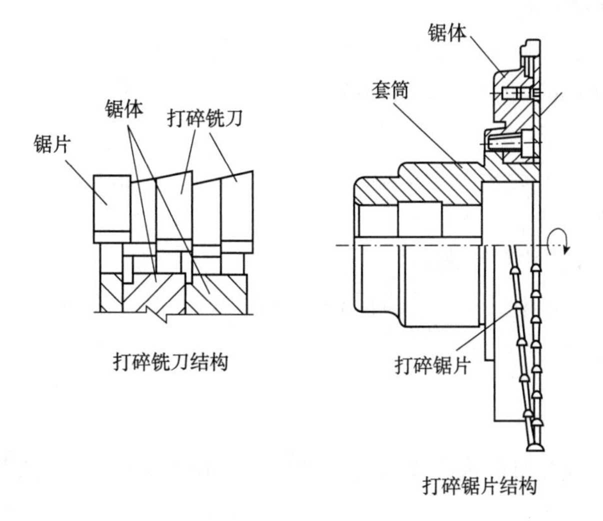


**图 9-5　组合锯片结构示意**

边光滑，且保持锯齿有尽可能长的工作寿命，通常在锯齿上镶有硬质合金(图9-6)。

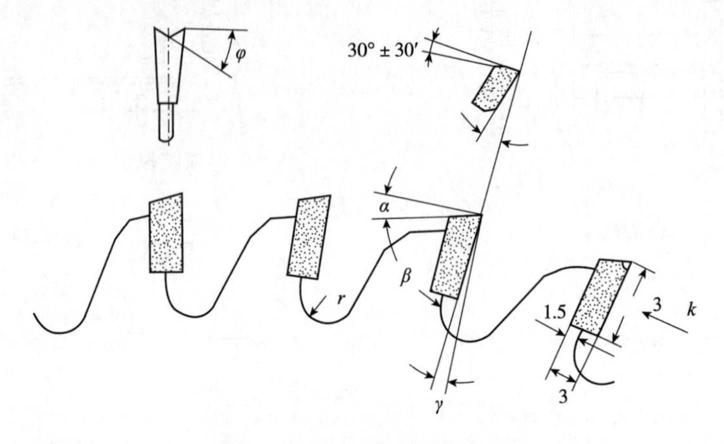


图9-6 镶硬质合金的圆锯片

圆锯片的齿形应选用混合型齿形结构(图9-7)。目前，大多数工厂采用硬质合金圆锯片，针对不同的切割对象，圆锯片齿形的结构参数如下：

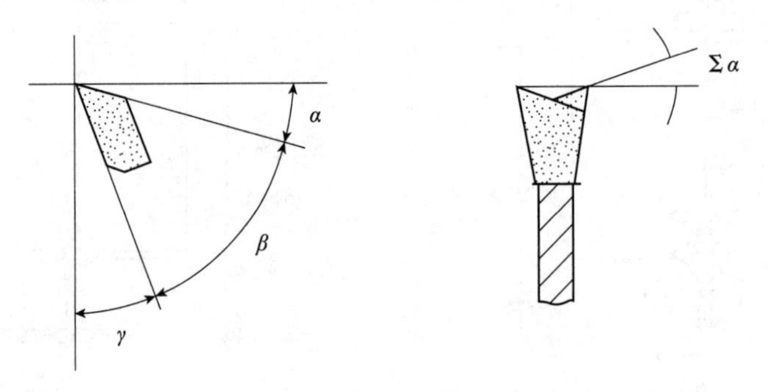


图9-7 圆锯片混合齿形结构示意

①胶合板、细木工板

前角 $\gamma=10°\sim20°$，后角 $\alpha=15°$，后齿面斜磨角 $\xi=10°\sim15°$，楔角 $\beta=55°\sim65°$，锯片直径 $\phi=250\sim350$mm，齿数 $Z=40\sim96$。

②刨花板

前角 $\gamma=20°$，后角 $\alpha=15°$，后齿面斜磨角 $\xi=10°$，楔角 $\beta=55°$，锯片直径 $\phi=250\sim300$mm，齿数 $Z=50\sim72$。

③中密度纤维板、塑料贴面板

前角 $\gamma=10°$，后角 $\alpha=15°$，后齿面斜磨角 $\xi=15°$，楔角 $\beta=65°$，锯片直径 $\phi=250\sim300$mm，齿数 $Z=60\sim108$。

### 9.2.3 裁边机

裁边机按进料方式和机构分类见表9-2。在实际生产中，裁边机的配置分为三种方式：

表 9-2　裁边机的分类与特点

| 分类方法 | 形　式 | 特　　点 |
|---|---|---|
| 按进料方式 | 纵向裁边机 | 传送长度较长，机器宽度较窄，用于裁切毛边板长度方向的两条边 |
|  | 横向裁边机 | 传送长度较短，机器宽度较大，用于裁切毛边板宽度方向的两条边 |
| 按进料机构 | 履带式裁边机 | 履带式进料机构，进料平稳，夹紧力大，齐边精度较高 |
|  | 辊筒式裁边机 | 进料机构由压辊组和托辊组组成，夹紧力不如履带式均匀，要求有较高的加工和安装精度 |

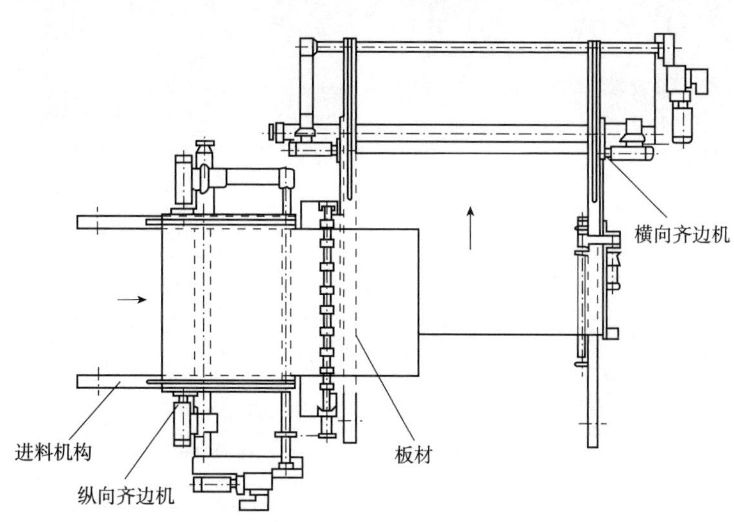


图 9-8　纵横联合裁边机结构示意

(1)纵横联合裁边机

由纵向裁边机、横向裁边机和运输机布置成直角的联合裁边机，这种配置方式主要用于单块 1. 3m×2. 5m 幅面板材的纵横向裁边(图 9-8)。

(2)裁边—剖分联合裁边机

现代人造板生产中，常常采用特殊幅面的压机，如板宽 2. 44m 或板长度成 1. 22m 倍数的超长或超宽压机。在所有单层压机和少数多层压机中均会出现这种情况。在上述生产线中，裁边与整板剖分是同时进行的。表 9-3 给出的是用于大幅面板的裁边—剖分联合裁边机的主要技术参数。国内某工厂使用 1. 3m×17. 3m 的超长单层压机，裁边时一次可剖分 7 块 1. 22m×2. 44m 幅面板材。国内另一家工厂从国外引进了 2. 6m 宽幅压机制板生产线，也需要借助裁边—剖分联合裁边机将大幅面毛边板分割成标准幅面板材。根据供需协议，如需生产非标准幅面的板材，亦可通过调整剖分机构的有关参数来实现。

(3)纵向固定齐边横向移动式剖分机组

这种结构形式主要适用于连续式热压机。在用连续式压机热压时，板材呈带状连续运行，板材宽度尺寸可以用一组固定锯片确定。板材的长度尺寸通过横向分割机来确定。为保证切割后的板材为矩形，剖分装置必须采用切割刀具随板带移动，或者沿出板

**表 9-3 裁边—剖分联合裁边机的技术参数**

| 项 目 | | BC1112 型<br>纵向齐边机 | BC2124/2 型<br>横向齐边机 | BC2124/3 型<br>横向齐边机 |
|---|---|---|---|---|
| 锯板规格 | 长×宽(mm×mm) | 宽 1220 | 2440×1220，2 张 | 2440×1220，3 张 |
| | 厚度(mm) | 4~40 | 4~40 | 4~40 |
| 进料速度(m/min) | | 2.23(辊筒) | 10.05(推板) | 10.05(推板) |
| 锯轴电动机功率(kW) | (1号) | 5.5 | 5.5 | 5.5 |
| | (2号) | — | 4 | 5.5 |
| | (3号) | — | 5.5 | 5.5 |
| | (4号) | — | — | 5.5 |
| 进料电动机功率(kW) | | 3 | 1.5 | 1.5 |
| 锯片直径(mm) | | 350 | | |
| 打碎刀数 | | 12 | 每组 6 把 | 每组 6 把 |
| 打碎宽度(mm) | | 50 | 50 | 50 |
| 锯片之间可调间距(mm) | (1号) | — | 固定 | 4 个锯片均可向左向右调 10mm |
| | (2号) | — | 可移动 610 | |
| | (3号) | — | 可移动 100 | 可向左向右各调 10mm |
| | (4号) | — | — | |
| 外形尺寸(长×宽×高)(mm×mm×mm) | | 1000×2480×1649 | 4000×6630×2118 | 8990×4225×2250 |
| 质量(t) | | 1.91 | 5.04 | 5.9 |

方向一定角度和速度移动的方式(图 9-9)。在大多数连续式压机生产线上，制造薄板时板带输出速度较快，常常安装有两台移动式剖分机。

对于配置宽幅砂光机的生产线，板材宽度上的分割一般设置在砂光机之后，采用一个固定圆锯片完成剖分。

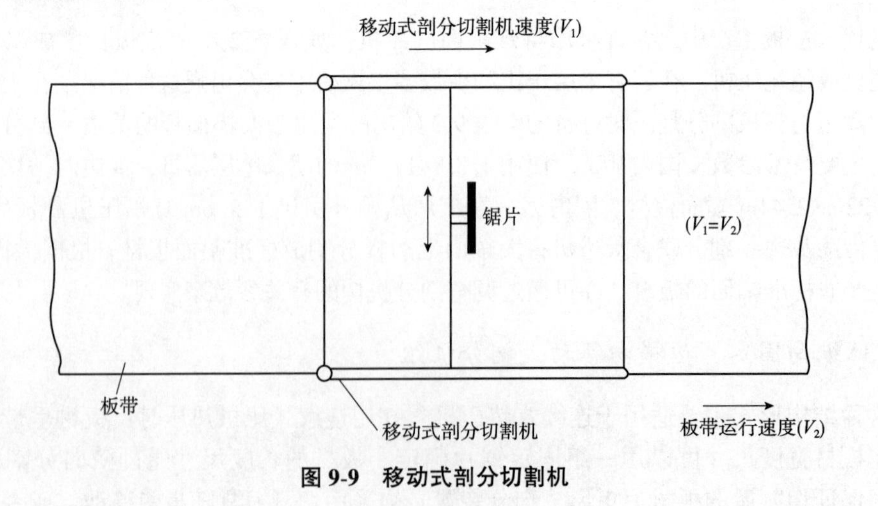


**图 9-9 移动式剖分切割机**

# 9.3 表面加工

表面加工的目的：提高板材的表面质量和等级；进一步弥补前面生产过程中遗留下来的产品缺陷；为板材后续的二次加工创造必要条件。

## 9.3.1 表面修补

表面修补一般仅针对胶合板产品而言。胶合板热压后，一般都要逐张进行外观检测，对于某些存在的表面缺陷进行修补。例如，表面的微小裂缝、微细孔洞或脱落节，可以用腻子填平，所用的腻子颜色应当与板面木材颜色相近，腻子必须与木材有牢固的结合力；对于比较大的裂缝，可以先将裂缝边部修齐，涂上胶后嵌入一条木纹和颜色与板面近似的木条，再用熨斗加热胶合；局部不光滑，可用砂纸或手工刨刨平；边角开胶，可用相应的胶黏剂填充后再进行局部热压。

## 9.3.2 刮光

刮光是胶合板表面加工的一种传统方式，属于一种切削加工。通过刮光，可显著提高合板的表面质量，但刮出大量带状刨花，木材损失较大，降低了原木出材率，并且刮光设备的生产效率较低。目前，工业生产中由于表板的厚度已下降至 0.6mm，甚至更薄，不允许采用刮光的方式来改善表面质量。故多数胶合板厂已不再有刮光这一道工序。南方地区用马尾松生产胶合板，由于该树种树脂含量较高，用砂光方式很容易钝化砂带，故某些工厂仍采用刮光方式。

典型的刮光机结构如图 9-10 所示，其工作原理如下：被刮胶合板送入刮光机后，由上下进料辊(四组)支持并被带动向前运动，刮刀用螺栓、压铁固定在刀床上，借助中心压辊的作用，使胶合板被强制贴紧在刀床上进行刮削。

刮刀的角度参数包括研磨角 $\beta$、后角 $\alpha$、切削角 $\delta$，$\delta=\alpha+\beta$(图 9-11)。刮刀用 1.25~1.5mm 厚的工具钢钢板制成。刮刀的角度参数取值视刮削对象不同而异。

研磨角 $\beta$：一般取 35°~45°，对材质较软的树种可取下限值，对材质较硬的树种 $\beta$ 可取大一些数值。

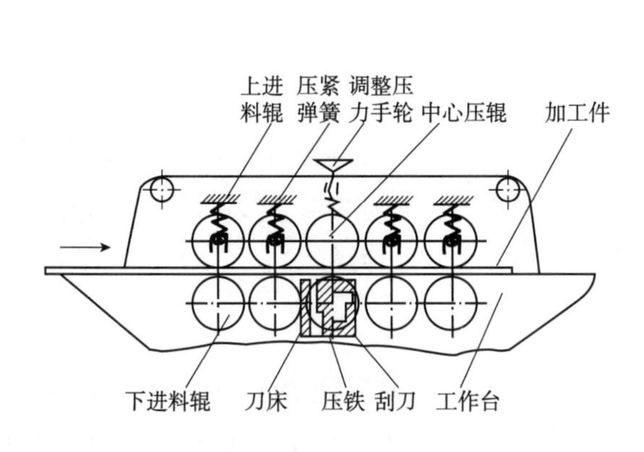


图 9-10　刮光机结构

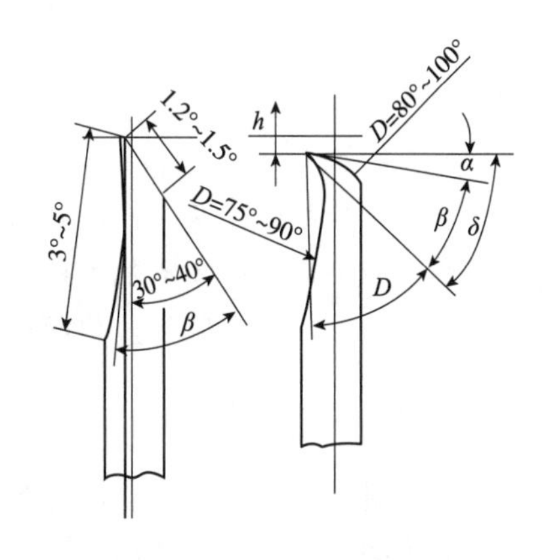


图 9-11　刮刀结构参数

后角α：一般取5°~12°。椴木：$\alpha=7°$；水曲柳：$\alpha=5°$；阿必东：$\alpha=10°\sim12°$。

刮光机的进料速度控制在25~27m/min，每隔2~3h需更换一次刮刀。更换下来的刮刀需用砂轮进行研磨后再使用。

刮光对工艺条件也有比较严格的要求，尤以胶合板含水率不可忽视。椴木胶合板：含水率，以10%~11%为宜，超过11%，板面会起毛；水曲柳胶合板：含水率低于13%，板面发脆难以刮出刨花而影响板面光洁度，合适的含水率为14%~18%；桦木胶合板：含水率以8%~12%为宜；松木胶合板：含水率以10%~12%为宜。

刮削量应视树种不同和旋切质量不同而异，硬阔叶材和松木胶合板可多刮一些，一般在0.15~0.2mm；软阔叶材胶合板宜少刮一些，一般在0.1~0.15mm。

### 9.3.3 砂光

砂光是目前人造板工业中最常用的一种表面加工方法。对胶合板来说，要求表面砂光，对中密度纤维板和刨花板来说，要求做定厚砂光和表面砂光。

(1)砂光的目的

第一，降低板材的厚度公差。对于刨花板和纤维板而言，多层压机生产的板材厚度公差大于±0.5mm，单层压机生产的板材厚度公差大于0.3mm。不适合于采用低压短周期二次加工贴面工艺，必须进行砂光处理。按照我国中密度纤维板和刨花板的标准，砂光后的板材厚度公差见表9-4。

表9-4 砂(刮)光后胶合板、中密度纤维板和刨花板厚度公差

| 指　数 | 胶合板* | 中密度纤维板 | 刨花板 |
|---|---|---|---|
| 厚度偏差(mm) | ±0.3 | <±(0.2~0.3) | ±(0.2~0.3) |

* 胶合板公称厚度为3mm。

第二，去除板材表面的预固化层。对于多层压机，由于板坯上下表面与热压板不同时接触和压机闭合升压速度慢等多种原因，导致板材上下表面(特别是下表面)存在着预固化层，影响到板材的表面结合强度，不利于板材的贴面加工，必须加以去除。

第三，提高板材表面质量等级。由于各种原因，热压后的板材表面残留有不同的缺陷，如胶斑、色变和局部夹杂物等，借助砂光可以将上述缺陷去除，提高产品的外观质量等级。

(2)砂光准备

在工业化生产中，热压后的板材齐边冷却后，一般应堆放平衡一段时间再进行砂光。因为板材虽然经过了冷却处理，但温度依然较高，如果直接进行砂光，将会导致表面粗糙；同时，还会因砂带过热而导致砂带变松，砂粒脱落。

(3)砂光余量确定

砂光余量因板种、板厚、所用砂光方式不同而异。对不同类型的热压机生产的产品，有着不同的砂光余量要求。胶合板砂光余量：0.15~0.2mm；中密度纤维板砂光余量：0.5~1.5mm；刨花板砂光余量：0.5~1.5mm。

**表 9-5　三种热压机生产的不同厚度刨花板的砂光余量(双面)和砂光损失**

| 成品板厚度(mm) | 多层热压机 | | | 周期式单层热压机 | | | 钢带式连续热压机 | | |
|---|---|---|---|---|---|---|---|---|---|
| | 要求的毛边板厚度(mm) | 砂光余量(mm) | 砂光损失(%) | 要求的毛边板厚度(mm) | 砂光余量(mm) | 砂光损失(%) | 要求的毛边板厚度(mm) | 砂光余量(mm) | 砂光损失(%) |
| 4 | 5.0 | 1.0 | 25.0 | 5.0 | 0.8 | 25.0 | 4.5 | 0.5 | 12.5 |
| 6 | 7.0 | 1.0 | 16.7 | 6.8 | 0.8 | 13.3 | 6.5 | 0.5 | 8.3 |
| 8 | 9.1 | 1.1 | 13.8 | 8.9 | 0.9 | 11.3 | 8.5 | 0.5 | 6.3 |
| 10 | 11.2 | 1.2 | 12.0 | 11.0 | 1.0 | 10.0 | 10.5 | 0.5 | 5.0 |
| 13 | 14.2 | 1.2 | 9.2 | 14.0 | 1.0 | 7.7 | 13.6 | 0.6 | 4.6 |
| 16 | 17.3 | 1.3 | 8.1 | 17.2 | 1.2 | 7.5 | 16.6 | 0.6 | 3.8 |
| 19 | 20.4 | 1.4 | 7.4 | 20.3 | 1.3 | 6.8 | 19.6 | 0.6 | 3.2 |
| 22 | 23.5 | 1.5 | 6.8 | 23.3 | 1.3 | 5.9 | 22.7 | 0.7 | 3.2 |
| 25 | 26.5 | 1.5 | 6.0 | 26.4 | 1.4 | 5.6 | 25.7 | 0.7 | 2.8 |
| 30 | 31.5 | 1.5 | 5.0 | 31.4 | 1.4 | 4.7 | 30.8 | 0.8 | 2.7 |

表 9-5 给出了多层热压机、单层热压机、钢带式连续热压机三种不同型式热压机制造的刨花板砂光余量。可以看出，钢带式连续热压机生产的板材厚度公差和表面预固化层最小，所要求的砂光余量也最小。

(4)砂带的选择

砂带分为布质砂带和纸质砂带两种，它是用特殊的方法将金刚石砂粒黏结在基材上而做成的一种磨削材料，砂带用砂粒目数来表示其砂削特性。砂削分为三段，即粗砂、细砂和精砂，对胶合板、中密度纤维板和刨花板来说所采用的砂带粒度也不相同。

| | | |
|---|---|---|
| 胶合板： | 粗砂 | 40~60 目/英寸 |
| | 细砂 | 70~90 目/英寸 |
| | 精砂 | 90~100 目/英寸 |
| 中密度纤维板： | 粗砂 | 40~60 目/英寸 |
| | 细砂 | 60~80 目/英寸 |
| | 精砂 | 100~120 目/英寸 |
| 刨花板： | 粗砂 | 40 目/英寸 |
| | 细砂 | 80 目/英寸 |
| | 精砂 | 100 目/英寸 |

砂光损失率是衡量热压后板材厚度公差状况的一个参数，它用下式计算：

$$S=\frac{T_s}{T}\times 100\%$$

式中：$T_s$——双面砂削量(mm)；

$T$——未砂光毛板的厚度(mm)。

根据大量的数据统计，可以得到胶合板、中密度纤维板和刨花板三种产品的砂削损失率分别为10%~15%、10%~30%及5%~25%。

(5)砂光机

砂光机的种类繁多，形式多样，按照不同的分类方式，可以将砂光机分成各种类型(表9-6)。目前，随着科学技术的不断发展，砂光机正在向宽带、多头、双面、高效和控制计算机化发展。

表9-6 砂光机分类

| 分类方法 | 类型 | | 特点 |
|---|---|---|---|
| 按砂头形式 | 辊式砂光机 | | 1. 砂布缠绕在铸铁辊筒上，更换砂布较麻烦<br>2. 一次只能砂光板子一个表面<br>3. 进料速度慢，生产率低<br>4. 砂光质量不如宽带式砂光机 |
| | 宽带式砂光机 | | 1. 砂带是密闭的环形砂带，套装在砂辊、张紧辊和轴向窜动辊，更换方便<br>2. 砂光精度高<br>3. 进料速度快，生产率高<br>4. 磨削量大<br>5. 砂带使用寿命长 |
| 按砂光面数和砂带布置 | 单面砂光机 | 滚筒式砂光机 | 参见滚筒式砂光机部分 |
| | | 单面单带式宽带砂光机 | 一次只能砂光一个表面，其余特点同宽带式砂光机 |
| | 双面砂光机 | 双面单带式宽带砂光机 | 一次可砂光两个表面，能耗较低，价格便宜，但砂光精度和生产率不如多带式宽带砂光机 |
| | | 双面四带式宽带砂光机 | 上下各布置两个砂光带，一次可砂光两个表面，精度、生产率和能耗较高 |
| | | 双面三带式宽带砂光机 | 上面一个砂带，下面两个砂带或相反布置，一次可砂光两个表面，精度、生产率和能耗较高 |

①辊式砂光机

辊式砂光机是最原始的一种砂光装置，早期大多应用于胶合板的砂光，其结构如图9-12所示。三辊式砂光机分上辊式和下辊式两种结构形式，上辊式砂光机靠循环的橡胶履带进料，下辊式砂光机靠滚筒进料。三个辊筒转动方向一致，砂辊上用砂布缠绕，按先后顺序，砂布粒度由粗到细。由第一、二砂辊担任粗细砂，承担大部分砂削量，第三辊进行精砂。

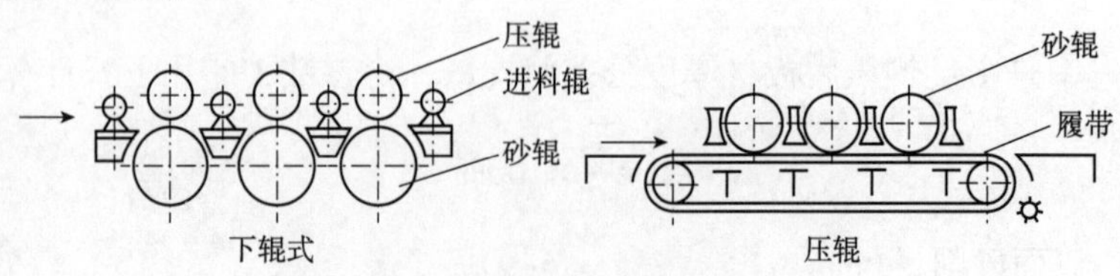


图9-12 辊式砂光机结构示意

为消除砂粒在加工表面留下沟痕，要求砂辊在转动的同时还应进行轴向摆动。完成砂光后的胶合板用刷辊清除表面木粉，用吸尘装置排除。

砂带常用螺旋缠绕法和平绕法两种方法固定在砂辊上。螺旋缠绕法操作时先在金属砂辊上用氯丁橡胶粘上一层毛毡，在毛毡外螺旋形缠绕一层砂布，两端用金属带固定。用该法缠绕的砂辊砂削均匀，普遍被采用。

为了获得良好的砂削效果，一般希望砂辊的转速要高，压辊上的弹簧压力要适中，同时要注意及时更换砂布。

②宽带式砂光机

辊式砂光机由于存在着一个严重的缺点而在应用上受到限制，即进料速度不能超过18m/min，生产能力受到影响；如果提高转速则会产生过多热量，热量不易散发容易损坏砂带，为此，宽带式砂光机应运而生。

宽带式砂光机的最大特点是砂削工作面为套在辊筒上的封闭循环砂带，工作面积增加，散热条件改善，进料速度可提高到90m/min，砂削量可超过0.5mm。宽带砂光机以生产率高、机床操作简便、砂带更换方便、砂削质量好等优点而受到广大用户的欢迎。宽带式砂光机一般成组配套使用，如最早期用一台单机砂板材上表面，另一台单机砂板材的下表面，中间用运输机将其联合在一起。在现代生产线中，常把上下两个砂带同时装在一台机床上做成双面宽带砂光机，可一次同时完成板材上下两个表面的砂光。砂光机的效率和砂光质量由砂架的数量决定。如上下各有四个砂带的砂光机，被称为四砂架双面宽带砂光机。表9-7给出了目前我国人造板工厂常用的砂光机型号及技术参数。

**表9-7　国产宽带式砂光机型号及技术参数**

| 技术参数 | BSG 2813 | BSG 2713 | BSG 2713Q | BSG 2713A | BSG 2913 | BSG 2613 | BSG 2113 |
|---|---|---|---|---|---|---|---|
| 砂架数量 | 6 | 4 | 4 | 4 | 3 | 2 | 1 |
| 最大加工宽度(mm) | 1300 | 1300 | 1300 | 1300 | 1300 | 1300 | 1300 |
| 工件厚度范围(mm) | 3~200 | 3~200 | 3~200 | 3~200 | 3~200 | 3~200 | 2~120 |
| 一次砂削量(双面)(mm) | ≤1.5 | ≤1.5 | ≤1.5 | — | ≤1.2 | ≤1.5 | — |
| 加工精度(mm) | ±0.1 | ±0.1 | ±0.1 | ±0.1 | ±0.1 | ±0.1 | ±0.1 |
| 进料速度(m/min) | 4~30 | 4~24 | 4~24 | 4~24 | 10~30 | 4~24 | 5~60 |
| 砂带尺寸(长×宽)(mm×mm) | 2800×1350 | 2810×1350 | 2800×1350 | 2800×1350 | 2800×1350 | 2800×1350 | 2600×1350 |
| 电机总功率(kW) | 355.2 | 351 | 280.2 | 280.2 | 172.2 | 118.8 | 33.7 |
| 砂架总电机功率(kW) | 75×2<br>55×2<br>37×2 | 90×2<br>75×2 | 75×2<br>55×2 | 75×2<br>55×2 | 55×2<br>45×1 | 45×2 | 30 |
| 吸尘风量($m^3$/h) | 45 000 | 38 000 | 33 000 | 33 000 | 27 000 | 20 000 | 6000 |
| 压缩空气压(MPa) | 0.6 | 0.6 | 0.6 | 0.6 | 0.6 | 0.6 | 0.6 |
| 压缩空气耗量($Nm^3$/h) | ~12 | ~9 | ~6 | ~6 | ~5 | ~4 | ~1.2 |
| 外形尺寸(长×宽×高)(mm×mm×mm) | 4780×3400×2891 | 5610×3300×2786 | 4750×3400×2891 | 3627×3400×2891 | 3627×3400×2891 | 2310×3400×2891 | 2130×1734×2320 |
| 质量(kg) | 29 500 | 39 000 | 27 000 | 22 500 | 20 500 | 13 500 | 5000 |
| 适用于人造板生产线($m^3$/h) | 30 000~60 000 | 30 000~50 000 | 30 000~50 000 | 30 000~50 000 | | 15 000以下 | 5000~15 000 |

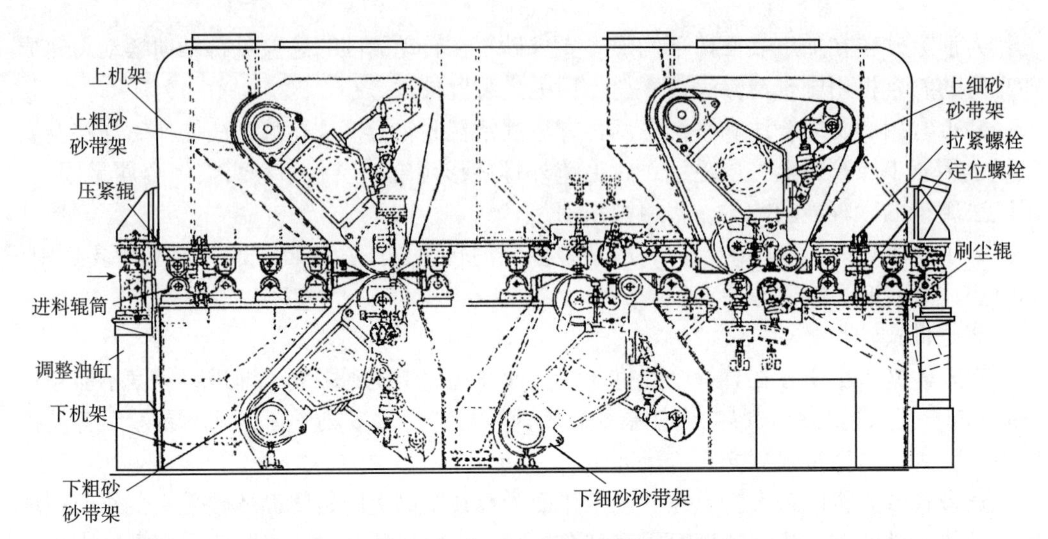


**图 9-13 BSM-4/130-2G/2K 型四带式宽带砂光机结构**

图 9-13 所示是一台双砂架双面宽带砂光机，由机架、传动机构、进给机构、砂带架、刷尘辊和调整机构等组成。

机架：为钢板焊接结构，分上机架和下机架两部分。借助液压系统可以升降上机架而改变上下砂带之间的间隙，以适应不同厚度板材的砂光。

传动机构：靠直流电动机通过三角皮带带动9组蜗轮传动，然后再带动安装于下机架上的9个包覆有橡胶层的进料辊筒。进给速度可在0~30m/min 无级调速，在每个进给辊筒的正上方，上机架上安装有9个压紧辊，其直径与进给辊相同，但表面不包覆橡胶层。

砂带架：为砂削机构，由四个砂架组成，前两个为粗砂架，上下对称布置，后两个为细砂架，前后错开布置。上粗砂带架由主动辊、砂带辊、砂带张紧装置、支架和砂带调偏装置等组成。主动辊由75kW 电机经联轴节直接带动，使砂带回转，砂光辊的位置可用手轮微调。张紧装置由气缸驱动，并作轻微轴向游动以防止砂带跑偏和在板面产生沟痕。主动辊、砂光辊和压紧辊呈三角形布置。上粗砂带架呈侧三角形布置，与下粗砂带架相对称。细砂架由主动辊、支撑辊、石墨压带架和压紧辊组成，呈三角形布置。

刷尘辊：出板处装有一对刷尘辊，用于刷除板子两表面的残留粉尘。

调整机构：用于调整上下机架之间的间隙，由砂光机两端的四个液压油缸组成。缸体与下机架相连，柱塞杆与上机架相连，据此可以根据需要改变上下机架的间隙。

## 9.4 调质处理

中密度纤维板和刨花板在热压以后，为改善其性能，往往需要进行一些理化处理。目前，在工业化生产中采用的理化处理主要为调质处理。

冷却后的中密度纤维板或刨花板含水率比较低，置于大气中时，会吸收大气中的水分，直至板内含水率与大气湿度相平衡。由于板内各部位吸湿不一定均匀，有可能导致板子翘曲变形。调质处理的目的乃在于促进板内含水率的均匀分布，提高板材的尺寸稳定性，增加板材的强度。

调质处理的本质是促进板子表芯层含水率和平面内各部位含水率的均匀化。常用的方法有两种：

(1)自然堆放调质

该方法主要用于脲醛树脂胶产品。基本做法是将冷却后的板材堆垛放置在保持恒定温度的储存区堆放。初始时板材表层含水率为2%~3%，芯层含水率为6%~7%，堆放2~3d后，板内三维方向的水分可以达到均匀分布，并与大气中的湿度相平衡。对于用酚醛树脂胶生产的产品来说，也有用下述做法进行处理的，即经热压的板材冷却后，在正反两面喷水，然后再将板材堆垛，持续2~3d。据此促使板内的水分均匀分布。

(2)处理室调质

该方法主要用于酚醛树脂胶生产的人造板产品。基本做法是将冷却后的板材放入温度为70~80℃，相对湿度为75%~90%的循环空气处理室内，一般持续5~6h(处理时间随着板材厚度增加而延长)，终了时板材的含水率达到7%~8%，如果要使吸入板内的水分实现均匀分布，尚需持续2~3d。

进行调质处理时，应控制好板材的堆垛。要保持平整叠放、四角整齐，顶部放一平坦的重块，以防板材变形。作自然堆放调质处理时，热储存区要避免日光照射，过分通风和潮湿等。

## 9.5 降低甲醛释放量处理

在人造板工业中，多数产品采用脲醛树脂胶或三聚氰胺脲醛树脂胶，热压后板材的甲醛释放量相对比较高，一些产品达不到GB 18580—2017《室内装饰装修材料—人造板及其制品中甲醛释放限量》强制性标准的要求。降低人造板的甲醛释放量已经成为一个关系到环境保护和人造板工业持续发展的重要课题。

迄今，降低人造板甲醛释放的措施包括从胶黏剂入手、从制板工艺入手和从后期处理入手三条途径。这里主要介绍两种常用的后期处理方法。

### 9.5.1 氨气处理

对于用氨基类树脂作为胶黏剂制成的人造板来说，用氨气对其进行后期处理可以显著地降低板子的甲醛释放量。在处理过程中，氨可以和人造板中的游离甲醛起化学反应生成六次甲基四胺(乌洛托品)，这种方法可以有效地捕捉游离甲醛。氨和甲醛之间的反应是放热反应，其反应过程按照下列方程式进行。

$$6CH_2O+4NH_3=C_6H_{12}N_4+6H_2O+339kJ$$

在反应过程中，氨还能够同人造板中的游离酸反应，使板的pH值发生变化，从较低值变为较高值。除此之外，氨处理方法还有可能提高树脂的抗水解能力。工业化生产中，通常采用FD-EX工艺和RYAB工艺来进行氨气处理。

FD-EX工艺是用前后串联的三个室对人造板进行三级处理(图9-14)。在第一室(吸收室)内，人造板在35℃的气态氨中进行处理；在第二室(脱吸室)内，存在于板表面的氨经鼓风而脱吸；在第三室(固定室)内，仍留在板内的游离氨和甲酸按照下列方

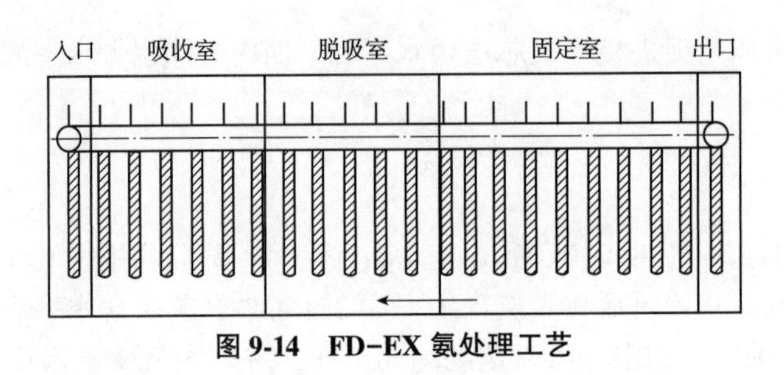

图 9-14 FD-EX 氨处理工艺

程式进行化学反应生产甲酸胺。

$$H \cdot COOH+NH_3=H \cdot COONH_4$$

甲酸胺可以与板内的游离甲醛相结合，借助于这种结合，可以增强氨处理对降低甲醛释放量的作用。实际效果取决于板材在吸收室内与氨接触的时间、板材的密度和厚度、板材处理前的甲醛释放量以及其他因素。FD-EX 工艺也可以只采用两级处理，即省掉固定室。

RYAB 工艺是另一种利用气态氨处理以降低刨花板甲醛释放量的方法。这种一级处理方法按下列程序进行(图 9-15)：在被处理板子上方配置了半合罩，在板子的下部也配置了一个半合罩，氨气或氨/空气混合体由上罩入口进入板子上部，用真空泵在板子下部抽真空，真空度为 10 000~60 000Pa。借助真空作用，氨或氨/空气混合体被人造板所吸收，未被吸收的氨在抽真空时被吸走。在持续一定时间以后，经处理的人造板被输送出处理室，下一块待处理板进入处理室。

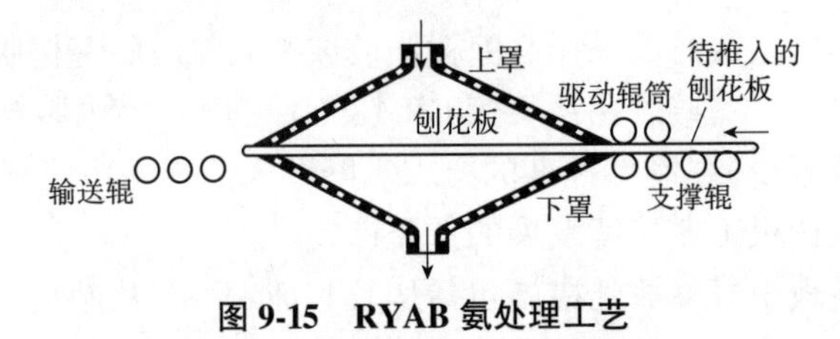

图 9-15 RYAB 氨处理工艺

RYAB 工艺可以是连续的，也可以是间歇的。用 RYAB 工艺处理人造板，板材甲醛释放量的降低幅度取决于多方面的因素，如板材与氨接触的时间、板材的密度和处理前板材的甲醛释放量等。

经过氨气处理后的人造板贮放 3 个月以后，不同种类的板子其甲醛释放量降低率大约为 57%~71%。

## 9.5.2 尿素溶液处理法

用尿素溶液喷洒人造板表面，也可以在一定程度上降低人造板的甲醛释放量，具体操作方法如下：人造板在堆放前，在热态下，用尿素溶液喷洒板材表面，据此可使板材甲醛释放量降低 30%~50%。

尿素有两个作用，一个是可以和甲醛起化学反应；另一个是在水溶液下进行分解，尤其在酸性条件下形成氨离子，氨离子可以和甲醛起化学反应，生成六次甲基四胺。尿素溶液按下法配置：将 100g 尿素溶于 1L 水中，每平方米板面喷洒 400g 溶液。

## 9.6 阻燃处理

目前，大量人造板被广泛地应用于建筑和室内装修。国家已经规定，凡是用于上述用途的人造板都必须进行阻燃处理，达到难燃 B1 级的要求。人造板阻燃处理方法多种多样，在制板过程中进行阻燃处理和在板材热压后进行阻燃处理都是可行的。就后期处理而言，除了传统的在人造板表面涂饰阻燃涂料外，也可以对成板进行阻燃处理。目前，工业生产中，已有用真空浸渍加压法处理胶合板的生产实例。

用真空浸渍加压法(图 9-16)对胶合板进行阻燃处理的过程如下：将成垛的胶合板推入处理罐内，首先启动真空泵将罐内抽成一定真空度，接着将阻燃药液抽入处理罐内，启动加压泵，使罐内压力达到 0.6~0.8MPa，持续 0.5h。压力解除后，将处理后的板材拖出处理罐，再送入干燥窑内干燥，或者用连续式干燥系统使板材中多余的水分去除。

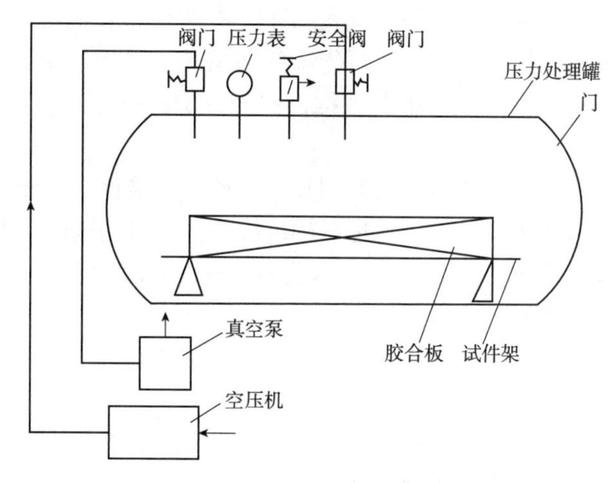


**图 9-16 真空压力浸渍加压系统示意**

阻燃处理药液可以是无机化合物、有机化合物或二者的混合物。合格的阻燃处理药剂应当满足以下条件，即阻燃处理效果好、对板材的胶合性能无负面影响、抗流失性强、药效持续性久、无渗析现象和价格低廉等。

采用真空浸渍加压法对胶合板进行阻燃处理，对胶合板本身有特定的要求，即胶合强度应比较高，在整个处理过程中都不允许出现胶层破坏现象。

## 9.7 尺寸稳定性处理

木材及木质复合材料均具有干缩湿涨的特点，外界环境湿度变化会造成产品的尺寸变化，严重时甚至会发生翘曲变形，而影响产品的应用。因此，对某些人造板产品或者特殊用途的人造板产品需进行尺寸稳定性处理。尺寸稳定性处理分为制板过程中处理和成品板处理两种。

制板过程中的尺寸稳定性处理方法主要是在施胶的同时加入一定量的防水剂，可以在一定程度上降低产品的吸水厚度膨胀率。人造板工业常用的防水剂为石蜡。

成品板的尺寸稳定性处理属于后处理方法，主要有热处理、增湿处理和浸油处理三种。

### 9.7.1 热处理

热处理主要是针对湿法生产的硬质纤维板产品，为弥补其热压时间不足而设立的工序。纤维板经热处理后强度提高，吸水率下降，密度增加，厚度减薄，并可减少板的翘曲、膨胀和干缩。

纤维板热处理的温度一般要求在160~170℃。处理时间为3~5h。在此环境条件下，纤维板内的化学反应进一步趋于完全，这对提高纤维板质量是有益的。一般情况下，提高热处理的温度，相应地缩短热处理时间，对纤维板的质量更为显著。但温度过高，超过175℃时，会造成纤维板急剧发热，有引起火灾的危险。超过200℃，板的强度不但不会提高，反而会下降。如果温度小于140℃，则需延长热处理时间，对提高热处理室的生产效率不利。

纤维板热处理设备可分为两类：间歇式和连续式。

间歇式热处理室在结构和运转上，与传统的间歇式木材干燥室有很多相似的地方。纤维板平放在热处理车框架的分格中，被推入热处理室进行处理，每室1~2车，处理后再拉出进行卸车。

连续式热处理室又分为悬挂型、滚筒型和栅栏型。纤维板在处理室内一直处于运动状态，未处理的纤维板从进口端入，处理后的纤维板由出口端送出。处理室可根据温度高低分为三个区，即预热区(80~160℃)、高温区(160~175℃)和冷却区(100~175℃)。纤维板依次通过这三个区域，进行热处理。

### 9.7.2 增湿处理

增湿处理主要针对湿法硬质纤维板和热压后含水率过低的其他人造板产品。

经热压和热处理后的硬质纤维板，几乎处于绝干状态，这种纤维板与大气相接触，会吸收空气中的水分，这种自然的吸湿过程需要较长的时间才能和大气湿度相平衡。在自然吸湿过程中，由于纤维板的幅面大而密实，使纤维板各部位吸湿程度不均匀，从而各个方向所产生的内应力不同。这些不均衡的应力相互作用，容易导致纤维板发生翘曲和变形。

采用人工加速增湿的方法，可以使纤维板尽快达到与大气湿度相平衡，这样提高了纤维板的尺寸稳定性，也缩短了处理时间，相应地提高了生产效率。

纤维板的调湿方法，基本上分为两大类型：一类是用调湿处理室(有间歇式和连续式)，这种调湿室类似纤维板的热处理室，其中增设加湿装置；另一类是强制连续式辊筒增湿机。这种类型设备简单，占地面积小，并能达到预期增湿处理的效果，一般多采用这种类型。

### 9.7.3 浸油处理

用干性油或半干性油处理硬质纤维板，是提高其强度和降低吸水率的有效方法之一。一般常用的油类为桐油、亚麻仁油、棉籽油、豆油、蓖麻油等。这些油类经过乳化，然后把纤维板浸在这些油里，然后烘干，使油质均匀地渗入纤维板中。

经过油浸后的硬质纤维板，强度可以提高1倍，吸水率可以大大降低，并且能够经受长时间的水浸。干性油经过加热干燥，能发生氧化和聚合，使油分子重新排列，形成酮型氧化物，并在加热过程中形成薄膜，这是提高板材强度和耐水性的根本原因。

**思考题**

1. 热压后的人造板为什么要进行冷却？
2. 用单层压机、多层压机和连续压机生产人造板，在裁边工艺上有何异同点？
3. 胶合板、中密度纤维板和刨花板在砂光工艺上有何异同点？
4. 简述用氨处理法降低人造板甲醛释放量的原理和处理方法？
5. 简述用真空加压浸渍对胶合板进行阻燃处理的原理和工艺过程？

# 第10章 无机胶黏剂人造板

本章介绍了水泥刨花板和石膏刨花板等无机人造板的生产工艺过程、主要设备、产品性能和用途。

本章重点介绍无机人造板的结合机理，并根据无机胶黏剂人造板与木质人造板的工艺差异，提供了水泥刨花板和石膏刨花板的工艺参数，分析无机人造板的性能优势，探讨了新型阻燃材料的研制。

无机胶黏剂人造板是以无机材料为胶黏剂，采用较简单的生产工艺而制造的产品。目前，水泥刨花板和石膏刨花板已在许多国家付诸工业化生产。

与传统的木质人造板相比，无机胶黏剂人造板有下列特点：

第一，无机胶黏剂原料来源广泛。作为无机胶黏剂的水泥、石膏、矿渣和粉煤灰等资源丰富，价格低廉。高标号水泥在我国大多数水泥厂均可生产，我国不少地方贮存有高品位的石膏矿，矿渣可以经炼钢厂产生的炉渣精加工而获得，粉煤灰是发电厂锅炉燃烧废料。总体上讲，无机胶黏剂的成本比较低。

第二，生产工艺过程相对简单。无机胶黏剂人造板生产过程与木质刨花板相似，除矿渣刨花板外，一般不需要干燥工序。无机胶黏剂人造板生产分冷压和热压两种工艺。冷压法可省掉压机加热系统，能源消耗低。当然，无机胶黏剂人造板生产一般需配备养护系统。

第三，对木材原料有专门要求。木材由纤维素、半纤维素和木质素组成，而无机胶黏剂浆料多为碱性，碱能使半纤维素发生水解形成糖，而糖的存在对无机胶黏材料的凝固硬化产生不良影响。因此，要选用那些阻凝影响小的树种，也可以通过对木材原料进行热水抽提和化学抽提来消除阻凝影响。

无机胶黏剂人造板用作墙体材料的结构样式是多种多样的，常见的类型有：无机胶黏剂人造板作内外墙板，中间填以保温材料做成复合墙体；或者以黏土砖为外墙体，无机胶黏剂人造板为内墙板，中间填以保温材料做成复合墙体；也可以以无机胶黏剂人造板为外墙板，木质人造板为内墙板，中间填以保温材料做成复合墙体。为适应我国居民对传统外墙的审美习惯，可以把外墙板模压成砖墙式样。至于室内分隔墙体，则可以用龙骨作支撑，两侧覆以无机胶黏剂人造板。

无机胶黏剂人造板具有许多木质人造板所不具有的优点，如不燃、抗冻、耐腐和无游离甲醛散发等。

# 10.1　水泥刨花板

水泥刨花板是以木质刨花为原料，以水泥为胶黏剂，添加其他化学助剂，经混合搅拌、成型、加压和养护而制成的一种人造板。

## 10.1.1　水泥刨花板构成机理

水泥中主要成分为硅酸钙等，当用一定量的水与其充分混合后，二者进行水化反应，产生水泥浆体系统放热、凝固和机械强度增长等一系列现象。随着水化作用的持续进行，水泥浆体逐渐凝结并失去流动性，可塑性越来越小，这一过程称为凝结过程。通常把凝结过程分为初凝和终凝两个阶段，初凝阶段表示水泥浆体开始失去可塑性并凝聚成块但尚不具有机械强度的阶段；终凝阶段表示水泥浆体进一步失去可塑性，产生机械强度并可抵抗外加载荷的过程。达到终凝阶段以后，水化作用仍在继续进行，水分进一步被吸收，凝聚体机械强度进一步被提高，结构被固定下来，这一阶段称为硬化过程。木质刨花、水泥和水混合后，同样发生如上所述的变化。可以用温度—时间曲线来描述水泥刨花板的硬化过程(图 10-1)。在该曲线中，把整个硬化过程分为起始期、诱导期、加速期和衰退期等几个阶段。

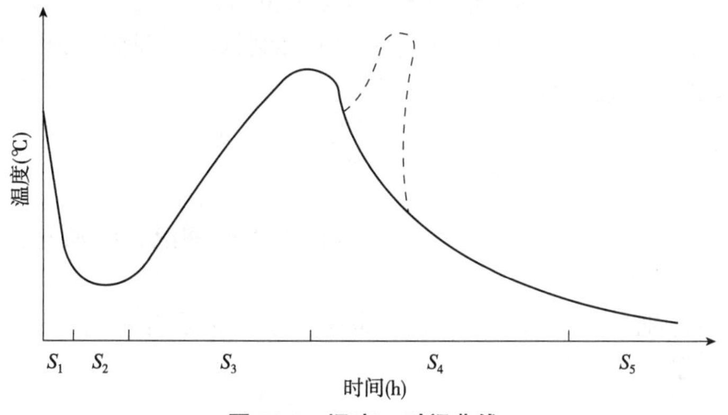


**图 10-1　温度—时间曲线**

$S_1$：起始期。发生在水泥与水混合初期，反应相对较快，但持续的时间比较短，一般仅有 4~5min。

$S_2$：诱导期。发生在水化反应开始后 1.5~2.0h 内，反应速度比较缓慢，浆体开始失去流动性和部分可塑性，水泥的初凝阶段起于诱导期末。

$S_3$：加速期。在这一阶段浆体有较多的化学生成物，完全失去可塑性，达到一定的强度。水泥的终凝阶段起于加速期初。

$S_4$，$S_5$：衰退期。水泥浆体趋于硬化。

水化反应的情况可以通过测定水化热来进行考察。水泥在水化过程中放出的热称为水泥的水化热。水化放热量和放热速度决定于水泥的矿物成分，水泥细度，水泥中所掺的混合材料和外加剂的品种、数量。水泥水化热通常用国家标准规定的方法进行测定。

(1)测定水化热及其评价方法

①试验方法

——将干刨花粉碎成200目木粉。

——取20~40g干木粉，按水泥与木粉100∶15质量比称取水泥，加入一部分水(水=0.25水泥+2.7木粉)混合。

——将三者混合物倒入塑料杯中，将塑料杯置于大口保温瓶中，在杯四周填放保温材料，把测温元件插入混合物中。

——在线记录温度变化，直到达到最高温度为止，记下达到的最高温度值及到达的时间。

——用同样的方法测定纯水泥和水混合物的水化热，记下最高水化温度值和所需的时间。

②韦氏控制系数($I_W$)和莫氏控制系数($I_M$)

$$I_W = 100\times\left(\frac{\theta-\theta_s}{\theta_s}\right)$$

式中：$\theta$ ——水泥、水、木材三种混合物达到最高水化温度所需时间(h)；

$\theta_s$——水泥、水混合物到达最高水化温度所需时间(h)。

韦氏控制系数越小，说明木材对水泥水化的抑制越小，即该树种与水泥的相容性越好，适用于做水泥刨花板原料。

$$I_M = 100\times\frac{t-t'}{t}\times\frac{T-T'}{T}\times\frac{S-S'}{S}$$

式中：$t$，$t'$ ——分别为水泥和水，水泥、木材加水两种混合物所达到的最高水化温度(℃)；

$T$，$T'$——分别为水泥加水，水泥、木材加水两种混合物到达最高水化温度所需的时间(h)。

$$S=\frac{t}{t'}\quad S'=\frac{T}{T'}$$

莫氏控制系数越小，说明该树种与水泥的相容性好，比较适合用作水泥刨花板的原料。

(2)水化反应的特征

水化反应的特征也可以用最大温差和到达时间来分析(图10-2)。

木材与水泥混合物和纯水泥的水化反应特性完全不同。添加的木刨花，会阻碍系统水化反应的进行。具体表现在到达时间的延长和最大温差的降低。究其原因，在于木材中的糖类抽提物以及半纤维素生成的糖类物质对水化反应产生了阻碍作用。

通过添加化学助剂可以使有些本来不适合制作水泥刨花板的树种有可能用于制板，同样用测定水化热和计算韦氏控制系数、莫氏控制系数来评价。一般认为，添加化学助剂后，最高水化温度至少要达到50℃。

受多种因素影响，考查木材与水泥相容性的最终标准是水泥刨花板的性能。

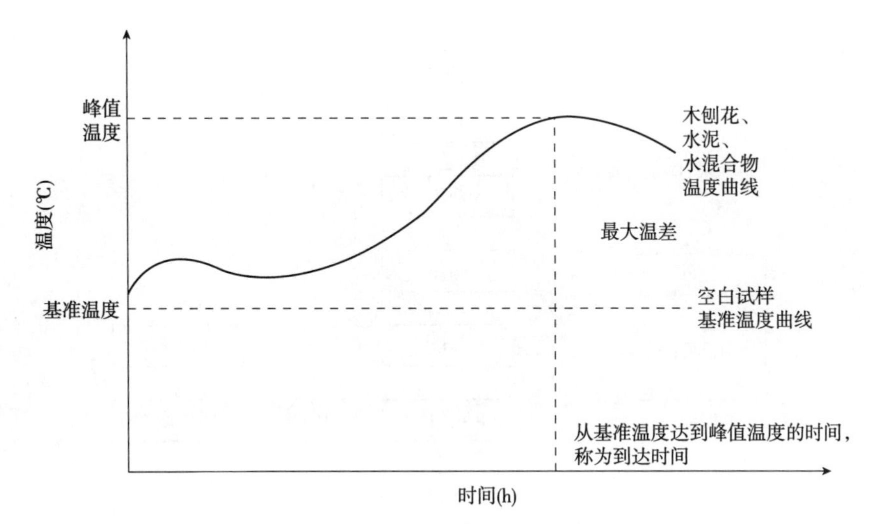


**图 10-2　水化温度曲线特征值**

**表 10-1　三种水泥的特性与标号**

| | 硅酸盐水泥 | 普通硅酸盐水泥 | 矿渣硅酸盐水泥 |
|---|---|---|---|
| 主要成分 | 以硅酸盐熟料为主，不掺混合材料 | 在硅酸盐熟料中掺入不超过水泥重 12%的混合材料 | 在硅酸盐水泥熟料中，掺入占水泥重 20%~70%的粒化高炉矿渣 |
| 特　点 | 硬化快，强度高；水化热较大；耐冻性较好；耐腐蚀与耐水性较差 | 早期强度高；水化热大；耐冻性好；耐腐蚀与耐水性差 | 早期强度低，后期强度增长较快；水化热较小；耐冻性差；耐硫酸盐腐蚀及耐水性较好；抗碳化能力差 |
| 密度($g/cm^3$) | 3~3.15 | 3~3.15 | 2.8~3.10 |
| 堆积密度($kg/m^3$) | 1000~1600 | 1000~1600 | 1000~1200 |
| 标号和类型 | 425、425R、525、525R、625、625R、725R | 275、325、425、425R、525、525R、625、625R、725R | 275、325、425、425R、525、525R、625、625R、725R |

用于制造水泥刨花板的水泥应满足凝固时间短、水化热大、早期温度高等要求，一般多用硅酸盐水泥，标号应不低于 425。表 10-1 给出了三种水泥的特性和标号。

## 10.1.2　水泥刨花板生产工艺

水泥刨花板一般采用冷压法，但采用此法所需的加压时间长，为克服这一问题，发明了二氧化碳注入法，实现缩短加压时间的目的。也有用热压法生产水泥刨花板的试验报道，但在工业生产上主要仍采用冷压法。

水泥刨花板生产工艺流程如图 10-3 所示。

(1)备料

备料分两个步骤，第一步为原料树种选择，要通过试验，挑选那些与水泥相容性好的树种，对于相容性不太好的树种，可考虑添加化学助剂进行改性。经过试验，可选用杨木、落叶松等树种，原料需经剥皮。第二步为刨花制备，视原料的类型不同，制取的工艺各不相同。如果是小径级原木，采用先刨片再打磨工艺；若是枝丫材或加工剩余

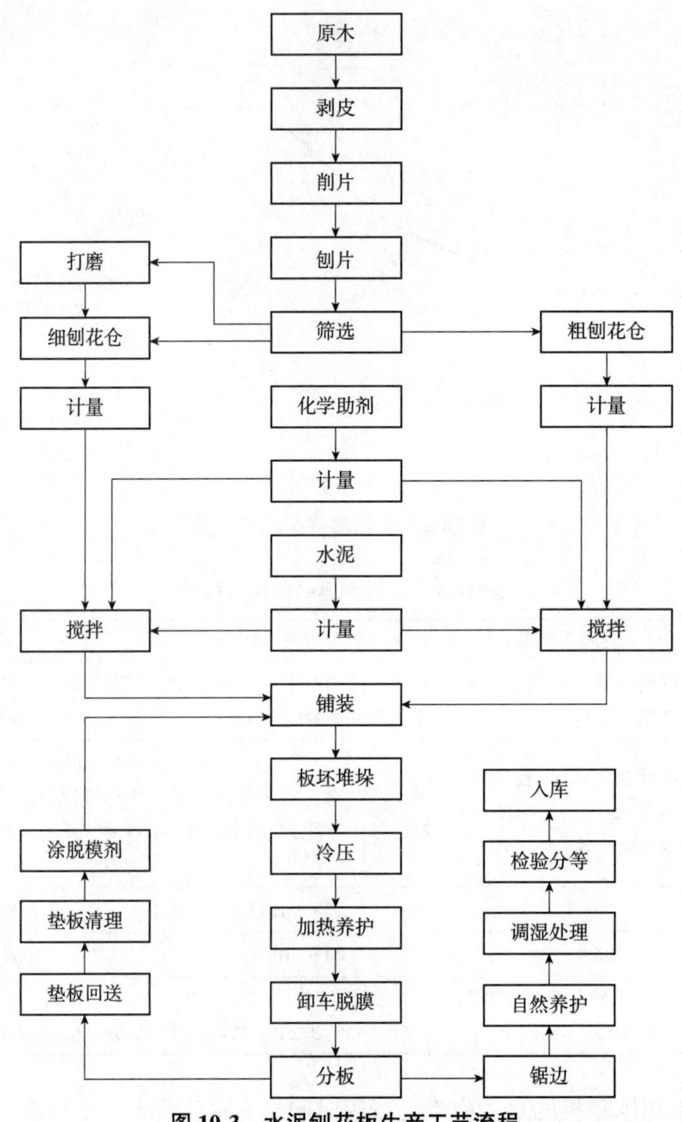


**图 10-3 水泥刨花板生产工艺流程**

物，采用先削片再环式刨片工艺；若是工艺刨花，采用锤式再碎工艺。制取的刨花经过筛选后使用，分成表层用的细刨花和芯层用的粗刨花，刨花的尺寸如下：长度 20mm 左右，宽度 4~8mm，厚度 0.2~0.4mm。制备好的刨花被送入料仓备用。在生产水泥刨花板时，刨花不需要干燥。刨花制备所用的设备与木质刨花板制备所用的设备基本相似。

(2)搅拌

搅拌工序一般为周期式加工，在搅拌时按照一定的比例加入五种材料：合格刨花、填料、水泥、化学助剂和水。

填料可以是经振动筛出的细料与锯屑。用量不超过合格刨花用量的 1/3。水泥可以是硅酸盐水泥，也可以为矿渣水泥。化学助剂的作用是克服木材中有些成分对水泥的阻凝作用，促进水泥早强快凝，三氯化磷、硫酸钙、氯化钙、氟化钠和二乙醇胺等均可作为化学助剂使用。一般水泥刨花板生产，水泥占 60%~70%，刨花(含填料)占 20%~

30%。另含适量的化学助剂。搅拌后的浆料输入计量料仓，再送入铺装机。

(3) 铺装

水泥刨花板的铺装与普通木质刨花板基本相同，有气流式和机械式两种，小规模生产用两个铺装头，较大规模生产厂有三个铺装头。两台气流式铺装机铺装表层，一台机械式铺装机铺装芯层，得到是表层细中间粗的三层结构板坯。刨花被直接铺在钢垫板上，钢垫板两端彼此相搭，为避免粘板，钢垫板表面涂有脱模剂。水泥刨花板采用成垛加压，加压之前，用堆板机将板坯和垫板逐张整齐地堆放在横悬车上，一次堆垛 20~60 张，然后，将堆满板坯的横悬车推入压机内。

(4) 加压

板坯在一个特制的压机中加压，成堆的板坯连同垫板被拖入压机后，压机启动下落，压机上部是横悬车的上横板，板坯被压缩到一定厚度后，使上横板与压机脱开并与横悬车的下横板锁紧，然后卸压，将横悬车拉出压机，此时板坯上的压力为 2.5~3.5MPa。一般压机闭合速度为 200mm/s，加压速度为 25mm/s，加压时间为 15min。

(5) 加热养护

将装有板坯的横悬车推入养护室进行养护，养护温度为 70~90℃，时间 8~14h。一般加热养护后，板坯强度可达到最终强度的 50%。

(6) 后期加工

完成加热养护的板坯连同横悬车被推入压机，卸下保压杠杆，用真空吸盘装置将毛板与垫板分离，完成纵横锯边，再在室温下堆垛自然养护 14d，达到最终强度的 80%。如果对板子作调湿处理，将板子含水率调至当地平衡含水率，借此可提高强度和尺寸稳定性。最后，根据有关标准对板材进行检验、分等、包装及入库。

### 10.1.3 水泥刨花板快速固化生产方法

现有的冷压法水泥刨花板生产工艺加热养护时间太长，限制了生产能力。现已发明了一种快速固化法，可以解决上述问题。

(1) 快速固化原理

加压时，经管道和压板上的小孔喷入较高压力的 $CO_2$ 气体，与硅酸盐水泥水化生成的氢氧化钙发生下述反应，生成碳酸钙：

$$Ca(OH)_2+CO_2+H_2O = CaCO_3+H_2O$$

在封闭条件下，大量的 $CO_2$ 气体喷入板坯，温度可升至 100℃以上，使水化反应强烈，固化速度加快。几分钟内，板坯可达一定强度。这就是快速固化的原理。

(2) 快速固化工艺

快速固化工艺与常规工艺相比，仅在于加压工艺不同。新工艺是逐张加压，$CO_2$ 气体从板坯一侧喷入，再从另一侧压板的小孔返回，一些未参加反应的 $CO_2$ 气体可回收。

加压时间仅需4~6min，卸压后的板子仍需自然养护10~14d，$CO_2$ 的吸收量约为水泥重量的8%~10%，每生产1m³ 水泥刨花板大约消耗70kg $CO_2$。

### 10.1.4 水泥刨花板生产的影响因素

尽管水泥刨花板与木质刨花板所用原料不同，但有些影响产品性能的因素是相似的，比如产品密度、刨花形状、铺装结构及加压要素等对板材性能的影响，本节不再作重复介绍。对水泥刨花板来说，影响工艺条件的因素主要有四点。

(1)木材原料含糖量

木材中的糖分会影响水泥的凝固，所以要求选用含糖量很低的树种，如云杉、冷杉、圆柏和杨木，以及含糖量较低的树种，如南柳杉、柳、红松、栎木、桦木等，不宜选用落叶松等。木材的含糖量还与树干部位(心材高于边材，枝丫材高于树干材)、采伐季节(春伐材高于冬伐材)、运输方式(陆运陆存材高于水运水存材)和贮存时间(短贮材高于长贮材)等因素有关。在工艺上可以通过一系列措施来降低木材的含糖量，如延长贮存时间，采用水运水存，进行蒸煮处理，提高水泥用量和施加化学助剂等。

(2)灰木比

水泥与刨花的用量比称为灰木比。增加水泥的用量，可以提高水泥刨花板的耐候性、阻燃性和降低吸水厚度及线性膨胀率，但会导致板材的力学强度下降，有必要根据板材的使用场所来确定板材的灰木比。一般说来，室外用板材，灰木比可取2.3~3.0，板材密度可取1200~1300kg/m³；室内用板材，灰木比可取1.5~2.0，板材密度可取1000~1700kg/m³。表10-2给出了灰木比与板材性能的关系。

表10-2 水泥刨花板密度、灰木比与板材静曲强度的关系(MPa)

| 密度(kg/m³) | 静曲强度 | | | | | |
|---|---|---|---|---|---|---|
| | 灰木比 | | | | | |
| | 1.0 | 1.5 | 1.8 | 2.0 | 2.3 | 2.5 |
| 900 | 5.5 | 5.3 | 4.9 | 4.4 | 4.0 | — |
| 1000 | — | 8.6 | 6.6 | 5.9 | 6.3 | — |
| 1100 | 11.8 | 11.2 | 9.3 | 8.7 | 8.9 | — |
| 1200 | — | — | — | 11.1 | — | 10.2 |

注：试验条件——树种：桦木；水泥：525号普通硅酸盐水泥；板厚：12mm；水灰比：0.55；养护条件：75℃，10h；室温堆放28d。

(3)水木比

水木比即水与刨花的用量比。水木比过大，在搅拌时易结团，铺装时很难将物料均匀地散开，加压时甚至挤出水分，从而降低板材的质量。如果水木比过小，水泥不能全部粘附于湿刨花表面，搅拌不匀，铺装时水泥会飞散，不仅影响生产环境，也会影响板材质量。最低用水量必须保证水化所需的水分，保证均匀搅拌和铺装，最大用水量必须保证加压时不会榨出水分。经大量的试验对比，合适的水木比与灰木比有一定关系（表 10-3）。

**表 10-3　合适的水木比与灰木比关系**

| 水木比 | 灰木比 | 水木比 | 灰木比 |
|---|---|---|---|
| 1 | 1.5 | 1.6~1.8 | 3 |
| 1~1.6 | 2~2.5 | 1.8~2.0 | 4 |

（4）养护处理

养护处理与板材性能关系极大。加热养护必须把握住温度控制。高温养护可提高早期强度，缩短养护时间，但不利于后期强度增加。低温养护虽可保证最终湿度，但养护时间过长。要根据木材树种、水泥标号、灰木比以及化学助剂类型及用量来确定加热养护温度及时间。

### 10.1.5　水泥刨花板的性能

水泥刨花板是一种建筑材料，不少国家都颁布了专门的检验标准。检测的指标比木质刨花板多。表 10-4 为中国、德国和日本三个国家水泥刨花板的物理力学性能。

**表 10-4　三个国家的水泥刨花板物理力学性能对比**

| 指标名称 | 中　国 | 德　国 | 日　本 |
|---|---|---|---|
| 幅面（mm×mm） | 900×2850 | 1250×（2600~3200） | 910×（1820~2730） |
| 厚度（mm） | 12±1 | — | — |
| 密度（kg/m$^3$） | 1100~1200 | 约 1200 | 900 以上 |
| 含水率（%） | 10~12 | 12~15 | 15 以下 |
| 抗折强度（MPa） | 90~120 | 100~130 | 100 |
| 抗拉强度（MPa） | 35~50 | 50 | 36 左右 |
| 抗压强度（MPa） | 10.0~15.0 | 10.0~15.0 | 10.0 左右 |
| 内结合力（MPa） | 0.4~0.6 | 0.4~0.6 | — |
| 弹性模量（MPa） | — | 4000~5000 | 3000 |
| 抗冲击性（kg・m） | 2 | — | 3 |
| 吸水率（%） | 气干-浸水 24h：<20<br>绝干-浸水饱和：约 35 | 绝干-浸水饱和：40 | 气干-浸水 24h：约 12 |
| 吸水（湿）线膨胀率（%） | 气干-浸水 24h：0.1~0.15<br>绝干-浸水 24h：0.3~0.4 | 20℃相对湿度，20%~90%，吸湿：0.3~0.4 | 气干-浸水 24h：0.12 |
| 透水性 | 24h 不透水 | — | 24h 不透水 |
| 抗冻性 | 50 次冻融循环（±20℃），强度不变 | 150 次冻融循环（±20℃），强度不变 | 100 次冻融，强度几乎不变 |
| 导热系数［W/（m・K）］ | 0.129~0.138 | 0.133 | 0.112 |

(续)

| 指标名称 | 中 国 | 德 国 | 日 本 |
| --- | --- | --- | --- |
| 隔声(dB) | 12mm厚：31；复合板(12-中空90-12)大于50(在1000Hz时) | 12mm厚：32 | 12mm厚：34；复合板(12-中空-12)49(在1000Hz时) |
| 阻燃性能 | 复合板(12-90-12)耐火极限30min | 类似不燃性材料 | 准不燃材料 |

## 10.2 石膏刨花板

石膏刨花板是以石膏作为胶黏剂，以木质刨花作为增强材料制成的一种板材，在世界上已有较长的生产历史。石膏刨花板作为一种轻质建筑材料得到广泛的应用，被列为新型墙体材料。

早期的石膏刨花板是用湿法工艺生产的，即要掺和大量的水，使石膏和木刨花呈絮状。该方法生产周期长，消耗热量多。德国的科学家获得了用半干法生产石膏刨花板的专利，并在工业生产上得到推广，把石膏刨花板的生产技术水平推进了一大步。

目前，我国用引进设备和国产设备已建成多条石膏刨花板生产线。

### 10.2.1 石膏刨花板构成机理

石膏刨花板是由石膏与木质刨花在其他化学材料参与下形成的化合体。制造石膏刨花板作为原料的建筑石膏主体成分为半水石膏($CaSO_4 \cdot 0.5H_2O$)，它是由石膏矿石[主体成分为二水石膏($CaSO_4 \cdot 2H_2O$)]经焙烧而来的，或用生产磷酸和磷所产生的废石膏煅烧而来。石膏矿石根据熔化温度和熔化时间不同而划分为：半水石膏、Ⅲ型无水石膏($CaSO_4$Ⅲ)和Ⅱ型无水石膏($CaSO_4$Ⅱ)。其中只有半水石膏才适于生产石膏刨花板。为了保证石膏刨花板的质量，用于制板的建筑石膏中半水石膏含量应不得低于75%。

石膏矿石经煅烧转化为半水石膏的反应方程式如下：

$$CaSO_4 \cdot 2H_2O \xlongequal{170 \sim 207℃} CaSO_4 \cdot \frac{1}{2}H_2O + 1\frac{1}{2}H_2O$$

石膏刨花板的制造原理是基于半水石膏与水发生作用，产生凝结和硬化。建筑石膏加水掺和后，很快引起化学反应：

$$CaSO_4 \cdot \frac{1}{2}H_2O + 1\frac{1}{2}H_2O = CaSO_3 \cdot 2H_2O$$

上述反应使半水石膏变成二水石膏。半水石膏加水后首先溶解，由于二水石膏的溶解度低于半水石膏的溶解度，导致一部分二水石膏不断地从饱和溶液中析出，形成胶体微粒，二水石膏的析出，破坏了原先半水石膏的平衡溶解度，引起半水石膏的再溶解和二水石膏的再析出，二水石膏胶体微粒逐步转变为晶体，石膏因此失去塑性。随着水分蒸发，胶体增加，石膏逐步硬化，形成足够的强度。石膏在木质刨花中起到了胶黏剂的作用，木质刨花也提供了增加石膏强度和韧性的作用。为优化工艺条件，一般在石膏刨花板生产中，还需要加入促凝剂或缓凝剂。

科学地控制好石膏的水化速度非常重要，过快或过慢将引起不良后果，可以借助差热分析仪确定水化时间。

## 10.2.2　石膏刨花板的原料

生产石膏刨花板所用的材料有三大类，即植物纤维原料、石膏原料及化学添加剂。

(1)植物纤维原料

同制造普通刨花板一样，植物纤维原料(包括木材原料和非木材纤维原料)是主体原料。一般说来，用于制造石膏刨花板的木材原料材种应满足以下要求：密度较低，强度较高，树皮含量和木材中抽提物含量较低。工业生产中多用针叶材或软阔叶材。竹材、农作物秸秆等也可以用来生产石膏刨花板，但所采取的工艺条件应与采用木材原料时有所区别。

(2)石膏原料

从绝对用量讲，石膏在石膏刨花板原料总量中占大部分。石膏刨花板制造所用的石膏主要为建筑石膏，可在市场上购买。为了保证获得良好的工艺特性和产品性能，石膏必须满足一定的质量要求，熟石膏的成分含量为：半水石膏含量≥70%，二水石膏含量<1%，结晶水含量为5%~6%，pH 值为6~8，无水石膏Ⅲ≤10%，无水石膏Ⅱ≤3%，石膏粉细度≥0.2mm。

(3)化学添加剂

化学添加剂的作用在于调节石膏的水化速度，受木材原料和石膏原料本身特性的影响，水化速度常有波动。为了防止石膏过早水化而影响板材强度，必须加入缓凝剂，常用的有硼酸、亚硫酸盐酒精废液、柠檬酸等。为了防止半水石膏浆体水化过慢，影响产量，应加入促凝剂，常用的有氯化钠、氟化钠、硫酸钠等。掌握合适的化学剂添加量，是合理把握水化速度的关键。为了保证有足够的工艺操作时间和获得理想的板材强度，一般在加水后约 30min 半水石膏初凝为佳。

## 10.2.3　石膏刨花板生产工艺

石膏刨花板生产工艺过程如图 10-4。

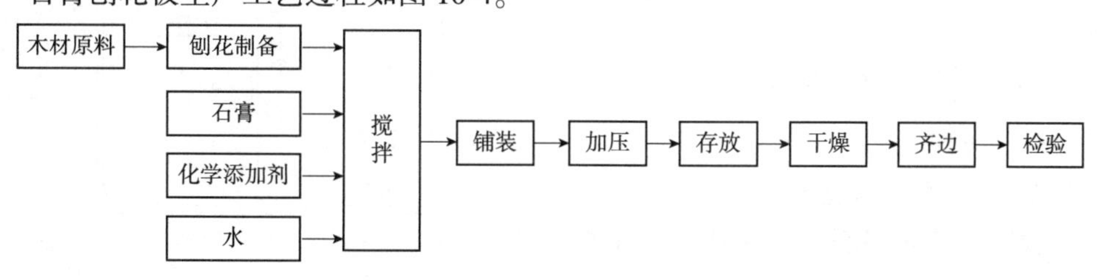


图 10-4　石膏刨花板生产工艺流程

(1)原料制备

根据工艺要求选用合适的木材原料。如果原料为小径级的原木，应尽可能剥皮；如果原料为枝丫材，无法剥皮，应在削片或刨片后将树皮筛除。木材原料含水率应保持在

50%左右，进厂原料应按树种分开堆放，排水通风无碍，防止腐烂霉变。

木刨花的制备是关系到板材性能的重要因素，刨花形态以薄片状为佳，厚度以0.2mm为宜。刨花制备设备与普通刨花板生产相同。如果原料为小径级原木，宜采用刨片机。如果原料为枝丫材或加工剩余物，宜采用削片机和环式刨片机。为了清除木材中可能影响石膏水化的抽提物，常常用浸渍法对木材进行抽提处理。

(2)搅拌

搅拌时，按照下列配比将刨花、石膏、水和化学添加剂混合在一起：

木膏比——绝干刨花与石膏粉的质量比，一般为0.25~0.40；

水膏比——水与石膏粉的质量比，一般为0.35~0.45；

化学添加剂与石膏粉的质量比——视木材材种、石膏品种、化学药剂品种而异。

各种原料用量按下式计算：

一块板需要的石膏粉：

$$G_{石}=\frac{G_{板}}{1+m_1+m_2}$$

式中：$G_{板}$——一块石膏板的绝干质量(kg)；

$m_1$——木膏比；

$m_2$——因水化增加的质量比，一般取 $m_2=0.16$。

一块板需要的绝干刨花量：

$$G_{干}=G_{石}\ m_1$$

一块板需要的湿刨花量：

$$G_{湿}=G_{干}(1+W)$$

式中：$W$——刨花含水率(%)。

一块板需要的化学药剂量：

$$G_{化}=G_{石}\ m_3$$

式中：$m_3$——化学添加剂(缓凝剂或促凝剂)与石膏粉的质量比(%)。

用水量：

$$G_{水}=G_{石}\ m_4-G_{干}\ W-G_{石}\ m_3C$$

式中：$m_4$——水膏比；

$C$——缓凝剂或促凝剂含水率(%)。

搅拌时，首先将刨花、水和化学添加剂放入搅拌机，使之搅拌均匀，再放入石膏粉，并继续搅拌。搅拌机结构如图10-5所示。

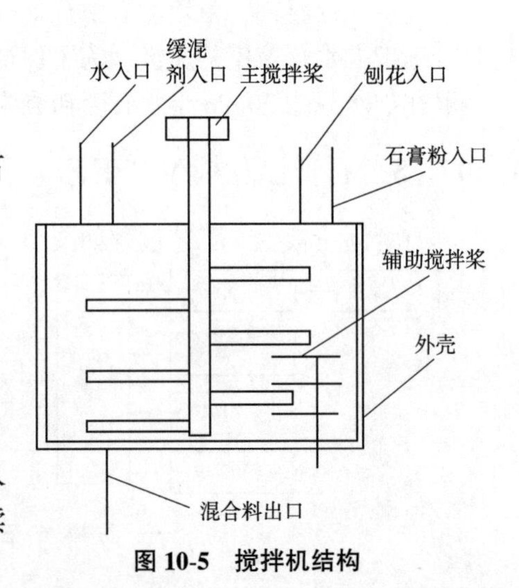


**图10-5 搅拌机结构**

(3)铺装

石膏刨花板的铺装原理与所用设备基本上类同于普通刨花板。板坯的组成结构分单层、多层、渐变和定向等。其中，单层或多层结构一般采用机械式铺装头，渐变结构一般采用机械式铺装头或气流式铺装头，定向结构一般采用圆盘式或插片式定向铺装头。

石膏刨花板坯铺装通常有周期式铺装和连续式铺装之分。为了获得稳定的产品密度，保证原料稳定的投入量是至关重要的。一般说来，铺装用料多用料斗秤或皮带秤计量，也可以用体积计量。

$$G=\frac{0.1DLBR}{1000}+\frac{0.1DLBR}{1000}\times\frac{100+KW}{100+KW+HG}\times\frac{WG-KW}{100}$$

式中：$L$——板坯长度(cm)；

$B$——板坯铺装宽度(cm)，一般取 1270cm；

$D$——板坯厚度(mm)；

$R$——板子的密度($g/cm^3$)，取 1.2$g/cm^3$；

$WG$——水膏比(%)；

$KW$——结晶水(%)；

$HG$——木膏比(%)。

工业化生产中多采用连续式铺装，板坯被铺在由头层相搭接的垫板组成的运输带上，借助加速段，使连续板坯带分开，并进行承重，合格者由堆板机堆垛，每垛 20~80 张。不合格的板坯由专门装置送回铺装工段回用。垫板通常为 4mm 厚的不锈钢板，铺装前必须打扫干净并涂刷脱模剂，防止粘板，一般用废机油或钻孔冷却乳液。

(4)加压

石膏凝固的反应过程是放热反应，故石膏刨花板坯加压采用冷压方式，这就决定了加压设备可大大简化。

石膏刨花板加压主要应控制好两个因素：①加压压力，一般取 1.5~3.0MPa；②加压时间，从理论上讲，石膏刨花板坯加压时间需 2~3h。为了提高压机生产率，一般把板坯加压时间分为在压机内加压和在压机外加压两部分。压机外加压系当压机对板坯施加一定作用力后，用特殊装置夹紧板坯垛，使之保持一定压力，然后拉出压机，保压2~3h。应当注意，加压必须发生在石膏初凝之前，否则，会出现预固化现象。

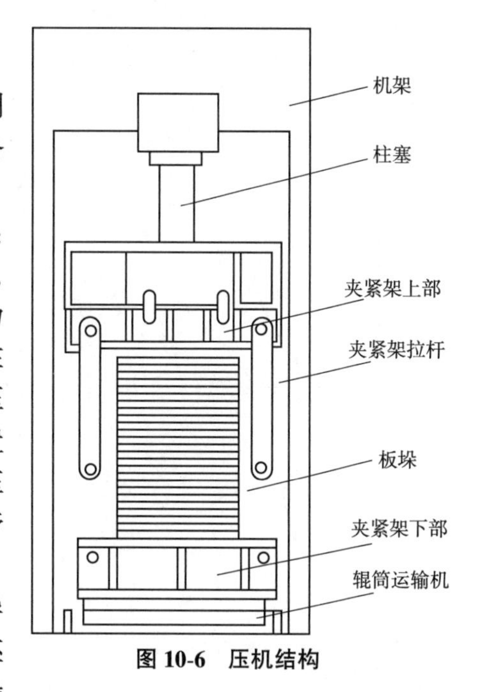

**图 10-6 压机结构**

石膏刨花板加压压机与普通刨花板压机差异较大。多为大开档单层压机(图 10-6)，由于板坯是成垛送入压机后再借助夹紧框架加压，故板垛必须保持有足够的厚度，方能保证在满足板子厚度要求的前提下，达到所要求的加压压力。板垛压缩后厚度必须与夹紧架的厚度相符，如果二者不相符，可用补偿垫板来调整。对于不同厚度的板材对应不同厚度的补偿垫板(表 10-5)。

表 10-5 板坯堆积数量与补偿垫板厚度

| 板厚(mm) | 板坯堆积数量(张) | 板垛高度(mm) | 补偿垫板厚度(mm) |
|---|---|---|---|
| 8 | 80 | 960 | 0 |
| 10 | 68 | 952 | 8 |
| 12 | 60 | 960 | 0 |
| 15 | 50 | 950 | 10 |
| 18 | 43 | 946 | 14 |
| 22 | 37 | 960 | 0 |
| 28 | 30 | 960 | 0 |

注：垫板厚度为4mm。

(5)堆垛

在压机外保压的板坯持续2~3h后，达到了石膏水化终点，需进行拆垛。拆垛需在压机上进行。首先，将板垛再次推入压机，通过加压打开框架。夹紧装置松开后，将板垛拖出压机，用分板器把垫板和石膏刨花板分开。

(6)干燥

加压时石膏刨花板的初含水率为30%左右，完成水化过程后的石膏刨花板含水率为15%左右。但石膏刨花板的天然平衡含水率为1%~3%。因此，拆垛后的石膏刨花板必须进行干燥。石膏刨花板干燥时，应当严格控制干燥温度和干燥时间。工业化生产中，一般采用类似于单板干燥机的连续式干燥装置。该装置分预热段、干燥段和冷却段。

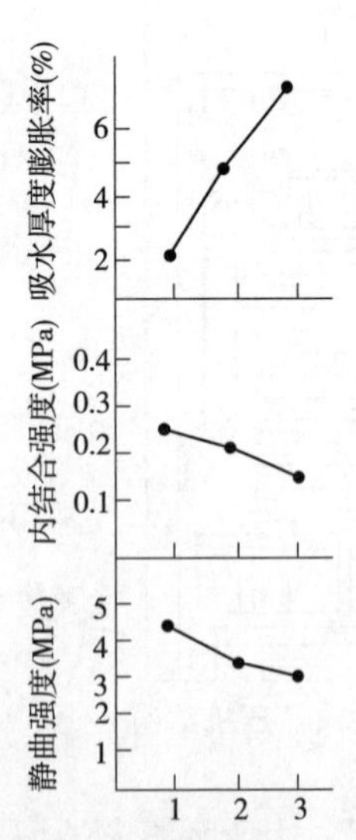

图 10-7 干燥时间对石膏刨花板性能的影响

预热段——此段可快速提高板材的温度，使板材内外的温度趋于一致，造成内高外低的含水率梯度，有利于板材蒸发水分。预热段温度为160~180℃。

干燥段——此段可蒸发大量水分，需消耗大量热能，使干燥介质温度有所下降，干燥段越长，板材的传送速度越快，干燥机生产能力越大。干燥段温度一般为120~140℃。

冷却段——此段可降低干燥介质与大气的温度差，防止板材进入大气中产生变形。冷却段温度为70~80℃。

干燥时间的控制以板材含水率达到要求为度，不宜将板材置于高温环境时间过长，因为这会造成板中水化生成物的结晶水分解而降低板材的性能。试验表明，随着干燥时间的延长，板材的静曲强度和内结合强度有所下降，而吸水厚度膨胀率有所上升(图10-7)。

(7)裁边与砂光

干燥后的石膏刨花板需进行裁边而最终成为幅面为 1220mm×2440mm 的成品板，裁边时可以用普通双圆锯片的纵横锯边机，或带分割锯片的联合裁边机组。圆锯片锯齿通常镶有硬质合金。要保证锯路通直，边部平齐，无塌边、缺角缺陷，长度尺寸应符合有关标准规定的要求。裁边后的成品板需进行砂光，以提高板材的表面质量，有利于后续的二次加工。砂光多采用定厚砂光机。

## 10.2.4　影响石膏刨花板生产的因素

(1)树种

不同树种的水抽提物成分和含量均不相同，达到水化终点所需的时间不一样(图 10-8)，所得的板材静曲强度也不尽相同(图 10-9)。一般说来，阔叶材树种及含树皮的木刨花达到水化终点所需时间相对较长。

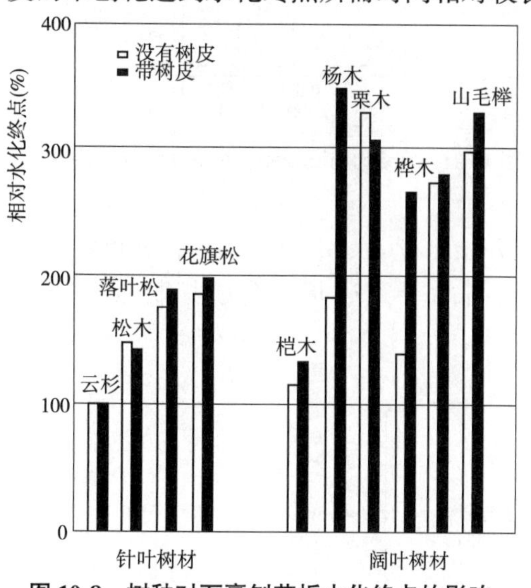


图 10-8　树种对石膏刨花板水化终点的影响

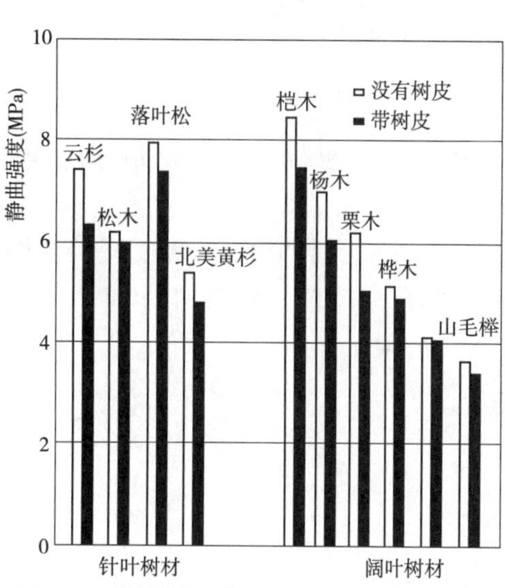


图 10-9　树种对石膏刨花板静曲强度的影响

(2)刨花形态

随着刨花厚度增加，石膏刨花板的静曲强度下降(表 10-6)。

表 10-6　刨花厚度与板材强度的关系

| 项　目 | 刨花厚度(mm) | | | |
|---|---|---|---|---|
| | 0.15 | 0.20 | 0.30 | 0.40 |
| 板密度(kg/m³) | 1150 | 1140 | 1080 | 1140 |
| 静曲强度(MPa) | 7.7 | 7.8 | 6.3 | 5.9 |
| 静曲弹性模量(MPa) | 2300 | 2830 | 2880 | 2860 |
| 剪切强度(MPa) | 1.46 | 1.64 | 1.43 | 2.30 |

(3)原料配比

一般说来，石膏刨花板的静曲强度随着木膏比增加而提高，达到一定的数值后再下降(图 10-10)。

水膏比影响半水石膏结晶过程和结晶形状，水膏比与板材静曲强度关系如图 10-11 所示。

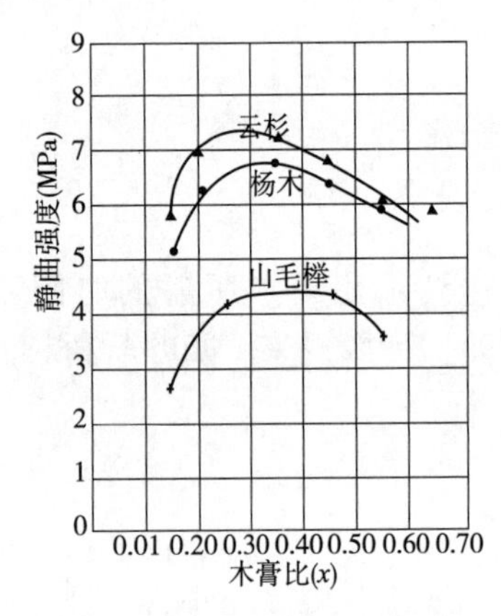


图 10-10 木膏比与石膏刨花板静曲强度的关系

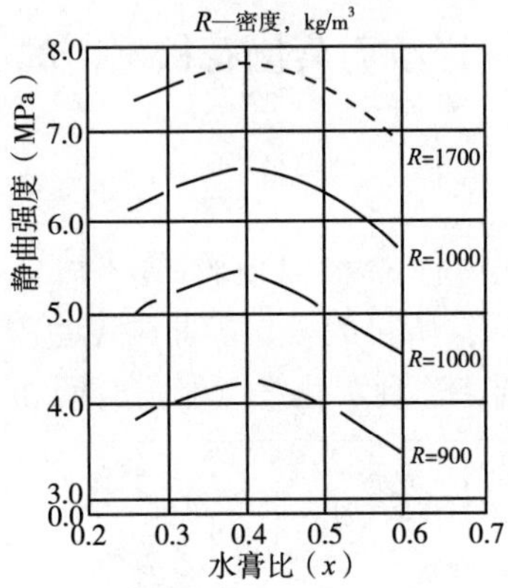

图 10-11 水膏比与石膏刨花板静曲强度的关系

原料混合后如放置时间过长，半水石膏即开始水化，如不及时加压，就可能形成松散的石膏结晶，后续再行加压，有可能使结晶受到破坏，造成板材强度下降(图 10-12)。

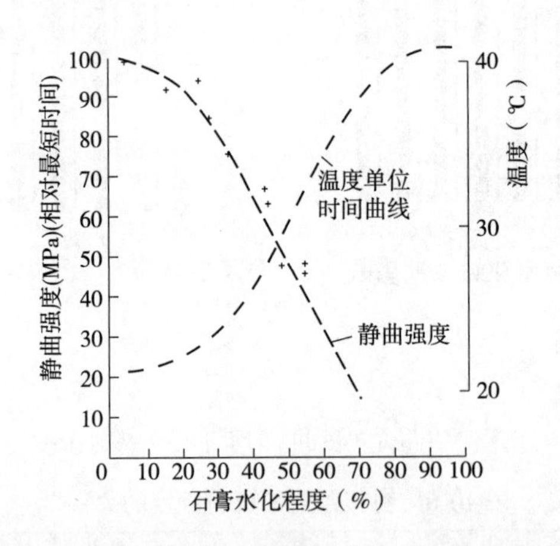


图 10-12 原料混合后的放置时间与石膏板性能的关系

## 10.2.5 石膏刨花板的性能

石膏刨花板应依据有关标准进行质量检验。德国工业标准(DIN)石膏刨花板的主要检测内容见表 10-7。

表 10-7　石膏刨花板物理力学性能(DIN)

| 项　目 | 单　位 | 指　标 | 项　目 | 单　位 | 指　标 |
|---|---|---|---|---|---|
| 密度 | $kg/m^3$ | 1000~1200 | 吸湿线膨胀率(20℃)(相对湿度30%~85%) | % | 0.06~0.08 |
| 含水率 | % | 2~3 | 热传导率 | % | 0.18~0.35 |
| 静曲强度 | MPa | 6.0~10.0 | 水蒸气辐射阻力系数 | W/(m·K) | 16.0~18.0 |
| 静曲弹性模量 | MPa | 2800~4200 | 2h 吸水厚度膨胀率 | % | 0.2~1.5 |
| 平面抗拉强度 | MPa | 0.50~0.70 | 24h 吸水厚度膨胀率 | % | 1.6~2.2 |
| 表面结合强度 | MPa | 0.60~1.00 | | | |

## 10.3　其他无机人造板

### 10.3.1　矿渣刨花板

矿渣是炼铁过程中产生的废渣，高炉冶炼生铁时，为了控制温度，常加入石灰石和白云石作熔剂，在高温下分解后，得到密度为1500~2200$kg/m^3$的液渣，浮在铁水上面，成分为氧化铁、氧化钙、硫酸钙、硅酸铁与硅酸钙，定期从排渣口排出，冷却后成为矿渣。其主要成分由玻璃质组成，表现出凝胶性能，矿渣中所含的玻璃质越多，矿渣的活性越高。由于检测玻璃质含量比较困难，一般用测量矿渣化学成分计算 $F$ 值和 $K$ 值的方法来评价矿渣的活性程度。

$$F=\frac{CaO+MgO+Al_2O_3}{SiO_2}\qquad K=\frac{CaO+MgO+Al_2O_3}{SiO_2+MnO}$$

如 $F>1$，即可作为矿渣刨花板的原料；如 $K>1.6$，说明矿渣的活性较好。

(1)矿渣刨花板生产特点

矿渣刨花板生产过程与水泥刨花板生产过程相似，特点有两条：

——用于生产矿渣刨花板的木刨花需经干燥，而生产水泥刨花板不需干燥。

——水泥刨花板一般用冷压，而矿渣刨花板一般用热压。

矿渣刨花板生产过程如下：从炼铁厂取回矿渣，用5mm筛网进行粗筛，过筛后的矿渣送入盘磨机，粗磨至1mm左右，再送入球磨机精磨，并用振动筛分选出合适的粉末。

木刨花用类似于普通刨花板刨花制备方法获得，干燥后含水率为3%~5%。接着把矿渣、刨花、水、活性剂(水玻璃或氢氧化钠)在搅拌机内充分混合，再进行铺装、热压、裁边、砂光等工序，便可得到最终产品。

(2)矿渣刨花板的性能

在生产矿渣刨花板时，必须重视影响工艺条件和板材性能的有关因素，包括矿渣粒径、用水量、原料配比、活性剂用量等。

矿渣刨花板的性能与水泥刨花板相似(表10-8)。

**表10-8 矿渣刨花板的物理力学性能**

| 性 能 | 单 位 | 数 值 |
|---|---|---|
| 密 度 | $kg/m^3$ | 1200~1400 |
| 静曲强度 | MPa | 10~14 |
| 弹性模量 | MPa | 4000~5000 |
| 平面抗拉强度 | MPa | 0.3~0.6 |
| 吸水厚度膨胀率 | % | 1~3 |

## 10.3.2 粉煤灰刨花板

粉煤灰是煤炭燃烧过程中产生的一种废料，每燃烧1t煤，生成150~160kg粉煤灰，目前我国火力电厂每年要产生数量可观的粉煤灰，大约为8000万~10 000万t，粉煤灰已给环境造成危害。

粉煤灰主要由硅、钴和钙的化合物组成，还含有少量镁、铁、钠和钾的化合物。不同产地的煤和不同燃烧条件下产生的粉煤灰化学成分有很大的区别。粉煤灰刨花板是借助于粉煤灰的胶粘特性，添加一定量的水、刨花和添加剂，在一定温度压力下，发生水化、凝结和固化而获得的一种板材。粉煤灰刨花板的结合机理与矿渣刨花板相类似。

粉煤灰刨花板的生产过程与水泥刨花板基本上类似，包括原料准备(粉煤灰和木材刨花)、搅拌、铺装、热压、养护、裁边和砂光等。为改善板材的性能，一般在生产粉煤灰刨花板时，需添加一定量的水泥。

影响粉煤灰刨花板性能的因素主要包括粉煤灰的特性、原料配比、热压温度、添加剂种类及用量等。

粉煤灰刨花板主要作为墙体材料，实验室制造的粉煤灰刨花板性能见表10-9。

**表10-9 粉煤灰刨花板的性能**

| 性 能 | 单 位 | 数 值 | 性 能 | 单 位 | 数 值 |
|---|---|---|---|---|---|
| 静曲强度 | MPa | 11.95 | 厚度膨胀率 | % | 3.78 |
| 弹性模量 | MPa | 3686 | 密 度 | $kg/m^3$ | 1180 |
| 平面抗拉强度 | MPa | 1.03 | 含水率 | % | 10.07 |

## 10.3.3 菱苦土板

菱苦土板是用菱苦土和植物纤维混合经固化而制成的一种板材，具有防火、保温和价格低等优点，是一种合适的建筑材料，可用作墙板、天花板等。菱苦土板在20世纪50年代比较流行，后来生产逐步萎缩。最近，菱苦土板生产呈上升趋势。

菱苦土是白色或浅黄白的粉末，主要成分为氧化镁，含量不低于75%。菱苦土通常用铝化镁调和，能有效地提高固化速度和强度。菱苦土板的主要成分为菱苦土、木材原料(木纤维、木屑、木刨花和木丝等)、添加剂等。生产过程与水泥刨花板相似，一般为冷压。

## 思考题

1. 简述水泥刨花板和石膏刨花板的结合机理、生产过程和影响因素。
2. 试比较木质普通刨花板与无机胶黏剂刨花板生产工艺的异同点。

# 第 11 章
# 其他人造板

本章介绍集成材、正交胶合木、细木工板、单板层积材、定向结构人造板、竹材人造板、重组竹和秸秆人造板等其他人造板产品的定义、分类、性能、用途以及制造工艺等相关知识。重点分析了上述人造板的生产工艺与普通木质人造板的异同点。

集成材具有保持木材天然纹理、强度高、尺寸稳定性好等特点，能小材大用、劣材优用，构件结构设计自由，可制成能满足各种尺寸、形状以及特殊要求的木构件，是一种新型结构人造板，广泛应用于建筑、家具、室内装修等领域。细木工板具有轻质、易加工、握钉力好、不变形等优点，是室内装修和家具制造的理想材料。单板层积材保留了木材的天然特性，强度变异系数小，许用应力大，尺寸稳定性好，是理想的承重结构材料，用作屋顶桁架、门窗横梁、室内高级地板、楼梯踏步板和梯架等。定向结构人造板模拟胶合板结构，保留木材原有特点，其强度远高于普通刨花板和纤维板，主要替代厚胶合板和结构用实木，广泛应用于包装业、建筑业、家具制造与装修业、交通运输业等。竹材人造板发展快，种类多，如竹材胶合板、竹篾层积材、竹席胶合板、竹帘胶合板、竹刨花板和竹木复合板等。秸秆人造板新兴产业已初步形成。我国作为农业大国，有丰富的秸秆资源可用于制造人造板，如稻草(麦秸)刨花板、稻草(麦秸)中密度纤维板、棉秆人造板、玉米秸碎料板等。

## 11.1 集成材

### 11.1.1 定义

集成材(Glued Laminated Timber，简称 Glulam)，是指将纤维方向基本平行的板材、小方材等在长度或宽度方向接长或拼宽，在厚度方向上层积胶合而成的材料(图 11-1)。小方材的树种、数量、尺寸、形状、结构和厚度等可以变化。结构用集成材单块小方材，厚度一般不超过 51mm，常为 25mm 或 50mm。采用的树种主要有落叶松、柞木、楸树、樟子松、云杉、桦木、水曲柳、榆木、杨木等。

集成材原系汉字形式的日语名称，曾译为层积材，为与单板层积材区分，也曾译为板材层积材或厚板层积材。国内第一家生产这种材料的工厂采用了集成材这一名称，随

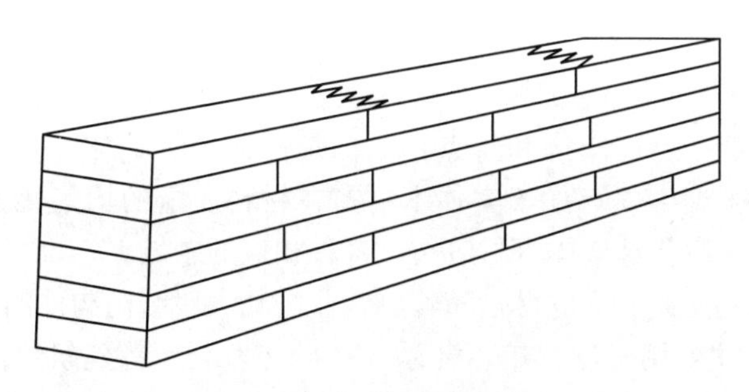

图 11-1　集成材结构示意

后建立的工厂也沿用了这个名称，为了便于这种产品的生产和流通，故常采用集成材这个名称，又称胶合木。集成材与木质工字梁、单板层积材同为三种主要的工程成材产品，在欧洲、北美和日本、俄罗斯等地发展迅速，广泛用于建筑，家具和装修行业。

### 11.1.2　分类

根据产品形状分为：通直集成材、弯曲集成材、方型截面集成材、矩形截面集成材以及变形截面集成材。

根据用途分为：结构用集成材、非结构用集成材、贴面非结构用集成材、贴面结构用集成材。

根据层板接合方式分为：指接集成材和平接集成材。

根据集成材层板等级分为：同等级构成集成材和异等级构成集成材。

根据树种配置分为：对称结构(平衡组合结构)集成材和非对称结构(非平衡组合结构)集成材。

根据受力特点分为：水平型集成材、垂直型集成材以及轴向荷载型集成材。

### 11.1.3　性能特点

①集成材由实体木材的短小料通过长度或宽度方向的接长或拼宽，以及厚度方向的层积制造成要求的规格尺寸和形状，做到小材大用。

②集成材在生产过程中剔除节子、虫眼、腐朽等木材瑕疵以及弯曲、空心等生长缺陷，可以制成缺陷少的集成材，组坯时即使有木材缺陷也可将其均匀分散，做到劣材优用。

③集成材保留了天然木材的材质感，外表美观。

④集成材的原料经过充分干燥，即使大截面、长尺寸材，其各部分的含水率仍均一，与实体木材相比，开裂、变形小。

⑤在抗拉和抗压等物理力学性能方面和材料质量均匀化方面优于实体木材，并且可按层板的强弱配置，提高其强度性能，试验表明其强度性能为实体木材的 1.5 倍。

⑥按需要集成材可以制造成通直形状、弯曲形状。制造成弯曲形状的集成材，作为木结构构件来说是理想的材料。按相应强度的要求可以制造成沿长度方向截面渐变结构，也可以制造成工字型、空心方形等截面集成材。

⑦胶合前，可以预先将板材进行药物处理，即使长、大材料，其内部也能有足够的药剂，使材料具有优良的防腐性、防火性和防虫性。

### 11.1.4 用途

集成材没有改变木材的结构和特点，它仍是一种天然基材，但从物理力学性能来看，在抗拉和抗压强度方面都优于实体木材，在材料质量的均匀化方面也优于实体木材。因此，集成材可以代替实体木材应用于各种相应的领域。

结构用集成材的用途：集成材是随着建筑业的壮大对结构构件的需求量大增而发展起来的(图11-2)，主要用于体育馆、音乐厅、厂房、仓库等建筑物的木结构梁，其中三铰拱梁应用最为普遍，这是在以前的木结构中无法实现的，而集成材通过简单的手段即可实现，提供了合理的结构材料。大部分集成材结构为以上弦和立柱为一体的拱形，可均匀地承受水平荷载。因此，集成材是消除以前木结构中各种弊端的结构形式。集成材作为建筑构件，最重要的特点是构件截面大，虽然是可燃材料，但与钢材等金属结构相比，则具有非常好的火灾安全性在发生火灾时，其表面先发生炭化从而阻止或延迟构件的进一步燃烧，强度保持时间长，为逃生提供了时间。集成材用于桥梁的承载构件、车箱底部的承载梁，可以承受反复冲击荷载。

图11-2 集成材在建筑中的用途

非结构集成材的用途：非结构用集成材主要作为家具和室内装修用材。在家具方面，集成材以集成板材、集成方材和集成弯曲材的形式应用于家具制造业。集成板材应用于桌类的面板、柜类的旁板、顶底板等大幅面部件，柜类隔板、底板和抽屉底板等不外露的部件及抽屉面板、侧板、底板、柜类小门等小幅面部件。集成方材应用于桌椅类的支架、柜类脚架等方形或旋制成圆形截面部件。集成弯曲材应用于椅类支架、扶手、靠背、沙发、茶几等弯曲部件。在室内装修方面的应用，集成材以集成板材和集成方材的形式作为室内装修的材料。集成板材用于楼梯侧板、踏步板、地板及墙壁装饰板等材料。集成方材用于室内门、窗、柜的横梁、立柱、装饰柱、楼梯扶手及装饰条等材料。

### 11.1.5 制造工艺

集成材的生产工艺流程见图11-3。

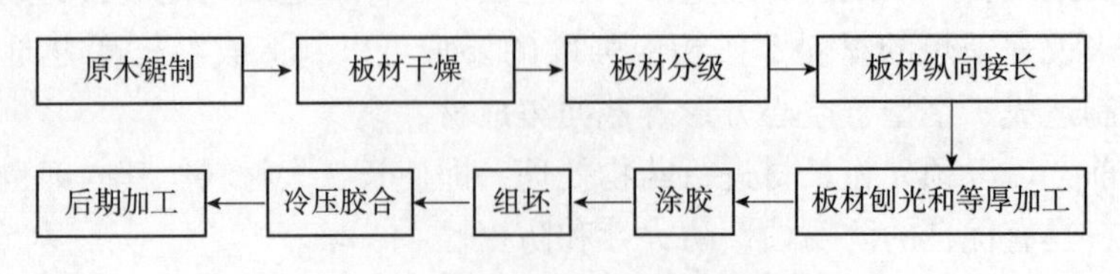


图11-3 集成材的生产工艺流程图

(1)原木锯制

依生产集成材的基本要求制定原木锯剖方案，一般结构用集成材常用普通下锯法，对装饰用集成材一般用径切下锯法。锯得的板材在干燥堆垛之前应以板厚、树种等分别堆放干燥。板材两面刨光厚度应为集成材木条宽度，板材纵剖的宽度应为集成材的厚度。宽度差不超过 1mm，厚度差不超过 1mm。根据产品质量要求去除节子、裂纹、腐朽等缺陷。板料长度不小于 150mm。

(2)板材干燥

为了保证集成材的胶合质量，板材必须干燥到含水率 7%～15%，最好比使用地区的平衡含水率略低或相同。板材之间的含水率差不超过±3%。

(3)板材分级

结构集成材在使用时，在外力作用下它产生内力——压应力、拉应力、剪应力，这些内力将由组成的各层板材所承受，而且距集成材中性层的距离不同其内力大小也不同。为了充分发挥每块板材的作用，在组坯前应把每块板材按力学性能或表面质量进行分级。分级方法有木材机械应力分级和目测分级。

①机械应力分级(MSR)

当板材受外力而发生变形，记录板材每隔 150mm 的变形值，求得变形和弯曲弹性模量(*f*-E)之间的相关系数。

加拿大 MSR 木材依“加拿大木材标准分级规则”进行，利用板材应力分级机，分成 14 个级别(*f*-E 分类)，并直接给出允许值，如 1800*f*-1.6E 级允许值：弯曲应力(MOR)为 12.4MPa，弹性模量(MOE)为 11 000MPa。在正常载荷下的允许应力值见表 11-1，不同树种的顺纹剪切，垂直纤维方向抗压强度见表 11-2。

**表 11-1　对板厚 38mm 各种宽度下 MSR 允许应力值**　　MPa

| 级别 | MOR | MOE | 平行纤维方向抗拉强度 | | 平行纤维方向抗压强度 |
|---|---|---|---|---|---|
| | | | 89～184mm | >184mm | |
| 1200*f*-1.2E | 8.3 | 8300 | 4.1 | — | 6.5 |
| 1450*f*-1.3E | 10.0 | 9000 | 5.5 | — | 7.9 |
| 1500*f*-1.4E | 10.3 | 9600 | 6.2 | — | 8.3 |
| 1650*f*-1.5E* | 11.4 | 10 300 | 7.0 | — | 9.1 |
| 1800*f*-1.6E* | 12.4 | 11 000 | 8.1 | — | 10.0 |
| 1950*f*-1.7E | 13.4 | 11 700 | 9.5 | — | 10.7 |
| 2100*f*-1.8E* | 14.5 | 12 400 | 10.8 | — | 11.7 |
| 2250*f*-1.9E | 15.5 | 13 100 | 12.1 | — | 12.4 |
| 2400*f*-2.0E* | 16.5 | 13 800 | 13.3 | — | 13.3 |
| 2550*f*-2.1E | 17.6 | 14 500 | 14.1 | — | 14.1 |
| 900*f*-1.2E | 6.2 | 8300 | 2.4 | 2.4 | 5.0 |
| 1200*f*-1.5E | 8.3 | 10 300 | 4.1 | 4.1 | 6.5 |
| 1350*f*-1.8E | 9.3 | 12 400 | 5.2 | 5.2 | 7.4 |
| 1800*f*-2.1E | 12.4 | 14 500 | 8.1 | 8.1 | 10.0 |

表 11-2 各种树种的顺纹剪切和垂直纹理的抗压强度 MPa

| 树 种 | 顺纹剪切强度 | 垂直纹理的抗压强度 |
|---|---|---|
| 花旗松、西部落叶松 | 0.62 | 3.17 |
| 西部铁杉 | 0.50 | 1.61 |
| 沿海树种 | 0.42 | 1.61 |
| 云杉、火炬松 | 0.46 | 1.67 |
| 西部冷杉 | 0.49 | 1.92 |
| 北方树种(上述所有树种) | 0.42 | 1.61 |
| 北部杨木 | 0.43 | 1.23 |

②目测分级

根据肉眼看到的板材上节子性质和大小、斜纹理等缺陷的大小和位置判断板材的强度并进行分级。

(4)板材纵向接长

制造装饰用集成材，必须把板材或小方材中的节子等缺陷去除，然后在长度方向上接长；同理，结构用集成材的板材内缺陷严重影响强度，也应截去而接长。接长时的基本要求是接头处强度不低于无节材的 90%，在纵向接长时宜采用指接或斜面接合。表 11-3 为纵向接长时的特征表。

表 11-3 集合材纵向接长特征表

| 特 征 | 平面斜接 | 指 接 | |
|---|---|---|---|
| | | 非结构用 | 结构用 |
| 优缺点 | 木材损失多、接合后表面不平<br>加工精度难保证、很少应用 | 木材损失较少、接合后表面较好<br>加工精度较好、广泛采用 | |
| 齿形特征<br>L<br>p | 斜接平面倾斜率<br>$\frac{1}{12}\sim\frac{1}{10}$ | 短<br>钝<br>用于型料、门窗框、侧板<br>招牌<br>门梃、槛 | 长($L$)<br>尖 $t\rightarrow 0$<br>层积梁<br>板材厚 5cm<br>宽 30cm |

(5)表面刨光

经分等和配料将锯材按集成材技术要求锯成毛料。干燥后的毛料会有变形、尺寸公差和表面粗糙不平，因而必须进行表面刨平(即基准面加工)。平面基准面加工常采用手工或机械进料的平刨机。每次加工量为 1.5~2.5mm，若超过 3mm 将会降低加工质量。其厚度加工误差应小于 0.5mm，表面波长小于 5mm，端头撕裂小于 30mm。通过表面刨平，胶合可节省 25%的胶黏剂。

(6)涂胶

集成材胶合用胶黏剂种类很多。作为结构材使用常为酚醛树脂胶、间苯二酚树脂胶;其他脲醛树脂胶,改性乳白胶常用于室内用材。这些胶黏剂各组分在使用时应均匀混合,并且保持温度在 18℃以上。涂胶采用机械涂胶,常为辊筒涂胶机,结构相似于胶合板涂胶机,但辊筒长度较短,因为板材宽度较小。涂胶量一般在 300~500g/m$^2$。

(7)组坯

板材涂胶后,即刻按集成材设计组坯方案依次堆放在一起。等级高的板材应放在集成材的表面。为了提高集成材的强度,可以在集成材的表层采用高强度的板材或在抗拉区增放碳纤维。

(8)胶合

由于集成材长度、厚度尺寸较大,形态可以是直线和曲线,一般不能用类似热压机胶合,而主要采用夹具夹住冷压。依夹具的分布位置可分为立式加压夹具装置和卧式加压夹具装置。大多数夹住的集成材是在不加热状态下保持数小时,让胶黏剂固化达足够胶合强度时,再卸压。

(9)加速胶合过程

由于冷压受天气变化而不能控制胶合质量,同时冷压时间过长影响生产率。加速胶合方法主要有热空气法、喷蒸汽法、辐射法和高频加热法等。

热空气法和喷蒸汽法,其工作原理基本相似,在集成材加压夹具装置外用防水防气帆布罩住并留有对流空间,然后用移动式蒸气管或固定式蒸气管按要求喷出蒸汽,通过对流传热给加压段集成材加热;热空气法是使空气通过固定的加热器加热后,在加热加压的集成材,使其加热升温。

辐射法是利用一系列发热灯管照射被加压集成材侧面胶缝,使其加热升温。虽然辐射波有一定的穿透力,但深度仍很小。集成材板坯的内部温度升高,仅借板坯表面和内部温度差产生的热扩散,因而加热时间也很长。

高频加热法是借集成材板坯在高频交变的电场下使板坯内极性分子振荡,相互间产生摩擦热的内部加热法,因而升温较快,可大大缩短胶黏剂固化时间。可以采用高频热压机实现高频加热。

(10)后期加工

集成材胶压完后,要经过下列工序:表面和四边刨平;端头截去;表面嵌填和修补;表面砂光,刷防水涂料和打印包装入库。

## 11.2　正交胶合木

正交胶合木(Cross-laminated timber, CLT)是一种至少由 3 层实木锯材层叠(典型的层板之间为正交铺设),锯材宽面采用结构胶黏剂压制而成的一种工程木产品,如图

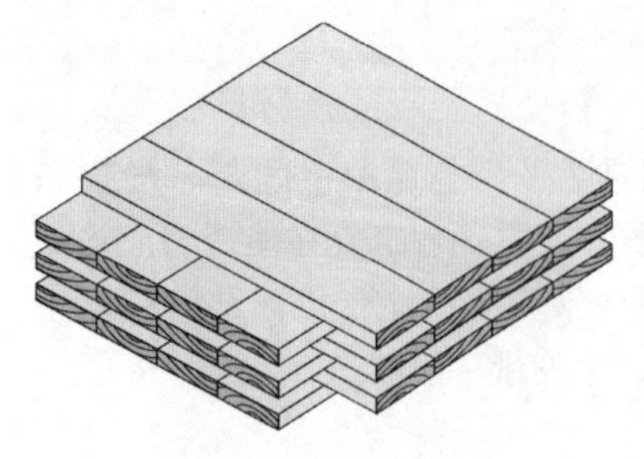

图 11-4 正交胶合木

11-4 所示。层板之间除胶合外，还可以采用钉、木销等连接件连接。实木锯材也可以和其他工程木产品，如单板层积材(Laminated veneer lumber，LVL)、刨花层积材(Laminated strand lumber，LSL)、定向刨花层积材(Oriented strand lumber，OSL)和定向刨花板(Oriented strand board，OSB)等复合形成混合结构 CLT，提高其力学性能。

典型 CLT 的层板之间为正交铺设，如图 11-4 和图 11-5(a)所示。在一些特定场合，根据产品力学性能需要，连续两层纵向层也可作为材料的表层或者芯层，如图11-5(b)所示；横向层也会呈 45°方向铺设。使用的层板实木锯材厚度范围为16~51mm，宽度范围为 60~240mm，锯材长度可采用结构胶黏剂指接接长。CLT 产品常见宽度有 0.6m、1.2m、2.4m 和 3m，长度可达 18m，厚度可达 508mm。由于良好的物理力学性能，CLT 常用于建筑中承重的楼面板、墙面板和屋面板等构件。

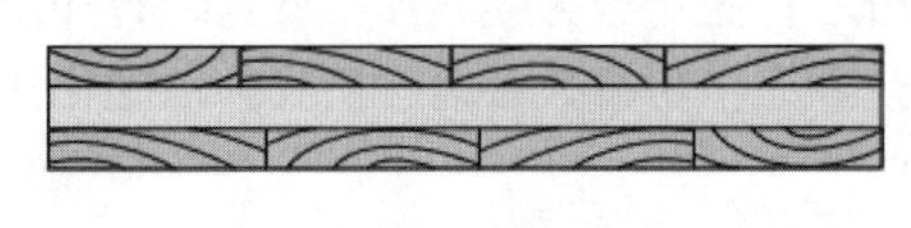

(a)3层正交结构CLT

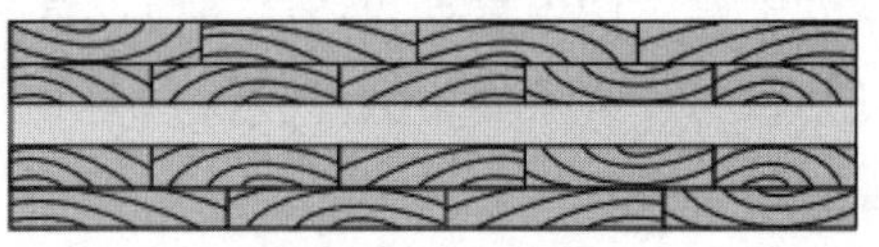

(b)5层混合正交结构CLT

图 11-5 典型的正交胶合木横截面

## 11.2.1 性能

(1)物理力学性能

与实木相比，CLT 具有很好的尺寸稳定性。CLT 相邻层的正交结构使材料的长度和宽度方向具有相同的干缩湿涨性能，研究表明 CLT 的线干缩湿涨系数为 0.02%，其尺寸稳定性是实木和胶合木横纹方向尺寸稳定性的 12 倍。这种高尺寸稳定性使得 CLT 能在工厂内预制，根据建筑设计图纸，加工得到包含门窗洞口的较大尺寸规格的楼面板、墙面板和屋面板，再将这些构件直接运送到现场，快速安装，降低建筑安装周期。另外，这种正交结构也使得 CLT 产品在长度和宽度方向都具有相似的强度性能，在平面内和平面外都具有较高的强度和阻止连接件劈裂的性能。

CLT 板材结构具有高刚度、良好的塑性和节能性，赋予建筑很好的抗震性。日本多次地震台实验显示了 CLT 多层建筑具有良好的抗震性能。2007 年在日本进行了一项 7 层 CLT 建筑地震台抗震实验，CLT 建筑承受了 7.2 级地震，显示了很好的抗震性能。

另外，与传统的轻型框架相比，CLT 建筑构件之间几乎没有空隙，这降低了火势通过其传播的风险性，大尺寸的 CLT 也增加了构件在火灾中的承载能力。类似于胶合木等大截面木材，在火灾中 CLT 外层会炭化，碳化层能起到很好的隔热效果，保护构件内部进一步受火焰的侵袭。

力学性能方面，由于木材力学性能各向异性以及 CLT 正交铺设的结构特点，导致 CLT 的滚动剪切(Rolling shear)刚度和强度是 CLT 作为楼面板和屋面板力学性能的关键。

CLT 中滚动剪切行为指剪切应力引起锯材在其横切面产生剪切应变，如图 11-6(a)所示。当 CLT 材料作为楼面板等构件受到面外荷载时，其横向层锯材横切面受到面内剪切。由于木材横切面剪切模量很低，而且同一年轮中早、晚材不同的抵抗剪切变形能力，以及木射线和髓心等宏观构造存在，在剪力作用下，容易在早晚材过渡区域、木射线或者髓心区域产生裂缝，发生滚动剪切破坏，如图 11-6(b)所示。

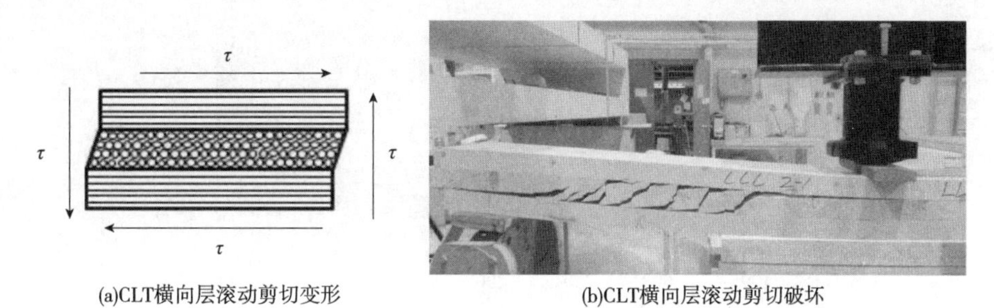


(a)CLT横向层滚动剪切变形　　(b)CLT横向层滚动剪切破坏

**图 11-6　CLT 滚动剪切**

(2)结构特性

考虑成本和木材横纹变形大的特性等原因，一般 CLT 产品中锯材只是上下表面进行涂胶胶合，同一层相邻锯材侧面没有胶合，相邻锯材之间存在缝隙。这也是为了防止锯材横向变形受阻而引起整个 CLT 板坯变形，如图 11-7(a)所示。另外，真空加压的 CLT 产品也常采取设置应力释放缝来减少板坯翘曲变形，如图 11-7(b)所示。有研究统计了 CLT 中缝隙的大小及分布，几乎所有的 CLT 层中都有缝隙，最大的缝隙宽度达到 6mm。缝隙存在对 CLT 的物理力学性能，如握钉力、保温、阻燃性以及外观等都有一定影响。

(a)横向层锯材间缝隙

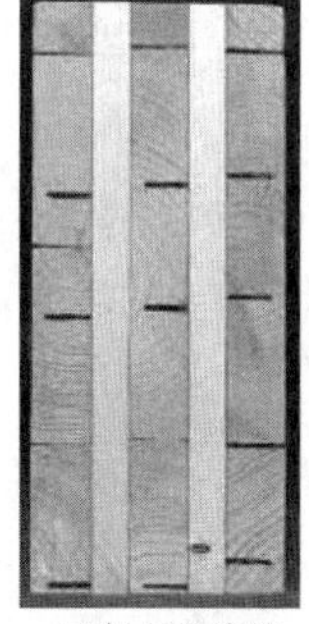

(b)应力释放缝

**图 11-7　CLT 产品中的缝隙**

### 11.2.2　正交胶合木产品及建筑发展

20 世纪 90 年代 CLT 产品在欧洲开始发展，CLT 作为新型的工程木产品在奥地利和德国的住宅和非住宅建筑中开始得到应用。1993 年第一栋 CLT 结构形式的住宅出现在奥地利，1998 年奥地利国家建筑规范中首次认可了多层建筑可以由 CLT 材料建造。之后 CLT 越来越广泛地应用到中层(6~8 层)、高层(8 层以上)建筑中，2009 年英国伦敦 Hackney 区建成一栋 9 层楼的 CLT 住宅建筑，2016 年加拿大 UBC 大学温哥华校区内建成18层木结构建筑，该建筑应用CLT材料作为承重的楼面板和墙体等构件。

CLT建筑的快速发展，也伴随着CLT产品产量的迅速发展。2010年全球95%的CLT产量集中在欧洲，其中奥地利约占63%，德国约占26%，瑞典约占6%。2012年全球大约有20家CLT生产厂家，CLT产量发展迅速，2015年全球CLT产量达到100万$m^3$，如图11-8所示。

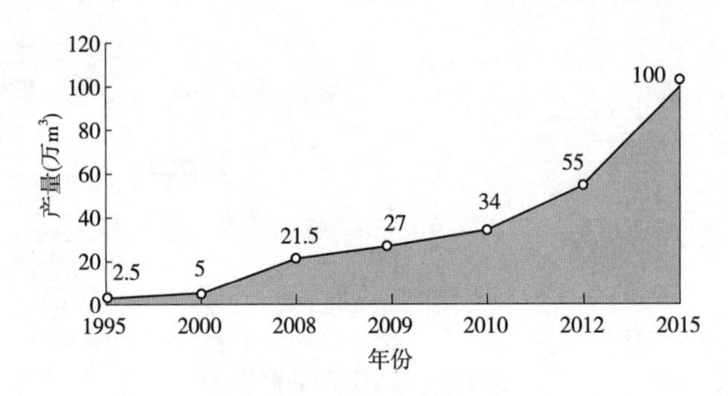


**图11-8 全球CLT产量情况**

## 11.2.3 生产工艺

普通结构CLT生产工艺(图11-9)主要包括以下几个步骤：

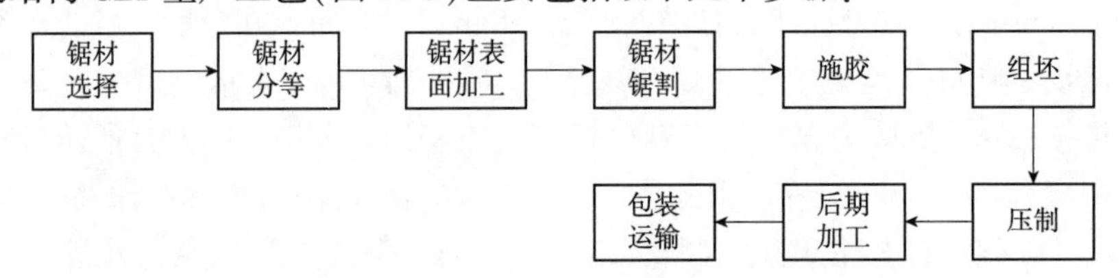


**图11-9 正交胶合木生产工艺流程**

(1)锯材选择

选材时要注意材料的含水率和翘曲缺陷等。锯材须干燥，合适的含水率为(12±3)%，结构复合板合适含水率为(8±3)%，相邻层之间含水率差别应小于5%。合适的含水率有助于获得良好的胶合性能和尺寸稳定性，锯材翘曲程度会影响CLT产品的加压和胶合性能。

(2)锯材分等

对选择的锯材，根据产品等级不同进行不同方式分等，如目测分等和机械分等。机械分等主要用于力学性能要求高的产品和层板，如纵方向布置的锯材。目测分等则用于力学性能要求低，外观要求高的产品和层板。

(3)锯材表面加工

对锯材表面加工，如刨光、去除表面杂质、氧化物等，提高表面平整性和活性，有利于提高胶合强度。通常对锯材进行四面刨光，上下表面刨光量为2.5mm，侧面刨光量为3.8mm。对于宽度尺寸在公差范围内，侧面不涂胶的情况下，可以只对锯材上下表面进行刨光。

(4)锯材锯割

根据 CLT 产品尺寸，锯割得到合适长度的锯材。如果锯材长度不足，则需要采用结构胶黏剂进行指接接长。

(5)施胶

锯材表面质量对胶合强度影响很大，应尽量缩短锯材表面加工和施胶工序之间的间隔时间，防止锯材表面被污染和氧化。由于 CLT 产品幅面尺寸大，锯材表面施胶宜采用机械淋胶方式，通常淋胶速度为 18~60mm/min。CLT 是一种建筑用工程木产品，常用胶粘剂为结构用途胶黏剂，如间苯二酚胶黏剂，单组分聚氨酯胶黏剂和异氰酸酯胶黏剂等。施胶工艺参数包括施胶量、开放时间、木材表面含水率等，这些工艺参数与胶黏剂种类关系密切。常用的单组份氨酯胶黏剂的单面量为 180~220g/m$^2$，从涂胶到加压闭合时间不应超过胶黏剂的开放时间。湿固化的单组分聚氨酯胶黏剂，是利用聚合物中游离活性基团(—NCO)与大气中的水汽或黏结基材中的活泼氢原子发生反应，从而达到黏结目的。为提高胶合性能，可在涂胶前对干燥的锯材表面，尤其是含水率较低的结构复合材表面进行很少量湿润处理后，再进行涂胶。由于相同层锯材侧面涂胶，在增加产品性能的同时也增加了成本，所以锯材是否侧面涂胶取决于最终产品要求。

(6)组坯

常见 CLT 层板间为正交铺设组坯，为降低 CLT 板坯翘曲变形，横向层中相邻锯材髓心布置方向应相反，如图 11-10 所示。

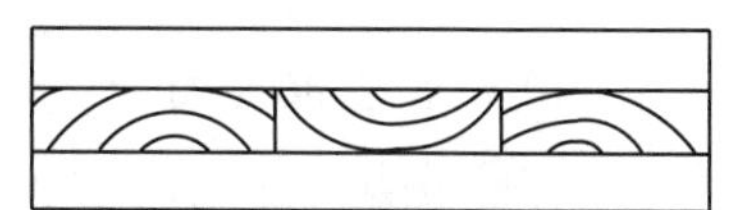

**图 11-10　CLT 横向层锯材布置**

(7)压制

压制是 CLT 生产中的重要工序，目前主要采用两种压制方式：普通液压加压和真空加压。普通液压加压中，工艺参数包括加压时间、温度和压力，这些参数同所用胶黏剂关系密切。CLT 常采用冷固化加压工艺，合适的压制温度在 15℃以上，为减少锯材间缝隙，常采用四面加压方式，垂直板面方向加压压力 0.8~1.5MPa，CLT 板坯侧面加压压力 0.3~0.5MPa。

真空加压方式是将组坯后的 CLT 放置在密闭的装置中，通常施加的最大真空压力仅为 0.1MPa。由于真空压力很小，不能紧紧压住锯材而形成紧密的胶层，为防止锯材翘曲变形和克服锯材表面不平整带来的影响，可沿着锯材长度方向切割应力释放缝，降低锯材变形，但这同时也带来了锯材强度损失。

(8)后期加工

将压制成形的 CLT 板坯进行表面砂光，再根据建筑设计图纸，进行门窗洞口、连接处等连续性锯割，加工得到包含门窗洞口的较大尺寸规格的楼面板、墙面板和屋面板等产品构件。

## 11.3 细木工板

### 11.3.1 定义

细木工板(Block Board)是由木条沿顺纹方向组成实体芯板或空心方格状芯板，其两面与单板或胶合板组坯胶合而成的人造板。与实木拼板比较，细木工板尺寸稳定性好，有效地克服木材各向异性，具有较高的横向强度。由于严格遵守对称组坯原则，有效地减少了板材的翘曲变形。细木工板板面美观，幅面宽大，是室内装修和家具制造的理想材料。

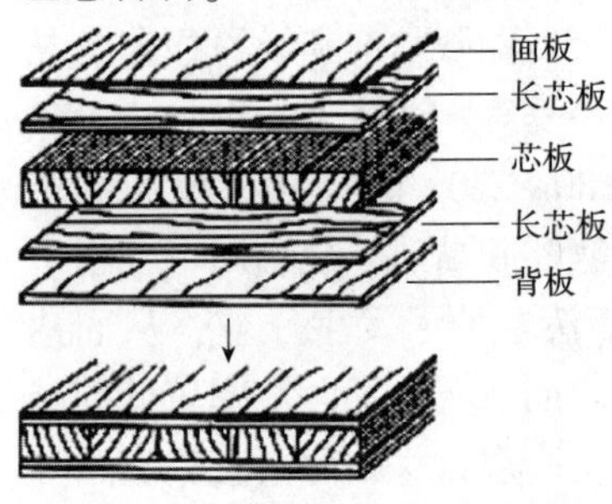

图 11-11 细木工板的结构示意

细木工板结构如图 11-11 所示。细木工板最外层的单板称为表板(包括面板或背板)，内层单板称为中板(或长芯板)，由木条或空心方格组成的板材芯层称为芯板。组成芯板的实木木条称为芯条。芯板的主要作用是为细木工板提供一定的厚度和强度。中板的主要作用是使板材具有足够的横向强度，同时缓冲因芯板的不平整给板材表面装饰带来的不良影响。表板除了使板面美观以外，还可以提高细木工板的纵向强度。

### 11.3.2 分类

(1)按木芯板结构分

①实心细木工板：以木条实体板芯制成的细木工板。
②空心细木工板：以空心方格板芯制成的细木工板。

(2)按木芯板接拼状况分

①胶拼木芯板细木工板：芯条之间的侧面采用胶黏剂拼接的细木工板。
②不胶拼木芯板细木工板：芯条之间的侧面未采用胶黏剂拼接的细木工板。

(3)按表面砂光情况分

①单面砂光细木工板。
②双面砂光细木工板。
③不砂光细木工板。

(4)按使用环境分

①室内用细木工板：适用于室内使用的细木工板。
②室外用细木工板：可用于室外的细木工板。

(5)按层数分

①三层细木工板：在芯板的两个表面各胶贴一层单板制成的细木工板。
②五层细木工板：在芯板的两个表面各胶贴两层单板制成的细木工板。

③多层细木工板：在芯板的两个表面各胶贴两层以上单板制成的细木工板。

(6)按用途分

①普通用细木工板。
②建筑用细木工板。

### 11.3.3　性能特点

实心细木工板与实木拼板相比，具有结构稳定、不易变形、板面美观，上下覆以单板后强度高等特点；空心细木工板具有质轻、比抗弯强度高、尺寸稳定性好等特点。

我国细木工板国家标准(GB/T 5849—2016)对细木工板的外观质量、规格尺寸与偏差(长度、宽度、厚度偏差、垂直度、边缘直度、平整度、波纹度)、理化性能(含水率、横向静曲强度、浸渍剥离性能、表面胶合强度、胶合强度、甲醛释放量)等性能指标进行了规定。

(1)外观质量

国家标准将细木工板在规格尺寸与偏差以及其他理化性能达到标准要求的情况下，按外观质量分为优等品、一等品和合格品。质量上乘的细木工板表板应光滑，无缺陷，如无死结、挖补、漏胶等，中板厚度均匀，无重叠、离缝现象，芯板的拼接紧密，尤其是细木工板两端不能有干裂现象。

(2)规格尺寸与偏差

细木工板的长度和宽度偏差不超过+5mm；厚度小于等于16mm的板材厚度偏差为±0.6mm(不砂光)，±0.4mm(砂光)，厚度大于16mm的板材厚度偏差为±0.8mm(不砂光)，±0.6mm(砂光)；相邻边垂直度不超过1.0mm/m；边缘直度不超过1.0mm/m；幅面1220×1830mm及其以上时，平整度偏差不大于10mm，幅面小于1220×1830mm时，平整度偏差不大于8mm；砂光表面波纹度不超过0.3mm，不砂光表面波纹度不超过0.5mm。

(3)理化性能

含水率、横向静曲强度、浸渍剥离性能、表面胶合强度、胶合强度见表11-4、表11-5所列。

表11-4　含水率、横向静曲强度、浸渍剥离性能和表面胶合强度性能要求

| 项　目 | 单位 | 指标值 |
|---|---|---|
| 含水率 | % | 6.0~14.0 |
| 横向静曲强度 | MPa | ≥15.0 |
| 浸渍剥离性能 | mm | 试件每个胶层上的每一边剥离和分层总长度均不超过25mm |
| 表面胶合强度 | MPa | ≥0.60 |

注：当表板厚度≥0.55mm时，不测表面胶合强度。

表11-5 胶合强度要求 MPa

| 树 种 | 指标值 |
| --- | --- |
| 椴木、杨木、拟赤杨、泡桐、柳安、杉木、奥克榄、白梧桐、异翅香、海棠木 | ≥0.70 |
| 水曲柳、荷木、枫香、槭木、榆木、柞木、阿必东、克隆、山樟 | ≥0.80 |
| 桦木 | ≥1.00 |
| 马尾松、云南松、落叶松、云杉、辐射松 | ≥0.80 |

注：其他阔叶树材或针叶树材制成的细木工板，其胶合强度指标值可根据其密度分别比照表11-5所规定的椴木、水曲柳或马尾松的指标值；其他热带阔叶树材制成的细木工板，其胶合强度指标值可根据树种的密度比照表11-5的规定，密度自0.60g/cm$^3$以下的采用柳安的指标值，超过的则采用阿必东的指标值。供需双方对树种的密度有争议时，按GB/T 1933的规定测定。

甲醛释放量应符合GB 18580—2017的规定，限量值为0.124mg/m$^3$。

## 11.3.4 用途

由于细木工板具有尺寸稳定性好、板面美观、强度高、质轻、生产成本低等诸多优点，因而在许多领域得到了广泛应用。目前，细木工板广泛用于制作家具、缝纫机台板、室内装饰装修的材料、建筑的壁板和门板，以及作装配式房屋、临时建筑、活动车间的屋面板和墙壁板等，近年来还用作地面毛地板的铺设等。

## 11.3.5 制造工艺

由于细木工板按芯板结构不同可分实心细木工板和空心细木工板，按芯条之间是否胶拼又可分胶拼细木工板和不胶拼细木工板。不同种类细木工板的制造工艺有所差别。但不论何种细木工板，其生产过程均包括单板制造、芯板制造、组坯胶合和后期加工等工序。其中，单板的制造方法与胶合板相同，本章仅介绍芯板制造、组坯胶合和后期加工。

### 11.3.5.1 实心细木工板制造

实心细木工板是以实体芯板制作的细木工板，其生产工艺流程如图11-12所示。实体芯板是由木条(也称芯条)在长度和宽度方向上拼接或不拼接而制成的板状材料。芯板厚度约占细木工板总厚度的60%~80%，因而，芯条的质量与加工工艺对成品的质量有重要的影响。

(1)芯板要求

①芯条树种

芯条的材种最好选用材质较软、结构均匀、干缩变形小、干缩差异较小的树种。一般多选用针叶材或软阔叶材等树种。常用的树种有：松木、杉木、杨木、泡桐、云杉、桦木、椴木、榆木等。此外，同一张细木工板上芯条的树种要求一致。不同材种或物理力学性能不相近的树种，不能在同一块细木工板中。

②含水率

芯条必须经过干燥，芯条含水率一般控制在8%~12%。南方相对湿度大，含水率可高一些，但不应超过15%；北方相对湿度小，空气干燥，含水率可低一些，一般控

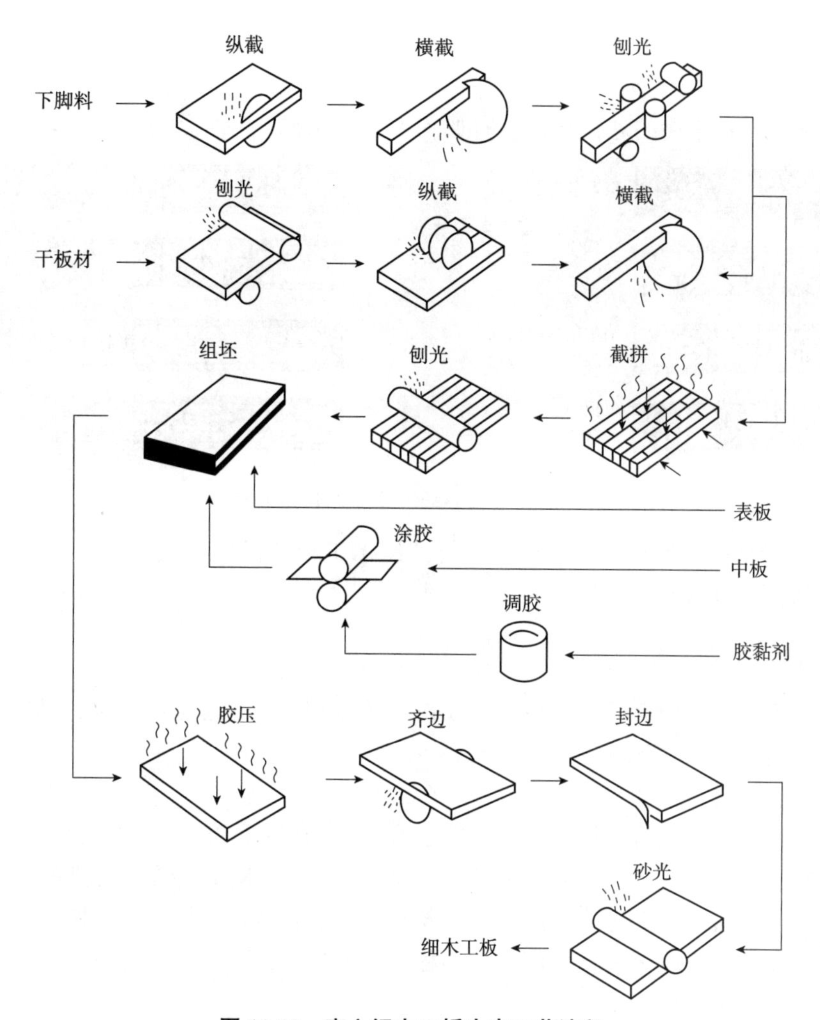


**图 11-12　实心细木工板生产工艺流程**

制在 6%~12%。含水率一般根据当地平衡含水率而定。此外，在同一张芯板中，芯条含水率应尽量保持均匀一致。

③芯条尺寸

细木工板表面的平整度与芯条尺寸的大小密切相关。在加工精度不变的条件下，芯条尺寸越小，细木工板表面的波纹度越小，但芯条尺寸越小，木材利用率、芯条加工效率等越低，适宜的芯条尺寸是制造高质量细木板的重要条件之一。细木工板国家标准(GB/T 5849—2016)要求芯条长度不得小于 100mm，芯条宽度与厚度之比不大于 4.0。对于芯条的厚度，当芯板不胶拼时，其厚度等于芯板厚度。当芯板胶拼时，则其厚度应等于芯板厚度加上芯板刨平或砂光的加工余量。

④缝隙

芯板制造过程中，芯条之间常常存在缝隙。细木工板国家标准(GB/T 5849—2016)对缝隙进行了如下规定：沿板长度方向，相邻两排芯条的两个端接缝的距离不小于 50mm；芯条侧面缝隙不超过 1mm；芯条端面缝隙不超过 3mm。但是对于芯条全部加胶拼宽接长的板芯，相邻两排芯条的两个端接缝的距离和芯条长度不作要求。

(2)芯板结构

实心细木工板常用的芯板结构，有如图 11-13 所示的几种形式。

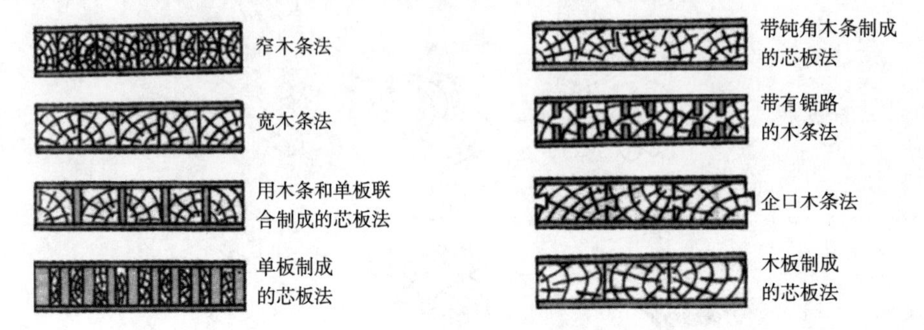


**图 11-13 实心细木工板的芯板结构**

目前，在细木工板的实际生产和市售的细木工板产品中，其芯板多以宽木条法为主，也有部分企口木条法产品。

(3)芯板制造方法

芯板制造方法一般有联合中板法、胶拼木条法和不胶拼芯板法三种，其中后两种方法最常用。

①联合中板法

用冷固化胶黏剂先将板材胶合成木方，压力为 0.9～1.0MPa，加压后放置 6～10h，注意组坯时相邻层板材的年轮应对称分布。胶压后，将木方锯割成胶拼的板材，并在 45～50℃下干燥，再横拼成所需要的芯板宽度，其工艺流程如图 11-14 所示。该法制成的芯板质量高，但耗胶多，且所用原料为板材，成本较高。

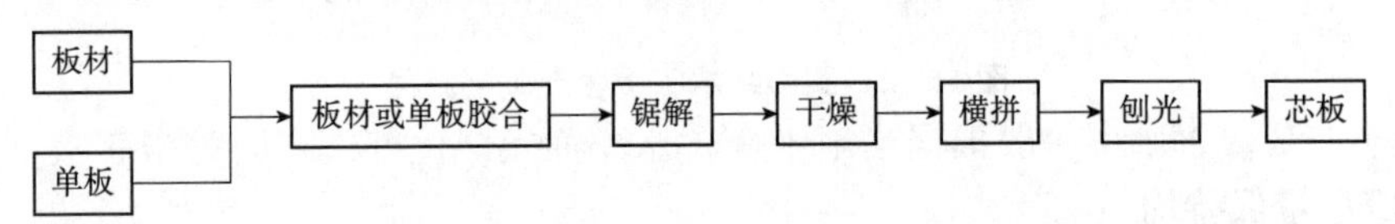


**图 11-14 联合中板法制造芯板的工艺流程**

②胶拼木条法

胶拼木条法是用胶黏剂将小木条拼接成芯板，其工艺流程如图 11-15 所示。该法主要原料是板材及小木条。先将板材用双面刨床刨平，再用多锯片机床把板材同时锯成宽度相等的木条，其宽度即为细木工板芯板的厚度。而后在小木条的侧面涂胶，在一定温度和压力作用下，用拼板机将小木条胶拼在一起。胶拼温度通常在 140℃左右，胶拼时间约为 1min。此法制造的芯板质量好，强度高。

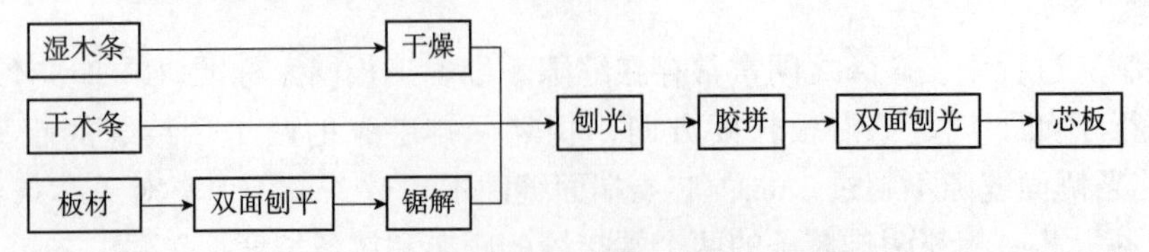


**图 11-15 胶拼木条法制造芯板的工艺流程**

③不胶拼芯板法

联合中板法和胶拼木条法均要使用胶黏剂，芯板加工也较复杂。不胶拼芯板法是木条边部不胶拼，而是用框夹、嵌物或其他结构连接制成。不胶拼芯板法有镶纸带法和框夹法两种，其工艺流程如图 11-16 和图 11-17 所示。不胶拼芯板法省掉了胶拼工序，不消耗胶黏剂，工艺简单、成本低，但产品的强度较低。

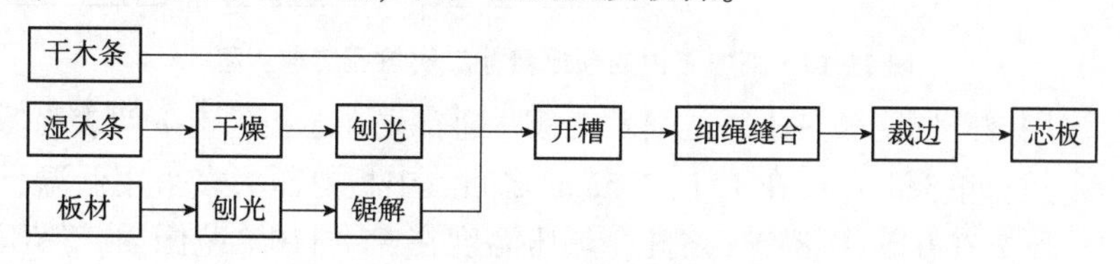


**图 11-16　镶纸带法不胶拼芯板的制造工艺流程**

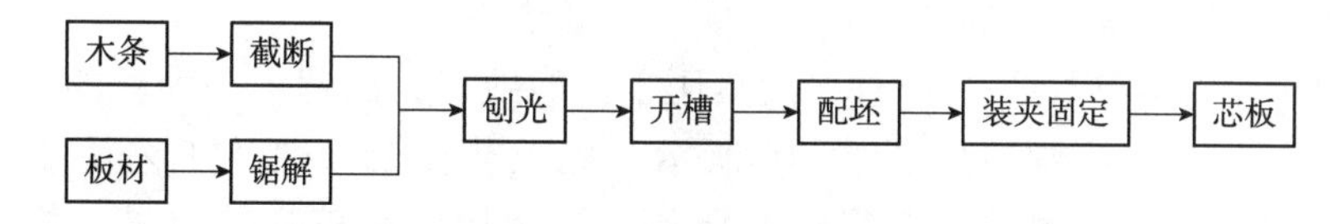


**图 11-17　框夹法不胶拼芯板的制造工艺流程**

(4)组坯胶合

胶合是细木工板很重要的一个工序，胶合前需对单板或芯板涂胶，然后按照胶合板的组坯原则进行组坯，最后胶压成细木工板。细木工板坯若为五层结构，则胶黏剂通常涂布在二、四层(中板)上；若为三层结构，则胶黏剂涂布在芯板上。目前生产的细木工板产品，多为五层结构。

细木工板的胶合方法可分为热压法和冷压法两种，其中热压法制造细木工板的生产效率高、产品胶合质量好，为国内外细木工板生产的主要方法。

①热压法

为了提高细木工板质量，特别是克服板材表面平整度差、厚度偏差大等问题，工业界对细木工板的制造工艺进行了诸多变革，如对芯条选材和加工、芯板拼合和后加工、中板单板旋切和后处理等进行了调整和改进，但效果均不甚理想。直至进行对热压胶合成型工段进行工艺改革后，细木工板的质量才真正上了一个台阶。细木工板的热压胶合成型工艺有以下三种：

一次热压成型工艺：此工艺是典型的传统工艺。它是将芯板与涂胶中板和面板、背板一起组成板坯后，直接进入热压机压制成板。此工艺的主要优点在于生产工艺简单、生产成本低。但存在的缺点是：中板的裂隙、沟槽、色差、节疤等缺陷易显示在板面；中板质量会影响板面的平整度；板材的厚度偏差大；若芯条的尺寸较大，且大小不一，会导致板面出现明显的纵向条纹，甚至芯条的轮廓线。

预压修补二次热压工艺：为了克服一次热压成型工艺的缺点，出现了预压修补二次热压工艺，其简单工艺流程，如图 11-18 所示。此工艺的主要优点有：采用两次修补和定厚砂光方法，大大提高了板面的平整度，减少了板材的厚度偏差，使板面的缺陷得到了良好修正；采用隐蔽剂处理板坯，使中板的裂隙、沟槽、色差、节疤等缺陷不会显露在表背板上，提高了板材的外观质量；板坯陈化定型后，其残余应力得到释放，板材的尺寸稳定性得到提高。目前，大部分企业采用此工艺。但此工艺也存在生产过程较复杂、占地大、砂光增加材料损失、能源消耗大于一次热压工艺等缺点。

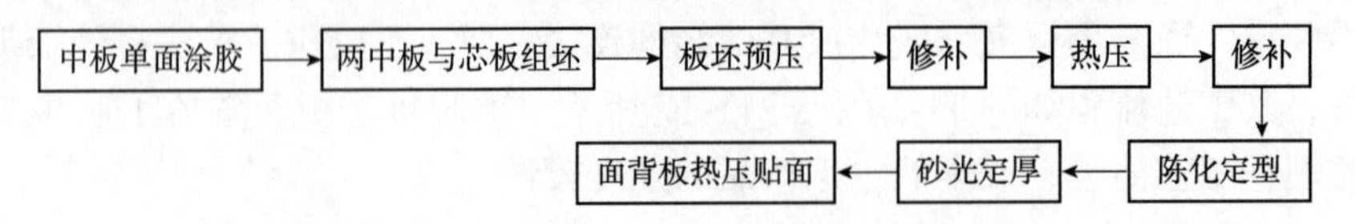


图 11-18　细木工板的预压修补二次热压工艺流程

此工艺多用脲醛树脂胶热压制造细木工板。通常先在芯板的上下两表面覆贴较厚的木单板作为中板，单板的厚度在 1.4~2.5mm 之间。中板热压大多采用低温、低压胶合工艺，其单位压力在 0.5~0.8MPa 之间，热压温度在 95~110℃范围内，热压时间则取决于中板厚度。表板通常较薄。表板的热压压力和热压温度通常与中板差不多，但热压时间短得多，一般情况下为 30~35s。

预压修补一次热压工艺：针对二次热压工艺的缺点，出现了一种新的预压修补一次热压工艺，其工艺流程，如图 11-19 所示。此工艺比二次热压工艺简化了几道工序，其优点明显，但其用材与工艺要求高。一是芯板要有较高的质量，如沟槽不能深、不能填补腻子灰等；二是胶黏剂要有较高的初黏度，预压 1h 左右即有较高的初始强度，以适应修整和定厚砂光，同时要有较长的活性期，一般在 12h 之内不能完全固化，只允许有初期的凝胶；三是需要充分了解该工艺和严格管理才能采用。此外，因此工艺取消了热压后的陈放定型，板材的残余应力未得到释放，对板材的尺寸稳定性有一定的影响。

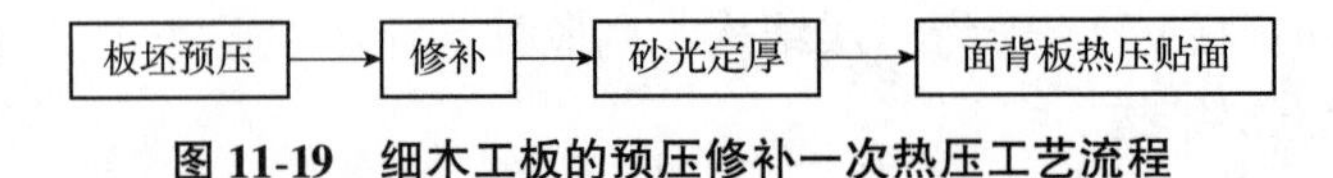


图 11-19　细木工板的预压修补一次热压工艺流程

②冷压法

冷压法胶合成型工艺的优点是：产品内应力小、变形小、木材压缩损失少，缺点是生产周期长。冷压胶合时，由于木材塑性和胶黏剂流动性较差，因而需稍高的单位压力。采用脲醛树脂冷压胶合时，单位压力为 1.2MPa，胶合时间为 6~8h。板坯采用成堆冷压，每隔一定高度需放一张垫板，使板坯受力均匀，保证板面平整。

### 11.3.5.2　空心细木工板制造

空心细木工板是以空心方格状芯板制作的细木工板。空心细木工板常由胶合板作表板，芯板有木质空心结构、轻木、空心刨花板框、泡沫橡胶、蜂窝结构板等。其生产方法一般与空芯板结构(图 11-20)有很大关系。本章仅介绍三种空心细木工板的生产工艺。

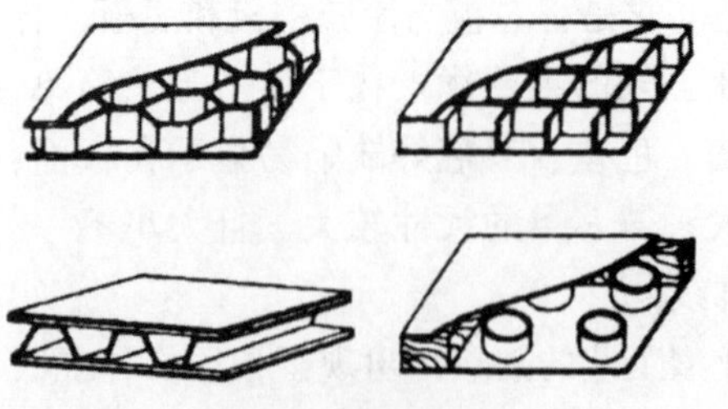

图 11-20　各种空芯结构

1. 芯板　2. 单板或胶合板

(1)木质空芯结构

先将木料、刨花板或中密度纤维板按其需要锯成有一定规格与厚度的木条，然后将木条制作成一定规格的空心木框。中间部分可以任意放置或不放置木条，待制成木框后，两面涂胶，之后上下覆盖胶合板，通过冷压或热压后制成空心细木工板。

(2)单板和板材联合制造夹芯材料

生产这种产品时，将涂胶小单板条，垂直于板材纤维方向排列，然后在单板条上放一张同样厚度的大单板，再在大单板上放一层单板条。这些单板条要互相错开，如此重复多次，达到规定的厚度为止。将此混合板坯冷压胶合后，再进行干燥。将干燥后的板坯，按芯板要求厚度顺着板材纤维方向锯开，把锯下的芯板拉开，再在两个板条间用横向方材撑住，并在纵横向与连接物连接，这样就制成芯板材料，再在上下面覆盖单板、胶合板等，便制成空心细木工板。

(3)蜂窝结构空心板

蜂窝结构空心板是通过用纸、单板、棉布、塑料、铝、玻璃钢等材料制成蜂窝状孔格芯板，而后在其表面覆上涂有脲醛树脂的单板或胶合板，在一定温度和压力作用下制成的。蜂窝结构空心板具有较高的"强度-质量"比和"刚度-质量"比。此外，还具有阻尼振动、隔热、隔音等特性。蜂窝结构空心板可广泛用于家具制造、建筑、车厢制造、船舶制造和飞机制造工业等。

## 11.4　单板层积材

### 11.4.1　定义

单板层积材(Laminated Veneer Lumber，简称LVL)，是指多层整幅(或经拼接的)单板按顺纹为主组坯胶合而成的板材。

随着人造板消费需求的逐年扩大，基于优质大径材的单板型产品如胶合板的资源缺口也逐渐扩大。单板层积材可以利用小径木、弯曲木、短原木生产，出材率可达60%~70%，真正实现劣材优用、小材大用。因此，单板层积材的开发和利用对于提高中小径级和材质较次木材的利用率及其使用价值具有突出的意义。单板层积材作为一种重要的木质工程材料，在北美、日本等地发展较为迅速。

### 11.4.2　分类

单板层积材按用途可分为以下两类。

(1)非结构用单板层积材

非结构用单板层积材可用于家具制造和室内装修，如制作木制品、分室墙、门、门框、室内隔板等，适用于室内干燥环境。

(2)结构用单板层积材

结构用单板层积材能用于制作瞬间或长期承受载荷的结构部件，如大跨度建筑设施的梁或柱、木结构房屋、车辆、船舶、桥梁等的承载结构部件，具有较好的结构稳定性、耐久性。通常要根据用途不同进行防腐、防虫和阻燃等处理。

### 11.4.3 性能特点

单板层积材具有轻质高强、力学性能稳定、尺寸规格灵活等特点，是一种高性能、生态环保的新型建筑复合材料。

(1)强度

单板层积材强重比优于钢材。因为锯材中普遍存在的树节、虫孔、交叉孔、裂缝、斜纹等天然缺陷被随机分布在单板之间，具有强度均匀、变异系数小的特点，许用设计应力高，尺寸稳定性好。

(2)规格

单板层积材是一种新型结构板材，由于其特殊的生产方法，尺寸可以不受原木大小或单板规格的限制，幅面尺寸可任意调节，不受限制，规格尺寸范围广，因此可以满足大跨距梁、车辆及船舶制造的需求。

(3)尺寸稳定性

单板层积材强度均匀、尺寸稳定，耐久性好。

(4)阻燃性

由于木材热解过程的时间性和单板层积材的胶合结构，作为结构材的单板层积材火灾安全性优于钢材。日本对美式木结构房屋进行的火灾试验表明，其抗火灾能力不低于2h，而重量较轻的钢结构会在遇火后1h内丧失支撑能力。

(5)经济性

单板层积材的经济性表现在小材大用，劣材优用的增值效应。可以利用小径木、弯曲木、短原木生产，出材率可达到60%~70%。

单板层积材可以根据制品用途进行单板组坯，也可方便地对单板进行处理，使制品具有防腐、防虫、防火等特性。缺点在于制品的成本取决于胶黏剂的种类和用量。

### 11.4.4 用途

单板层积材由于其在规格、强度、性能等方面的独到优势，具有非常广泛的应用范围，按其用途可分为非结构用和结构用两种。其中结构用单板层积材又分为小规格结构材和大规格结构材。非结构用单板层积材主要用于家具制造，作为高档家具台面的芯材或框架；小规格结构材主要用作门窗构架、内部墙壁支柱和门窗框、楼梯等建筑部件；大规格结构材可广泛用于建筑托梁，屋顶衍架、工字梁等构件、家庭住宅的屋顶、结构框架和地板系统中，也可作车船材、枕木等。图11-21为单板层积材的部分用途。

图 11-21　单板层积材的用途

## 11.4.5　制造工艺

单板层积材的制造方法和胶合板非常相似。这两种工艺中的单板制备过程几乎完全相同，最大的差别在于组坯、热压和产品后期处理等。单板层积材的生产工艺流程见如图 11-22 所示。

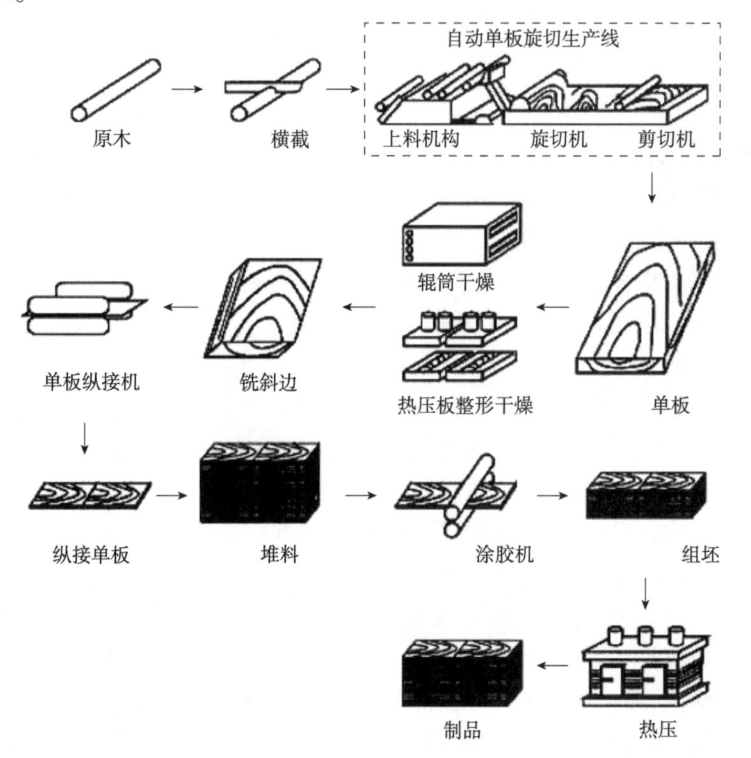


图 11-22　单板层积材的生产工艺流程图

(1)单板制造

制造LVL原料多以中小径级、低等级的针、阔叶材为主，径级一般为8~24cm。如在日本以落叶松为主，美国主要用俄勒冈松，我国主要以速生人工林(如意杨、速生杉木)为主。由上述树种制造的LVL具有良好的物理性能，接近甚至优于其天然生长的相应树种的成材等级性能。

为了获得高质量的单板，提高单板的出材率，原木需经锯截、热处理、剥皮和定中心等一系列和胶合板生产相类似的工序。

原木的锯截不仅要满足旋切机所需的木段长度，而且要注意到木材的合理利用。

考虑到单板质量和对刀具的影响，使用针叶材和高密度的阔叶材，如落叶松、速生杉木等树种时，则需要对原木进行蒸煮或浸渍等处理，使木段软化，增加其可塑性。

单板在木段上原为圆弧形，旋切时被拉平，并相继反向弯曲，结果正面产生压应力，背面产生拉应力。单板厚度越大，木段直径越小，则这种应力越大。当拉应力大于木材横纹抗拉强度时，背面形成裂缝，降低单板强度，造成单板表面粗糙。因此，一般采用控制和降低木材弹性模量的办法，如提高木材温度和增加含水率，使弹性变形减小，塑性变形增加。另外，原木的水热处理又可使节子硬度下降，旋刀损伤减小，同时还可使部分树脂与浸提物去除，因而有利于单板的干燥和胶合。原木水热处理，同胶合板制造。

由于木段并不是严格的圆柱体，所以在正式旋切之前，还必须将木段进行旋圆处理，以保证旋切时获得连续的带状单板。木段旋圆后，应准确选定木段在旋切机上的回转中心，保证单板的最大获得率。定中心通常采用机械、激光以及人工定心等方法。

(2)干燥

旋切后的单板含水率较高，不能满足胶合工艺的要求，必须进干燥。在影响LVL生产能力的因素中，单板干燥是最重要的工序之一，一般对干燥的要求是在不影响单板质量的前提下，有较高的生产能力。

单板干燥终含水率与干燥时间、干燥方式、胶合质量以及单板质量有关。由于LVL的单板厚度比胶合板的厚得多，如果完全采用胶合板生产中的滚筒干燥或网带干燥，不仅达不到干燥质量的要求，而且周期很长。单板干燥可采用喷气式干燥，但当单板厚度过大时，干燥速度慢、易开裂，而且干缩大。因此，对于厚单板多采用热板式整形干燥，既保证干燥效果，又能减少单板的干缩和损耗，而且提高单板的平整度。

在LVL生产的原料中特别是幼龄材、心材加工所得的单板，干燥时易产生破裂、弯曲、溃陷等缺陷，对后续工序的自动化操作造成一定障碍，采用热板干燥对避免上述缺陷有显著的效果，并可提高单板干燥效率。但整个干燥过程中，都用热板干燥，则会造成设备投资较大，所以仅在易产生弯曲的后半段使用，在前段干燥中，可用辊筒干燥机或网带式干燥机，通常认为较为理想的还是辊筒干燥作为预干燥，将单板含水率降至25%~30%，再由热板干燥，使单板含水率达5%左右。热板干燥时，为使水蒸气顺利排除，应在干燥期间多次打开压板，或在热板与单板间放置排气垫网，以利水汽排出。

此外，干燥后的单板，在吸湿后还会产生膨胀，辊筒干燥的单板，吸湿后其厚度方向与宽度方向大致相同，但热板干燥的单板，宽度方向会显著减少，说明这种干燥形成永久变形。关于热板干燥压力大小的控制，一般当压力较大时，干燥速度可提高；但压力加大，单板厚度压缩率亦会增加。以南方松为例，压力在 0.3~0.4MPa 时，对单板厚度减少影响不显著，当压力超过 0.5MPa 时，则变化显著。

(3) 纵向接长

制造 LVL 通常使用厚单板，因而通常采用辊筒式、网带式和热板式等几种类型干燥机，迫使对湿单板采用先剪切后干燥的工艺流程。干燥后的干单板经纵横齐边处理。

人工林木段直径均不大，截成 8 英尺木段出材率较小，所以截成 4 英尺木段采用斜接的方法代替 8 英尺单板，我国胶合板企业广泛采用此法生产长芯板。单板层积材生产中单板接长的方法有对接、搭接、斜接和指接。图 11-23 为单板的接长方式。

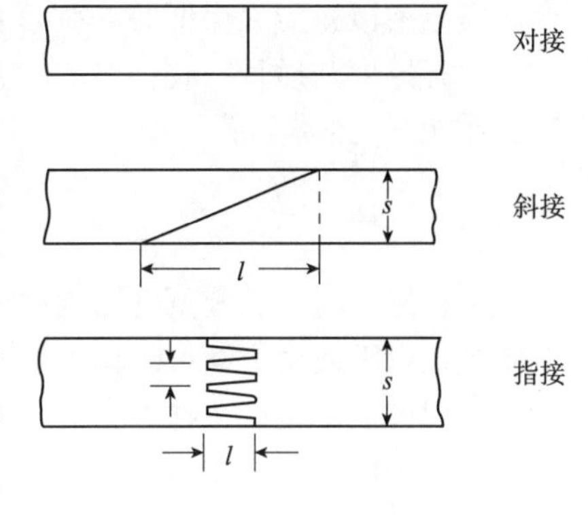


图 11-23　单板三种接长形式

斜接的单板在斜接过程中始终保持在夹具中，以确保好的胶合质量和直边。斜接和指接因其强度好、接口侧面外观漂亮而被普遍采用。为了达到一定胶合强度，斜接的斜面长度与单板厚度，应达到一定倍数关系，通常用斜率 $i$ 表示。

$$i = \tan\alpha = \frac{d}{l}$$

式中：$\alpha$——单面铣削倾角；

$d$——单板厚度(mm)；

$l$——单板斜接的斜面长度(mm)。

在一般使用条件下，单板斜接时斜率为 1∶6~1∶12，在重要使用场合时可高达 1∶20~1∶25，过高斜率在斜接加工时比较困难。

斜接加工可以将单板放在圆锯上，此时锯片须倾斜安装，或者使工作台面倾斜，也可采用楔形垫板，使单板倾斜放置来进行锯切。此外，也可利用压刨或铣床进行加工，但需有专用的样模夹具。

(4) 施胶

施胶是将一定量的胶黏剂均匀施加到单板上的一道工序。板坯胶合后，要求在相互胶合的单板间形成一个厚度均匀的连续胶层，胶层越薄越好，因此施胶质量也是影响胶合质量的重要因素之一。LVL 施胶工艺与普通胶合板生产基本相同，仅是涂胶量略高。因此，LVL 生产中需要开发价格低，固化速度快的胶种，解决 LVL 由于厚度大而带来胶料固化困难的问题。现在常用的胶种有：脲醛树脂胶、酚醛树脂胶、间苯二酚树脂胶或苯酚改性的间苯二酚树脂胶、三聚氰胺脲醛树脂和醋酸乙烯脲醛树脂等。

施胶方法很多，根据不同的工艺可采用不同的施胶方法。干状施胶，由于成本较高，不易被接受，目前一般采用的为液体施胶。根据使用设备，施胶方法可分为：辊筒涂胶、淋胶、喷胶和挤胶等。辊筒涂胶有双辊筒和四辊筒涂胶机等多种型式保证施胶均匀和稳定，但此法仍属接触涂胶方法，是目前采用的主要方法。后三种适用于大规模连续化生产，是配合组坯连续化、自动化所采用的新型施胶方法。

施胶量是影响胶合质量的重要因素，涂胶量过多，胶层厚度必然增加，不仅不一定会提高胶合强度，反而会增加成本。然而施胶量过少，单板表面不能被胶液湿润，加之LVL旋制单板厚度较大背面裂隙较为严重，不能形成均匀胶层，则会出现缺胶而影响胶合质量。所以，应在保证胶合强度的前提下尽量减少施胶量。施胶量与胶种、胶液黏度，单板厚度与质量、胶合工艺以及涂胶后的陈化时间等因素有关，一般LVL单面涂胶量在200~250g/cm$^2$。

(5)组坯

单板层积材的铺装不管结构型还是非结构型单板层积材的铺装均与胶合板不同，主要体现在以下四个方面：①单板层积材的单板必需区分正反面，铺装时必需背对背，面对面，以解决单板层积材的变形问题；②单板的强度应做适当的分选，强度高的单板放在表层，强度低的放在芯层，保证单板层积材的整体性能；③单板层积材组坯为顺纹组坯，单板沿纵向顺纹接长；④单板斜接的接头要依次按照一定间隔错开，保证其强度的均匀分布。

组成板坯的厚度($S$)通常根据成品厚度和加压过程中板坯压缩率的大小计算，可按下式计算：

$$S = \frac{100(S_h + C)}{100 - \Delta}$$

式中：$S_h$——单板层积材厚度(mm)；

$\Delta$——板坯压缩率(%)；

$C$——单板层积材表面加工余量(mm)。

根据树种、材性，特别是单板层积材性能和用途要求，板坯压缩率一般在10%~15%范围。

单板层积材的单板是顺纹组坯，但是旋切单板的长度一般不会超过2.5m，要想满足一定长度的要求，单板已接长或在组坯时，进行各种纵接。不同接合方式则结合力大小不一样，在组坯中如何正确分布对制品性能的影响很大。

采用中低密度树种木材生产的单板层积材，用作室外建筑构件、地板及车厢底板时，会出现表面硬度和强度低，尺寸稳定性和耐腐耐候性能差等问题。因此，利用玻璃纤维、碳纤维布增强单板层积材或者采用单板浸渍树脂的方法来生产表面硬度高、尺寸稳定性好、具有一定耐腐耐候性能的强化单板层积材成为近年来的新趋势。

(6)热压

LVL厚度一般可达50~60mm，因而其胶合工艺有特殊性。目前，胶合工艺可分为冷压和热压两种。

冷压法通常采用苯酚改性的间苯二酚树脂胶，利用干燥单板的余热就可使胶料固化。此法虽流程简单、设备投资少，但因所用该胶种使生产成本较高，再是冷压压制时间长，生产率较低。

热压法制备LVL有连续法(又称一次加热加压法)和分段加热加压法。分段法又有两种方式：一种是纯热压法；另一种是热压加冷压的制备方法，即第一段以数层涂有酚醛树脂胶的单板组坯热压胶合，第二段再将第一段制得的LVL(如18mm厚)二张通过间苯二酚胶冷压胶合，制得 36mm 厚的 LVL 制品。

因为 LVL 较厚，要想使芯层的胶完全固化需要的热压时间较长，用普通压机制造六层 36mm 厚的 LVL，热压周期长达 20min，为了解决这个问题，国内外研究开发了分步热压的方法，即先热压芯层两张单板，然后在压好板材的两面各贴一张涂胶单板经热压成四层 LVL，如此方法可压出多层的 LVL。由于胶层离热压板的距离始终为一张单板厚，传热快，胶合时间缩短，这种工艺是将多台单层热压机串联起来进行连续热压。如每层需 2min，若压制六层厚 LVL 分三次总的热压时间仅为 6min。此外，厚规格 LVL 可采用高频加热、微波加热或喷蒸热压等方法加速芯层胶黏剂的固化。

单板层积材也可以采用连续压机进行生产，但是和通常所说的连续压机有所区别。日本使用的连续压机实际是由三台 4m 长的热压机串联而成，第一台用高频加热，使板坯芯层在短时间内达到规定的温度，后两台则用蒸汽或热油加热。板坯在热压机内压制数分钟后打开压机，板坯前进 2m，然后再闭合加压，板坯从压机入口至压机出口要开启六次，LVL 长度上尺寸不受限制，但生产效率不高，为适应此热压工艺，胶黏剂还需要进行适当改性。

(7)后期处理

用各种方法制得的 LVL 都是毛边板，板面较粗糙，为了使其规格尺寸和板面粗糙度满足使用要求，胶压后制得的 LVL 进行后处理，包括冷却、规格锯裁、砂光等工序。由连续压机出口的 LVL 板带、首先经横截锯裁切成适当的长度，再由多锯片圆锯机纵向锯解成适当的宽度，用堆板机堆放；由普通压机压制的 LVL 毛板可直接经裁边，待砂光后作板材使用；或用多锯片圆锯机锯解，然后依据规定的标准进行检验，分等及入库。

综上所述，单板层积材与胶合板生产过程相似，其主要区别是：单板层积材用的单板旋切厚度较大，一般在 3mm 以上；单板沿顺纹方向组坯胶合，而胶合板则是以单板纹理相互垂直为原则组坯。单板层积材主要是以代替锯材为目标的产品，强调的是产品的纵向力学性能的增强，突出的是木材的各向异性，而胶合板则是对天然木材各向异性的改造，强调的是各向同性。

GBT 20241—2006
单板层积材

## 11.5　定向结构人造板

定向结构人造板主要包括定向刨花板和定向刨花层积材，是用特制的薄平状的长条形刨花，经专用的定向铺装设备，将长条形刨花按照一定方向排列，形成单层或多层结构的板坯，再经热压而成的板材。由于刨花长度大，又按照一定方向有规律的排列，使彼此间接触面积增大，板内空隙少，胶黏剂能充分发挥作用，并很好地发挥了刨花本身的纵向强度，因此与普通刨花板相比具有强度高、尺寸稳定性好等优点。

### 11.5.1　定向刨花板

定向刨花板(Oriented Strand Board)，英文缩写为 OSB，是一种以木质窄长薄平刨花(Strand)为基本单元，拌胶后通过专用设备将表芯层刨花分别定向铺装、热压制成的一种结构板材。定向刨花板作为华夫板的更新换代产品，是在 20 世纪 70 年代末、80 年代初逐渐发展起来的一种新型结构木质人造板材。其技术发明源于欧洲，工业化生产始于美国，1979年美国建成了世界上第一家定向刨花板厂，产品主要替代胶合板用于建筑盖板。此后，定向刨花板在美国和加拿大得到了迅速的发展，并在建筑及其他领域被大量使用。90年代定向刨花板开始在欧洲崛起，成为欧洲1990—2000年间发展最快的一个板种。最近，越来越多的定向刨花板生产线在南美洲和亚洲地区建成。随着全球范围内大径级木材的日益短缺，定向刨花板以其优异性价比，将会在更多领域替代结构胶合板产品，有着广阔的发展前景。

定向刨花板按其结构可分为两大类：全定向刨花板和表层定向刨花板，其结构特点列于表11-6。

表11-6 定向刨花板的分类和特点

| 类别 | 层数 | 特点 |
|---|---|---|
| 全定向刨花板 | 单层 | 窄长大刨花全部纵向排列，板材纵向静曲强度远高于横向(图11-24) |
| | 三层 | 窄长大刨花，表层纵向排列，芯层横向排列；板材纵横向静曲强度比例随表芯层刨花的重量比例而变化(图11-25) |
| | 多层 | 窄长大刨花，各层刨花相互成一定角度排列，板材纵横向静曲强度随相互各层刨花重量比和刨花定向角度而变化 |
| 表层定向刨花板 | 三层 | 表层为窄长薄平大刨花，纵向排列；芯层为方形刨花或窄长薄平刨花，随意排列；板材纵向强度高于横向强度(图11-26) |

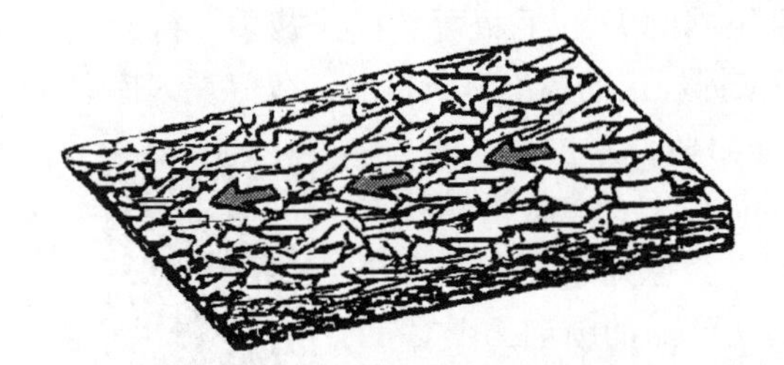

图11-24 单层结构定向刨花板

图11-25 三层结构定向刨花板

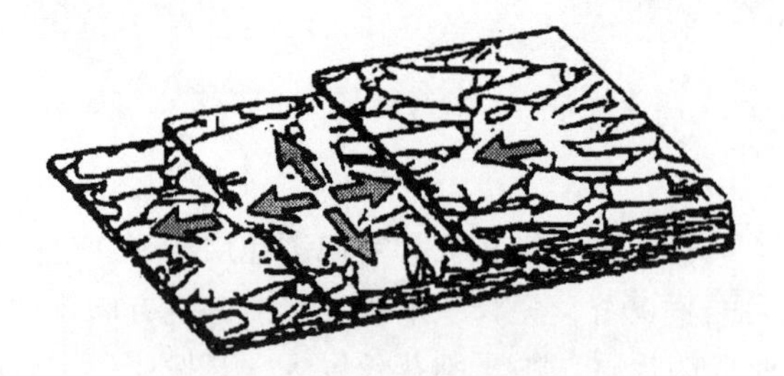

图11-26 表层定向刨花板

#### 11.5.1.1 原材料

(1)木材原料

制造定向结构板的原料与华夫板的原料要求基本相同，一般采用小径材或间伐材，一些具有一定径级的枝桠材和胶合板企业旋切后的木芯也可以作为定向结构板的原料。

马尾松、落叶松、桦木、桉树和速生杨树等树种的木材都是制造定向刨花板的优质原料。同样地，为了得到窄长薄平刨花，木材原料需要一定径级，一般直径为 50~250mm 的小径木均可满足生产。木材原料在零摄氏度以下或含水率低于 60%时，生产前必须置于 40~60℃温水池中浸泡，使木材中的冰融化或提高其含水率，以保证刨片质量。

(2)胶黏剂

定向刨花板由华夫板发展而来，主要用于建筑领域，属于结构工程类木质复合材料。通常采用酚醛树脂作为胶黏剂，有时芯层也用异氰酸酯树脂，但异氰酸酯胶价格昂贵，以酚醛树脂胶应用较为广泛。

(3)添加剂

为提高产品的防水性能，生产中要加入少量的石蜡作为防水剂，石蜡的添加量为绝干刨花的 0.5%~1.5%。对于有防霉和防腐性能要求的定向刨花板，还需加入防霉剂和防腐剂。

### 11.5.1.2　一般制造方法

定向刨花板的制造方法和设备与华夫板大致相同，主要包括原木剥皮、刨片、干燥、筛选、施胶、定向铺装、热压、裁边、锯割等工序。二者的区别主要在于：①刨花的形态不同。生产华夫板的大片刨花多为方形，而制造定向刨花板需要长条状刨花，要求刨花的长细比(长度：宽度)要达到 3 以上。一般地，定向刨花的规格为：长 40~70mm、宽 5~20mm、厚 0.3~0.7mm。②铺装要求和设备不同。通常的华夫板在板坯成型时方型大刨花不易定向，板坯中的刨花没有确定的方向性，而定向刨花板在板坯成型时需要专门的定向装置对刨花进行定向。对于三层结构的定向刨花板，一般需要两个纵向铺装头完成上表层和下表层的刨花定向，一个横向铺装头完成芯层刨花的定向。图 11-27 为典型定向刨花板生产流程示意图。

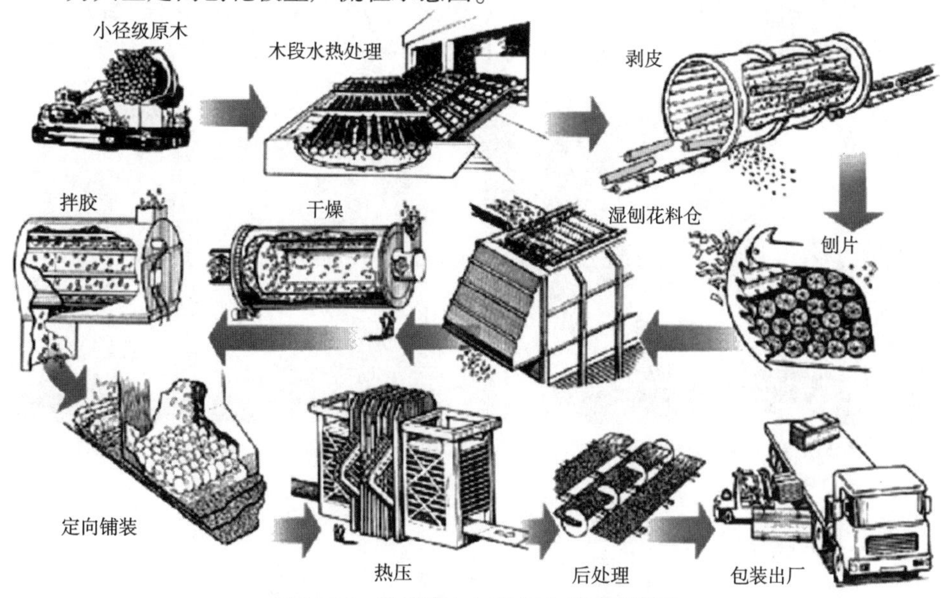


图 11-27　典型定向刨花板生产流程示意

### 11.5.1.3 产品特点和性能

定向刨花板具有良好的力学性能。定向刨花板模拟了胶合板的组坯结构，不仅强度高(其纵向静曲强度约为普通刨花板的1.5倍)，而且力学性能具有方向性，单层定向刨花板的纵向强度可比横向大3倍以上。生产中还可以通过控制各层刨花的比例和定向角度，制造出具有不同纵横强度比要求的定向刨花板。另外，定向刨花板经济性好，原料要求比胶合板低，可以利用低质的小径木，木材利用率高达80%以上，用胶量比普通刨花板节省20%。

通常，定向刨花板的厚度范围为6~25mm，密度范围600~680kg/m$^3$，规格尺寸因国家和地区而异：北美1220mm×2440mm，欧洲1250mm×2500mm，日本914mm×1829mm。各国对定向刨花板的质量要求亦不完全相同：在北美，用于建筑业的定向刨花板产品必须符合美国木材工程协会标准PS 2-92建筑结构板材性能标准和加拿大CSA 0437.0-93定向刨花板和华夫板标准的要求。加拿大标准中将定向刨花板分为R-1、O-1和O-2三个等级，其中R-1为随意铺装板，O-1为定向一级板，O-2为定向二级板；在欧洲，定向刨花板的质量检验执行EN 300标准。该标准根据定向刨花板的应用场合划分为四个等级。1级：一般用途，如干燥条件下的室内装修和家具用材；2级：干燥条件下的承重构件；3级：潮湿条件下的一般承重构件；4级：潮湿环境中承重的高等级规格板；在中国目前执行中华人民共和国林业行业标准LY/T 1580—2010。

### 11.5.1.4 在建筑上的应用

自1992年被证明可以承重场所替代结构胶合板以后，定向刨花板用途不断拓展，市场份额不断扩大。目前，定向刨花板在建筑上主要应用在以下领域：

(1)木结构建筑

建筑业是定向刨花板消费的主力市场，北美95%和欧洲75%的定向结构板用于木结构建筑。主要用途为墙面板、屋顶盖板、楼面板、地板衬板等，另有相当大的比例被用作工字形木搁栅(工字梁)的腹板，如图11-28和图11-29所示。

图11-28 OSB用作墙面板

图11-29 OSB用作工字梁腹板

(2)建筑装修业

定向刨花板作为一种多功能的复合材料，越来越受到消费者的青睐，成为新型住宅装修产业中的重要材料，并给现代设计带来新的形式和风格。定向刨花板在建筑装修中可以用作地板、墙体装饰、门、窗、橱柜以及大开间的内隔墙体等，如图 11-30 所示。

图 11-30　OSB 用作地板

(3) 家具制造、建筑模板、车船制造业

LYT 1580—2010
定向刨花板

定向刨花板是一种性能良好的结构型板材，可用于家具的受力构件，如橱柜侧板、承重搁板、座椅面板、超市货架等。经过表面处理后可以用作混凝土模板。在车船制造业，定向刨花板可用于列车车厢侧板、地板、座椅板、客车车厢板、船舶隔板、卧室用板等。

## 11.5.2　定向刨花层积材(OSL、LSL)

定向刨花层积材是在定向刨花板制造技术的基础上拓展而来的一种新产品，英文名称为 Oriented Strand Lumber(OSL)，又称 Laminated Strand Lumber (LSL)，是采用长细比更大的薄平刨花(图 11-31)，施胶后全部沿板长方向定向，层积热压而成一定规格的方材(图 11-32)。

图 11-31　制造 LSL 的大片刨花

图 11-32　定向刨花层积材产品

定向刨花层积材(LSL)由加拿大 Macmillian Blodel Ltd. 公司发明，并于 20 世纪 90 年代最早开始工业化生产，产品注册商标为 TimberStrand® LSL，后被美国惠好公司收购，由 Trus Joist™生产。

### 11.5.2.1 原材料

(1)木材原料

研发定向刨花层积材(LSL)目的是要充分利用小规格的速生树种木材替代大幅面的实木锯材产品。白杨、黄杨、意杨、马尾松和桉树等速生树种的木材均可以用来生产定向刨花层积材。生产LSL所需刨花尺寸为：厚度0.9~1.3mm、宽度13~25mm、长度200~300mm，与OSB相比刨花长度大，因此对木材原料径级和通直度的要求比定向刨花板稍高。

(2)胶黏剂

定向刨花层积材为结构工程类木质复合材料，在建筑中主要用作承重构件，因此对产品的胶合强度、耐水性和耐久性有较高的要求。目前主要采用异氰酸酯胶黏剂(MDI)生产LSL。

(3)添加剂

为了提高产品的防水、防霉或阻燃等性能，生产中可加入适量的防水剂、防霉剂或阻燃剂等化学添加剂。

### 11.5.2.2 一般制造方法

图11-33为定向刨花层积材的生产流程示意图。将砍伐下来的新鲜原木放入热水池中浸泡一段时间使其软化，剥去树皮后经刨片机加工成所需规格的大片刨花，用筛选设备去除细小刨花，合格的湿刨花被送入辊筒式干燥机进行干燥，干燥过程中应尽量保持刨花原有形态并使干燥后刨花含水率均匀一致，刨花终含水率控制在3%~7%。干燥后的刨花采用辊筒式拌胶机施加异氰酸酯(MDI)胶黏剂和石蜡，然后用定向装置将施胶后的刨花沿板长方向连续铺装，并横截成2.4m宽、10.7m或14.6m长的疏松板坯。板坯然后被送入压机中进行热压，在热和压力的共同作用下胶黏剂发生固化，最后压制成板。由于定向刨花层积材厚度较大，为了获得端面密度分别比较均匀的产品，缩短热压时间，生产中一般采用喷蒸热压的方法，加快热量传递。热压后的毛板通过无损检测装置检测是否存在鼓泡、分层等缺陷，合格的板子再经齐边、分割和砂光等处理后形成最终产品。

定向刨花层积材的规格非常灵活，可以满足木结构建筑材料的要求。TimberStrand® 产品的最大规格可达140mm×1.2m×14.6m。

### 11.5.2.3 产品特点

定向刨花层积材的生产工艺过程与定向刨花板(OSB)基本相同，不同之处在于：①LSL和OSL所用刨花较OSB长；②定向刨花层积材中所有刨花均沿板长方向为纵向排列；③定向刨花板厚度一般不超过25mm，而定向刨花层积材的厚度可达140mm；④LSL和OSL产品密度较OSB高。因此，定向刨花层积材与定向刨花板相比具有更高的纵向强度，同时又具有良好的尺寸稳定性，在外界环境变化时不易发生干缩、弯曲、翘

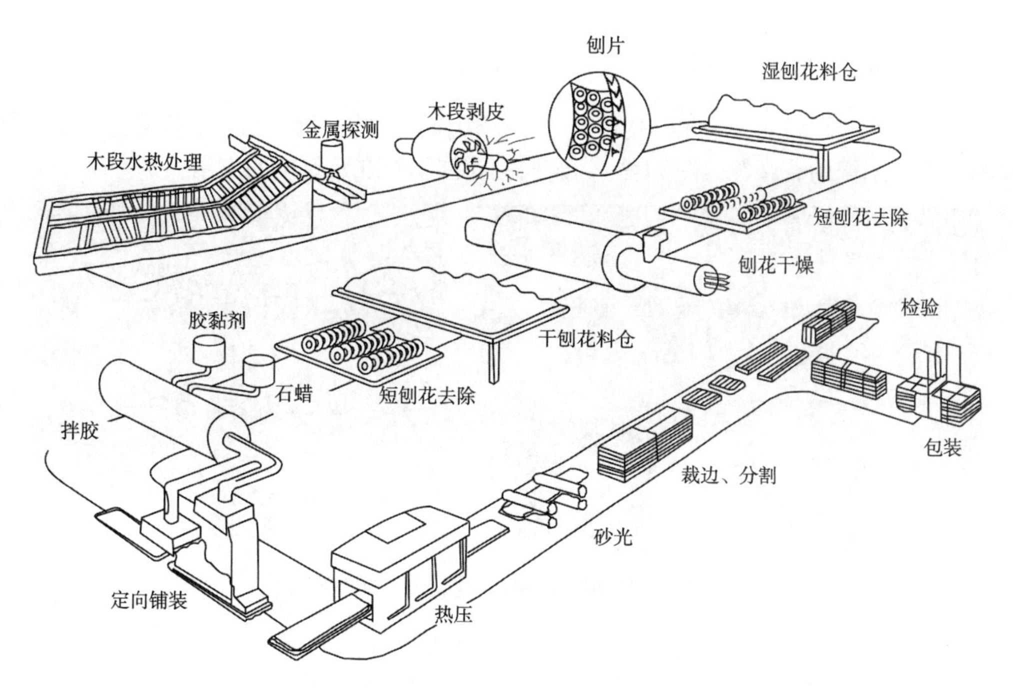


图 11-33 定向刨花层积材(LSL)生产流程示意

曲和开裂现象。与实木锯材相比，定向刨花层积材具有强度变异性小、许用应力大、规格尺寸灵活等优点，可进行锯、刨、开槽、钉钉、油漆以及贴面等加工。

### 11.5.2.4 产品性能

定向刨花层积材属于新型结构复合材，具有代表性的有加拿大 Ainsworth Lumber Co. Ltd. 生产的 Ainsworth Durastrand® LSL 和 OSL，美国惠好公司生产的 TimberStrand® LSL 和 Louisiana-Pacific Corporation 生产的 LP OSL。目前，定向刨花层积材尚无统一的质量标准，制造商执行各自的企业标准，产品质量由第三方机构(如 ICC-ES 和 APA)进行评估。表 11-7 为惠好公司 1.3E 和 1.5E TimberStrand® LSL 产品的容许力学性能。

表 11-7 惠好公司 TimberStrand® LSL 产品的容许力学性能 MPa

| | 1.3ETimberStrand® | 1.5ETimberStrand® |
|---|---|---|
| 剪切弹性模量 $G$ | 560 | 646 |
| 弹性模量 $E$ | 8960 | 10 345 |
| 静曲强度(试件宽度 350mm) $F_b$ | 11.7 | 15.5 |
| 横向抗压强度(厚度方向) $F_{C\perp}$ | 4.69 | 5.34 |
| 纵向抗压强度 $F_{C//}$ | 9.6 | 13.4 |
| 水平剪切强度 $F_v$ | 2.76 | 2.76 |

资料来源：Sven Thelandersson and Hans J. Larsen, *Timber Engineering*, 2003。

TimberStrand® LSL 的握钉力和横向联结性能可与密度为 0.5g/cm³的花旗松实木锯材相媲美。防火性能测试表明，定向刨花层积材的炭化速率和火焰传播等级与实木锯材相当。

#### 11.5.2.5 在建筑上的应用

定向刨花层积材在轻型木结构建筑中一般用作梁、柱、桁架弦杆、托梁、圈梁以及预制工字形搁栅的翼缘等。图 11-34 为定向刨花层积材在建筑中的应用实例。

图 11-34 定向刨花层积材(LSL)在建筑中的应用

## 11.6 竹材人造板

### 11.6.1 竹材胶合板

竹材胶合板是以带沟槽的等厚竹片为其构成单元胶合而成竹材人造板。竹片是通过碾平刨削法来制备的，“竹材的高温软化—碾平”是该产品的工艺特征。竹材胶合板既可以作普通结构板材使用，也可以通过板材接长和表面处理用作车厢底板。

(1)带沟槽等厚竹片的制备

将大径级毛竹横截成竹段，铣去外节后纵剖成 2~4 块，再铣去内节进行蒸煮软化，然后在上压式单层平压机上加热加压，将弧形竹块展开成平面。最后经过双面压刨将其加工成无竹青、竹黄的等厚竹片。

(2)定型干燥

为了防止竹片在干燥过程中，使平整的竹片在横向弹性恢复力作用下产生卷曲变形，必须采用加压干燥的工艺与设备，使湿竹片在压力下加热，在解除压力时，排除水分和自由收缩。

(3)竹片施胶

采用四辊涂胶机对竹片辊涂水溶性酚醛树脂胶，涂胶量为 300~350g/m$^2$(双面)。胶黏剂中可加入 1%~3%的面粉、豆粉等作填充剂。填充剂可使竹片在涂胶后易在表面形成胶膜，热压时不易产生流胶现象，固化后可以改善胶层的脆性。

(4)组坯

采用手工组坯，严格按照对称原则、奇数层原则和相邻层竹片纹理相互垂直的原则进行组坯。要求面板用材质好的竹片，材质较次的竹片作背板。面、背板的竹青面向外，竹黄面向内；芯板组坯时，则要求相邻竹片的朝向按竹青面、竹黄面交替依次排列。

(5)预压与热压

预压为了防止板坯在向热压机内装板时产生位移而引起的叠芯、离缝等缺陷，在组坯后热压之前，要对板坯在室温下进行预压，使其胶合成一个整体材料。

热压采用“热—热”胶合工艺，其热压温度为140℃左右，单位压力为2.5~3.0MPa，热压时间按板材成品厚度计算，一般为1.1min/mm。

为了防止“鼓泡”现象的产生，在热压后期通常采用三段降压的工艺。第一段由工作压力降到平衡压力，第二段由平衡压力降到零，第三段由零到热压板完成开张。

(6)板材的接长与表面处理

竹材胶合板主要用作车厢底板，故要求板材长度与车厢长度相一致，而压制的板材较短故需进行接长。板材的接长与表面处理包括端头铣斜面、斜面涂胶与搭接，热压接长、纵向裁边、板面涂胶与加覆钢丝网，再次热压使板面胶层固化和压出网痕等工序。

### 11.6.2 竹篾层积材

竹篾层积材是以竹篾为其构成单元同纤维方向胶合而成的竹材人造板。产品具有显著的方向性，其纵向强度特别高、刚性好，主要用作车厢底板。

(1)竹篾要求

竹篾厚度为0.8~1.2mm，宽度为10~20mm，竹篾长度按产品的长度而定。通过自然干燥或干燥窑干燥，使竹篾含水率在15%以下。

(2)浸胶与干燥

竹篾在浸胶前应将其扎成小捆，竹篾浸胶的方式分周期式和连续式两种。周期式浸胶是将成捆竹篾置于浸胶框内，用单梁吊将浸胶框放入浸胶池内，浸渍水溶性酚醛树脂胶。连续式浸胶是将成捆的竹篾，悬挂在特制的运输机上，随着运输机的运行使竹篾捆通过浸胶池，从而完成浸胶与滴胶过程。

(3)板坯铺装

为了控制板材的密度和厚度的均匀性，先计算板坯所需竹篾的重量，称量后将成捆竹篾平行放入垫板上的成型框内并铺装成均匀的板坯，然后用包装带捆扎板坯并拆除成型框。铺装的均匀性，对板材的质量影响很大，必须认真操作。

(4)热压

热压通常采用“冷—热—冷”工艺。

竹篾层积材由竹篾全顺纹组坯胶合而成，作为构成单元的竹篾，既无须精密的和烦琐的机械加工，也无须织帘编席，因而具有生产工序少、竹材利用率高、设备投资省的优点，并且产品纵向强度高、耐冲击性、耐磨、耐腐蚀和耐候性好等特点，但也存在如下的问题与不足之处。

竹篾层积材的结构中没有横向的竹篾，只有当板材的密度在1.1g/cm³左右，厚度也在25mm以上时，才能作结构材料使用。若生产密度较低，厚度较小的薄板，将会因横向强度太低而无法使用，并且板材在宽度方向也易产生翘曲变形，为此需将宽大的板材纵剖成较窄的板条使用，以减少其变形量。故应用范围小，主要用作车厢底板。

竹篾层积材的长度决定于竹篾的长度，如用作车厢底板等特长构件使用时，须通过多道接长的加工工序，这不但增加了设备投资和加工成本，而且接头强度也只有本体强度的70%左右。此外，细长的竹篾因其刚性差、参差不齐，给生产操作、运输贮存带来诸多不便，更无法使生产过程机械化、连续化。

竹篾层积材根据外观质量和物理力学性能指标分为一等品和二等品两个等级。竹篾层积材物理力学性能要求见表11-8。

**表11-8　竹篾层积材物理力学性能要求**

| 指标名称 | 单　位 | 指标值 | |
|---|---|---|---|
| | | 一　等 | 二　等 |
| 含水率 | % | 8~15 | 8~15 |
| 静曲强度 | MPa | ≥120 | ≥110 |
| 冲击韧性 | $J/cm^2$ | ≥14 | ≥10 |
| 吸水率 | % | ≤8 | ≤12 |
| 密度 | $g/cm^3$ | ≤1.2 | ≤1.2 |
| 弹性模量 | MPa | $\geq 8.0\times10^3$ | $\geq 8.0\times10^3$ |
| 耐高温性能 | | 表面不允许裂纹 | 表面不允许裂纹 |
| 耐低温性能 | $J/cm^2$ | ≥8 | ≥6 |
| 滞燃性能 | 氧指数 | ≥28 | ≥28 |

### 11.6.3 竹席胶合板

竹席胶合板是以竹席为构成单元，经干燥、施胶、热压而成的竹材人造板。它是国内出现最早的竹材人造板品种，具有生产工艺简单，建厂投资少，竹材利用率较高和应用较广泛的特点。

(1)竹席制备

竹席的制备多用简单机械或手工加工。一般工厂多采用收购竹席而较少自己组织加工生产。

(2)竹席干燥

竹席干燥方式有自然干燥、热压干燥和对流干燥三种。热压干燥是用传导换热，以普通多层热压机为其干燥设备。对流干燥以热空气为介质干燥竹席，干燥设备有周期式干燥窑和连续式干燥机。干燥窑干燥时，竹席应分别搁置在多层装载架上，以利空气对流。

(3)施胶

竹席胶合板要求全部竹席双面施胶。涂脲醛树脂胶后的竹席，由于涂胶量多，并且是全部竹席都涂胶，所以板坯的涂胶量特别大，因而板坯的含水率也特别高，为了保证胶合质量，竹席涂胶后一定要充分进行陈化，使胶中的水分挥发。

(4)组坯

由于竹席是由竹篾纵横交叉编织而成，且竹席表面凹凸不平，因此竹席胶合板的组坯操作最为简单，将竹席多层重叠在硬质合金铝板或不锈钢垫板上即可。

(5)热压

热压工艺的特点是两段(或多段)升压和两段(或称三段)降压。两段升压是为了使胶黏剂在低压下流展渗透，防止板边流胶现象的产生，同时也使水分便于蒸发。

竹席胶合板的板面有明显的竹席纹理是其外观特征。若表层竹席的竹篾通过刮光，漂白和染色处理，再精细编织成一定纹理，则这种竹席胶合板相当美观和具有装饰效果。

### 11.6.4 竹帘胶合板

竹帘(弦向)胶合板是对竹材弦向进行剖篾、织帘和弦向胶合而得到的竹材人造板。由于在竹材的弦向存在难以胶合的竹青、竹黄，为了得到良好的胶合，必须将其剔除，这不但降低了弦向剖篾的效率，更大大降低了竹材的利用率。竹帘(弦向)胶合板可以实现从机械织帘、干燥、浸胶、干燥到剪切工序的机械化、连续化生产，因而生产效率高；也可以采用半成品(竹帘)组坯接长工艺来取代现行的成品接长工艺。

(1)竹帘(弦向)的结构

长竹帘的长度方向是竹篾的纵向，宽度方向是竹篾的弦向，厚度方向为竹篾的径向。

(2)湿竹帘干燥

湿竹帘干燥可采用高温快速干燥工艺，温度为150~180℃，时间在10~15min，这是由于弦向竹篾帘的竹篾材质均匀，既薄且窄，高温干燥变形的可能性小，加之竹篾在加工过程中通过自然干燥已使部分水分蒸发，初始含水率较低，故干燥时间也短。

湿竹帘干燥也可以采用干燥窑进行周期式低湿干燥。干燥时竹帘成卷堆码在干燥窑内或成卷放置在可移动的专用多层干燥架上进行干燥，干燥温度为80~90℃，干燥时间为24h左右。湿竹帘成卷窑干，其干燥能耗小，成本低，且竹帘的经线不易拉断，有利于后续工序的进行，因此竹帘窑干方法是值得推广的。

(3)竹帘施胶

竹帘(弦向)胶合板常用酚醛树脂为胶黏剂。对于带状竹帘采用连续浸胶的方式，以便使前后几个工序实现连续化生产。对于整幅竹帘的施胶，可分别采用浸胶、辊涂和刷涂方式。

(4)板坯结构与组坯

全部构成单元为竹帘，板坯结构为对称的三大层，各大层相互垂直，而同一大层的竹帘互相平行。芯层竹帘的总厚度应为板坯的厚度的25%~30%，以保证板材的横向强度和形状稳定性。

(5)热压工艺

酚醛树脂胶竹帘胶合板的热压温度为135~145℃，单位压力是先高压后低压，使压力由4.0MPa缓慢降压到3.0MPa。热压之初用短时间高压，使板坯表层密实平整，绝大部分热压时间采用较低的压力，以控制板材的密度和厚度。

竹帘(弦向)胶合板可以认为是对竹席胶合板和竹篾层积材的结构与工艺进行创新的一种产品。因此，它不但克服了竹席胶合板的竹席不能进行机械编织，施胶时若采用浸胶方式则竹篾搭接处容易贮胶；若采用辊涂和刷涂方式，则竹篾搭接处会产生缺胶的现象；若采用浸胶与辊涂联合，则工艺烦琐等缺点。也避免了竹篾层积材仅能压制成高密度厚板的不足，同时还克服了竹篾层积材易变形和只能通过将成品接长工艺来生产特大幅面板材，而成品接长工艺较为烦琐等缺点。

竹帘(弦向)胶合板物理力学性能优良，但板材表面存在由于竹篾之间的间隙所形成的条状沟痕和竹帘的经线，既影响外观也影响使用。为了克服这一结构性的缺点，可以采用两个工艺措施之一来解决，一是对竹帘(弦向)胶合板表面进行砂光或刮光；二是组坯时在竹帘(弦向)胶合板板坯的上下表面增加一层竹席(或木单板)热压胶合成竹席(或木单板)覆面的竹帘(弦向)胶合板，并且还可以在竹席(或木单板)上再加上一层胶膜纸，热压胶合成覆塑竹帘胶合板。

### 11.6.5 竹刨花板

竹刨花板是以杂竹、毛竹枝丫、梢头及其他竹材加工剩余物为原料，经辊压、切断、粉碎或经削片、刨片、打磨制成针状竹丝后，干燥、施胶、铺装成型、热压而制成的竹材人造板。它是开发利用各种竹材和提高竹材利用率的一条重要途径。根据竹碎料的几何形态和板坯的铺装方法不同，可分为普通竹刨花板、竹丝刨花板、大片竹刨花板和定向竹刨花板等。

普通竹刨花板主要利用小径杂竹或竹制品加工剩余物为原料，由于竹种繁多和剩余物的几何形态等情况不同，压制的板材性能差别也较大，一般与木刨花板的性能相近，用途也基本相同，是竹刨花板中的一个主要产品。

竹丝刨花板是利用竹工艺品、竹凉席、竹牙签、竹筷子等产品加工时的丝状剩余物为原料而压制的板材。由于丝状碎料较薄，长细比大，板材表面质量较高，断面结构也均匀细密，可制成厚度较小的装饰装修材料。加工竹刨花板时由于是将竹子及其加工剩余物分离成针(杆)状竹丝，在一定程度上改变了竹青、竹黄原有的表面状态，故也就改善了其胶合效果。此外，竹刨花板与其他竹材人造板相比，原料来源广泛，因此是提高竹材综合利用率的较好途径之一。

大片竹刨花板是用特别的竹碎料压制的新型产品。大片竹碎料是对竹材进行径向刨削取得的，由于径向竹片的两侧分别为竹青、竹黄，铺装胶合时难以胶合的竹青、竹黄处于板材的非胶合部位，从而避免竹青、竹黄对胶合性能的不利影响。大片竹碎料的几何尺寸为60mm×(3~40)mm×0.55mm(长×宽×厚)，它可能最大限度地保持和发挥竹材的纵向抗弯性能，从而使板材有较高的力学性能，可以满足工程结构材料的要求。

定向竹刨花板是一种正在研制的新型碎料板。由于竹材的纵向强度与横向强度之比远大于木材，对竹碎料进行定向铺装制板，可以大大提高板材在定向方向的强度，充分地利用竹材纵向强度大的优势，从已研制的板材性能看有着较为广泛的应用前景。

竹刨花板的生产工艺及设备与木刨花板相近，小型竹刨花板厂投资相对较少，因此国内曾一度发展较快。目前我国南方各省已建成数十家小型竹刨花板厂，其中以江西、安徽、湖南等省建厂较多。

小型竹刨花板生产工艺流程为：

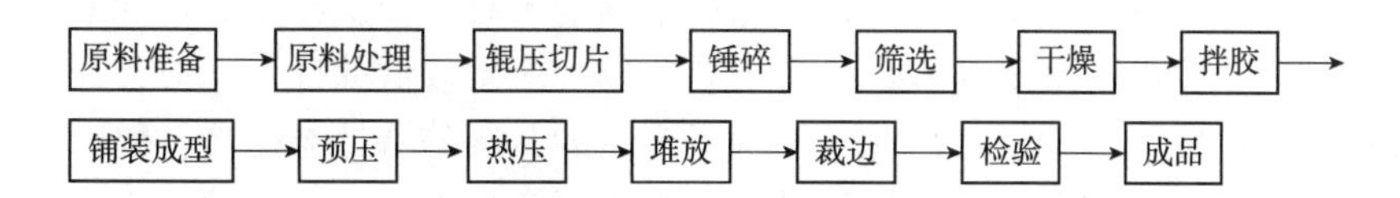


中型竹刨花板生产工艺流程为：

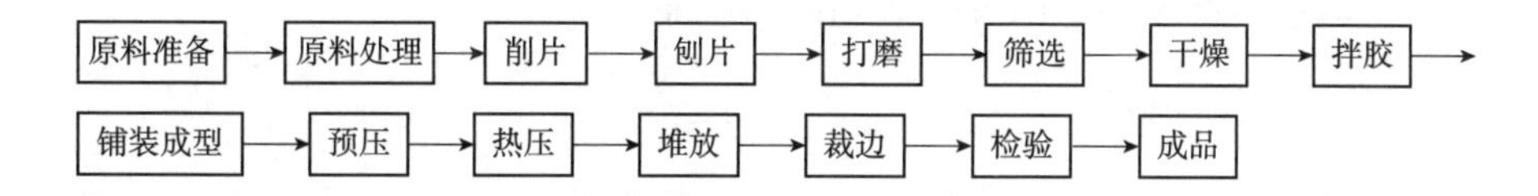


### 11.6.6 重组竹

为了进一步突出重组竹的特点，将其相关内容编写在11.7节中。

### 11.6.7 竹木复合人造板

竹木复合人造板是品种最多的竹材人造板，我国颁布了结构用竹木复合人造板国家标准(GB/T 21128—2007)。由于竹材与木材有许多相同的材性，又各有其特点，赋予其优异特性。其结构形式主要是层积复合结构。木材主要以木单板(或薄木)和木方(或木板)的形态参与复合；竹材多加工成竹片、竹席、竹帘和竹单板与木材复合，两者都可以分别是竹木复合人造板的芯层或表层，这主要决定于竹木复合人造板的性能或用途要求。

(1)单板覆面竹席胶合板

单板覆面竹席胶合板是以竹席为芯层，单板为表层复合而成的。组坯前应按产品的厚度来确定芯层竹席的层数。

由于单板覆面竹席胶合板具有比木胶合板较高的物理力学性能，其外观质量和用途与木胶合板相近，因而有一定的发展和应用前景。但由于竹席表面的凹凸不平，在与单板热压胶合后，竹席的痕迹多少会反映到板面上来，尤其在涂饰之后，通过光的折射可明显地看到席纹，对板材的外观质量有一定的影响。

(2)竹片覆面胶合板

竹片覆面胶合板是以竹片(软化展平法竹片或削法竹片均可)为表层材料，用速生树(杨木、马尾松等)材单板(1.6mm)以上为芯层材料，辊涂酚醛树脂胶后，经热压而成的复合板。

### 11.6.8 覆膜和覆塑竹胶合板

覆膜或覆塑竹胶合板是以胶膜纸作表层的一类复合竹胶合板。覆膜竹胶合板是先压制出某一品种的竹材人造板，通过砂光后以它作基材再进行覆膜而得到的复合板。覆塑竹胶合板是将胶膜纸与一种或两种不同的构成单元一起组坯，一次热压成复合板，因而又称之为一次覆塑法。覆膜竹胶合板具有板材厚度公差小，板面色差小的优点，是一种高档的混凝土模板，但存在加工工序多，产品成本高的不足。一次覆塑法得到的覆塑竹胶合板也是一种高强度的混凝土模板，具有工艺简单、成本较低的优点，但又存在产品厚度公差和板面色差较大的不足。由此可知两类产品的共同的特性与用途，但因生产方法不同，都有其各自的优点和不足之处。径向竹篾帘复合板也主要用作混凝土模板，它不但竹材利用率高达90%，产品成本低，性能好而且在同一条生产线上，可以分别采用覆膜法和一次覆塑法来生产两种档次不同的产品。

(1)覆膜竹材胶合板

覆膜竹材胶合板是以定厚砂光后的竹材胶合板为基材，以此基材为芯层，在其上下面依次配一张涂胶木单板、酚醛树脂胶膜纸和三聚氰胺树脂胶膜纸，组成覆膜竹材胶合板的板坯结构。

由于覆膜热压要采用较高的温度和压力，因此基材板上的缺陷都将不同程度地反映到表面上来。尤其是基材板上竹片的展开裂缝、拼缝的缝隙等，热压覆膜时由于这些缝隙处所受的压较小，因塑化程度不够而出现条状“白花”，不仅影响外观质量，而且这些条状“白花”胶膜容易发脆而破裂。因此，基材板质量将直接影响覆膜板的质量，所以基材板超过3mm以上的缝隙、缺损都必须用相同的材料修补后，才能进行覆膜。

竹材胶合板是由软化、展开后的竹片互相垂直配置组坯胶合而成的，板材表面粗糙不平，厚度有一定的误差。为保证覆膜竹材胶合板的厚度精度和平整度，必须经过定厚砂光，使所有的基材都能保证在+0.2mm的误差范围内。

在板坯的胶膜纸与竹胶合板基材之间配置一层横向木单板，这是由于竹材胶合板可再压缩性较差(因制成胶合板时已热压一次)，而且硬度较大，浸渍纸也仅有两层，可压缩量也很小。加进一层软材单板，在覆膜胶合过程中，可减小由于热压机的压板、金属垫板、基材的材质等各方面的原因，所形成厚度误差而产生的压力不均匀造成的覆膜表面质量缺陷，如色差、波浪纹、露底、局部胶合不良等，从而使覆膜的表面质量大为改善。另外，竹材胶合板基材多为三层结构，纵向与横向的静曲强度、弹性模量差异较大，在基材两表面各增加一层横向木单板，可相当大地增加横向的强度和弹性模量，从而缩小纵横两向的强度差，因此单板层的作用很大。

(2)覆塑竹帘胶合板

覆塑竹帘胶合板是以竹帘为主要材料作芯层，用竹席或木单板为内层，表层为底层纸浸渍酚醛树脂的胶膜纸，采用一次覆塑工艺而制成的。

这种结构的目的是由板厚85%左右的芯层提供产品的力学强度，用内层的竹席或木单板来覆盖竹帘的沟槽，提高板材的表面平整度，表层胶膜纸一方面是为了增加板面的耐磨和耐水性，另一方面是为了提高板面的光泽度和光洁度，通过复合效应来达到高强度混凝土模板的使用要求。

在竹帘、竹席干燥到含水率为8%~12%后进行施胶，施胶方式为浸渍低浓度的水溶性酚醛树脂胶。

由于在浸胶过程中，低浓度胶黏剂中的水分大量进入竹帘、竹席内部，使其含水率大量增加，为此必须进行干燥。为了避免在干燥过程产生胶的预固化现象，必须控制干燥温度在95℃之内。浸胶竹帘、竹席干燥可以用喷气式网带干燥机进行连续式干燥，也可以用干燥窑进行周期式干燥。

原纸一般为底层纸，定量为80~100g/cm$^2$，若采用定量为100~120g/cm$^2$呈红褐色的钛白装饰纸则更好。含钛白粉在原纸覆盖力强，可以覆盖内层竹席(或木单板)的缺陷，而红褐色与酚醛树脂胶的颜色相近，可以加深板面颜色，有利于消除板面色差。

由于板坯两表面均有胶膜纸，并采用一步法胶合成覆膜板，故称之为一次覆塑工艺。为了保证板材的物理力学性能与表面质量，热压采用“冷—热—冷”工艺。这种工艺是在热压板温度50~60℃时，板坯进入热压机，然后升温升压，使温度在135~145℃，压力在3.0MPa下胶合，再通冷水降温到50~60℃，最后降压卸板。

覆塑竹帘胶合板主要用作混凝土模板，板材在使用过程中，由于板面已经覆塑，水分无法通过板面渗透，仅能从板边渗透，为此须进行封边处理，以防止水分从板边渗入板内而降低其物理力学性能。封边处理要求先刮腻子以堵塞孔隙，待腻子自然干燥后进行砂磨。然后再刷涂或喷涂聚氨酯等涂料，以封闭板材边部与外界水、汽的通道。

### 11.6.9　夹芯结构竹胶合板

夹芯结构竹胶合板是具有板芯结构的竹胶合板，并且板芯的厚度应远大于其他各层。夹芯结构竹胶合板主要有两种类型，一类是碎料夹芯竹席胶合板，另一类是碎料夹芯竹片胶合板。它是将1~2层竹席和竹片作表板分别与竹碎料芯层胶合而制成的。这种夹芯结构板在使用过程中，其表板几乎承受施加在平面内的边载(边缘荷载)和垂直弯曲力矩，也几乎承受了结构的全部抗弯刚度。位于中心层的板芯在两表板之间传递剪切力，使它们对共同的中心平面起作用，同时板芯也承担了板材的大部分抗剪刚度。两表板间由竹碎料芯层隔开的好处是，既保证了材料的刚度，又不需要增加优质表板材料的用量。

夹芯结构复合板在设计时要考虑如下几个方面的原则：①复合板的表板厚度，至少要经得起选定设计荷载下的设计应力。②复合板的芯层材料应有足够的厚度、抗剪刚度和抗剪强度，以保证在设计荷载下不出现整块复合板的扭曲，过度扭转或剪切破坏。③芯层材料在与层压面相垂直的方向应有足够的弹性模量。复合板应有足够的平面抗拉强度和垂直抗压强度，以保证表板在设计荷载下不出现皱褶现象。④要采用良好的胶黏剂和合理的胶合工艺，使表板和芯层材料的界面胶合强度，在设计荷载下能足以防止表板产生皱褶和不出现明显的挠曲和剪切破坏。

夹芯结构竹胶合板的产品优势和生产组织上的优点如下：①两种夹心结构竹胶合板具有远高于竹碎料板的物理力学性能，并分别接近于竹席胶合板、竹材胶合板性能。它可以用作汽车和火车车厢的底板。若以它作基材，进行覆膜或涂膜处理后，也可以用作高档砼模板和集装箱底板等。②竹材的利用率高。一方面它可以利用竹材人造板厂自身的加工剩余物或收购其他竹材加工企业的加工剩余物，作为夹芯结构的芯层原料，来提高竹材的综合利用率；另一方面也可以用小径杂竹通过加工作为芯层原料来生产，来实现竹材资源全方位利用和高效加工制板方法的结合，从而克服了小径竹仅能生产低档次竹碎料板的困境。③由于全部竹材原料都可以用于制造产品，除干缩、压缩的无形损耗及砂光过程中的粉尘外，没有产生什么废料，从而减少了环境污染。④由于竹材利用率高，产品成本相对降低，加之产品性能高，因而产品的性能和价格比高，因而夹芯结构竹胶合板有较好的市场竞争力和发展前景。

### 11.6.10 空心结构竹胶合板

竹材人造板中的层积结构和夹芯结构都是实心结构，在这类板材的断面上尽管可能存在层间密度的差异，但整个断面是密实而无孔洞的。与实心结构相反的空芯结构，其断面存在着排列有序、形状大小相等的孔洞。空心结构板具有质轻、隔声、隔热和有一定强度的优点，并且产品价格比同等厚度的实心结构板低。空心结构竹胶合板的品种可以很多，但从工艺上来说只有两种，一种是一次复合成型工艺或称之为内模成型工艺，另一种是先模压或加工出一定形状的网络结构芯层，然后使网络芯层与表层装饰材料、边框骨架材料组坯再热压胶合成板的两次成型工艺。两种成型工艺中后者应用较多，多用于生产网络结构复合板，内模成型工艺的典型产品是竹木复合空芯板。

## 11.7 重组竹(竹基纤维复合材料)

重组竹(Bamboo Scrimber, BS)是由竹束或纤维化竹单板为基本构成单元，按顺纹组坯、胶合、压制而成的板材或方材。重组竹的出现，完全改变了人们对竹材的认识，无论是从物理力学性能、表观性能以及颜色和纹理都有了显著改善和提高。竹材具有的壁薄中空结构使得竹材不能像木材一样被广泛应用，而重组竹(竹基纤维复合材料)制造技术的创新发明，则改变了人们对竹子的认识，扩大了竹材的应用范围。

传统的重组竹生产主要采用竹加工的剩余物废竹丝(俗称“竹丝”)和已被去除了竹青和竹黄的竹片经过简单碾压形成的竹束作为原材料。该工艺中竹材的利用率和生产效率都很低，而且由于传统的竹束疏解工艺简单粗糙，竹束单元纤维束分离度不均匀，导致在后续的干燥过程中含水率分布不均匀，在浸胶过程中树脂在竹束中难以渗透均匀，影响了产品的最终质量。

竹基纤维复合材料作为重组竹的第二代产品，与传统的重组竹相比，具有原料的一次利用率高、生产效率高和产品附加值高等特点。竹基纤维复合材料制造技术的典型特点是工厂可以直接将竹材作为原材料进行直接加工，不需要去除竹青和竹黄，使竹材的一次利用率可以达到90%以上。通过竹材纤维可控分离与单板化展平技术、竹青竹黄胶合技术、竹材增强单元导入技术、竹基纤维复合材料成型制造技术等多项技术集成，实现了竹基纤维复合材料的高性能和可调控，最终制造成高性能多用途竹基纤维复合材料。该项技术节省了传统的剖篾、去青去黄工序，是我国在竹材加工应用领域的一项重大突破。

重组竹是由我国最先研制成功且拥有自主知识产权，并形成产业化规模的一种复合材料。高性能竹基纤维复合材料的开发，将竹材的一次利用率提高到90%以上，产品性能提高20%以上，基本解决了传统重组竹存在的跳丝、瓦状变形、吸水厚度膨胀率高和尺寸稳定性差等问题，使得重组竹的应用领域扩展到室外用途。产品不仅可广泛应用于室内外地板、家具、建筑结构材和装修装潢材，还可以满足建筑结构材、公路护栏和风电桨叶等高强度材料领域的需求，并成功地实现了产业化，成为我国竹材产业最具有发展潜力的优势产业之一，也是竹产业研究的热点和前沿技术之一。

## 11.7.1 分类

按制造工艺分：①热压法制造的重组竹；②冷压热固化法制造的重组竹。

按使用性能分：①室内结构用重组竹；②室内非结构用重组竹；③室外结构用重组竹；④室外非结构用重组竹。

按表面颜色分：①本色重组竹；②炭化色重组竹；③混色重组竹；④染色重组竹。

按组成单元形态分：①竹束重组竹；②纤维化竹单板重组竹。

## 11.7.2 生产工艺

重组竹的制造工艺分为热压工艺和冷压成型—热固化工艺(简称“冷压工艺”)。

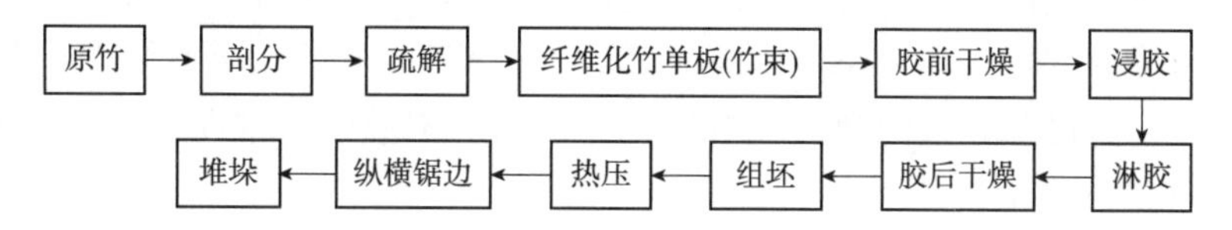


### 11.7.2.1 热压工艺流程

(1)单元的制备

目前，重组竹的基本单元主要包括两种：竹束和纤维化竹单板。

①竹束单元制备

竹束的加工工艺：首先将原竹筒剖分成2~3cm左右宽的竹条，去除竹青、竹黄后进行碾压疏解处理，然后进行干燥至含水率为15%以下。目前，竹束一般是由专业的小型加工厂专门生产，然后销售给专业的重组竹生产厂家，由于目前没有统一的评判标准，因此竹束的质量差异较大。

②纤维化竹单板单元制备

纤维化竹单板加工工艺：首先根据原竹直径大小采用对剖、三等分或者四等分将原竹加工成竹片，然后采用专用疏解机进行疏解，疏解好的纤维化竹单板的宽度在15~30cm之间。由于同一根竹材不同部位的竹片的壁厚度不同，因此需要对疏解机的各组疏解辊的间距作相应的调整，使得纤维化竹单板的疏解效果达到最佳，以利于后续的浸胶和重组。具体疏解过程如下：将单片弧形竹片沿顺纹方向送入多功能疏解机，利用多功能疏解机间断错位异型疏解齿对弧形竹片进行展平、疏解，在疏解过程中，疏解齿在弧形竹片竹壁的纵向产生切削作用力，由于竹材具有纵向劈裂性能好的特点，从而在弧形竹片的纵向形成线段状的裂纹；同时在径向产生挤压的作用力，使弧形竹片在径向展平和伸展，将弧形竹片疏解分离成纵向不断、横向交织的竹纤维束组成的纤维化竹单板，并使得竹青和竹黄表面的硅质层和蜡质层部分脱落(图 11-35)。

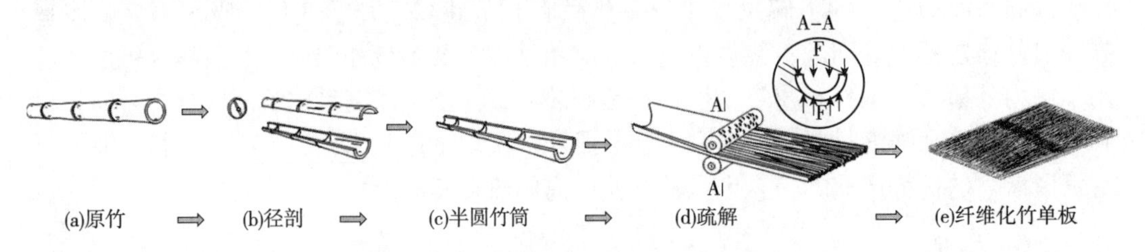


**图 11-35　纤维化竹单板制备工艺流程**

纤维化竹单板制备过程中的关键设备是多功能疏解机。多功能疏解机包括 1–电动机、2–主减速装置、3–链传动装置、4–多对驱动辊、5–多对疏解辊、6–疏解辊支撑架、7–调节垫块和 8–机架，如图 11-36(a)所示。平行固定在机架上的可转动的多对驱动辊和疏解辊之间具有一定的间隙，驱动辊通过减速传动装置与电机连接，驱动辊的辊面上设有麻花辊滚花，疏解辊由异型齿轮轴系组成，如图 11-36(b)所示。异型齿轮轴系由一根两端带有锁紧螺杆的齿轮轴和若干个用键固定在齿轮轴上的 A 型异型齿轮[图 11-36(c)]和 B 型异型齿轮[图 11-36(d)]交错叠加组合而成，不同的是 A 型异型齿轮和 B 型异型齿轮之间的键槽所对应的圆心角相差 22.5°，由 A 型异型齿轮和 B 型异型齿轮交替叠加组合所形成的疏解辊，叠加后的疏解辊在其辊筒圆周面上分布 8 个疏解齿，疏解齿上具有刀刃，其沿疏解辊的周向间断延设，在疏解辊的辊筒轴向分布 30 列刀刃，如图 11-36(e)和图 11-36(f)所示。

纤维化竹单板尚没有统一的质量标准，目前主要采用单位时间内的吸水率和吸胶率来评判纤维化竹单板的疏解质量，一般来讲单位时间内吸水率和吸胶率越大，说明疏解程度越好。

(2)胶前干燥与热处理

胶前干燥：通过疏解制备的纤维化竹单板或竹束单元，因其含水率较高，为了更好地进行浸胶，必须对纤维化竹单板进行干燥处理。干燥工艺分为网带式干燥机干燥工艺与干燥窑干煤工艺。干燥机干燥的优势在于高温(130~150℃)快速(5~10min)干燥，生产效率高，但设备投资大且能耗高；干燥窑则是一种周期式干燥设备，投资小且能耗低。企业可根据不同的生产情况选择合适的干燥工艺，将纤维化竹单板或竹束干燥至含水率为 10%~15%。

热处理工艺：热处理是竹材加工过程中一种改性、增值的附加工序，其主要目的是改变竹材的色泽、改善产品的尺寸稳定性和提高防霉性能。重组竹单元经过高温处理后，竹材的颜色会发生变化，形成了从浅咖啡色到深褐色的系列颜色，丰富了重组竹的色泽；另外热处理后可去除部分糖和淀粉类物质，改善了产品的尺寸稳定性，提高了防霉性能。热处理工艺分为低温热处理(浅炭化)和高温热处理(深炭化)。

(a)疏解机的结构示意图　　(b)疏解机装配图

(c)A型异型齿轮　　(d)B型异型齿轮

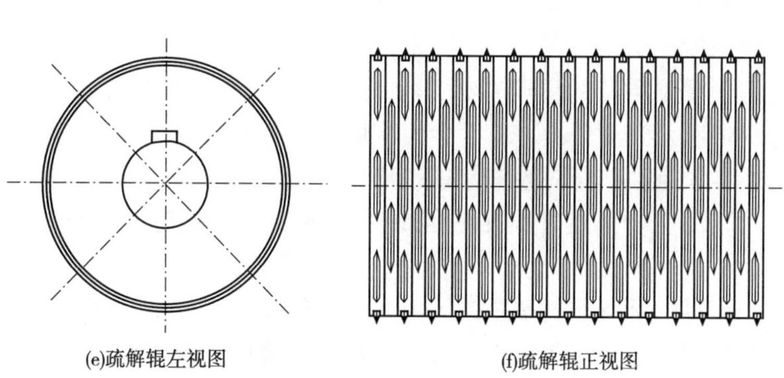

(e)疏解辊左视图　　(f)疏解辊正视图

**图 11-36　多功能疏解机结构图**

低温热处理：采用饱和蒸汽作为处理介质，饱和蒸汽的蒸汽压一般为0. 35~0. 50MPa，处理温度为 135~150℃，将刚疏解后的纤维化竹单板放入压力罐中处理 2~4h。低温热处理后的竹材中的糖和淀粉等物质的残留量较大，如不经防霉处理，防霉和防腐效果与深炭化相比较差，浅炭化后竹材的颜色为浅咖啡色，一般更适用于室内干燥环境。

高温热处理：采用干空气作为处理介质，处理温度一般为 180~220℃。将纤维化竹单板或者竹束先预干后，再送入高温热处理设备中进行深炭化处理，处理时间8~12h。通过调控竹材中木质素的变色基团和半纤维素、淀粉、糖等物质的含量，达到颜色可控和防霉处理的目的，高温热处理更适用于户外产品。

(3)浸胶

①浸胶液的调制

目前重组材的生产过程中主要采用的是水溶性酚醛树脂胶黏剂，一般是将重组单元放进调制好的酚醛树脂胶液中进行浸渍处理。酚醛树脂胶具有良好的耐候性和较高的胶合强度，采用高温热压(高于130℃)时一般不需要添加固化剂，就可以较迅速完成胶合。

水溶性酚醛树脂胶的调制，主要是加水稀释，以降低胶液的固含量。配制多少固含量的浸胶液，需要根据浸胶方法和物料要求达到的施胶量来确定。胶黏剂进行浓度调制时，可用质量为基准，计算公式如下：

$$G_1X_1=G_2X_2$$

式中：$G_1$——稀释前原胶液的质量(kg)；

$X_1$——稀释前原胶液的固含量(%)；

$G_2$——稀释后新胶液的质量(kg)；

$X_2$——稀释后新胶液的固含量(%)。

稀释胶液所需的加水量为 $G_2-G_1$(kg)。

注：应边搅拌边缓慢地向原胶液中加入计算所需的加水量，可分多次加入，充分搅拌均匀即可得到固含量低的新胶液。不能将胶黏剂加入水中进行稀释，容易出现胶液“浑浊”现象。

②浸胶工艺

重组竹的施胶采用浸胶法，将重组单元捆成捆后，码放在浸胶框中，浸入到胶槽(或胶池)中，浸渍一段时间后取出，浸胶完成。施胶量可以经过控制重组单元的疏解度和调制的胶液浓度控制。

浸胶量是衡量浸胶质量的重要指标，也是影响重组竹质量的重要因素。浸胶量过小，重组竹材料的胶合强度较差，甚至会出现脱胶现象；浸胶量过大，则会造成胶液浪费，增加生产成本，且在热压时胶液易被挤出而污染重组竹材料表面。原则上认为，在能保证重组竹材料的胶合强度和耐水性能的前提下，浸胶量越小越好，还可降低生产成本。

通过测定一定量的纤维化竹单板或者竹束质量的变化来确定其浸胶量。浸胶量是用胶的固体质量与构成单元绝干质量的百分比来进行计算的。在生产上是用浸胶时间来控制浸胶量的。影响浸胶量的因素很多，如纤维化竹单板和竹束的含水率、胶液的黏度、胶液的固含量等。

浸胶量的测定方法通常采用重量法进行计算，如下公式：

$$X=\frac{(G_2-G_1)P}{G_1(1-W)}\times 100\%$$

式中：$X$——浸胶量(%)；

$G_1$——浸胶前的纤维化竹单板的质量(kg)；

$G_2$——浸胶后的纤维化竹单板的质量(kg)；

$P$——浸胶液的固含量(%)；

$W$——浸胶前纤维化竹单板的含水率(%)。

纤维化竹单板和竹束的浸胶时间与所用竹材的种类以及单元的疏解程度有关，所以应根据竹材种类和需要的施胶量来控制浸胶时间。

(4)胶后干燥

采用浸胶工艺的重组单元需要经过干燥处理，通常称为胶后干燥。

胶后干燥的目的是：①蒸发胶黏剂带给重组单元的水分、降低板坯的挥发物含量、防止热压时产生鼓泡等缺陷；②增加酚醛树脂的缩聚度，使初期树脂通过干燥少部分达到中期缩聚的程度，以减少热压时间。

胶后干燥，是生产重组竹的关键工序。在干燥过程中，如果发生胶液部分或完全固化，则在后面的热压过程中将会出现胶合不良甚至完全不能胶合的现象，这是干燥过程中应特别注意的问题。施胶后的竹单板的干燥通常采用网带式干燥机或者隧道式干燥窑干燥。对于施加水溶性酚醛树脂胶黏剂的构成单元，其干燥温度应小于 70℃，终含水率应控制在 10%~15%。

(5)组坯

组坯要求浸胶干燥后的重组单元根据产品结构的要求，按一定的排列规则及重量组成较均匀的板坯。板坯尺寸一般为 4 呎×8 呎。若组坯铺装不均匀，则成板后的同一张板材不同部位的物理性能就会存在较大的差异，板材的各部位力学性能也会不一致，板材易发生翘曲变形，从而影响使用效果。

组坯前需确认单元的含水率是否符合工艺要求。组坯时所需的纤维化竹单板的重量，是根据产品的设计密度、厚度和幅面来确定的。用地秤称量好所需的纤维化竹单板的重量，按顺纹方向及一定的对称铺装原则进行铺装。

组坯铺装时要做到“一边一头齐”，为板坯胶合与裁边设立基准。组坯铺装时还要做到竹材的根部、梢部相互交错铺装，才能保证压制的板材的密度较为均匀。因为竹材自身的特点，根部壁厚且重量大，梢部壁薄且重量轻，若将单元的根部全部铺装在板坯的同一边或梢部在同一边，这样会导致压制出来的板材的密度一边大一边小。

(6)热压

热压工艺采用“热进—冷出”工艺，它是在热压机的热压板处于“热”的状态下装进板坯，此时热压板的温度为 135~145℃，装板后立即闭合压机，且升压到工艺所要求的压力值并保持规定的时间，使得板坯完成胶合，然后在保持压力下向热压板中通入冷却水，待热压板温度降到 50℃左右，卸压，使板坯在“冷”的状态下卸出热压机。

每个热压周期都可以分为三个阶段。第一阶段是装板坯、热压板闭合和升压所需的时间，第二阶段是保压时间，第三阶段是冷水降温、卸压、热压板张开和卸板所需要的时间(图 11-37)。

热压周期的第一阶段是工艺的辅助时间，应以最快的速度进行。这样不但可以提高热压机的生产效率，还可以防止靠近热压板的胶层发生提前固化，从而保证产品质量。热压周期的第二阶段是板材进行胶合而发生复杂变化的时期，包括板坯被加热、水分重新分布以及水分物理状态的改变、构成单元的密实与塑化、胶黏剂的缩聚与固化等，这些变化都是在温度和压力的共同作用下产生的。

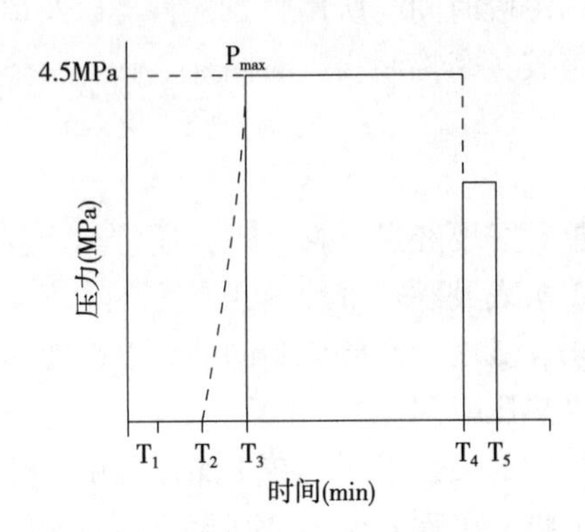


$T_1$-$T_3$. 板坯送入压机的时间，但板坯未受到压力；

$T_3$. 上下压板都压紧板坯后，压力升到工作压力 $P_{max}$；

$T_3$-$T_4$. 压力保持时间(加压时间)，板坯被压紧，胶黏剂固化；

$T_4$. 开始通水冷却；

$T_5$. 卸板。

**图 11-37 热压曲线**

热压温度：板坯加热是靠上、下热压板来传递热量的。板坯加热温度常用热压板温度来表示。热压温度的选择是根据胶种、板材的类型与目标厚度来确定的。酚醛树脂竹材人造板的热压温度为 130~145℃。

热压压力：压力是指板坯单位面积上所承受的力，一般是指板坯热压第二阶段的平均压力。压力的基本作用是使胶合材料紧密接触，并将板坯压缩到所要求的厚度与密度。当采用厚度规控制板厚时，热压机的热压压力要高于在一定的压机闭合时间里将板坯能够压缩到厚度规所需要的最低压力值。

热压时间：由于热量的传递、胶黏剂的固化等都需要经历一个时间过程，而热压时间的长短则直接影响了胶合质量与热压机的产量。若热压时间过短，则胶的固化率低，板材的胶合质量差；若热压时间过长，则热压机的产量低。因此需要在完全保证板材的胶合质量的前提下，用较短的热压时间来完成胶合过程。热压时间是根据板坯离热压板最远胶层的边缘的固化率来确定的，因为这个部位是板坯升温最慢且温度最低部位。当这个部位胶的固化率达到了工艺要求时，板坯的其他部位的胶合质量会更好。在重组竹(竹基纤维复合材料)的制备中，采用的热压时间为 1min/mm(指板材目标厚度)。

(7) 纵横锯边

重组竹板材经过卸板运输机，进行人工与叉车相互配合堆垛，室内放置 5~7d 进行平衡处理，使得板材内部达到平衡状态，然后进入纵横锯边机进行锯边、堆垛、包装、标识及入库。

#### 11.7.2.2 冷压工艺流程

冷压工艺主要用于压制厚度 15~18cm 的重组竹方材，目前重组竹方材常用的规格尺寸(长×宽×厚)为：193cm×10.5cm×15.0cm 和 200cm×14.5cm×15.0cm。

注：组坯(模具)之前，冷压工艺流程与热压工艺相同，参见热压工艺部分。组坯(模具)之后的冷压工艺如下：

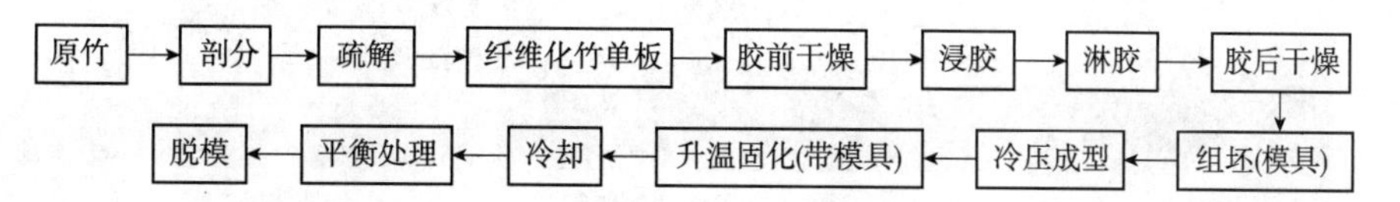


(1)组坯与冷压成型

根据设计的材料密度和铺装模具的体积进行计算称量；将重组单元按一定的铺装规则较均匀地铺装到模具中，铺装完毕后，盖上上垫板，启动运输机将模具送入冷压机，启动冷压机，压头垂直作用于上垫板进行加压，随着压力的不断增大，模具里的纤维化竹单板被密实化，直至上垫板被压至预定的厚度位置，进行穿销锁模，然后卸压，启动运输机将带有模具的被压缩密实的重组竹方柱形坯料从冷压机中运出，待固化处理(图11-38)。

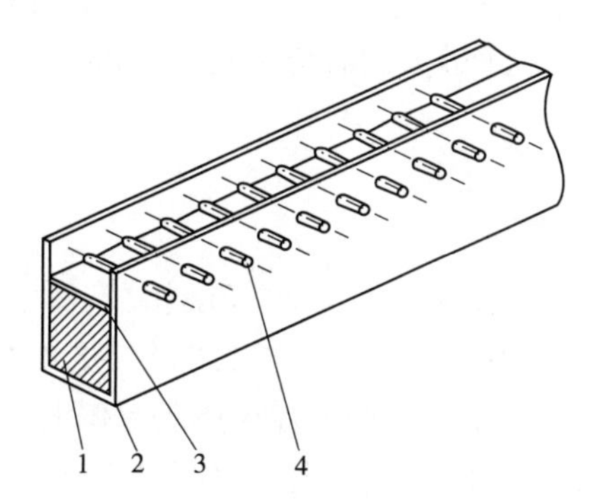


**图11-38 冷压成型模具示意**

1. 坯料 2. 铺装框 3. 垫板 4. 销钉

(2)升温固化与冷却

将带着模具的重组竹方材坯料纵向一排排地放在高温固化窑进口的链条运输机上送入高温窑内进行升温固化处理。坯料需要在132℃±2℃下保温10h，以便坯料芯层得到充分固化，然后缓慢降温至50℃以下，坯料(带着模具)到达固化窑的出口，取出带着模具的重组竹方料，堆垛码放，进行窑外冷却平衡处理2~3d。然后进行人工或机械脱模，将脱模后的重组竹方柱形料堆垛码放整齐，再在室内平衡处理4~5d，才可进行裁边与锯解加工。

## 11.7.3 性能与用途

重组竹通过低分子量酚醛树脂对竹材进行多尺度界面修饰，改变了细胞微观构造和细胞壁层分子结构，实现竹材宏观材性显著改善，并赋予疏水、阻燃、防腐、防霉、防白蚁等新功能，克服了竹材径级小、材质不均等缺陷，实现了小材大用，产品广泛应用于风电材料、结构材料、户外材料、装潢装饰材料、家具材等领域(图11-39)。

竹质风电叶片

无锡大剧院内装饰工程

太湖景观工程

**图11-39　高性能竹质定向重组结构材料的应用范例**

(1)力学性能

重组竹具有良好的力学性能，其主要力学性能通常可以达到硬阔叶材的2~3倍。重组竹的力学性能主要由密度、竹种决定，随着密度的增强，其力学性能呈增大趋势；不同竹种生产的重组竹，其力学性能差异较大，如慈竹重组竹最大静曲强度可达到364MPa；拉伸强度324MPa；拉伸模量37GPa；压缩强度194MPa；压缩模量32GPa；拉-压疲劳寿命可达$3.96\times10^6$次(最大加载应力为90MPa时)，其各项力学性能指标是毛竹重组竹的2倍以上。

(2)尺寸稳定性

重组竹的尺寸稳定性差异较大，与工艺直接相关，性能优异的重组竹，其28h(煮—干—煮)循环处理的吸水厚度膨胀率小于2.7%，吸水宽度膨胀率小于0.4%。但目前大部分企业生产的重组竹产品，其吸水厚度膨胀率偏大，只能满足于室内干燥环境中使用，如果在潮湿或室外环境中使用，则会出现开裂、跳丝、变形等质量问题。

(3)游离甲醛释放量

重组竹所使用的胶黏剂为酚醛树脂，其甲醛释放量可以降低到0.1mg/L，可用于室内装潢装饰材料。

(4)耐候性

重组竹防腐性能通常都能达到强耐腐级(Ⅰ级)，防霉性能可以达到Ⅱ级防霉，防白蚁性能可以达到抗白蚁级，具有良好的耐化学腐蚀性能和耐水性能，非常适合做户外地板和铺设湿地栈道等。

### 11.7.4　标准

目前，在重组竹(竹基纤维复合材料)制造领域中，只有《重组竹地板》(GB/T 30364—2013)制定了国家标准，其中按使用条件可分为室内用重组竹地板和室外用重组竹地板。

(1)室内用重组竹地板

《重组竹地板》(GB/T 30364—2013)规定了室内用重组竹地板的性能指标要求，见表11-9。

表11-9 室内用重组竹地板的理化性能指标

| 项 目 | 单 位 | 指标值 |
|---|---|---|
| 含水率 | % | 6.0~15.0 |
| 密度 | g/cm³ | ≥0.80，且最大值与最小值之差≤0.10 |
| 吸水宽度膨胀率 | % | ≤4.0 |
| 吸水厚度膨胀率 | % | ≤10.0 |
| 水平剪切强度 | MPa | ≥12.0 |
| 表面漆膜耐磨性 | r | 磨100r后表面留有漆膜 |
| 磨耗转数磨耗值 | g/100r | ≤0.15 |
| 表面漆膜耐污染性 | — | 无污染、无腐蚀 |
| 表面漆膜附着力 | — | 不低于3级 |
| 表面抗冲击性能 | mm | 压痕直径≤10，无裂纹 |
| 甲醛释放量 | mg/L | 应符合GB 18580中的有关规定 |

经第三方产品质量监督检验机构检测，竹基纤维复合材料所使用的胶黏剂为酚醛树脂胶黏剂，甲醛释放量的检测结果为0.1mg/L，属绿色环保性产品，完全适用于室内装修装饰。

(2)室外用重组竹地板

《重组竹地板》(GB/T 30364—2013)规定了室外用重组竹地板的性能指标要求，见表11-10。

表11-10 室外用重组竹地板的理化性能指标

| 项 目 | | 单 位 | 指标值 | |
|---|---|---|---|---|
| | | | 优等品 | 合格品 |
| 含水率 | | % | 6.0~15.0 | |
| 密度 | | g/cm³ | ≥0.80，最大值与最小值之差≤0.10 | |
| 吸水宽度膨胀率 | | % | ≤3.0 | ≤4.0 |
| 吸水厚度膨胀率 | | % | ≤5.0 | ≤10.0 |
| 水平剪切强度 | | MPa | ≥12.0 | ≥10.0 |
| 表面耐水蒸气性能 | | — | 无龟裂、无鼓泡 | |
| 防霉防变色性能 | 霉菌 | — | 被害值为0 | 被害值为1 |
| | 变色菌 | — | 被害值为1 | 被害值为2 |
| 防腐性能 | | — | 1级 | |

## 11.8 秸秆人造板

我国是农业大国，秸秆资源十分丰富，稻草、小麦秸和玉米秸为三大农作物秸秆。据专家测算，我国秸秆年产量约为7.26亿t，占全世界秸秆总量的30%，目前农作物秸秆的有效利用率只有33%。近年来，我国在农作物秸秆产业化综合利用方面投入了的大量人力、物力进行技术攻关，但尚未取得突破性进展。每年秋冬季节农村地区出现大量的秸秆焚烧，污染环境、影响交通，已成为严重的社会公害，引起了各级领导和广大群众的极大关注。如果运用政策杠杆推动农作物秸秆替代木材原料生产人造板，不仅可以减少环境污染、补充木材资源的不足，而且还能增加社会就业、促进农民增收，不失为一举多得的战略举措。

秸秆人造板原料为秸秆，属一年生植物，与木材原料相比，具有以下特点：①原料是季节性供应，而生产则是全年性的，由于秸秆质地轻、结构疏松，又要贮存较长的时间，因而堆积体积庞大，需要很大的堆积贮存场地。②秸秆的纤维形态和化学组成与木材基本相似。但其中含糖量和各种抽提物以及低分子量的碳水化合物含量则高于木材，因此，原料的防腐、防霉、防色变以及防火等措施须予以重视。③秸秆的灰分含量高于木材，有的甚至高达19%，而灰分中非极性物质的二氧化硅($SiO_2$)含量又多在60%以上。这些物质的存在不仅会影响纤维间的胶结性能，而且对刀具、磨片以及砂带的磨损带来不利的影响。④在秸秆中，如甘蔗渣、玉米秆、向日葵秆等含有大量的非纤维状的海绵髓体(又称髓心)；而芦苇、稻秸、麦秸、棉秆等的外表皮又含有蜡质或韧性很强的表层，这些物质的存在又同样给原料的制备工序及其产品带来不利的影响。

## 11.8.1　麻屑板

麻屑板的生产工艺流程如图11-40所示。

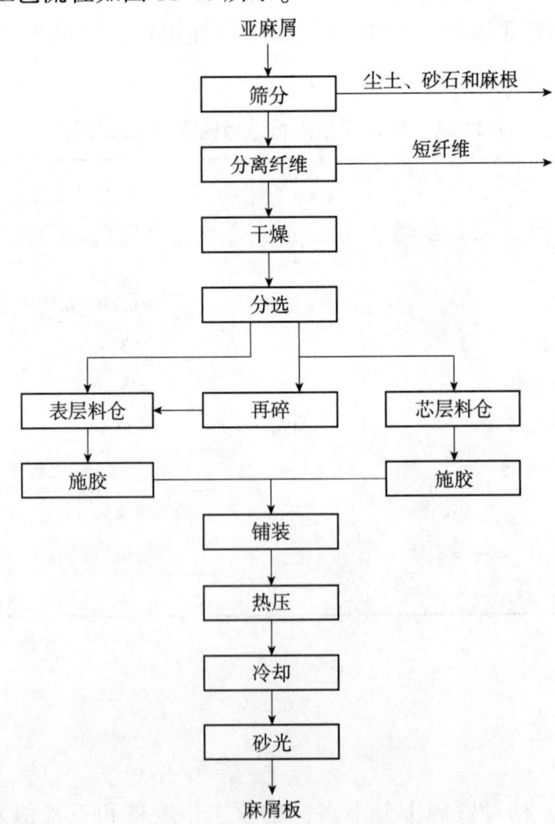


图11-40　麻屑板生产工艺流程

(1)原料准备

生产麻屑板的原料主要是亚麻屑，系亚麻原料厂加工亚麻时所产生的剩余物。

亚麻是一年生草本植物，全国播种总面积约 66.67 万 $hm^2$，亚麻屑资源很丰富。加工麻纤维的亚麻属于长茎麻，麻茎高 600~1250mm，茎粗 5~18mm。在亚麻原料厂加工时，将亚麻秆浸渍、压碾加工、分离出亚麻纤维后，亚麻秆在纵向被分离成碎小的亚麻屑。

亚麻屑多为矩形颗粒状碎料，一般其长为 2~7mm，宽 0.3~1.5mm，厚 0.05~1.5mm。亚麻根部的绝干密度为 0.43g/$cm^3$，秆部的绝干密度为 0.40g/$cm^3$，梢部的绝干密度为 0.36g/$cm^3$，亚麻屑的堆积密度为 0.105g/$cm^3$；含水率 10%~15%；亚麻秆的 pH 值为 5.0~5.4，由于加工时亚麻秆在 32~35℃的温水中浸泡了 40~60h，因此，其 pH 值为 6.5~7.0。亚麻屑表面光滑平整，无须切削加工，但必须除去尘土、砂石和短纤维料。用于制碎料板的麻屑原料要求如下：

| | |
|---|---|
| 麻屑含量 | 75%~80% |
| 短纤维含量 | 5%以下 |
| 麻根 | 10%以下 |
| 尘土和细砂石 | 12%以下 |
| 含水率 | 15%以下 |

麻屑从麻屑库运至主车间料仓中，先送入滚筒式筛分机内(图 11-41)，筛去砂石和尘土，并除去麻根。筛分后的麻屑进入纤维分离机(图 11-42)。经过一次或二次纤维分离，除去短麻纤维，以防施胶和铺装时碎料结团，便得到了适合于制麻屑板的净麻屑。

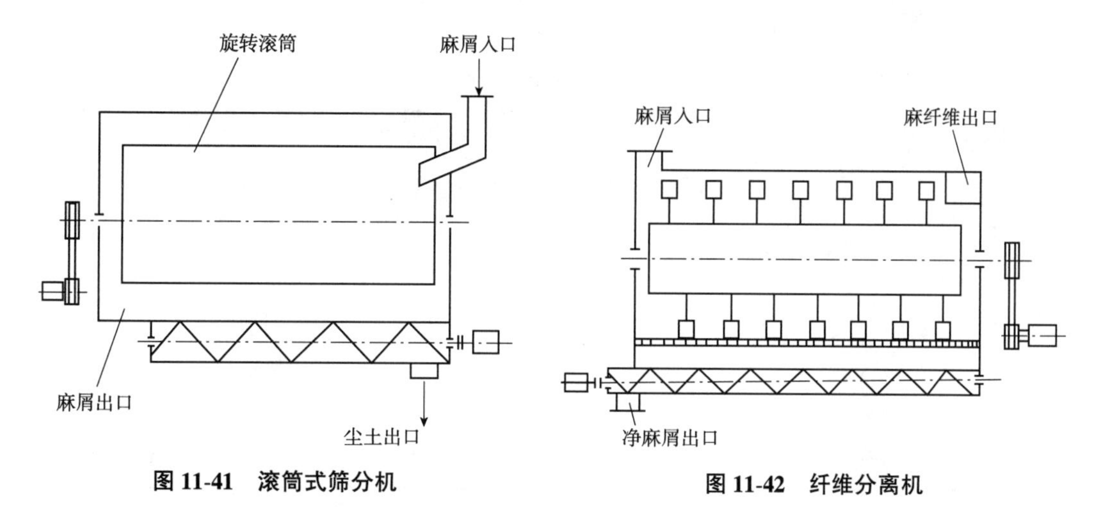


图 11-41 滚筒式筛分机

图 11-42 纤维分离机

(2)麻屑干燥和分选

采用滚筒式干燥机或转子式干燥机，将净麻屑干燥到含水率为 2%~3%，干燥温度一般为 140~170℃。由于进入干燥机的亚麻屑含水率较低，因此，亚麻屑干燥时要注意防火。再利用风选机将净麻屑分成表、芯层原料，为了得到足够的表层麻屑，要利用再碎机将一部分芯层料加工成表层料。

(3)拌胶

表、芯层麻屑分别进入表、芯层拌胶机内，与一定量的树脂胶混合，通过搅拌机的高速搅拌达到均匀。亚麻屑的施胶量大于木材刨花板和中密度纤维板，胶黏剂加入量平均为12%左右。为保证麻屑碎料板有较高的防水能力和尺寸稳定性，通常要多加防水材料，防水剂的加入量一般为1.0%~1.5%。麻屑施胶时加入的是脲醛树脂胶、固化剂和石蜡乳液防水剂的混合液。

(4)板坯铺装

麻屑板生产过程中的板坯铺装基本同于木材刨花板，一般采用气流铺装机铺装，将施胶麻屑铺成一定规格的渐变结构板坯。

(5)热压

铺装好的板坯送入热压机内加温加压，这一过程基本同于木材刨花板的生产。麻屑碎料板的热压工艺有别于木材刨花板，多采用低温低压的热压工艺。热压温度为147℃，热压压力为1.8~2.2MPa。麻屑的透气性差，热压时间较长，一般为0.38~0.40min/mm厚板。

热压后的麻屑碎料板裁边后送入通风间，经过3d的通风冷却使板内部的水分及热应力平衡。裁边后的废板边可打碎重新利用。最后用砂光机对麻屑碎料板进行板面砂光。

麻屑板的性能见表11-11。

**表11-11 麻屑板的性能**

| 性能 | | 单位 | 不同密度的数值 | | | 备注 |
|---|---|---|---|---|---|---|
| | | | 0.5g/cm³ | 0.6g/cm³ | 0.7g/cm³ | |
| 含水率 | | % | 6~10 | 6~10 | 6~10 | |
| 吸水厚度膨胀率 | | % | 20 | 20 | 20 | 浸水24h |
| 静曲强度 | | MPa | 12 | 16 | 18 | |
| 内结合强度 | | MPa | 0.25 | 0.45 | 0.56 | |
| 握钉力 | 垂直板面 | N/mm | 30 | 55 | 60 | 相对握钉力 |
| | 平行板面 | N/mm | 28 | 40 | 50 | 相对握钉力 |

## 11.8.2 蔗渣板

蔗渣板包括蔗渣硬质纤维板、蔗渣中密度纤维板和蔗渣碎料板。

(1)原料

生产蔗渣板的原料系甘蔗提取糖后的下脚料。蔗渣是一种很好的原料，其化学成分与一般木材很相似，见表11-12。

表 11-12　蔗渣和木材的化学成分　%

| 化学成分 | 蔗渣 | 山毛榉 | 松木 | 化学成分 | 蔗渣 | 山毛榉 | 松木 |
|---|---|---|---|---|---|---|---|
| 纤维素 | 46 | 45 | 42 | 戊糖和己聚糖 | 25 | 22 | 22 |
| 木质素 | 23 | 23 | 29 | 其他成分 | 6 | 10 | 7 |

从糖厂出来的蔗渣含水率达 100%，且含有 2%～3%的糖，贮存过程中易发酵，使纤维素和木素损失，且纤维质量下降。因此，贮存大量的蔗渣，以确保 6～9 个月的非收割期的原料供应是一项艰巨的任务。蔗渣中蔗皮和维管束占总量的 60%～65%，蔗髓占 35%～40%。蔗髓是薄壁细胞，为海绵状物质，柔软、质轻、吸水性强、膨胀率大、强度低。用含有大量蔗髓的蔗渣直接制板，产品的强度低，尺寸稳定性差，耐水性差，且耗胶量多，因此，在制板前必须除去蔗髓。

蔗渣贮存有两种方法：第一种方法是采用发酵法贮存，在制造蔗渣板以前将蔗髓除去。这种贮存方法简便，但蔗渣质量降低，颜色变深，纤维受到一定程度破坏，使板强度受到影响。第二种方法是大包贮存。在糖厂将蔗渣中的蔗髓除去，并进行预干燥，使蔗渣含水率降至 20%～30%。对干燥后的蔗渣压紧打包，然后运至蔗渣板厂贮存备用。此种方法对蔗渣发酵有阻止作用，且能降低运输费用，是一些新建厂普遍采用的方法。

蔗渣除髓有两种方法：一种是干法除髓，先进行预干燥，使其含水率达到 20%～30%，然后除去蔗髓；另一种是湿法除髓，直接对糖厂出来的蔗渣除髓。

蔗渣除髓采用的是除髓机。除髓机类似于锤式再碎机，有立式和卧式两种（图 11-43）。卧式除髓机筛孔易堵，除髓效果较差。立式除髓机效果较好。蔗渣在除髓机中受到冲击臂作用被扩散，蔗髓从筛孔中穿过，经蔗髓出口排出。纤维不能穿过筛孔，则从蔗渣出口排出。

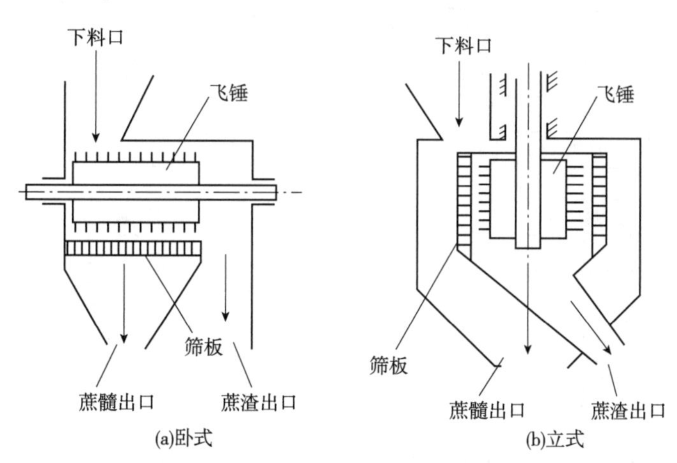


图 11-43　蔗渣除髓机结构示意

（2）生产工艺

图 11-44 为蔗渣碎料板的生产工艺流程。在糖厂除髓后的蔗渣用打包机压紧打包，运到蔗渣板厂后再用散包机将其拆散打碎备用。由于除髓时蔗渣已破碎，因此，不需要

进行破碎加工，只需要进行干燥和分选即可，对于个别过粗渣可再碎。

蔗渣碎料板的其他工序基本同于木材刨花板，蔗渣碎料板的施胶量8%左右。由于蔗渣导热性差，热压时间较长，其热压温度为150℃左右，热压时间为1.0~1.2min/mm厚板。

图11-45为蔗渣中密度纤维板的生产工艺流程。原料运到车间后，先用除髓机除去蔗渣中的蔗髓，除髓量占原料的25%~30%。如果从糖厂运来的蔗渣已除髓，此道工序便不存在了。除髓后的蔗渣送入热磨机中进行纤维分离。由于蔗渣较软，因此，这类原料软化处理时间较短，温度也较低。原料在热磨机中预热时间为3~5min，蒸汽压力为0.65~0.70MPa。

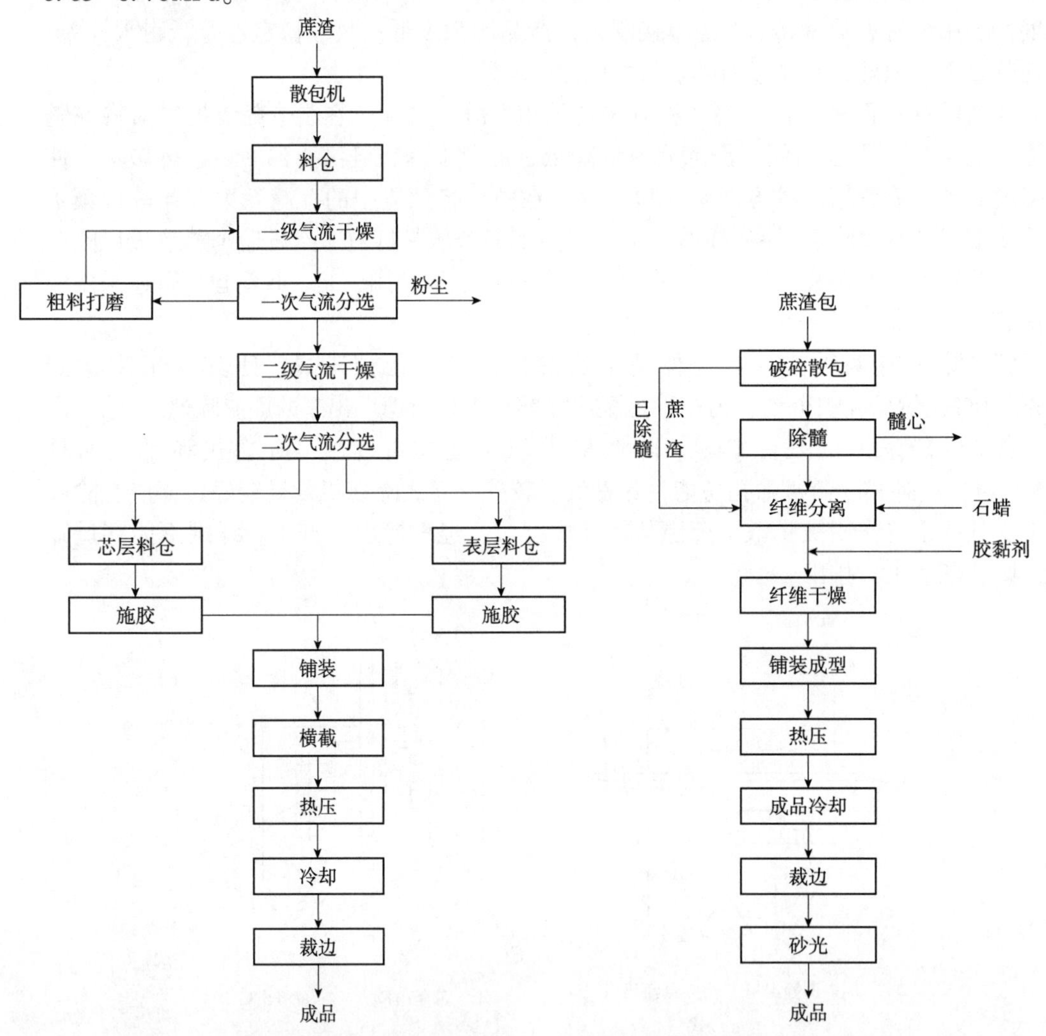


图11-44 蔗渣碎料板生产工艺流程

图11-45 蔗渣中密度纤维板生产工艺流程

蔗渣中密度纤维板的其他工序类似于木材中密度纤维板，只是具体工艺与设备参数有差别。可采取先施胶后干燥的工艺路线，在热磨过程中加入石蜡防水剂，加入量为1.0%~1.5%；在纤维干燥前施加脲醛树脂胶，施胶量高于木材中密度纤维板，施胶量为10%~14%。干燥方式基本同于木材中密度纤维板，干燥机进口温度170~175℃，出口温度70~80℃，干燥时间3~7s/100m，干燥后纤维终含水率8%~10%。板坯铺装可采用气流铺装机，也可采用机械铺装机。铺装好的板坯经截断后送入热压机中加温加压，热压工艺参数为：温度 150~170℃，单位压力 3.0~3.5MPa，热压时间 30~36s/mm 厚板。最后进行成品冷却、裁边、砂光等后期处理。

蔗渣中密度纤维板的纤维得率为 65%~76%。$1m^3$ 板原料消耗量为 1.90~2.3t 干蔗渣和 1.35~1.60t 干纤维。

(3)蔗渣板的性能

蔗渣板是一种质量很好的人造板，其物理力学性能可以和针叶材人造板相媲美，比阔叶材人造板性能优越。蔗渣中密度纤维板的防霉性不及蔗渣碎料板，其原因主要是蔗渣在纤维分离时的蒸煮过程中热降解，致使低分子糖类物质含量增加。表 11-13 和表 11-14为蔗渣板的物理力学性能。

**表 11-13　蔗渣碎料板的物理力学性能**

| 性　能 | 单位 | 数　据 | | | |
|---|---|---|---|---|---|
| 厚度 | mm | 8 | 10 | 18 | 19 |
| 密度 | $g/cm^2$ | 0.68 | 0.69 | 0.65 | 0.53 |
| 静曲强度 | MPa | 25.8 | 18.8 | 18.9 | 19.4 |
| 内结合强度 | MPa | 0.55 | 1.0 | 0.66 | 0.52 |
| 吸水厚度膨胀率 | % | 1.23 | 0.8 | 2.7 | 2.2 |
| 含水率 | % | 9.8 | 8.7 | 6.1 | 10.5 |

**表 11-14　蔗渣中密度纤维板的物理力学性能**

| 性　能 | 单位 | 数　据 | 性　能 | 单位 | 数　据 |
|---|---|---|---|---|---|
| 厚度 | mm | 9 | 吸水率 | % | 12 |
| 密度 | $g/cm^2$ | 0.70 | 吸水厚度膨胀率 | % | 4~6 |
| 静曲强度 | MPa | 30~35 | 线性膨胀率 | % | 0.30 |
| 内结合强度 | MPa | 0.6~0.65 | | | |

## 11.8.3　棉秆板

棉秆板包括棉秆纤维板和棉秆碎料板。

(1)原料

棉秆为一年生禾本科植物，指已去掉枝叶和棉桃的棉花茎秆部分。棉秆的横切面如图 11-46 所示。棉秆由三部分组成：木质部分占 72%，髓心占 2%，皮层占 26%。棉秆的木质部分是其主体部分，其化学成分及含量接近于阔叶材。棉秆的密度小($0.30g/cm^3$)，强度低(仅为木材的 50%左右)，吸湿膨胀率大(17.6%~21.6%)，pH 值高于木材。棉秆的皮层为韧皮纤维，其纤维长、韧性强、重量轻，加工后成麻状纤维，相互间附着力强，易结团。

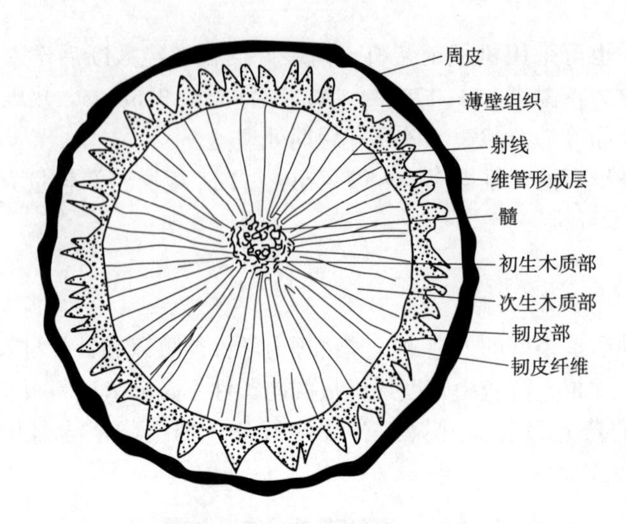


图 11-46 棉秆横切面各组织

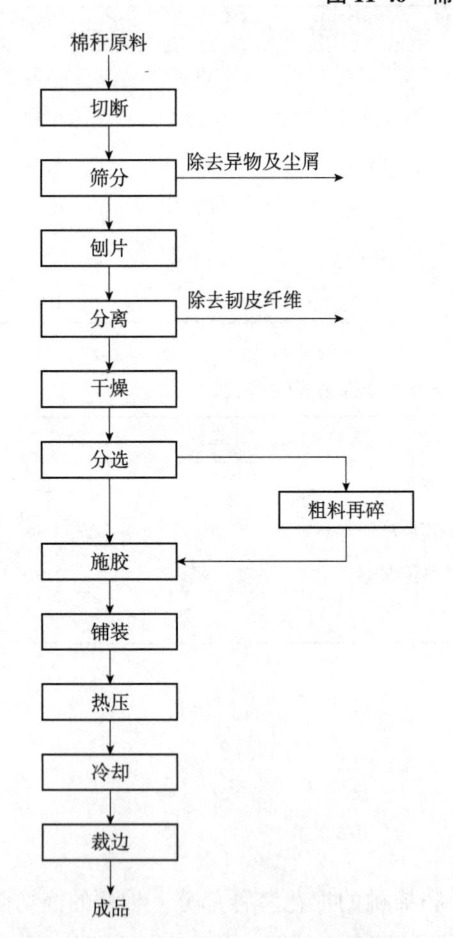


图 11-47 棉秆碎料板生产工艺流程

这些特征给棉秆破碎、输送、干燥、拌胶和铺装等工序带来了困难。另外，棉秆皮层的吸湿率比木质部高 70%，它的存在会使棉秆板的耐水性下降。因此，在生产中要设法除去棉秆皮层。

(2)生产工艺

图 11-47 为棉秆碎料板的生产工艺流程。经过整理的棉秆原料运到工厂的贮料场，先用切草机将棉秆切成 20~40mm 长的圆柱形棉秆段。棉秆切断时的含水率应控制在 15%以下，因为棉秆越干则越脆，含水率低可以提高切断率。

将棉秆段送入筛分工序，筛去杂质和尘土。刨片工序选用一般的环式刨片机即可，为了提高合格碎料得率，在刨片前最好对原料进行加湿处理，使其含水率达到 20%~25%。通过专用的碎料分离设备，将韧皮纤维和木质部分离开，木质部送入料仓备用。

棉秆碎料的干燥可以在普通干燥机内进行，由于棉秆的燃点低，干燥温度要低一些。施胶是在连续式拌胶机内进行的，脲醛树脂胶的施加量为 10%左右，由于棉秆的 pH 值比一般木材高，因此，要适当的多加一些固化剂，且要在热压时适当的延长热压时间，以确保胶黏剂完全固化。棉秆的吸湿膨胀率大，要增加防水剂用量，一般施加 1.2%~1.5%的石蜡防水剂。

棉秆碎料板生产过程中的铺装、热压、冷却及裁边等工序同木材刨花板基本相同。热压温度为 170~190℃，单位压力 2.2~3.4MPa，热压时间 15~20s/mm 厚板。

棉秆碎料板生产存在的问题，是棉皮和棉桃的去除问题，目前尚未很好地解决，导致许多以棉秆为原料生产碎料板的工厂改为以木材为原料生产木质刨花板。

棉秆中密度纤维板的生产工艺过程类似于木材中密度纤维板，其主要区别是备料工序不同。将棉秆切成碎段后，必须通过分选设备除去棉秆皮、棉秆髓心和尘土等杂物，保留洗净的棉秆木质部分，以提高成品强度和尺寸稳定性。其他工艺过程同于木材中密度纤维板，但工艺和设备参数不同。如原料软化温度低一些，时间适当缩短，注意适当多施防水剂和固化剂等。

(3)棉秆碎料板的性能

棉秆碎料板的性能与木材刨花板差不多，能达到刨花板国家标准要求(表 11-15)。

**表 11-15　棉秆碎料板性能**

| 性　能 | 单位 | 数　据 | 性　能 | | 单位 | 数　据 |
|---|---|---|---|---|---|---|
| 密　度 | g/mm | 0.74 | 内结合强度 | | MPa | 0.90 |
| 静曲强度 | MPa | 23.10 | 相对握钉力 | 平行板面 | N/mm | 81.60 |
| 吸水厚度膨胀率 | % | 5.57 | | 垂直板面 | N/mm | 97.61 |
| 含水率 | % | 9.07 | | | | |

## 11.8.4　玉米秆碎料板

玉米是世界第三大粮食作物，玉米秸秆资源十分丰富。我国每年种植玉米约 $1.8\times10^7hm^2$，玉米秸秆约 1.3 亿 t，目前利用比例很小。目前 1.1t 玉米秸秆可制成 $1m^3$ 碎料板，发展玉米秆碎料板有良好的前景。

(1)原料

玉米秸秆是一年生禾本科植物茎秆，直径为 20~45mm，长度为 0.8~3m。玉米秸秆的纤维平均长度为 1.0~1.5mm，平均宽度 10~20μm，纤维细胞含量仅为 20.8%，均低于木材。玉米秸秆的纤维素和木素含量低于木材，而半纤维素含量较高，灰分大。

玉米秸秆的密度小，质地软，且含有柔软质轻、体积膨大的髓心。玉米秸秆表皮的密度为 $0.27g/cm^3$，远低于木材。而其髓心部分密度更低，其气干密度仅有 $0.091g/cm^3$。玉米秸秆髓心不仅质轻体大，且基本无强度，吸水性强。因此，应设法除去髓心，以减少耗胶量，提高产品的力学性能和尺寸稳定性。玉米秸秆的半纤维素含量较高，在贮存时应注意防霉。

(2)生产工艺

图 11-48 为玉米秆碎料板的生产工艺流程。玉米秸秆切断可采用价格较便宜的秸秆切断机，粉碎可采用环式刨片机或筛环式打磨机。制得的玉米秸秆碎料经普通刨花干燥

机干燥即可。通过分选除去髓心和尘屑，将大小碎料分离开，分别进入表、芯层拌胶机施胶。玉米秸秆的纤维素含量和木素含量均低于木材，因此，施胶量和防水剂用量均高于木材刨花板。一般平均施胶量为12%，石蜡防水剂用量为1.2%~1.5%。玉米秆碎料板的铺装工艺基本同于木材刨花板，但热压工艺稍有区别，原因是玉米秆的半纤维素含量较高，且本身刚性差，容易压缩。因此，为防止粘板和保持产品有一定密度，常采用较低温度、较低压力和较长时间的热压工艺：热压温度140~170℃，压力低于2.5MPa，热压时间为0.8min/mm厚板。

玉米秆碎料板生产存在的问题也是碎料制备问题，去叶和除髓问题尚未很好解决。

(3)玉米秆碎料板的性能

玉米秆碎料板的性能见表11-16。

**表11-16 玉米秆碎料板性能**

| 性能 | 单位 | 数据 | 性能 | 单位 | 数据 |
|---|---|---|---|---|---|
| 密度 | $g/cm^3$ | 0.70~0.75 | 内结合强度 | MPa | 0.40~0.60 |
| 静曲强度 | MPa | 16.0~22.0 | 吸水厚度膨胀率 | % | 5~7 |

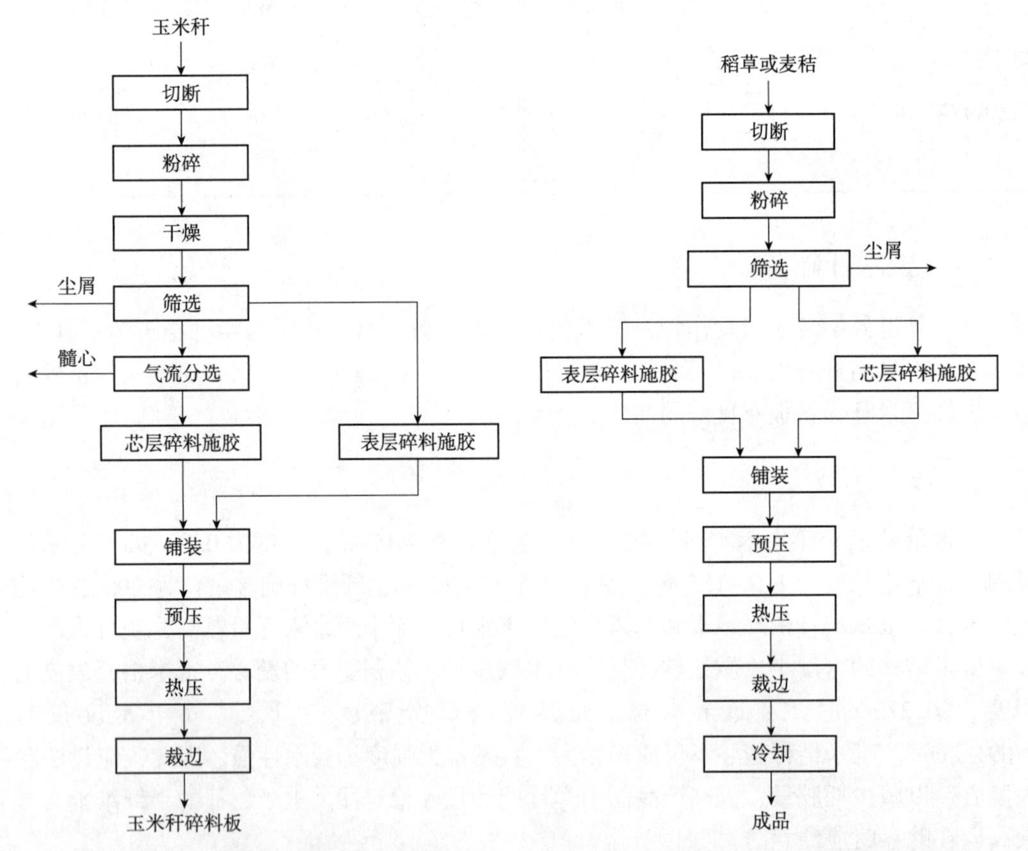


图11-48 玉米秆碎料板生产工艺流程

图11-49 稻草(麦秸)刨花板生产工艺流程

## 11.8.5 稻草(麦秸)刨花板

我国是水稻和小麦盛产国，每年收获后产生的农作物剩余物均高于其他农作物。每年约产稻草和麦秸 4.2 亿多 t。由此可见，稻草和麦秸资源十分丰富。

稻草和麦秸均为禾本科植物，高约 1m，秆直径 3~5mm，表面光滑。

稻草(麦秸)刨花板的生产工艺流程如图 11-49 所示。

我国已颁布了麦(稻)秸秆刨花板国家标准(GB/T 21723—2008)。稻草刨花板和麦秸刨花板的性能比木材刨花板差一些，见表 11-17。

**表 11-17　稻草与麦秸刨花板的性能**

| 性　能 | 单　位 | 稻草刨花板 | | 麦秸刨花板 |
|---|---|---|---|---|
| | | 施胶量 11% | 施胶量 13% | 施胶量 5% |
| 密　度 | $g/cm^3$ | 0.83 | 0.85 | 0.62 |
| 静曲强度 | MPa | 12.00 | 12.48 | 24.20 |
| 内结合强度 | MPa | 0.38 | 0.41 | 0.44 |
| 吸水厚度膨胀率 | % | 37.80 | 36.50 | 6.00 |
| 含水率 | % | 4.90 | 4.80 | 5.30 |

由于稻草和麦秸的特殊表面特性，采用脲醛树脂和酚醛树脂等胶黏剂生产的稻草和麦秸刨花板性能均不理想。近年来国内外使用异氰酸酯胶黏剂制造稻草和麦秸刨花板，其物理力学性能可相当于木质刨花板，且属于防水类板材。使用异氰酸酯胶黏剂可以明显提高稻草刨花板的物理力学性能，内结合强度高达 0.56MPa，同时具有无甲醛释放，耐水和耐老化性能好，对原料含水率要求较宽等优点。异氰酸酯胶黏剂之所以能克服硅和蜡质的影响而较好地应用于秸秆人造板之中，是因为它具有分子量小、反应活性高等特点，使得异氰酸酯胶黏剂易于与农作物秸秆表面之间产生扩散与渗透进而产生化学反应。同时原料中的水分还会进一步促使反应，形成最终牢固的化学胶接。异氰酸酯胶黏剂不仅对麦秸、稻草等农作物秸秆有良好的胶接性能，而且具有无游离甲醛等有害气体释放，耐水性和耐老化性能优异、施胶量少、热压周期短等特点。

异氰酸酯胶黏剂在秸秆人造板消费中的成功应用及其自身所具有的优势为秸秆人造板走向市场打下了坚实的基础。

## 思考题

1. 集成材有哪些特点？制造集成材的关键工艺要点有哪些？
2. 正交胶合木的特点是什么？如何制造正交胶合木？
3. 细木工板的特点是什么？细木工板的应用有哪些？
4. 定向刨花板在建筑上应用有何优点？使用时应该注意什么？
5. 定向结构人造板主要包括哪些类型？各有何特点？
6. 竹材人造板主要包括哪些类型？各种竹材人造板有何特点？
7. 重组竹有哪些优点？如何制造重组竹？
8. 秸秆人造板特点有哪些？制造各种秸秆人造板的关键工艺要点有哪些？

# 第 12 章 深度加工

本章重点介绍人造板深度加工的分类及加工方法，深度加工前人造板基材的准备，贴面法、涂饰法和机械加工法三种主要深度加工方法的工艺理论、工艺条件和工艺要求等。

人造板作为木质板材，具有较大的幅面和厚度范围，具有一定的机械强度和尺寸稳定性，已广泛应用于家具、建筑、车辆、船舶、家用电器等多个使用领域。

随着社会发展，人们生活水平的提高，居住条件日益改善，装修材料需求量越来越大，对人造板质量提出了更高、更全面的要求。一方面是对板的内在质量的要求；另一方面是对板外观及表面性能的要求。

为了消除某些人造板的自然缺陷，充分显示其清新悦目的自然美，提高其经济价值和使用寿命，必须对人造板制品进行深度加工。人们通常把需要处理的材料，称为基材。因此，对人造板的深度加工就是将各类人造板作为基材，通过不同加工处理，使其满足不同性能要求的过程。

具体而言，人造板深度加工的目的是改善人造板表面外观，提高人造板的基材强度、刚度和尺寸稳定性，而且通过对人造板基材进行深度加工，从而赋予其耐磨、耐热、耐水、耐候、耐腐蚀、阻燃等各种优良的性能。此外，人造板的深度加工也是节约木材，特别是节省珍贵树种木材的有效措施。

人造板深度加工后，可使家具、室内装饰等生产工艺发生根本性的变化，从传统的木框嵌板结构发展到板式结构，从而为生产工艺连续化、自动化和智能化等创造了良好的条件。

## 12.1 深度加工的分类

人造板深度加工方法很多，新产品、新工艺和新技术发展较快，至今尚无一个较定型的完整的分类方法，通常分为机械加工、贴面装饰、涂刷装饰(图 12-1)。实际应用时为了达到某种效果，往往把几种基本方法综合起来使用，如在微薄木贴面的人造板表面进行涂饰，或开几条纵向的沟槽以增加立体感；在贴有装饰纸人造板表面再进行模压，使浮雕与图案相一致，以增加质感等。另外，同一种表面装饰效果，可采用不同方法达到。因此，人造板深度加工方法的选择，可根据使用及装饰要求及工厂具体条件，

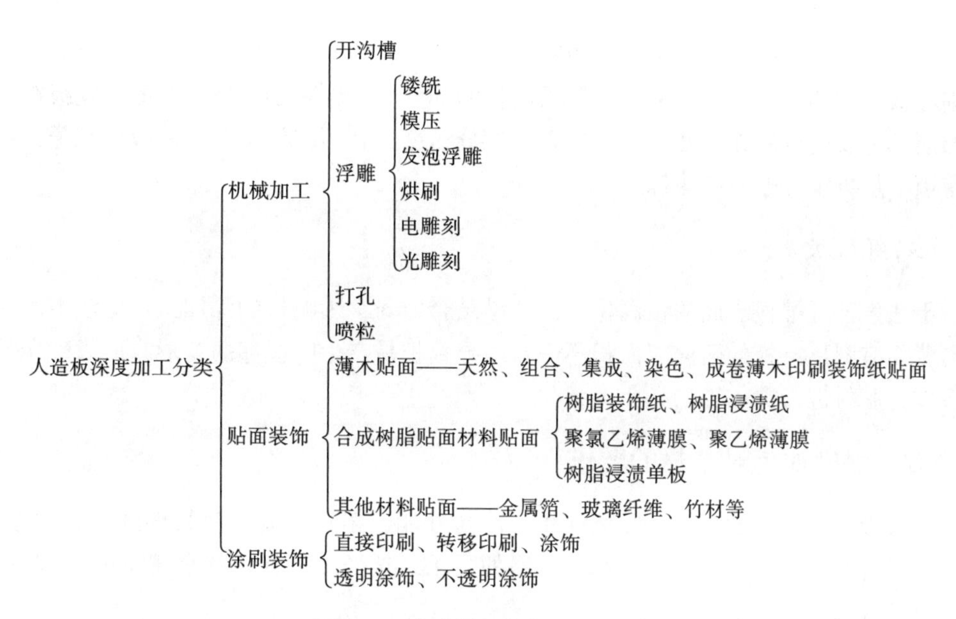


**图 12-1　人造板深度加工的分类**

合理选择搭配，以达到工艺简单、满足需要的目的。

## 12.2　基材准备

对人造板深加工的质量和效果在很大程度上取决于基材本身的性能和质量，因此必须根据其性能选择最合适、最有效的深加工方法和加工工艺条件。

### 12.2.1　基材的特性

由于各类人造板加工单元形态及组合方式的不同，均具有自己的特性，多数又是以木材为原料，所以又具有木材的某些性能。

(1)胶合板

胶合板表层保持了木材弦切面的木纹和构造特点，木材是一种多孔性材料，构成木材的木纤维、管胞、木射线等，都是由细胞组成，而细胞都有细胞腔，细胞壁上还有纹孔。根据有关资料，在不考虑表面加工不平度的情况下，木材弦切面上空隙面可达1/3~4/5，低于加工平面。这些空隙面给胶合板的贴面、涂饰带来了困难。在表面导管槽处常常形成缺胶，再加上胶黏剂的渗透及涂布不均，胶合强度是较差的。因此在涂饰前必须进行砂光、填孔、打腻子、封底等处理，以避免涂料的损失及漆膜缺陷的产生。胶合板表单板的背面裂隙也可能会造成表面涂饰出现裂纹。

(2)刨花板

刨花的形态及板结构的不同，板性能和表面性状有很大差别。因为刨花相互交织，会形成大大小小的空隙，使表面高低不平。这种不平度主要受刨花大小及厚度的影响，刨花越小越薄，不平度就越小。对于渐变及多层结构刨花板表层刨花细小，表面粗糙度小，而单层结构刨花板，表面则较粗糙。刨花板剖面密度的分布是不均匀的，一般为表层密度高，芯层密度低，但表面层胶料提前固化形成的预固化层，刨花间结合力小，所以刨花板在深加工前，必须去除表层预固化的部分。不论是哪一种类型的刨花板在表面装饰前都需要进行砂光，使其表面平整，过分粗糙的表面应先覆贴单板或用腻子、树脂涂布填平后再进行贴面或涂饰。

(3)纤维板

干法生产纤维板表面的预固化层，纤维结合力弱，影响板的深加工；湿法生产纤维板，背面有网痕，板的两面表面积不一致，导致板易产生吸湿翘曲变形，所以砂光是纤维板作为基材进行深加工的必要准备。

### 12.2.2 深度加工对基材的要求

人造板深加工主要是为了方便使用、改善性能、拓宽功能，使其得到最有效应用。因此对基材的内在及表面质量，都有严格的要求，这样才能保证深加工的质量和效果。基材应符合如下一般要求：

——具有一定的强度及耐水性能。胶合板、刨花板、MDF等基材应分别相应达到国家标准一、二级(类)要求。

——要求基材含水率均匀，一般要求应调整在8%~10%。

——基材厚度的偏差要小于±0.2mm。

——人造板表面必须光洁平滑，不同饰面方法对基材表面的光洁度(又叫粗糙度)要求见表12-1。

——基材结构要对称，防止翘曲变形，刨花板、中密度纤维板等基材最好是渐变结构或多层结构，即使是单层结构，为防止板的翘曲变形，基材也必须两面对称砂磨。

表12-1 不同饰面方法对基材表面光洁度的要求

| 饰面方法 | | 光洁度不低于 | |
|---|---|---|---|
| | | 级 别 | 最大不平度(μm) |
| 贴 面 | 天然薄木 | 8 | 60 |
| | 合成薄木 | 8 | 60 |
| | 装饰板 | 8 | 60 |
| | 薄纸和微薄木 | 9 | 32 |
| 涂 饰 | 不透明涂饰 | 8 | 60 |
| | 透明涂饰 | 10 | 16 |

## 12.3 贴面

### 12.3.1 薄木贴面

薄木贴面是一种传统的装饰方法，它是把珍贵树种木材加工成薄木贴在人造板表面，使其具有木材的一切优良特征；同时具有美丽的木纹和色调。另外，具有吸湿解吸，调节室内湿度，热传导小给人以温暖的感觉等。

(1)薄木胶拼

一般人造板薄木贴面工艺流程如下：

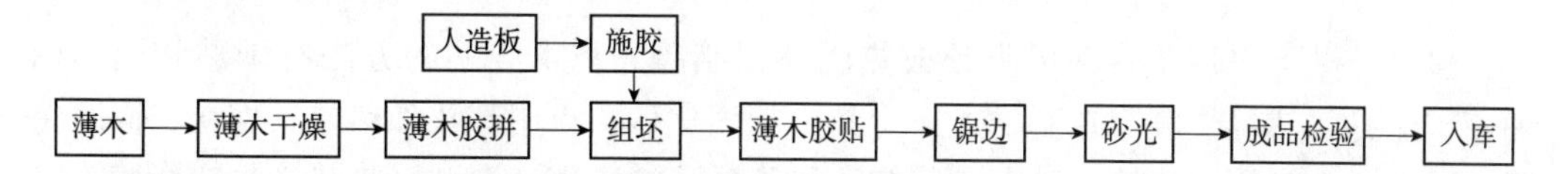


刨切薄木的宽度一般都比较窄，使用时需要横向胶拼，薄木的胶拼可以在贴前进行，也可与胶贴同时进行。

例如，在胶贴的同时用手工胶拼。如图12-2所示，将薄木粘贴在基材上，拼缝处重叠在一起，手工用刀将二层薄木沿拼缝割开，除去多余边条，这种胶贴方法拼缝严密，但效率较低，亦可改用机械进给割刀，将薄木割开。

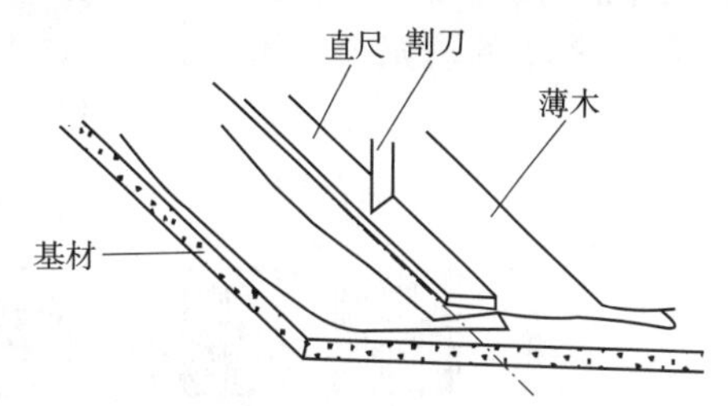


**图12-2 薄木手工拼缝**

薄木也可在胶贴前选用胶拼机(表12-2)将薄木先拼宽，再胶贴到基材上去。胶拼前可将薄木层叠好，用铡刀将毛边铡去，铡刀研磨角为20°左右。现在薄木的胶拼一般使用单板胶拼机。

**表12-2 各种胶拼机的适用范围**

| 胶拼机类型 | 薄木厚度 |
|---|---|
| 有带胶拼机(纵向进料) | 厚薄木，薄木 |
| 无带胶拼机(纵向进料) | 厚薄木(拼缝处施胶) |
| 横向进料胶拼机 | 厚薄木(拼缝处施胶) |
| 热熔树脂线横拼机 | 薄木(热熔性胶点状或犬牙状粘接) |

(2)薄木胶贴

胶合板、刨花板、纤维板均可作为薄木贴面的基材，但由于薄木较薄，基材的缺陷很容易在薄木表面透出痕迹，所以除严格挑选基材外，在薄木贴面前必须进行砂光处理。人造板基材的砂光属于大面积平板砂光，一般都使用宽带式砂光机进行砂光。一般粗砂时砂带为60#~80#，精砂时砂带为100#~240#。

用未经干燥处理的薄木进行贴面时，贴面后薄木表面易产生裂纹，这是由于薄木随周围空气湿度的变化而产生湿胀与干缩，但其胀缩受到基材的牵制，因而在薄木内产生应力，当应力超过它的横纹抗拉强度时，就会开裂。特别是胶合板作基材时，可在胶合板上先贴一层纸、无纺布等柔韧性较好的材料，然后再贴薄木，以缓解薄木胀缩。一般使用不加填料的25~40g/m$^2$的纸张。

如果薄木是纵纹、横纹交错的拼花薄木，则薄木本身两方向间有牵制力，可防止产生裂纹，在这种情况下，基材上可以不贴纸。

使用刨花板基材时，由于刨花板表面刨花易吸水膨胀，造成板面不平，因此可先贴

1~2层旋切单板，然后再贴薄木。当薄木厚度大于0.6mm时，可不贴单板。

人造板在一面贴过薄木后，均会破坏原基材结构的对称性，容易导致板翘曲变形，因此一般在其背后贴一层单板或纸张使之平衡。

(3)胶黏剂

薄木胶贴可采用热熔性树脂胶或热固性树脂胶。薄木胶贴的方法有干贴和湿贴两种。干贴是将热熔性胶涂在基材上，待其冷却固化后，再用熨斗加热使其熔化，同时将薄木贴上去。常用的热熔性胶有骨胶和乙酸乙烯酯树脂胶。湿贴是将热固性树脂胶涂在基材上，不经干燥，直接将薄木胶贴上去。常用的热固性树脂胶是UF与聚乙酸乙烯乳液的混合物。通常一般使用的胶黏剂配方为聚乙酸乙烯乳液：UF = 10：2~3，并加入10%~30%的填充剂。通常是在基材上进行单面施胶，施胶量为120~150g/m$^2$。

如前所述，薄木宽度方向的胶拼，可借助胶拼机，但拼接各种图案往往还是采用手工作业，拼接图案常用径切薄木，各种典型的拼接图案如图12-3所示。

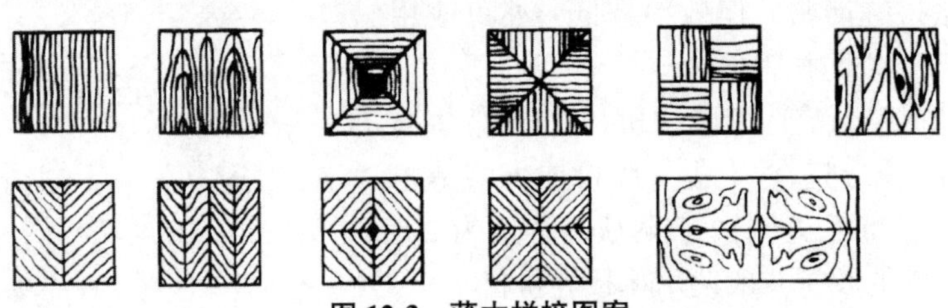

图12-3 薄木拼接图案

薄木拼贴图案和一般薄木胶贴一样有干贴和湿贴两种。干法拼贴的图案要求的技术高，生产率低，但木材纹理扭曲的用湿贴比较困难。厚度大于0.5mm，含水率低于20%的薄木，传热较慢，用干贴比较困难。

湿法拼贴可以直接往涂了胶的基材上边拼边贴，但拼贴时要注意：胶黏剂黏度要大，要有一定的初黏性，否则薄木易错动；拼缝处将二张薄木拼严，以免造成离缝缺陷；热压时薄木会随水分蒸发而收缩，因此拼贴时薄木不可绷紧，留有收缩余量；薄木含水率应均匀一致，拼贴未经干燥、厚度0.2~0.3mm的薄木因其柔软，较易拼贴；但拼贴厚度大于0.5mm的薄木时，最好表面先用胶纸带暂时固定，待热压后再将胶纸带砂去。

(4)热压

用未经干燥的0.2~0.3mm厚的薄木覆贴胶合板基材时，薄木拼贴后即可进行热压，在热压前须喷水或5%~10%的甲醛溶液处理，尤其是薄木周边部分，其目的是防止热压后薄木表面产生裂纹或拼缝处裂开，冬天可不喷水或少喷水。

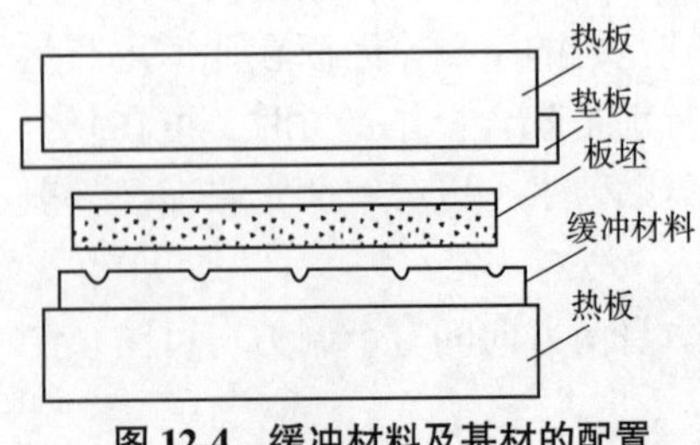


图12-4 缓冲材料及基材的配置

由于薄木厚度小，要求压机热平板有较高的精度，在热压过程中基材也要均匀加热、受压，因此对基材最好垫加缓冲材料。缓冲材料一般使用耐热夹布橡胶板或耐热合成橡胶板，板面上最好要开沟槽，用以调节基材的厚度不一致引起压力不均。缓冲材料及基材的配置如图12-4所示。

与薄木相接触的垫板，可用不锈钢、铝板或铝合金板，垫板与缓冲材料最好固定在热板上，这样装卸方便，节省配坯时间，因为热压时间通常仅有 1min，所以压板要求有同时闭合装置，使各层受热一致。

纤维板、刨花板通常分别采用厚度为 0.4～1.0mm 和 0.6～1.0mm 干燥薄木贴面，薄木贴面工艺条件见表 12-3。

**表 12-3　薄木贴面热压工艺条件**

| 工　艺 | 基　材 | | | |
|---|---|---|---|---|
| | 胶合板 | | 纤维板 | 刨花板 |
| | 0.2～0.3mm | 0.5mm | 0.4～1.0mm | 0.6～1.0mm |
| 热压温度(℃) | 115 | 60 | 80～100 | 50～100 |
| 热压时间(min) | 1 | 2 | 5～7 | 6～8 |
| 热压压力(MPa) | 0.7 | 0.8 | 0.5～0.7 | 0.8～1.0 |

为了保护薄木，薄木贴面后，还需进行涂饰处理，涂饰常采用辊涂或淋涂。使用的涂料为氨基醇酸树脂漆、硝基清漆、聚氨酯树脂漆及不饱和聚酯树脂漆等。

## 12.3.2　印刷装饰纸贴面

将印有木纹或图案的装饰纸贴在人造板上，然后经涂饰制成装饰纸贴面人造板的方法称为印刷装饰纸贴面。这种装饰方法工艺简单，能实现自动化、连续化生产；贴面后人造板表面具有柔感、温暖感；由于表面涂有树脂，具有一定的耐磨、耐热、耐化学污染的性能。

印刷装饰纸贴面一般采用连续辊压法生产，根据使用胶种不同分干法及湿法两种，干法生产是将正面涂有涂料，背面涂有热熔性胶黏剂的印刷装饰纸贴在经预热的基材上，辊压胶合；湿法生产是将印刷装饰纸贴在涂有热固性树脂胶黏剂的基材上经辊压贴合。二者比较，干法贴面速度快，施胶量少，湿法则速度慢，施胶量多，基材吸收水分，不易蒸发，影响胶合强度，但因为胶料价格的悬殊，目前还是湿法生产更为普遍。

印刷装饰纸胶贴可用于各种人造板基材，胶贴可采用冷压法、热压法及连续辊压法，其中以连续辊压法使用最为广泛。

印刷装饰纸贴面人造板由于采用连续化生产，应选用快速固化的胶黏剂。一般使用的胶黏剂为聚乙酸乙烯乳液与脲醛树脂胶的混合液，也可在 UF 制造中加入少量三聚氰胺以提高胶黏剂的耐水性。聚乙酸乙烯乳液与 UF 的配比通常为(7～8)：(3～2)。有时为了防止基材的颜色透过印刷装饰纸，可在胶黏剂中加入 3%～10%的二氧化钛，以提高胶黏剂的遮盖性能。

胶黏剂的涂布采用在基材上单面辊涂的方式。贴面材料采用薄页纸施胶量时为 40～50g/m$^2$，钛白纸为 60～80g/m$^2$。施胶辊筒回转方向与基材进给方向相同，为顺转辊涂，若两方向相反，则为逆转辊涂(图 12-5)。上述二者各有利弊。所以常常将这两

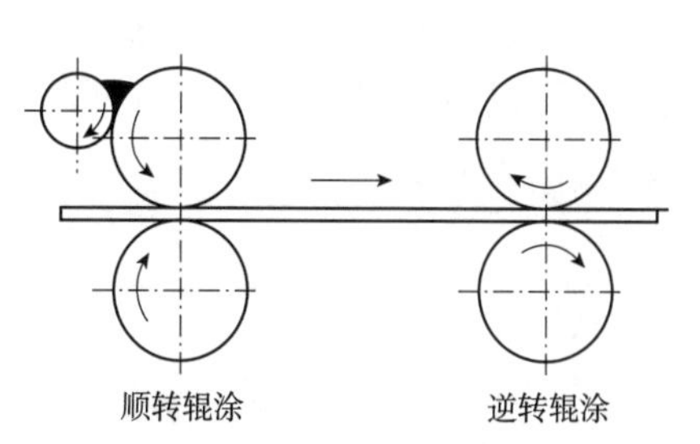

**图 12-5　辊筒施胶机结构**

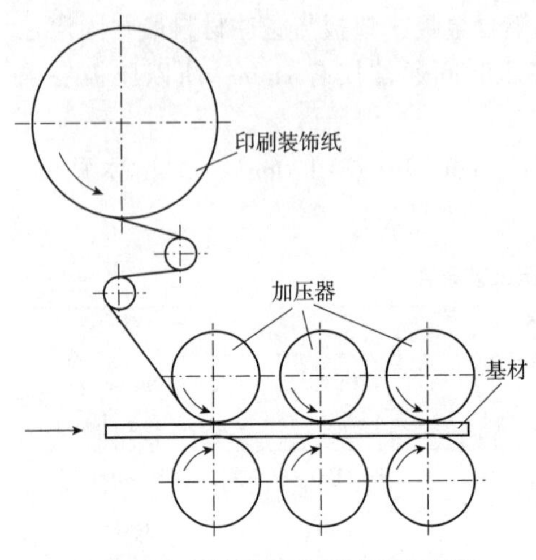


图 12-6 装饰纸贴面用辊压机结构

种施胶形式结合起来，以达到最好的施胶效果。

刨花板作为基材时，为防止刨花吸湿膨胀，可先在基材上打一层油性腻子或底涂一层树脂后再施胶。

施胶后，基材在40~50℃条件下干燥，排除部分水分，胶黏剂干燥一般可采用热空气或红外线干燥，一般认为红外线干燥比空气干燥更为合适。应注意的是，采用红外线干燥时，基材的颜色及其深浅，也能影响干燥的质量，因此对于不同人造板基材，干燥的时间应做相应的调整。

印刷装饰纸贴面用辊压机如图12-6所示，这种辊压机适合贴柔性成卷装饰材料如印刷装饰纸、聚乙烯薄膜等。基材经刷光辊刷光后涂腻子(如刨花板基材)，经干燥后施胶，再经干燥后即可与印刷装饰纸由辊压胶合，辊压压力一般为100~300N/cm，加压方式为气压或液压。加热温度为80~120℃，加热方式可采用远红外线加热或蒸汽加热，贴合后板两边多余的纸边可用60#砂带砂除。

印刷装饰纸覆贴人造板除辊压法外，也可用热压法、冷压法与一次贴面法。冷压法、热压法都是将印刷装饰纸裁成一定的幅面尺寸，然后再冷压或热压方法胶贴起来，使用的胶均为聚醋酸乳液与UF的混合液。而一次贴面则是在软质纤维板、MDF及刨花板的板坯上覆盖一层胶膜纸或胶黏剂，然后将装饰纸覆在上面，再一起送入压机热压，一次压制成装饰人造板，称为一次贴面法。

### 12.3.3 合成树脂覆面

目前人造板基材用以覆面的合成树脂一般分为两类：热固性和热塑性合成树脂。这两类树脂不仅性质、覆面材料的形状不同，覆面方法也不同。

属于热固性树脂的有PF、MF、UF、不饱和聚酸树脂等；属于热塑性树脂的有聚乙烯、饱和聚酯树脂、聚丙烯树脂等。热固性和热塑性树脂覆面处理的比较见表12-4。

目前，最常用的是三聚氰胺树脂，根据其用途不同，可分为高压三聚氰胺树脂和低压三聚氰胺树脂(包括低压短周期浸渍树脂)。以上所列众多树脂中，在我国现阶段使用比较广泛的有PF、MF及聚乙烯树脂等。

表 12-4 热固性和热塑性树脂覆面处理的比较

| 项　目 | 热固性树脂 | 热塑性树脂 |
|---|---|---|
| 覆面材料的形状 | 树脂浸渍并经干燥的浸渍纸或布 | 由树脂制成的薄膜 |
| 胶黏剂 | 不用另加胶黏剂 | 需另加胶黏剂 |
| 覆面装置 | 热压机 | 冷压机或辊压机 |
| 成膜的性质 | 形成坚固的覆膜，耐热、耐磨、耐化学药品污染 | 形成较软覆膜，不耐热 |
| 与基材人造板的胶合性能 | 良　好 | 不太好 |

(1)热固性合成树脂覆面

热固性树脂用于以浸渍纸或树脂装饰板的形式贴于人造板表面进行装饰。对其性能的要求是润湿性、流动性、渗透性和树脂固化性能。

①三聚氰胺装饰板贴面

三聚氰胺装饰板可用来装饰胶合板、刨花板、MDF 的表面。为避免制品翘曲变形，贴面前装饰板和人造板基材都需要放在与使用条件相适应的温度、湿度条件下进行调温、调湿处理，通常放在温度 20～25℃，相对空气湿度 45%～55%的环境中处理 1～2 周。装饰板具有方向性，横向收缩大于纵向，而基材纵横向收缩较小。所以，在贴合时要注意方向性，做到合理配置，以减少贴面板翘曲变形。

基材贴面后，材料为不对称结构，易产生内应力，所以在人造板贴面后，背面可采用涂漆或胶贴一层单板的方式使其平衡。

胶贴时使用的胶黏剂有：UF、聚醋酸乙烯酯乳胶、橡胶类胶黏剂等。其中，以 UF 应用最广泛。

胶贴工艺分热压胶贴和冷压胶贴。冷压胶贴优于热压胶贴，贴面后板子内应力小，不易变形。此外，胶贴前装饰板、基材、平衡材料，都需进行砂磨和去污处理。

用 UF 进行热压贴面工艺条件为：

| | |
|---|---|
| 热压温度 | 105～110℃ |
| 热压压力 | 1.0MPa |
| 热压时间 | 8min |

用聚醋酸乙烯酯乳胶与 UF 混合胶冷压贴面工艺条件为：

| | |
|---|---|
| 环境温度 | >20℃ |
| 环境相对湿度 | <65% |
| 施胶量 | 110～120g/$m^2$ |
| 单位压力 | 0.8～1.0MPa |
| 冷压时间 | 6～8h |

②三聚氰胺浸渍纸贴面

三聚氰胺浸渍纸贴面人造板有如图 12-7 所示的几种基本形式。在这几种形式中，(b)(c)较为常用；(d)(e)的表面物理性能好，但成本较高；(a)适用于有表面纹理的胶合板基材。

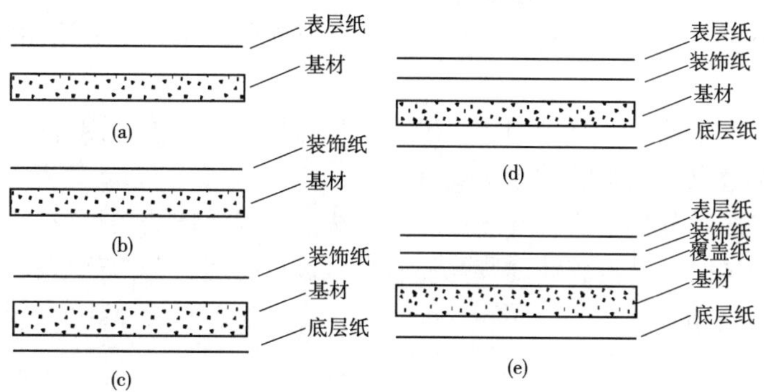


图 12-7　浸渍纸覆面形式

三聚氰胺浸渍纸胶贴，通常采用低压短周期热压法，当表面光泽要求不太高时，采用"热—热"加压工艺，但在表面光洁度要求很高的情况下，需采用"冷—热—冷"加压工艺。

三聚氰胺浸渍纸贴面方法对人造板基材的要求是：表面平整光滑、结构对称、厚度均匀，含水率符合表12-5的要求。

**表12-5 对人造板基材含水率的要求(%)**

| 热压工艺 | 刨花板 | 胶合板 | 硬质纤维板 |
|---|---|---|---|
| 热—热 | 6~8 | 6~8 | <6 |
| 冷—热—冷 | 6~12 | 6~12 | 6~12 |

热压温度主要取决于树脂熔融及固化所需的温度，但也要考虑到基材人造板的耐热性能。胶合板贴面温度低于135℃，刨花板、纤维板一般不超过140℃，亦可采用较高温度，因为温度高，可缩短时间。

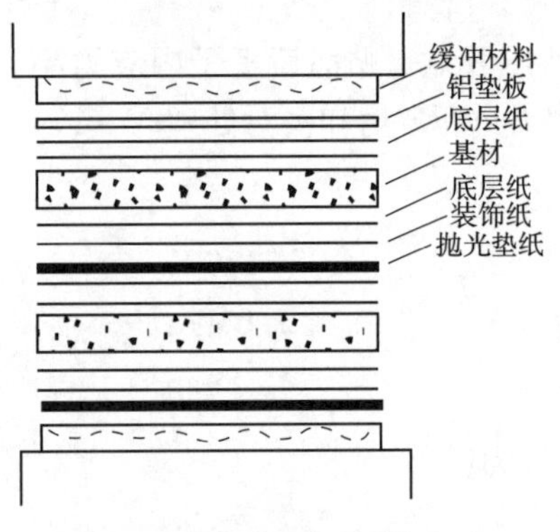


图12-8 组坯的配置情况

使用抛光不锈钢垫板可得到光泽较好的表面。采用镀铬不锈钢板或经砂毛、喷砂处理的不锈钢板或硬质铝合金板可生产柔光板。热压时为使板面各部分受压均匀则要使用缓冲材料，缓冲材料一般为石棉板或铜丝编织成网，组坯的配置情况如图12-8所示。

目前人造板装饰的主要方法之一是采用低压短周期三聚氰胺浸渍纸贴面，热压时间可缩短到1min左右，因此对原纸、三聚氰胺胶、配坯及热压设备等都提出了更高的要求。浸渍纸树脂含量100%~150%，热压温度150℃，压力1.0~3.0MPa，多层压机应具有同时闭合装置。

(2)热塑性树脂——聚乙烯薄膜贴面

热塑性树脂可加工成薄膜，薄膜经印刷图案、花纹，并经模压处理成装饰效果良好的贴面膜。其制造方便，便于连续自动化生产，而且价格比较便宜，成为人造板深度加工主要装饰材料之一。热塑性树脂薄膜其中又以聚乙烯薄膜应用最为广泛。

聚乙烯薄膜可覆贴到各种人造板表面，但基材表面都必须进行砂光，由于该薄膜与胶黏剂之间的界面结合力小，且薄膜中的增塑剂会向胶层迁移，使胶合强度降低，所以在薄膜贴到基材上去之前，在其背面预先涂上一层涂料，常用的底层涂料为氯乙烯系的聚合物。

适于胶合聚乙烯薄膜的胶黏剂有乙烯—乙酸乙烯共聚乳液、丙烯—乙酸乙烯共聚乳液、丁腈橡胶类胶黏剂、聚乙酸乙烯乳液等。

聚乙烯薄膜胶贴分热压法，冷压法和辊压法。一般热压法用得较少，因薄膜是不耐热的。采用冷压法时，乳液胶在施胶配坯后即可进行冷压，若溶剂型胶则需陈放一段时间，使胶黏剂达到指触干燥程度再进行冷压。压力为0.1~0.5MPa，冷压时间：夏天4~5h，冬天12h。

薄膜胶压可采用辊压法，辊压机可以采用装饰纸贴面用相同设备。使用辊压设备

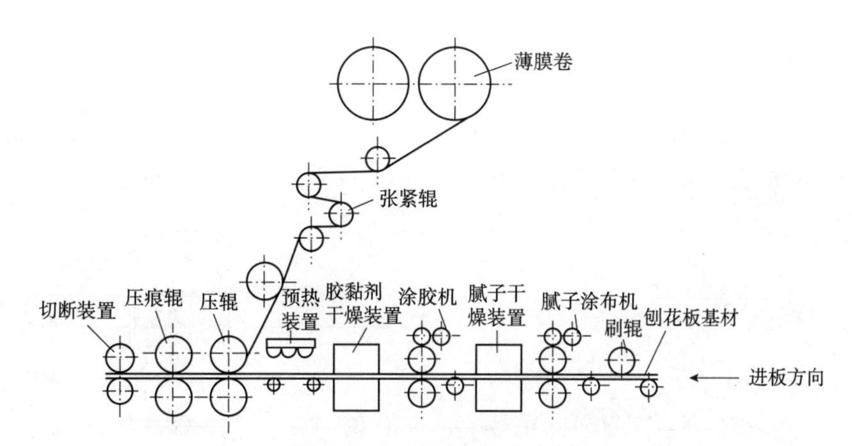


图 12-9　辊压覆贴装置结构

时，基材施胶后经热空气或红外线干燥(40~50℃)，使胶膜达指触干燥状态，施胶量 80~170g/$m^2$。在室温下辊压贴合，压力为 100~200N/cm。图 12-9 为辊压覆贴装置。

## 12.4　表面涂饰

人造板表面用涂料涂饰，可以赋予人造板表面美观、平滑、触感好、立体感强等效果，并且能起到保护人造板的作用。涂饰可以在人造板表面直接进行，也可以在其他加工如开沟槽、薄木贴面等之后进行。通常人造板表面涂饰分为直接印刷涂饰、透明及不透明涂饰。

### 12.4.1　涂布方法及涂膜干燥

胶合板、刨花板、纤维板等人造板都是木材经加工后的产品，但由于它们组成单元的形态、加工过程的不同，故又都有一些对涂饰质量产生影响的特性，如胶合板面易起毛，局部透胶影响涂料的渗透不均；刨花板表面刨花吸湿，引起板面不平整等。因此人造板基材在涂饰前必须进行砂光、补腻子等加工处理，并且选用的涂料应能满足一定要求。

人造板表面涂饰所用涂料要求能适应不同涂饰方法，涂层能快速固化，能适应连续大量生产的工艺；漆膜平整光滑，丰满厚实，具亮光或柔光，并能清晰地显现出木材纹理或图案；漆膜具有优良物理化学性能。常用的涂料有硝基清漆、聚氨酯树脂漆、不饱和聚酯树脂漆、酸固化氨基醇酸树脂漆、丙烯酸树脂漆等。

(1)涂布方法

涂料涂布的方法很多，但人造板的涂饰是在大平面上进行的，要求整个板面上涂布均匀，能连续化、自动化作业，所以一般采用喷涂、淋涂和辊涂。

①喷涂

喷涂是使涂料变成雾状喷向被涂物使其附着在被涂物表面上的一种方法。这种方法有空气喷涂和无气喷涂。一般作为人造板表面涂饰还是以空气喷涂较多，其喷嘴形状如图 12-10 所示。空气与涂料一般在喷嘴外混合，也有在喷嘴内混合的，它适用于黏度小、容易造成雾状的涂料。喷涂时喷涂方向应与被涂面垂直，喷涂距离以 15~25cm 为宜，喷射压力一般为0.35MPa。

②淋涂

淋涂是让涂料通过相关设备的窄缝流下形成一片薄幕，被涂人造板则从薄幕下通过，而使人造板表面淋上涂料的涂布方法。图12-11为淋涂机结构示意。

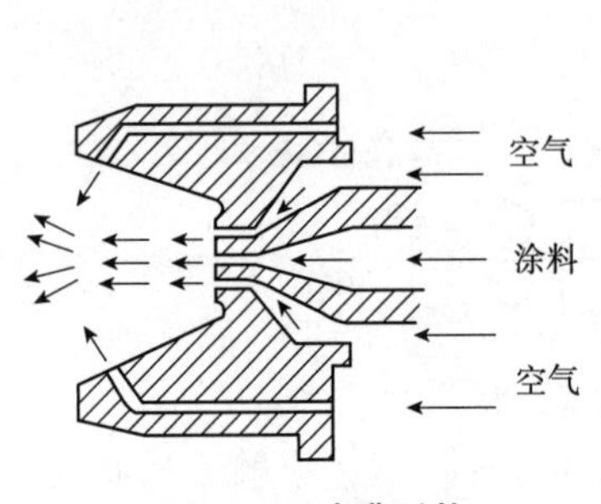


图12-10 喷嘴形状

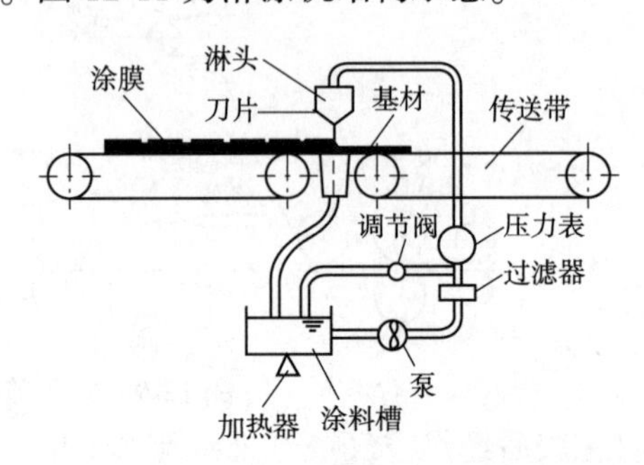


图12-11 淋涂机结构示意

调节窄缝的间隙就可调节涂料薄幕的厚度，从而得到不同的涂膜厚度，通常漆膜厚度为5~50μm，人造板运输带速度可根据涂料的黏度、溶剂性质等因素进行调节。一般涂布量要求大时，运输带速度为50m/min，涂布量要求小时，速度为100m/min。淋头缝隙的宽度范围通常为0.2~1mm，涂料黏度高时缝隙可宽些，并可多次淋涂和干燥。

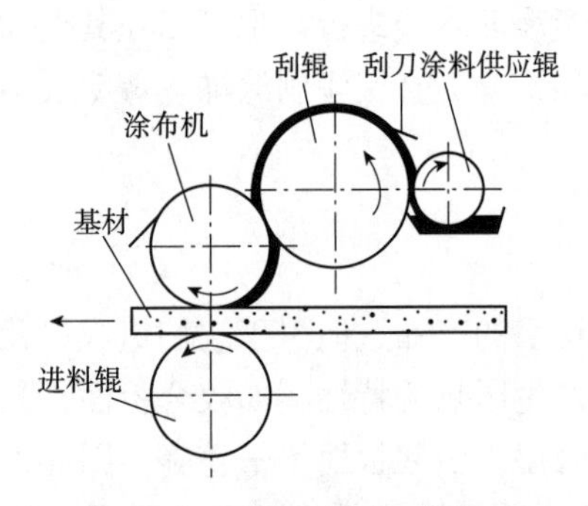


图12-12 顺向辊涂机结构示意

③辊涂

辊涂是借助辊筒将涂料转移并涂布到基材上去的一种方法。辊涂机的形式很多，一般是根据基材的性质、涂料黏度、涂膜厚度、涂布速度、涂膜外观质量等来决定涂布辊的材料和形状、各辊的配置回转方向、涂料的供应方式等。

一般根据涂布辊的回转方向与被涂基材的进给方向相同还是相反，可将辊涂机分为顺向辊涂机(图12-12)、逆向辊涂机(图12-13)和刮刀辊涂机(图12-14)。

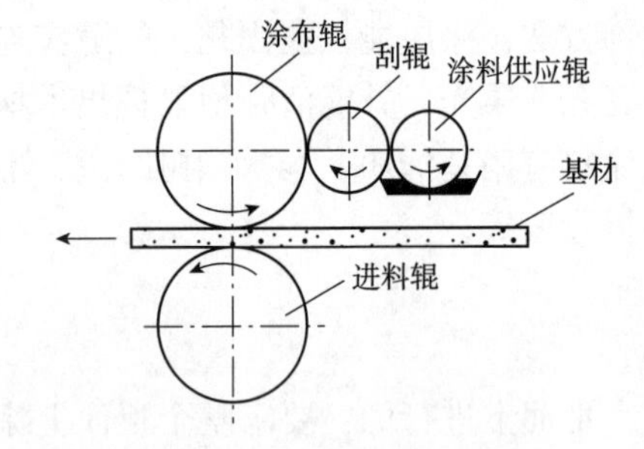


图12-13 逆向辊涂机结构示意

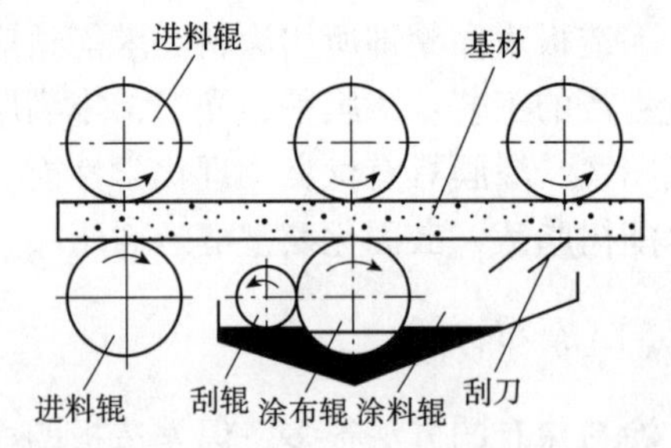


图12-14 刮刀辊涂机结构示意

顺向辊涂机适于涂黏度较小的涂料，所以适合高速涂布。逆向辊涂机涂布可得到较厚的涂膜，同时涂布也较均匀。想得到光滑的涂膜，所以往往采用顺、逆联合的辊涂机，使涂料对基材的填补性好，进而得到均匀的涂层。

刮刀辊涂布适用于高黏度涂料，主要用于腻子的涂布，通过腻子压辊及刮刀，将腻子压入人造板基材表面低洼、空隙处，并把多余的腻子刮除。

(2)涂膜的干燥与固化

人造板表面用涂料一般都可在常温下天然干燥，但干燥时间长，占地面积大，灰尘易粘附，所以一般工业生产都采用强制干燥的方法。如热空气干燥、红外线干燥、远红外线干燥、紫外线干燥或电子束固化，使涂膜快速得到干燥及固化。

采用热空气干燥时，干燥机内的温度、风量、热空气循环方法等都会对漆膜的质量产生影响。热源一般为蒸汽或炉烟气，调节温度、湿度方便，热空气可再循环使用，节省热源，因此是涂膜干燥最常用的一种方法。

由红外线发生器辐射出来的红外线辐射到涂膜上，被涂膜吸收变为加热涂膜所需的热量，而使涂膜干燥。该法热效率高，操作方便，占地面积小，只有热空气干燥机的1/2，工作环境清洁。红外线辐射源一般采用红外线灯，灯与灯之间的距离为25~30cm，灯与被干燥面之间的距离为 15cm，否则涂膜上吸收热能不均，易造成局部干燥不足或干燥过度。

此外，远红外线辐射能量有 50%被涂膜吸收，50%被基材人造板吸收，因此，远红外线的干燥效果比红外线好。紫外线照射涂膜使涂膜干燥的方法称为紫外线固化，其生产效率很高，VOC 挥发少，环境污染小，是目前人造板表面涂饰最为常见的方法。

### 12.4.2　直接印刷

人造板通过印刷使其表面具有各种图案装饰效果的一种表面装饰方法。人造板直接印刷有以下两种工艺：

①基材人造板→砂光→补腻子→干燥→砂光→底涂→干燥→印刷木纹→面涂→干燥→成品

②基材人造板→砂光→贴纸→印刷木纹→面涂→干燥→成品

第一种是一般常用的直接印刷方法，这种方法成本低，工艺简单，可得到木材纹理，但与薄木贴面相比，真实感差。第二种以贴纸代替了第一种中的补腻子、底涂等工序，纸张作为一层缓冲层可防止表面开裂。以第一种工艺为例，人造板表面直接印刷主要有以下工序组成：

(1)补腻子

使用的人造板基材虽经砂光，调整厚度公差，但表面仍存在一些孔洞或凹陷不平的地方，为得到平整的印刷表面，防止底层涂料的渗漏损失，一般都需补腻子来找平板面。

根据使用黏结剂的种类不同腻子分为水性、油性及树脂腻子。由于树脂腻子坚固，不会使基材表面起毛，耐水性、耐热性、耐污染性都好，所以刨花板、纤维板表面常用光敏树脂腻子，采用紫外线固化加快干燥速度，避免表面膨胀。

腻子涂布量根据基材板面的光滑程度，涂布量一般在 120~150g/m²，腻子涂布后可进行强制干燥，光敏树脂腻子用紫外线干燥，其余一般用红外线干燥。干燥后使用

180#~240#砂带进行砂光。

(2)底涂

涂过腻子的基材还应涂一层底涂料，目的是遮盖人造板表面，底涂料层能缓冲基材胀缩作用，减少面涂料对基材的渗透。常用底涂料有硝基纤维素漆，氨基醇酸漆、不饱和聚酯漆、聚氨酯树脂漆等，底涂一般采用辊涂或淋涂，底涂层要经充分干燥后才能进入下一工序，如基材表面有起毛现象，可用200#~240#砂带砂光。

(3)木纹印刷

在底涂层干燥后，即可进行木纹印刷，由于基材人造板是不可挠曲的平板，缺乏弹性，因此直接印刷要采用凹版胶印。

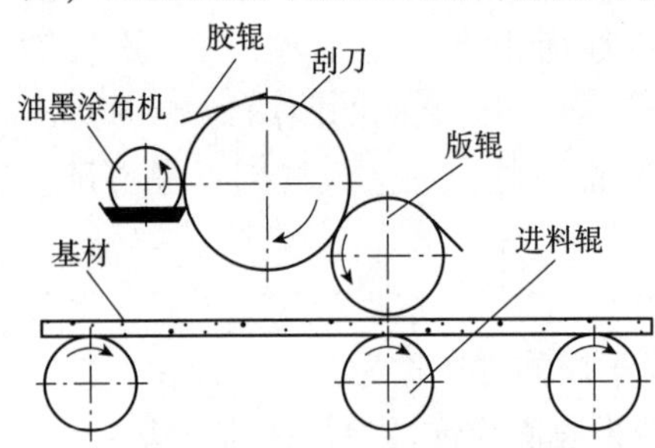


图 12-15 凹版胶印机结构示意

图 12-15 所示为凹版胶印机的工作原理，印刷油墨先由油墨供应辊将油墨压入版辊的凹槽中，然后由版辊将油墨转印到胶轮，再利用胶辊的弹性将油墨转印到基材上去。凹版胶印印刷木纹清晰，由于版辊表面镀铬，因此经久耐用，印刷油墨厚度可达 10μm，为了得到层次分明有立体感的印刷木纹，可用 2~3 台凹版印刷机连接起来，进行套色印刷。

使用的油墨可以是水性、油性或树脂油墨，使用光敏油墨时，可采用紫外线固化，固化速度快，油墨物理性能好，可不用再涂面涂料。

(4)面涂

在木纹印刷后可直接涂面涂料，面涂料一般为硝基清漆、氨基醇酸树脂漆和聚酯树脂漆。涂布方法一般可采用辊涂、淋涂或喷涂。普通用途产品，面涂料干燥后即为成品，具有特殊要求的，还要进行打蜡或抛光。

### 12.4.3 透明涂饰

用透明涂料涂饰基材人造板，使基材人造板表面自然的木材纹理及色调显得更加美观，并使之具有自然的平滑感、立体感。透明涂饰的工艺及设备大致与直接印刷相同，只是少了木纹印刷工序。透明涂饰根据对产品的要求，制造方法也可简可繁。简单的制造方法如薄木贴面人造板的涂饰，一般表面经砂光后，仅涂一道底涂料和一道面涂料；复杂的制造方法则类似木制品的涂饰，下面流程图为一般性透明涂饰的工艺：

基材人造板→砂光→打胶底→干燥→砂光→底涂→干燥→砂光→补腻子→干燥
↓
成品←研磨←面涂干燥←砂光

### 12.4.4 不透明涂饰

不透明涂饰人造板是用加有着色颜料的不透明色漆涂饰人造板表面后的产品，涂饰的目的在于遮盖人造板基材表面，得到一种单色的涂饰效果。因此对基材表面质量要求比较低，加工工艺也较为简单。不透明涂饰工艺流程如下：

基材人造板→砂光→补腻子→干燥→砂光→面涂干燥→成品

## 12.5　表面机械加工

在人造板基材或贴面及涂饰人造板表面开沟槽、浮雕(镂铣、模压、烤刷等)、打孔、喷粒等进行表面机械加工的方法。表面机械加工可以增加板面立体感，使产品达到新的装饰效果。

### 12.5.1　沟槽加工

在人造板表面开沟槽可以采用锯片或成型铣刀进行切削法加工，也可以采用表面带有突起的辊筒通过辊压法加工。对于加工后的人造板表面沟槽，通常还需要进行涂饰或贴面处理，使沟槽内外产生色调差异，产生更加明显的立体感。

(1)切削法加工

切削法加工沟槽是利用锯片、铣刀等刀具作用于人造板表面产生相对运动，以获取一定形状和尺寸沟槽的加工过程。在切削加工时，需要注意人造板的厚度公差对加工基准面的影响。沟槽的断面形状可以是 V 形和 U 形等，其尺寸大小和沟槽的间隔根据艺术设计需要确定，在人造板表面拼缝处的沟槽具有遮蔽拼缝的效果。

(2)辊压法加工

辊压法加工沟槽是通过表面带有与沟槽形状相应的突起辊筒辊压人造板表面，以获取一定形状和尺寸沟槽的加工过程(图 12-16)。在辊压加工时，需要注意人造板表面的压缩回弹对于沟槽的断面形状和尺寸大小的影响。

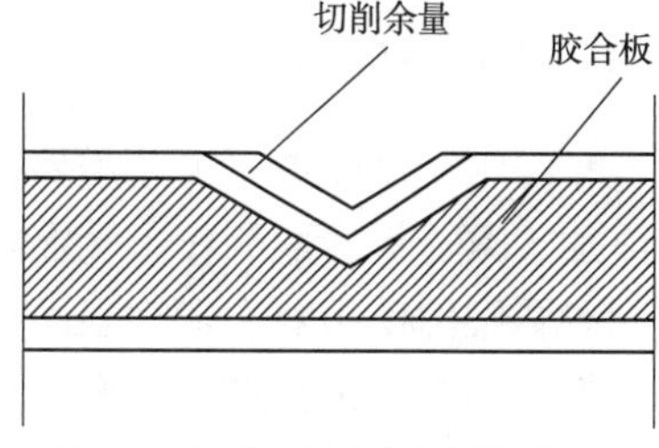


图 12-16　辊压法加工的沟槽

### 12.5.2　浮雕加工

人造板表面浮雕图案花纹的造型可以通过镂铣、模压、发泡、烤刷、电雕刻、光雕刻等加工方法实现。

(1)镂铣

数控镂铣机是计算机利用设定的程序控制其刀架在水平或垂直方向移动(图 12-17)，以及工作台移动及刀头转动，结合人造板表面加工铣削的特性要求，进行自动操作，实现加工刀具在各坐标轴空间内联动的直线插补或圆弧插补运动，以达到加工程序要求的精确位置和高速度，从而保证加工部件的质量和实现加工复杂的形状，提高加工产品的美感和附加值。应用镂铣机可以对人造板基材表面或经贴面、涂饰人造板表面进行各种花纹铣刻、浮雕等平面或曲面造型加工。数控镂铣机的刀具运动轨迹是由加工程序决定的，针对不同图案，可编制不同的程序控制铣刀的走刀路线。对于不同的曲面，可更换不同的定型铣刀，从而铣出各种各样的图案。因此，只要能编制出程序，同时选用合适的数控镂铣机及相应的刀具，就可以加工零部件的复杂曲线和曲面。数控镂铣机有单轴、多轴、单轴自动换刀、多轴自动换刀及单轴(多轴)双工作台等多种形式。单轴及多轴数控镂铣机适合一次装刀即可完成的简单加工；单轴自动换刀及多轴自动换刀数控镂铣机适合需多把刀具才能完成的复杂加工；多轴及多轴自动换刀数控镂铣机还可实现多轴联动同时加工多个部件。

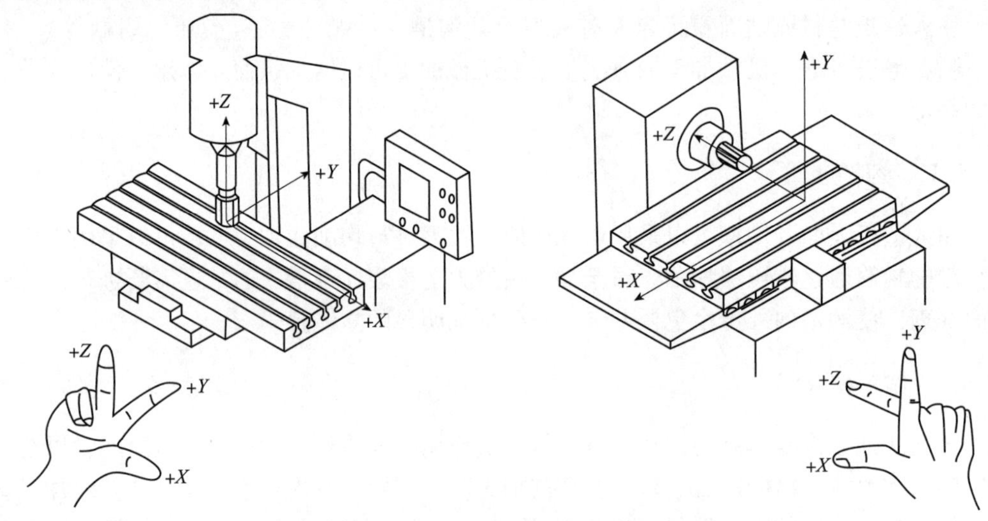


图 12-17 刀架在水平或垂直方向移动示意

(2)浮雕模压

通常，浮雕模压工艺需要制作相应的压模板或压模辊等模具，再通过平压法或辊压法加工人造板表面制作出浮雕状图案。其中，平压法是在一定温度和压力条件下，通过刻有图案的模板对人造板表面作用，产生浮雕效果；辊压法是在被加热的压模辊加压人造板表面制作出浮雕状图案。应用模压浮雕出图案的人造板，表面还需要进行涂饰或贴面，使其装饰效果保持长久。

由于制造模板或压模辊等模具一般采用腐蚀法、机械加工法，制作安装周期较长，一套模具一种图案，生产受到一定制约，不利于多品种的大规模生产。采用真空热塑成型模压工艺，通过表面镂铣及真空热成型模压，即运用压缩空气将加热的 PVC 膜压贴在已镂铣出凹凸几何图形的人造板表面，使饰面图案达到浮雕效果。此工艺不需用模具，生产成本低，且精度高。真空模压生产线的一般工艺过程如下：

人造板→表面砂光→镂铣图案→砂光→粉尘清理→施胶→干燥→组坯→真空模压→检验→成品

首先将人造板基材表面进行砂光，然后根据设计的图案编制相应的程序输入电脑，由电脑控制镂铣机对基材进行镂铣，加工出浮雕状图案，再对表面进行砂光和粉尘清理，然后在其表面施胶和自然干燥，覆盖 PVC 薄膜后，推入真空热塑成型模压机内进行真空模压，根据胶合工艺确定模压时间，最后将已模压好的人造板取出，进行修边检验。

(3)烤刷加工

对于表面是木材单板的人造板可以采用此种方法加工。在钢丝刷辊的作用下，去除木材表面自然纹理中质地较松软的部分，让质地较坚硬的木质纹理凸起，呈现出更加自然的立体木纹。在钢丝刷辊加工木材表面之前，为了增加作用效果，可以通过烘烤加热木材表面，使其软材部分更容易去除。经过此种方法加工后的木材表面立体感强，真实自然，具有仿古效果。

### 12.5.3 打孔和喷粒

(1)打孔

在人造板表面打孔可以增加其吸音效果，使声音在传送过程中被吸收，音量降低衰减。为了使表面打孔后的人造板提高装饰效果，可以设计开孔的大小和排列方向及组合，形成不同的图案。打孔可以与涂饰和贴面工艺结合在一起，使人造板表面更加美观。

(2)喷粒

喷粒加工主要是通过较硬的颗粒状物体对人造板表面进行撞击，从而达到特定的装饰效果。喷粒设备主要有吸入式和压力式两种，吸入式喷粒设备采用引射型喷枪由压缩空气引射造成负压吸入颗粒料，并送到喷枪口高速喷出；压力式喷粒设备采用直射型喷枪，颗粒料和压缩空气先在混合室内混合后一起沿着软管至喷枪口高速喷射到人造板表面，使其表面产生磨损。对于表面是木材单板的人造板，由于早晚材硬度的差异，颗粒料的撞击造成木材纹理凹凸不平，从而使木材纹理更加明显。

**思考题**

1. 人造板深加工对基材有哪些主要要求？
2. 薄木胶拼有哪几种方式？胶贴时要注意什么？
3. 简述三聚氰胺树脂覆面的类型及主要区别。
4. 涂饰法工艺有何要求？
5. 表面机械加工可以采用什么方法？

# 参 考 文 献


成俊卿，1981. 木材学[M]. 北京：中国林业出版社.

韩德培，1998. 环境保护法教程[M]. 北京：法律出版社.

科尔曼，FFP，1984. 木材学与木材工艺学原理[M]. 北京：中国林业出版社.

李坚，1991. 新型木材[M]. 哈尔滨：东北林业大学出版社.

李景森，1996. 劳动法学[M]. 北京：中国人民大学出版社.

李媛，彭万喜，吴义强，等，2006. 国内外松木脱脂技术的研究现状与趋势[J]. 湖南林业科技，33(3)：99-100.

林业部林产工业设计院，1992. 胶合板设计规范[M]. 北京：中国林业出版社.

林业部林产工业设计院，1992. 刨花板设计规范[M]. 北京：中国林业出版社.

梅长彤，2012. 刨花板制造学[M]. 北京：中国林业出版社.

美国林产品实验室，2000. 木材手册[M]. Madison：美国林务局 X.

南京林业大学，1990. 木材化学[M]. 北京：中国林业出版社.

朴永守，1993. 木材特种切削加工[M]. 哈尔滨：东北林业大学出版社.

日本农林水产省林业试验场，1991. 木材工业手册[M]. 北京：中国林业出版社.

尚德库，1991. 木片工程与物理[M]. 哈尔滨：东北林业大学出版社.

谭守侠，周定国，2007. 木材工业手册[M]. 北京：中国林业出版社.

王恺，1998. 木材工业实用大全·刨花板卷[M]. 北京：中国林业出版社.

王恺，2002. 木材工业实用大全·纤维板卷[M]. 北京：中国林业出版社.

向仕龙，蒋远舟，2001. 非木材植物人造板[M]. 北京：中国林业出版社.

徐咏兰，1995. 中密度纤维板制造[M]. 北京：中国林业出版社.

张齐生，1995. 中国竹材工业化利用[M]. 北京：中国林业出版社.

张勤丽，1986. 人造板表面装饰[M]. 北京：中国林业出版社.

周晓燕，2012. 胶合板制造学[M]. 北京：中国林业出版社.

ANSI/APA PRG 320，2018. Standard for performance-rated cross-laminated timber[S]. The Engineered Wood Association，USA.

BRANDNER R，FLATSCHER G，RINGHOFER A，et al，2016. Cross laminated timber (CLT)：overview and development[J]. European Journal of Wood and Wood Products，74(3)：331-351.

EN 16351，2015. Timber structures-Crosslaminated timber-Requirements[S]. European Committee for Standardization CEN，Bruxelles.

GAGNON S，PIRVU C，2011. CLT Handbook：Cross-Laminated Timber[M]. FPInnovations，Vancouver，BC，Canada.